普通高等教育"十二五"规划教材

建筑节能原理与应用

主　编　刘晓燕

副主编　王忠华

参　编　韩　滔　王　峰
　　　　全柏铭　唐长江

中国水利水电出版社
www.waterpub.com.cn

内 容 提 要

本书讲述了建筑节能的基本原理与基本知识。全书共分九章，包括：概述，建筑设计节能原理，建筑材料及围护结构的节能，供热系统节能，空调系统节能技术，可再生能源在建筑中的应用，建筑节能评价及检测，建筑能耗统计及能源审计，智能建筑控制与节能。

本书可供建筑学、建筑环境与设备工程、土木工程等专业本科、专科和研究生作为教材使用，还可供有关设计、科研、管理人员参考。

图书在版编目（CIP）数据

建筑节能原理与应用 / 刘晓燕主编. -- 北京 ： 中国水利水电出版社，2012.5
普通高等教育"十二五"规划教材
ISBN 978-7-5084-9712-9

Ⅰ．①建… Ⅱ．①刘… Ⅲ．①建筑－节能－高等学校－教材 Ⅳ．①TU111.4

中国版本图书馆CIP数据核字(2012)第085909号

书　　　名	普通高等教育"十二五"规划教材 **建筑节能原理与应用**
作　　　者	主　编　刘晓燕 副主编　王忠华 参　编　韩　滔　王　峰　全柏铭　唐长江
出版发行	中国水利水电出版社 （北京市海淀区玉渊潭南路1号D座　100038） 网址：www.waterpub.com.cn E-mail：sales@waterpub.com.cn 电话：(010) 68367658（发行部）
经　　　售	北京科水图书销售中心（零售） 电话：(010) 88383994、63202643、68545874 全国各地新华书店和相关出版物销售网点
排　　　版	中国水利水电出版社微机排版中心
印　　　刷	北京嘉恒彩色印刷有限责任公司
规　　　格	184mm×260mm　16开本　26印张　617千字
版　　　次	2012年5月第1版　2012年5月第1次印刷
印　　　数	0001—3000册
定　　　价	**48.00元**

前　言

　　建筑节能是贯彻可持续发展战略的一个重要体现，也是贯彻《中华人民共和国节约能源法》的重要举措。积极推进建筑节能，有利于改善人民生活和工作的环境，有利于国民经济持续稳定发展，有利于减轻大气污染，有利于减少温室气体排放，有利于缓解地球变暖的趋势，是发展我国建筑业和节能事业的重要工作。

　　建筑节能是指在建筑物的规划、设计、新建（改建、扩建）、改造和使用过程中，执行节能标准，采用节能型的技术、工艺、设备、材料和产品，提高保温隔热性能和采暖供热、空调制冷制热系统效率等，减少建筑用能。

　　本书依照我国最新颁布的各种建筑节能标准，重点讲述了建筑节能原理和途径。其主要内容包括：国内外建筑节能现状及我国建筑能耗和建筑节能现状，建筑规划设计及建筑单体设计节能方法，并对规划与单体设计中涉及到的自然通风分别进行了介绍；围护结构节能设计是建筑节能中相互关联的核心内容，书中分配了较大篇幅重点介绍；针对供热系统的节能，分析了节能途径，并详细介绍了供热节能方法、分户热计量技术；在空调与制冷系统的节能一章中介绍了传统空调系统的节能途径和方法，并对冰蓄冷空调系统、热泵空调系统作了详细介绍；对太阳能、地热能、风能以及生物能等可再生能源在建筑上的应用进行了详细的介绍；概述了国内外建筑节能检测方法，并通过案例详细介绍了我国建筑节能检测方法，指出了能耗统计和能效测评的重要意义和作用，并以国家机关办公建筑和大型公共建筑为例，详细介绍了能耗统计和能效测评方法及步骤；简要介绍了智能建筑的相关知识。

　　本书最大的特点是针对不同的建筑节能原理，给出了相应的案例，并进行了分析。在这里要特别感谢主编刘晓燕教授，她将多年来积累的建筑节能方面的科研成果作为案例，丰富了本书内容。

　　本书共分九章。第一章、第四章、第七章和第八章由东北石油大学刘晓燕教授编写；第二章、第三章由东北石油大学王忠华编写；第五章由西南石油大学韩滔编写；第六章由四川大学全柏铭和唐长江编写；第九章由四川大学王峰编写。

　　限于编者的水平，书中难免有不妥之处，诚恳欢迎读者批评指正。

作者

2011 年 8 月

目 录

前言

第一章　概述 ·· 1

　第一节　世界能源发展现状 ···································· 1

　第二节　中国能源发展现状 ···································· 9

　第三节　我国建筑能源消耗及建筑节能现状 ············ 12

　参考文献 ··· 26

第二章　建筑设计节能原理 ································· 28

　第一节　气候对建筑设计的影响 ···························· 28

　第二节　建筑规划的节能设计 ······························ 37

　第三节　建筑单体的节能设计 ······························ 65

　第四节　典型案例分析 ·· 97

　参考文献 ·· 103

第三章　建筑材料及围护结构的节能 ················· 104

　第一节　建筑围护结构热阻与节能的关系 ············· 104

　第二节　外墙节能技术 ·· 112

　第三节　屋面节能技术 ·· 117

　第四节　门窗节能技术 ·· 123

　第五节　地面的绝热 ·· 129

　第六节　保温隔热材料与节能 ······························ 132

　第七节　典型案例分析 ·· 139

　参考文献 ·· 148

第四章　供热系统节能 ······································ 150

　第一节　国内外城市供热节能现状 ························ 150

　第二节　供热系统节能措施 ·································· 160

　第三节　分户热计量技术 ····································· 180

　第四节　典型案例分析 ·· 204

　参考文献 ·· 208

第五章　空调系统节能技术··209

　第一节　空调系统节能技术概述··209

　第二节　热泵式空调节能技术··222

　第三节　蓄冷空调系统··247

　第四节　典型案例分析··261

　参考文献··272

第六章　可再生能源在建筑中的应用··273

　第一节　太阳能在建筑中的应用··273

　第二节　地热能在建筑中的应用··301

　第三节　风能在建筑中的应用··308

　第四节　生物能在建筑中的应用··315

　第五节　典型案例分析··325

　参考文献··326

第七章　建筑节能评价及检测··329

　第一节　国内外节能建筑评价标准··329

　第二节　建筑节能检测··335

　第三节　建筑能效测评··345

　第四节　建筑节能检测案例分析··357

　参考文献··364

第八章　建筑能耗统计及能源审计··365

　第一节　民用建筑能耗统计··365

　第二节　建筑能源审计··370

　第三节　典型案例分析··375

　参考文献··383

第九章　智能建筑控制与节能··384

　第一节　智能建筑节能概况··384

　第二节　智能建筑节能途径与方法··392

　第三节　典型案例分析··402

　参考文献··406

第一章 概 述

本章通过国内外一次能源的生产、消费和储量，分析目前的能源现状，介绍我国建筑能耗情况、建筑节能现状及常用的建筑节能措施。

第一节 世界能源发展现状

能源作为人类社会和经济发展的基本条件之一，历来为世界各国所瞩目。在能源领域，人类首先经历了以薪柴为主的时代，这一时代火的使用使人类脱离了野蛮，步入了文明。在几十万年的演变过程中，薪柴和木炭一直是人类用来做饭取暖的主要能源，由于薪柴和木炭产生的能量较小，这一时期生产力比较低下，社会发展缓慢。从 18 世纪初开始，西方国家煤炭逐渐代替木柴。托马斯·纽科门在 1712 年发明的燃煤蒸汽机开始了以蒸汽动力来代替古老的人工体力、风力和水力的新时代，为人类的工业文明掀开了序幕。1781年瓦特发明的改良蒸汽机更使得煤炭得以大规模地使用，使得第一次工业革命得以大规模展开。随着 1859 年埃德温·德雷克在美国宾夕法尼亚州打出第一口油井以后，石油的大规模生产和使用不仅使得工业革命得以更大规模地在全球推广，新的技术、新的发明创造也接踵而来。内燃机、汽车、飞机等发明与石油一道，改变了世界的生产模式及交通模式。

而最具革命性的还是电力的发明。法拉第发现的电能更是使人类在能源使用上开始了一场大革命：所有的能源都可以转化为电能，而电能则可以以最简便的方式输送到工厂，传递到家庭。电能使高楼大厦的建造和使用变得现实，使我们的居室可以冬暖夏凉，使工厂实现自动化，更为当代电子、通信、计算机及互联网等技术提供了动力基础。1879 年爱迪生发明的电灯使人类告别了黑暗，而信息通信技术的发展则使得人们沟通更加便利，掀起了经济贸易全球化的巨大浪潮。

能源改变了人类的命运。能源应用技术的发明和普及决定着人类社会的生产方式、消费模式、交通模式、定居模式和组织形式。能源的大规模使用为人类享受高水平物质生活提供了重要基础。

能源是发展国民经济和提高人民生活水平的重要物质基础，也是直接影响经济发展的一个重要的制约因素。从 17 世纪至今，全球人口从 5 亿人增长到 60 亿人，增长了 12 倍。伴随着历史的进步和发展，人类的能源消耗也从每年 1 亿 tce（吨标准煤当量用符号 tce 表示）增长到 150 亿 tce，增长了 150 倍。

一、能源消费结构

2009 年全球一次能源消费（包括石油、天然气、煤炭、核电及水电）较 2008 年降幅为 1.1%，是 1982 年以来的首次下降，也是 1980 年以来的最大降幅。经济合作与发展

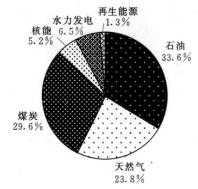

图 1-1 2010 年全球一次
能源消费结构

（以下简称经合组织）组织成员国的一次能源消费量为1998 年以来的历史最低，同比下降 5％，创最大降幅纪录。除了亚太和中东地区，能源消费在全球各地都有所下降，中国能源消费加速增长，涨幅达 8.7％。水力发电增长 1.5％，连续第二年成为世界增长最快的主要能源。

目前，全球的能源消耗 75％来源于化石燃料（如煤炭、石油和天然气），其他来自水力、核能和可再生能源，其中可再生能源大约占 5％左右。到 2020 年全球能耗将增长到大约 195 亿 tce。

2010 年全球一次能源构成如图 1-1 所示。石油占一次能源总量的 33.6％，其次为煤炭和天然气，分别占一次能源总量的 29.6％和 23.8％，核电占 5.2％，水电占 6.5％，再生能源占 1.3％。

二、一次能源生产与消费

（一）煤炭生产与消费

1. 煤炭储量下降

2009 年底全球煤炭探明可采储量为 8260.01 亿 t，其中烟煤和无烟煤为 4113.21 亿 t，亚烟煤和褐煤为 4146.80 亿 t。

全球煤炭资源分布不均，其中美国、俄罗斯和中国的煤炭资源最为丰富，2009 年全球主要国家煤炭探明可采储量如图 1-2 所示。探明的煤炭可采储量分别占全球总储量的28.9％、19.0％和 13.9％，其次为澳大利亚、印度、乌克兰、哈萨克斯坦和南非，探明的煤炭可采储量分别占全球总储量的 9.2％、7.1％、4.1％、3.8％和 3.7％。

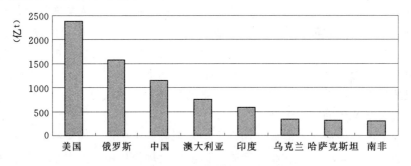

图 1-2 2009 年全球主要国家煤炭探明可采储量

2. 煤炭生产与消费继续增长

受高油价的影响，自 1999 年开始全球煤炭产量和消费量持续增长，1999 年以来世界煤炭生产与消耗情况如图 1-3 所示，煤炭成为增长最快的能源。2009 年全球煤炭产量仍继续增长，为 34.086 亿 toe（吨油当量），较 2008 年增长 2.4％。

2009 年全球煤炭消费保持平稳，为自 1999 年以来年度变化最小的一年，经合组织成员国和俄罗斯的煤炭消费分别下降 10.4％和 13.3％，为有纪录以来最大降幅，这主要归咎于经济衰退以及价格更具竞争力的天然气的应用。全球其他地区的煤炭消费增长

7.4%，接近历史平均水平。其中，中国煤炭消费增长占全球总增长的 95%，除亚太和中东地区外全球其他地区煤炭消费量均有下降。

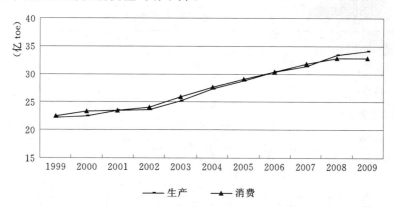

图 1-3　1999 年以来全球煤炭生产与消费

2009 年全球主要国家煤炭生产与消费情况如图 1-4 所示。中国为全球第一大煤炭生产国，煤炭产量为 1552.9 百万 toe，年增长 9.2%；其次为美国，产量为 539.9 百万 toe，年下降 9.3%；澳大利亚煤炭产量 228 百万 toe，年增长 3.7%；印度煤炭产量 211.5 百万 toe，年增长 8.4%。

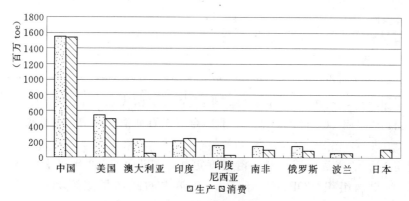

图 1-4　2009 年全球主要国家煤炭生产与消费

2009 年全球煤炭消费量 32.78 亿 toe，较 2008 年下降 3.1%。中国是全球最大煤炭消费国，消费量为 23.40 亿 t，较 2008 年增长 7.1%；美国为全球第二大煤炭消费国，2008 年煤炭消费量为 9.40 亿 t，下降 1.4%；其次为印度和日本，煤炭消费量分别为 3.85 亿 t 和 2.14 亿 t，较 2008 年分别增长 8.7% 和 2.7%。

（二）石油生产与消费

1. 石油储量增长

2009 年全球石油剩余探明储量为 1817 亿 t，比 2008 年增加 109 亿 t，全球主要国家石油储量如表 1-1 所示。全球石油储产比为 45.7，印度尼西亚、沙特阿拉伯的探明储量上升，抵消了挪威、墨西哥、越南的探明储量的下降量。

2. 石油产量及消费量下降

2009 年全球石油消费减少了 1.7%，是自 1982 年以来的最大降幅。经合组织成员国石

表 1-1	2009 年全球主要国家石油剩余探明储量	单位：亿 t
国 家 或 地 区	石油剩余探明储量	占世界总量的百分比
沙特阿拉伯	363	19.8
伊朗	189	10.3
伊拉克	155	8.6
科威特	140	7.6
阿拉伯联合酋长国	130	7.3
委内瑞拉	248	12.9
俄罗斯	102	5.6
利比亚	58	3.3
哈萨克斯坦	53	3.0
尼日利亚	50	2.5
加拿大	52	2.8
美国	34	2.1
中国	20	1.1
墨西哥	16	0.9
阿尔及利亚	15	0.9
英国	4	0.2

油消费降低了 4.8%，连续第 4 年下滑。非经合组织国家石油消费增长缓慢，增长为 2.1%，这是自 2001 年以来最低的增长。非经合组织石油消费的增长全部来自于中国、印度和中东。

2009 年全球石油产量比消费量下滑速度更快，遭遇了 1982 年以来的新低，降幅达 2.6%。石油输出国组织（OPEC）始于 2008 年末的减产贯穿到 2009 年，产量下降 7.3%。OPEC 各成员国 2009 年均履行了减产协议，减产总的 75% 来自 OPEC 的中东成员国。

2009 年 OPEC 以外国家的石油产量上升 0.9%。美国石油产量上升 7%，是 2009 年全球最大增幅，也是《BP 世界能源统计》数据记载以来的最大增幅。此外，俄罗斯、巴西、哈萨克斯坦及阿塞拜疆的产量上升，被中国和经合组织成员国（如墨西哥、挪威和英国）的成熟油田的石油减产所抵消。经合组织成员国家石油产量连续 7 年下降。

自 1999 年开始全球石油产量及消费量变化曲线如图 1-5 所示。

2009 年全球原油产量为 38.21 亿 t，较 2008 年下降 2.6%。2009 年全球石油产量下降 200 万桶/日，是自 1982 年以来的最大降幅。2009 年 OPEC 产量下降 250 万桶/日；沙特阿拉伯产量下降 110 万桶/日，居全球各国之首；OPEC 以外国家的石油产量总体上升 45 万桶/日，其中，美国石油产量上升 46 万桶/日，是 2009 年全球最大增幅，也是 1970 年以来美国的最大增幅。

2009 年大产油国分别为沙特阿拉伯、俄罗斯、美国、伊朗、中国、墨西哥、加拿大、阿拉伯联合酋长国、科威特和委内瑞拉，2009 年全球主要国家石油产量如图 1-6 所示。

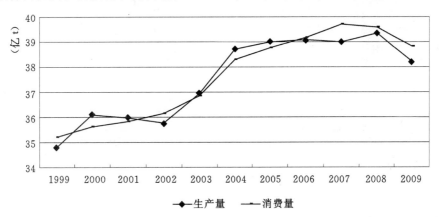

图 1-5　1999 年以来全球石油生产与消费

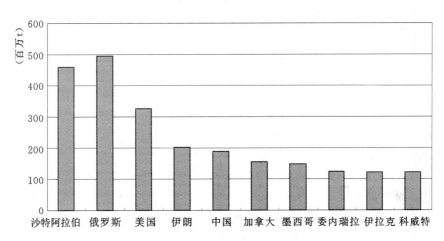

图 1-6　2009 年全球主要国家石油产量

受金融危机和高油价的影响，2008 年全球经济增长放缓，石油需求首次出现下降，为 39.28 亿 t，较 2007 年下降 0.3%。下降的主要原因是北美地区下降 5.1%，欧洲和俄罗斯地区下降 0.8%；其他地区均有不同程度增长，其中中东地区增长 5.8%，非洲地区增长 4.1%，中南美地区增长 4.0%，亚太地区增长 0.5%。2009 年消费量仍呈下降趋势，较 2008 年下降 1.7%。

2009 年十大石油消费国为美国、中国、日本、印度、俄罗斯、德国、巴西、沙特阿拉伯、韩国和加拿大，2009 年全球主要国家石油消费量如图 1-7 所示。

2009 年，美国为世界最大的石油消费国，石油消费量占世界总量的 21.7%，为 842.9 百万 t，较 2008 年下降 4.9%；中国石油消费量仍持续增长，居世界第二位，为 404.6 百万 t，较 2008 年增长 6.7%；日本为世界第三大石油消费国，消费量为 197.6 百万 t，较 2008 年下降 10.7%；印度石油消费持续增长，跃居世界第四位，为 148.5 百万 t，较 2008 年增长 3.7%。

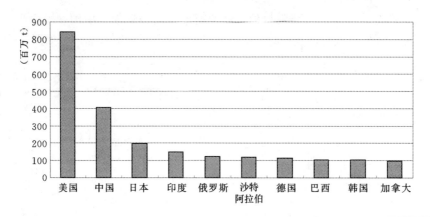

图 1-7 2009 年全球主要国家石油消费量

（三）天然气生产与消费

1. 天然气储量增长

2009 年全球天然气探明储量 187.49 万亿 m^3，较 2008 年的 185.28 万亿 m^3，增长 1.2%。

2. 天然气生产与消费下降

2009 年，在全球范围内，天然气是消费量下降最快的燃料，降幅达 2.1%，为有记录以来的最大降幅。除了中东和亚太地区，天然气消费在其他各地区都有所下降。以量计算，俄罗斯降幅居世界之首，消费量下降 6.1%。经合组织成员国天然气消费下降了 3.1%，为 1982 年以来最大的降幅。美国天然气消费 1.5% 的降幅相对稳定，主要由于价格疲软使天然气的消费相比其他燃料更具有竞争性。按量计算，伊朗天然气消费增长居世界首位，而以百分比计，印度天然气消费量以 25.9% 的增长率在主要国家中居首。

2009 年，全球天然气产量出现有记录以来的首次下降。俄罗斯和大多数其他欧洲国家的需求下降，以及价格更具竞争力的液化天然气在欧洲的供应，导致俄罗斯和土库曼斯坦的天然气产量急剧下降，降幅分别为 12.1% 和 44.8%。同时，美国对非常规天然气的持续开发使其连续第三年产量增长居世界之首，并取代俄罗斯成为全球上最大的天然气生产国。伊朗、卡塔尔、印度和中国天然气产量增长推动了中东和亚太地区的天然气产量整体增长。

1999～2009 年全球天然气生产与消费情况如图 1-8 所示。

2009 年全球主要国家天然气生产与消费情况如图 1-9 所示，美国是生产与消费最多的国家。

（四）核电消费量下降，水电消费增长，其他可再生能源持续增长

2009 年 6 月全球 30 个国家在运行的核反应堆有 436 个，装机容量 37.3 万 MW，此外在建的核反应堆有 45 个，装机容量 4 万 MW。核电占全球发电量的 16.0% 左右。

2009 年，全球核电产量连续第三年下降，降幅为 1.3%。尽管日本核电已从先前地震中恢复正常生产，且亚太地区核电产量在日本带动下有所增长，但依然不能抵消核电在全球其他地区的产量下降。在中国、巴西和美国的引领下，水力发电增长低于 1.5% 的平均水平，但依然为 2009 年增长最快的主要能源。

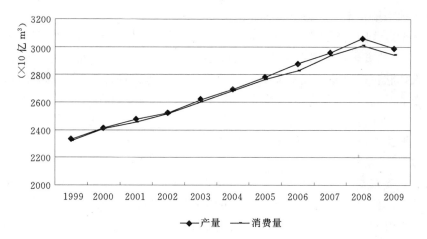

图 1-8 1999～2009 年全球天然气生产与消费

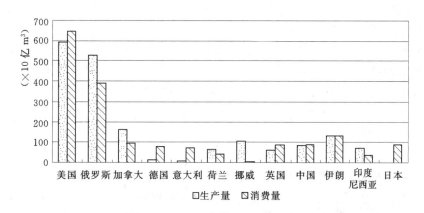

图 1-9 2009 年全球主要国家天然气产销量

　　虽然其他形式的可再生能源占全球能源结构的比例依然不高，但继续保持了快速增长的势头。各国政府持续为可再生能源发展提供支持，包括将可再生能源作为财政刺激政策的一部分。有赖于此，2009 年全球风能和太阳能的装机总量分别上升了 31％和 47％。其中中国和美国引领全球风电装机的增长，两国的风电装机增长占全球总增长的 62.4％。全球乙醇产量增加 8.1％，略高于历史平均水平的一半；美国乙醇产量（占全球乙醇产量的 52.9％）的持续强劲增长部分被巴西乙醇产量（占全球乙醇产量的 33.9％）的下降所抵消。

　　据世界能源委员会（WEC，World Energy Council）预测，按照 2008 年资源探明储量和现在的需求发展速度及开采状况，全球石油可供开采的期限仅为 43 年，天然气在 66 年后用尽，储量最大的煤炭也只够 169 年的开采。尽管有人对这些数字持异议，理由是新的储量仍在不断被发现，但是化石能源走向枯竭，能源供应紧张显然已经是不争的事实。如何保证人类的能源供应可持续发展已经提上了各国议事日程。

　　同时，由于全球能源的供应大部分依赖于这些燃料的燃烧，导致大量二氧化碳的排放，由此引起的严重环境污染问题，以及随之而来的生态破坏及温室效应等一系列连锁反应。如何转变能源生产和供应方式，以更清洁的能源为替代，减少化石燃料生产能源过程对环境造成的污染，也已成为全球关注的问题。

当前，全球范围内环境污染和不可再生能源枯竭已到了十分严重的程度。世纪更替，"可持续发展"的概念在全球迅速传播。所谓可持续发展，是指既满足当代人的需求又不危及后代人，它包括子孙后代的需要、国家主权、国际公平、发展中国家的持续经济增长、自然资源基础、生态抗压力、环保与发展相结合等重要内容。因此，从可持续发展的角度出发，保护环境和开发利用新能源成为人类面临的一项重要任务。

三、能源生产与应用对人居环境的影响

(一) 环境污染严重

城市空气质量差，烟雾弥漫。据说 6500 万年前恐龙灭绝的一种解释是由于小行星碰撞地球导致激起的尘埃遮挡了太阳，使得植物不能进行光合作用，恐龙所食用的蕨类植物大量消失。而恐龙体积庞大，没有食物导致其大量死亡乃至灭绝。那我们被烟雾笼罩的地球会不会再次影响植物的光合作用呢？这是一个值得深思的问题。

(二) 温室效应加剧

二氧化碳（CO_2）浓度逐年增加，19 世纪全球释放的 CO_2 总量为 900 万 t，而 1990 年一年排放量为 60 亿 t，而 1750 年工业革命刚开始 CO_2 浓度为 280ppm；2008 年，全球 CO_2 的总排放量已达 300 亿 t/年，大气 CO_2 浓度已达 400ppm。科学家预测，地球生态警戒线是大气中 CO_2 浓度 450ppm，地表温升 2℃。一旦超过 2℃，就会朝着 6～7℃ 的严酷升温发展，全球变暖将无法控制。国际能源机构 IEA 预测，照此趋势，2050 年地表温升就将达到 2℃。人类需要有一个所有国家参与的国际协议来划分责任，落实避免灾难的规划和进程。气候变化是我们这一两代人面临的最严峻挑战之一。化石能源的过度使用加速了气候变化和地球表面升温的进程。CO_2 就像一条棉被盖在地球表面，这个被子薄了不行，厚了也不行，但自从工业革命以后这条被子越来越厚了。

温室效应加剧导致全球变暖，给人类带来了严重的后果：冰川融化，海平面上升，物种灭绝，干旱洪涝，人体健康受到威胁。1860 年有气象记录以来，显示全球年平均温度平均每年升高 0.6℃，气候变化导致的风暴、热浪、洪水、冰灾等灾害也正在加剧。在有全球气温统计的 140 年间，全球平均气温的 10 个高峰点，有 8 个出现在 1990 年以后，CO_2 浓度的增加导致地球变暖，带来了灾难性的后果。

地球变暖对生态环境造成的影响表现在如下几方面。

1. 冰川融化海平面上升

北极永久性冰盖减少 43%，如按此速度融化，2070 年北极可能无冰。中国冰川面积减少 21%，冰川融化海平面上升，中国沿海海水入侵面积超过 800km²；威尼斯道路房屋底层经常进水；英国是岛国，所以海平面上升应是陷入灭顶之灾最早的国家，所以英国皇家主动对白宫进行改造，减少能耗，树立减少温室气体排放的好形象。

2. 生物种灭绝

欧洲蝴蝶北迁，大西洋鱼种北移，现在全球每年有 100 多种生物走向灭绝。首先，全球气候变暖导致海平面上升，降水重新分布，改变了当前的全球气候格局。其次，全球气候变暖影响和破坏了生物链、食物链，带来更为严重的自然恶果。例如，有一种候鸟，每年从澳大利亚飞到中国东北过夏天，但由于全球气候变暖使中国东北气温升高，夏天延

长，这种鸟离开东北的时间相应推迟，再次回到东北的时间也相应延后，导致这种候鸟所吃的一种害虫泛滥成灾，毁坏了大片森林。另外，有关环境的极端事件增加，比如干旱、洪水等。

3. 政治

限制 CO_2 的排放量就等于是限制了对能源的消耗，必将对全球各国产生制约性的影响。应在发展中国家"减排"，还是在发达国家"减排"成为各国讨论的焦点问题。发展中国家的温室气体排放量不断增加，2013 年后的"减排"问题必然会集中在发展中国家。有关阻止全球气候变暖的科学问题必然引发"南北关系"问题，从而使气候问题成为一个国际性政治问题。

4. 气候

全球气候变暖使大陆地区，尤其是中高纬度地区降水增加，非洲等一些地区降水减少。有些地区极端天气气候事件（厄尔尼诺、干旱、洪涝、雷暴、冰雹、风暴、高温天气和沙尘暴等）出现的频率与强度增加。

5. 海洋

随着全球气温的上升，海洋中蒸发的水蒸气量大幅度提高，加剧了变暖现象。而海洋总体热容量的减小又可抑制全球气候变暖。另外，由于海洋中的浮游生物向大气层中释放了过量的 CO_2，因而真正的罪魁祸首是海洋中的浮游生物群落。

6. 农作物

全球气候变暖对农作物生长的影响有利有弊。全球气温变化直接影响全球的水循环，使某些地区出现旱灾或洪灾，导致农作物减产，且温度过高也不利于种子生长。降水量增加尤其在干旱地区会促进农作物生长。

7. 人体健康

全球气候变暖直接导致部分地区夏天出现超高温，引发心脏病及各种呼吸系统疾病，会夺去很多人的生命，其中又以新生儿和老人的危险性最大；全球气候变暖导致臭氧浓度增加，低空中的臭氧是非常危险的污染物，会破坏人的肺部组织，引发哮喘或其他肺病；全球气候变暖还会造成某些传染性疾病传播，疾病肆虐，如禽流感、猪流感、非典等。

为了控制温升不达到警戒线，可以估算出 2030 年控制气温升高不超过 2℃ 的全球 CO_2 总排放量约为 230 亿 t。为了满足 230 亿 t 排放总量的约限，在 240 亿 t 能源消耗中，可再生能源（包括核能）必须占 40% 以上，石油和天然气约占 30%，煤约占 30%，但是煤的一半须采用 CCS（Carbon Capture and Storage）利用。

第二节　中国能源发展现状

我们面对的资源和环境压力比过去任何时候都更加严峻，尽管资源约束并非中国经济发展的绝对障碍。但中国并不具有特别资源优势，人口众多、人均资源不足是基本国情。多年来，依赖大量资源消耗，推动了中国经济的快速增长。与此同时，经济增长的代价是：资源消耗过渡、环境破坏严重。因此能源短缺危机与环境约束压力同时并存。

20 世纪 70 年代初，罗马俱乐部的报告《增长的极限》警告世人：为了人类社会美好的未来，我们再也不能为所欲为地向自然界贪婪地索取、肆意地掠夺了。因为我们不只是继承了父辈的地球，也是借用了儿孙的地球。《联合国环境方案》也曾用同样的话来告诫世人。1981年，当代科学家、思想家莱斯特·布朗又在他影响深远的《建设一个可持续发展的社会》中的扉页上引用上述话语呼吁人类社会采取有效措施，努力稳定全球人口规模，保护自然资源，开发和利用可再生资源，自觉地改变价值观念，努力探索一条人与自然协调发展的新路，建设一个可持续发展的社会。

如何建设一个可持续发展的社会，我们需要对现实做出一个基本的分析与判断，并提出相应的对策。

一、中国能源供应紧缺

中国的能源供应现状是：能源消费量远远大于能源供应量。自1992年起中国能源消费总量超过能源生产总量，至今能源供应低于能源消费的趋势有增无减。由于能源投资不足，中国能源生产增长低于能源消费增长，1992～2009年间，能源生产总量的年均增长为5.5%，能源消费的年均增长为6.2%，相差约0.6个百分点。中国能源的核心问题表现在如下几个方面。

1. 能源消费结构以煤为主

从全球一次能源系统中，我们可知，化石能源占87%左右，核电及其他能源占13%。化石能源包括煤炭、石油、天然气，其中，煤炭占29.6%，石油占33.6%，天然气占23.8%，如图1-10所示。由此可见，在全球化石能源中，石油占据绝对优势。在中国一次能源生产与消费构成中煤炭占据绝对优势，煤炭比例超过2/3。2010年，中国一次能源生产构成中，煤炭占70.5%，石油占17.6%，天然气占4.0%，其他能源占7.9%，风能、太阳能等可再生能源的消费量目前仅占很小的比例，如图1-11所示。

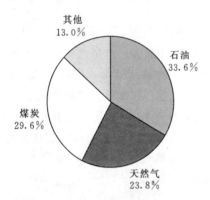
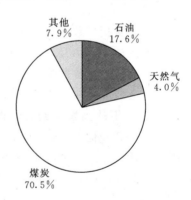

图1-10　世界能源消费结构　　　　图1-11　中国能源消费结构

2. 石油安全问题日趋显著

未来能源供应安全问题主要取决于油气的可靠供应。中国自1993年首次成为石油净进口国，2004年进口原油达1.23亿t，首次突破亿吨大关，燃料油进口突破3000万t，2009年进口原油2.04亿t。统计数据显示，20世纪90年代初以来，中国原油进口量从300万t增至2.04亿t，年均增长23.5%。原油净进口量从1996年的228万t增至2009年的20365.3万t，增长了89倍。

中国是世界上人口最多的国家，人均资源水平极低，低于全球的平均水平。中国矿产资源紧缺矛盾日益突出，石油、煤炭、铜、铁、锰、铬储量持续下降，缺口及短缺进一步加大，资源瓶颈已经是一个不得不面对的现实。

二、人均能源消费偏低

中国一次能源消费总量很大，但人口过多，人均能耗水平很低。从全球来看，经济越发达，人均能源消费量越多。到2050年，中国要实现第三步的发展目标，国民经济要达到中等发达国家的水平，人均能源消费量必将有很大的增长。

2009年，我国人均能源的消费量为1630kgoe（千克油当量，1kgoe＝42.62MJ），世界发达国家为7211.8kgoe，发达国家在1980年人均能源消费量已经达到4644kgoe。

有关能源机构预测，到2050年世界人均能源消费量为2～2.5toe，经合组织成员国人均能源消费量为5.6～6.7toe。如果特别强化生态因素制约，则2050年全球人均能源消费量为1.4toe，经合组织国家为3toe，则中国届时人均能源消费量至少是2.0～2.5toe。这个数值仅达到目前经合组织国家的低限值，低于目前经合组织国家人均消费量50％的水平。

根据以上设想，如果2050年时中国人口总数为14.5亿～15.8亿人，则一次能源需求总量为29亿～39.5亿toe，约为目前美国能源消费总量的1.5～2倍左右，为届时世界能源消费总量的16％～22％。可见从量的方面来看，这是一个严峻的挑战。

三、能源效率提高缓慢

能源总效率由三部分构成：开采效率、中间环节效率、终端利用效率。中间环节和终端利用效率的乘积通常称为"能源效率"。从现价能耗看，中国万元GDP能耗水平从1978年的15.7tce下降到2008年的0.95tce，30年间下降了14.75tce，年均下降8.8％。但是进入21世纪以后，能耗水平下降明显变缓，在2003年还出现了回升的态势。

从不变价（1978年价格）能耗看，其下降幅度要小于现价能耗。1979～2008年，中国不变价能耗从15.7t/万元下降到4.7t/万元，年均下降3.9％，降幅大大低于现价能耗。2004年以后，不变价能耗水平反弹较为明显。

总的来看，中国能源效率在1990～1998年基本呈现出稳定上升的态势（即能耗水平稳定下降），但从1998年以后，增速开始下降。进入2002年以后，连续三年出现了负增长。尽管2006年以后能源效率重新开始提高，但是速度非常缓慢，这说明中国能源效率进一步提高的难度已经很大了。

为了更直观了解中国的能源效率，还可以与发达国家水平进行横向比较。利用购买力平价（PPP）的方法对中国与发达国家的能源效率进行比较。2008年，中国1亿国际美元GDP约消耗能源253.38toe，能耗水平为日本的2.17倍，德国的2.38倍，美国的1.57倍。

能源效率低与以煤为主的能源结构有密切关系，不仅以煤为燃料的中间转换装置效率低，且以煤为燃料的终端能源利用装置效率低于液体或气体燃料。中国煤炭资源综合回收率一般在30％左右，小型矿井不足15％。

四、人均能源资源不足

2009年底中国煤炭探明储量114500百万t，居世界第三位，中国煤炭人均探明储量为86t，全球煤炭探明储量826001百万t，全球人均探明储量为122t；中国石油探明采储量 20 亿 t，中国石油人均探明储量为 1.5t，全球煤炭探明储量 1817 亿 t，全球石油人均探明储量为 26.8t；中国天然气探明储量 2.46 万亿 m^3，中国天然气人均探明储量为 1843m^3，全球天然气探明储量 187.49 万亿 m^3，全球天然气人均探明储量为 27666m^3。中国煤炭人均探明储量为全球人均值的 70%，石油人均探明储量为全球人均数值的 6%，天然气为全球人均数值的 7%，即使是水能资源，按人均数值也低于全球的人均数值。

五、环境约束日益显现

中国高度依赖煤炭的消费，煤炭在一次能源消费中占到 70.5%。过度使用煤炭不仅会造成效率低，而且会带来环境污染的严重后果。

改革开放以来，中国在经济发展取得显著成就的同时也出现了资源消耗、碳排放增加等问题。CO_2 排放总量从 1978 年的 1483 百万 t 增加到 2008 年的 6896 百万 t，年均增长 5.2%。人均 CO_2 排放量从 1978 年的 1.5t 增加到 2008 年的 5.2t，年均增长 4.1%。

这一期间，CO_2 排放也呈现出较强的阶段性特征，总体可分为三个阶段。第一阶段是 1978～1996 年，CO_2 排放量呈平稳增长态势，年均增长 4.9%；第二阶段是 1997～2002 年，CO_2 排放量基本稳定，年均增长 0.9%；第三阶段是 2003～2008 年，CO_2 排放量快速增长，年均增长 11.3%，2003～2005 年增速分别达到 17.4%、15.7% 和 10.2%，远高于其他国家增长速度。

尽管 CO_2 排放总量在增长，但 CO_2 排放强度（万元 GDP 二氧化碳排放量）总体呈较快下降趋势。从现价看，万元 GDP 二氧化碳排放量从 1978 年的 40.7t 下降到 2008 年的 2.3t，年均下降 9.1%；从不变价（1978 年价格）看，万元 GDP 二氧化碳排放量从 1978 年的 40.7t 下降到 2008 年的 12.3t，年均下降 4.1%。

从时间看，CO_2 排放强度的变化可分为两个阶段：1998 年以前基本上是稳定下降，但 1999 年以后下降速度放缓，2003 年和 2004 年还出现反弹，"十一五"以后下降速度明显低于历史其他时期。

按 PPP 法和不变价国际美元计算，2008 年，中国 1 亿国际美元 CO_2 排放量是 9.4 万 t，是全球平均水平的 1.9 倍，是日本的 2.7 倍，德国的 3.0 倍，巴西的 3.9 倍，美国的 1.9 倍，印度的 2.1 倍。从动态来看，2003～2008 年中国 CO_2 排放强度下降了 3.7%，不仅低于日本、德国、美国和印度，甚至低于全球平均降速。

政府间气候变化专门委员会（IPCC）研究发现，自工业化时期以来，人类通过燃烧化石燃料向大气中排放的 CO_2 占全球 CO_2 排放总量的 95% 以上，是引起大气增温的主要原因。因此，CO_2 排放问题本质上是一个能源消耗问题。能源消耗对 CO_2 排放的影响又可分解为三个层面：一是总量层面，能源消耗量越大，CO_2 排放越多；二是效率层面，能源效率越高，单位产出消耗的能源越少，CO_2 排放就越少；三是结构层面，同等能源消耗量中清洁能源的比重越高，CO_2 排放越少。事实上，恰恰是这三个因素同时存在，才导致中国 CO_2 排放量的不合理增长。

第三节　我国建筑能源消耗及建筑节能现状

无论是发达国家还是发展中国家都毫无例外地十分关注建筑业的发展，这是因为建筑业紧紧地维系着国家经济和社会的变化，并对经济的涨落和社会的稳定产生重大的影响。我国是建筑业大国，建筑业也是我国国民经济重要组成之一。我国每年完成的建筑工程总量约为 20 亿 m²，约占全世界建筑总量的 50%。我国已建成的建筑面积总量约 430 亿 m²，累计已建成节能建筑总面积约有 28.5 亿 m²，仅占城镇既有建筑总量的 16.1%，今后建筑节能任务十分艰巨。

一、我国建筑能耗

近 20 年来，我国的住宅建设在住房制度改革的强力推动下，已经取得了举世瞩目的成绩，实现了持续的高速发展。1996～2008 年，我国总的建筑商品能耗从 2.59 亿 tce 增长到 6.55 亿 tce（不含生物质能），增加了 1.5 倍。2007 年的建筑能耗为 6.07 亿 tce（不含生物质能），约占当年社会总能耗的 23%，其中电力消耗为 7150 亿 kW·h，约占当年社会总能耗的 22%。

建筑能耗的增长，一方面是由于室内环境的改善，建筑服务水平的提高，以及建筑内用能设备的增加造成单位面积能耗的攀升。除北方城镇采暖的单位面积能耗随节能工作的推进有显著下降外，其他各类建筑能耗均有所增长，而总体来看，单位面积建筑能耗也从 10.5kgce/(m²·a) 增加到 15.2kgce/(m²·a)；另一方面，由于建筑总量的增长造成人均建筑面积飞速增长，随着城市化进程的推进，城市人口的增加和大规模城市建设的结果，造成我国建筑城镇总面积在 13 年内从 62 亿 m² 猛增到 204 亿 m²。

从各类建筑的总能耗来看，公共建筑除集中采暖外的能耗和城镇住宅除采暖外的能耗增长幅度最快，这两项形成的商品能源能耗（折合为亿吨标准煤），分别从 0.43 亿 tce、0.21 亿 tce，增加到 1.41 亿 tce、1.20 亿 tce；这是单位面积能耗和总建筑面积同步增长的结果。北方城镇采暖则由 0.70 亿 tce 增长到 1.53 亿 tce，增加了一倍，这主要是由城镇建筑面积的增加造成的。而夏热冬冷地区的城镇采暖能耗，尽管目前的绝对数量不大，但随着居民收入的提高和冬季室内环境改善需求的不断增长，越来越多建筑中冬季采暖的温度与时间都在增加；而原本冬季没有采暖的建筑也逐渐开始广泛地使用各种方式提高冬季室温，采暖建筑占该地区总建筑比例不断提高；因此，造成能耗从 40 万 tce 迅速增长到 2006 年的 1490 万 tce，并有继续快速增长的趋势。在农村，单位面积商品能耗和建筑总面积都略有增加，但初级生物质能的消耗逐步被商品能取代，造成农村商品能耗从约折合 1.11 亿 tce 增加到 2.26 亿 tce。

我国建筑能耗与发达国家相比，无论是单位面积平均能耗还是人均能耗，均大大低于发达国家。

（一）城镇建筑能耗

1. 城镇采暖用能

（1）北方城镇采暖用能。北方城镇采暖是我国城镇建筑能耗比例最大的一类建筑能耗，占我国建筑总能耗的 25% 左右，占城镇建筑能耗的 40% 左右。随着采暖建筑总量的增长，北方城镇采暖总能耗从 1996 年的 7200 万 tce 增长到了 2008 年的 15300 万 tce，翻了一倍；而随着节能工作取得的显著成绩，平均的单位面积采暖能耗从 1996 年的 24.3kgce/(m²·a)，降低到 2008 年的 17.4kgce/(m²·a)。

决定北方城镇采暖能耗的主要因素可归纳为需要采暖的建筑面积大小、单位面积需热量大小，以及供热系统的效率。

1) 采暖建筑面积。北方城镇建筑面积从 1996 年的不到 30 亿 m^2，到 2008 年已增长到超过 88 亿 m^2，增加了 1.9 倍。这一方面是由城镇建设飞速发展和城镇人口的增长造成的必然结果；另一方面，有采暖的建筑占建筑总面积的比例也有了进一步提高，目前北方城镇有采暖的建筑占当地建筑总面积的比例已接近 100%。

2) 单位面积需热量。单位面积需热量大小，由建筑物（围护结构、建筑体形系数），以及人的行为（新风量大小、采暖时间和室内温度）决定。

建筑要实现节能首先要按节能标准设计及施工。起初，标准执行方面存在设计、施工与验收脱离的问题。直到 2006 年底，各地建设项目在设计阶段执行节能设计标准的比例提高到 95.7%，施工阶段执行节能设计标准的比例为 53.8%，新建建筑已基本实现按节能设计标准设计，节能建筑的比例不断提高。

长时间以来我国北方城镇集中供热的收费方式为按面积收缴热费。不论保温好坏，供热量高低，每平方米的收费相同。并且都要保证室温不得低于 18℃。这一方式使建房者在建筑保温与其他节能措施上的投资得不到任何回报，使居住者在房间过热时选择开窗通风降温，不顾及由于开窗造成的热量损失；各种末端调节手段也由于这一收费制度而无法推广应用。因此，关键是在实现集中供热的分户调节的基础上，通过按热量收费的机制，主动降低室温，按热收费，减少开窗，降低实际建筑需热量。然而，到目前为止，真正实现按热量收费和末端室温可调的集中供热在全国还很少，还有很长的路要走。

3) 供热系统的效率。从单位面积能耗比较各种采暖方式的系统效率，大型热电联产的平均煤耗仅为 13 kgce/(m^2·a)，大大低于其他供热方式。而小型区域燃煤锅炉、分散燃煤采暖的单位面积平均能耗均大于 20 kgce/(m^2·a)。从一次能源的利用效率来说，热电联产集中供热方式，应该是降低北方城镇采暖能耗的最有效方式。而且，通过技术进步，如采取基于"吸收式换热循环"的热电联产集中供热方法，可大幅度提高热网供热能力，提高电厂供热能力，使得热电联产的单位面积平均供热煤耗降低 30%～50%。

对于没有条件建设或接入城市热网的建筑。比较几种分散采暖方式，得到燃气分户壁挂炉的采暖方式的单位面积能耗为 12 kgce/(m^2·a)，且易于末端调节，有条件采用天然气采暖时，可以此作为主要采暖方式推广。在有地下水条件，且能够有效地实现回灌时，年均温度不低于 12℃的华北地区也可以采用水源热泵方式。

综上分析，我国北方城镇采暖的能耗特点和发展趋势为：

1) 单位面积能耗高于其他建筑类型，从 1996～2008 年，采暖建筑面积总量增加近两倍，采暖总能耗增加了一倍，单位面积能耗有所降低。

2) 集中供热面积的比例逐年增加，仍存在热电联产、大型锅炉房、区域小锅炉房及分散采暖等各种采暖方式，不同采暖方式对一次能源的利用效率存在很大差别。

3) 近年来，在建设部和各地政府的强力推动下，节能建筑的比例不断增加，提高了建筑围护结构的保温水平。

4) 在集中供热系统建筑之间或建筑内不同房间之间，存在过量供热的情况，造成开窗及部分房间室温过高等能耗浪费的情况。

5) "热改"有待进一步推进，以促进用户行为节能和各种建筑节能措施的实施。

　　6）通过推广合理的热源方式并推广先进的能源转换方式，有可能大幅度降低采暖的一次能源消耗量。

　　（2）夏热冬冷地区城镇采暖用能。夏热冬冷地区包括山东、河南、陕西部分不属于集中供热的地区和上海、安徽、江苏、浙江、江西、湖南、湖北、四川、重庆，以及福建部分需要采暖的地区。2008年，这一地区拥有城镇建筑约82亿 m^2，是城市建筑量飞速增长的主要地区。

　　2008年夏热冬冷地区城镇住宅空调采暖用电约为460亿 $kW \cdot h$，使用分散的电采暖方式（热泵或电暖气）住宅单位面积采暖用电量约为 $5 \sim 10 kW \cdot h/(m^2 \cdot a)$。

　　考察大部分夏热冬冷地区住宅，大部分家庭目前是间歇式采暖，也就是家中无人时关闭所有的采暖设施、家中有人时也只是开启有人房间的采暖设施。由于电暖气和空气—空气热泵能很快加热有人活动的局部空间，而且这一地区冬季室外温度并不太低，因此这种间歇局部的方式并不需要提前运行几个小时对房间进行预热。在有人使用并运行了局部采暖设施的房间，室温一般只在 $14 \sim 16 ℃$，而不像北方地区那样维持室温在 $20 ℃$ 左右。室内外温差较小，室内温度在 $10 ℃$ 左右。

　　这一地区冬季采暖能耗总体较低，但是，这样低的能耗水平是建立在低的采暖温度设定值和间歇采暖方式的基础上的。目前随着经济发展和人民生活水平的不断提高。这一地区普遍呼吁应该改善室内采暖状况。采用集中供热的新建公共建筑和新建住宅也不断增加。当采用集中供热系统时，采暖方式就会变间歇为连续，室温也很自然的会上升到 $20 ℃$。而这一地区居民经常开窗通风的生活习惯却很难改变。因此无论建筑围护结构保温如何，室内外由于空气交换造成的热量散失仍会很大。可以计算出当采用集中供热、连续运行、室温设定为 $20 ℃$ 时，平均采暖需热量为 $60 kW \cdot h/(m^2 \cdot a)$。如果像北方地区一样出现集中供热系统的过量供热问题，过量供热损失和集中供热的外网热损失一共为 $20 kW \cdot h/(m^2 \cdot a)$，集中供热热源需要供应每个冬季 $80 kW \cdot h/(m^2 \cdot a)$ 热量。如果采用效率为 65% 的锅炉作为热源，70亿 m^2 建筑采暖能耗将可能达到1亿 tce/a，相当于目前北方地区采暖煤耗 70%，对我国建筑能耗总量造成很大影响。这一地区城镇建设将持续发展，城镇住宅面积将从目前的约70亿 m^2 增加到120亿 m^2，这样，即使采用了可能的高效措施，采用集中供热方式解决这一地区的冬季采暖问题仍将需要超过1亿 tce/a，几乎为目前这一地区采暖能耗的6倍。显然，集中供热不是解决这一地区冬季采暖的适宜方式。

　　冬季室外温度 $5 ℃$，室内 $16 ℃$；夏季室外温度 $35 ℃$，室内温度 $25 ℃$，正是空气源热泵最适合的工作状况。如果研制开发出新型的热泵空调系统，可以满足这种局部环境控制、间歇采暖和空调的需求。冬季能以辐射的形式或辐射对流混合形式实现快速的局部采暖，夏季能同时解决降温和除湿需求。

　　采暖温度为 $16 ℃$，则采暖平均需热量可以控制在 $35 kW \cdot h/(m^2 \cdot a)$。如果此工况下热泵的COP为3.5，平均冬季采暖电耗可以在 $10 kW \cdot h/(m^2 \cdot a)$ 以内。这样，目前70亿 m^2 住宅建筑在冬季室内环境得到较好的改善后，采暖能耗不超过3800万 tce/a，未来建筑总量增加到120亿 m^2 后，冬季采暖能耗不超过6500万 tce/a，大约仅为采用高效的集中供热方式煤耗的 65%。

2. 城镇住宅除采暖外的总能耗

城镇住宅除采暖外的总能耗从 1996 年 3410 万 tce, 到 2008 年 12000 万 tce, 增加了 2.5 倍。而单位面积的能耗则总体看来略有降低, 这是由于城镇燃气普及率的提高, 从 1995 年的 34.3% 提高到 2008 年的 89.6% (中华人民共和国国家统计局, 2008), 城市燃煤炊事灶大量减少, 同时家庭平均建筑面积大幅度增加, 造成炊事单位面积能耗的降低。而除炊事外, 城镇住宅其他终端用途单位面积能耗均有一定的增长, 特别是空调, 总用电量从 1996 年的不到 5 亿 kW·h 增长到 2008 年的超过 400 亿 kW·h。

城镇住宅除采暖外能耗的变化发展, 主要受到建筑规模、建筑内使用的设备系统的数量与其能效以及居民生活模式等因素的影响。具体如下:

(1) 建筑面积迅速增加。我国正处在经济持续快速发展期, 城镇住宅建筑面积迅速增加, 从 1996~2008 年增加了 2.5 倍。而城镇人口仅从 3.73 亿人增加到 6.07 亿人, 增加了不到 1 倍, 同时, 单位建筑面积能耗仅随着住宅能源种类的变化而略有下降。因此, 城镇人均建筑面积的增加, 是能耗增加的主要因素。

(2) 建筑内使用的设备系统的数量和时间增加。随着我国经济的发展和居民收入的增加, 我国城镇居民的各种家用电器数量正在逐年增长 (中华人民共和国国家统计局, 1996~2009); 而调研也显示, 建筑设备形式、室内环境的营造方式和用能模式也正在悄然发生巨大变化。家用耗能设备的使用范围和使用时间正在不断地增长, 这将不可避免地带来住宅能耗的增长。

科学水平的发展与进步, 用能设备能效的进一步提高, 有利于减缓我国建筑能耗增长的步伐。2007 年底, 财政部、国家发展与改革委员会 (以下简称发改委) 颁布了 "节能产品惠民工程", 采取财政补贴方式。对十类高效家电节能产品以及已经实施的高效照明产品、节能与新能源汽车进行推广应用, 形成有效的激励机制。该政策将对在我国城镇住宅中推广高效节能的家电产品具有较大的促进作用。

(3) 不同生活模式人群的社会分布发生变化。近年来大量出现的 "别墅"、"town house" 大多为高档豪华住宅, 大量使用中央空调、烘干机等机械手段满足室内服务需求, 户均用电水平几倍甚至几十倍于普通住宅。随着我国经济发展和高收入人群的增加, 此类高能耗住宅及其拥有人群在城市社会人口中的比例呈增长的趋势, 也成为导致我国城镇住宅能耗增长的一个重要因素。

总体说来, 在未来, 中国的城镇住宅除采暖外的能耗在现有基础上进一步增长, 是人们生活水平提高, 建筑服务需求增加的必然结果。然而, 考虑到住宅的非采暖能耗的高低主要取决于住宅建筑总量和未来大多数居民的生活模式, 而各类节能技术对降低住宅非采暖能耗的贡献, 与之相比则显得十分有限。因此, 控制未来城镇住宅非采暖能耗, 使之少增长、甚至不增长, 其可能的途径为:

1) 控制建筑规模, 防止建筑总量和人均住宅面积拥有量的不合理增长。

2) 在全社会继续提倡行为节能。倡导勤俭节能的生活模式, 尽可能使高能耗人群的比例不继续增加。同时, 提倡建造满足基本的健康与舒适的住宅, 尽可能限制建造高能耗的高档豪华住宅。

3) 通过合理的建筑节能技术的使用, 在保证人们生活水平的同时, 进一步提高能效。

（二）农村住宅能耗

农村住宅的能源消耗为采暖、炊事能耗和照明及家电的用电。能源种类除了煤炭、液化石油气、电力等主要商品能源，还包括大量的生物质能，满足采暖和炊事的需求。商品能耗总量有了明显增加，而生物质能的比例则从 55％下降到 38％。

1996～2008 年，农村总人口从 8.5 亿人减少到了 7.2 亿人，人均住房面积从 21.7m² 增加到 32.4m²（中华人民共和国国家统计局，1996～2009），综合来看农村总建筑面积略有提高。

农村居民家庭支出中，能源支出一直占生活消费总支出的 15％左右（中国统计年鉴，中华人民共和国国家统计局，1996～2008）。而实际上，农村建筑在消耗大量各类能源的同时，并没有给农户带来舒适的室内环境。一方面，由于我国北方地区农村住宅以独立式单体建筑为主，体形系数大，再加上保温普遍不良以及采暖方式落后，冬季室内空气温度过低成为室内环境的突出问题。另一方面，由于农宅存在大量非清洁燃料的低效燃烧和不良生活卫生习惯情况，如煤炭、秸秆和薪柴的直接燃烧、功能房间布局的不合理、人员在室内吸烟、通风排烟措施的缺乏及家禽的随便散养等，使农村的室内环境与山清水秀的室外环境形成了鲜明的对比，对农民的身体健康造成了极大的伤害。

区别于城镇住宅的密集居住，农村居民住宅的特点是分散、接近自然，生物质能和可再生资源丰富。几千年的文明积淀，使得我国农村居民具有了与当地气候、地理条件相结合的建筑形式和生活方式，包括建筑的通风、遮阳、夏季降温、冬季取暖、使用生物质能做饭和充分利用阳光等生活习惯。这种朴素的"天人合一"的自然观是进行农村生活和发展的文化根源和资源优势。然而，越来越多的农村人正在逐渐摒弃这种传统的生活方式，盲目地追求城市发展模式，逐步放弃使用传统的生物质能而转向使用商品能。

伴随着我国农村经济发展、人民生活水平及对建筑环境品质要求的不断提高，如何营造一个健康、舒适和安全的农村建筑室内环境显得十分重要。传承农村人与自然协调发展的生活模式，通过技术进步、合理的能源使用方式，大大改善农村居民的生活环境，而不造成能源消耗的大幅度增长，是我国新农村建设必须面对和解决的战略性问题。

与城市相比，我国农村拥有更广阔的空间资源，相对低廉的劳动力，丰富的生物质能源。然而，由于用能密度低，输送成本高，常规商品能源的成本比城市高，因此农村能源问题应当采取与城市完全不同的解决方案。必须基于当地产生的秸秆薪柴等生物质能源的清洁高效利用，配合太阳能、风能和小水电等可再生能源，再辅助少量电能，发展出一条可持续发展的农村能源解决途径。考虑到农村的实际情况，适宜的建筑节能策略应该分两个层次来解决。

首先，主要依靠被动式节能技术，例如加强房屋保温、防风、增加被动式太阳能利用和提倡节俭的行为方式等。这些技术不仅实施起来简单易行，而且效果明显，也是其他节能技术实现的前提。

其次，在被动式节能基础上，采取部分主动式节能技术。包括发展符合农村特点、基于当地资源条件的炊事和采暖方式，提高炊事和采暖系统效率等，可以进一步节能 10％～20％。

此外，在有条件的地区应大力推广生物质等可再生能源的高效清洁利用，逐步减少农村对常规商品能源的依赖。这样可以促进我国新农村建设的发展和农民生活水平的进一步提高，减少对我国能源供应的压力。

（三）公共建筑能耗

公共建筑除集中采暖外，能耗由电力和非电商品能耗组成。其中，电力消耗逐年增长较快，而非电商品能耗主要用于炊事、生活热水，以及小部分建筑的自采暖和空调。根据我国公共建筑能源消耗的特点，可分为"大型公共建筑"和"一般公共建筑"两类。前者规模相对较大，采用中央空调、机械通风等，单位面积能耗为后者的2～5倍。随着我国城市建设的飞速发展和经济水平的提高，公共建筑面积与"大型公共建筑"的比例迅速增长，使此项能耗也迅速增长。目前我国的公共建筑平均能耗水平，仍远远低于发达国家和地区的平均水平。

公共建筑规模、体量与能耗强度的同步增长，势必带来公共建筑总能耗快速增长，因此对公共建筑的节能工作必须高度重视。这需要在充分了解中国国情的基础上，深入分析中外建筑之间、大型公共建筑和普通公共建筑之间能耗差别产生的原因，进而确定我国公共建筑的发展方向。

因此，对公共建筑的节能，当前最突出的几点任务是：

（1）通过调控新建公共建筑的规模和形式，尽可能减缓高能耗的大型公共建筑的增长。

（2）抓好既有公共建筑的实际用能管理。一种有效的办法是用实际能耗数据监管公共建筑运行，逐渐把公共建筑节能工作从"比节能产品节能技术"转移到"看数据、比数据、管数据"，就会形成科学的、良好的建筑节能气氛和环境，真正实现能源消耗量的逐年降低。

（3）对大型公共建筑，通过优化运行管理，推广先进技术，可以使得新增建筑能耗平均降低到目前的50%，既有建筑降低30%。具体的节能措施包括：进行合理的建筑设计，充分利用自然光和自然通风，降低空调能耗需求；推广节能灯具和高效办公设备，提高建筑能源利用率；采用高效节能的空调技术，提倡行为节能，合理地运行调节等等。

（4）对于普通公共建筑，也应注意加强用能管理。推广节能灯和高效办公设备，提倡各种行为节能措施，在建筑服务水平进一步提高的基础上，避免能耗出现大幅度增加。

二、我国建筑节能现状

（一）我国建筑节能发展历程

"十二五"之前，我国建筑节能的发展经历了四个阶段。

1. 第一阶段：理论探索阶段

1986年之前为理论探索阶段。此阶段开展的工作，主要是在理论方面进行了一些研究，了解、借鉴国际上建筑节能的情况和经验，对我国建筑节能做初步探索。在此基础上，1986年出台了《民用建筑节能设计标准》（JGJ 26—1995），提出建筑节能率目标是30%，即新建的采暖居住建筑的能耗应在1980～1981年当地住宅通用设计耗热水平的基础上降低30%。

2. 第二阶段：试点示范与推广阶段

1987～2000年为第二阶段，即试点示范与推广阶段。在这个阶段，建设部加强了对建筑节能的领导，并从 1994 年开始有组织地制定建筑节能政策并组织实施。如《建筑节能九五计划和 2010 年规划》，修订新的节能 50％的标准。10 多年间，出台了一系列的政策法规、技术标准与规范；安排了数百项建筑节能技术研究项目，取得了一批具有实用价值的成果；建筑节能相关产品及技术也获得开发和应用，如太阳能应用技术；全国建成 1.4 亿 m² 的节能建筑；广泛开展技术培训和国际合作。

我国政府为了鼓励和推动开展建筑节能工作，制定了相应的鼓励政策和管理规定。

（1）1991 年 4 月，国务院发布第 82 号国务院令，明确规定：对于达到《民用建筑节能设计标准（采暖居住建筑部分）》的住宅，即为北方节能住宅，其固定资产投资方向调节税税率为零。

（2）1992 年，国家经济委员会（以下简称经委）和建设部联合制定了《关于基本建设和技术改造工程项目可行性研究报告增列"节能篇（章）"的暂行规定》。对固定资产投资项目的提出、论证和立项审批，首先要对节能进行专题论证、设计和审批。

（3）1997 年，国家计划委员会（以下简称计委）、国家经委和建设部根据《中华人民共和国节约能源法》的有关规定，又对原规定进行了修改，制定了《关于基本建设和技术改造工程项目可行性研究报告增列"节能篇（章）"编制及评估的规定》，明确了节能的要求和评估的标准。

（4）1998 年，国家计委、国家经委、电力工业部、建设部印发《关于发展热电联产的若干规定》。

（5）1999 年，建设部制定了《民用建筑节能管理规定》，自 2000 年 10 月 1 日起施行。

（6）我国建筑应用太阳能等新能源的早期政策。我国太阳能在建筑上的应用有 20 年的历史，取得了很大的成绩，但总体水平不高，发展不快。为了进一步推动太阳能在建筑中的应用，建设部初步制定了"中国住宅阳光计划"项目计划，包括目标、任务和十项行动措施，并希望与国家有关部门和国际组织合作，取得经费与预算的支持。

建立健全建筑节能标准规范体系，对于推动建筑节能工作走上标准化、规范化的轨道至关重要。此阶段，先后颁发的建筑节能相关的节能标准与规范有如下：

1）《采暖通风与空气调节设计规范》（GJG 19—1987）。该规范适用于新建、扩建和改建的民用和工业建筑的采暖、通风与空气调节设计，不适用于有特殊用途、特殊净化与防护要求的建筑物、洁净厂房以及临时性建筑的设计。

2）《民用建筑照明设计标准》（GBJ 133—1990）。为了使民用建筑照明设计符合建筑功能和保护人民视力健康的需求，做到节约能源、技术先进、经济合理、使用安全和维护方便，制定该标准；该标准适用于新建、改建和扩建的公共建筑和住宅的照明设计。

3）《旅游旅馆建筑热工与空气调节节能设计标准》（GB 50189—1993）。该标准适用于新建、改建和扩建的旅游旅馆的节能设计。

4）《城市热力网设计规范》（GJJ 34—1990）。为节约能源，保护环境，促进生产，保护人民生活，加速发展我国城市集中供热事业，提高集中供热工程设计水平，制定该规范；该规范适用于热电厂或区域锅炉房为热源的新建或改建的城市热力网管道、中继泵站和用户热力站等工艺系统设计。

5)《民用建筑热工设计规范》（GB 50176—1993）。为使民用建筑热工设计与地区气候相适应，保证室内基本的热环境要求，符合国家节约能源的方针，提高投资效益，制定该规范；该规范适用于民用建筑的热工设计，主要包括建筑物及其围护结构的保温、隔热和防潮设计。

6)《民用建筑节能设计标准（采暖居住建筑部分)》（JGJ 26—1995）。该标准适用于集中采暖的新建和扩建居住建筑热工与采暖节能设计。

7)《既有采暖居住建筑节能改造技术规程》（JGJ 129—2000）。为贯彻落实《中华人民共和国节约能源法》及国家关于节约能源的法规，改变我国严寒和寒冷地区大量既有居住建筑采暖能耗大、热环境质量差的现状，采取有效的节能改造技术措施，以达到节约能源、改善居住热环境的目的；该规程适用于我国严寒及寒冷地区设置集中采暖的既有居住建筑节能改造，无集中采暖的既有居住建筑，其围护结构采暖系统直接按规程的有关规定执行。

3. 第三阶段：承上启下的转型阶段

我国建筑节能发展的第三个阶段是 2001～2005 年，这是一个承上启下的转型阶段。2005 年修订了《民用建筑节能管理规定》，这一次修订是在总结以往经验和教训，针对建筑节能工作面临的新情况进行的，对全面指导建筑节能工作具有重要意义。这一时期，中国建筑节能的一个重要发展是：地方建筑节能工作广泛开展，建筑节能趋向深化。地方性的节能目标、节能规划纷纷出台，28 个省（自治区、直辖市）制定了"十一五"建筑节能专项规划；各地建设项目在设计阶段执行设计标准的比例提高到 57.7%，部分省（自治区、直辖市）提前实施了 65% 的设计标准。此外，供热体制改革和可再生能源的规模化应用，也在各地稳步进行。

这一阶段制定的技术标准与规范主要有：

(1)《夏热冬冷地区居住建筑节能设计标准》（JGJ 134—2001）。该标准适用于夏热冬冷地区新建、改建和扩建居住建筑的建筑节能设计，对夏热冬冷地区居住建筑从建筑热工和暖通空调设计方面提出了节能措施要求，并明确了规定性控制指标和性能控制指标。该标准的实施，可以降低建筑使用能耗 50% 以上。

(2)《采暖居住建筑节能检验标准》（JGJ 132—2001）。为了贯彻国家有关节约能源的法律，法规和政策，检验采暖居住建筑的实际节能效果，制定该标准；该标准适用于严寒和寒冷地区设置集中采暖的居住建筑及节能效果检验；检验时，除应符合该标准外，还应符合国家现行有关强制性标准的规定。

(3)《夏热冬暖地区居住建筑节能设计标准》（JGJ 75—2003）。与中部夏热冬冷地区的标准相比，该标准没有对某一地区给定一个固定的每平方米建筑面积允许的空调、采暖设备能耗指标，而是给出了一个相对的能耗限值。具体做法是：首先根据建筑师设计的建筑形状，按照规定性指标中规定的参数计算出该建筑的采暖空调能耗限值。然后根据建筑实际参数，改变围护结构传热系数、窗的类型等计算能耗，直至小于能耗限值。

(4)《外墙外保温工程技术规程》（JGJ 144—2004）。为规范外墙外保温工程技术要求，保证工程质量，做到技术先进、安全可靠、经济合理、制定该规程。该规程适用于新建居住建筑的混凝土和砌体结构外墙外保温工程。

(5)《民用建筑太阳能热水系统应用技术规范》（GB 50364—2005）。为使民用建筑太阳能热水系统安全可靠、性能稳定、与建筑和周围环境相协调，规范太阳能热水系统的设计、安装和工程验收，保证工程质量，制定该规范。该规范适用于城镇中使用太阳能热水系统的新建、扩建和改建的民用建筑，以及改造既有建筑上已安装的太阳能热水系统和在既有建筑上增设太阳能热水系统。

(6)《公共建筑节能设计标准》（GB 50189—2005）。这是我国批准发布的第一部公共建筑节能设计的综合性国家标准。该标准适用于新建、扩建和改建的公共建筑的节能设计。该标准的发布实施，标志着我国建筑节能工作在民用建筑领域全面铺开，是大力发展节能省地型住宅和公共建筑，制定并强制推行更加严格的节能节材节水标准的一项重大举措，对缓解我国能源短缺与经济社会发展的矛盾必将发挥重要作用。

(7)《地源热泵系统工程技术规范》（GB 50366—2005）。该规范适用于以岩土体、地下水、地表水为低温热源，以水或添加防冻剂的水溶液为传热介质，采用蒸汽压缩热泵技术进行供热、空调或加热生活热水的热水工程的设计及验收。

4. 第四阶段：全面开展阶段

2006 年至今是建筑节能的全面开展阶段，其重要标志是新修订的《中华人民共和国节约能源法》成为节能建筑上位法，以及《民用建筑节能条例》、《公共机构节能条例》的实施。

这一阶段主要的技术标准与规范有：

(1)《绿色建筑评价指标》（GB/T 50378—2006）。为贯彻执行节约资源和保护环境的国家技术经济政策，推进可持续发展，规范绿色建筑的评价，制定该标准。该标准适用于评价住宅建筑和办公建筑、商场、宾馆等公共建筑。该标准对绿色建筑、热岛强度等术语进行了定义，对绿色建筑评估指标体系的各类指标规定了具体的要求。该标准于 2006 年 6 月 1 日起实施。

(2)《建筑节能工程施工质量验收规范》（GB 50411—2007）。该规范是第一部以达到建筑节能设计要求为目标的施工质量验收规范，它具有五个明显的特征：一是明确了 20 个强制性条文，按照有关法律和行政法规，工程建设标准的强制性条文，必须严格执行，这些强制性条文既涉及过程控制，又有建筑设备专业的调试和检测，是建筑节能工程验收的重点；二是规定了对进场材料和设备的质量证明文件进行核查，并对各专业主要节能材料和设备在施工现场抽样复验，复验为见证取样送检；三是推出了工程验收前对外墙节能构造的现场实体检验，严寒、寒冷和夏热冬冷地区的外窗气密性的现场实体检验和建筑设备工程系统的节能性能检测；四是将建筑节能工程作为一个完整的分部工程纳入建筑工程验收体系，使涉及建筑工程中节能的设计、施工、验收和管理等多个方面的技术要求有了充分的依据，形成从设计到施工和验收的闭合循环，使建筑节能工程质量得到控制；五是突出了以实现功能和性能要求为基础，以过程控制为指导，以现场检验为辅导的原则，结构完整，内容充实，对推进建筑节能目标的实现将发挥重要作用。

该规范适用的对象是全方位的，是参与建筑节能工程施工活动各方主体必须遵守的，是管理者对建筑节能工程建设、施工依法履行监督和管理职能的基本依据，同时也是建筑物的使用者判定建筑是否合格和正确使用建筑的基本要求。

（3）《民用建筑能耗数据采集标准》（JGJ/T 154－2007）。为加强我国能源领域的宏观管理和科学决策，指导和规范我国的建筑耗能数据采集工作，促进我国建筑节能工作的发展，制定该标准。该标准适用于我国城镇居民建筑使用过程中各类能源消耗数据的采集和报送。

（4）《国家机关办公建筑和大型公共建筑能源审计导则》。为提高建筑能源管理水平，进一步节约能源，降低水资源消耗，合理利用资源，特制定该导则。该导则适用于国家机关（包括人大，政协，党委）办公建筑，单位建筑 2 万 m^2 以上的大型的公共建筑（特别是政府投资管理的宾馆和列入国家采购清单的三星级以上酒店，以及商用办公楼）和总建筑面积超过 2 万 m^2 的大学校园。

（5）《太阳能供热采暖工程技术规范》（GB 50495—2009）。为使太阳能供热采暖工程设计，施工及验收，做到技术先进，经济合理，安全适用，保证工程质量，制定该规范。该规范适用于新建，扩建和改建民用建筑中使用太阳能供热采暖系统的工程，以及在既有建筑上改造或增设太阳能供热采暖系统的工程。

（6）《公共建筑节能检测标准》（JGJ/T 177—2009）。为了加强对公共建筑的节能监督和管理，配合公共建筑的节能验收，规范建筑节能检验方法，促进我国建筑节能事业健康有序的发展，制定该标准。该标准适用于公共建筑各项性能的节能检验。

（7）《可再生能源建筑应用示范项目数据监测系统技术导则》。为了掌握住房和城乡建设部、财政部组织实施的可再生能源建筑应用示范项目的实际运行效果，指导示范项目的运行管理，为我国可再生能源建筑规模化应用提供基础数据支撑和经验储备，加快可再生能源建筑应用的推广，推动相关技术进步，制定该技术导则。该导则适用于住房和城乡建设部，财政部已审批的可再生能源建筑应用示范项目，太阳能光电建筑应用示范项目以及可再生能源建筑应用城市和农村地区示范中包含的建设项目。其他可再生能源建筑应用项目的数据监测系统的建设可以参考该技术导则。该导则不适用于任何用于贸易结算和计费的数据监测系统的建设。

（8）《居住建筑节能检测标准》（JGJ/T 132—2009）。为配合居住建筑的节能验收，规范建筑节能检测工作有序开展，制定该标准；该标准适用于新建、扩建、改建居住建筑的节能检测。

（9）《严寒和寒冷地区居住建筑节能设计标准》（JGJ 26—2010）。该标准适用于各类居住建筑，其中包括住宅、集体宿舍、住宅式公寓、商住楼的住宅部分、托儿所、幼儿园等；采暖能源包括采用煤、电、油、气或可再生能源，系统则指集中或分散方式供热。该标准的实施，既可节约采暖用能，又有利于提高建筑热舒适性，改善人民的居住环境。

（10）《夏热冬冷地区居住建筑节能设计标准》（JGJ 134—2010）。该标准的内容主要是对夏热冬冷地区居住建筑从建筑、围护结构和暖通空调设计方面提出节能措施，对采暖和空调能耗规定控制指标。

（11）《民用建筑太阳能光伏系统应用技术规范》（JGJ 203—2010）。该规范是为规范太阳能光伏系统在民用建筑中的推广应用，促进光伏系统与建筑结合而制定的。该规范适用于新建、改建和扩建的民用建筑光伏系统工程，以及在既有民用建筑上安装或改造已安装的光伏系统工程的设计、安装、验收和运行维护。

（二）建筑节能实施完成情况及"十二五"规划目标

2001年，建设部针对北方建筑进行普查时发现，当时我国三北地区的所有新建建筑中，按照节能标准设计的只占5%，其中，在施工过程中真正按照节能设计方案去实施的，甚至只有2%。

2004年，建设部针对全国3000多个项目的检查显示，按照节能标准设计的比例上升到50%，真正按此执行的比例已达30%。

2008年，在我国所有新建建筑中，在设计阶段执行节能标准的比例已高达98%，新建建筑施工阶段贯彻节能强制性标准的比例猛增到82%，比2007年上涨了11%，新建建筑施工阶段执行节能强制性标准的比例达到80%以上。

在我国"十一五"节能减排总目标中，建筑节能占据其中1.1亿tce，贡献率达25%。为完成这一目标，住房和城乡建设部将其具体分解为5项内容，包括：实现新建建筑节能7000万tce；北方既有居住建筑节能改造实现节能1000万tce；建立政府办公建筑和大型公共建筑节能监管体系实现节能1000万tce；推进可再生能源在建筑中的规模化应用实现节能1000万tce；推动低能耗建筑、绿色建筑以及推广绿色照明节能实现1000万tce。2010年底，住房和城乡建设部已经超额完成目标。

"十二五"期间我国公共建筑规划节能目标：力争实现公共建筑单位面积能耗下降10%，大型公共建筑能耗降低15%，彰显我国进一步强化公共建筑能耗控制的坚定决心。

"十二五"期间改造工作规划目标：进一步扩大改造规模，到2020年前基本完成对北方具备改造价值的老旧住宅的供热计量及节能改造。到"十二五"期末，各省（自治区、直辖市）要至少完成当地具备改造价值的老旧住宅的供热计量及节能改造面积的35%以上，鼓励有条件的省（自治区、直辖市）提高任务完成比例。地级及以上城市达到节能50%强制性标准的既有建筑基本完成供热计量改造。完成供热计量改造的项目必须同步实行按用热量分户计价收费。

（三）我国建筑节能措施

建筑节能又是一门实践科学与工程技术，从城市和小区的规划、供热系统的设计、建筑物的设计和施工、房屋开发建设，到物业管理与设备运行，从一个区域的建筑节能管理落实到居民的自觉节能行为，都是不可缺的重要环节，都需要多方面的通力合作，配合协调。

建筑节能又牵涉到一个庞大的产业群体，它包括保温隔热材料与制品、节能门窗、采暖、通风、空调、照明等节能设备、器件、管材与系统等。随着建筑节能规模的迅速扩大，建筑节能相关产业越来越多，通过国外资本与技术的引进，功能、质量与价格的市场竞争和优胜劣汰，在规模日益扩大的同时，产业结构和产品结构将趋于合理，技术也能取得不断进步。

在市场经济的推动下，随着住房体制改革的发展，房屋用能费用理所当然地要由住户承担，节约建筑用能势必逐渐成为广大居民的自觉要求。加上改善大气环境愈来愈迫切要求减轻建筑用能带来的污染，建筑节能将是大势所趋，人心所向，既是国家民族利益的需要，又是亿万群众自己的切身事业，它必将克服目前存在的各种困难，在新世纪得到跨越式的发展。

由此可以看出，如何在住宅建设和使用过程中降低能耗、做到节能环保已经成为当前我国住宅建设的首要问题。因此，全球的建筑节能事业，肩负着重大的历史使命，必须全面推进建筑节能，以挽救这个世界。为此，要做好各类气候区、各个同家、各种建筑的节能工作。要全方位、多学科地、综合而又交叉地研究和解决一系列经济、技术与社会问题，在进一步提高生活舒适性、增进健康的基础上，在建筑中尽力节约能源和自然资源，大幅度地降低污染，减少温室气体的排放，减轻环境负荷，并从多方面作出努力。

1. 合理的规划和建筑设计

（1）优化建筑规划设计。在建筑规划阶段，要慎重考虑建筑的朝向、间距、体形、体量、绿化配置等因素对节能的影响，改善热环境。在建筑的平面布局方面，朝向的选择很重要。冬季应有适量的阳光射入室内，避免冷风吹袭；夏天则尽量减少太阳直射室内及外墙面，有良好的通风。同时，注意建筑间距与节能的关系，使建筑南墙的太阳辐射面积在整个采暖季节中不因其他建筑的遮挡而减少。

（2）建筑设计。在建筑设计中，原则上应减少建筑物外表面积，适当控制建筑体形系数，因此应重视造型规整。另外，要重视屋檐、挑檐、遮阳板、窗帘、百叶窗等构造措施，其对调节日照节省能源是十分有效的。并应充分利用建筑周围自然条件，改善区域环境微气候，如适当地安排树木花草，既起美化作用，也是建筑节能的一项技术措施。

2. 积极采用新技术节能降耗

（1）改善围护结构。降低建筑能耗，首先要从围护结构、外墙、屋面、外门窗来实现。墙体改革的调查研究开始于 20 世纪 70 年代。80 年代以来，新型墙体材料和高保温材料不断涌现，混凝土空心砌块、聚苯乙烯泡沫板等材料，逐渐替代了传统墙体材料，在建筑节能中发挥了重要作用。同时，我国广泛开展研究建筑外墙保温技术，近年来，各种外墙外保温技术系统日益成熟并在工程中应用，显示出良好前景。

此外还有建筑门窗。门窗传热系数的高低，决定了能耗的高低，要降低能耗，就必须提高门窗的热工性能，增加门窗的隔热保温性能。近 20 年来，为满足节能需求，外窗玻璃产品及工艺水平迅速发展，由之前采用普通单层玻璃、双层玻璃发展到中空、充气、LOW - E 玻璃，塑钢型材、钢化玻璃等也广泛应用，取代了传统的钢窗和铝合金门窗。

（2）采暖空调系统的技术进步。建筑能耗的降低，还有赖于暖通技术和设备。为实现采暖系统的节能，20 世纪 80 年代我国研发了平衡供暖技术及其产品、锅炉运行管理技术与产品。在散热器方面，20 世纪 90 年代以来各种新型散热器纷纷得到开发，这些新产品比传统的铸铁散热器，具有金属热强度高、散热性能好、承压能力高、造型美观、工艺性好、安装方便等优点。

进入新世纪后，随着既有建筑节能改造工作的开展，供热改革成为建筑节能的重要内容。为适应改革的需要，室温可调和采暖计量收费技术及产品有了进一步的发展。采暖系统的单管顺流系统变为双管系统，散热器恒温阀及热表的应用已经十分普及。

3. 最大限度地有效利用可再生能源

在不同的地区，特别是太阳能源比较丰富的地区，太阳能在建筑中应用将得到很大扩展，其应用包括如下几个方面：

（1）太阳能采暖与制冷。窗户是利用太阳能的关键部位，冬季通过太阳照射直接获益得热。太阳能制冷技术与蓄存技术也会得到大力发展。

（2）用太阳能集热器供应热水，提高集热效率和用热的稳定性。

（3）充分利用太阳采光又避免过热，用百叶窗帘及建筑遮阳进行调节。

（4）利用太阳能光电池发电。提高太阳能转换率，并降低光电板价格。

（5）其他自然能源，如地热能，地源热泵可用于建筑采暖与制冷。风力资源丰富的地方也可利用风能发电。在沿海地区还可以利用潮汐能发电。

4. 充分利用废弃的资源

由于建筑用资源消耗巨大，必须保护好地球资源，尽量减少资源消耗量，提高资源的利用效率；充分利用好废弃的、再生的或可以再生的资源。

（1）工业废弃物，如粉煤灰、尾矿、炉渣、煤矸石、灰渣等，其数量巨大，根据其性能做成建筑材料。

（2）旧有建筑物拆下的材料，如钢材、木材、砖石、玻璃、塑料、纸板等，可重复利用或再生利用。

（3）一些对人体有害的材料，包括目前使用的某些有机建筑材料，会散发出一些有害气体，有些矿物材料会放出有害辐射，这些材料长期使用对人体健康不利，应逐步停止使用。

5. 利用生态技术建设美好家居

建筑绿化也是常见的利用自然生态的方法。建筑物周边广植树木，有防风、遮阳、蓄水、清新空气及改善景观等效果。

立体绿化，建立屋顶花园和立体花园。

利用生物治理病虫害，使我们的环境清洁美丽、无污染。

6. 利用传统技术，发展新兴技术

创造健康、舒适、方便的生活环境是人类的共同愿望，也是绿色生态环保建筑的基础和目标，为此，21 世纪的绿色生态环保建筑应该具有如下特点：

（1）冬暖夏凉。由于围护结构的保温隔热和采暖空调设备性能越来越优越，建筑热环境将更加舒适。

（2）通风良好。自然通风与人工通风相结合，空气经过净化，通风持续不断，换气次数足够，室内空气清新。

（3）光照充足。尽量采用自然光，自然采光与人工照明相结合。

（4）智能控制。采暖、通风、空调、照明、家电等均可由计算机自动控制，既可按预定程序集中管理，又可局部手工控制；既能满足不同场合下人们不同的需要，又可少用能源。

（5）降低噪声。创造良好的适宜生活与工作的声环境。

世界各地千差万别，绿色生态环保建筑的发展也会多姿多彩，会随着气候、地区、国家、文化和技术而异，也会随着建筑类型、规模、质量、材料与设备不同而不同。但是，走提高能源利用效率，生态和谐可持续发展的道路的目标是一致的。

参 考 文 献

[1] 刘增洁. 2008 年世界能源市场综述 [EB/OL]. http://www.china5e.com/show.php? contentid=
17109 [2009-10-02].

[2] 华贲. 中国低碳能源战略刍议 [EB/OL]. http://www.china5e.com/show.php? contentid=
49637&page=2 [2009-11-03].

[3] 龙惟定, 武涌. 建筑节能技术 [M]. 北京: 中国建筑工业出版社, 2009.

[4] 中华商务网. 试论建筑节能设计问题 [EB/OL]. http://www.chinaccm.com/07/0701/070105/
news/20030407/172843.asp [2003-10-20].

[5] 王立雄. 建筑节能 [M]. 北京: 中国建筑工业出版社, 2004.

[6] 刘丹. 建筑节能的推广, 并非朝夕之功 [N]. 科学时报, 2010-03-15.

[7] 华贲. 中国能源和资源优化配置的战略思考 [J]. 能源思考, 2008.

[8] 金涌. 低碳经济: 理念·实践·创新 [J], 中国工程科学, 2008, 10 (9): 4-13.

[9] JGJ 26—1995 民用建筑节能设计标准 (采暖居住建筑部分) [S]. 北京: 中国建筑工业出版
社, 1996.

[10] JGJ 134—2001 夏热冬冷地区居住建筑节能设计标准 [S]. 北京: 中国建筑工业出版社, 2002.

[11] JGJ 75—2003 夏热冬暖地区居住建筑节能设计标准 [S]. 北京: 中国建筑工业出版社, 2003.

[12] JGJ 129—2000 既有采暖居住建筑节能改造技术规程 [S]. 北京: 中国建筑工业出版社, 2001.

[13] JGJ 132—2001 采暖居住建筑节能检验标准 [S]. 北京: 中国建筑工业出版社, 2002.

[14] GB 50176—1993 民用建筑热工设计规范 [S]. 北京: 中国建筑工业出版社, 1994.

[15] 刘麟德. 我国建筑能耗现状、节能减排规划设计及可再生能源利用 [J]. 水电站设计, 2009, 25
(4): 107-112.

[16] BP 集团. BP 世界能源统计年鉴 2011 [EB/OL]. http://www.bp.com/productlanding.do? cate-
goryId=9025442&contentId=7047113 [2011-10-02].

[17] 清华大学建筑节能研究中心. 中国建筑节能年度发展研究报告 2010 [M]. 北京: 中国建筑工业
出版社, 2010.

[18] 金三林. 国内能源利用效率偏低 二氧化碳排放量增长较快 [EB/OL]. http://
www.chinagb.net/news/waynews/20100707/66153-5.shtml [2010-03-05].

[19] 国家统计局能源统计司. 中国能源统计年鉴 2010 [M]. 北京: 中国统计出版社, 2011.

[20] BP 集团. BP 世界能源统计年鉴 2010 [EB/OL]. www.bp.com/statisticalreview [2010-04-
06].

[21] 住房和城乡建设部科技发展促进中心. 中国建筑节能发展报告 (2010) [M]. 北京: 中国建筑工
业出版社, 2011.

[22] 李长斌. 推行建筑节能减排措施实现建设领域节能减排 [EB/OL]. http://www.dalian-
jw.gov.cn/news/news_view.asp? id=30145 [2008-05-06].

[23] JGJ 144—2004 外墙外保温工程技术规程 [S]. 北京: 中国建筑工业出版社, 2004.

[24] GB 50364—2005 民用建筑太阳能热水系统应用技术规范 [S]. 北京: 中国建筑工业出版
社, 2006.

[25] GB 50189—2005 公共建筑节能设计标准 [S]. 北京: 中国建筑工业出版社, 2006.

[26] GB 50366—2005 地源热泵系统工程技术规范 [S]. 北京: 中国建筑工业出版社, 2009.

[27] GB/T 50378—2006 绿色建筑评价指标 [S]. 北京: 中国建筑工业出版社, 2006.

[28] GB 50411—2007 建筑节能工程施工质量验收规范 [S]. 北京: 中国建筑工业出版社, 2007.

[29] JGJ/T 154—2007 民用建筑能耗数据采集标准 [S]. 北京: 中国建筑工业出版社, 2007.

[30] 国家机关办公建筑和大型公共建筑能源审计导则［S］. 中国建设部.2007.

[31] GB 50495—2009 太阳能供热采暖工程技术规范［S］. 北京：中国建筑工业出版社，2009.

[32] JGJ 203—2010 民用建筑太阳能光伏系统应用技术规范［S］. 北京：中国建筑工业出版社，2010.

[33] JGJ/T 177—2009 公共建筑节能检测标准［S］. 北京：中国建筑工业出版社，2010.

[34] JGJ/T 132—2009 居住建筑节能检测标准［S］. 北京：中国建筑工业出版社，2010.

[35] JGJ 26—2010 严寒和寒冷地区居住建筑节能设计标准［S］. 北京：中国建筑工业出版社，2010.

[36] JGJ 134—2010 夏热冬冷地区居住建筑节能设计标准［S］. 北京：中国建筑工业出版社，2010.

第二章 建筑设计节能原理

本章通过对地理环境诸因素的分析，从日照、风、温度和湿度四个角度入手，阐述了气候对建筑的影响。为了充分体现和考虑气候因素的重要性，对传统民居成功且成熟的气候适应性设计手法进行分析。综合考虑气候影响因素的多样性与不稳定性，从建筑选址、建筑布局、建筑朝向、建筑间距以及建筑体形等方面提出相应的节能设计方法。

第一节 气候对建筑设计的影响

一、气候影响因素

（一）日照

世界上最大的可供利用的再生能源是太阳能，建筑节能首先应尽可能地应用太阳光采热或致凉，达到节能的目的。

1. 太阳能辐射

太阳辐射波谱如图 2-1 所示。

太阳以辐射方式不断地向地球供给能量，太阳辐射的波长范围很广，但绝大部分能量集中在波长为 $0.15\sim4\mu m$ 的范围内，占太阳辐射总能的 99%。可见光区中波长在 $0.4\sim0.76\mu m$ 范围内的能量占太阳辐射总能的 50%，红外线区（波长大于 $0.76\mu m$）的能量占太阳辐射总能的 43%，紫外线区（波长小于 $0.4\mu m$）的能量占太阳辐射总能的 7%。

太阳辐射在进入地球表面之前先通过大气层，太阳能一部分被反射回宇宙空间，另一部分被吸收或被散射，这个过程称作日照衰减。在海拔 150km 上空太阳辐射能量保持在 100%，当到达海拔 88km 上空时，X 射线几乎全部被吸收，并吸掉部分紫外线，当光线更深地穿入大气到达同温层时，紫外辐射被臭氧层中的臭氧吸收，即臭氧对环境起到屏蔽作用。

当太阳光线穿入更深、更稠密的大气层时，气体分子会改变可见光的直线方向传播，使之朝各个方向散

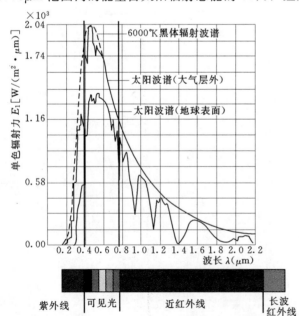

图 2-1 太阳辐射的波谱

射。对流层中的尘埃和云的粒子进一步对太阳光的散射称为漫散射，散射和漫散射使一部分能量逸出到外部空间，一部分能量则向下传到地面，真正被地面吸收的太阳辐射能量不到总能量的 1/2。

2. 日照变化

利用太阳能进行建筑节能，需掌握冬夏季建筑对太阳能的不同需求。首先应掌握某一地区的不同日照及太阳照射的角度。我们赖以生存的地球在不停地自转的同时围绕太阳进行公转，所以太阳对地球上每一地点、每一时刻的日照都在有规律地发生变化。

地球绕太阳公转是沿黄道面循着椭圆轨道运动，太阳位于椭圆的两个焦点之一上，公转周期为 365d，地球近日点和远日点分别出现在 1 月及 7 月。除公转外，地球产生昼夜交替的自转是与黄道面成 23°27′（南北回归线）的倾斜运动，这一倾斜角在地球的自转和公转中始终不变。太阳光线由于地球存在倾斜，其入射到地面的交角发生变化。相对来讲日照光线与地面垂直时，该地区进入盛夏，有较大倾角时进入冬季，由此使地球产生明显的季节交替，如图 2-2 所示。当每年的 6 月 22 日（夏至），地球自转轴的北端向公转轴倾斜，其交角为 23°27′，地球赤道以北地区日照时间最长、照射面积也最大；当 12 月 22 日（冬至），地球赤道以北地区偏离公转轴 23°27′，地球赤道以北地区日照时间最短、照射面积最小。赤道以南地区的季节交替与北半球恰好相反。在节能建筑设计的日照计算时，常以夏至日及冬至日两天的典型日照为依据。

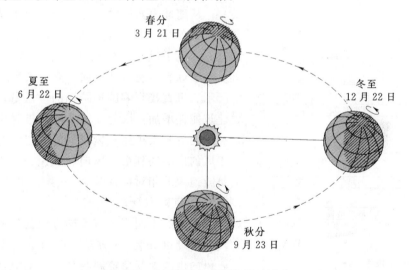

图 2-2　地球与太阳的相对运动

理论上，夏至和冬至是同一地区在全年中的最热日和最冷日，但经验告诉人们，实际最热日与最冷日要延迟一个月左右才出现，这是由于庞大的地球受阳光照射而使地表温度发生变化需要一段时期，称为时滞现象。

3. 太阳的高度角和方位角

地球由于自转而产生昼夜，由于围绕太阳公转而产生四季。但为了简化日照计算，假定地球上某观测点与太阳的连线，将太阳相对地面定位，提出高度角和方位角概念，如图 2-3 所示。

太阳高度角 h 是指观测点到太阳的连线与地面之间所形成的夹角。太阳方位角是指观测到太阳连线的水平投影与正南方向所形成的夹角，用 A 表示，正南取 $0°$，西向为正值，东向为负值。某日某地某一时刻太阳高度角 h 和方位角 A 可用下式表示

$$\sin h = \sin\varphi\sin\delta + \cos\varphi\cos\Omega\cos\delta \quad (2-1)$$

$$\sin A\cos h = \sin\Omega\cos\delta \quad (2-2)$$

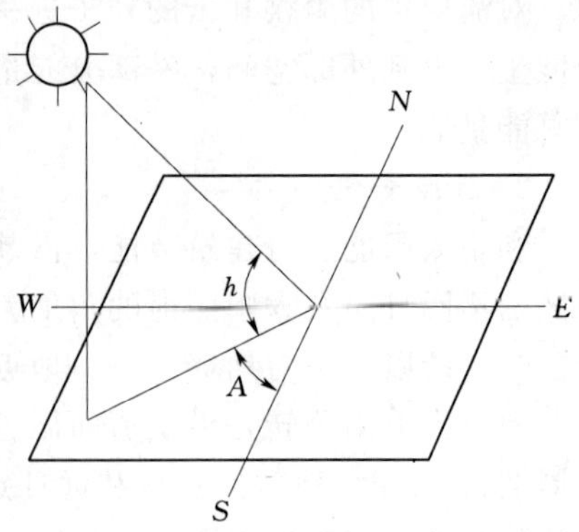

式中　h——太阳高度角；

　　　A——太阳方位角；

　　　φ——地理纬度；

　　　Ω——时角，以正午为 $0°$，每小时时角 $15°$，下午为正，上午为负；

图 2-3　太阳高度角与方位角

　　　δ——赤纬，冬至为 $-23°27'$，夏至为 $23°27'$，春、秋分为 $0°00'$。

（二）风

地球表面由于气压不同，高气压的大气流向低气压处，由于气压差产生的空气流动，即称为"风"。地点和高度相同但气压有差别而形成风，气压相同但高度不同则气流由高处流向低处同样会引起风，因此风与气压和高度直接相关。

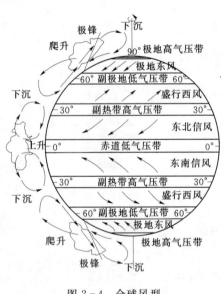

图 2-4　全球风型

从地球表面风的状况分析，由于受地球公转和自转作用，产生复合向心加速度和角转动惯量。形成了风的方向从北半球看是顺时针方向，从南半球看为逆时针方向，全球风型图如图 2-4 所示。风直接影响围护结构的渗透量，风速大使建筑能耗增加。因此建筑节能改进时应了解建筑和风的关系及规律。风对气候和建筑的影响取决于风的一些物理量：风向、风速、风压及风与建筑或地貌的相对关系等。

1. 风向和风速

各地的不同季节有不同方位的风向，风向按气象原理可分为 16 方位。某地一年中每月的主要风向由当地气象资料提供，并与风速一起，引入"风叶玫瑰图"，从中可以了解当地某月的风向情况。风速是指风每秒所流动的距离（m/s），一般高度与风速的关系，可按式 2-3 计算。

$$\frac{v_h}{v_0} = \left(\frac{h}{h_0}\right)^a \quad (2-3)$$

式中　v_h——高度为 h 处的风速，m/s；

　　　v_0——基准高度为 h_0 处的风速，m/s；

　　　h——高度，m；

h_0——基准高度，m；

a——指数，对市区周围有其他建筑时，a 值取 $0.2\sim0.5$；对空旷或临海地区 a 值可取 0.14。

一般风速分为 $0\sim6$ 七级，通常按 Beaufort 氏将风速分为 $0\sim12$ 十三级。

2. 风压

风压是指有一定风速的风对于垂直面上产生的压力值，风压和风速的关系如图 2-5 (a) 所示，由函数表示

$$P=kv^2 \qquad (2-4)$$

式中　P——风压，Pa；

k——常数，$\mathrm{kg/m^3}$；

v——风速，m/s。

从力学上讲，在单位面积上受的成直角的风压力称之为"风速度压"（Q），风速度压与平均风速和建筑高度（H）有关，一般讲 Q 与 P 成正比，Q 与 H 成接近2倍关系增加，不同体形的风压系数分布状况如图 2-5 所示。

$$P=CQ \qquad (2-5)$$

式中　P——风压，Pa；

C——风压系数（图 2-5）；

Q——风速度压，Pa。

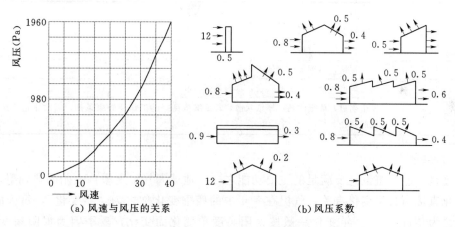

(a) 风速与风压的关系　　　　　　　　(b) 风压系数

图 2-5　风速、风压、风压系数

3. 风与建筑物的相对关系

W. Georgil 提出了风在遇到突出物后"风阴影"的计算经验公式

$$d=H\cos\alpha/2 \qquad (2-6)$$

其中，H、d、α 等关系如图 2-6 所示。

对于建筑物（高为 H）而言，当风吹向建筑一侧时，在其背后所形成的风阴影，通过风洞试验可以测

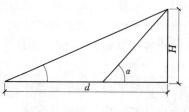

图 2-6　H、d 与 α 关系图

得，其风影长度为 $6H$ 左右，风阴影的最大矢高为 $1.5H$ 左右，如图 2-7 所示。

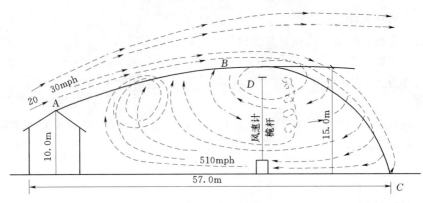

图 2-7 风阴影图

4. 风与室内环境的关系

风除了对地貌和建筑物有影响之外，还通过建筑洞口对室内环境有直接影响。风可以加大人体散热量和除湿，将室内有害物质带走，尤其在夏季对室内环境至关重要，通过简单实测得出风速对人体及作业的影响，如表 2-1 所示。从表 2-1 中可见，室内环境风速大于 1.0m/s 时对室内工作学习会带来影响，在 0.5m/s 以下可达到对风速感受的舒适范围，但最后要确定的舒适风速应从舒适方程式中的诸多因素综合考虑。

表 2-1 风速对人体及作业的影响

风速（m/s）	对人体及作业的影响
0～0.25	不易察觉
0.25～0.5	愉快，不影响工作
0.5～1.0	一般愉快，但须提防薄纸被吹散
1.0～1.5	稍有风声及令人讨厌的吹袭，草面纸张吹散
1.5～7	风击明显，薄纸吹扬，厚纸吹散，若欲维持良好的工作及健康条件，需改正适当风量及控制风的路径

（三）温度

温度是节能建筑设计要满足的主要功能之一。地球大气温度来自太阳的热辐射，因此气温变化直接与日照变化有关，气温在一年中的四季变化称之为"年变化"，每天的昼夜变化称之为"日变化"。年变化一般按太阳高度角变化而变化，夏季因为太阳高度角大，阳光的照射时间长，所以表现出较高的大气温度；冬季则相反，其温度的差异受地理纬度影响。纬度越大气温越高，接近 35°的地带其气温的年平均在 15℃ 左右。日变化同样取决于太阳日照时数，白天日照较长，大气温度高；夜间无日照，气温下降。据统计，日最低气温出现在早晨 5～6 时，日最高气温约在午后 13～14 时。

1. 气温的影响因子

气温除了受太阳辐射强度、日照和地理纬度的影响外，还与当地的自然条件有关。一般来讲，大陆性气候的日变化大，海洋性气候日变化小，高山日变化小，而山岳和盆地日变化大。另外，云层的影响也是气温变化的重要因素，并且气温随着离地表的高度增加而减小，一般以每 100m 下降 0.5～0.6℃ 速率递减。

2. 平均气温

为了准确表示其地区的气温状况，说明某地区的气候特征，常使用平均温度来衡量，平均温度分月平均温度（t_m）和年平均温度（T），其计算式为

$$T = \sum(t_m n)/365 \tag{2-7}$$

式中　t_m——月平均温度；

　　　T——年平均温度；

　　　n——各月的日数。

3. 极端气温

节能建筑设计有关气候的主要问题之一，是要解决人体不舒适场合，即克服由于气温（或其他气候要素）的"极端效应"给环境带来的不舒适的可能。一般在气象资料中可以查到当地的极端最高气温和极端最低气温及其严寒期和炎热期的起止时间划定。这些资料可以反映当地的气温条件，并引导节能建筑设计，宜采取一定的技术措施解决温度给环境舒适性带来的问题。

（四）湿度

湿度主要取决于空气中的水蒸气含量，当遇到寒冷物体时会结露，遇到冷空气时会形成雾、云雨等。湿度分为绝对湿度和相对湿度，绝对湿度表示单位体积内所含水蒸气的质量（g/m^3），相对湿度是指 $1m^3$ 的空气中所含水蒸气量与相同温度时同空气所含饱和水蒸气量之比，单位为％。

1. 湿度的变化

当空气温度上升后，其水蒸气含量虽没有改变，但由于空气的饱和水蒸气量增高，相对湿度就降低。一般认为：湿度的变化与温度的变化成反比，早晨相对湿度高，午后相对湿度低。而且湿度变化又受植物、水面散发水汽的影响，所以相对湿度的变化随气候和地貌特征而变化。

2. 湿气和结露

湿气是指空气中或材料中所含气体或水分的含量。建筑材料的湿气含量直接影响材料耐久性、强度和导热系数等。空气中的湿汽将影响人体舒适。湿气含量与露点温度有关，当饱和水蒸气的温度高于露点温度时以湿气状况存在，低于露点温度时其表现为结露。结露一般常见于温差较显著的场合，如冬季玻璃里侧极易结露。结露在建筑中可分为表面结露和内部结露，表面结露会破坏壁面装修效果，内部结露将降低热工性能、影响围护功能。因此，在节能建筑中由于普遍要针对某气候环境进行微气候设计，一般极易遇到由于壁面温度差别较大而产生结露的问题，所以必须有一定的技术措施。

（五）气候与气候分区

节能建筑设计与许多因素密切相关，主要有可能性与物理两方面因素。

1. 可能性因素

（1）法则方向：节能建筑相应法则和条例。

（2）经济性：节能建筑的回收期、节能率。

（3）制度和社会：政府及社会对节能和环境的态度。

（4）人的心理：个人期望值和可能性。

2. 物理因素

（1）气候：太阳、风、温度、湿度。

（2）舒适性：居住者的舒适范围。

（3）建筑物特征：围护结构的热工性能。

（4）附设配件：收集器、贮存及分配组件与建筑的组合。

（5）基地条件：地形、地貌及地面覆盖层、种植。

气候作为节能建筑设计居于五个物理因素的首位，对设计节能建筑起决定性作用。全球的气候条件（太阳辐射、地轴倾斜、空气流动及地形）决定了任何地域的温度、湿度、辐射能力、空气流动、风和天空条件等气候性质，并且气候在某一特定地区是一项已知条件，是设计必须遵守的客观前提。节能建筑设计应充分利用气候的已知条件，迎合气候因素，使气候成为节能建筑的有利因素。

气候是任何地方出现的所有天气现象的总和，气候受太阳所支配并受地球上所有自然条件（海洋、山岭、平原、植被）的影响。有的地方气候比较稳定，尽管有时快速变化，但有固有的天气类型，同样的天气反复出现。正因为特定地域有特定的固有的气候特征，为了适应这些特征，这个地域的建筑形式与其他地区应有显著的不同，有鲜明的气候性格特点，对一般建筑如此，节能建筑更明显。

气候的各种要素汇集成气象资料。分析确定当地气候特征，根据在一个地区范围内的共同气候条件所形成的气候区或气候地带进行气候分区，如美国版图被划分为四大气候区。

（1）寒冷地区：特点为温度变化幅度大，记录温度从 $-34.4℃$ 到 $37.8℃$，存在炎热夏天及寒冷的冬天，全年常刮西北风及东南风。

（2）温和地区：特点为过热及不热时期平均分布，由于东北及南向的季节风、高温及降雨量大等，常出现多云及阴雨的天气。

（3）干热地区：特点为天空晴朗、天气干燥，持续过热并昼夜温差大。

（4）湿热地区：特点为高温和高湿（湿度常年如一），全年及每日风向变化大，常有飓风出现。

我国为了满足建筑与气候相适应要求，将全国划分成五个设计分区，见表 2-2。

表 2-2　　　　　　　　　　　建筑热工设计分区及设计要求

分区名称		严寒地区	寒冷地区	夏热冬冷地区	夏热冬暖地区	温和地区
分区指标	主要指标	最冷月平均温度 $\leqslant -10℃$	最冷月平均温度 $0 \sim -10℃$	最冷月平均温度 $0 \sim 10℃$ 最热月平均温度 $25 \sim 30℃$	最冷月平均温度 $>10℃$ 最热月平均温度 $25 \sim 29℃$	最冷月平均温度 $0 \sim 13℃$ 最热月平均温度 $18 \sim 25℃$
	辅助指标	日平均温度 $\leqslant 5℃$ 的天数 $\geqslant 145d$	日平均温度 $\leqslant 5℃$ 的天数 $90 \sim 145d$	日平均温度 $\leqslant 5℃$ $(0 \sim 90d)$ 日平均温度 $\geqslant 25℃$ $(40 \sim 110d)$	日平均温度 $\geqslant 25℃$ 的天数 $100 \sim 200d$	日平均温度 $\leqslant 5℃$ 的天数 $0 \sim 90d$
设计要求		必须充分满足冬季保温要求，一般可不考虑夏季防热	应满足冬季保温要求，部分地区兼顾夏季防热	必须满足夏季防热要求，适当兼顾冬季保温	必须充分满足夏季防热要求，一般可不考虑冬季保温	部分地区应注意冬季保温，一般可不考虑夏季防热

按照气候分区，参照国家财力因素，我国确定了以长江流域作为界线的采暖分界线，于 20 世纪 50 年代规定长江以北大部地区为建筑采暖区，长江以南地区为非采暖区。为了更客观地反映中国气候特征，目前是以黄河和长江为界，黄河以北为采暖区，长江以南为非采暖区，黄河和长江之间为过渡区。

作为非采暖区和过渡区的长江以南及长江流域地区的气候条件也日渐恶化，夏天酷暑冬天严寒（据 1993 年气象资料，上海 1 月平均温度达 −5℃，出现大面积水管爆裂，室内热环境极差）的问题十分突出。随着国力的提高，人们对热舒适要求也在提高，现在再按长江沿线作为分界显然已不再合理，所以在 20 世纪 80 年代后期提出了采暖过渡区概念。过渡区包括：南京、镇扬地区等，上海未被划入。但众所周知上海的气候问题相当严重，夏热冬寒困扰市民的正常生活。建筑没有采暖设备，广大市区普遍添置电加热设备采暖，造成能耗峰值极大。且墙体等又不设保温隔热措施，一方面将有限的电能来采暖，另一方面从墙体流失大量热源，造成极大浪费，影响人居环境，故在上海地区开展节能建筑和应用太阳能潜力极大。

二、传统民居建筑的气候适应性分析

建筑的产生，原本是人类为了抵御自然和气候中不利因素的侵袭，以获得安全、舒适、健康的生活环境而创建的"遮蔽所"。遮风、挡雨、安全、健康是建筑最原始、最基本的功能。因此，建筑从一开始就与气候息息相关。传统民居都有一定程度的气候适应性。我国各民族地区根据自己不同的地理环境和气候进行创作，结合自然、结合气候、因地制宜、因势利导的运用自然材料，获得了比较理想的栖息环境，积累了丰富的民居建筑的经验。这些民居，与自然环境以及生活方式相辅相依、互为共存。下面以我国传统民居为例进行气候环境适应性分析。

1. 北京的"四合院"

北京四合院在建筑上一般都坐北面南，有南北纵轴线。正房在北屋，两侧为厢房，南侧也建有房屋，形成一个四面被房屋围圈的封闭院落，故名"四合院"。这样的布局，对正房而言，一方面，在冬季有利于更好地获取日照，对处于较高纬度和寒冷气候区的北京显得尤其重要；另一方面，在夏季较小的西山墙可以减少太阳辐射较强的西晒带来的过多的热量，避免引起房间过热，有利于保持室内舒适的热环境。对厢房而言，由于院落的面宽和进深在四合院长期发展过程中已经有了较科学合理的尺寸比例，使得厢房同样能够获得较好的日照和采光。另外，对东西厢房相互比较，可以看出由于冬季日照的西晒，东厢房能够更好地进行被动式采暖，获得更多的热量，使室内有更舒适的热环境。对院落本身而言，其空间具有接纳阳光、改善采光的功能，同时光线通过院落，能够形成二次折射，减少了眩光，使室内光线变得柔和。

另外，北京地区风沙较大，冬季寒冷的寒流带着西北风吹来，夏天以温润的东南季风为主。正房坐北朝南的布置使院门朝南向开启。对于街北院落，冬天可避开寒风，夏天则可迎风纳凉，符合居住热舒适要求。而对于街南院落中有些向北开启的院门则采用影壁和廊道等人工措施来调整不利的自然环境。

北京四合院民居具有四面围合，外封闭内开敞的院落格局。这样的格局，使民居本身受外部环境的影响较小，内部又有较开敞的顶部空间，从而使得院落内部的空气通过顶部的开敞空间与较高处的室外空气进行交换，最终院落内部的空气质量相对于胡同内的空气质量要清洁新鲜。与此同时，院落内部空气通过门窗等的气流交换，对建筑内部的空气进行调节和净化，使建筑内部始终保持较良好的空气质量。总的来说，北京四合院的基本格局，使院落内部与建筑内部都产生了稳定和舒适的小气候环境。

北京四合院普遍采用厚重的墙体结构，具有保温隔热性能好、蓄热能力强的优点，能较好地适应冬季寒冷的气候和早晚温差变化对室内热环境的影响。北京四合院中的房屋采用最基本的"人"字型大屋顶形式。屋顶高度，往往达到房屋全部高度的近一半，这样的屋顶形式，一方面利用抛物线或双曲线的特性，达到屋面迅速排水的功效；另一方面，面对所处地区冬夏温差大的气候特征，大屋顶起到了良好的过渡空间的作用。北京冬天气候寒冷，而夏天又闷热难耐。这种情况下，大屋顶就发挥了独特的作用。冬天外面寒冷，经屋顶的过渡，顶棚下面的房间内，不会受到外面冷空间的直接侵害；夏天，则防止太阳暴晒。

2. 华南的"骑楼"

华南属于热带、亚热带季风气候。气候炎热多雨。夏秋季节台风盛行，尤其是沿海地区，降水来势凶猛。所以房屋结构更注意通风、避雨、防潮、隔热。城市的住宅为了避免烈日的直晒和遮挡雨水，多建造成各种形式的行人走廊，俗称为骑楼。

3. 西南的"竹楼"

我国西南地区虽属热带、亚热带季风气候，也有热带雨林气候，但因海拔高，夏季较凉爽，冬季北方的冷空气难以到达。因此，既无严寒又无酷暑。但降水丰沛，空气潮湿，瘴气很重。使得通风防潮成为当地住宅需要解决的关键问题，形成了特殊的建筑住宅竹楼。"竹楼"是一个统称，它包括傣族的竹楼、拉祜族的正方形掌楼、独龙族的竹木结构矮楼、苗族的吊脚木楼、傈僳族的干角落地房等。

4. 江南"庭院"

江南属亚热带季风气候，四季分明，夏季漫长而炎热。因此，江南水乡的房屋就具有通风、避雨、防潮、隔热的特点。江南厅院住宅其布局呈封闭状，也有纵横线，但它与北方四合院不同，并不一定都坐北面南，比较灵活。大的院落中间纵轴线上常见有门厅、轿厅等房间，纵轴线的左右有客厅、书房、厨房、杂室等房舍。为适应潮湿气候，减少太阳辐射，院落东西较宽，南北较窄。围墙高大，围墙和房屋后墙上多开窗通风。

5. 草原上的"毡房"

草原属半干旱气候区，是湿润气候向干旱气候的过渡区。它虽不是干旱区，但在建筑设计上仍要注意防寒、隔热等。由于畜牧业的生产特点，要求居所能随畜移动，因此流动性是其住宅的重要特色。毡房的构造既简单又科学，四周为木条扎成的骨架，外罩毛毡，旁边留有一门，中央开设天窗，可以透光透气，遇寒遇雨可随时遮盖，并可以随着畜群的转场而灵活拆卸安装，适于游牧生活。

6. 吐鲁番的"土拱"

吐鲁番地区为干旱的大陆性气候，降水稀少。它又是一个深陷的盆地，夏季气温很高，因此被称为"火州"、"热极"。当地居民为防暑，根据其炎热、少雨的自然环境特征，多用土坯筑成拱形房屋，有的设地下室或在庭院内挖掘防暑凹坑。有的把农作物秸秆铺在房顶，再抹黄泥，覆盖黄土。

中国现代住宅生态设计应充分研究各地民居，因地制宜，继承文脉，并将其发扬光大，走多元化的道路。运用和借鉴传统民居的生态精神，营建一个具有良性生态循环和民族特色的现代化居住园区。

第二节　建筑规划的节能设计

一、节能建筑选址原理及方法

（一）基址选择的影响因素

1. 地形地貌

常见的地形：山地、丘陵、平原，人可以对其改造和调整，但自然地表形态仍是基本条件。一般而言，平坦而简单的地形更适合于作为建设基址，所以向阳的平地或相对平缓的坡地最好，但有时多种地形的组合也可以。

2. 地质

地质对基址选择的影响主要体现在其承载力、稳定性和有关工程建设的经济性等方面。基地的地表一般由土、砂、石等组成，将直接影响到建筑物的稳定程度、层数或高度、施工难易及造价高低等。

3. 生物多样性

任何一个自然基址都是自然长期演化的结果，具有生态平衡和相对稳定的生态系统，所以我们应尽可能减少对周边动植物生活的打扰，如果某地有稀有物种或濒危的动植物则不适合开发新项目。

任何一个新开发项目的基址都需要认真地把它放在更大的生态系统中，尤其是把它放在邻近的生态系统中进行细致的评估。

4. 水文条件

水文条件即江、河、湖、海与水库等地表水体的状况，这与较大区域的气候特点、流域的水系分布、区域的地质、地形条件等有密切关系。自然水体在供水水源、水运交通、改善气候、排除雨水及美化环境等方面发挥积极作用的同时，某些水文条件也可能带来不利影响，特别是洪水侵患。在进行基址选择时，须调查附近江、河、湖泊的洪水位、洪水频率及洪水淹没范围等。按一般要求，建设用地宜选择在洪水频率为 $1\% \sim 2\%$（即 100 年或 50 年一遇洪水）的洪水水位以上 1.5m 的地段上；反之，常受洪水威胁的地段则不宜作为建设用地，若必须利用，则应根据土地使用性质的要求，采用相应的洪水设计标准，采用修筑堤防、泵站等防洪设施。

5. 水文地质

水文地质条件一般指地下水的存在形式、含水层厚度、矿化度、硬度、水温及动态等条件。地下水除作为城市生产和生活用水的重要水源外，对建筑物的稳定性影响很大，主要反映在基础埋藏深度和水量、水质等方面。当地下水位过高时，将严重影响到建筑物基础的稳定性，特别是当地表为湿性黄土、膨胀土等不良地基土时，危害更大。用地选择时应尽量避开，最好选择地下水位低于地下室或地下构筑物深度的用地。在某些必要情况下，也可采取降低地下水位的措施。地下水质对于基址选择也有影响，除作为饮用水对地下水有一定的卫生标准要求外，地下水中氯离子和硫酸根离子含量较多或较高，将对硅酸盐水泥产生长期的侵蚀作用，甚至会影响到建筑基础的耐久性和稳固性。

地表的渗透性和排水能力也应该认真地加以分析考虑。因为，倘若新建小区地表不渗水，可能会严重影响基址的水文特征。

6. 气候因素

一般来说，气候包括温度、湿度、太阳辐射、风、气压和降水量等因素。这些气候因素与人体健康的关系极为密切，气候的变化会直接影响到人们的感觉、心理和生理活动。风水学中"风水"这个词实际上也包括了气候诸要素，"风水宝地"总是气候宜人，好的"风水"，必有好的气候。

气候条件是较为复杂而多变的。在我国，除了季风气候显著外，由于地形复杂，区域性气候也多种多样。而气候对居住环境的影响是长期存在的，所以，无论从总体上还是在局部地区，在气候环境方面均应特别重视。在研究用地时，即要留心区域性范围的大气候，又要注意待选用地范围的小气候和微气候。

太阳辐射是自然气候形成的主要因素，也是建筑外部热条件的主要因素。在冬季寒冷地区，太阳辐射是天然热源，因此建筑基地应选在能够充分吸收阳光且与阳光仰角较小的地方。而在夏季炎热地区，过多的太阳辐射往往形成酷暑，因此，建筑基地应选在与阳光仰角较大的地方，能相对减少太阳辐射热的影响。干热气候区，可选在向北的斜坡上，这样光线充足而太阳辐射有限。

在干冷或湿冷气候区，则选在向南的斜坡上为佳。就水平面的太阳辐射情况看，北方高纬度地区太阳辐射强度较弱，气候寒冷，应选择多争取阳光的地方和朝向；南方低纬度地区太阳辐射较强，气候炎热，应尽量选择太阳直射时间长的地方和朝向。而太阳辐射强度在各朝向垂直面上也是不同的，一般说来，各垂直面的太阳辐射强度以东、西向最大，南向次之，北向最小，避免东晒、西晒已为人们所注意。

太阳辐射是建筑外部热条件的主要直接因素，建筑物周围或室内有阳光照射，就受到太阳辐射能的作用，在冬季能借此提高室内的温度。太阳射线不仅有杀菌的能力，而且还具有物理、化学、生物的作用，它促进生物的成长和发育。因此幼儿园、疗养院、医院病房及住宅等，都应该考虑室内有充沛直射阳光，争取扩大室内日照时间和日照面积，以改善室内卫生条件，益于身体健康。

虽然阳光对生产和生活是不可缺少的，可是直射阳光对生产和生活，也会引起一些不良影响。如夏季直射阳光能使室内温度过高，人们易于疲劳，尤其是直射阳光中的紫外线，能破坏眼睛的视觉功能。又如在直射阳光中注视物品，或阳光反射到人的视野范围内，会引起显著明暗对比，产生炫耀感觉，时间过长会使人头昏，降低劳动生产率，也容易造成质量和伤亡事故。因此直射阳光的高度角低于30°时，或反射光与工作面之间的夹角在40°～60°之间的光线，被认为是有害的。在博物馆、画廊、图书馆书库、石窟古建筑壁画等，直射阳光对色彩展品、印刷品、布帛、纸张等都有破坏作用。在危险品库、油库、化学药品库、工厂矿山的化验室等，由于直射阳光照射，可使物品及药品容易变质、老化、分解和燃烧。夏季的直射阳光，使室内温度升高，有增加爆炸的危险性。又如在纺织车间、精密仪器车间和恒温恒湿室等，都要求光线均匀，温度湿度稳定，否则就影响质量，不利于生产。这就要求采取必要措施，防止车间有直射阳光。可见太阳辐射和日照直接影响生产、工作和生活。因此应根据建筑物使用要求的不同，充分利用太阳辐射有利的一面，控制和防止其不利的一面。

气候中第二位的重要因素是气温。地面上的气温称为自然气温，建筑环境的温度对人体影响是很大的。人体暴露于高水平的热辐射或热对流中，其健康受到损害有两种方式，一种是高温灼伤皮肤，特别是皮肤温度超过 45℃ 时；另一种方式是使体内温度升高，人体体温在普遍的静止条件下，保持在 36.1～37.2℃，在高温、高湿环境中，人会常感闷热难忍，疲倦无力，工作效率低下。在严重高温、高湿，且气流小，辐射强度大的气候环境中，可导致体温失调，体温大幅度升高，如果升高到 42℃ 或更高些，则会发生中暑，严重者甚至导致死亡。突发的过热，常造成虚脱和突然死亡。与体温过高的情况相类似，使人体体内正常温度明显降低，同样可能严重地损害健康。气候中寒冷强度大，又没有良好的建筑和个人防护，会引起体温下降，神经系统和其他系统的抵抗力随之降低，出现无食欲、嗜睡状态、血压下降、呼吸减弱、意识消失。体温降至 35℃ 以下，可因中枢神经麻痹而死亡。如降到 30℃ 以下，则由于心脏障碍可导致立即死亡。应该注意，体温只要稍稍偏离正常值 2～6℃，都可能危及生命。

根据实验，气候温度环境应低于人体温度，保持在 24～26℃ 的范围内最佳，一般不应超出 17～33℃ 为好，此时人们会对周围环境温度有较舒适的满意感。当然不同季节、不同地区寻得这种环境几乎是不可能的，只是在选择建筑基址时，尽量考虑到温度的舒适性，避开高温高寒的地方。另外，还可通过建筑的规划和设计等措施来争取舒适的、自然的温度环境。

一个好的自然环境，还要有适当湿度。在干热地区如选择具有一定湿度的微气候环境居住，会大大改善人们的舒适性。在高温高湿地区，大气中水蒸气使体表汗液蒸发困难，妨碍了人体的散热过程，有不适之感。当温度比较适中时，大气中相对湿度变化对人体的影响比较小；在高温或低温环境中，相对湿度保持在 30%～70% 之间为宜。

在选择建筑基地时，气压也是一个不可忽视的因素。大气对地球表面与人体有一种压力，约为 $1kgf/cm^2$，人体承受的压力相当于 15.5～20t 重物所产生的力。这个压力因与体内压力平衡所以平时感觉不到。一个大气压相当于高 760mm 水银柱的压力。

一般来说，人体对气压的变化能适应，但如果在短时间内，气压变化很大，人体便不能适应了。随着海拔高度的增加，气压有规律的下降，海拔越高大气越稀薄，气压也就越低。大气主要由氧（占 21%）与氮（占 78%）组成，由于大气稀薄，大气中的氧含量降低，氧分压也减低，这时人体肺内氧气分压也随着降低，这样血色素就不能被饱和，会出现血氧过少现象。在 3000m 高度时，动脉血内氧饱和百分比仅 90%，在 8000～8500m 的高山，只有 50% 的血色素与氧结合，人体内氧的储备降至正常人的 45%，这时便可危及生命。故一般将 240mm 水银柱高（相当于 8500m）的气压作为最低生理界限。生活在内地的人初到西藏高原，会感到胸闷不适，头昏欲睡，就是缺氧的缘故。在高度 1500m 以上的低气压，即能引起人体的生理变化。所以建筑不宜选在海拔高度大的高山上，也不宜选在寒冷、气压低的地区，因为这种环境很不利于大气的流动，容易促成大气污染，危害人体健康。

风是构成气候环境的重要因素，是气流流动形成的。在风水学中，因为气"乘风则散"，所以风之害被认为是择宅大忌。选择必求"藏风得水"，避免强风的危害。对风的处理不当，的确不利于人体健康，传统医学就很重视风对人体危害的研究。风被列为"风、寒、暑、湿、燥、火"六淫（六气）之首，"六气"太过，不及或不应时则形成致病邪气。风不仅对人体，而且对农业生产、航海业等均有重大影响，强大的风暴还会给人们的生命财产造成巨大损失。为利用风能和防止风害，古代中国人勤于观察，将风的性质和风向依方位时序绘作八风图，试图把握风的规律。公元前古罗马建筑师维特鲁威在《建筑十书》也明确讲到这一点，如果审慎地由小巷挡风，那就会是正确的设计。风如果冷便有害，热会感到懒惰，含有湿气则要致伤。因此，这些弊害必须避免。

人们对风的态度具有两重性。在干热气候区，凉爽的、带有一定湿度的风是大受欢迎的；太热、太冷、太强或灰尘太多的风是不受欢迎的。通常人们也乐意接受夏季的风习习吹来，加强对流传热，使人体散热增快；潮湿的地区则希望风能带走讨厌的湿气。所以在选择建筑基地时，既要避免过冷、过热、过强的风，又要有一定风速的风吹过。

一般来说，基址不宜选在山顶、山脊，这些地方风速往往很大；更要避开隘口地形，在这种地形条件下，气流向隘口集中，形成急流，流线密集，风速成倍增加，成为风口。同时，也不宜选在静风和微风频率较大的山谷深盆地、河谷低洼等地方，这些地形风速过小，易造成不流动的沉闷的覆盖气层，空气污染严重，招致疾病。总之，应选择在受冬季主导风的影响较小，夏季主导风常常吹来，以及近距离内常年主导风向上无大气污染源的地方。

降水量也是影响气候的因素之一。在平原上，降水量的分布是均匀渐变的，但在山区，由于山脉的起伏，使降水量分布发生了复杂的变化。这种变化的最显著的规律有两个，一是随着海拔的升高，气温降低而降水增加，因而气候湿润程度随高度增大而迅速增加，使山区自然景观和土壤等随高度而迅速变化；二是山南坡的降水量大于山北坡的降水量，因此山南坡的空气、土壤、植被均较好，是山区选址的好地点。

在古代中国，限于当时的科学认识水平，古人把建筑环境气候的太阳辐射、气温、湿度、气流、日照等诸要素以直观的感受和体验，用古代哲学的阴阳学说来阐释。阴阳学说是古代中国人的一种宇宙观和方法论，用以认识自然和阐释自然现象。

风水家深谙阴阳论，将其用之于风水学，把山称为阳，水称为阴，山南称为阳，把山北称阴，水北称阳，水南称阴。于是地形要"负阴而抱阳"，背山而面水；把温度高、日照多、地热高等统称为阳，而温度低，日照少、地势低等统称为阴。从生活的经验中人们体会到"阴盛则阳病，阳盛则阴病"（《素问·阴阳应象大论》），因而风水师选择必"相其阴阳"，寻找阴阳平衡的风水宝地，只有这些地方才能"阴阳序次，风雨时至，春生繁祉，人民和利，物备而乐成"（《国语·周语》），才具备人们繁衍生息，安居乐业的环境物质条件。可见，风水学中的阴阳相地，是一种直观体验的总结和一整体思辨的结果，它包含了选择的地形、地质水文、气候、植被、生态、景观等诸要素，并以传统哲学的"气"、"生气"、"阴阳"等概念来阐释其好坏吉凶，确定是否适合人类居住生息，如此而已。

时至现代，人类的认识和科学技术水平极大提高，人们即可以详尽的分析建筑基址的诸要素，又可进行宏观的综合研究；既可以定性去描述环境的状况，也可以定量来确定环境的质量。更好地利用环境和适应改造环境已成为现实可行的事。

由于我国各地气候冷暖、干湿、雨旱、大风、暴雨、积雨、沙暴等都有很大差异。因此，房屋建筑就要适应当地气候并尽可能地改善不利气候条件，创造舒适的室内工作和生活环境。例如，炎热地区需要考虑通风、遮阳、隔热、降温；寒冷地区需要采暖、防寒、保温；沿海地区要防台风、潮湿、积水；西北地区要防风沙；高原地区则要尽量避免强烈的日照和改善干燥的气候（小范围内）等，这些是宏观选址要考虑的，但还要注重具体地点的小气候和微气候情况，具体情况具体分析，具体处理。

综上，建筑环境的选择应考虑如下内容：

（1）场地位置、地形地貌、地质构造、不良地理现象和地震基本烈度。

（2）场地的场层分布、岩石和土的均匀性、物理力学性质、地基承载力和其他设计计算指标。

（3）地下水的埋藏条件、侵蚀性和土层的冻结深度。

（4）场地的稳定性和适宜性。

（5）常年和最大洪水水位，地面排水、积水和沼泽地情况，以及饮用水源情况。

（6）场地的合理建筑范围，合理的交通出入口。

（7）区域内气候的场地微气候。

（8）景观和绿化植被，生态状态。

（二）节能建筑选址原则

节能建筑对基地有选择性，不是任何位置、任何微气候条件下均可诞生合理的节能建筑，但并不排除花费昂贵代价来换取建筑节能目的的建造的可能性。基地条件主要是从满足建筑冬季采暖和夏季致凉两个工况要求来进行研究和讨论的。对完整意义上的节能建筑而言，"暖"和"凉"两者偏废一项均意味着失败，而这一点往往被人所忽视。

1. 向阳原则——采暖目的

冬季采暖充分利用阳光（日照）是最经济、最合理的采暖节能途径，同时阳光又是人类生存、健康和卫生的必需条件，因此节能建筑首先要遵循"向阳"要求：

（1）建筑的基地应选择在向阳的平地或山坡上，以争取尽量多的日照，为建筑单体的节能设计创造采暖先决条件。

（2）未来建筑的（向阳）前方无固定遮挡，任何无法改造的"遮挡"都会令将来建筑采暖负荷增加，造成不必要的能源浪费。

（3）建筑位置要有效避免西北寒风，以降低建筑围护结构（墙和窗）的热能渗透。

（4）建筑应满足最佳朝向范围，并使建筑内的各主要空间有良好朝向的可能，以使建筑争取更多的太阳辐射。

（5）一定的日照间距是建筑充分得热的先决条件，太大的间距会造成用地浪费，一般以建筑类型的不同来规定不同的连续日照时间，以确定建筑最小间距。

2. 通风原则——致凉目的

完善意义上的节能建筑在满足冬季采暖要求同时必须兼顾夏季致凉，即尽量不用常规能源消耗而利用自然提供的条件达到室内创造凉爽的目的。建筑致凉最古老、最合理的方法就是争取良好自然通风，即利用夜间凉爽的通风使室内热惰性材料降温，致使白天时散失"凉气"而降温，其遵循原则有：

（1）基地环境条件不影响夏季主导风吹向未来建筑物，并考虑冬季主导风尽量少地影响建筑。

（2）植被、构筑物等永久地貌对导风的作用研究。

（3）对一些基地内的物质因素加以组织、利用，以最简洁、最廉价的方式改造室外环境，以创造良好的风环境，为建筑物内部通风提供条件。

3. 减少能量需求原则——综合目的

尊重气候条件，使未来建筑避免一些外来因素增加冷（热）负荷，尽量少地受自然的"不良"干扰，并通过设计及改造，以降低建筑对能量的需求。

（1）避免"霜洞"：节能建筑不宜布置在山谷、洼地、沟底等凹形基地。由于寒冬的冷气流在凹形基地会形成冷空气沉积，造成"霜洞"效应，使处于凹形基地部位，如底层、半地下层围护结构外的微气候环境恶化，影响室内小气候而增加能量的需求，如图2-8所示。

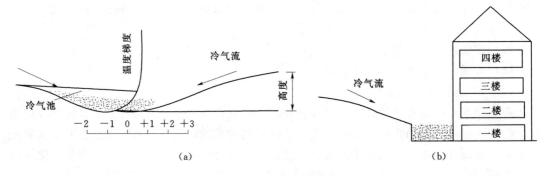

图 2-8 "霜洞"效应

（2）避免"辐射干扰"：夏季基地周围构筑物造成的太阳辐射增强会使未来建筑热负荷提高，建筑选址时必须避开"辐射干扰"范围，或合理组织基地内的建筑和构筑物，减少未来建筑的能量需要。"辐射干扰"来自：①玻璃幕墙的阳光辐射热"污染"；②过多的光洁硬地使阳光反射加剧。

（3）避免"不利风向"：冬季寒流风向可以通过各种风玫瑰图获得，基地内的寒流走向将会影响未来建筑的微气候环境，造成能量需求增加。因此在建筑选址和建筑组群设计时，应充分考虑封闭西北向（寒流主导向），合理选择封闭或半封闭周边式布局的开口方向和位置，使建筑群达到避风节能目的。

（4）避免"局地疾风"：基地周围（外围）的建筑组群不当会造成局部范围内冬季寒风的流速加剧，会给建筑围护结构造成较强的风压，增加了墙和窗的风渗漏，使室内环境采暖负荷加大。

（5）避免"雨雪堆积"：地形中处理不当的"槽沟"，会在冬季产生雨雪沉积，雨雪在融化（蒸发与升华）过程中将带走大量热量，会造成建筑外环境温度降低，增加围护结构保温的负担，对节能不利。这种问题也同样产生于建筑勒脚与散水坡位置处理、设计不当，及其屋面设计不当造成的建筑物对能量需要的增加。

（三）选址方法

1. "千层饼"的生态选址法

"千层饼模式"的理论与方法赋予了景观建筑学以某种程度上的科学性质，景观规划成为可以经历种种客观分析和归纳的，有着清晰界定的学科。20 世纪 70 年代始，生态环境问题日益受到关注，宾夕法尼亚大学景观建筑学教授麦克哈格（Lan McHarg）提出了将景观作为一个包括地质、地形、水文、土地利用、植物、野生动物和气候等决定性要素相互联系的整体来看待的观点，强调了景观规划应该遵从自然固有的价值和自然过程，完善了以因子分层分析和地图叠加技术为核心的生态主义规划方法，麦克哈格称之为"千层饼模式"。

1971，麦克哈格提出在尊重自然规律的基础上，建造与人共享的人造生态系统的思想，并进而提出生态规划的概念，发展了一整套的从土地适应性分析到土地利用的规划方法和技术，这种叠加技术即"千层饼"模式。这种规划以景观垂直生态过程的连续性为依据，使景观改变和土地利用方式适用于生态方式。这一千层饼的最顶层便是人类及其居住所，即我们的城市。麦克哈格的研究范畴集中于大尺度的景观与环境规划上，但对于任何尺度的景观建筑实践而言，这都意味着一个重要的信息，那就是景观除了是一个美学系统以外还是一个生态系统，与那些只是艺术化的布置植物和地形的设计方法相比，更为周详的设计思想是环境伦理的观念。虽然在多元化的景观建筑实践探索中，其自然决定论的观念只是一种假设而已，但是当环境处于脆弱的临界状态的时候，麦克哈格及宾州学派的出现最重要的意义是促进了作为景观建筑学意识形态基础的职业工作准绳的新生，其广阔的信息为景观设计者思维的潜在结构打下了不可磨灭的印记。对于现代主义景观建筑师而言，生态伦理的观念告诉他们，除了人与人的社会联系之外，所有的人都天生地与地球的生态系统紧紧相连。

该技术的基本假设是基于这样一种生态事实和原理：大自然是一个大网，包罗万象，它内部的各种成分是相互作用的，也是有规律地相互制约的。它组成一个价值体系，每一种生态因子具有供人类利用的可能性，但人类对大自然的利用应将这一价值体系的伤害减至最低。

基于这一假设，麦克哈格给每一种生态因子包括美学、自然资源和社会因素的价值加以评价和分级。然后，对不同价值的区域以深浅不同的颜色表示，就可得到相应生态因子的价值平面图。将所考虑的每一种生态因子的价值平面图加以叠加，最后就会得出价值损失最小而利益最大的方案，如图 2-9 所示。

到目前为止，对于考虑多因素的方案，还没有哪种方法比这一方法更成功，尤其是对那些不能定量评价的生态因子参与的影响。这是一种显而易见的选择方法，任何人只要收集到的资料数据相同，就会得出相同的结论。它的相对价值体系能帮助人们考虑许多不能折价的利益、节约和损失，不仅如此，还能度量景观这一潜在的价值。

对这一生态分析方法，值得说明的有以下几点：一是对同一生态因子的价值进行分级评判毫无疑问是可行的。而不同生态因子之间的价值是不能比较、不可分级的。例如，一单元野生动物价值与一单元土地价值，或者说一单元游憩价值与一个具有飓风风险的单

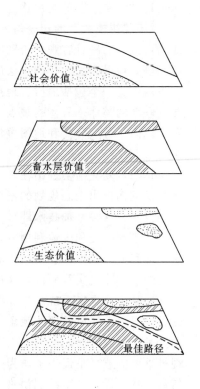

Human 人类	People 人	Community 社区需要
		Economics 经济
		Community Organization 社区机构
		Demographics 人口统计
		Land Uses 土地使用
		Human History 人类历史
Biotic 生物	Wildlife 野生物	Mammals 哺乳动物
		Birds 鸟类
		Reptile 爬行动物
		Fishes 鱼类
	Vegetation 植物	Habitats 栖息地
		Plant Types 植物种类
Abiotic 非生物	Soils 土壤	Soil Erosion 土壤侵蚀
		Soil Drainage 土壤排水
	Hydrology 水文学	Surface Water 地表水
		Ground Water 地下水
	Physigraphy 自然地理学	Slope 坡度
		Elevation 标高
	Geology 地质学	Surficial Geology 地表地质
		bedrock Geology 基岩地质
	Climate 气候	Microclimate 微气候
		Macro climate 宏观气候

图 2-9 麦克哈格千层饼和图层叠加技术

元,显然是不可比较的。因此,这种方法会受到这一缺陷的限制。例如,用深色表示价值高,浅色表示价值低,当叠加的图层不能呈现出共同的浅色区时,就会陷入一种不确定状态。解决这一问题的方法,有赖于对不同生态因子之间的价值进行比较。如果这些不同生态因子的价值能折算成价格体系,它们之间就成为可比较的。如果不能折算成统一的比较体系,那么只能对它们进行定性比较,可以用问卷或其他方法来得出它们相对的重要程度,再进行分析。三是用不同颜色表示不同价值的方法可以改用网格评分数值表示,这样同一网格中不同层的数值加在一起的总数就可体现其总价值高低。这种方法可避免由于图层太多而造成的颜色不清晰。

2. 基于阳光和风的生态选址法

阳光和风是影响基址选择的两个最重要的气候因素,它们不仅影响建筑在冬季的日照和采暖,也影响建筑在夏季的遮阳和降温。基址中阳光与风的状况,表征着可再生能源利用的潜在能力,它们还与室外热环境密切相关。因此,评估基址内阳光与风的状况十分重要。

阳光和风表征着基址的可再生能源利用潜力,它们不仅影响建筑的朝向与布局,还与建筑物被动采暖与降温措施有关,并直接影响建筑设备的能耗。阳光和风还是室外环境最重要的组成部分,直接影响室外热环境的设计和创造。基于阳光和风的生态选址分析方法,为我们提供了一种具体的从气候角度分析选择基址的可操作途径。

（1）建立评判分值。由于阳光和风在不同的气候区所起的作用是不同的，而在同一气候区，不同的建筑对阳光与风的要求也不一样。例如，在冬季，内部发热少的住宅要求有较早的或较多的日照进入，而内部发热多的办公楼则要求较晚或较少的日照。根据不同的气候区和不同的建筑类型，建立对"阳光"和"风"的评判分值，是该分析方法首先要做的事情。通常采用 0～3 分制，0 分表示最不希望的最坏条件，3 分表示最希望的最好条件。表 2-3 示出了一种常用的评分表。

表 2-3　　　　　　　用于评估阳光和风对基地选择影响的评分表

室外气候与类型			无阳光			有阳光			无风			有风		
内部得热型	外部得热型	户外空间	冬	春/秋	夏	冬	春/秋	夏	冬	春/秋	夏	冬	春/秋	夏
		寒冷	0	0	0	3	3	3	2	2	2	1	1	1
	寒冷	凉冷	0	0	2	3	3	1	2	2	0	1	1	3
寒冷	凉冷	温和	0	0	2	3	1	1	2	2	0	1	3	3
干燥凉冷	干燥温和	干燥温热	0	2	2	3	1	1	2	2	0	1	1	3
潮湿凉冷	潮湿温和	潮湿温热	0	2	2	1	1	1	2	2	0	1	1	3
干热	干热	干燥炎热	2	2	2	1	1	1	2	2	2	1	1	1
湿热	湿热	潮湿炎热	2	2	2	1	1	1	0	0	0	3	3	3

（2）对地形图的阴影状况进行分析。阴影分析一般取最热月（7月）和最冷月（1月）的代表日进行。分析前，将地形图进行网格划分。利用地形图所在的纬度和代表日的棒影图或其他方法，例如，计算机显现，可在地形图上绘出某时刻的所有阴影区，得出一张带有阴影标记的图层。对多个时刻进行同样处理，可得出多张图层。一般分析选取上午9：00、中午12：00和下午15：00三个时刻即可。参阅表 2-3，在各图层的格子中填入

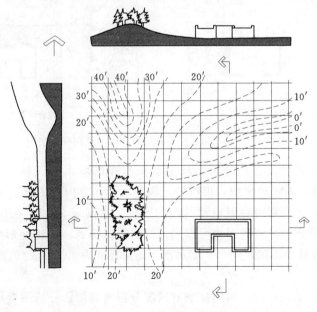

图 2-10　温和气候地区某地形图

对应的分值,然后将相同格子的分值相加,就可得到一张阴影总积分图层。图 2-10 是温和气候地区的某地形图,上面有一凹平面建筑物,该建筑西边有一小山丘,小山丘上长有树木,西北面有较高的山丘,而正北面有一洼地。图 2-11 是 1 月的阴影分析及其总积分图层。

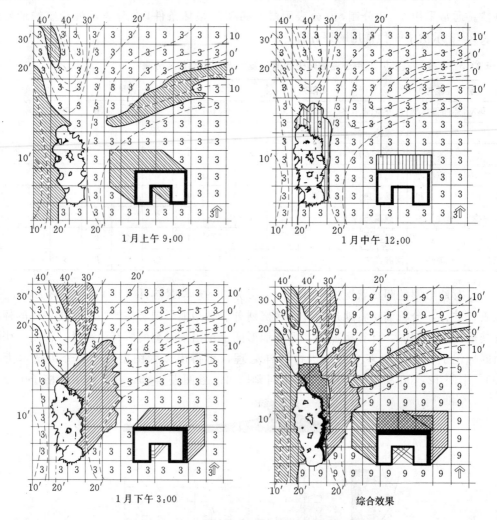

图 2-11 冬季 (1 月) 的阴影分析及总积分图层

（3）对地形图的风状况进行分析。从地形图所在的城市和气候区,找到最热月（7月）和最冷月（1月）的风玫瑰图,可以确定风的大小和方向,由此,可在地形图上绘制出风的流动状况,得出一张带有风流动状况的图层。参阅表 2-3,在风流动状况的图层格子中填上相应的分值。风流动图也可以用计算机模拟得到。上述地形冬季（1月）风向为西北偏西风,7月盛行南风,图 2-12 示出了地形图 1 月和 7 月的风流动状况以及相应的分值。

（4）季节和年的综合评价。将同一季节风况分析图与阴影分析图叠加,同一格子中各层的数值加起来,就得到相应季节综合评价图层。综合评价图层中,总数值越大的地方说

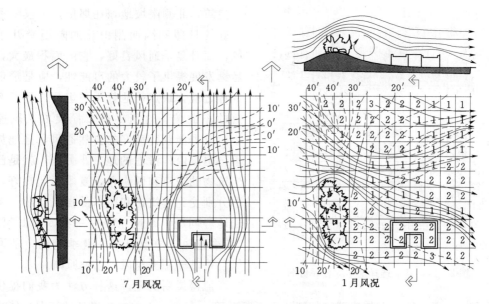

7月风况

1月风况

图 2-12 夏季 (7 月) 和冬季 (1 月) 风的流动状态

明对于该季节来讲越适合作为建筑基址,反之,则说明是不适宜的。值得说明的是,在这种叠层计算方法中,风况分析图要与所有时刻的阴影图各重叠一次,这样才能使风与阳光的作用并重。对于此处的分析例,风况分析图要用 3 次。将不同季节的总评价图层再次叠加,就可得出年综合评价图层。年综合评价图层中,总数值大的地方说明对于年来讲适合作为建筑基址。图 2-13 示出了上述地形的季节综合评价结果。如果考虑冬季的阳光和风,那么有 3 块地适于建造,一是在已有建筑物南侧,二是在已有建筑的北侧南坡,三是在已有建筑物东北侧,就是冬季 1 月图中标注 15 分的三块涂黑区域。如果出于夏季防热考虑,那么应将建筑物建在树木的东侧或西侧,就是标注 13 分的黑色区域。图 2-14 示出了全年综合评价结果,图中分值为 27 的区域构成了可选的区域,一共有 4 块。一是现

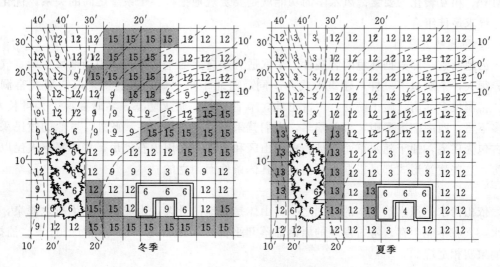

冬季

夏季

图 2-13 基址选择的季节综合评价图层

47

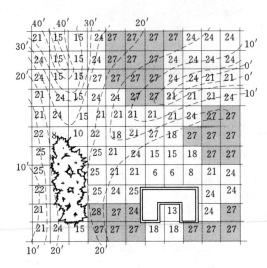

图 2-14 基址选择全年综合评价图

有建筑物北侧南坡地，在那里，不仅冬季有良好的日照和因西侧山丘的阻挡避开了寒风，而且夏季通风良好，它的面积最大，为后续发展提供了较大的可能性，应是最值得推荐之地，缺点是地势不平坦。二是已有建筑的东北侧，这里冬季日照良好，风速较小，夏季能获得良好的自然通风，且地势平坦，也是值得考虑的地方。另外，就是已有建筑物的东南和西南角，夏季通风良好，冬季分别受到建筑物和树木的挡风作用。考虑到地势问题，东南角较好一些。由此可见，"冬季避风，争取日照，夏季遮阴，争取通风"是基于阳光与风的选址原则。

值得说明的是，这种方法为我们提供了可操作的分析途径，它随着网格的细化而不断精确。在实际工程中，遇到的情况可能比上述例子复杂得多，规划师、建筑师以及从事景观的工程人员可借助于计算机实现阴影和风况的精细分析，从而更真实地再现空气的流动状况，对各种选择方案进行方便的预测和比较。

通过以上 4 步得出分值最大的就是最佳选址方案。

（四）传统建筑的选址分析

1. 整体系统原则

整体系统论，作为一门完整的科学，它是在 20 世纪产生的；作为一种朴素的方法，中国的先哲很早就开始运用了。风水理论思想把环境作为一个整体系统，这个系统以人为中心，包括天地万物。环境中的每一个整体系统都是相互联系、相互制约、相互依存、相互对立、相互转化的要素。风水学的功能就是要宏观地把握各子系统之间的关系，优化结构，寻求最佳组合。

2. 因地制宜原则

因地制宜，即根据环境的客观性，采取适宜于自然的生活方式。中国地域辽阔，气候差异很大，土质也不一样，建筑形式亦不同，西北干旱少雨，人们就采取穴居式窑洞居住。窑洞位多朝南，施工简易，不占土地，节省材料，防火防寒，冬暖夏凉，人可长寿，鸡多下蛋。西南潮湿多雨，虫兽很多，人们就采取栏式竹楼居住。此外，草原的牧民采用蒙古包为住宅，便于随水草而迁徙。贵州山区和大理人民用山石砌房，华中平原人民以土建房，这些建筑形式都是根据当时当地的具体条件而创立的。

3. 依山傍水原则

依山傍水是风水最基本的原则之一，山体是大地的骨架，水域是万物生机之源泉，没有水，人就不能生存。考古发现的原始部落几乎都在河边台地，这与当时的狩猎、捕捞、采摘果实相适应。

依山的形势有两类：一类是"土包屋"，即三面群山环绕，奥中有旷，南面敞开，房屋隐于万树丛中，湖南岳阳县渭洞乡张谷英村就处于这样的地形；另一类是"屋包山"，即成片的房屋覆盖着山坡，从山脚一起到山腰。

比如六朝古都南京、濒临长江、四周是山，有虎踞龙盘之势。其四边有秦淮入江、沿江多山矶，从西南往东北有石头山、马鞍山、幕府山；东有钟山；西有富贵山；南有白鹭和长命洲形成夹江。明代高启有诗赞曰："钟山如龙独西上，欲破巨浪乘长风。江山相雄不相让，形胜争夺天下壮。"

4. 观形察势原则

风水学重视山形地势，从大环境观察小环境，便可知道小环境受到的外界制约和影响，诸如水源、气候、物产、地质等。任何一块宅地表现出来的吉凶，都是由大环境所决定的，犹如中医切脉，从脉象之洪细弦虚紧滑浮沉迟速，就可知身体的一般状况，因为这是由心血管的机能状态所决定的。只有形势完美，宅地才完美。

5. 地质检验原则

风水学思想对地质很讲究，甚至是挑剔，认为地质决定人的体质，现代科学也证明这是科学的。地质对人的影响至少有以下四个方面：

（1）土壤中含有元素锌、钼、硒、氟等。在光合作用下放射到空气中，直接影响人的健康。

（2）潮湿或臭烂的地质，会导致关节炎、风湿性心脏病、皮肤病等。潮湿腐败之地是细菌的天然培养基地，是产生各种疾病的根源，因此，不宜建宅。

（3）地球磁场的影响。地球是一个被磁场包围的星球，人感觉不到它的存在，但它时刻对人发生着作用。强烈的磁场可以治病，也可以伤人，甚至引起头晕、嗜睡或神经衰弱。风水师常说巨石和尖角对门窗不吉，实际是担心巨石放射出的强磁对门窗里住户的干扰。

（4）有害波的影响，如果在住宅地面 3m 以下有地下河流，或者有双层交叉的河流，或者有坑洞，或者有复杂的地质结构，都可能放射出长振波或污染辐射线或粒子流，导致人头痛，眩晕、内分泌失调等症状。

以上四种情况，旧时风水师知其然不知所以然，不能用科学道理加以解释，在实践中自觉不自觉地采取回避措施或使之神秘化。有的风水师在相地时、亲临现场、用手研磨，用嘴嚼尝泥土，甚至挖土井察看深层的土质，水质，俯身贴耳聆听地下水的流向及声音，这些看似装模作样，其实不无道理。

6. 水质分析原则

不同地域的水分中含有不同的微量元素及化合物质，有些可以致病，有些可以治病。风水学理论主张考察水的来龙去脉，辨析水质，掌握水的流量，优化水环境，这条原则值得深入研究和推广。

7. 坐北朝南原则

中国位于地球北半球，欧亚大陆东部，大部分陆地位于北回归线（北纬 23°26′）以北，一年四季的阳光都由南方射入。朝南的房屋便于采光。坐北朝南，不仅是为了采光，还为了避北风。中国的地势决定了其气候为季风型，冬天有西伯利亚的寒流，夏天有太平洋的凉风。

概言之，坐北朝南原则是对自然现象的认识，顺应天道，得山川之灵气，受日月之光华，颐养身体，陶冶情操，地灵方出人杰。

8. 适中居中原则

适中的原则还要求突出中心，布局整齐，附加设施紧紧围绕轴心。在典型的风水景观中，都有一条中轴线，中轴线与地球的经线平行，向南北延伸。中轴线的北端最好是横行的山脉，形成丁字型组合，南端最好有宽敞的明堂（平原），中轴线的东西两边有建筑物簇拥，还有弯曲的河流。明清时期的帝陵、清代的园林就是按照这个原则修建的。

9. 顺乘生气原则

风水理论提倡在有生气的地方修建城镇房屋，这叫做顺乘生气。风水理论认为：房屋的大门为气口，如果有路有水环曲而至，即为得气，这样便于交流，可以得到信息，又可以反馈信息，如果把大门设在闭塞的一方，谓之不得气。得气有利于空气流通，对人的身体有好处。宅内光明透亮为吉，阴暗灰秃为凶。只有顺乘生气，才能称得上贵格。

10. 改造风水原则

人们认识世界的目的在于改造世界为自己服务，人们只有改造环境，才能创造优化的生存条件。

改造风水的实例很多，四川都江堰就是改造风水的成功范例。岷江泛滥，淹没良田和民宅，李冰父子就是用修筑江堰的方法驯服了岷江，岷江就造福人类了。北京城中处处是改造风水的名胜。故宫的护城河是人工挖成的屏障，河土堆砌成景山，威镇玄武。北海金代时蓄水成湖，积土为岛，以白塔为中心，寺庙以山势排列。圆明园堆山导水，修建一百多处景点，堪称万园之园。就目前来讲，如深圳、珠海、广州、汕头、上海、北京等许多开放城市，都进行了许多的移山填海，建桥铺路，折旧建新的风水改造工作，而且取得了很好的效果。

风水学者的任务，就是给有关人士提供一些有益的建议，使城市和乡村的风水格局更合理，更有益于人民的健康长寿和经济的发展。

二、建筑布局与节能

建筑基地选择得当与否会直接影响节能建筑的效果，但基地条件可以通过建筑设计及构筑物等配置来改善其微气候环境，避免及克服不利因素。

影响建筑规划设计组团布局的主要气候因素有：日照、风向、气温、雨雪等。在我国严寒地区及寒冷地区进行规划设计时，可利用建筑的布局，形成优化微气候的良好界面，建立气候防护单元，对节能很有利。设计组织气候防护单元，要充分根据规划地域的自然环境因素、气候特征、建筑物的功能、人员行为活动特点等形成完整的庭院空间。充分利用和争取日照、避免季风的干扰，组织内部气流，利用建筑的外界面，形成对冬季恶劣气候条件的有利防护，改善建筑的日照和风环境，做到节能。

建筑群的布局可以从平面和空间两个方面考虑。一般的建筑组团平面布局有行列式、周边式、混合式、自由式几种，如图 2-15 所示。它们都有各自的特点。

1. 行列式

行列式包括并列式、错列式、斜列式。

并列式：建筑物成排成行地布置，这种方式能够争取最好的建筑朝向，使大多数居住

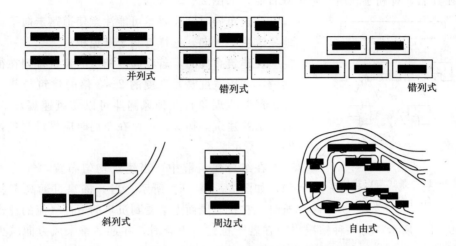

图 2-15 建筑组团式布局

房间得到良好的日照，并有利于通风，它是目前我国城乡中广泛采用的一种布局方式。

错列式：可以避免"风影效应"，同时利用山墙空间争取日照，如图 2-16 所示。

斜列式：成组改变方向式。

2. 周边式

周边式——建筑沿街道周边布置，这种布置方式虽然可以使街坊内空间集中开阔，但有相当多的居住房间得不到良好的日照，对自然通风也不利。所以这种布置仅适于北方寒冷地区。

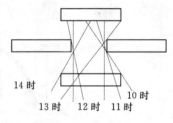

图 2-16 错落布置方案

特点：太封闭，不利于风的导入，且使较多房间受到强烈的东西晒，不宜我国南方采用；而且使建筑群内部的背风区和转角处出现气流停滞区，漩涡范围较大，所以周边式总平面只适用于严寒地区。

建筑沿街道周边布置，这种布置方式虽然可以使街坊内空间集中开阔，但有相当多的居住房间得不到良好的日照，对自然通风也不利。所以这种布置仅适于北方寒冷地区。

3. 混合式

混合式是行列式和部分周边式的组合形式。这种方式可较好地组成一些气候防护单元，同时又有行列式的日照通风优点，在北方寒冷地区是一种较好的建筑群组团方式。

4. 自由式

当地形复杂时，密切结合地形构成自由变化的布置形式。这种布置方式可以充分利用地形特点，便于采用多种平面形式和高低层及长短不同的体形组合。可以避免互相遮挡阳光，对日照及自然通风有利，是最常见的一种组团布置形式。

另外，规划布局中要注意点、条组合布置，将点式住宅布置在好朝向的位置，条状住宅布置在其后，有利于利用空隙争取日照，如图2-17所示。

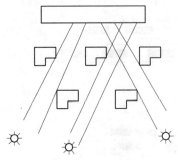

图2-17　条式与点式住宅
结合布置方案

建筑布局时，还要尽可能注意使道路走向平行于当地冬季主导风向，这样有利于避免积雪。

在建筑布局时，若将高度相似的建筑排列在街道的两侧，并用宽度是其高度的2～3倍的建筑与其组合会形成风漏斗现象，这种风漏斗可以使风速提高30%左右，加速建筑热损失。所以在布局时应尽量避免，如图2-18所示。

在组合建筑群中，当建筑均匀布置，气流流动平稳，如图2-19（a）所示。当一栋建筑远高于其他建筑时，它在迎风面上会受到沉重的下冲气流的冲击，如图2-19（b）所示。另一种情况出现在若干栋建筑组合时，在迎冬季来风方向减少某一栋，均能产生由于其间的空地带来的下冲气流，如图2-19（c）所示。这些下冲气流与附近水平方向的气流形成高速风及涡流，从而加大风压，造成热损失加大，应予以避免。

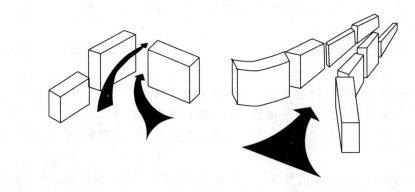

图2-18　风漏斗改变风向与风速

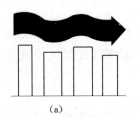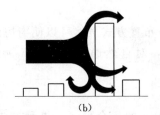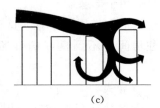

（a）　　　　　　　　　　（b）　　　　　　　　　　（c）

图2-19　建筑物组合产生的下充气流

三、建筑朝向与节能

选择合理的住宅建筑朝向是住宅群体布置中首先考虑的问题。影响住宅朝向的因素很多，如地理纬度、地段环境、局部气候特征及建筑用地条件等。常常会出现这样的情况：理想的日照方向也许恰恰是最不利的通风方向，或者在局部建筑地段（如道路、地形的影响）不可能实现。因此，"良好朝向"或"最佳朝向"范围的概念是一个具有地区条件限制的提法，它是在只考虑地理和气候条件下对朝向的研究结论。我国大部分地区处于北温带，房屋"坐北朝南"，这种朝向的房屋冬季太阳可以最大限度的射入室内，同时南向外墙可以得到最佳的受热条件，而夏季则正好相反。从建筑节能的角度出发，为了尽可能地冬季利用日照或夏季限制日照，避免冷风造成的大量能耗，应该合理地选择房屋的朝向。

（一）争取或避免最大的太阳辐射热

冬季具有较大日辐射强度而夏季具有较小日辐射强度的竖直表面方向即为房屋的最佳朝向。求解竖直面上的最大太阳辐射强度，便可以确定冬季争取日照的朝向和夏季防止日晒的方位。

阳光经过大气层时，地面上法向太阳辐射强度按指数规律衰减，即

$$\frac{\mathrm{d}I_x}{\mathrm{d}x} = -KI_x \tag{2-8}$$

则

$$I_x = I_0 \exp(-Kx) \tag{2-9}$$

式中　I_x——距离大气层上边界 x 处，在与阳光射线相垂直的表面上的太阳直射辐射强度，$\mathrm{W/m^2}$，如图 2-20 所示；

　　　I_0——太阳常数，$I_0 = 1353\mathrm{W/m^2}$；

　　　K——比例常数，$\mathrm{m^{-1}}$；

　　　x——光线穿过大气层的距离，m。

当太阳位于天顶时，即太阳高度角 $h_x = \pi/2$ 时，到达地面的法向太阳直射辐射强度为

$$I_l = I_0 \exp(-Kl)$$

即

$$\frac{I_l}{I_0} = p = \exp(-Kl) \tag{2-10}$$

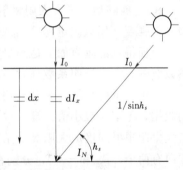

图 2-20　距离大气层上边界 x 处太阳直射辐射强度计算简图

式中　p——大气透明系数，是衡量大气透明程度的标志。p 值越接近 1，表明大气越清澈，阳光通过大气层时被吸收的能量越少。一般地，到达地面的法向太阳直射辐射强度为

$$I_l = I_0 p^m \tag{2-11}$$

其中

$$m = \frac{1}{\sin h_s}$$

照射到竖直表面上的太阳直射辐射强度就是单位竖直表面在阳光法线方向形成的投影面上的太阳直射辐射量。当竖直表面的方位与太阳的方位一致时，竖直表面上的太阳直射辐射强度可以表示为

$$I_{\text{竖}} = I_l \cos h_s \tag{2-12}$$

$$I_{\text{竖}} = I_0 p^{\frac{1}{\sin h_s}} \cos h_s \tag{2-13}$$

其最大辐射强度为

$$I_{\text{竖max}} = I_0 p^{\frac{1}{\sin h_{s0}}} \cos h_{s0} \tag{2-14}$$

根据辐射强度的极值条件有

$$\frac{\mathrm{d}I_{\text{竖max}}}{\mathrm{d}h_{s0}} = \frac{I_0\, p^{\frac{1}{\sin h_{s0}}}}{\sin^2 h_{s0}}(\sin^3 h_{s0} + \ln p \cos^2 h_s) = 0$$

解此方程有

$$\sin h_{s0} = \frac{\ln p}{3} + \sqrt[3]{-\frac{b}{2} + \sqrt{\left(\frac{b}{2}\right)^2 + \left(\frac{a}{3}\right)^3}} + \sqrt[3]{-\frac{b}{2} + \sqrt{\left(\frac{b}{2}\right)^2 + \left(\frac{u}{3}\right)^3}} \qquad (2-15)$$

式中　$a = -\dfrac{(\ln p)^2}{3}$，$b = (\ln p)\left[1 - \dfrac{2}{27}(\ln p)^2\right]$。

对于某个地区，可以由以上求得的高度角按下式得到此时的太阳方位角

$$\cos A_{s0} = \frac{\sin h_{s0} \sin\varphi - \sin\delta}{\cos h_{s0} \cos\varphi} \qquad (2-16)$$

式中　φ——地理纬度；

　　　δ——赤纬角。

A_{s0}是能够达到最大太阳辐射强度的垂直面的方位角，此时建筑物可以获得最大的太阳辐射强度，用以确定建筑物的合理朝向。

上面得到的垂直面上达到最大太阳辐射强度的太阳高度角 h_{s0} 和方位角 A_{s0} 与大气透明系数有关。大气透明系数随时随地而有所不同，冬季最小，夏季最大，农村较大，城市较小，污染越重的地区，大气透明系数越小。因此在房屋的日照设计中应该根据当地大气观测数据，冬季取较小值，夏季取较大值。一般夏至日正午太阳高度角 $h_{s\text{max}}$ 比垂直面上达到最大太阳辐射强度的太阳高度角 h_{s0} 大，因此夏至日能够获得最大太阳辐射强度的垂直面方向有两个，A_{s0} 和 $-A_{s0}$，分别在东向和西向。这样将房屋外表面积最小的一面指向 A_{s0} 和 $-A_{s0}$ 方向有利于避免外墙强烈的日晒。如 $A_{s0} = 90°$，这时达到最大太阳辐射强度的垂直面方向近似于正东向和正西向，对于长方形平面的建筑，其外表面积最小的两个面正好可以指向正东向和正西向，同时避免强烈的东、西晒。冬至日高纬度地区 $h_{s\text{max}}$ 可能比 h_{s0} 小，这时能够达到最大太阳辐射强度的垂直面方向为正南向，房屋朝向正南向最有利于争取日照。低纬度地区 $h_{s\text{max}}$ 可能比 h_{s0} 大，这时获得最大太阳辐射强度的垂直面方向有两个，A_{s0} 和 $-A_{s0}$，分别在南偏东和南偏西，房屋的朝向取这两个方向都对争取日照有利。

（二）主导风向与建筑朝向的关系

主导风向直接影响冬季住宅室内的热损耗及夏季居室内的自然通风。因此，从冬季的保暖和夏季降温考虑，在选择住宅朝向时，当地的主导风向因素不容忽视。另外，从住宅群的气流流场可知，住宅长轴垂直主导风向时，由于各幢住宅之间产生涡流，从而影响了自然通风效果。因此，应避免住宅长轴垂直于夏季主导风向（即风向入射角为零度），从而减少前排房屋对后排房屋通风的不利影响。在实际运用中，当根据日照将住宅的基本朝向范围确定后，再进一步核对季节主导风时，会出现主导风向与日照朝向形成夹角的情况。从单幢住宅的通风条件来看，房屋与主导风向垂直效果最好。但是，从整个住宅群来

看，这种情况并不完全有利，而往往希望形成一个角度，以便各排房屋都能获得比较满意的通风条件。

（三）建筑体形与建筑朝向

建筑物的朝向对于建筑节能亦有很大的影响，这一点已成为人们的共识。例如，同是长方形建筑物，当其为南北向时，耗热较少。而且在面积相同的情况下，主朝向的面积越大，这种倾向越明显。因此，从节能的角度出发，如总平面布置允许自由考虑建筑物的形状和朝向，则应首先选长方形体形，采用南北朝向。

但是，由于种种因素的影响，实际设计中建筑所可能采取的体形不能实现最佳的朝向设置。而有关建筑朝向与节能关系的论述虽常可见到，但多是以长方形体这一假设为前提，且仅限于南、北、偏东、偏西等有限的朝向，故对实际设计的指导意义不大。建筑体形不同会使建筑物在不同朝向有不同的太阳辐射面积，这方面蔡君馥、张家璋等作了大量研究，为我们提供了极为详尽的资料，极具借鉴价值。详细内容，如图 2-21、图 2-22及表 2-4～表 2-6 所示。

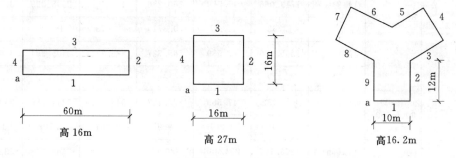

图 2-21　板式、点式、Y 形住宅的基本形式

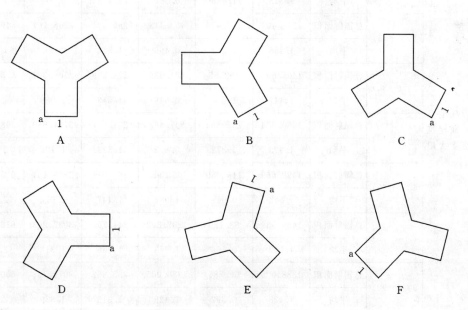

图 2-22　不同角度的 Y 形住宅

表 2-4   长方形住宅所受太阳辐射面积（m²）

	旋转角度（°）	序号	1	2	3	4	Σ_1	Σ_2
		面积（m²）	972	178.2	972	178.2	2300.4	2960.4
长方形住宅冬至日不同建筑朝向所受太阳辐射面积	0	总辐射面积	2965.158	160.441	259.579	160.441	3545.619	4702.5
		平均	3.051	0.9	0.267	0.9	1.541	1.588
	15（-15）	总辐射面积	2872.967	103.714	259.579	232.094	3468.354	4625.234
		平均	2.956	0.582	0.267	1.302	1.508	1.562
	30（-30）	总辐射面积	2602.677	66.051	259.79	314.062	3242.369	4399.25
		平均	2.678	0.371	0.267	1.762	1.409	1.486
	45（-45）	总辐射面积	2182.033	49.299	268.904	400.039	2900.275	4057.153
		平均	2.245	0.278	0.278	2.245	1.261	1.37
	60（-60）	总辐射面积	1713.066	47.589	360.286	477.158	2598.099	3754.975
		平均	1.762	0.267	0.371	2.678	1.129	1.268
	75（-75）	总辐射面积	1265.976	47.589	565.727	526.711	2405.994	3562.865
		平均	1.302	0.267	0.582	2.956	1.046	1.204
	90（-90）	总辐射面积	875.132	47.589	875.152	543.612	2341.285	3498.355
		平均	0.9	0.267	0.9	3.051	1.108	1.182
长方形住宅夏至日不同建筑朝向所受太阳辐射面积	0	总辐射面积	1276.157	254.468	380.65	254.468	2165.743	5394.313
		平均	1.313	1.428	0.392	1.428	0.941	1.822
	15（-15）	总辐射面积	1318.404	226.929	453.413	269.421	2268.167	5496.734
		平均	1.356	1.273	0.466	1.512	0.968	1.857
	30（-30）	总辐射面积	1406.566	192.85	631.039	274.939	2505.394	5733.961
		平均	1.447	1.082	0.649	1.543	1.089	1.937
	45（-45）	总辐射面积	1480.674	155.366	847.462	271.457	2754.959	5983.524
		平均	1.523	0.872	0.872	1.523	1.198	2.021
	60（-60）	总辐射面积	1499.669	115.589	1051.922	257.871	2925.151	6153.715
		平均	1.543	0.649	1.082	1.447	1.272	2.079
	75（-75）	总辐射面积	1469.569	83.125	1237.802	241.707	3032.203	6260.768
		平均	1.512	0.466	1.273	1.356	1.318	2.115
	90（-90）	总辐射面积	1388.005	69.786	1388.005	233.962	3079.758	6308.333
		平均	1.428	0.392	1.428	1.313	1.339	2.131

注 长方形住宅平面尺寸为：60×11m²，高 16.2m，Σ_2 包括屋顶面积时的数据。

表 2－5　　　　　　　　　方形住宅所受太阳辐射面积（m²）

	旋转角度（°）	序号	1	2	3	4	Σ₁	Σ₂
		面积（m²）	432	432	432	432	1728	1984
方形住宅冬至日不同建筑朝向所受太阳辐射面积	0	总辐射面积	1317.848	388.948	115.368	388.948	2211.112	2659.845
		平均	3.051	0.9	0.267	0.9	1.28	1.341
	15（－15）	总辐射面积	1276.874	251.428	115.368	562.625	2206.332	2655.055
		平均	2.956	0.582	0.267	1.302	1.277	1.338
	30（－30）	总辐射面积	1156.745	160.124	115.368	761.363	2193.6	2642.333
		平均	2.678	0.371	0.267	1.762	1.269	1.332
	45（－45）	总辐射面积	969.792	119.512	119.513	969.792	2178.609	2627.34
		平均	2.245	0.278	0.278	2.245	1.261	1.324
	60（－60）	总辐射面积	761.363	115.368	160.127	1156.745	2193.603	2642.333
		平均	1.762	0.267	0.371	2.678	1.269	1.332
	75（－75）	总辐射面积	562.652	115.368	251.434	1276.874	2206.218	2655.055
		平均	1.302	0.267	0.582	2.956	1.277	1.338
	90（－90）	总辐射面积	388.948	115.368	388.956	1317.848	2211.12	2659.844
		平均	0.9	0.267	0.9	3.051	1.28	1.341
方形住宅夏至日不同建筑朝向所受太阳辐射面积	0	总辐射面积	567.181	616.891	169.178	616.891	1970.141	3222.437
		平均	1.313	1.428	0.392	1.428	1.14	1.624
	15（－15）	总辐射面积	585.957	550.13	201.517	653.142	1990.746	3243.046
		平均	1.356	1.273	0.466	1.512	1.152	1.635
	30（－30）	总辐射面积	625.141	467.516	280.462	666.519	2029.638	3291.931
		平均	1.447	10.82	0.649	1.543	1.175	1.659
	45（－45）	总辐射面积	658.078	376.644	376.65	658.078	2069.45	3321.741
		平均	1.523	0.872	0.872	1.523	1.198	1.674
	60（－60）	总辐射面积	666.519	280.458	467.521	625.141	2029.639	3291.93
		平均	1.543	0.649	1.082	1.447	1.175	1.659
	75（－75）	总辐射面积	653.142	201.514	550.134	585.957	1990.747	3243.039
		平均	1.512	0.466	1.273	1.356	1.175	1.635
	90（－90）	总辐射面积	616.891	169.178	616.894	567.181	1970.144	3222.437
		平均	1.428	0.392	1.428	1.313	1.14	1.624

注　方形住宅平面尺寸为：16×16m²，高27m，Σ₂包括屋顶面积时的数据。

表 2-6 (a)

Y 形 住 宅

	序号	1	2	3	4	5	6	7	8	9	10
	面积 (m²)	162	194.4	194.4	162	194.4	194.4	162	194.4	194.4	1652.4
A	总辐射面积 (m²)	494.193	175.027	495.653 (520.630)	60.046	52.915	51.915	60.046	495.653 (520.630)	175.027	2059.475
	平均 (m²)	3.051	0.900	2.550	0.371	0.267	0.267	0.371	2.550	0.900	1.246
B	总辐射面积 (m²)	433.780	72.056	246.123 (345.787)	43.263	66.763	51.916	145.855	578.604 (597.617)	342.613	1980.973
	平均 (m²)	2.678	0.371	1.266	0.267	0.343	0.267	0.900	2.976	1.762	1.199
C	总辐射面积 (m²)	286.511	51.916	158.905 (175.027)	43.263	158.905 (175.027)	51.916	285.511	524.832	524.832	2085.591
	平均 (m²)	1.762	0.267	0.817	0.267	0.817	0.267	1.761	2.670	2.670	1.262
D	总辐射面 (m²)	145.855	51.916	66.673	43.263	246.123 (345.787)	72.056	433.780	342.613	578.604 (597.617)	1980.973
	平均 (m²)	0.900	0.267	0.343	0.267	1.266	0.371	2.678	1.762	2.976	1.199
E	总辐射面积 (m²)	363.672	53.780	157.053 (246.028)	43.263	101.794 (114.413)	51.916	210.995	318.108 (578.146)	436.461	1737.042
	平均 (m²)	2.245	0.277	0.808	0.267	0.524	0.267	1.302	1.636	2.245	1.051
F	总辐射面积 (m²)	363.672	436.461	318.108 (578.146)	210.995	51.916	101.794 (114.413)	43.263	157.053 (246.028)	53.780	1737.042
	平均 (m²)	2.245	2.245	1636	1.302	0.267	0.524	0.267	0.808	0.277	1.051

冬至日不同建筑朝向所受太阳辐射面积

注 括号里的数字为无自身遮挡时的辐射的辐射面积。

表 2-6 (b)

Y 形 住 宅

	序号	1	2	3	4	5	6	7	8	9	10
	面积 (m²)	162	194.4	194.4	162	194.4	194.4	162	194.4	194.4	1652.4
A	总辐射面积 (m²)	212.693	277.500	226.676 (281.263)	175.319	126.980	126.980	175.319	226.676 (281.363)	277.500	1825.643
A	平均 (m²)	1.313	1.427	1.372	1.082	0.653	0.653	1.082	1.372	1.427	1.105
B	总辐射面积 (m²)	234.428	126.206	270.806 (298.639)	105.172	147.476 (211.146)	76.123	231.334	235.492 (250.978)	299.934	1726.971
B	平均 (m²)	1.447	0.649	1.393	0.641	0.759	0.392	1.423	1.211	1.543	1.045
C	总辐射面积 (m²)	249.945	126.206	194.820 (277.500)	63.442	194.820 (277.500)	126.206	249.945	278.521	278.521	1762.426
C	平均 (m²)	1.543	0.649	1.002	0.392	1.002	0.649	1.543	1.433	1.433	1.067
D	总辐射面积 (m²)	231.334	76.130	147.476 (211.146)	105.172	270.806 (298.639)	126.206	234.428	299.934	235.492 (250.978)	1726.971
D	平均 (m²)	1.423	0.392	0.759	0.641	1.393	0.649	1.447	1.543	1.211	1.045
E	总辐射面积 (m²)	246.779	169.490	276.624 (282.110)	75.568	172.280 (247.625)	90.681	244.928	199.906 (259.536)	296.135	1772.391
E	平均 (m²)	1.523	0.872	1.426	0.466	0.886	0.466	1.512	1.028	1.523	1.073
F	总辐射面积 (m²)	246.779	296.135	199.906 (259.523)	244.928	90.681	172.280 (247.625)	75.568	276.624 (282.110)	169.490	1772.391
F	平均 (m²)	1.523	1.523	1.028	1.512	0.466	0.866	0.466	1.423	0.872	1.073

夏至日不同建筑朝向所受太阳辐射面积

注 括号里的数字为无自身遮挡时的辐射面积。

59

由上述图表可以看出：

(1) 不同体形对朝向变化敏感程度不同。

(2) 无论何朝向均有辐射面积较大之面。

(3) 板式体形以南北主朝向时获热最多。

(4) 点式体形与板式相仿但总获热较少。

(5) Y 形体形总辐射面积小于上述两种。

(6) Y 形体形中以 C、A 形获热量最多。

四、建筑间距与节能

(一) 日照间距

在确定好建筑朝向之后，还要特别注意建筑物之间应具有较合理的间距，以保证建筑能够获得充足的日照。建筑设计时应结合建筑日照标准，建筑节能、节地原则，综合考虑各种因素来确定建筑间距。

1. 日照标准

日照时间：我国地处北半球温带地区，居住建筑希望在夏季能够避免较强的日照，而冬季又希望能够获得充分的直接阳光照射，以满足建筑采光以及得热的要求。居住建筑常规布置为行列式，考虑到前排建筑对后排房屋的遮挡，为使居室能得到最低限度的日照，一般以底层居室获得日照为标准。北半球的太阳高度角全年中的最小值是冬至日。因此，选择居住建筑日照标准时通常取冬至日中午前后两小时日照为下限（也有将大寒日作为最低的日照标准日），再根据各地的地理纬度和用地状况加以调整。

日照质量：住宅中的日照质量是通过两个方面的积累而达到的，即日照时间的积累和每小时日照面积的积累。日照时间除了确定冬至日中午南向 2h 的日照外，还随建筑方位，朝向（即阳光射入室内的角度）的不同而异，即根据各地区经具体测定的最佳朝向来确定。阳光的照射量由受到日照时间内每小时室内墙面和地面上阳光投射面积的积累来计算。只有日照时间和日照面积得到保证，才能充分发挥阳光中紫外线的杀菌效用。同时，对于北方住宅冬季提高室温有显著的作用。

2. 住宅群的日照间距

日照间距是建筑物长轴之间的外墙距离，计算建筑物的日照间距时常以冬至日中午（11 时～13 时）2h 为日照时间标准，并将其作为计算日照间距的依据。通常以冬至日正午正南方向太阳照至后排房屋底层窗台高度 0 点为计算点，根据不同的房屋高度可计算出间距值 D。

(1) 平地日照间距计算公式。平地日照间距计算简图如图 2-23 所示。

$$D = \frac{H_1}{\tan h} \qquad (2-17)$$

$$H_1 = H - H_2 \qquad (2-18)$$

式中　D——日照间距，m；

　　H——建筑总高，m；

　　H_2——底层窗台高，m；

　　h——太阳高度角，rad。

这样，可根据不同纬度城市的冬至日正午太阳高度角计算出建筑物高度与间距的比值。也可根据不同地区的太阳高度角与方位角利用棒影日照图计算日照间距。

以冬至日中午（11 时～13 时）2h 为日照时间标准从卫生学的意义上讲还有争论，但考虑到它的改变，对建筑用地的影响很大。例如长春地区日照间距系数与节约用地情况如表 2-7 所示。由表 2-7 可见，日照间距系数的增加有利于节约用地。

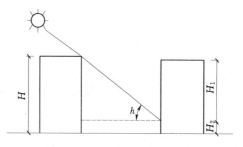

图 2-23 平地日照间距计算

h—冬至日正午太阳高度角；H—前排建筑物的高度；
H_1—前排建筑檐口至后排建筑底层窗台之高差；
H_2—后排建筑底层窗台高

表 2-7　　　　　　　　　　　日照间距系数 L_0 与节约用地

长春地理纬度	日照标准	南向间距系数 $\tan h$	节约用地百分比
$\varphi=43°52'$	大寒日正午前后有 2h 日照	2.12	0
	冬至日正午有满窗日照	2.39	12.8%
	冬至日正午前后有 2h 日照	2.48	17.2%

注　$L_0=\dfrac{D}{H_1}=\tan h$，$L_0$ 为日照间距系数。

（2）坡地日照间距的计算公式。在坡地上布置住宅时，其间距因坡度的朝向而异，向阳坡上的房屋间距可以缩小，背阳坡则需加大。同时又因建筑物的方位与坡向变化，都会分别影响到建筑物之间的间距。一般讲，当建筑方向与等高线关系一定时，向阳坡的建筑以东南或西南向间距最小，南向次之，东西向最大，北坡则以建筑南北向布置时间距最大。坡地日照间距计算简图如图 2-24 所示。

1）向阳坡间距计算公式

$$D=\frac{[H-(d+d')\sin\alpha\tan\gamma-W_1]\cos\omega}{\tan h+\sin\alpha\tan\gamma\cos\omega} \tag{2-19}$$

2）背阳坡间距计算公式

$$D=\frac{[H+(d+d')\sin\alpha\tan\gamma-W_1]\cos\omega}{\tan h-\sin\alpha\tan\gamma\cos\omega} \tag{2-20}$$

（二）通风间距

室内外空气在一般情况下不断地进行交换，这种交换即居室的通风或换气。住宅房间必须有适当的通风换气，以改善室内微气候，减低室内空气中 CO_2 的含量和有害气体的浓度，以减少病原微生物和灰尘数量。

住宅中的通风一般是采用自然通风。自然通风是利用空气的自然流动达到通风换气的目的，较经济和适用。但因受外界气象直接影响较大，通风不够稳定。住宅中的自然通风是利用空气的风压作用而形成的。设想空气是在一个极大的渠道中流动，房屋处于这个渠道中，当风吹向房屋迎风面墙壁时，气流受阻后改变原来流动方向沿着墙面和屋顶绕过房屋。在迎风面，由于气流受阻，迎风面的空气压力增大，超过大气压力。在背风面，由于气流形成旋涡，出现了空气稀薄现象，所以该处的空气压力小于大气压力。实际工作中，

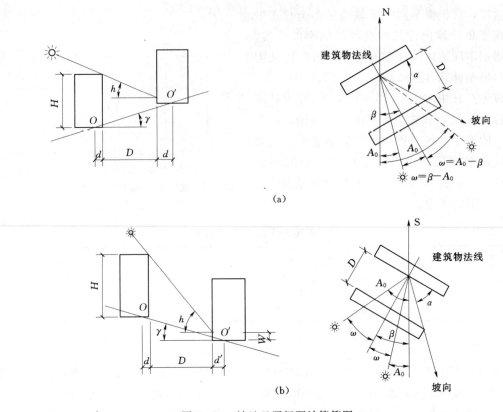

图 2-24　坡地日照间距计算简图

(a) 向阳坡日照间距关系；(b) 背阳坡日照间距关系

D—两建筑物的日照间距（m）；H—前面建筑物的高度（m）；W—后面建筑物底层窗台离设计基准点（或室外
地面）高差；h—太阳高度角；γ—建筑物法线面的地面坡度角；O、O'—前后建筑物地面设计
基准标高点；β—建筑方位角；d，d'—前后建筑物地面设计基准标高点外墙距离；
A_0—太阳方位角；ω—建住方位与太阳方位差角 $\omega = \beta - A_0$（或 $\omega = A_0 - \beta$）；
α—地形坡向与墙面的夹角

空气压力超过大压力时称为正压（＋），小于大气压力时称为负压（－）。在正压区设进风
口，在负压区设排风口，这样一压一吸，风从进风口进入室内，把室内的热空气或有害气
体从排气口排至室外，达到通风换气的目的。如因建筑密度过大，或没有很好的考虑主导
风向，或因门窗面积过小或安排位置不当时，可以采用机械通风。厨房和卫生间因油烟气
和臭气太大，且往往难以有良好的自然通风，则要使用机械通风和增设排气管道。

在改善夏季室内微气候上，主要是能使室内有一定的风速，即形成穿堂风。在严寒的
冬季室内则应避免穿堂风的形成，需要利用通风以维持室内空气清洁新鲜时，可以安装适
当的气窗。根据测定，形成适宜室内气候的风速在 0.2～0.5m/s，最大不宜超过 3m/s。
建筑物和自然通风一方面和风向、风速、建筑物内处的温差等因素有关，另一方面与建筑
设计如建筑的朝向、进出风口（门窗、气窗）面积的大小和位置以及建筑物之间的间距
有关。

要改善夏季居住小区室外的风环境，进而改善室内的自然通风，首先应该在朝向上尽
量让房屋纵轴垂直建筑所在地区夏季的主导风向。例如，我国南方在建筑设计中有防热要

求的地区（夏热冬暖地区和夏热冬冷地区），其主导风向都是在南到东南方向之间。在这些地区的传统建筑，大多数的朝向都是向南或偏南的。

选择了合理的建筑朝向，还必须合理规划整个住宅建筑群的布局，才能组织好室内的通风。由于建筑物对气流的阻挡作用，在其背风面形成局部无风区域或风速变小并形成回旋涡流，该区称之为风影区。如果另一幢建筑处于前面建筑的涡流区内，是很难利用风压组织起有效的通风的。

建筑物背风面形成的风影区和涡流长度与建筑物外形尺寸以及风向投射角有关。当建筑的长度和进深不变时，风影区长度随建筑的高度增加而逐渐加大，约为建筑高度的4～5倍；当建筑的高度和进深不变时，风影区随建筑宽度的增加而加大。图2-25给出了不同建筑排列时对后面气流涡流区的影响。风向投射角是风向与建筑外墙面法线的交角，如图2-26所示。如果是直吹建筑，则投射角为零度。仅从单体建筑来讲，风向投射角越小，对室内通风越有利。但实际上，在居住小区中住宅不是单排的，一般都是多排。如果正吹，建筑后的风影区较大。为了保证后一排住宅的通风，两排住宅的间距理论上要达到前栋建筑高度的4～5倍。这样的间距，用地太多，在实际建筑设计中是难以采用的。

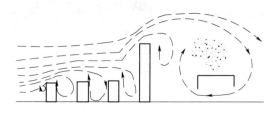

图2-25　气流涡流区

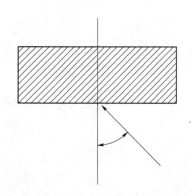

图2-26　建筑的风向投射角

表2-8　　不同风向投射角对自然通风的影响

风向投射角	室内风速降低（%）	房屋背风涡流区长度
0°	0	3.75H
30°	13	3.0H
45°	30	1.5H
60°	50	1.5H

注　H为房屋高度。

因此，建筑间距应该适当避开前面建筑的涡流区。根据研究，不同风向投射角情况下的建筑涡流区范围如表2-8所示。可以看出，随着涡流区长度的缩小，能够使后面的建筑避开涡流区，有利于组织风压通风，有利于缩短建筑间距，节省建筑用地。

可以看出，随着风向投射角的增大，建筑背风面涡流区的长度缩小，但却使室内的风速降低。涡流区长度的缩小，能够使后面的建筑避开涡流区，有利于组织风压通风，有利于缩短建筑间距，节省建筑用地。但风向投射角太大，又会降低室内风速。所以，在建筑设计中要综合考虑这两方面的利弊，根据风向投射角对室内风速的影响来决定合理的建筑间距，同时也可以结合建筑群体布局方式的改变以达到缩小间距的目的。

从表2-8可见风向投射角增大，风速降低，房屋背风面的涡流区长度减少，可以节省用地，但不利于通风；风向投射角越小对通风越有利，但占地多。

单体建筑物的三维尺寸对其周围的风环境带来较大的影响。从节能的角度考虑，应创造有利的建筑形态，减少风流、风压及耗能热损失。建筑物越长、越高、进深越小，其背风面产生的涡流区越大，流场越紊乱，对减少风速、风压有利，如图2-27～图2-29所示。从避免冬季季风对建筑的侵入来考虑，应减少风向与建筑物长边的入射角度。

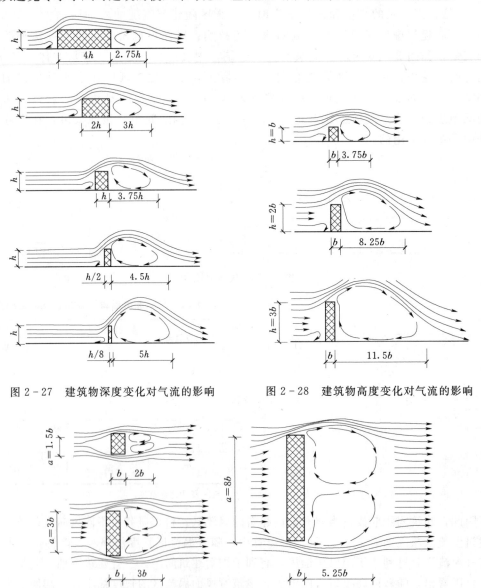

图2-27 建筑物深度变化对气流的影响　　　图2-28 建筑物高度变化对气流的影响

图2-29 建筑物长度变化对气流的影响

第三节　建筑单体的节能设计

一、建筑平面尺寸与节能

1. 建筑平面形状与节能

建筑物的平面形状主要取决于建筑物用地地块形状与建筑的功能，但从建筑热工的角度上看，平面形状复杂势必增加建筑物的外表面积，并带来热耗的大幅度增加。从建筑节能的观点出发，在建筑体积 V 相同的条件下，当建筑功能要求得到满足时，平面设计应注意使围护结构表面积 A 与建筑体积 V 之比尽可能地小，以减小表面的散热量。在这里我们假定某建筑平面为 40m×40m，高为 17m，并定义这时建筑的热耗为 100%，表 2-9 列出相同体积下，不同平面形式的能耗大小。

表 2-9　建筑平面形状与能耗关系

平面形状	正方形	长方形	细长方形	L 形	回字形	U 形
A/V	0.16	0.17	0.18	0.195	0.21	0.25
热耗（%）	100	106	114	124	136	163

2. 建筑长度与节能

建筑宽度与高度相同的情况下，定义长度为 100m 时的建筑热耗为 100%，则不同建筑长度以及不同室外计算温度下的热耗情况如表 2-10 所示。

表 2-10　建筑长度与热耗的关系　%

室外计算温度（℃） ＼ 住宅建筑长度（m）	25	50	100	150	200
-20	121	110	100	97.9	96.1
-30	119	109	100	98.3	96.5
-40	117	106	100	98.3	96.7

表 2-10 显示了居住建筑物长度与其能耗的关系，增加居住建筑物的长度对节能有利。长度小于 100m 时，随着长度减少能耗增加较大。例如，从 100m 减至 50m，能耗增加 8%～10%。

3. 建筑宽度与节能

建筑长度与高度相同的情况下，定义建筑宽度为 11m 时的建筑热耗为 100%，则不同建筑宽度以及不同室外计算温度下的热耗情况如表 2-11 所示。

居住建筑的宽度与能耗的关系如表 2-11 所示。从表中可以看出，对于 9 层的住宅，如宽度从 11m 增加到 14m，能耗可减少 6%～7%，如果增大到 15～16m，则能耗可减少 12%～14%。

表 2-11　　　　　　　　　　　　　建筑宽度与热耗的关系　　　　　　　　　　　　　%

住宅建筑宽度（m） 室外计算温度（℃）	11	12	13	14	15	16	17	18
-20	100	95.7	92	88.7	86.2	83.6	81.6	80
-30	100	95.2	93.1	90.3	88.3	86.6	84.6	83.1
-40	100	96.7	93.7	91.9	89.0	87.1	84.3	84.2

从以上分析可知，增加建筑长度和宽度都会减小体形系数，但增加宽度比增加长度更易于实现，且节能效果更明显。

4. 建筑高度与节能

从公式看随着高度增加，体形系数减少，有利于节能。建筑物高度增加，可以使体形系数相应减少，但要考虑层高增加会带来造价提高。

二、体形系数与节能

体形是建筑作为实物存在必不可少的直接形状，所包容的空间是功能的载体，除满足一定文化背景和美学要求外，其丰富的内涵和自由令建筑师神往。然而，节能建筑对体形有特殊的要求和原则，不同的体形会影响建筑节能效率。

建筑物热损失与以下三个因素有关：

（1）建筑物围护结构的热工性能。

（2）建筑物围合体积及所需的面积。

（3）室内外温差。

建筑师在设计过程中，可以通过相应的技术措施对以上前两个因素实施控制。但是对于某一确定的建筑空间和建筑围护结构，在选择建筑平面形状时（长、宽和高）有各种不同的变换方式。同样能满足建筑功能的要求，而所需的外表面积截然不同。由于外表面积的差异会造成建筑物热损失量的不同。

（一）体形系数概念

建筑物的外形千姿百态，往往建筑设计中外型设计是纯艺术性问题，但其会给建筑节能带来重大影响。由于建筑体形不同，其室内与室外的热交换过程中界面面积也不相同，并且因形状不同带来的角部热桥敏感部位增减，也会给热传导造成影响。所以应控制体形，给建筑师推荐相应的对节能有利的体形，使建筑设计过程中对体形有正确的评价。

目前，体形控制主要是通过体形系数进行，体形系数是指被围合的建筑物室内单位体积所需建筑围护结构的表面面积，以比值 F_0/V_0 描述。对建筑节能概念来讲，要求用尽量小的建筑外表面，汇合尽量大的建筑内部空间。F_0/V_0 越小则意味着外墙面积越少，也就是能量的流失途径越少。我国的建筑节能规范对体形系数提出了控制界线：居住建筑或类似建筑以 F_0/V_0 为依据，当 $F_0/V_0 < 0.3$ 时，体形对节能有利；当 $F_0/V_0 > 0.3$ 时，表明外表面积偏大，对节能带来负影响，应重新考虑体形情况。规范对 F_0/V_0 的控制已有十余年，但由于建筑节能研究人员对体形系数的变化规律、应用及操作中的价值讨论甚少，使 F_0/V_0 的意义被削弱，重视不够，影响了体形控制对节能的力度。

体形系数控制与建筑形状直接相关，同时与建筑总高度或层高、建筑物进深、建筑联列情况、建筑层数等建筑要素有联系，体形系数随以上要素变化而变化，并呈一定规律。

建筑师在选择平面形状、控制体形系数方面有重要的决策权和节能义务。

（二）体形系数计算和分析

体形系数由 F_0/V_0 来描述，其计算式为

$$F_0/V_0 = 2\gamma/H \tag{2-21}$$

$$\gamma = (1+\beta)/\alpha\beta + 1, \quad \alpha = a/H, \quad \beta = b/a$$

式中　H——建筑物高度，m；

　　　a——建筑物宽度，m；

　　　b——建筑物长度，m。

典型居住建筑及类似民用建筑体形系数如表 2-12 与表 2-13 所示。

表 2-12　　典型居住建筑及类似民用建筑 F_0/V_0 案例分析（高层建筑部分）

项　　目	北京西苑饭店	上海瑞金大厦	深圳国贸中心	南京金陵饭店
类型	居住区	公寓	商办	居住区
H（m）	93.06	106.9	158.65	110.75
A（m²）	1800	1248	1320	1010
L（m）	240	143.2	138.4	126
平面形式简图	⌐	I	▭	◇
F_0/V_0	0.14	0.124	0.11	0.13

表 2-13　　典型居住建筑及类似民用建筑 F_0/V_0 案例分析（多层建筑部分）

项　　目	江苏无锡住宅	上海桃园新村	北京小天井住宅		石家庄住宅		
H（m）	16.8	16.8	16.8	16.8	16.8	16.8	16.8
A（m²）	265	311	351	27	184	368	552
L（m）	81.6	79.2	76.8	100.2	57	94.2	131.4
进深（m）			15	15	9.9	9.9	9.9
平面形式简图	⊓⊓	⊔	☐☐	☐☐☐	☐	☐☐	☐☐☐
F_0/V_0	0.36	0.31	0.28	0.25	0.36	0.31	0.29

注　H 为建筑总高度；A 为标准层面积；L 为标准层外墙长度；F_0/V_0 为建筑体形系数。

通过对表 2-12、表 2-13 的分析，可以明显得出以下结论。

1. 高度反比律

建筑物高度提高（或建筑层高增加），可以使 F_0/V_0 相应减少，即 F_0/V_0 与建筑层高成反比，这可从公式中看出。理论上是因为层高增加过程中，体积成三次方递增，而面积成二次方增加，即体积增率略大于面积增率，导致 F_0/V_0 值减小。

2. 正方极限律

由公式可知，F_0/V_0 在 H、a 与 b 均相等时，即正方形平面为最小，对方形平面来讲，任何调整平面尺寸都会使 F_0/V_0 提高。因此，在节能建筑设计中，只要功能许可、技术条件允许，建筑平面接近正方形对建筑节能是有益的。

3. 联列递减律

建筑体形系数与建筑单元联列情况有关，通过分析表明，每增加一个联列数，F_0/V_0 相应递减 0.03，以等差数列类推。主要原因是外墙面积因联列数增加而缩小，即可以节省山墙面积，对降低 F_0/V_0 价值很大，所以对节能住宅设计而言，适当增加住宅单元联列，对体形系数控制是有益的。

4. F_0/V_0—L/A 替代律

以高层建筑为对象，其体形系数一般均在 0.10～0.15 之间，远小于规范确定的 0.3 界限，并且高层建筑屋面面积相对于外墙面积要小得多，可以忽略不计。因此，为了简化计算，可以将 F_0/V_0 转换成 L/A，即建筑外墙平面长度之和与所围成的建筑面积之比值，与我们通常计算外墙长度来评价建筑平面合理性一样。L/A 同样可反映建筑体形状况，通过理论分析 L/A 比 F_0/V_0 通常要小 2%～3%。因此，对高层建筑而论，控制 L/A 对节能评价同样重要。

（三）表面面积系数与节能的关系

利用太阳能作房屋热源之一，从而达到建筑节能的目的已越来越被人们重视。如果从利用太阳能的角度出发，建筑的南墙是得热面，通过合理设计，可以做到南墙收集的热辐射量大于其向外散失的热量。扣除南墙面之外其他围护结构的热损失为建筑的净热负荷。这个负荷量是与面积的大小成正比的。因此，从节能建筑的角度考虑，以外围护结构总面积越小越好这一标准去评价。为此，这里引入"表面面积系数"这一概念，即建筑物其他外表面面积之和（地面面积按 30% 计入外表面积）与南墙面积之比。这一系数更能体现建筑表面散热与建筑利用太阳能而得热的综合热工情况。

如图 2-30 所示，是体积相同的三种体形的表面面积系数的关系。通过大量分析，我们可以得出建筑物表面面积系数随建筑层数、长度、进深的变化规律。

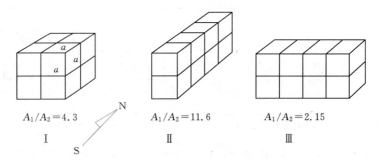

$A_1/A_2=4.3$　　　　　$A_1/A_2=11.6$　　　　　$A_1/A_2=2.15$

Ⅰ　　　　　　　　　Ⅱ　　　　　　　　　Ⅲ

图 2-30　相同体积的三种体形表面面积系数比较

（1）对于长方形节能建筑，最好的体形是长轴朝向东西的长方形，正方形次之，长轴南北的长方形最差。以节能住宅为例，板式住宅优于点式住宅。

（2）增加建筑的长度对节能建筑有利，长度增加到 50m 后，长度的增加给节能建筑带来的好处趋于不明显。所以节能建筑的长度最好在 50m 左右，以不小于 30m 为宜。

（3）增加建筑的层数对节能建筑有利，层数增加到八层以上后，层数的增加给节能建筑带来的好处趋于不明显。

（4）加大建筑的进深会使表面面积系数增加，从这个角度上看节能建筑的进深似乎不宜过大，但进深加大，其单位集热面的贡献不会减少，而且建筑体形系数也会相应减小。所以无论住宅进深大小都可以利用太阳能。综合考虑，大进深对建筑的节能还是有利的。

（5）体量大的节能建筑比体量小的更有利。也就是说发展多层节能住宅比低层节能住宅效果好，收益大。

（四）建筑日辐射得热量

1. 相同体积不同体形建筑日辐射得热量

相同体积不同体形建筑日辐射得热量如图 2-31 所示。冬季通过太阳辐射得热可提高建筑物内部空气温度，减少采暖能耗；在夏季，过多的太阳辐射会加重建筑的冷负荷。从图 2-31 可见，当建筑体积相同时，D 是冬季日辐射得热最少的建筑体形，同时也是夏季得热最多的体形。E、C 两种体形全年日辐射得热量较为均衡，而长宽比例较为适宜的 B 型，在冬季得热较多而夏季相对得热较少。所以 B 型是最好的建筑体形。

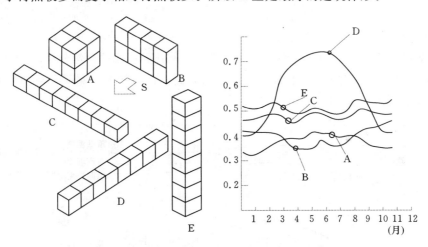

图 2-31　相同体积不同体形建筑日辐射得热量

2. 长宽比对太阳辐射的影响

当建筑为正南朝向时，一般是长宽比愈大得热也愈多，但随着朝向的变化，其得热量会逐渐减少。当偏向角达到 67°左右时，各种长宽比体形建筑的得热量基本趋于一致，而当偏向角为 90°时，则长宽比越大，得热越少。表 2-14 描述了这一变化情况。

（五）建筑平面布局与节能

合理的建筑平面布局给建筑在使用上带来极大的方便，同时也能有效地提高室内的热舒适度和有利于建筑节能。在建筑热工环境中，主要从合理的热工环境分区及温度阻尼区的设置两个方面来考虑建筑平面布局。

不同房间的使用要求不同，因而，其室内热环境也各异。在设计中，应根据各个房间

表 2-14 不同长宽比对太阳辐射的影响

偏向角 朝向长宽比	0°	15°	30°	45°	67.5°	90°
1:1	1	1.015	1.077	1.127	1.071	1
2:1	1.27	1.27	1.264	1.215	1.004	0.851
3:1	1.50	1.487	1.447	1.334	1.021	0.851
4:1	1.70	1.678	1.603	1.451	1.059	0.81
5:1	1.87	1.85	1.752	1.562	1.103	0.81

对热环境的需求而合理分区，即将热环境质量要求相近的房间相对集中布置。对热环境质量要求较高的设于温度较高区域，从而取得最大限度利用日辐射保持室内具有较高温度。对热环境质量要求较低的房间集中设于平面中温度相对较低的区域，以减少供热能耗。

为了保证主要使用房间的室内热环境质量，可在该热环境区与温度很低的室外空间之间，结合使用情况，设置各式各样的温度阻尼区。这些阻尼区就像是一道"热闸"，不但可使房间外墙的传热损失减少，而且大大减少了房间的冷风渗透，从而减少了建筑的渗透热损失。设于南向的日光间、封闭阳台等都具有温度阻尼区作用，是冬季减少耗热的一个有效措施。

1. 利用热分层或热分区布置房间

（1）热的垂直分层：由于冷空气下降，热空气上升而形成的自然分层。

1）爱斯基摩人的雪屋。将兽皮衬在雪屋内表面，通过鲸油灯采暖，可使室内温度达到 15℃，如图 2-32 所示。

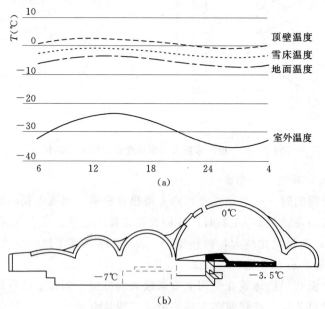

图 2-32 爱斯基摩人的雪屋（利用热垂直分层）

(a) 雪屋室内外温度分布；(b) 雪屋内部温度分布

2）瑞典滑雪旅馆：流动空间被放在剖面最低处，起居室或烹饪室放在中间层，卧室放在最上层，如图 2-33 所示。

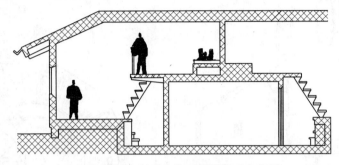

图 2-33　瑞典滑雪旅馆（利用热垂直分层）

（2）热的水平分层：由于建筑物内含有高密度的运行设备或活动人员，他们会发出大量热量，这种发热源导致了产热区及其附近区域温度高，而远离产热区的地方温度低。

传统的新英格兰住宅中，房间往往围绕中心的厨房壁炉布置，以便房间采暖和防止热量散失，壁炉的产热主要流向北侧房间，与受日照的南面区域温度相平衡，如图 2-34 所示。

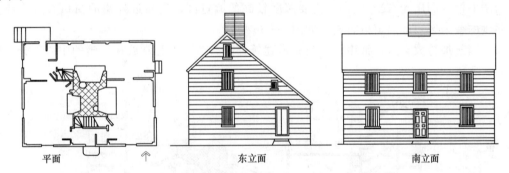

平面　　　　　　　　↑　　　　　　　　东立面　　　　　　　　南立面

图 2-34　传统的新英格兰住宅（利用热水平分层）

2．气候缓冲区布置房间

外层房间对内层房间有保温隔热作用，同时能减缓室外气候急剧变化对内层房间的影响。因此，在建筑设计中，应将那些使用频率不高或对温度稳定性要求不高的房间，如储藏室，停车库，交通空间等布置在建筑外层或与室外气候相邻。

拉尔夫厄斯金的瑞典别墅，车库和储藏室放在北侧而南侧房间向东西方向伸展，且高度增加以利于争取更多日照，如图 2-35 所示。

建筑中的庭院，带有玻璃的日光间都属于气候缓冲区。

3．利用光分层或光分区布置房间

（1）光的垂直分层：自然光随层高增加而增加，形成垂直方向上采光差别。下层房间较上层房间容易被外界遮挡，天空视角相对小。

楼层布置：采光要求高的房间建在上层。

（2）光的水平分层：在同一楼层中，离外窗近处比离外窗远处采光好，由于近窗看到的天空面积大。

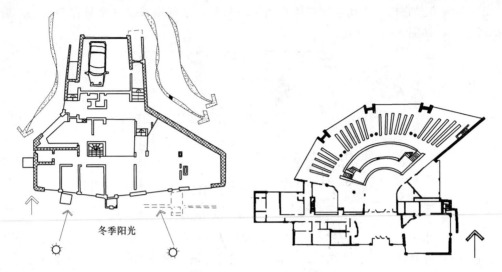

图 2-35　拉尔夫厄斯金的瑞典别墅　　　　图 2-36　图书馆（利用光水平分层）

房间安排：采光要求高的房间布置在外周。

图书馆（利用光水平分层）：需要照度较高的阅览区，沿靠近外墙的窗口布置，要求低照度的藏书区，远离窗口布置，如图 2-36 所示。

美国芝加哥大会堂：常用的办公室沿建筑外围布置，大礼堂放在较暗的中心部分，如图 2-37 所示。

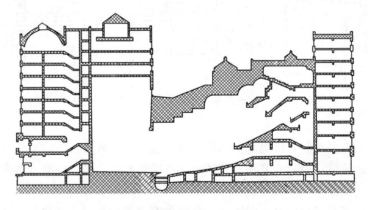

图 2-37　美国芝加哥大会堂

三、建筑体形与自然通风

节能建筑的效应表现在冬季采暖及夏季致凉两个方面。夏季致凉的节能设计方法与途径主要和自然通风组织、遮阳等因素有关。目前随着夏季周期的延长、气温骤高都给人体舒适带来极大的不便。仅选择增加空调，通过耗能来换取凉爽对节能和环保均不利。因此节能建筑的自然通风设计成为建筑夏季致凉、节能与环境共生的最佳选择。

节能建筑的自然通风设计主要涉及室外自然通风的协调、应用及室内的通风组织、设计，通过室内、室外的协作设计来改善建筑的风环境，达到节能的目的。

（一）室外自然通风对建筑的影响

通过建筑设计方法来控制建筑体形受自然通风的影响程度，减少建筑物的能量流失，创造建筑内部空间的热稳定环境是一项重要的课题。

建筑体形通过围护结构处于自然环境之中，时刻受到外界气候参数的影响，其中自然通风影响对建筑热环境设计起重要的作用。

1. 建立风流方向

外部环境的气候参数中风的评价指标是通过方向和速度两个参数来决定的，其中作为自然环境风对建筑体形的影响，"方向"也是一个重要指标。应该首先确定特定地形环境中的风流方向，并通过建筑体形的合理调整，控制风流对建筑的影响程度，达到科学地应用外界风流，创造舒适热环境条件的最终目标。

（1）风玫瑰图。它是建筑中衡量外界风流方向的主要方法，各地都有不同的风向及速度。其中，在风玫瑰图中，反映了夏季（6月、7月、8月）与冬季（12月、次年1月、2月）不同的风向特征。通过风玫瑰图，可以确定特定地区的风向状况，作为建筑选择朝向的基本依据。

（2）风向定位。确定常年基本风向定位对于建筑热环境设计是非常重要的，尤其在进行建筑体形讨论中，不同的建筑体形在不同的风向环境中所表现出的影响程度差异甚大。

以上海地区为例，从风玫瑰图 2-38 所示可见。

夏季（6月、7月、8月）的主导风向是南偏东 45°（即东南向），并以此为中心向两侧偏 22.5°的范围以内变化，如图 2-39（a）所示。

冬季（12月、次年1月、2月）的主导风向是北偏西 45°（即西北向），并以此为中心向西偏 22.5°的范围以内变化，如图 2-39（b）所示。

以冬夏两个季节的风向定位，分析两个典型季节的风流对建筑的影响，基本能表达建筑体形室外风流影响的状态情况。因此，以主导风向及

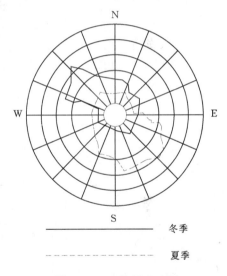

图 2-38　上海风玫瑰图

其主要变化范围作为基本参数，并以主导风向为主要参数，成为在建筑热环境设计中，控制风对建筑影响的重要指标。

2. 建筑体形的方向性

在特定地区一旦典型季节的外界环境风流方向确定以后，建筑体形围合本身同样存在其方向性，并与风流方向形成一定的组合关系。

建筑体形的方向性是可以控制和调整的，方向性的最终目标是合理组织和应用外界环境风流，创造舒适热环境。建筑体形的方向性控制大致有如下几种：

（1）正方形平面方向性，如图 2-40 所示。

（2）正三角形平面方向性，如图 2-41 所示。

（3）1：2 长方形平面方向性，如图 2-42 所示。

（4）正六边形平面方向性，如图 2-43 所示。

（5）圆形平面不存在方向性。

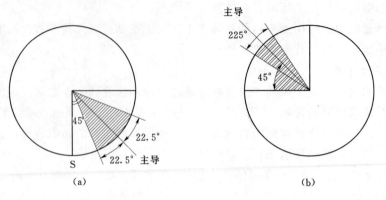

(a)　　　　　　　　　　　　(b)

图 2-39　上海地区主导风范围

(a) 夏季主导风向范围；(b) 冬季主导风向范围

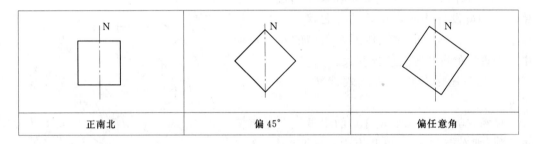

图 2-40　正方形示意图

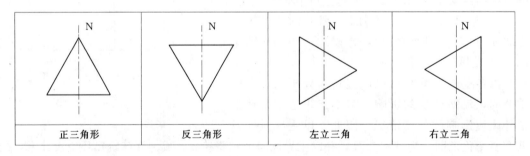

图 2-41　正三角示意图

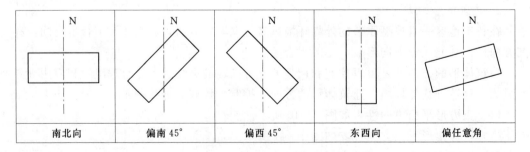

图 2-42　长方形示意图

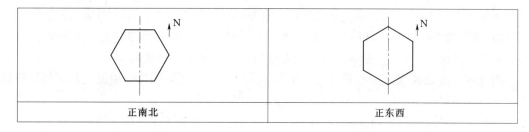

| 正南北 | 正东西 |

图 2-43　正六边形示意图

3. 室外自然通风

各种不同的建筑体形在典型季节的风流环境中，由于体形的方向改变而造成各种不同的影响。

外界风流对建筑的影响程度，可以通过不同的参数来评价，其中外界风流（主导风向）对建筑表面的覆盖程度是重要指标，表现为：

夏季时段：尽可能提高建筑表面接受夏季主导风的覆盖面积（接触面面积指标），以提供室内通风的良好外部条件。

冬季时段：尽可能缩小冬季主导风的覆盖面积，减少建筑受外界风的影响程度。

风覆盖面积是讨论风流对建筑体形影响的重要参数，并能通过一定的计算来表达建筑体形室外风流的影响指标，从而在建筑体形选择及方向定位时成为一项参考因素。

建筑物在室外风气候条件下，其热环境指标的波动，受室外风流的影响程度仅次于室外温度条件，室外风流状况成为影响室内热环境的重要指标之一。在建筑的体形选择过程中，找到一个合适的体形使其具备在夏季主导风场情况下有最大的风覆盖面积值，显得尤为重要。作为体形本身，具备了夏季较大吸风面积而冬季又是较小的吸风面的条件，并为建筑室内的热稳定与夏季通风致凉提供了良好的基础。

外界风流的分析可以指导建筑师在体形选择时找到科学、合理的理论方法和思路，从而在"风"的概念上注入"节能意识"，为建筑节能创造条件。

通过风流覆盖面积分析，从解决建筑风环境着手，可以得到以下建筑意义：

（1）建筑正方形平面——夏季时段，正南北布局，风覆盖面积最大；冬季时段，取 $\alpha=45°$，风覆盖面积最小。

（2）建筑 1:2 长方形平面——夏季时段，以平面对角线呈 45°时风覆盖面积最大；冬季时段，平面短边呈 45°时风覆盖面积最小。

（3）建筑正三角形平面——夏季时段，以某边呈 45°时风覆盖面积最大；冬季时段，以三角形高度呈 45°时风覆盖面积最小。

（4）建筑六边形平面——夏季时段，以正对角线呈 45°时风覆盖面积最大；冬季时段，以正对角线与垂直线呈 45°时风覆盖面积最小。

（5）作为建筑平面在实际选择时是多变的，所考虑的制约因素来自众多的方面，以室外风流对建筑平面的影响而言，通过典型平面的讨论分析，有以下原则来指导建筑风环境的设计：

1）建筑物所处气候区域以夏季防热为主要目标时，宜采取将建筑复杂平面内的最长线（一般为对角连线）与夏季主导风向相垂直布局，以争取建筑尽量大的吸风面。

2）建筑物所处气候区域以冬季御寒为主要目标时，宜采取将建筑复杂平面内的最短线（需具体讨论），与冬季主导风向相垂直布局，以减少建筑的吸风面。

当建筑物所处区域为冬寒夏热气候条件，风流环境必须兼顾两季情况，其室外风流特征，主要应满足夏季尽量大的吸风面积来考虑，理由如下：

（1）当满足夏季较大的吸风面积时，即意味着冬季建筑同样存在吸风面积较大的不利条件，此时可以通过加强冬季迎风围护结构（窗和墙）的密闭性、抗渗能力和保温性能来达到防寒目的。

（2）因冬季吸风面增大而造成的不利影响，同样可采取建筑之外的因素（构筑物、绿化或建筑群的组合）来调整，削弱冬季风对建筑的影响。

以上海地区为例，按上海风玫瑰图得到的夏季和冬季两个主导风向结论来讨论。为满足上海地区冬寒夏热的气候特点，选择正三角形建筑平面较为有利。建筑可以满足在一个位置条件下，夏季主导风吸风面积最大，同时冬季吸风面积较小。

（二）建筑"变形"体形的室外自然通风

建筑体形围合组成是极其复杂多样的，以上的讨论是通过对典型平面特征的研究，找到关于基本体形的风环境设计的一般规律。为了比较全面及正确地反映建筑的体形特征，下面探讨有限的"变形"体形围合的风流特征，以便解决在实际操作中常常遇到的问题。

1. 高度方向的"变形"体形

室外风流对于建筑物的影响程度取决于三个因素：

（1）风流风速。

（2）建筑物体形。

（3）建筑物高度。

作为受风流影响的高度因素是对最典型的建筑类型——高层建筑而言的，风流与建筑的体形关系成为建筑师为解决风环境问题而密切关注的课题，已引起建筑界关注。

室外风流随建筑物高度的变化可按经验公式（2-3）计算。

从经验公式（2-3）可以看出，建筑物室外风流速度，在离地面10m以上时，其值随高度增加而递增，即建筑物的高耸部分受室外风流影响趋于严重。

以建筑热环境设计而言，过强的室外风流速度（无论对冬季还是夏季）无法满足人的舒适条件，一旦高层建筑的高耸部分的室外风流远超过于人舒适风速值域，风流对人成为不舒适因素，在夏季同样表现出这样的问题。因此，高层建筑的高耸部分受室外风流影响越大，其建筑热环境稳定和人体舒适问题越严峻。尤其在寒冷的冬季，室外风流对建筑物的热环境设计带来灾难。在此理论背景下，建筑物沿高度方向的"变形体形"应运而生。

建筑物沿高度方向"变形"体形，就是建筑在达到一定高度以后，其上层部分的体形平面，逐渐缩小，形成高层建筑的"尖塔"体形特征，该体形特征，主要是基于以下考虑：

（1）室外风流特性影响。"尖塔"体形可以满足建筑物越向上外墙面积越小，以此来降低"超风速"对建筑热环境的影响，削弱室外风流对墙面的风速压力，为墙体抗风雨渗透创造良好条件。

（2）建筑使用功能影响。"尖塔"体形从高层建筑人流量条件出发，减小垂直交通枢纽的尽端面积（上部部分）以削减人数，是符合建筑使用功能要求的。

（3）建筑结构条件影响。"尖塔"体形可有效削弱高层建筑在抵抗水平力（位移）所产生的"鞭梢"效应，对建筑抗震有利。

（4）城市视觉景观影响。减少上部体形的容量，可以创造城市比较开敞、有较大的天空面积、空透感强的"城市天际线"，为城市发展及生态环境创造提供有利条件。

建筑高度方向的"变形"体形有其合理性，是值得推荐的一种城市建筑类型。

2. 水平方向的"变形"体形

为了协调室外风流和建筑体形之间的关系，在进行典型平面的不同组合时，建筑师对体形在水平方向进行变形，以最大程度地为建筑创造有利于热环境设计的体形条件。下面介绍几种是有效、可行的水平方向的"变形"方式：

（1）扭曲或尖劈平面。建筑平面在满足基本功能和形式美的前提下，基于改善室外风流对建筑热环境设计的影响，对平面作出适当的调整重组，可以达到关于风流问题解决的良好途径。

扭曲平面：使朝向夏季主导风方向的外表面积增大，改善吸风面的风环境（夏季）条件，同时使面向冬季主导风向表面积减小，两项措施的集合为建筑热环境设计带来较大的帮助；

尖劈平面：该"变形"体形主要立足于冬季寒风对建筑体形的影响。这种"尖劈"使朝向冬季主导风向的外表面避免了垂直关系，使风在建筑体形的"尖劈"作用下得到削弱。减低了外墙表面（包括窗）的风雨热渗漏压力，为建筑热环境设计和热稳定性创造良好的外部条件（当然，尖劈平面组合中的末端凹部，看似会使风流加强，但是由于"紊流效应"，紊流风形成"气幕"，反而使凹部风流对墙体的压力得到削弱）。

（2）通透及开放空间。为减轻建筑迎风面一侧外表面的风流压力（风速造成），可在适当部位给强劲风流提供一个释放途径，该处理方法常被引用削弱冬季主导风对建筑外表面的影响，并得到有效的效果。

通透空间：在建筑的每层高度，设均匀或不均匀的开敞处理方法，常被应用在居住建筑。在建筑平面具备良好的通风走向条件下，立面采取通透方法，会大大疏导室外风流。该手法常见于炎热地区的民居（干栏住宅）中，也可以在个别高层建筑体形及立面处理上见到，通透空间多用于夏季通风。

开放空间：又称之为"掏空"处理，这种手法常用于室外风流比较突出的环境之中，如海边、开阔地及超高层中（不排除有许多建筑"掏空"处理是纯美观目的）。开放空间可以很有效地疏导或释放较大的室外风流，减轻建筑表面的风速压力，是在建筑体形选择时，考虑建筑热环境设计的一条有效途径。该方法同时要解决好开放空间本身部分的风流加强问题。

（三）室内自然通风和节能致凉

室内自然通风和节能致凉是直接作用于人体的舒适要素，是建筑设计的一项重要内容，也是建筑节能和致凉的常用手法，主要与以下因素有关：

（1）建筑洞口（窗、门）的面积，相对位置。

（2）建筑平面布局。

（3）建筑室内陈设、家具。

（4）建筑室内装修特征。

室内自然通风和节能致凉对改善室内通风条件至关重要。对于建筑室内而言，自然通风主要由来自室外风速及洞口间位置形成的"压差"及"温差"造成。

温差形成的条件如下：

室内沿高度方向的温度场的不均匀性。按热力学原理，其存在温度沿高度逐渐向上递增的特点，该特征是随层高增加而使上下之间温差加剧的主要原因。因此在相对密闭的室内空间（系统）内能感觉到气流的流动。室内风流由热力学原理决定加强或抑制气流流动，以满足室内热舒适条件。

室内人为因素造成的温度分布不匀，主要表现为采暖（或制冷）输出口位置不当，形成温差加剧。同时为达到增强室内通风的目的，常采取人工加温（如应用太阳能等）的方法，使室内形成"强迫"温差，加强通风。该处理方式常用于带"竖井"空间的住宅建筑，夏季应处理好上部高温倒流造成热舒适不佳的问题。

"竖井"空间主要形式如下：

（1）纯开放空间——空间比超过1：3的竖井共享空间。

（2）楼梯结合空间——与楼梯相结合的竖向贯通空间。

（3）双墙空间——超过600mm宽的双墙夹层空间。

（4）"烟囱"空间——冲出屋面的竖向突兀空间。

建筑室内洞口的相对位差也是造成自然通风温差的重要因素，位差的形成条件有：

（1）窗（或门）洞口的入口和出口之间的位置差（洞口高差）是加速室内通风的有效措施，其实质是室内外温差及由温差引起的热压，它是推动室内自然通风的主要动力。

（2）利用设计方法形成竖向"烟囱"空间，利用该空间两端的位置差（井式高差）来加速气流，以带动室内的通风。与前述一样，其实质依然是"温差—热压—通风"。由于其"井式高差"值的自由度较大，故可以有效改善室内自然通风。

综上所述，室内自然通风的真正原因，无论是温差，还是位差，都是以温度问题来展开的，其中温差是引起室内自然通风的主要原因。

建筑室内自然通风的影响因素很多，对建筑自然通风设计有较大影响，并且与建筑设计紧密有关的因素如下。

1. 室内造型影响

现代建筑为满足当今时代的需要，除创造建筑良好的外观形象外，还对建筑室内的形像设计日趋重视，使室内造型日益复杂。因而在设计过程中，建筑师常立足于形式、视觉功能，而忽略（或根本未意识到）由此造成的对室内通风条件的影响，这种影响是永久的通风"非可逆"损伤。

建筑室内造型的对象主要包括墙、顶棚、地面等六个面，其中墙面、地面由于受功能制约，不能存在明显的凹凸，对室内通风效果影响不大，顶棚设计形式则成为影响建筑通风的主要原因。

建筑装饰上的吊顶顶棚有时多从美观、隐藏管线（风管、电线管、水管、通讯线路等）来考虑。吊顶棚与屋面之间空间较大，如能妥善组织通风，其降温效果要比双层屋面好。建议在室内装修要求吊顶棚时结合隔热的需要进行，尤其有利于提高通风效果。尽管造价较高，但将会大大提高建筑的使用质量。顶棚通风隔热屋面设计中应满足下列要求及注意的几个问题。

（1）必须设置一定数量的通风孔，使顶棚内的空气能迅速对流。平屋顶的通风孔通常开设在外墙上，孔口饰以混凝土花格或其他装饰性构件，坡屋顶的通风孔常设在挑檐顶棚处、檐口外墙处、山墙上部。屋顶跨度较大时还可以在屋顶上开设天窗作为出气孔，以加强顶棚层内的通风。进气孔可根据具体情况设在顶棚或外墙上。有的地方还利用空气屋面板的孔洞作为通风散热的通道，其进风孔设在檐口处，屋脊处设通风桥。

（2）顶棚通风层应有足够的净空高度，应根据各综合因素所需高度加以确定。如通风孔自身的必需高度，屋面梁、屋架等结构的高度，设备管道占用的空间高度及供检修用的空间高度等。仅作通风隔热用的空间净高一般为 500mm 左右。

（3）通风孔须考虑防止雨水飘进，特别是无挑檐遮挡的外墙通风孔和天窗通风口应注意解决好飘雨问题。当通风孔较小（300mm× 300mm）时，只要将混凝土花格靠外墙的内边缘安装，利用较厚的外墙洞口即可挡住飘雨。当通风孔尺寸较大时，可以在洞口处设百叶窗片挡雨。

（4）应注意解决好屋面防水层的保护问题。较之架空板通风屋面，顶棚通风屋面的防水层由于暴露在大气中，缺少了架空层的遮挡，直射阳光可引起刚性防水层的变形开裂，还会使混凝土出现碳化现象。防水层的表面一旦粉化，内部的钢筋便会锈蚀。因此，炎热地区应在刚性防水屋面的防水层上涂上浅色涂料，既可用来反射阳光，又能防止混凝土碳化。卷材特别是油毡卷材屋面也应做好保护层，以防屋面过热导致油毡脱落。

（5）应尽量使通风口面向当地夏季主导风向。由于风压与风速的平方成正比，所以风速大的地区，利用顶棚通风效果还是比较显著的。

2. 平面比例影响

建筑平面设计，尤其是一个空间单元设计，很大程度上受约于建筑模数、家具陈设和人员活动等功能要求。以住宅建筑为例，单元平面的开间和尺寸的选择主要有以下依据：

以模数体系为准则：目前采取的是 3m，体系是单元尺寸依据。

以家具、人员活动为基础：卧室是以床（长为 2100mm）为依据，并考虑人的活动范围、故多在 3600mm 左右（开间）。

以采光，使用为目的：如住宅居室进深确定主要因素是自然采光和人的使用目的，一般以层高 2.8m，进深 4.2～4.5m 为宜。

平面尺寸一旦确定以后，其平面比例也就确定了。在有关建筑通风分析过程中，建筑室内是通风流经的"管道"，它的平面比例是否会对建筑通风造成影响呢？

从工程流体力学可知，将室内理解为空气流动（通风）的理想管道，必须使流体在此管道内有一定长度的流经区域，即通过一定长的过程，以使室内空气作为理想流体形成有规则的定常、分层流动，不至于造成空间内的相互过甚的扰动（紊流）而影响室内通风质量。因此从流体力学理论而论，沿通风方向适当长的流动区域，对通风是有益的。

工程流体力学向人们揭示要创造室内良好通风，主要是因为有室外造成的风压及室内由于洞口高差和空气温差造成的热压。浅进深、大开间对充分利用风压改善室内通风质量是有效的，而对室内本身形成的热压通风会带来影响，在炎热的夏季利用高差热压通风显得十分重要。

根据工程流体力学基本原理，流体管径的水力半径（R）是衡量流程中有效断面及特征几何尺寸的必要条件，水力半径按下式计算

$$R = \frac{A}{X} \qquad (2-22)$$

式中　A——过水断面面积，m^2；

　　　R——水力半径，m；

　　　X——各断面的湿周，m。

任何不同断面（方、圆、多边形）都可转化为水力半径来衡量，建筑室内通风定量同样采取水力半径来计算。从通风特征来看风流流经长度与特征几何尺寸有关，如果以洞口高差热压作用进行室内通风，应保证其流程长度与特征几何尺寸相同，如图 2-44 所示。只有这样才能保证通风完成稳定的流动特征，并由此产生中性层区域，保证热压通风的舒适效果。即

$$L = d = 4R \qquad (2-23)$$

式中　L——流程长度，m；

　　　d——流管的管径，m。

从式（2-23）可知，在确定建筑平面尺寸比例时，以流体水力半径为依据，可以十分方便地确定平面比例。

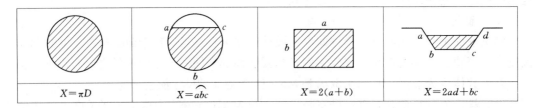

图 2-44　各断面湿周（X）图

通过不同建筑单元纵断面（垂直于通风方向）的水力半径计算而确定的建筑单元进深（平行于通风方向），其值一般接近于 1：0.85，即建筑单元平面比例以 1：0.85 为最佳。其中，加入了高度值（水力半径计算与高度、宽度有关），因此在确定建筑单元比例对通风影响时，实际上同样与层高有一定关系，从 $L=4R$ 可知，建筑宽度开间为定值时，进深随层高增加而递增，即

$$L = 4R = \frac{4ah}{2(a+h)} = \frac{1}{2\left(\dfrac{1}{h} + \dfrac{1}{a}\right)} \qquad (2-24)$$

当 a 为常数时，L 随 h 增加而递增，即建筑平面比例 $a:L$ 越接近长向平面。该规律实际上充分反映了热压通风中性层概念。要产生稳定的中性层，必然需要与之相配合的合适流程长度。

基于室内通风考虑的建筑单元平面比例，层高 $h=2.8\sim3.2\text{m}$ 时，其平面比例 $a:L=1:0.85$ 为佳，即接近于开间稍大于进深的窄向平面，并且 L 值随层高 h 增加而递增，使建筑单元平面比例纵向拉长而形成纵向平面。

3. 洞口相对位置影响

建筑洞口在垂直方向的位置问题，即高差，对热压形成的室内自然通风有较大影响时，洞口在建筑平面方向上的相对位置对室内通风质量和数量同样有明显的影响。

建筑平面窗洞设计的主要相对位置及其对通风质量影响，如表 2-15 所示。

表 2-15　　　　　　　　　　洞口位置与通风

名称	图示	通风特点	备注
侧过型	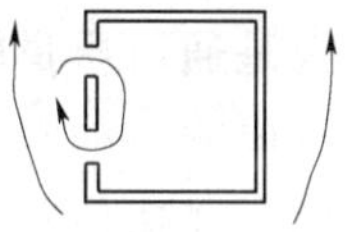	1）室外风速对室内通风影响小 2）室内空气扰动很小 3）无法创造室内良好通风条件	尽量避免
正排型	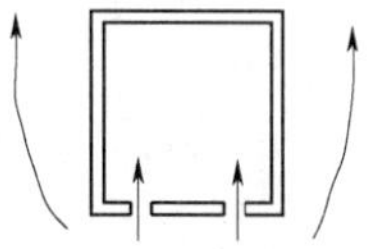	1）只有进风口，无出风口 2）典型的通风不利型 3）室内只有存在一点气流扰动	尽量避免
逆排型	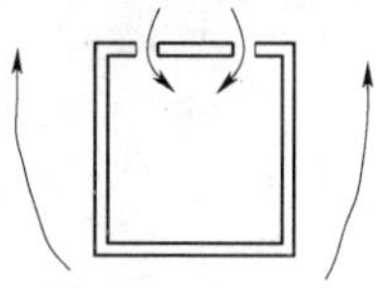	1）只有出风口，无进风口（相对而言） 2）最不佳洞口方式 3）仅靠空气负压作用吸入空气	尽量避免
垂直型	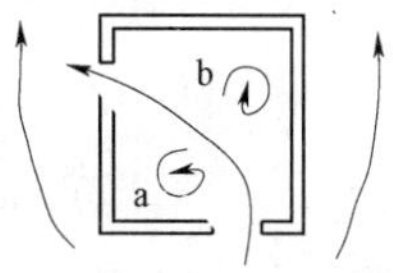	1）气流走向直角转弯，有较大阻力 2）室内涡流区明显，通风质量下降 3）区域 a 比 b 通风质量好	少量采用
错位型	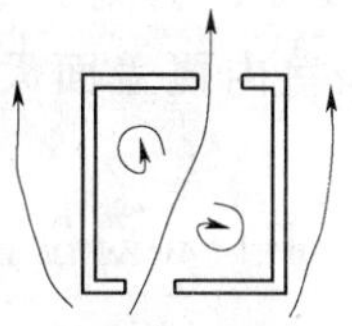	1）有较广的通风覆盖面 2）室内涡流较小，阻力较小 3）通风直接，较流畅	建议采用

名称	图 示	通 风 特 点	备注
侧穿型		1）通风直接、流畅 2）室内涡流区明显，涡流区通风质量不佳 3）通风覆盖面较小	少量采用
穿堂型		1）有较广的通风覆盖面 2）通风直接、流畅 3）室内涡流区较小，通风质量佳	建议采用

为通风创造有利条件的建筑洞口相对位置设计应满足以下准则：

（1）覆盖面，使通风流经尽量大的区域，增加覆盖区，可以有效地提高室内通风质量，通风质量一般通过通风流线图表示并进行评价。

（2）风速值，洞口位置应对通风风速有利，即尽量使通风直接，流畅，减少风向转折和阻力，这是保证通风质量的必要条件。

（3）涡流区，应使室内空间减少较大的涡流区。涡流区是通风质量较差的区域，其室内空气品质也因涡流区而下降，洞口相对位置应尽量避免造成明显的涡流区。

以工程流体力学的基本原理来讨论建筑通风设计覆盖面、风速值和涡流区三者的关系是十分重要的。从流体力学管内流量定义可知，建筑室内的进风口流量等于出风口流量（通风过程为非压缩理想流体定常运动）得如下两式

$$L_{in} = L_{out} \qquad (2-25)$$

$$L_{in} = V_1 A_i, L_{out} = V_2 A_0, \frac{V_1}{V_2} = \frac{A_0}{A_i} \qquad (2-26)$$

式中　L_{in}——进风口流量；

　　　L_{out}——出风口流量；

　　　V_1——进风口风速；

　　　V_2——出风口风速；

　　　A_i——进风口面积；

　　　A_0——出风口面积。

从式（2-26）可以看出，当不改变进风口面积 A_i 条件下，增大出风口面积 A_0，进口风速会大大提高，则表现为流速大、覆盖面小、流线直接、涡流区域更明显；当减小 A_0 值，则进风口 V_1 会减少，表现为流速小、气流扩散、室内覆盖面大、涡流区不明显，整个室内空间能感觉到气流，但风速不大。

建筑设计要按照室内空间对通风的不同要求，来确定洞口相对位置和对应的洞口面积，协调好建筑通风的覆盖面、风速值和涡流区的关系。

4. 门窗开启方式影响

门窗开启方式是建筑围合过程中为满足使用目的而必不可少的设计过程，传统上建筑师确定开启方式有许多思维方式，即构造简单，闭启方便，密封好，防水佳，窗体保温隔热性能好。

利用门窗的开启方式来改善建筑室内通风质量的研究与讨论甚少，认识不足。从人们生活习惯来看，常会自觉地通过调整门窗的开启角度来引导自然风，但往往又因为建筑师在这方面思考不够而造成通风缺陷，给人们造成不便。因此，建筑师在确定门窗开启方式时，强化对通风的作用，将会大大改善通风效果，做到建筑的"有机"围合。

按建筑学一般原理，建筑常用门窗可分为若干基本形式，如表 2-16 所示。分析不同开启方式的特点及对通风的影响程度，成为建筑师在进行门窗设计时满足通风目的的指导准则。

表 2-16　　　　　　　　　窗开启——通风表

名　称	基本图示	对通风影响情况			结　论
平开窗	（平面）	A 洞口面积减半		B 窗扇遮挡风（阴面）	一种通风产生负影响的开启方式
横式悬窗	上悬窗（剖面）	A 风流导向上方（外开）		 B 风流导向下方（内开）	内开比外开更能提高室内通风质量
	中悬窗（剖面）	A 风流导向上方（正反）		B 风流导向下方（逆反）	1）逆反对通风有利 2）与上悬窗相比其通风效果更佳 3）B 是主张采用的
	下悬窗（剖面）	A 风流导向上方（外开）		B 窗扇遮挡风（阴面）（内开）	1）外开比内开好但风速会减慢 2）与上悬窗内开相比通风效果较差
立式转窗	 正轴（平剖面）	A 可调整导风角度（正反）		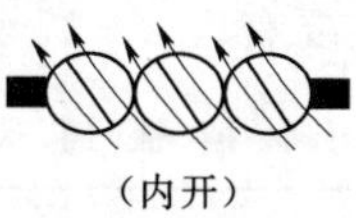 B 可形成导风百叶（内开）	1）良好的导风窗 2）满足最大洞口率 3）A、B 是主张采用的
	偏轴（平面）	A 导风面达（外开）		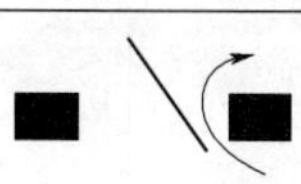 B 作用不大（内开）	1）中置法有较好的通风质量 2）与正轴相比 A 有更好的导风效果 3）A 是主张采用的

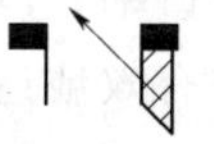

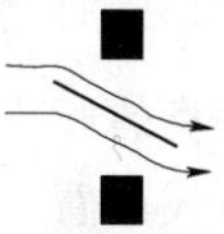

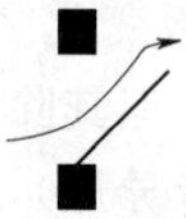

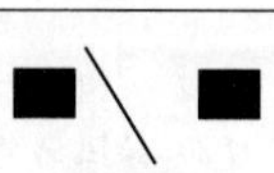

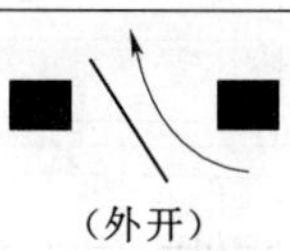

续表

名　称	基本图示	对通风影响情况		结　　论
推拉窗	（平面） 水平推拉	（侧置） A　永远只有半通风口	（中置） B　可减少室内涡流区	1）外长比内长有更好的导风效果 2）由于洞口率50%不主张采用
	（剖面） 垂直推拉	（上置） A　进风口较低	（下置） B　进风口较高	1）上置法是对室内通风有利 2）由于洞口率50%不主张采用

一般门都处于出风口部位，且门的开启方式较简单，故通过门的调整对于室内通风影响程度不明显，但以门扇尽可能满足有较大的开启（洞口率大）为目标。

由表2-16可见，窗开启方式的不同对通风的影响程度是不同的，评价依据主要为：

（1）窗的开启应满足有较大洞口率，以保证足够大的面积完成通风任务。

（2）有可调整的开启角度，并有效地达到引导风的目的。

（3）尽量使进风指向下侧，以达到增加进出风口相对位置的计算高差，并满足风流流经人体高度的目的。

建筑师在进行门窗开启方式选择时，应遵循以上评价依据，以便提高建筑室内的通风质量。

5. 挡板（遮阳）设置影响

（1）挡板的功能。挡板对室内风流的引导及改善室内通风质量起较大的作用。建筑挡板的作用如下：

1）遮阳体系，利用挡板遮挡夏季炎热阳光，改善室内舒适条件（稳定室内温度）。

2）导风体系，通过一定规则的挡板设置，将室外风流经挡板引入室内，增加建筑通风的正压。

现代发达国家的高层建筑外墙挡板变化多端、极富装饰性。材料有不锈钢、高强塑料、玻璃钢等，给建筑造型带来生机。但其除了装饰意义外，挡板还充分起到遮阳与导风作用。有时单一考虑（仅考虑遮阳或者导风），有时是综合考虑（即将通风与遮阳进行结合），而后者显得尤其重要。

利用挡板作通风改善构件主要有表2-17给出的几种基本形式。

表2-17　　　　　　　　挡板通风形式

名　称	简　图	通风效果图	特　征
集风型			1）一组挡板共同使用 2）导风显著 3）立面影响较大

续表

名　称	简　图	通风效果图	特　征
挡风型			1）置于迎风一侧 2）导风显著 3）室内风向影响较大
百叶型			1）导风方向可以按需调整 2）与遮阳板结合较好 3）有效改善室内通风效果
双重型			1）一组挡板共同使用 2）形成风压差显著 3）不佳朝向的有效改善方法

表 2-17 所示的挡板通风形式，对导风和室内通风均有显著的改善作用，改善原理同样符合前文中有关通风形式及工程流体力学伯氏方程描述的流动性质。其中，百叶型通风

百叶导风将气流下压，实际上加大了洞口计算高差值，改善了热导通风效果。双重型就是应用风力压差来改善室内通风，通过挡板的不同位置，形成进风的正压区和出风的负压区，人为形成风力压差，达到室内通风的目的。

在现代建筑中，挡板作为遮阳系统是应用最广泛的挡板遮阳形式，在现代建筑近百年的发展历程中，建筑遮阳也经历了一段曲折的过程。

（2）挡板应用的注意事宜。挡板的应用对自然通风有较大影响，应注意以下问题：

1）不利气流的逆导问题，如果挡板遮阳设

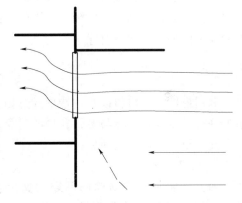

图 2-45　风流偏向挡板图例

置于下部，在热源排出的洞口上方，挡板会形成一个输导体，将热源反向吸入室内，造成室内空间的升温与空气品质问题。解决方法是挡板采取百叶或羽板、挡板与外墙面离开一段距离等。

2）遮阳挡板的通风应考虑建筑遮阳，以窗洞上方的水平遮阳居多，常在低纬度的南向洞口采用，该朝向一般又是当地夏季的主导风向。挡板遮阳将导致室内通风质量下降。在图 2-45 中，水平遮阳作用会使来自洞口下部的风力压相对提高，使风流指向建筑空间的上部，最终会影响室内通风条件，使人体高度上通风质量下降。

四、建筑体形与建筑遮阳

（一）建筑遮阳的作用

正确的建筑遮阳设计有许多作用。总结起来主要包括以下几点：

（1）有效地防止太阳辐射进入室内，不仅改善室内的热工环境，而且可以大大降低夏季的空调制冷负荷。

（2）它可以避免围护结构被过度加热而通过二次辐射和对流的方式加重室内冷负荷。

（3）建筑遮阳能够有效的防止眩光，起到改善室内光环境的作用。

（4）遮阳还可以防止直射日光，尤其是其中紫外线对室内物品的损害。

（二）传统的建筑遮阳形式

1. 挑檐

在我国南方地区的木构架建筑中，挑檐是最常见的建筑遮阳形式，尽管很多人认为挑檐的主要功能是防雨水侵蚀墙面。但是，客观上确实也起到了遮阳防晒的作用。从全国范围来看，除沿海地带由于台风的影响民居中出檐较少，其他地区纬度越低出檐越大，而且做法也层出不穷。大出檐、重檐、腰檐等的防晒、防雨应用非常广泛。比如出檐深远的周庄民居、傣族干栏式住宅及东南亚的船型住宅等。

2. 院落

院落遮阳是中国传统民居平面布局的特点，在我国南方地区，炎热多雨，当地民居为了适应这种气候，平面布置多为 H 形、口形。院落空间较小，南北向相对较短，建筑出檐的阴影正好投射在院落中，造成了阴凉的小天井，既可在夏季辟出阴凉，也可在冬季迎来温暖的阳光，是冬暖夏凉的舒适空间。同时，狭高的天井也起着拔风的作用，民居正房即堂屋朝向天井，完全开敞，可见天日；各屋都向天井排水，风水学说称之为"四水归堂"。

3. 门窗格栅

利用窗体自身材料以及构造形式遮挡太阳辐射也是传统民居常用的遮阳手段。古香古色的联排折叠式木百叶与各式花样的门窗格栅可遮阳，也可导风避雨，既灵活方便又能通风采光，至今人们仍在使用。

4. 柱廊

西方最早对建筑物遮阳问题的文字叙述来源于古希腊时期的作家赞诺芬（Xeno-phon），他在其著作中提到设置柱廊，以遮挡角度较高的夏季阳光而又使角度较低的冬季阳光射入室内。

（三）建筑遮阳的分类

1. 建筑遮阳

（1）建筑互遮阳。建筑互遮阳是利用建筑群的紧密关系产生阴影来实现遮阳。这种简易的遮阳方式在我国江南的民居中得到广泛的应用。街道狭长而进深大，两侧邻房紧靠或只用狭小的胡同相隔，将直接采光处有意识地置于建筑阴影处，例如徽州民居，南方的冷巷。

（2）建筑自遮阳。建筑自遮阳是通过建筑自身体形凹凸形成阴影区，实现有效遮阳。皖南民居中的院落遮阳是典型的建筑自遮阳实例，其院落空间小，南北相对较短，建筑的阴影正好投射在院落中，造成了凉爽的小天井。广州属炎热地区，常常在建筑三面或四面设置外廊，称"走马楼"或"走马骑楼"。这种外廊有时设在内院，有时设在外院，主要目的是减少太阳对墙面的辐射，同时提供人们避雨和活动的空间。

2. 绿化遮阳

绿化遮阳是一种经济有效的措施。可以通过在窗外一定距离种树，也可以通过在窗外或阳台上种植攀援植物实现对墙面的遮阳，还有屋顶花园等形式。落叶树木可以在夏季提供遮阳，常青树可以整年提供遮阳。植物还能通过蒸发周围的空气降低地面的反射。常青的灌木和草坪对于降低地面反射和建筑反射很有用。绿化植物的位置除满足遮阳的要求外，还要尽量减少对通风的影响。

3. 按建筑遮阳构件形式分类

按照遮阳构件的形状，针对建筑窗口的遮阳构件分为五种：水平式、垂直式、综合式、挡板式以及百叶式。

（1）水平式遮阳。这种形式的遮阳能有效地遮挡高度角较大的、从窗口上方投射下来的阳光。在我国，则宜布置在南向及接近南向的窗口上，此时能形成较理想的阴影区。另外，水平式遮阳的另一个优点在于：经过计算，遮阳板设计的宽度及位置能非常有效地遮挡夏季日光而让冬季日光最大限度的进入室内。水平遮阳是我们最为常见的遮阳方式。

（2）垂直式遮阳。它能够有效地遮挡高度角较大，从窗侧面斜射过来的阳光。但缺点是，对于从窗口正上方投射的阳光，或者接近日出日落时正对窗口照射的阳光，垂直式遮阳都起不到遮阳的作用。

（3）综合式遮阳。对于各种朝向和高度角的阳光都比较有效，进入室内的自然光线也更为均匀，适用于从东南向到西南向范围内方位的窗户遮阳。在今天，以遮阳格栅为主要建筑语汇的现代主义作品层出不穷。

（4）挡板式遮阳。平行于窗口的遮阳设施，能有效地遮挡高度角较小的，正射窗口的阳光。主要适用于阳光强烈地区及东西向附近的窗口。其缺点是挡板式遮阳对视线和通风阻挡都比较严重，所以一般不宜采用固定式的建筑构件，而宜采用可活动或方便拆卸的挡板式遮阳形式。

（5）百叶式遮阳。上述的四种做法中均包含了百叶的做法，严格意义上不需要重新归类。但百叶是一种最为广泛使用的遮阳方式，国内外的许多遮阳设计研究也是集中于这个方面。本书中以下对于遮阳的其他分类方式也是以百叶为基础研究对象来划分的，故将其单独划为一种类别。

它的优点众多，如能够根据需要调节角度，只让需要的光线与热量进入室内；可以结合建筑立面创造出丰富的造型与层次感；不遮挡室内的视野，综合满足遮阳和通风的需要等等。法兰克福商业银行采用了先进的自动控制百叶遮阳系统，轻质的铝合金百叶遮挡住夏季的直射阳光，而将柔和的漫反射光线引向室内。

4. 按遮阳构件相对于窗户位置分类

根据遮阳构件相对于窗口位置，可以把遮阳分为内遮阳、外遮阳和中间遮阳。

（1）外遮阳。外遮阳是安装在窗口室外一侧的遮阳措施，国内外的遮阳产品种类繁多，如遮阳百叶、遮阳篷、遮阳纱幕等，同类产品中有多种式样和颜色可供选择。夏季外窗节能设计应该首选外遮阳。使用外遮阳不只是使用者个人的事情,因为建筑立面会不可避免地为之改观。这需要建筑设计师在建筑设计时结合造型予以充分的考虑。

(2)内遮阳。内遮阳是安置在窗口室内一侧的遮阳设施。如百叶帘、卷帘、垂直帘、风琴帘等。浅色窗帘一般比深色的遮阳效果要好些,因为浅色反射太阳辐射热量更多。

但内遮阳的隔热效果不如外遮阳。遮阳设施反射部分阳光,吸收部分阳光,透过部分阳光。而外遮阳只有透过的那部分阳光会直接到达玻璃外表面,并部分可能成为冷负荷。尽管内遮阳同样可以反射掉部分阳光,但吸收和透过的部分均成为室内的冷负荷,只是对高温的峰值有延迟和衰减。

(3)中间遮阳。中间遮阳是遮阳位于两层玻璃之间,即位于单框多玻璃窗的两层玻璃之间,或者建筑外围护结构的两层玻璃幕墙(Double-skin Facade)之间。

同样的遮阳,以百叶为例,分别做成外遮阳、内遮阳、玻璃中间遮阳,其遮阳效果差别很大。例如:当浅色百叶位于双玻窗外侧时,窗的遮阳系数是 0.14;当浅色百叶位于双玻璃之间时,窗的遮阳系数是 0.33;而当浅百叶位于双玻璃窗内侧时,窗的遮阳系数为 0.58。产生这种差异的原因是遮阳吸收太阳辐射升温会向环境散热,由于玻璃的"透短留长"特性,升温后的外遮阳仅小部分传入室内,大部分被气流带走。内遮阳则相反,中间遮阳介于两者之间。

5. 按遮阳构件是否固定分类

根据遮阳构件能否随季节与时间的变换进行角度和尺寸的调节,甚至在冬季便于拆卸,窗口遮阳可分为固定式遮阳和可调节式遮阳。

(1)固定式遮阳。固定式遮阳常是结合建筑立面、造型处理和窗过梁设置,用钢筋混凝土等做成的永久性构件,常成为建筑物不可分割和变动的组成部分。它的优点是成本低,一旦建成就不需要再调理;缺点是不能根据季节、天气和一天时间的变化进行调整,以满足室内环境(如采光与热流控制等)的需求,缺少灵活性。

(2)可调节式遮阳。与固定遮阳相反,可调节遮阳可以根据季节、时间的变化以及天空的阴暗情况,任意调整遮阳板的角度。在寒冷季节,为了避免遮挡太阳辐射,争取日照,还可以拆除。这种遮阳灵活性大。

(四)不同建筑方位的遮阳选择

虽然因地理位置差异,同朝向的遮阳策略会略有不同,但以下的遮阳策略对于我国大部分地区均为有效。

(1)南向。在我国,南向比较合适的遮阳方式是水平式固定遮阳,尤其对较热季节,高度角大而方位角在 90°附近的时段的遮阳效果最佳,其遮阳效率高而且对视线、采光和通风的影响很小。在日出后和日落前的一段时间,由于太阳高度角较低,南向水平遮阳的效果要较其他时段差。但此时段一则气温不高,二则此时太阳的方位角更倾向于东向和西向,南立面的太阳辐射本身就不强,所以一般此时对遮阳要求不强,南向遮阳足可满足要求。南向水平遮阳的一个优点是利用冬夏季太阳高度角的差异,在热季有效阻挡日光而不阻挡冬季阳光入室,传统建筑中的大屋檐就很好地利用了这个特点。现在有许多水平固定隔栅遮阳的实例,如果合理设计隔栅倾斜的角度,那么其冬季对阳光的引入率会更高。因此,在设计中,首先应该根据过热季节来确定临界太阳高度角,从而运用遮阳构件的计算公式确定遮阳构件的形式，设计尺寸以及隔栅的宽度、倾角等。

（2）东、西向。从几何计算的结果来看，最合适方式是挡板式遮阳，但由于普通的挡板式遮阳对于视线和通风的负面影响较大，应谨慎使用。现在东西向遮阳的一个误区是采用垂直于墙面的固定垂直式遮阳板，但这种方式的实际遮阳效果很差，而且会阻挡冬季阳光入室。在武汉针对垂直式遮阳板的效果做过遮阳实测，发现对东西向窗户在夏季只能有效遮挡阳光 0.5h，基本上起不到任何遮阳作用，而在冬季反而会遮挡 2～3h 的阳光。可见，东西墙设置垂直于墙面的遮阳板是一种错误的选择。

如果要采用固定式垂直遮阳措施，可将遮阳板向南倾斜一定的角度。与普通垂直遮阳相比，遮阳效果会大大加强，而且可以允许冬季更长时段阳光的进入。如果结合水平式遮阳遮挡高度角高的阳光，综合效果更好。如果将遮阳板向北向倾斜，夏季遮阳效果会优于南向倾斜方式，但却会完全阻挡冬季阳光进入室内。

手动或者电动的可调节的垂直式帘片是东西向遮阳的最佳的办法。如果条件允许，通过计算机程序追踪太阳运行轨迹而自动调整叶片角度，可以达到非常理想的效果。水平百叶式遮阳如果向下倾斜而且间距足够小，其遮阳效果也很好，但此时却又可能出现不可忽视的视线遮挡问题。

（3）东南、西南向。结合水平式和垂直式的综合式遮阳可以取得较好的效果，但构件尺寸应根据朝向角度不同进行精心设计。同样，有效管理的可调节式遮阳效果更好。

（4）东北、西北向。垂直遮阳板是较好的选择，板距和倾斜角度应根据朝向角度的不同进行设计。

（5）北向。对我国大部分地区而言，在热季，太阳在日出和日落时的短暂时间内能照到北窗，此时日照辐射强度和方位角均很小，对北窗的影响有限，一般可以不采取遮阳措施。如果确有需要，采用出挑尺寸较小的垂直遮阳板就可以有效的遮阳。对于我国地处北回归线以南的热带地区，在热季夏至日前后太阳全天运行轨迹均在北向，所以要考虑北向遮阳问题，采取一定的水平遮阳或者综合式遮阳的措施可以满足要求。

（6）屋顶。水平屋顶接受的日太阳辐射是最大的，几乎是西墙接受辐射量的 2 倍，所以对屋顶进行遮阳相当有必要。由于屋顶没有可调节性的遮阳要求，所以应因地制宜地考虑对热季阳光能有效进行遮挡的构件。另外，传统的双层通风隔热屋顶和绿化屋顶也是很好选择。

通过日照规律和气候特征，我们可以了解太阳光对室内环境的影响。以北半球而言，由于夏至太阳高度角高、冬至太阳高度角低，日照入射到室内墙与地面上的投影完全不同，冬至日在有效日照时间里受照面较大，夏至日受照面积虽小，但是对室内降温带来极大影响。所以，遮阳的主要目的是将夏季的阳光遮挡住而不致影响冬季的日照。常采取的遮阳形式适用范围如图 2-46 所示。

（五）遮阳设计：构件尺寸的计算

在进行遮阳计算前，应了解建筑物所处环境的遮阳时区，如图 2-47 所示。

从图 2-47 可以看出三个不同地区在夏季不同时段每小时的气温范围。将根据气温范围进行遮阳设计计算，一般在室内气温大于 29℃ 的时段要考虑设遮阳。为了遮挡进入室温大于 29℃ 的室内的日照（要求夏季日照直射室内，深度小于 0.5m），根据不同朝向的日照特点，设水平遮阳、垂直遮阳等形式。

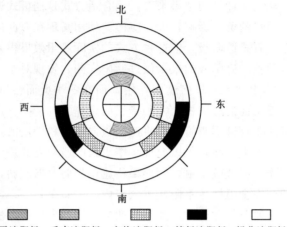

水平遮阳板 垂直遮阳板 方格遮阳板 挡板遮阳板 绿化遮阳板

图 2-46 各种遮阳的适宜朝向

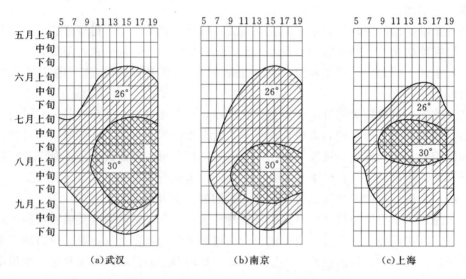

(a)武汉 (b)南京 (c)上海

图 2-47 三座城市"高温期"每小时平均气温范围图

1. 水平遮阳计算

计算经验公式

$$L = H\coth\cos\gamma \tag{2-27}$$
$$L' = H\coth\sin\gamma$$

式中 H——遮阳板底与窗台面的垂直距离，m；

L——水平遮阳板出挑深度，m；

L'——水平遮阳板两侧挑出长度，m；

h——太阳高度角，(°)；

γ——太阳入射线与墙面法线的夹角，(°)。

在确定水平遮阳板出挑深度时，一般取冬至日（12月21日）和夏至日（6月21日）两个典型节气的太阳日照情况为计算依据。出挑深度最小要能遮挡夏至日正午的太阳光线，而出挑深度最大要不影响冬至日正午的太阳光线照入室内。水平遮阳计算简图见图2-49，可按如下公式计算

$$H\coth\cos\gamma \leqslant LH'\coth'\cos\gamma' \tag{2-28}$$

式中 h、γ——夏至日太阳高度角及太阳入射线与墙面法线的夹角，(°)；

$\quad\quad h'$、γ'——冬至日太阳高度角及太阳入射线与墙面线的夹角，(°)。

根据式（2-28），在计算出挑深度时一般先计算 $L=H\coth\cos\gamma$，即按夏至日情况计算遮阳，最大可能满足夏季遮阳要求，然后计算 $L'=H\coth\sin\gamma$，最少影响冬季日照。从计算得出以下设计方法：

（1）水平遮阳板深度最大不超过冬至日照线。

（2）水平遮阳板深度最小要遮挡夏至日照线。

（3）遮阳板高度不应与窗顶高度相同，而应高出窗顶 H。

（4）水平遮阳板为了不阻挡室外墙面热空气上升涡流进入室内，如图2-48所示。宜将遮阳板与墙面离开距离 m，m 可按如下公式计算，计算简图如图2-49所示。

$$m=(H'+e)\coth\cos\gamma \tag{2-29}$$

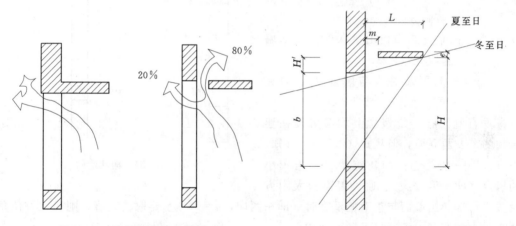

图2-48 遮阳板气流分析图

图2-49 水平遮阳计算简图

H—遮阳板计算高度，m；e—遮阳板厚度，m；
L—遮阳板计算宽度，m；m—分离宽度，m；
H'—梁底与板底距离，m；b—洞口高度，m

（5）水平遮阳板可以按夏至日日照光线将其分解成"多层遮阳"形式。在不影响夏季正常遮阳要求下，通过板面的反光特性，可大大改善室内采光条件，且不影响冬季日照总量，称之为"百叶遮阳"，如图2-50所示。

（6）水平遮阳板板面本身可分隔成条状，成为"栅状遮阳"，如图2-51所示。其不但可以改善室内采光，而且使墙面上升热流不至于流向室内，提高室内自然通风质量，也可称为"固定百叶"。

（7）综合以上（5）、（6）方法，引入"可控性"，将固定百叶设计为可调节系统。按

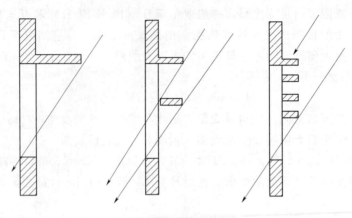

图 2-50 百叶遮阳

不同日照光线调整角度，以控制日照。控制的最主要目标是让冬至日的日照尽量多地进入室内，提高冬季室温，改善热环境。"可控性"对改善采光条件有益。

2. 垂直遮阳计算

计算经验公式

$$N = \alpha \cot \gamma \qquad (2-30)$$

式中 α——窗洞宽度，m；

$\quad N$——垂直遮阳板出挑深度（包括墙体厚度），m；

$\quad \gamma$——太阳入射线与墙面法线的夹角（°）。

垂直遮阳在传统概念上均考虑设在建筑物的东、西立面，但从式（2-30）可知，垂直遮阳一般是遮挡与建筑墙面夹角较小的场合（即 γ 值较大）。通过墙面与太阳方

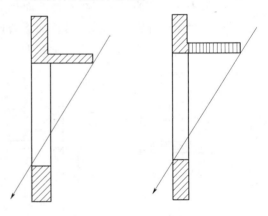

图 2-51 栅状遮阳

位关系得知，当墙面与正南相垂直时（即东西向，$\alpha = 90°$）γ 要取较大值，则 A（方位角）要求越小越有利，可通过下列表达式

$$\gamma = \alpha - A = 90° - A \qquad (2-31)$$

在相同节气和时刻条件下，地理纬度越高，则其方位角越小。故东、西两向设垂直遮阳对高纬度地区有利。对如上海等较低纬度地区，垂直遮阳对东、西立面遮挡西晒意义不大。必须找到另外一种有效的遮阳方式。

据此，对垂直遮阳设计方法如下：

（1）南方地区单独设垂直遮阳意义不大，宜选用和水平遮阳组合的方法，或更佳方案。

（2）垂直遮阳在高纬度地区对防止西晒有一定遮阳作用。

（3）在东、西立面采取垂直板与其说为了遮阳，倒不如说其对南方地区夏季盛吹东南（或南）风起引导风进入室内作用，如图 2-52 所示。设单侧垂直板可很好地导风。

（4）东、西立面采取垂直遮阳宜选用可调节系统，将垂直板分解成垂直百叶。调整角度，并且满足百叶一字型排开后相互搭接而成为"日照屏障"。对南方地区防止西晒，不影响采光及导风。

（5）垂直遮阳对建筑北立面防止东西晒有利。以上海地区而言，夏至日 15：00 以后，大暑日（7 月 23 日，实际上此节令为盛夏期，气温最高）15：30 以后，太阳方位角均大于 90°，而转向北立面，这时北侧设垂直遮阳是有利的。

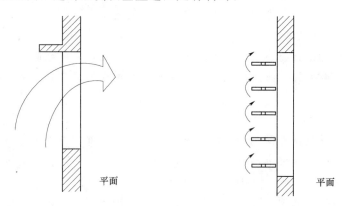

图 2-52　垂直板的导风

3. 遮阳的适用性

遮阳设置必须考虑建筑物的性质和特点，及其建筑所处的地理位置等问题。遮阳的成功应用可以是建筑设计的构思源泉之一，但不能盲目地去模仿及"引进"在其他应用领域成功的遮阳概念或构配件。为了尊重遮阳设置的目的性和实用价值，提出如下四项应考虑的问题。

（1）建筑类型的适用性。公共建筑的遮阳措施可以整体考虑，可以引进阳光追踪、温控——光控调节等高新技术，多采取具有建筑一体化的遮阳概念方式，与建筑设计密切结合。居住建筑由于以住户单元为使用单位，遮阳设施往往是独立的、每单元单独控制的简易系统，适用于百叶、自然和延伸等构配件的遮阳方式，以利各单元按各自对热的感觉和需求调整遮阳。

（2）建筑采光面的特征。现代建筑千姿百态，玻璃幕墙代替窗更是屡见不鲜。对于为室内创造舒适环境而言，玻璃幕墙更需要有遮阳装置，但是对于幕墙的完整性和美观，不容许设置"笨重"的遮阳板，而应考虑金属板的百叶遮阳或可控遮阳系统，以与幕墙取得协调。

（3）建筑方位的决定性。常规遮阳设计表明，由于日照的因素，不同方位立面要求不同的遮阳形式。作为建筑节能的手段之一，最终目的是创造室内舒适环境，建筑师应全面讨论不同方位的立面设计对室内热环境的影响，不能简单地将一种遮阳，设置于各个方位，不考虑特殊性，最终遮阳会影响室内舒适性。

（4）建筑高度的制约性。一般来讲，超过 50m 的建筑高度由于受风力影响不宜设置悬臂类的遮阳系统。从香港及美国高层住宅建设来看，那里的高层建筑同样注重遮阳。但基于安全多以有孔洞的挡板遮阳为主，造价低、效果好、抗风性强。而高层办公建筑由于玻璃采光面的增加，应以"可控遮阳＋双层外壁"系统为主。这样，遮阳设置安全，摆脱了高度制约，遮阳设计进入自由王国；同时如果高层建筑无法避免悬挑遮阳，也应主张采取轻质固定百叶遮阳，以削弱风力的影响。

建筑遮阳是一项古老的形式和构配件，发展至今有顽强的生命力，说明它具备一定的应用前景，只是没有在概念、意义、产品和制作方面进一步研究挖掘和开发。正因为遮阳对创造室内热舒适环境贡献甚大，对于建筑节能来讲更是一种有效的方式。建筑师应在建筑设计过程中引入建筑节能意识，其中包含遮阳价值的含义和应用。

（六）遮阳的系统化设计

住宅建筑设计理论日益更新，造型呈多样化、丰富化，而住宅遮阳设计理论却发展较慢，发展的滞后将直接导致遮阳措施与建筑造型产生种种不适应。住宅遮阳设计中遮阳构件难以与建筑协调。

1. 遮阳一体化设计

遮阳一体化设计是将外窗遮阳与建筑屋顶、阳台、外廊、表皮进行整合设计，使遮阳构件与建筑完美结合。这种集多种功能于一体的思路是一种非常有效的设计方法，有助于解决目前长江流域住宅遮阳设计中遮阳构件难以与建筑协调的难题。

（1）遮阳与屋顶。屋顶处理手法是建筑设计中的核心部分，如何将优美的造型与实用的功能相结合是建筑师们一贯的追求。建筑屋顶与遮阳整合，屋顶出檐提供遮阳的方式是一种经典的遮阳与造型结合的方式，不仅创造出独特的建筑形式，也为屋顶下方提供了阴影，无论是在世界各地的传统民居中还是现代住宅中都可以看到这种方式。

1）屋顶出檐遮阳。现代主义大师赖特著名的草原别墅就是屋顶出檐遮阳的典型代表。美国中西部夏季太阳辐射强烈，他根据当地春分及秋分等特定时间的太阳高度角以及各房间对阳光的需求设计了深浅不一的挑檐，这些造型舒展的檐口在墙面和窗户上投下了大片的阴影，起到了遮阳的功效，成就了遮阳与屋顶一体设计的典范。

2）屋顶构架。屋顶构架遮阳的原理是利用冬夏太阳高度角的变化，将构架叶片设置成一定角度，阻挡夏季辐射而让冬季辐射穿过。

马来西亚建筑师杨经文设计的 RoofRoof 住宅，如图 2-53 所示，是遮阳与屋顶构架作为遮阳措施的典范。杨经文的核心理念是将建筑围护系统定义为一个"环境过滤器"，他将屋顶设计成带有遮阳格片的整体构架，屋顶构架把整个住宅遮蔽在其下，根据太阳自东向西全年各季节的运行轨迹，格片被做成了不同的角度，遮挡夏季辐射而让冬季辐射进入。

3）屋顶延伸。这种方式取之于传统的"帆布遮阳棚"概念，即应用导轨将遮阳体（布或金属、塑料）延伸或收缩，起到灵活调控遮阳效果的目的。延伸遮阳可以有效解决遮阳影响冬季日照的难题，技术简单，造价不高，是值得发展的建筑构配件。屋顶延伸是将遮阳措施作为屋顶的延伸，与屋顶结合设计的一种重要手法。

（2）遮阳与外廊。建筑外廊兼做遮阳早已被建筑师所认同，住宅遮阳与建筑外廊一体化设计适合各种高度的通廊式住宅，对于这类住宅解决东西辐射具有重要的借鉴意义。比如杨经文设计的位于马来西亚的卡萨德索尔公寓就是将外廊和建筑遮阳结合起来的优秀住宅设计，如图 2-54 所示。建筑整个形态呈现为一个半环性，主体朝向为东西向。考虑到

图 2-53　马来西亚建筑师杨经文设计的 RoofRoof 住宅

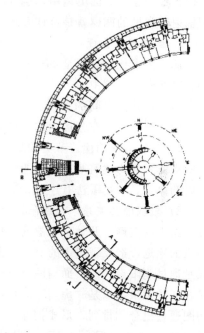

图 2-54　卡萨德索尔公寓

西向强烈的太阳辐射，杨经文在西立面上设置了一个结构上单独承重的走廊，既起到了作为交通连接每个居住单元的作用，又对午后西向强烈的太阳辐射起到了缓冲和遮蔽的作用。

（3）遮阳与阳台。建筑造价是建筑师设计时必须考虑的问题之一，阳台作为住宅建筑的必要元素，既能丰富建筑造型，又能起到类似水平遮阳或综合遮阳的作用，且不增加额外的造价，因此遮阳设施与阳台的一体化设计在住宅建筑中具有非常广泛的意义。

凸阳台：凸阳台作为住宅建筑立面上出挑的构件，可以起到类似水平遮阳的作用；

凹阳台：凹阳台设置在住宅建筑立面可以起到类似综合遮阳的作用。

（4）遮阳与表皮。遮阳与住宅建筑表皮一体化设计是将遮阳作为建筑表皮的主题元素，一方面遮阳与遮阳建筑表皮的结合可以解决遮阳与建筑造型之间的矛盾，可以使立面产生无限变化的可能性。另一方面使遮阳构件内嵌在围护结构中，可以随意推拉，减少遮阳构件所占空间，增加遮阳适用度。住宅建筑与表皮一体设计的遮阳多是百叶、活动挡板、帘布等可回收的可调遮阳，在某些采光、视线、通风需求较小的房间的外窗外也可以采用固定遮阳。

（5）遮阳与空调机位及装饰。遮阳不仅可以与屋顶、阳台、表皮等围护结构设计结合成一体，也可以与空调机位、装饰构件进行一体化设计。

空调机位：遮阳措施与空调机位结合设计对于新建住宅或原有住宅改造都有重要意义。新建住宅可以将突出墙面的空调机位设置在外窗上方或两侧，配合线脚处理，实现遮阳的目的。

装饰构件：遮阳措施与外窗附近的装饰构件结合设计也是一体化设计的重要方式，既可以在整个建筑立面上运用，也可以仅仅针对外窗。既可以丰富建筑造型，又可以遮挡太阳辐射。常见的凹窗就是这种方式针对外窗最简单的表现。

2. 遮阳艺术化设计

遮阳艺术化设计就是要充分发挥遮阳在建筑美学中的表现力，充分展现遮阳技术的美感，寓遮阳于建筑中。

（1）对外部空间的营造。建筑遮阳构件在住宅建筑立面构成上常常可以抽象为点、线、面三种形式，充分运用这三种形式进行变化或组合，在立面可以创造多种艺术效果。

1）表现节奏韵律。节奏的基本特征是"重复"，连续的窗洞与遮阳构件可以抽象成连续的点或线成为建筑基本的构图要素，使立面上有规律地重复变化，形成节奏感，可以给人以韵律美。常用手法有连续、渐变、交错和起伏等。

2）表现虚实关系。在遮阳设计中可以利用遮阳构件在立面上营造虚实关系。"虚"部分能给人以空透、开敞、轻盈的感觉，而"实"的部分能给人以不同程度的封闭、厚重、坚实的感觉，造成视觉上的对比，形成视觉上的张力，给人以生动、强烈的印象。一种方式是通过遮阳点、线、面构图自身的材质、肌理或透明度与建筑表面产生对比。遮阳与建筑之间的关系可以是"虚实"对比也可以是"实虚"对比。另一种方式是遮阳点、线、面构图通过组合和排列，形成相互对比。

3）表现光影层次。运用遮阳构件点、线、面的构图方式，可以在立面上创造丰富的光影和层次感。整齐统一的遮阳构件在阳光的作用下显示出秩序性和稳定感，也使建筑在阳光下更加生动有趣充满变幻，增加了建筑的层次感。局部变化的遮阳构件可以带来立面光影层次的变化，使得整个建筑造型更加丰富。

4）表现统一中蕴含变化。单独采用遮阳点、线、面三种构图形式中的一种可以突出立面的整体性。把连续的遮阳构件作为建筑的基本构图要素，遮阳构件整齐地排列组合会使建筑立面的整体统一性得以展现，将建筑复杂的功能统一于简洁的形体之中，表现出建筑简洁统一的气质。当采用活动遮阳设置时，遮阳构件还可以带来动态性的变化，实现统一中蕴含变化。

5）表现色彩与质感。遮阳设计中质感的处理十分重要。不同材质的遮阳构件能使人产生不同的心理感受，粗糙的混凝土和石材显得厚重坚实，而朴实无华的竹片、木材使人感到自然亲切。

（2）对内部空间的营造。遮阳设置作为调节阳光的措施，可以为住宅的室内带来丰富的光影效果，影响人们对空间场所精神的认知。

1）表现光的效果。光线从室外进入室内，通过遮阳设施的塑性，利用反射、折射、漫射等方式，创造独特的空间场所感知。

2）表现影的效果。影是光被界面实体遮挡产生的，遮阳设施的大小、形状、透明度都影响着影的效果。影与光一样，也能营造人们对空间场所的认知，不同的是影还能起到装饰的作用。百叶、隔栅等遮阳设施可以产生规律的光影交替，使空间产生韵律。百叶窗将光线过滤成细密的光带，为住宅室内营造了一种温馨的空间认知。

3. 材料丰富化

建筑遮阳可采用如下材料。

（1）混凝土：耐久度、安全性高，蓄热系数一般，光线控制力弱，气质表现厚重，有体量感，可预制、浇筑，造型灵活，造价相对适中。

（2）金属：耐久度、安全性高，蓄热系数大，表面反射光线，环保性高。气质表现轻盈、精致、细腻，机械化加工生产，超强的可塑性，构造细部精美，造价相对较高。

（3）织物：耐久度高，抗风荷载弱，光线可透射，环保性高，气质表现轻柔飘逸，可以任意裁切，材质色彩丰富，造价相对较低。

（4）玻璃：耐久度高，安全性高，光线控制力出色，蓄热系数大，气质表现通透轻柔，机械化加工生产，构造细部精美，造价相对较高。

（5）木材：耐久度适中，安全性高，蓄热系数很小，亲切自然的气质，加工方便，精美的构造细部，造价相对较高。

（6）塑料：耐久度适中，安全性高，光线控制力较出色，可以任意裁切，材质色彩丰富造，造价各异。

（7）植物：环保性超高，改善微气候，气质表现生态自然，构造细部精美，造价由攀附构架决定。

第四节　典型案例分析

案例一：法兰克福商业银行总部大厦

由来自于英国的福斯特联合建筑事务所完成的法兰克福商业银行总部大厦建筑设计，其结构同样是英国的阿如普公司设计。它是高层绿色建筑的一次成功的尝试。

它是 1997～2004 年间最高的摩天楼，其实际高度是 258.7m，连同标杆的高度达 300m。这座商业银行的总部大楼，面积 121000 平方尺（13444.44m²），共 53 层，外观图如图 2-55 所示。大楼设有天然光系统和空气流通系统。

图 2-55 法兰克福商业银行
总部大厦外观图

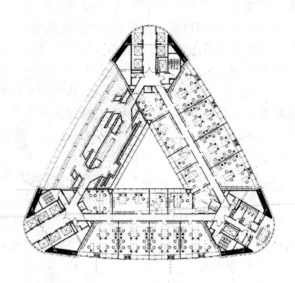

图 2-56 法兰克福商业银行
总部大厦平面图

1. 平面分析

平面图如图 2-56 所示。传统的位于塔楼中央的公共交通等核心（电梯，步梯，洗手间等）在本建筑中分散在建筑三角形平面的三个角，而解放出中部较大的空间来重新设计。每 2 个交通核之间的梯形部分则是建筑的主要办公部分，三个梯形又围合出一个空透的三角形中庭。福斯特的过人之处是在这些梯形部分每隔 8 层就安排了 1 个高达 4 层（约 14m）的空中花园，而且花园是错落上升设置的，这让每层的办公室都可以接触到花园般的景色。

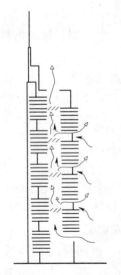

图 2-57 法兰克福商业
银行总部大厦通风示意图

2. 立面分析

除了贯通的中庭和内花园的设计外，建筑外皮双层设计手法同样增加了该高层建筑的绿色性。外层是固定的单层玻璃，而内层是可调节的双层 Low-E 中空玻璃，两层之间是 165mm 厚的中空部分，室外的新鲜空气可进入到此空间。当内层可调节玻璃窗打开时，室内不新鲜的空气也进入到这一中空部分，完成空气交换。在中空部分还附设了可通过室内调节角度的百叶窗帘，炎热季节通过它可以阻挡阳光的直射，寒冷季节又可以反射更多的阳光到室内。

3. 气流分析

气流组织如图 2-57 所示。外围的办公室通过立面的覆层系统直接与外部通风，内部的办公室的通风经过花园。同时，中庭和空中花园的设置使得在全年的大多数工作时间里，该大厦仅靠自然通风和采光手段已经满足内部通风和采光的需要。

4. 剖面分析

建筑剖面如图 2-58 所示。由建筑的剖面局部可知，办公室和景观区的交接处、工作空间和这些花园直接相连，从而使人们享受自然通风。

上述种种自然通风、采光方法以及智能控制技术等在法兰克福商业银行总部大厦中的综合应用，使得该建筑自然通风量达 60%，这在高层建筑中是非常难得的。大厦也成为欧洲最节能的高层建筑之一，使用第一年的耗电量仅为 185kW·h/（m²·a）。但是，该大厦也存在一些不足之处，由于设计者将较大空间安排为空中花园和中庭，使得建筑的办公面积使用效率较低。

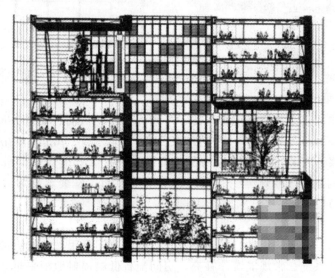

图 2-58　法兰克福商业银行总部大厦剖面图

案例二：山东建筑大学梅园 1 号学生公寓楼

近年来，我国高校办学规模不断扩大，基础设施也大量扩建。1999～2002 年，全国新建大学生公寓 3800 多万 m²，改造 1000 万 m²，是之前新中国成立 50 年间建设总量的 1 倍以上。然而，通过对我国寒冷地区高校调查发现，学生公寓目前还普遍存在着能耗高、室内空气品质和室内舒适性较差等问题。为了探索如何有效解决这些问题，结合山东建筑大学新校区学生公寓的建设，与加拿大可持续发展中心合作，兴建了生态学生公寓科技示范楼。该工程采用了生态建筑的设计理念和多项节能技术。从投入使用两年的耗能情况分析，达到了节能、环保、舒适、健康的目标，2005 年被建设部授予建筑节能科技示范工程，外观图如图 2-59 所示。

（一）建筑节能的总体策略

1. 建筑设计

生态公寓建筑面积 2300m²，长 22m，进深 18m，高 21m，共 6 层，72 个房间，均为 4 人间。该部分通过楼梯间与东部普通公寓相连接。外墙平直，体形系数为 0.26。

采用内廊式布局，北向房间的卫生间布置于房间北侧，作为温度阻尼区阻挡冬季北风的侵袭，有利于房间保温；南向房间的卫生间设于房间内侧沿走廊布置，因此南向外窗的尺寸得以扩大，便于冬季室内能够接受足够的太阳辐射热，标准层平面布局如图 2-60

所示。

图2-59　山东大学生态公寓　　　　　图2-60　生态公寓标准层平面图

2. 围护结构

采用砖混结构，使用黄河淤泥多孔砖、外墙外保温。西向、北向外墙在370mm厚多孔砖基础上敷设50mm厚挤塑板。南外墙窗下墙部分采用370mm厚多孔砖加20mm厚水泥珍珠岩保温砂浆，安装了太阳墙板的窗间墙部分外挂25mm厚挤塑板。楼梯间墙增加了40mm厚憎水树脂膨胀珍珠岩。屋顶保温层采用50mm厚聚苯乙烯泡沫板。外窗全部采用平开式真空节能窗。

3. 供暖形式

采用常规能源与太阳能相结合的供暖方式：南向房间采用被动式直接受益窗采暖，北向房间采用太阳墙系统；常规能源作补充，房间配备低温辐射地板采暖系统，设有计量表和温控阀，实现了有控制有计量。将温控阀设置在室内舒适温度18℃，先充分利用太阳提供的热能，如室内达不到设定温度，温控阀自动打开，由常规采暖系统补上所需热量，达到节约能源的目的。

4. 中水系统

卫生间冲刷用水采用学校统一处理的中水。

（二）太阳能综合利用策略

1. 太阳能采暖

南向房间采用了比值为0.39的窗墙面积比，以直接受益窗的形式引入太阳热能，白天可获得采暖负荷的25%～35%。北向房间采用加拿大技术太阳墙系统采暖，如图2-61所示。建筑南向墙面利用窗间墙和女儿墙的位置安装了157m²的深棕色太阳墙板。太阳墙加热的空气通过风机和管道输送到各层走廊和北向房间，有效解决了北向房间利用太阳能采暖的问题。太阳墙系统的总供风量为6500m²/h，每年可产生212GJ热量，9月到第二年5月可产生182GJ热量。夏季白天，太阳墙系统不运行，南向外窗受铝合金遮阳板遮蔽，如图2-62所示，能够防止过度辐射。

太阳墙系统送风风机的启停由温度控制器控制，其传感器位于风机进风口处。当太阳墙内空气温度超过设定温度2℃时，风机启动向室内送风，低于设定温度1℃时关闭风机，这样能够保证送入室内的新风温度，并且允许空气温度在小范围内波动，避免风机频繁启停。

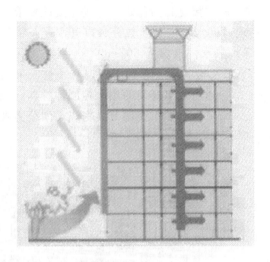

图 2-61　生态公寓太阳墙系统采暖示意图

图 2-62　生态公寓太阳墙与遮阳板图

2. 太阳能通风

　　设置太阳能烟囱利用热压加强室内自然通风是生态公寓的一个重要技术措施。通风烟囱位于公寓西墙外侧中部，如图 2-63 所示。与每层走廊通过 6 扇下悬窗连接，由槽型钢板围合而成，总高度 27.2m，风帽高出屋面 5.5m。充足的高度是足够热压的保证，而且宽高比接近 1:10，通风量最大，通风效果最好。

　　夏季，烟囱吸收太阳光热，加热空腔内空气，热空气上升，从顶部风口流出；在压力作用下各层走廊内空气流入烟囱，房间内空气通过开向走廊的通风窗流入走廊，如此加强了室内的自然通风，如图 2-64 所示，有利于降温。冬季，走廊开向通风烟囱的下悬窗关闭，烟囱对室内不再产生影响。

图 2-63　生态公寓太阳能烟囱

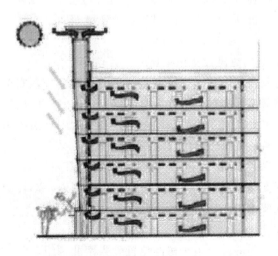

图 2-64　生态公寓太阳能烟囱通风示意图

3. 太阳能热水

公寓屋顶上安装了太阳能热水系统,如图 2-65 所示。采用 30 组集热单元串并联结构,每组由 40 支 47×1500 的横向真空管组成,四季接受日照稳定,可满足规范要求的每天每个房间连续 45min 提供 120L 热水。实行定时供水,供水前数分钟打开水泵,将管网中的凉水打回蓄热水箱,保证使用时流出的都是热水,水温为 50~60℃。系统可独立运行,也可以辅以电能。10t 的蓄热水箱放置于 7 层水箱间内,有利于保温和检修。采用智能控制系统控制和平衡各房间的用水量,热水的使用由每个房间的热水控制器控制。使用时在控制器上输入密码打开电磁阀即可,水温水量可通过混水阀调节,密码需向公寓管理部门购买。

图 2-65　生态公寓屋顶的太阳能热水系统

图 2-66　生态公寓太阳能光伏发电

4. 光伏发电

在示范楼的南面,采用高效精确追踪式太阳能光伏发电系统,如图 2-66 所示。该系统能够精确跟踪太阳运动,使光伏电池板始终垂直于太阳光线,效率比固定式高出近 1 倍。装机容量 1500W,晴好天气每天可发电 12kW·h 左右,并设有蓄电设施,为生态公寓提供风机动力、走廊照明及室外环境照明。

(三)室内环境控制策略

1. 对流通风及新风系统

房间向走廊开有通风窗,位于分户门上方,安全性能比门上亮子好。通风窗与房间外窗形成穿堂形布局,结合太阳能烟囱,有较广的通风覆盖面,通风直接、流畅,室内涡流区小。另外,对于北向房间来说,冬季太阳墙系统为其提供了预热新风;夏季,将太阳墙系统风机的温度控制器设定在较低温度,当室外气温低于设定温度时风机运转,把室外凉爽空气送入室内,能够加快通风降温。南向房间采用 VFLC 滑流通风器过滤控制新风。通风器安装在窗框上,有 3 个开度,用绳索手动控制,可为房间提供持续的适量新风,满足卫生要求。

2. 卫生间背景排风

卫生间的排风道按房间位置分为南北两组,每组用横向风管在屋面上把各个出风口连接起来,最终连到一个功率在 1.5~2.2kW 之间的 2 级变速风机上。室内的排风口装有可调节开口大小的格栅。平时格栅开口较小，室外风机低速运行，为房间提供背景排风。卫生间有人使用时开启排风开关，格栅开口变大，风机高速运行，将卫生间中的异味抽走，有效降低卫生间对室内空气的污染。排风开关由延时控制器控制，可根据需要设定延迟时间，防止使用者忘记关闭开关造成能源浪费。

参 考 文 献

[1] 中国建筑业协会建筑节能专业委员会. 建筑节能技术 [M]. 北京：中国计划出版社，1996.

[2] 扬善勤. 民用建筑节能设计手册 [M]. 北京：中国建筑工业出版社，1997.

[3] 房志勇，等. 建筑节能技术 [M]. 北京：中国建材工业出版社，1999.

[4] 夏云，夏葵，施燕. 生态与可持续建筑 [M]. 北京：中国建筑工业出版社，2001.

[5] 王立雄. 建筑节能 [M]. 北京：中国建筑工业出版社，2004.

[6] 金招芬，朱颖心，等. 建筑环境学 [M]. 北京：中国建筑工业出版社，2001.

[7] 宋德萱. 节能建筑设计与技术 [M]. 上海：同济大学出版社，2003.

[8] 王金鹏，建筑遮阳节能技术研究 [D]. 天津：河北工业大学，2007.

[9] 鲁蠡，长江流域住宅建筑外窗遮阳研究 [D]. 重庆：重庆大学，2009.

[10] 陈衍庆，王玉荣. 建筑新技术 [M]. 北京：中国建筑工业出版社，2002.

[11] 涂逢祥. 建筑节能 33 [M]. 北京：中国建筑工业出版社，2001.

[12] 涂逢祥. 建筑节能 34 [M]. 北京：中国建筑工业出版社，2001.

[13] 郭秋月，对中国传统民居的生态价值的溯源开思 [D]. 长春：东北师范大学，2008.

[14] 蔡君馥，等. 住宅节能设计 [M]. 北京：中国建筑工业出版社，1999.

[15] 卜毅主. 建筑日照设计 [M]. 第二版. 北京：中国建筑工业出版社，1988.

[16] 桐嘎拉嘎，北京四合院民居生态性研究初探 [D]. 北京：北京林业大学，2009.

[17] JGJ 26—1995 民用建筑节能设计标准（采暖居住建筑部分） [S]. 北京：中国建筑工业出版社，1996.

[18] 冉茂宇. 生态建筑 [M]. 武汉：华中科技大学出版社，2008.

[19] 龙惟定，武涌. 建筑节能技术 [M]. 北京：中国建筑工业出版社，2009.

[20] 唐陆冰，趣话我国的民居与气候 [J]. 地理教育，2005.

[21] JGJ 132—2001 采暖居住建筑节能检验标准 [S]. 北京：中国建筑工业出版社，2002.

[22] GB 50176—1993 民用建筑热工设计规范 [S]. 北京：中国建筑工业出版社，1994.

[23] 黑玫瑰. 建筑风水学选址原则 [EB/OL]. http：//www.chinagb.net/bbs/viewthread.php? tid=47250 [2007-10-06].

[24] 谢浩，刘晓帆. 体现可持续发展原则创造高技术生态建筑——以德国法兰克福商业银行总部大厦为例 [J]. 建筑技术，2002，30 (5)：6-8.

[25] 王崇杰，何文晶. 我国寒冷地区高校学生公寓生态设计与实践——以山东建筑大学生态学生公寓为例 [J]. 建筑学报，2006 (11)：29-31.

第三章 建筑材料及围护结构的节能

本章从建筑围护结构散热公式出发，分析影响围护结构传热的因素，分别针对墙体、门窗、屋面及地面提出相应的节能措施。并介绍常用保湿隔热材料的特点及用途。以清华低能耗建筑为例讲述可持续围护结构设计方式。

第一节 建筑围护结构热阻与节能的关系

一、散热公式的启发

式（3-1）给出了冬季从采暖室内向室外的一般散热量计算公式。

$$Q = \frac{t_i - t_e}{R_0} FZ \qquad (3-1)$$

式中　Q——室内向室外的散热量，同时也是供暖设备对室内的供热，J；

t_i、t_e——室内、外气温，℃；

F——散热面积，m^2；

Z——散热时间，s；

R_0——围护构件的总热阻，$m^2 \cdot K/W$ 或 $m^2 \cdot ℃/W$。

从上述公式可以看出，冬季采暖室内向室外的散热量与室内外温差、散热面积以及散热时间成正比，而与围护结构的总热阻成反比。下面我们讨论公式中有关因素，看看能得到什么启发。

只要房屋在某一地区（例如北京）建好了，那么公式中的六个参数，就有三个定值，即室外气温 t_e、散热面积 F 以及散热时间 Z。如果保持室内气温 t_i 为某一定值，此时散热量只取决于总热阻 R_0。如果有足够大的 R_0，那么散热量会很小，一盏 40W 灯泡的散热即可提供此微小的热量以保持室温恒定，这说明节能潜力很大。

下面我们来研究一下热阻与节能的关系。

二、围护结构热阻与节能节地环保的关系

（一）实有热阻（R_p）

实有热阻就是围护结构实际具有的热阻。以实心砖墙为例（为节能节地，我国已在城镇禁止使用实心黏土砖。但这种砖房全国已有几百亿平方米，广大农村建房还将用到实心黏土砖，故在此仍以砖墙为例，由此所论述、论证的原理、方法对其他材料完全适用），其实有热阻如图 3-1 所示。

热阻的单位"平方米开尔文每瓦特"，符号：$m^2 \cdot K/W$。其物理意义是：在一维传热条件下，当传热两界面温差为 1K 时，通过 $1m^2$ 传热面积，由高温面传递 1J 热量到达低温面

所经历的时间。我们知道 1W＝1J/s（焦耳/秒），故热阻单位 m² · K/W
也可写成 m² · K · s/J。现以具体例子说明。

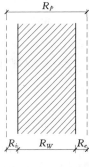

图 3-1　实心墙
的实有热阻

1. 感热阻 R_i

当墙内表面没有什么显著凹凸不平，室内如通常所见，换热是（例
如外墙内侧的暖气片）以对流为主，那么，可取 R_i＝0.115m² · K/W＝
0.115m² · K · s/J。其物理意义是：当室内气温高于该墙内表面 1K，
在 1m² 受热面积上受到相当于图 3-1 R_i 左侧空气层界面传来 1J 热
量，所经历的时间为 0.115s（或上述条件下 1s 内可传到内表面的热
量为：1/0.115＝8.7J）。

2. 放热阻 R_e

放热阻 R_e＝0.043m² · K/W（计算时一般均可用此值）。其物理意义是：当外墙外表
面温度高于如图 3-1 R_e 右侧室外空气温度 1K 时，1m² 该墙外表面向室外散失 1J 热量所
经历的时间为 0.043s（或上述条件下 1s 内散到室外的热量为 1/0.043＝23.26J）。放热
阻（R_e＝0.043）比感热阻（R_i＝0.115）小得多，原因是室外风速较大，该外表面对流散
热比室内大的缘故。

热阻单位 m² · K/W 也可用 m² · ℃/W 来表示，因为开尔文（K）温差间隔的刻度与
摄氏（℃）温差间隔的刻度是相等的。

由图 3-1 可知，围护结构的实有热阻

$R_p＝R_i+R_w+R_e$，当墙身由 1、2、3、…多层材料组成时，则

$$R_p＝R_i+R_1+R_2+R_3+\cdots+R_e \tag{3-2}$$

式中　R_1、R_2、R_3——对应于 1、2、3、…各材料层的导热热阻，m² · K/W。

墙身热阻 R_w 与墙厚 d 成正比，与其导热系数 λ 成反比，即

$$R_w＝d/\lambda$$

"导热" 是指物体各部分之间不发生相对位移时，依靠分子、原子及自由电子等微观
粒子的热运动而产生的热量传递。当材料厚 1m，两侧表面温差 1K，在一维传热条件下，
通过 1m² 的传热面积，单位时间内由高温面传递到低温面的热量称为该材料的导热系数。
取热量单位为焦耳（J），时间单位为秒（s），那么，单位时间内，材料高温面传到低温面
的热量 q。一般地说，q 与材料导热系数 λ，传热面积 A 和温差 Δt 成正比，与材料厚度 d
成反比。数学形式表达如下

$$q＝\frac{\lambda A \Delta t}{d}$$

式中　q——单位时间内的导热量，W。

d、A、Δt 各取其相应单位 m、m² 和 K 代入，则可得出 λ 的单位为：$\dfrac{W \cdot m}{m^2 \cdot K}＝W/$
$(m \cdot K)$。

例如，普通实心砖墙 $\lambda＝0.81W/(m \cdot K)$；其物理意义是：当该砖墙厚 1m，两表面
温差 1K，一维传热条件下，高温面传到低温面的热量为 0.81J/s。

　　实际材料的导热系数是有条件的定值。影响导热系数的因素主要有以下六点。

　　(1) 密度 ρ。一般材料密度越大，物质越密实，导热系数越大。例如，建筑钢材 $\rho=$ 7850kg/m³，$\lambda=58.2$W/(m·K)；黏土砖实心砌体 $\rho=1800$kg/m³，$\lambda=0.81$W/(m·K)。

　　(2) 材料湿度。材料内部一般都有含空气的空隙部分，一旦有水浸入，该材料湿度就会增加。常温下空气的 $\lambda=0.029$W/(m·K)，而水的 λ 值为 0.58W/(m·K)，是空气 λ 值的 20 倍，故一般材料湿度增加，必然引起导热系数增大。

　　(3) 材料内部微孔结构。取绝热材料样片在显微镜下放大，其内部微孔状态如图 3-2 所示。其中：图 3-2 (a) 微孔各自封闭不相通。图 3-2 (b) 有较大面积微孔相通，形成较大空隙（空气腔），为空气对流传热带来了较有利的条件，因而图 3-2 (b) 密度比图 3-2 (a) 小，导热系数反而比图 3-2 (a) 的大。图 3-2 (c) 为该材料的显微照片之一。

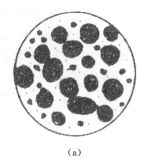 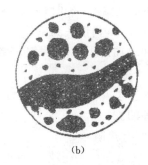 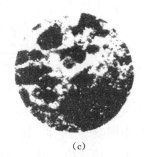

(a)　　　　　　　　　　(b)　　　　　　　　　　(c)

图 3-2　材料内部微孔状态

　　例如，有一种沥青膨胀珍珠岩，密度 400kg/m³，另一种水泥膨胀蛭石密度 350kg/m³，前者重于后者。但导热系数前者是 0.12W/(m·K)，后者是 0.14W/(m·K)，密度大的导热系数反而比密度小的导热系数小。其主要影响因素之一是由于内部微孔结构不同。

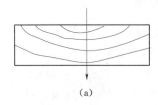 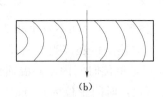

(a)　　　　　　　　　　(b)

图 3-3　木地板垂直于木纹的热导率比顺纹的热导率小

　　(4) 传热方向。如图 3-3 (a) 为热流垂直于木板的木纹（年轮）传递；图 3-3 (b) 为热流顺木纹传递。导热系数后者大于前者。故寒冷区木地板（特别是底层房间）应采用图 3-3 (a) 方式铺设。

　　(5) 材料分子、原子、电子参与传递热能的活跃性。例如铝材密度是 2600kg/m³，只有钢材密度 7850kg/m³ 的 1/3，物质结构的紧密性远不如钢材，但导热系数为 190W/(m·K)，是钢材导热系数 58.2W/(m·K) 的 3 倍还多，这是铝材分子、原子、电子热运动活跃性比钢材分子、原子、电子热运动活跃性大得多造成的。

　　(6) 时间。随着时间的推移，材料的导热系数将发生变化。主要原因是材料本身性质受外界环境影响或破损而发生变化。要确知材料的导热系数，最有效的方法就是实验测定。购买绝热材料时，应委托有资格的实验室通过测试进行复核。

（二）必需热阻 R_N

1. 卫生底限必需热阻 $R_{0 \cdot \min \cdot N}$

（1）卫生底限必需热阻 $R_{0 \cdot \min \cdot N}$ 计算。为了较好地理解围护结构热阻与节能节地及环保的关系，在此先论述一下卫生底限必需热阻。

我国 20 世纪 80 年代以前尚未以规范形式规范建筑节能问题，当时，对冷季采暖房只是从卫生要求限制了室内气温与围护结构的内表面温差。例如对于居住、医院、托幼等建筑的外墙温差 $[\Delta t] \leqslant 6\mathrm{K}$，屋顶温差 $[\Delta t] \leqslant 4\mathrm{K}$；办公、学校、门诊等建筑的外墙温差 $[\Delta t] \leqslant 6\mathrm{K}$，屋顶温差 $[\Delta t] \leqslant 4.5\mathrm{K}$；公共建筑（除上述外）外墙温差 $[\Delta t] \leqslant 7\mathrm{K}$，屋顶温差 $[\Delta t] \leqslant 5.5\mathrm{K}$。$[\Delta t]$ 值的规定，按稳定传热原理，围护结构的卫生底限必需热阻则由下式确定

$$R_{0 \cdot \min \cdot N} = \frac{t_i - t_e}{[\Delta t]} R_i \qquad (3-3)$$

式中　　$R_{0 \cdot \min \cdot N}$——卫生底限必需热阻（简称卫生底限热阻），$\mathrm{m^2 \cdot K/W}$；

　　　　　t_i——室内空气计算温度，℃；

　　　　　t_e——室外空气计算温度，℃；

　　　$[\Delta t]$——卫生要求的室内气温与围护结构内表面的允许温差，℃或 K；

　　　　　R_i——感热阻，一般可取 $R_i = 0.115\mathrm{m^2 \cdot K/W}$ 计算。

【例 3-1】　求西安地区某居住建筑（砖混结构）的 $R_{0 \cdot \min \cdot N}$，并设计其外墙。

设 $t_i = 20℃$，$t_e = -6℃$（水蒸气渗透检验时用 $t_e = -5℃$），室内相对湿度 $\phi_i = 70\%$，室外相对湿度 $\phi_e = 50\%$。

解： $R_{0 \cdot \min \cdot N} = \dfrac{t_i - t_e}{[\Delta t]} R_i = \dfrac{20 - (-6)}{6} \times 0.115 = 0.498$（$\mathrm{m^2 \cdot K/W}$）

考虑到该墙兼为承重墙，采用实心砖墙，剖面构造如图 3-4 所示。

重砂浆砌筑黏土砖砌体密度 $\rho = 1800\mathrm{kg/m^3}$，导热系数 $\lambda = 0.81\mathrm{W/(m \cdot K)}$。石灰砂浆：$\rho = 1600\mathrm{kg/m^3}$，$\lambda = 0.81\mathrm{W/(m \cdot K)}$。水泥砂浆：$\rho = 1800\mathrm{kg/m^3}$，$\lambda = 0.93\mathrm{W/(m \cdot K)}$。

该墙总热阻 R_0 如下

$$
\begin{aligned}
R_0 &= R_i + R_1 + R_2 + R_3 + R_e \\
&= 0.115 + \frac{0.02}{0.81} + \frac{d}{\lambda_2} + \frac{0.02}{0.93} + 0.043 \\
&= \frac{d}{0.81} + 0.204
\end{aligned}
$$

令　　　　　　　$R_0 = R_{0 \cdot \min \cdot N}$

$$\frac{d}{0.81} + 0.204 = 0.498$$

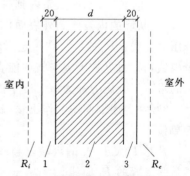

图 3-4 按例题所设计的外墙剖面
1—石灰砂浆抹灰 20；2—普通砖厚待定；
3—水泥砂浆抹灰 20；R_i—感热阻；
R_e—放热阻图

则 $\qquad d=(0.498-0.204)\times0.81=0.238$ （m）

取 240mm，即 1 砖墙。

西安地区现有砖混建筑的外墙绝大多数都是 24 墙（即 1 砖墙），从热工上就是按上述卫生底限必需热阻设计的。20 世纪 90 年代起，已注意按节能要求采用空心砖墙或复合墙。但对已有的建筑的改造，是一项繁重的任务。北京、东北、西北等采暖区都存在类似的情况。

（2）墙体内部水蒸气凝结判断。仍以西安为例，从建筑热工原理和节能要求检验 24 墙。结果表明，不但保温差，而且产生内表面及内部凝结水的危险性也较大。用图解法检验，很容易证明这一点。

一般自然空气是以氮（占 78.08％体积比）、氧（占 20.95％体积比）为主的多种气体和水蒸气的混合体，通称大气或空气。处在空气中的物体会受到该多种混合气体的压力（称干空气分压力）和水蒸气压力（称水蒸气分压力）的作用，合称大气压力作用。一个标准大气压为 101.325kPa。要注意的是，这两种分压力是各自独立起作用的。例如：冬季通过墙体、屋顶和门窗缝隙的空气渗透，其动力通常就是室内外气体（即干空气）分子的热压差。这种空气渗透的方向不是单一方向进行的，而是室内热气分子由上部渗出，同时室外冷气分子必由下部渗进，有出有进达到平衡。绝大多数建筑就是靠这种空气渗透达到换气效果。当室外空气不洁净时，会将污染物带入室内，有待改进。冬季，一般民用建筑，室内水蒸气比室外水蒸气多，室内水蒸气分压力比室外水蒸气分压力大，在这种水蒸气分压力差的作用下，室内水蒸气就会通过墙体、屋顶和门窗缝隙向外渗透（单方向渗透）。室内水蒸气源（人体散发、炊事、湿作业等）不断提供水蒸气，这种单向水蒸气渗透就一直会进行下去。墙体等内部有了水蒸气，遇到露点以下的温度就会产生凝结水，温度再低就会冻结，不仅大大降低保温性能，还会减弱承载能力。

本例题中 24 墙双面抹灰（内石灰砂浆、外水泥砂浆），凝结水情况究竟如何呢？用图解法可简单明了地显示出来。

图解法的关键是找出该墙体的三条曲线：

1）作出该墙剖面从室内到室外的温度下降 t 曲线。

2）从墙的内表面到外表面作出对应于 t 曲线上各温度点的最大水蒸气（饱和水蒸气）分压力曲线：P_s 曲线。在一定大气压和一定温度下，空气中的含湿量（水蒸气量）有个极限值，即每立方米湿空气中能含的水蒸气饱和量（g）数。对应于该饱和水蒸气量所显示的水蒸气分压力即为该温度下的饱和水蒸气分压力 P_s（以 Pa 为单位）。

3）在上述剖面图上作出该墙内表面到外表面实际水蒸气分压力曲线：P 曲线（以 Pa 为单位）。

凡是 P 大于 P_s 的区域就会产生凝结水。产生凝结水的区域，其实际水蒸气分压力曲线就是该段的 P_s 曲线。

t 曲线作法：以热阻为横坐标，定出适当比尺（本例：横坐标 1 分格代表热阻 $0.005m^2\cdot K/W$），在横坐标上截取 R_0 值，在 R_0 值两端作垂线（平行于纵坐标的线），在纵坐标上按适当比尺（本例：纵坐标 1 分格代表 0.2℃）得出温度标志。在 R_0 左端垂线上量取 $t_i=20$℃，划出标志点，再在 R_0 右端垂线上量取 $t_e=-5$℃，划出标志点。连接

$t_i - t_e$ 标志点所成斜直线即 t 曲线，如图 3-5 所示。

本例中

$R_0 = R_i + R_1 + R_2 + R_3 + R_e = 0.501$（m² · K/W）

P_s 曲线作法：本例以下列诸点为例，即在 $R_i = 0.115$，$R_1 = 0.025$，$R_2 = 0.296$，$R_3 = 0.022$，$R_e = 0.043$ 各点作垂线，分别交于 t 曲线上各相应点，得出该墙内表面温度 $\theta_i = 14.26℃$，石灰砂浆与砖墙交界面温度 $\theta_1 = 13.01℃$，砖墙与水泥砂浆交界面温度 $\theta_2 = -1.76℃$，水泥砂浆外表面（即该墙体外表面）温度 $\theta_3 = -2.85℃$。

相对应的饱和水蒸气分压力分别为

θ_i $P_{si} = 1629.0$Pa

θ_1 $P_{s1} = 1497.0$Pa

θ_2 $P_{s2} = 528.6$Pa

θ_3 $P_{s3} = 482.0$Pa

在纵坐标上拟建恰当比尺（本例：纵坐标 1 分格代表 10Pa），并取某恰当点为 0 点，则可在上述各相应温度垂线上划出 P_{si}、P_{s1}、P_{s2}、P_{s3} 值的标志，然后再用对折法多找出几个温度点及其相应的 P_s 值，观察各 P_s 值的标志点趋势，即可画成一条

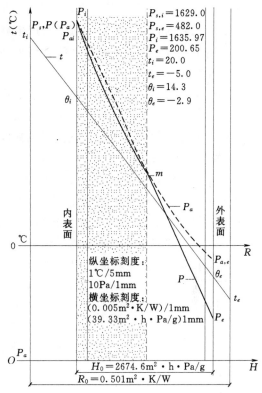

图 3-5 图解法检验凝结水

较准确的 P_s 曲线，如图 3-5 所示（任意取足够多点的 t 值，查出对应的 P_s 值，也可作出 P_s 曲线）。

P 曲线作法：P 曲线和前述 t 曲线一样，也是一条斜直线。在图 3-5 上找出作用在内表面上的实际水蒸气分压力 P_i 值和作用在外表面上的实际水蒸气分压力 P_e 值，连接 $P_i - P_e$ 所成斜直线即为 P 曲线。

相对湿度为

$$\phi = \frac{P}{P_s} \times 100\% \qquad (3-4)$$

式中 P——该空气中的实际水蒸气分压力，Pa；

        P_s——该空气温度下的饱和水蒸气分压力，Pa。

本例室内相对湿度 $\phi_i = 70\%$，室内温度 $t_i = 20℃$；室外 $\phi_e = 50\%$，$t_e = -5℃$，20℃对应的 $P_{si} = 2337.1$Pa，由此可得作用在内表面上的实际水蒸气分压力

$$P_i = \phi_i P_{si} = 0.7 \times 2337.1 = 1635.97 \text{（Pa）}$$

同理，可得出作用在外表面上的实际水蒸气分压力为

$$P_e = \phi_e P_{se} = 0.5 \times 401.3 = 200.65 \text{（Pa）}$$

求出 P_i 和 P_e 值后，在图 3-5 代表内表面和外表面的垂线上画出 P_i 和 P_e 的标志点，

连接 P_i 和 P_e 标志点所成的斜直线即为 P 曲线。从图 3-5 上观察到 P 曲线与 P_s 曲线交于 m 点，m 点以左直到内表面的区域内 $P > P_s$，可知该区域会产生凝结水。m 点以右直到外表面的区域内 $P < P_s$，该区域不会产生凝结水。这样，该剖面最后实际的水蒸气分压力曲线仍由 P_{si}—P_m 实粗曲线段（即该段 P_s 曲线）和 P_m（同时也是 P_{sm}）—P_e 实粗直线（即该段 P 曲线）组成。至此，图 3-5 已清楚地显示了上述墙体的凝结水区域。

上例说明，按卫生底限热阻设计围护结构，不仅耗能大，而且内表面及内部冷凝水危险性也大。克服上述缺点的有效措施之一就是采用节能热阻，采用节能热阻设计围护结构，不仅可节能和避免冷凝水，还会带来其他优点。

2. 节能热阻（$R_{0 \cdot ES}$）

我国建筑耗能占全国耗能总量 27% 以上，是耗能最大户之一，而建筑耗能又以使用期耗能最多。围护结构绝热性能差（热阻小），是使用期耗能多的主要原因之一。

从 2000 年起，居住建筑使用期耗能应以 20 世纪 80 年代耗能为基准，节能 50%，那么，围护结构的热阻必须相应提高。仍以例 3-1 为例：该例墙体是根据卫生底限必需热阻 $R_{0 \cdot \min \cdot N}$ 求出的，其耗能量（即失热量）q，按单位面积 m^2，单位时间 s（秒）计，可表达如下

$$q = \frac{t_i - t_e}{R_{0 \cdot \min \cdot N}} \tag{3-5}$$

设以此为准，节能 50%，即等式两边各乘以 $1/2$，得

$$\frac{q}{2} = \frac{t_i - t_e}{2 R_{0 \cdot \min \cdot N}} \tag{3-6}$$

由式（3-6）可得，以卫生底限热阻为基准，减少 50% 的失热量的节能热阻为

$$R_{0 \cdot ES} = 2 R_{0 \cdot \min \cdot N} \tag{3-7}$$

一般化可得

$$R_{0 \cdot ES} = n R_{0 \cdot \min \cdot N} \tag{3-8}$$

式中 n 的倒数 $\frac{1}{n}$ 是采用节能热阻后对比用卫生底限热阻 $R_{0 \cdot \min \cdot N}$ 的耗热系数，即采用节能热阻设计的墙体耗热量只是按卫生底限热阻设计的 n 分之 1。

例 3-1 中已求得

$$R_{0 \cdot \min \cdot N} = 0.498$$

故 $\qquad R_{0 \cdot ES} = 2 \times 0.498 = 0.996 \ (m^2 \cdot K/W)$

如果仍做实心砖墙，该墙多厚呢？设墙厚为 d，导热系数 $\lambda = 0.81 W/(m \cdot K)$。

令该墙总热阻

$$R_i + \frac{d}{\lambda} + R_e = R_{0 \cdot ES}$$

得墙厚

$$
\begin{aligned}
d &= (R_{0 \cdot ES} - R_i - R_e) \lambda \\
&= (0.996 - 0.115 - 0.043) \times 0.81 \\
&= 0.68 \ (m)
\end{aligned}
$$

即 $2\frac{3}{4}$ 砖厚。

显然，我们不应该为了比卫生底限热阻减少 50% 的失热量而采用自重达 1224kg/m² 厚的实心砖墙。其结构面积是 24 墙的 2.83 倍，这就意味着同样的建筑面积，采用这么厚的墙，使用面积将大为减少，而且用在多层建筑中，上部外墙太重，对抗震也不利。

黏土砖、混凝土等重质材料有较好的承重能力，耐久、耐水、防火等性能也较好。许多轻质微孔材料绝热性能好，但承重、耐水、耐紫外线、防火等性能都较差。因此，按优势互补的原则就产生了复合结构，如黏土砖夹心墙、混凝土砌块夹心墙、钢筋混凝土夹心墙板、钢筋混凝土夹心屋面板等。重质材料发挥承重的长处，轻质微孔材料发挥绝热的优势。

3. 节能热阻的效益

采用节能热阻设计的围护结构比以前用卫生底限热阻设计的围护结构至少有下列优点。

（1）节能。如例 3-1，卫生底限热阻每平方米散热面积、每秒耗能

$$q_1 = \frac{t_i - t_e}{R_{0 \cdot \min \cdot N}} = \frac{20 - (-6)}{0.498} = 52.2 \ (\text{J})$$

采用节能热阻，上述耗能则可降到

$$q_2 = \frac{26}{0.996} = 26.1 \ (\text{J})$$

节能 50%。

（2）改善围护结构内部温度场，避免冷凝水。图 3-6 为用节能热阻 $R_{0 \cdot ES} = 0.996\text{m}^2 \cdot \text{K/W}$ 作的图解法检验内部及表面凝结水情况（其他条件同前例）。

由图 3-6 清楚看出，从内表面到外表面全部剖面中，各处饱和水蒸气分压力 P_s 都大于相应处实际水蒸气分压力 P，证明无冷凝水危险。

（3）减少外墙内表面的冷辐射，提高热舒适性。由图 3-6 还可看出，采用节能热阻后，外墙内表面温度升高到 17℃，使室内空气温度 20℃ 与该内表面温差缩小到 3℃（按卫生底限热阻设计时，该内表面为 14℃，室内气温与该内表面温差为 6℃）。

（4）提高外围结构剖面内部平均温度。采用节能热阻设计的外围结构（外墙、屋顶）剖面内部平均温度比用卫生底限热阻设计的外围结构剖面内部平均温度

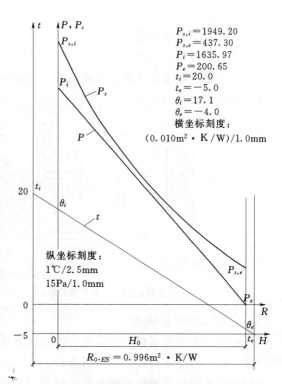

$P_{s,i} = 1949.20$
$P_{s,e} = 437.30$
$P_i = 1635.97$
$P_e = 200.65$
$t_i = 20.0$
$t_e = -5.0$
$\theta_i = 17.1$
$\theta_e = -4.0$
横坐标刻度：
$(0.010\text{m}^2 \cdot \text{K/W})/1.0\text{mm}$

纵坐标刻度：
1℃/2.5mm
15Pa/1.0mm

$R_{0 \cdot ES} = 0.996\text{m}^2 \cdot \text{K/W}$

图 3-6 图解法检验用节能热阻设计外墙的凝结水

高，当供热有事故停止时，可使室内温度降低较慢。

（5）节省建筑面积与占地面积。采用复合结构，要求承重的 7 层及 7 层以下的居住建筑外墙，墙厚可做成 400～240mm，比实心墙体大大节约结构面积。在同等使用面积时，可节省建筑面积与占地面积。

（6）增强室内热稳定性。采用节能热阻的外围护结构的热惯性或称热惰性（热阻 R 与蓄热系数 S 的乘积 RS 值）比用卫生底限热阻的外围结构的热惯性大，因而维持室内热稳定的能力较强。

（7）回收期短。采用节能热阻可获得经过回收期（一般 3～4 年）后的长期净得益的经济效益以及使用面积或建筑面积的增益效益。

（8）环保。采用节能热阻，减少了污染性能源煤、气、油、柴的消耗，也就减少了污染，有利于环保。

第二节 外墙节能技术

外墙按其材料组成分为单一外墙体和复合外墙体。单一外墙体是由一种材料组成的，具有保温与承重兼顾的特点。复合墙体是由高效保温材料与承重结构经构造处理而成的多层结构，是目前节能较为理想构造墙体。外墙保温通过传热系数小的建筑材料合理组合，或者将墙体进行组合设计，阻隔热量由墙体向外传递的途径，达到节能的目的。复合墙体主要有 4 种形式：内保温复合外墙，夹心保温复合外墙，外保温复合外墙，带有空气间层的复合保温外墙。

一、内保温复合外墙

1. 内保温复合墙的构造

内保温复合墙体外侧部分为承重墙体，墙体内侧部分为保温结构层，内保温复合墙体的构造如图 3-7 所示。

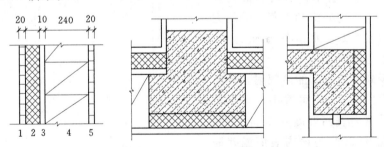

图 3-7 外墙内保温构造示意图

1—石灰砂浆；2—高强珍珠岩板；3—空气层；4—黏土空心砖；5—水泥砂浆

2. 内保温构造的优点

（1）对饰面和保温材料的防水、耐候性等技术指标的要求不高，纸面石膏板、石膏抹面砂浆等均可满足使用要求，取材方便。

（2）内保温材料被楼板所分隔，仅在一个高层范围内施工，不需要搭设脚手架。

（3）保温材料不受外界环境的影响与侵蚀。

3. 内保温复合墙体的缺点

（1）保温层热惰性小，房间温度上升与下降幅度大，速度快。

（2）由于圈梁、楼板、构造柱等热损失较大，热桥部位得不到加强，热桥部位热损失多。主墙体越薄，保温层越厚，热桥的问题就越趋于严重。冬天，热桥不仅会造成额外的热损失，还可能使外墙内表面潮湿、结露，甚至发霉和淌水。

（3）保温材料位于房间的内侧，占用一定的建筑使用面积。

（4）不便于用户二次装修和吊挂饰物。

（5）许多种类的内保温做法，由于材料、构造、施工等原因，饰面层出现开裂。

（6）对既有建筑进行节能改造时，对居民的日常生活干扰较大。

这种结构较适合应用在间歇使用的场所，要求温升速度快的建筑或房间，如影剧院、体育馆、会堂等类间歇使用的公共建筑。

二、夹心保温复合外墙

1. 夹心保温复合外墙的构造

夹心保温复合外墙是把高效保温材料放置在结构层中间，其一般构造做法如图 3 - 8 所示。

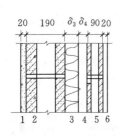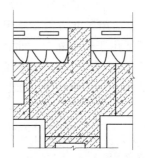

图 3 - 8 外墙夹心保温构造示意图
1—石灰砂浆；2—混凝土空心砌块；3—岩棉板；4—空心层；
5—混凝土空心砖块；6—水泥砂浆

2. 夹心保温复合外墙优点

（1）由于两侧的传统材料防水及耐候等性能良好，对内侧墙体和保温材料形成有效的分配制度，对保温材料的选材强度要求不高，聚苯乙烯、玻璃棉、岩棉等各种材料均可使用，保温层不受外界环境侵蚀。

（2）对施工季节和施工条件的要求不十分高，不影响冬期施工。近年来，在黑龙江、内蒙古及甘肃北部等严寒地区得到一定的应用。

3. 夹心保温复合外墙缺点

（1）内、外墙片之间需有连接件连接，存在着过梁、圈梁、内外墙体拉结等部位热桥影响，构造较传统墙体复杂。

（2）地震区建筑中设置圈梁和构造柱，有热桥存在，保温材料的效率仍然得不到充分的发挥。

（3）内外墙体的整体性差，对抗震不利。

三、外保温复合外墙

1. 外保温复合外墙的构造

在外墙外表面上做保温材料，覆以防水层，再设外墙装修的构造称之为建筑外保温，构造如图3-9所示。早在20世纪70年代中期就开始研制复合外保温外墙，如瑞士ERN-STROM公司研制的岩棉外保温复合墙体，在新建的建筑中已有70%左右采用外保温体系，这种保温体系表现出良好的节能效果。

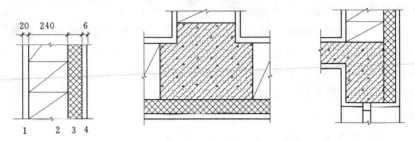

图3-9　外墙外保温构造示意图

1—石灰砂浆；2—黏土空心砖；3—聚苯板；4—纤维增强层

2. 外保温复合外墙的优点

（1）适用范围广。外保温不仅适用于北方需冬季保温地区的采暖建筑，也适用于南方需夏季隔热地区的空调建筑；既适用于新建建筑，也适用于既有建筑的节能改造。

（2）它在一定程度上阻止了雨水对墙体浸湿，提高了墙体的防潮性能，对冬季向外散发水蒸气有利，可避免室内的结露、霉斑等现象，如图3-10所示。

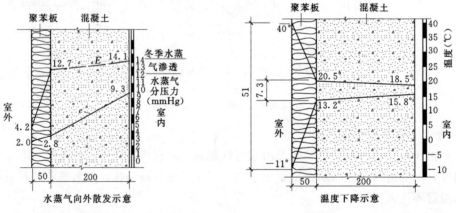

图3-10　外保温避免水蒸气在墙体内部凝结　　图3-11　外保温使墙体外表面温度变化降低

（3）保护主体结构。置于建筑物外侧的保温层，大大减少了自然界温度、湿度、紫外线等对主体结构的影响。随着建筑物层数的增加，温度对建筑竖向的影响已引起关注。国外的研究资料表明，由于温度对结构的影响，建筑物竖向的热胀冷缩可能引起建筑物内部一些非结构构件的开裂。外墙采用外保温技术可以降低温度在结构内部产生的应力。即冬季室外气候不断变化时，墙体内部较大的温度变化发生在外保温层内，内部的主体墙温度变化较为平缓，温度高，热应力小，因而主体墙产生裂缝、变形、破损的危险减轻，寿命得以大大延长，如图3-11所示。

（4）保温复合墙体提高室内热稳定性，改善室内环境。外保温墙体由于内部的实体墙热容量大，室内能蓄存更多的热量，使诸如太阳辐射或间歇采暖造成的室内温度变化减缓，室温较为稳定，热环境舒适。而在夏季，外保温层能减少太阳辐射热的进入和室外高气温的综合影响，使外墙内表面温度和室内空气温度得以降低。可见，外墙外保温有利于使建筑冬暖夏凉。室内居民实际感受到的温度，既有室内空气温度又有外墙内表面的影响。通过外保温设计可以提高外墙内表面温度，使室内得到舒适的热环境。

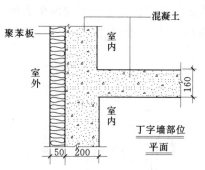

图3-12 外保温避免热桥

（5）保温效果明显。由于保温材料在建筑物外墙的外侧，基本上可以消除在建筑物各个部位"热桥"的影响，从而充分发挥轻质高效保温材料的效能。相对于外墙内保温和夹心保温墙体，它可使用较薄的保温材料，达到较高的节能效果，如图3-12所示。

（6）扩大室内的使用空间。与内保温相比，采用外墙外保温使每户使用面积约增加$1.3\sim1.8m^2$。

（7）采用内保温的墙面上难以吊挂物件。甚至安设窗帘盒、散热器都相当困难。而外保温可以解决这些问题。

（8）利于旧房改造。目前，全国有许多既有建筑由于外墙保温效果差，能耗量大，冬季室内墙体结露，发霉，居住环境差。采用外墙外保温进行节能改造时，不影响居民在室内正常生活和工作。

（9）便于丰富外立面。在施工外保温的同时，还可以利用聚苯板作成凹进或凸出墙面的线条及其他各种形状的装饰物，不仅施工方便，而且丰富了建筑物外立面。特别对既有建筑进行节能改造时，不仅使建筑物获得更好的保温隔热效果，而且可以同时进行立面改造，使既有建筑焕然一新。

（10）外保温的综合经济效益很高。外保温工程每平方米造价比内保温相对要高一些，但只要技术选择适当，单位面积造价高得并不多；特别是由于外保温比内保温增加了使用面积近2%。实际上是单位使用面积造价得到降低，加上有节约能源、改善热环境等一系列好处，综合效益是十分显著的。

3. 外保温复合外墙的缺点

由于保温材料位于室外一侧，不仅要求保温材料要容重轻、导热系数小、防水、防冻、防老化，同时又要求具有憎水特征。因此，目前国外常将保温、防水、外表装修数层复合制成保温用复合构件，达到综合提高的目的。

外保温材料应具备抗风力和轻度碰击的能力，要求在保温层外覆增强外表涂料（弹涂或喷涂），以满足一定的硬度要求，这将会使造价上升。

应限制外墙装修的选材，一些面砖、锦砖等装饰材料将不可使用，只能全部改作涂料，但这恰恰符合当今建筑外墙面装饰的发展需要。

四、空气间层法

空气层的隔热是一种廉价的隔热方式，是将"空气"作为隔热材料的特殊做法，由于其良好的隔热性能，在隔热构造设计中被经常采用。

（一）空气层隔热原理

空气间层的隔热原理，如图 3-13 所示。是通过降低传热达到隔热的目的。空气间层内的传热方式：空气间层两侧表面间的辐射换热，空气间层内部空气的纯导热或自然对流换热，间层内空气是发生纯导热还是自然对流换热取决于间层的厚度。

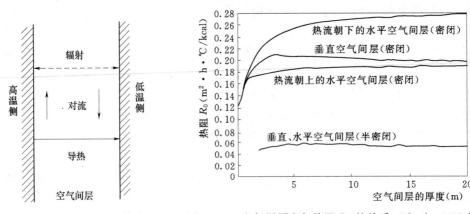

图 3-13 空气间层的传热　　　　图 3-14 空气层厚度与热阻 R_0 的关系 （1kcal＝4.184kJ）

以上传热方式又因为下列条件的不同而产生差异。

1. 空气间层厚度

空气间层厚度较小时，空气流动受限，传热热阻较大，若空气间层厚度增大，空气对流换热加快，当厚度达到某程度时，空气发生大空间自然对流，此时再增加厚度，其热阻几乎不变。图 3-14 给出了空气厚度与热阻的关系，可见厚度在 2～20cm 之间，热阻变化很小。此外，一层 10cm 厚的空气间层与两层 5cm 厚的空气层相比，后者的热阻较前者可提高两倍左右，如表 3-1 所示。

表 3-1　　　　　　　　　　空气间层的热阻 （$m^2 \cdot K/W$）

类　　别		间层厚度	空气间层的热阻 R_0	
			0℃	20℃
在现场一般施工	无处理	间层厚度1cm	0.748	0.066
		2cm 以上	0.087	0.075
	使用铝箔	间层厚度 1cm	0.206	0.193
		皱褶层距 2cm 以上	0.241	0.230
		2cm（平均）	0.205	0.195
完全空气密闭的工厂制品	无处理	间层厚度1cm	0.144	0.125
		2cm	0.167	0.144
		5cm	0.167	0.144
	使用铝箔	间层厚度1cm	0.278	0.241
		2cm	0.383	0.361
		5cm	—	0.490

2. 热流方向

如图 3-15 所示，当热流方向向上时，传热最大，热阻最小，表现为保温差；当热流方向向下时，原则上不产生对流，传热最小，热阻最大，表现为隔热效果良好，垂直空气间层介于两者之间。即对于水平构件而言设空气间层对隔热是有效的，而对保温几乎没有作用的原因。

热流朝上　　　　　　　　　　　　　　　　热流朝下

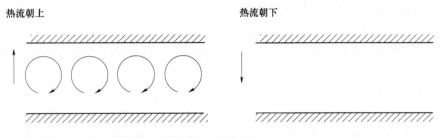

图 3-15　水平空气间层的热流方向与对流

3. 空气间层的密闭程度

尽量满足空气层的密闭程度，但是建筑施工现场很难保证密闭，室内外空气可能直接侵入，传热量会增大，隔热性能降低。表 3-1 给出了空气层热阻与厚度及密闭度等的关系。

4. 两侧表面的发射率

空气间层内两侧的表面会存在一定温差，如果降低内表面发射率，可以使辐射换热减少，一般常在高温一侧覆盖铝箔层，可以大大提高墙体隔热性能。

（二）空气间层隔热应用

空气间层被用于炎热气候地区，主要隔热部位在屋面、墙体、双层窗中，隔热效果好，但存在以下特点：

（1）增大了墙体体积，相同建筑面积条件下，使得使用面积减少。

（2）由于空气层两侧的墙体受结构稳定限制，必须设一定的连接件，这些连接件应做好隔热措施，防止冷热桥产生。

（3）空气间层设于墙体部分，起隔热和保温双重作用，而水平构件（如屋面）则仅起隔热作用。

第三节　屋面节能技术

屋顶作为一种建筑物外围护结构所造成的室内外温差传热耗热量，大于任何一面外墙或地面的耗热量。例如，华中大部分地区属湿热性气候，全年气温变化幅度大，干湿交变频繁。如武汉市区年绝对最高与最低温差近 50℃，有时日温差接近 20℃，夏季日照时间长，而且太阳辐射强度大，通常水平屋面外表面的空气综合温度达到 60～80℃，顶层室内温度比其下层室内温度要高出 2～4℃。因此，提高屋面的保温隔热性能，对提高抵抗夏季室外热作用的能力尤其重要，这也是减少空调耗能，改善室内热环境的一个重要措施。在多层建筑围护结构中，屋顶所占面积较小，能耗约占总能耗的 8%～10%。据测算，夏季每降低 1℃（或冬季每升高 1℃），空调减少能耗 10％，而人体的舒适性会大大提高。因此，加强屋顶保温节能对建筑造价影响不大，节能效益却很明显。

在屋面设计时，应选择容重小，导热系数小，不易受潮的保温材料。屋面按其保温层设置位置可以分为屋面外侧绝热和屋面内侧绝热。保温材料所处位置不同，日照条件下屋顶的温度变化也不同。

一、日照条件下屋顶的温度变化状况分析

（一）温度分布分析

太阳辐射及室外气温影响屋面板各层温度的变化，将绝热材料置于屋顶的内侧或外侧，其影响是不一样的。

1. 绝热材料置于屋顶内侧温度分布分析

图 3-16 所示为内侧绝热且屋顶受强烈日射时，一天里温度的变化情况。在一天中，混凝土板的温度变化很大，其表面层和板下部（与绝热材料的交界面）的温度变化情况并不相同。由于混凝土的热容量较大，致使板下部的温度变化出现了时间上的滞后。如表面温度在 14 时左右达到了最高值，而板下部（与绝热材料的交界面）的温度在 17 时左右才达到最高值。

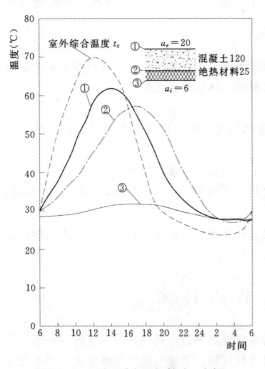 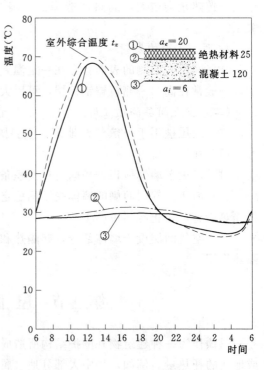

图 3-16　夏天受太阳辐射时，内侧　　　图 3-17　夏天受太阳辐射时，外侧
　　　　　绝热各层温度的变化　　　　　　　　　　绝热各层温度的变化

2. 绝热材料置于屋顶外侧温度分布分析

图 3-17 所示为外侧绝热时，屋顶上各层温度的变化情况。这时，混凝土的温度变化很小。盛夏时，若是采用内侧绝热，混凝土板的温度变化值在一天之内可高达 30℃ 左右，

而采用外侧绝热，混凝土温度的变化值仅为 4℃ 左右。另从图 3 - 17 可见，外侧绝热时，绝热材料的外表面温度与室外综合温度的变化几乎完全相同。

（二）特点分析

1. 绝热材料置于屋顶内侧特点分析

从一年的温度变化情况来看，在温暖地区，采用内侧绝热的混凝土板温度，夏天可达 60℃ 左右，冬天为 -10℃ 左右。在寒冷地区的严冬季节，可达 -20℃ 左右。可见，混凝土板的温度在一年里约有 70℃ 左右的变化，因此，混凝土板势必会出现热胀冷缩的现象。

2. 绝热材料置于屋顶外侧特点分析

（1）屋顶外侧绝热能减少混凝土蓄热量，防止"烘烤"、防止热应力。由于混凝土的热容量非常大，在夏天，接受太阳辐射热后，便将热蓄积于内部。到了夜里，又把热释放出来。若是采用内侧绝热，虽然绝热材料可以阻止混凝土向室内传热，但是，当绝热材料下侧的室内空气的温度很高时，绝热材料本身也会相应地具有很高的温度。

夏天，室内空气温度容易高于室外气温，这主要是由于太阳辐射的影响，使空气被加热，温度升高而上浮，热空气停留于房间上部的缘故。一到夜里，又加上混凝土板向室内的传热，则绝热材料表面或顶棚的内表面温度就会比人体的表面温度高得多，从而对人体进行热辐射，使人感到如似"烘烤"一般。

为了防止这种"烘烤"现象，可以设法通风换气，使顶棚底部的空气温度下降至低于人体的体温，而最主要的还是设法力求减少混凝土受太阳辐射后的蓄热量。如果采用外侧绝热，便可减少混凝土的蓄热量，此时，混凝土板温度只有 30℃ 左右，人体自然就不会感受到热辐射，还可防止热应力，所以最好将绝热材料布置在外侧。

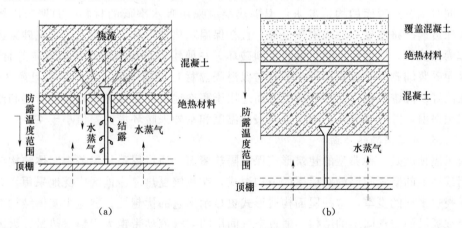

图 3 - 18　绝热顶棚

（a）内侧绝热顶棚上局部结露；（b）外侧绝热避免顶棚结露

（2）外侧绝热可避免局部结露。在寒冷地区，往往由于顶棚上设有金属吊钩 [如图 3 - 18（a）所示] 引起的局部结露，而使得顶棚表面出现一些污斑。这不单纯是绝热材料的问题，而且是因为混凝土的水分难以发散出去的缘故。若在外侧进行绝热 [如图 3 - 18（b）所示]，由于混凝土下部是敞开的，从而热工性能可靠，混凝土的水分能顺利发散，因此就不会产生结露。

基于屋顶外侧绝热和屋顶内侧绝热在日照条件下屋顶的温度变化情况的分析，可得出屋面外侧绝热优于屋面内侧绝热。因此，绝大部分屋面绝热均采用屋面外侧绝热。

二、屋面节能技术

（一）传统保温隔热屋面

传统屋面构造做法，即正置式屋面，其构造一般为隔热保温层在防水层的下面。因为传统屋面隔热保温层的选材一般为珍珠岩、水泥聚苯板、加气混凝土、陶粒混凝土、聚苯乙烯板（EPS）等材料。这些材料普遍存在吸水率大的通病，如果吸水，保温隔热性能大大降低，无法满足隔热的要求。所以一定要使防水层做在其上面，防止水分的渗入，保证隔热层的干燥，方能隔热保温。为了提高材料层的热绝缘性，最好选用导热性小、蓄热性大的材料，同时要考虑不宜选用容重过大的材料，防止屋面荷载过大。屋面保温隔热材料不宜选用吸水率较大的材料，以防止屋面湿作业时，保温隔热层大量吸水。为降低热材料层内不易排除的水分，设计人员可根据建筑的热工设计计算确定其厚度。此种形式的屋面适用于寒冷地区和夏热冬冷地区的新建和改造住宅的屋顶保温，并能够保证冬季屋顶内表面温度和室外采暖环境的差值小于 4℃。

（二）倒置式屋面

所谓倒置式屋面是外保温屋面形式的一个倒置形式，将保温层设计在防水层之上，大大减弱了防水层受大气、温差及太阳光紫外线照射的影响，使防水层不易老化，因而能长期保持其柔软性、延伸性等性能，有效延长使用年限。据国外有关资料介绍，可延长防水层使用寿命 2～4 倍。倒置式屋面省去了传统屋面中的隔气层及保温层上的找平层，施工简化，更加经济。即使出现个别地方渗漏，只要揭开几块保温板，就可以进行处理，易于维修。同时倒置式屋面的构造要求保温隔热层应采用吸水率低的材料，如聚苯乙烯泡沫板、泡沫玻璃、挤塑聚苯乙烯泡沫板等。且在保温隔热层上应用混凝土、水泥砂浆或干铺卵石作为保护层，以免保温隔热材料受到破坏。在使用保护层混凝土板或地砖等材料时，可用水泥砂浆铺砌卵石保护层，在卵石与保温隔热材料层间应铺一层耐穿刺且耐久性的、防腐性能好的纤维织物。此种形式的屋面适用于寒冷地区和夏热冬冷地区的新建和改造住宅的屋顶保温，并能够保证冬季屋顶内表面温度和室外采暖环境的差值小于 4℃。

（三）通风保温隔热屋面

通风屋顶就是一种典型的建筑形式保温隔热屋面，通风屋顶是屋盖由实体结构变为带有封闭或通风的空气间层的双层屋面结构形式，在我国夏热冬冷地区广泛地采用。尤其是在气候炎热多雨的夏季，这种屋面构造形式更显示出它的优越性。屋盖由实体结构变为带有封闭或通风的空气间层的结构，通过空气间层的空气流动带走太阳辐射热量，大大地提高了屋面的隔热能力。但在通风屋面的设计施工中应根据基层的承载能力，简化构造形式，通风屋面和风道长度不宜大于 15m，空气间层以 200mm 左右为宜；架空隔热板与山墙间应留出 250mm 的距离；同时在架空隔热层施工过程中，要做好完工防水的保护工作。带可通风阁楼层的住宅，其原理与通风屋面相同，所不同的是阁楼的空间高大，通风效果比架空阶砖的通风屋顶更好。且阁楼有良好的防雨防晒功能，能有效改善住宅顶部的热工质量。此种形式的屋面适用于夏热冬冷和夏热冬暖地区的新建和改造住宅的屋顶保温。

（四）生态覆盖式保温隔热屋面

生态覆盖式保温隔热屋面是通过生态材料覆盖于建筑屋顶，利用覆盖物自身对周围环境变化而产生的相应反应，来弥补建筑本身不利的能源损耗，其中以种植屋面和蓄水屋面较为典型。

1. 种植屋面

过去就有很多"蓄土种植"屋面的应用实例，通常被称为种植屋面。目前在建筑中此种屋顶的应用更为广泛，利用屋顶种草栽花，甚至种灌木、堆假山、设喷泉，形成了"操场屋顶"或屋顶花园，是一种生态型的节能屋面。种植屋面是利用屋面上种植的植物阻隔太阳能防止房间过热的一项隔热措施。

其隔热原理有3个方面：一是植被茎叶的遮阳作用，可以有效地降低屋面的室外综合温度，减少屋面的温差传热量；二是植物的光合作用消耗太阳能用于自身的蒸腾；三是植被基层的土壤或水体的蒸发消耗太阳能。因此，种植屋面是一种十分有效的隔热节能屋面。如果植被种类属于灌木，则还可以有利于固化 CO_2，释放氧气，净化空气，能够发挥出良好的生态功效。

种植屋面相对施工要求较为复杂，结构层采用整体浇筑或预制装配的钢筋混凝土屋面板；防水层应选用设置涂膜防水层和配筋细石混凝土刚性防水层两道防线的复合防水设防的做法，以确保其防水质量；在结构层上做找平层，找平层宜采用 1：3 水泥砂浆，其厚度根据屋面基层种类（按照屋面工程技术规范）规定为 15～30mm，找平层应坚实平整。找平层宜留设阁缝，缝宽为 20mm，并嵌填密封材料，分隔缝最大间距为 6m；种植屋面栽培的植物宜选择浅根植物如各种花卉、草等，一般不宜种植根深的植物；种植屋面坡度不宜大于 3％，以免种植介质流失。此种形式的屋面适用于夏热冬冷和夏热冬暖地区的住宅屋顶防热。

2. 蓄水屋面

蓄水屋面就是在屋面上储一薄层水用来提高屋顶的隔热能力。水在屋顶上能起到隔热作用的原因，主要是水在蒸发时要吸收大量的汽化热，而这些热量大部分从屋面所吸收的太阳辐射中摄取，所以大大减少了经屋顶传入室内的热量，相应地降低了屋面的内表面温度。

用水隔热是利用水的蒸发耗热作用，而蒸发量的大小与室外空气的相对湿度和风速之间的关系非常密切。其中相对湿度的蒸发作用最强烈时，从屋面吸收而用于蒸发的热量最多。而这个时刻内的屋顶室外综合温度恰恰最高，即适逢屋面传热最强烈的时刻。这时就是在一般的屋顶上喷水、淋水，亦会起到蒸发耗热而削弱屋顶的传热作用。因此在夏季气候干燥、白天多风的地区，用水隔热的效果必然显著。

蓄水屋顶也存在一些缺点，在夜里屋顶蓄水后外表面温度始终高于无水屋面，这时很难利用屋顶散热。且屋顶蓄水也增加了屋顶静荷重，以及为防止渗水还要加强屋面的防水措施。防水层的做法是采用 40mm 厚、200# 细石混凝土加水泥用量 0.05％ 的三乙醇胺或水泥用量 1％ 的氯化铁，1％ 的亚硝酸钠（体积浓度 98％），防渗漏性能很好。

混凝土防水层应依次浇筑完毕，不得留施工缝，立面与平面的防水层应一次做好，防水层施工气温宜为 5～35℃，应避免在 0℃ 以下或烈日暴晒下施工。刚性防水层完工后应及时养护，蓄水后不得断水。此种形式的屋面适用于夏热冬冷和夏热冬暖地区的住宅屋顶防热。

（五）浅色坡屋面

目前，大多数住宅仍采用平屋顶，在太阳辐射最强的中午时间，太阳光线对于坡屋面是斜射的，而对于平屋面是正射的，深暗色的平屋面仅反射不到 30％ 的日照，而非金属浅暗色的坡屋面至少反射 65％ 的日照，反射率高的屋面大约节省 20％～30％ 的能源消耗。美国外境保护署（Environmental Protection Agence，EPA）和佛罗里达太阳能中心的研究表明使用聚氯乙烯膜或其他单层材料制成的反光屋面，确实能减少至少 5％ 的空调能源消耗。在夏季高温酷暑季节节能减少 10％～15％ 的能源消耗。由于平屋顶隔热效果不如坡屋面。而且平屋面的防水较为困难，耗能较多。若将平屋面改为坡屋面，并内置保温隔热材料，不仅可提高屋面的热工性能，还有可能提供新的使用空间（顶层面积可增加约 60％），也有利于防水，并有检修维护费用低、耐久之优点。特别是随着建筑材料技术的发展，用于坡屋面的坡瓦材料形式多，色彩选择广，对改变建筑千篇一律的平屋面单调风格，丰富建筑艺术造型，点缀建筑空间有很好的装饰作用。在中小型建筑如居住、别墅及城市大量平改坡屋面中被广泛应用。但坡屋面若设计构造不合理、施工质量不好，也可能出现渗漏现象。因此坡屋面的设计必须搞好屋面细部构造设计及保温层的热工设计，使其能真正达到防水、节能的要求。

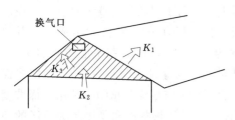

图 3-19　屋顶及顶棚的总传热

对于斜屋顶的阁楼，因其内部的空气容积即气体的体积比较大，故可以把它看成是一个小房间。

关于传热的通路如图 3-19 所示。首先，热流由顶棚向阁楼内部传递，再通过阁楼经屋顶或山墙传向室外。若在阁楼上设有换气口，则将同时通过换气口向外传出热量。

如只概略计算阁楼内气温 t_a 时，对不换气的阁楼可取：$t_a = \dfrac{t_i - t_e}{2}℃$；对换气的阁楼可取：$t_a = t_e℃$。

由此可知，从保证斜屋顶下部房间的使用条件来看，将绝热材料置于顶棚处或是屋顶处，作用近乎相同。

但是，把绝热材料置于顶棚处，还是置于屋顶处，对于阁楼里的温度 t_a 影响却甚大。在无换气的情况下，若在顶棚处绝热，阁楼内气温接近于室外温度，而若在屋顶部分绝热，阁楼内的气温却接近于室内的空气温度。因此，若打算利用阁楼内部的空间，最好是在屋顶处进行绝热。

上述这种观点，极易被误解为仅是从减少热损失这一点考虑的。事实上，为了抵抗夏季的酷热，从防止过热而适当地降低阁楼内温度的角度考虑，也应该在屋顶处进行必要的绝热。

但这样，又极容易使人觉得不进行换气才更为有利。实际上，如果不进行换气，室内水蒸气可能会充满阁楼，造成大量的结露。这也是极为令人烦恼的，显然决非上策。

相比之下，如对阁楼内进行充分换气，将水蒸气尽可能地排放出去，以达到不结露的要求是很必要的，一般换气面积最好能占顶棚总面积的$\frac{1}{300}$以上。

但是，在有积雪的寒冷地区，可能由换气口吹进雪片；即便在温暖地区，也可能有雨水淋入室内。所以，当换气较大时，对此应当采取适当的措施。

第四节 门窗节能技术

门窗是建筑围护结构的重要组成部分，是建筑物外围开口部位，也是房屋室内与室外能量阻隔最薄弱的环节。有关资料表明，通过门窗传热损失能源消耗约占建筑能耗的28%，通过门窗空气渗透能源消耗约占建筑能耗的27%，两者总计占建筑能耗的50%以上。可见，建筑节能的关键是门窗节能。因此，研究和应用节能窗，对于减少外窗热损失，促进建筑整体节能有着极为重要的意义。

一、我国门窗节能现状

1. 德国节能标准演变

欧洲门窗节能的典型代表是德国，德国门窗节能标准变化是我国门窗节能未来的发展方向。德国的传热系数在1995年以前叫K值（同我国现在一致），之后改为U值。1977年德国要求型材K_f值不超过$3.5\text{W}/(\text{m}^2 \cdot \text{K})$，到1995年降低为$1.8\text{W}/(\text{m}^2 \cdot \text{K})$，降低了接近一半；而到了2002年则要求整窗$U_w$值不超过$1.7\text{W}/(\text{m}^2 \cdot \text{K})$，2009年降低为$1.3\text{W}/(\text{m}^2 \cdot \text{K})$。在32年的时间里，德国门窗传热系数减低了63%，也就是说通过门窗消耗的能源减少了63%。2010年，德国U_w降低到$1.0\text{W}/(\text{m}^2 \cdot \text{K})$，到2013年将降低到$0.8\text{W}/(\text{m}^2 \cdot \text{K})$左右，门窗的传热系数要求基本向墙体靠近。

到2012年，除了西班牙$U_w \leqslant 3.1\text{W}/(\text{m}^2 \cdot \text{K})$和法国$U_w \leqslant 2.6\text{W}/(\text{m}^2 \cdot \text{K})$外，其他国家的$U_w$都在$2.0\text{W}/(\text{m}^2 \cdot \text{K})$以下，尤其在北欧地区，全部在$1.5\text{W}/(\text{m}^2 \cdot \text{K})$以下。

2. 我国门窗节能现状

我国是一个幅员辽阔的国家，气候区域的复杂性相当于整个欧洲。针对我国各区的气候条件，门窗的热工要求也不一样，越靠北传热系数要求越低。我国不同气候分区的门窗传热系数要求大致跟欧洲的变化历程相近，现在北京的节能要求为整窗K_w值小于$2.8\text{W}/(\text{m}^2 \cdot \text{K})$，跟德国1984年的水平基本一致，而大庆地区为$2.2\text{W}/(\text{m}^2 \cdot \text{K})$，跟德国1995年的水平相近。为了达到建筑节能70%的目标，北京地区整窗U_w值需要达到$2.0\text{W}/(\text{m}^2 \cdot \text{K})$，大庆地区需要达到$1.5\text{W}/(\text{m}^2 \cdot \text{K})$，尚不及德国现在执行的节能要求。

门窗节能的本质，就是尽可能地减少室内空气与室外空气通过门窗这个介质进行的热量传递。因此本节以冬季采暖为例，从分析影响窗的传热因素出发，提出减少外窗热损失的方法。

二、窗的传热分析

冬季采暖时，建筑窗的热交换通常由日射得热和温差传热（失热）两部分组成。

（一）日射得热

日射得热是太阳辐射热通过玻璃向室内的进热，只在有太阳辐射时才有。日射得热计

算公式为

$$Q_1 = AIT\alpha\tau_1 \tag{3-9}$$

式中 Q_1——日射得热，J；

     A——窗面积，m^2；

     I——单位玻璃面积受到的太阳辐射功率，W/m^2；

     T——窗玻璃透过率；

     α——室内物体的储热系数；

     τ_1——玻璃面当天受日照时间，h。

日射得热对于冬季供热来说是一个有利因素，适当增大该得热会降低热负荷。日射得热的值与窗面积 A、窗玻璃透过率 T 及室内物体的储热系数 α 成正比。

（二）温差传热

窗的温差传热是由于室内外温差引起的传热，对于冬季供热来说，室内失热。这种失热是每天 24h 都在进行的。温差传热包括冷风渗透耗热、透明构件传热耗热和非透明构件传热耗热三部分。

1. 冷风渗透耗热

$$Q_2 = (T_i - T_e)V\rho c \tag{3-10}$$

式中 Q_2——冷风渗透耗热量，J；

     T_i——室内空气温度，℃；

     T_e——室外空气温度，℃；

     V——冷空气体积，m^3；

     ρ——空气密度，kg/m^3；

     c——空气比热，$kJ/(kg \cdot K)$。

V 按式（3-11）计算。

$$V = vlw\tau_2 \tag{3-11}$$

式中 v——空气速度，m/s；

     l——缝隙长度，m；

     w——缝隙宽度，m；

     τ_2——散热时间，h。

因此，冷风渗透耗热量与窗缝长度 l 及窗缝宽度 w 成正比。

2. 透明构件的耗热

$$Q_3 = (T_i - T_e)\frac{A\tau_2}{R_{0 \cdot g}} \tag{3-12}$$

式中 Q_3——透明构件的耗热量，J；

     $R_{0 \cdot g}$——透明构件的热阻，$m^2 \cdot K/W$。

单玻热阻

$$R_{0 \cdot g} = \frac{1}{\alpha_e} + \frac{\delta}{\lambda} + \frac{1}{\alpha_i} \tag{3-13}$$

$$\alpha_e = 6.12\varepsilon + 3.6$$

$$\alpha_i = 6.12\varepsilon + 17.9$$

式中　δ——透明构件的厚度，m；

　　　λ——透明构件的导热系数，W/(m·K)；

　　　α_e——室外对流换热系数，W/(m²·K)；

　　　α_i——室内对流换热系数，W/(m²·K)。

双玻热阻

$$R_{0 \cdot g} = \frac{1}{\alpha_e} + \frac{\delta_1}{\lambda} + R_{gap} + \frac{\delta_2}{\lambda} + \frac{1}{\alpha_i} \qquad (3-14)$$

由于玻璃空气间层厚度较小，一般认为在此厚度下，空气发生纯导热。因此，空气间层内的传热方式为：空气间层两侧玻璃的辐射换热和内部空气的纯导热。

空气间层热阻 R_{gap} 的计算

$$\frac{1}{R_{gap}} = \frac{1}{R_{gr}} + \frac{1}{R_{g\lambda}} \qquad (3-15)$$

式中　R_{gr}——空气间层两侧玻璃的辐射换热热阻，m²·K/W；

　　　$R_{g\lambda}$——空气间层内空气的导热热阻，m²·K/W。

$$\frac{1}{R_{gr}} = \frac{0.01 \times C_0}{\frac{1}{\varepsilon_1} + \frac{1}{\varepsilon_2} - 1} \left[\frac{T_1}{100} + \frac{T_2}{100} \right] \times \left[\left(\frac{T_1}{100} \right)^2 + \left(\frac{T_2}{100} \right)^2 \right] \qquad (3-16)$$

式中　C_0——黑体辐射系数，5.67W/(m²·K⁴)；

　T_1，T_2——两玻璃内表面温度，K。

$$R_{g\lambda} = \frac{\delta_0}{\lambda_0} \qquad (3-17)$$

式中　δ_0——空气间层厚度，m；

　　　λ_0——空气的导热系数，W/(m·K)。

因此，提高窗玻璃热阻可减少该耗热。单层玻璃窗可通过降低玻璃发射率提高热阻；双层玻璃窗可通过降低玻璃发射率，适当增加空气层厚度来提高热阻。

3. 非透明构件的耗热

$$Q_4 = (T_i - T_e) \frac{F \tau_2}{R_{0 \cdot f}} \qquad (3-18)$$

式中　Q_4——非透明构件的耗热量，J；

　　　F——非透明构件的面积，m²；

　　$R_{0 \cdot f}$——非透明构件的热阻，m²·K/W。

该耗热与非透明构件材料的热阻成反比。

三、节能方法分析

从窗的传热分析可得出以下几方面的节能措施。

（一）增大太阳辐射得热

（1）建筑选址时，争取有利朝向。

（2）设计有利反射，如图 3-20 所示。

（3）相变贮热板：利用适合的相变材料做成窗盖板。白天吸收并贮存太阳辐射热，晚上盖板关闭，贴紧窗口，将贮存的热量再向室内慢慢释放出来。

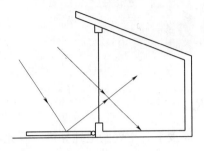 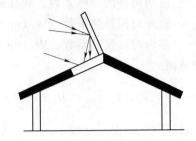

图 3-20 铝箔反射面窗盖板反射原理

（二）减少渗透耗热量

1. 正确选择窗框扇的材料

正确选择窗框扇的材料，避免由于外界条件导致的弯曲变形增大缝隙。

2. 加强门窗的气密性能

门窗的气密性能低使通过开启缝隙的空气渗透量增加，导致热损失增加，因此气密性的好坏直接关系到建筑门窗的节能效果。目前塑料平开窗、铝合金平开窗采用橡胶密封条密封，气密性都能达到小于 $1.5m^3/(h \cdot m)$。气密性较差的是推拉开启的门窗类产品，该类门窗一般都采用密封毛条密封，有些推拉窗为提高气密性已将毛条密封改为橡胶密封条。选用三元乙丙橡胶密封条和硅化加片毛条对提高和保持门窗长期使用的密封性能起到重要作用。门窗框扇之间的搭接量和配合间隙也是影响门窗密封性能的很重要因素，门窗的框扇装配后要调整四边搭接量均匀一致。另外在窗型设计中采用大固定小平开的平开窗型，不但可提高门窗的气密性（由于整窗开启缝隙长度减少，使整窗空气渗透量相应减小）而且也使平开窗价格与推拉窗价格相接近，是值得推广的一种节能窗。

目前我国在窗的密封方法方面，多只在框与扇和玻璃与扇处作密封处理。由于安装施工中的一些问题，使得框与窗洞口之间的冷风渗透未能很好处理。因此为了达较好的节能保温水平，必须要对框—墙、框—扇、玻璃—扇三个部位的间隙均作密封处理。目前用得较多的密封材料是密封料和密封条，从密封效果上看，密封料要优于密封条。这与密封料和玻璃、窗框等材料之间处于粘合状态有关，但框扇材料和玻璃等在干湿温变作用下所发生的变形，会影响到这种静力状态的保持，从而导致密封失效。密封条虽对变形的适应能力较强，且使用方便，但也不能达到较佳的效果，原因是：密封条采用注模法生产，断面尺寸不准确且不稳定，橡胶质硬度超过要求；型材断面较小，刚度不够，致使执手部位缝隙严密，而窗扇两端部位形成较大缝隙。因此必须生产和采用具有断面准确，质地柔软，压缩性大，耐火性较好的密封条。具体的密封方法：在玻璃下安设密封衬垫，在玻璃两侧以密封条加以密封（可兼具固定作用），在密封条上方再加注密封料。

3. 减少接缝长度

如图 3-21、图 3-22 所示，窗口面积均为 1.5m（高）×1.2m（宽），图 3-21 由 12 块 0.3m×0.3m 的玻璃组成，其接缝长度为 25.2m；图 3-22 由 4 块玻璃组成，其接缝长度为 8.4m，加大玻璃面积减少了窗扇数，不仅透光面略有增加而且接缝总长减少了，则空气渗透耗热量减小为原来的 1/3。

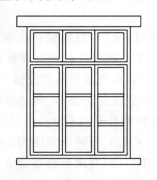 

图 3-21　某居住建筑窗户图　　　　　图 3-22　改善后的窗户

（三）减少透明构件

窗户的大部分面积为玻璃，以前大部分使用的是单片浮法玻璃，5mm 的单片玻璃，U 值大概在 $5.8W/(m^2 \cdot K)$ 左右。采用双玻窗，可通过增加空气层来增加热阻，单层玻璃与双层玻璃相比窗户的热阻降低将近一倍。近年，我国在节能玻璃领域不断取得新成就，中空玻璃更是极大提高了节能效果。

（1）中空玻璃。中空玻璃由两片浮法玻璃通过间隔条组成的，中间有一层热导率约为 $0.026W/(m^2 \cdot K)$ 的空气层，大大降低了通过玻璃的热传导，如 $6+12A+6$ 的中空玻璃的 U 值只有 $2.8W/(m^2 \cdot K)$ 左右。

（2）中空玻璃空气层中填充惰性气体。因惰性气体分子大，流动性差，能降低气体对流产生的热传递。一般充氩气相比空气能降低玻璃 U 值 $0.2W/(m^2 \cdot K)$ 左右。

（3）镀膜中空玻璃。即在中空玻璃的其中一片玻璃靠近空气层侧镀上一层透明的低辐射膜，从而降低从高温区向低温区辐射传热和二次传热。单片镀膜玻璃 U 值一般在 $3.7W/(m^2 \cdot K)$ 左右；而与另一片普通浮法玻璃组成中空玻璃后，U 值将在 $1.6 \sim 2.0W/(m^2 \cdot K)$ 之间；若使用隔热性能效果更好的双银镀膜玻璃，隔热效果可以达到 U 值为 $1.5W/(m^2 \cdot K)$；再在此基础上填充惰性气体，可以达到 U 值为 $1.3W/(m^2 \cdot K)$。

双层玻璃（中空玻璃）的传热能力和双层玻璃的间距直接有关。实验证明，双层玻璃间距在 10mm 以下时，间距和热阻几乎呈正比关系。当双层玻璃间距在 $10 \sim 30mm$ 时，间距和热阻呈曲线关系。当间距超过 30mm 时，由于对流与辐射交换的综合作用使空气层的热阻增加十分缓慢。因此门窗设计应根据热阻的需要和框材的经济性适当确定玻璃的间距，一般不宜小于 9mm。在严寒地区要采用三层玻璃时，同样要注意选用合理的玻璃间距，如果受窗框尺寸的限制，三层玻璃的距离太近（如每两层间距只有 6mm）实际上只能达到双层玻璃间距为 20mm 的效果。

（四）减少非透明构件的失热

窗框（扇）是窗户的支承体系。普通金属窗框（扇）没有断热措施，传热量大大增加，普通中空玻璃铝合金窗的传热系数达到 $3.75 \sim 4.17W/(m^2 \cdot K)$，而普通中空玻璃 PVC 塑料窗传热系数为 $2.74 \sim 2.88W/(m^2 \cdot K)$。节能门窗在选择框（扇）材料时首先要选择热的不良导体，如塑料、玻璃钢等非金属材料。在用金属材料制作门窗时必须将窗框（扇）的热桥切断。断热铝合金窗、铝塑复合窗都是采用了窗框（扇）切断热桥技术。

窗框（扇）的断面形式对窗框的传热也有影响。PVC 塑料型材有单腔、双腔、三腔、四腔之分，沿热流传导方向分割为双腔、三腔、四腔，对于提高窗框的断热性能有利。双腔 PVC 型材、三腔 PVC 型材和四腔的 PVC 型材传热系数分别为 $2.1W/(m^2 \cdot K)$、$1.8W/(m^2 \cdot K)$、$1.6W/(m^2 \cdot K)$。断热铝合金型材尼龙 66 隔热条的宽度对型材的传热系数也有影响，隔热条宽度为 10mm 的型材的传热系数 $3.5 \sim 4.5W/(m^2 \cdot K)$，隔热条宽度为 12mm 的传热系数 $2.8 \sim 3.5W/(m^2 \cdot K)$，隔热条宽度为 $24 \sim 30mm$ 型材的传热系数 $2.05 \sim 2.8W/(m^2 \cdot K)$。所以同样为 PVC 型材或断热铝合金型材，由于其断面形式不同其传热系数差别很大，在选择节能门窗的框（扇）材料时应注意其材料性质和断面形式。

（五）采用可动式隔热层（活动隔热层）

1. 窗帘、窗盖板

目前多种型式的窗帘均有商品出售，但都很难满足太阳能建筑的要求。窗户虽然可设计成有阳光时的直接得热构件，但就全天 24h 来看，通常都是失热的时间比得热的时间长得多，故采暖房间的窗户历来都是失热构件。要使这种失热减到最少，窗帘或窗盖板的隔热性能（保温性能）必须足够。多层铝箔—密闭空气层—铝箔构成的活动窗帘有很好的隔热性能，但价格昂贵。采用平开或推拉式窗盖板，内填沥青珍珠岩、沥青蛭石、沥青麦草或沥青谷壳等可获得较高隔热值及较经济的效果。有人已经进行研究将这种窗盖板采用相变贮热材料，白天贮存太阳能，夜间关窗同时关紧盖板，该盖板不仅有高隔热值阻止失热，同时还向室内放热，这才真正将窗户这个历来的失热构件变成得热构件了（按全天24h算）。虽然实验取得较好效果，但要商品化仍有许多问题，如窗四周的耐久性密封问题，相变材料的提供以及造价问题等均有待解决。

2. 夜墙

采用膨胀聚苯乙烯板，装于窗户两侧或四周，夜间可用电动或磁性开关将其推至设计位置，国外用过这种夜墙。

活动隔热层除上述外，国外还有在双层玻璃间夜间自动充填轻质塑料球等措施。

（六）控制窗墙面积比

窗墙面积比是指窗户洞口面积与房间立面单元面积的比值。窗墙面积比反映房间开窗面积的大小，是建筑节能设计标准的一个重要指标。研究结果表明，在寒冷地区，窗墙面积比对热负荷的影响是北向最大，东向次之，南向第三，西向最小。即使南向窗户有太阳辐射得热，窗墙面积比增大，建筑采暖能耗也会随之增加，对节能不利。在夏季空调建筑中，对冷负荷的影响，西向最大，南向次之，北向第三，东向最小，且窗墙面积比的微小变化在四个方向上都会引起冷负荷的大幅增加。窗墙面积比为 50% 的房间，与窗墙面积比为 30% 的房间相比，空调运行负荷要增加 17%～25%。窗墙面积比增大，特别是东西向窗墙面积比增大，对空调建筑的节能极为不利。如果采取有效的遮阳措施，则情况将有改善。

造成上面窗墙面积比对建筑负荷在各朝向影响不同的原因：窗对建筑能耗的影响主要有两方面的因素，一是窗因受太阳辐射影响而造成的建筑室内辐射得热；二是窗的热工性能差造成夏季空调、冬季采暖室内外温差的热量损失。从太阳辐射角度考虑，冬季通过窗进入室内的太阳辐射有利于建筑节能，而夏季太阳辐射却又是建筑能耗增加的主要因素；从窗的热工性能考虑，增大窗的传热热阻在冬季有利于室内保温，而夏季却又不利于室内热量的散失。中国位于北半球，不同朝向墙面日辐射和峰值出现的时间是不同的，太阳照到西向和南向时，是一天中辐射强度最大的时刻，太阳辐射得热形成了建筑的大量冷负荷，因此，这就是西向和南向窗墙面积比对建筑冷负荷影响较大的原因。东向和北向由于受太阳辐射的影响因素较小，热量的主要传递方式是由于窗的热工性能所引起的温差传热，当增大窗户面积时，通过窗的热传导引起热负荷增大的幅度非常明显，这就是为什么东向和北向窗墙面积比对建筑热负荷影响较大。

窗墙面积比对建筑能耗的影响因地区差异、建筑类型、同一建筑的不同方向及窗户的传热热阻等因素的不同而影响幅度不同。因此，有必要根据特定地区的气候特点和特定的建筑类型对外窗进行适度的节能优化设计。

第五节 地 面 的 绝 热

地面是建筑围护结构之一，在寒冷的冬季，采暖房间地面下土壤的温度一般都低于室内气温，室内热量通过地面传到室外。地面热工性能影响建筑物耗热量，因此，不同的建筑节能设计标准及建筑热工规范都对地面热工性能提出了要求。

一、地面传热系数及热阻

（一）建筑节能设计标准要求概述

2010 年 8 月 1 日起实施的《严寒和寒冷地区居住建筑节能设计标准》（JGJ 26—2010）和 2005 年 7 月 1 日起施行的《公共建筑节能设计标准》（GB 50189—2005）是现行的国家民用建筑节能设计标准，对采暖地区建筑地面热工性能的要求分别见表 3-2、表3-3。

表 3-2　　　　　　　不同地区采暖居住建筑地面保温材料层热阻限值　　　　单位：$m^2 \cdot K/W$

周边地面	地下室外墙 （与土壤接触的外墙）	建筑层数	备　　注
1.7	1.8	3	
1.4	1.5	4～8	严寒（A）区
1.1	1.2	＞9	
1.4	1.5	3	
1.1	1.2	4～8	严寒（B）区
0.83	0.91	＞9	
1.10	1.20	3	
0.83	0.91	4～8	严寒（C）区
0.56	0.61	＞9	

续表

周边地面	地下室外墙 （与土壤接触的外墙）	建筑层数	备　注
0.83	0.56	3	
0.91	0.61	4～8	寒冷（A）（B）区
—	—	＞9	

表 3-3　　　　　　　公共建筑不同气候地区地面热阻限值　　　单位：m²·K/W

气候分区	周边地面	非周边地面
严寒地区	≥2.0	≥1.8
寒冷地区	≥1.5	≥1.5

（二）周边地面和非周边地面的定义

周边地面指距外墙内表面 2m 以内的地面，其余部分划为非周边地面。

（三）节能标准中对周边地面和非周边地面传热阻的计算

标准中规定的地面热阻，即"建筑基础持力层以上各层材料的热阻之和"，其实只是不包含土壤热阻 R_0 的 $\sum \delta_i/\lambda_i$，并非地面的实际热阻，进行能耗计算时还需考虑土壤本身的热阻 R_0，需要由二维非稳态传热计算程序计算确定。表 3-4 列出哈尔滨地区两种典型地面（图 3-23、图 3-24）的传热系数。

表 3-4　　　　　　　　　　哈尔滨地区地面当量传热系数

保温层热阻 [(m²·K)/W]	当量传热系数 [W/(m²·K)]			
	地面构造 1		地面构造 2	
	周边地面	非周边地面	周边地面	非周边地面
3.00	0.08	0.06	0.08	0.06
2.75	0.08	0.06	0.08	0.06
2.50	0.09	0.06	0.09	0.06
2.25	0.10	0.07	0.10	0.07
2.00	0.11	0.07	0.11	0.07
1.75	0.13	0.07	0.11	0.07
1.50	0.14	0.07	0.13	0.07
1.25	0.15	0.08	0.14	0.08
1.00	0.17	0.08	0.15	0.08
0.75	0.20	0.09	0.17	0.09
0.50	0.24	0.09	0.20	0.09
0.25	0.29	0.10	0.25	0.10

（四）对于有地下室的建筑，周边地面和非周边地面的保温处理

1. 地下室采暖的建筑

从与室外地面相平的墙壁算起，往下 2m 范围内为周边地面，其余为非周边地面，如果传热系数不能满足限值要求同样需做保温处理。

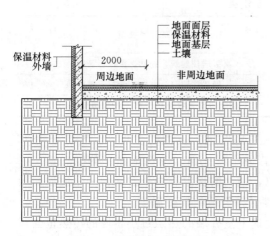

图 3-23 典型地面 1 构造示意图　　　　图 3-24 典型地面 2 构造示意图

2. 地下室不采暖的建筑

为防止地下室外墙顶端部位出现热桥，地下室外墙 2m 范围内仍需做保温处理，但不作为考核对象，不需要计算其传热量；而地下室上部顶板相对于上部房间是一个相当大的传热面，其顶板需做保温处理。

二、地面吸热指数

对冬季采暖建筑的室内状况通常以室内气温来判断，这是一个最重要的指标，但很不全面。作为围护结构的一部分，地面的热工性能与人体的健康密切相关。除卧床休息外，在室内的大部分时间人的脚部均与地面接触，人体为了保证健康，就必须维持与周围环境的热平衡关系使脚部大量失热。地面温度过低不但使人脚部感到寒冷不适，而且易患风湿、关节炎等各种疾病。因此还应考虑地面的吸热性能。

地面的吸热性能，是地面热工性能的表征，并以其吸热指数 B 区分，地面吸热指数按下式计算

$$B = b = \sqrt{\lambda c \rho} \tag{3-19}$$

式中　B——地面的吸热指数，$W/(m^2 \cdot h^{1/2} \cdot K)$；

　　　　b——地面材料的热渗透系数，$W/(m^2 \cdot h^{1/2} \cdot K)$；

　　　　λ——地面材料的导热系数，$W/(m \cdot K)$；

　　　　c——地面材料的比热容，$W \cdot h/(kg \cdot K)$；

　　　　ρ——地面材料的密度，kg/m^3。

从卫生要求（即避免人脚着凉）考虑，我国《民用建筑热工设计规范》（GB 50176—1993）对地面的热工性能分类及适用的建筑类型进行了规定，如表 3-5 所示。

B 值是反映地面从人体脚部吸收热量多少和速度的一个指数。根据公式分析，相同地面温度条件下，面层以选择密度、比热容和热导系数小的材料较为有利，此类材料被称为暖性地面，暖性地面材料可以减少地面的吸热量，增强舒适度。

表 3 - 5　　　　　　　　**地 面 热 工 性 能 分 类**

类别	吸热指数 B 值 $[\mathrm{W}/(\mathrm{m}^2 \cdot \mathrm{h}^{1/2} \cdot \mathrm{K})]$	适用的建筑类型
I	<17	高级居住建筑，托幼、医疗建筑等
II	17～23	一般居住建筑，办公、学校建筑等
III	>23	临时逗留及室温高于 23℃ 的采暖房间

地面温度也会影响地面的吸热量，应用"人造脚"进行实测时发现，温度低于 18℃ 的木地板（暖性地面）的吸热量大于温度 23℃ 普通水泥地面（凉性地面）的吸热量。因此，地面温度是其热工质量的又一项指标。所以，地面的保温有两个含义：一是使地面吸热量少，即使其 B 值越小越好；二是地表面温度保持舒适的较高温度。

总之，在北方严寒和寒冷地区，如果建筑物地下室外墙的热阻过小，墙的传热量会很大，内表面尤其是墙角部位容易结露。同样，如果与土壤接触的地面热阻过小，地面的传热量也会很大，地表面也容易结露或产生冻脚现象。因此，从节能和卫生的角度出发，要求这些部位必须达到防止结露或产生冻脚的热阻值。

在夏热冬冷、夏热冬暖地区，由于空气湿度大，墙面和地面容易返潮。在地面和地下室外墙做保温层增加地面和地下室外墙的热阻，提高这些部位内表面温度，可减少地表面和地下室外墙内表面温度与室内空气温度间的温差，有利于控制和防止地面和墙面的返潮。

为提高采暖建筑地面的保温水平并有效地节能，严寒地区及寒冷地区应铺设保温层。如图 3 - 25 所示，可进行内侧绝热。或者如图 3 - 26 所示，在室内侧布置随温度变化快的材料（没有热容量的材料）作装饰。另外，为了防止土中湿气侵入室内，可加设防潮层。

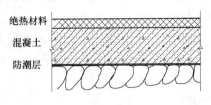
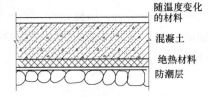

图 3 - 25　在室内侧进行地面绝热　　　　图 3 - 26　在土壤侧进行地面绝热

第六节　保温隔热材料与节能

实践证明，建筑节能最直接有效的方法是使用保温隔热材料。据日本的节能实践证明，每使用 1t 保温隔热材料，可节约标准煤 3t/a，其节能效益是材料生产成本的 10 倍；根据欧美发达国家的经验，在住宅保温上每用 1t 岩（矿）棉制品，每年可以节约的能源相当于 1t 石油或 2.5～3.7t 标煤。

保温隔热材料的发展是以建筑节能的发展为背景，发达国家从 1973 年能源危机起开始关注建筑节能，制定相关的建筑节能标准并不断修订完善。而且国外保温材料工业已经有很长的历史，建筑节能用保温隔热材料占绝大多数，如美国从 1987 年以来建筑保温隔热材料占所有保温材料的 81％左右，瑞典及芬兰等西欧国家 80％以上的岩棉制品用于建筑节能。我国建筑节能工作从 20 世纪 90 年代初才刚刚启动，用于建筑节能的保温隔热材料相对较少。经过十几年的发展，已形成品种比较齐全、初具规模的保温材料的生产和技术体系。

我国在节能 50％目标中，建筑物围护结构节能占 30％，供热系统节能占 20％；在 65％节能目标中，供热系统节能比例不变，增加的节能任务全部由建筑物围护结构承担，因此对建筑物的围护结构提出更高的要求。要实现 65％的节能目标，提高建筑物围护结构热工性能，则必须采用性能优良的保温隔热材料。

一、保温隔热材料

保温隔热材料的结构基本上可分为纤维状结构、多孔结构、粒状结构或层状结构。具有多孔结构的材料中的孔一般为近似球形的封闭孔，而纤维状结构、粒状结构和层状结构的材料内部的孔通常是相互连通的。

下面对几种典型的保温隔热机理作简单介绍。

保温隔热材料：通常所指保温隔热材料是指导热系数小于 0.23W/(m² • K) 的材料。一般建筑保温隔热材料按材质可分为两大类。

第一类：无机保温隔热材料。一般是用矿物质原料制成，呈散粒状、纤维状或多孔状构造，可制成板、片、卷材或套管等形式的制品，包括石棉、岩棉、矿渣棉、玻璃棉、膨胀珍珠岩、膨胀蛭石、多孔混凝土等。

第二类：有机保温隔热材料。是由有机原料制成的保温隔热材料，包括软木、纤维板、刨花板、聚苯乙烯泡沫塑料、脲醛泡沫塑料、聚氨酯泡沫塑料、聚氯乙烯泡沫塑料等。

（一）无机保温隔热材料

1. 石棉及其制品

石棉是天然石棉矿经加工而成的纤维状硅酸盐矿物的总称，是常见的耐热度较高的保温隔热材料。石棉又可分为纤维状蛇纹石石棉和角闪石石棉两大类。纤维状蛇纹石石棉又称温石棉、白石棉，平时所说的石棉是指温石棉；角闪石石棉包括青石棉和铁石棉。

特点：具有优良的防火、绝热、耐酸、耐碱、保温、隔音、防腐、电绝缘性和高的抗拉强度等特点。

2. 岩矿棉

岩矿棉是一种优良的保温隔热材料，根据生产所用的原料不同，可分为岩棉和矿渣棉。

（1）岩棉。以玄武岩或辉绿岩为主要原料，高温熔融后经高速离心法或喷吸法的工序制成的无机纤维材料。

（2）矿渣棉。与岩棉所不同的是利用工业废渣或矿渣（高炉渣或铜矿渣、铝矿渣）为主要原料制成，统称作矿物棉制品。矿渣棉与岩棉是两种性能和制造工艺基本相同的绝热材料，两者的化学成分均为二氧化硅、氧化钙、三氧化二铝和氧化镁。

3. 玻璃纤维

玻璃纤维一般分为长纤维和短纤维。连续的长纤维一般是将玻璃原料熔化后滚筒拉制；短纤维一般由喷吹法和离心法制得。短纤维（$150\mu m$ 以下）由于相互纵横交错在一起，构成了多孔结构的玻璃棉。其表观密度为 $100\sim150kg/m^3$，导热系数低于 $0.035W/(m^2 \cdot K)$。

4. 陶瓷纤维

陶瓷纤维又名硅酸铝纤维，也称耐火纤维。陶瓷纤维采用氧化硅、氧化铝为原料，经高温（2100℃）熔融、喷吹制成，其纤维直径在 $2\sim4\mu m$，表观密度为 $140\sim190kg/m^3$，导热系数为 $0.044\sim0.049W/(m^2 \cdot K)$，最高使用温度为 1100～1350℃。

特点：陶瓷纤维具有质轻、物理化学性能稳定、耐高温、热容量小、耐酸碱、耐腐蚀、耐急冷急热、机械性能和填充性能好等一系列优良性能。

用途：陶瓷纤维可制成毡、毯、纸、绳等制品，被广泛用于电力、石油、冶金、化工、陶瓷等工业部门工业窑炉的高温绝热密闭以及用作过滤、吸声材料。

5. 多孔保温隔热材料

（1）轻质混凝土。包括轻骨料混凝土和多孔混凝土。

1）轻骨料混凝土。轻骨料混凝土是以发泡多孔颗粒为骨料的混凝土。由于其采用的轻骨料有多种，如膨胀珍珠岩、膨胀蛭石、黏土陶粒等，采用的胶结材也有多种，如各种水泥或水玻璃等，从而使其性能和应用范围变化很大。它们都具有质量轻、保温性能好等特点，既可保温也可减轻质量。

用途：保温用轻骨料混凝土主要用于保温的围护结构或热工构筑物；结构保温用轻骨料混凝主要用于不配筋或配筋的围护结构；结构用轻骨料混凝土主要用于承重的配筋构件、预应力构件或构筑物。

2）多孔混凝土。多孔混凝土是具有大量均匀分布、直径小于 2mm 的封闭气孔的轻质混凝土。多孔混凝土系用水泥或加入混合材料与水制成的泡沫拌和后硬化而成的多孔轻质材料，其中气孔体积可达 85%，体积质量为 $300\sim500kg/m^3$。多孔混凝土主要有泡沫混凝土和加气混凝土。

（2）泡沫混凝土。用水泥加水与泡沫剂混合后，硬化而成的一种多孔混凝土。由于其内部均匀地分布很多微细闭合气泡，因而表观密度较小，是一种较好的保温隔热材料。

（3）加气混凝土。由水泥、石灰、粉煤灰和发气剂（如铝粉）等原料，利用化学方法在泥料中产生气体而制得。产生气体的方法有加金属粉末、白云石与酸反应产生氢气或二氧化碳，还有碳化钙加水产生乙炔等。

（4）泡沫玻璃。用玻璃细粉和发泡剂（石灰石、碳化钙和焦炭）经粉磨、混合、装模、燃烧（800℃左右）而得到的多孔材料称为泡沫玻璃。

泡沫玻璃是一种粗糙多孔分散体系，孔隙率达 80%～95%，气孔直径为 0.1～5mm。由于使用发泡剂的化学成分之差异，在泡沫玻璃的气相中所含气体可为二氧化碳、一氧化碳、水蒸气、硫化氢、氧气、氮气等。

特点：泡沫玻璃具有表观密度小、导热系数小、抗压强度高、抗冻性好、耐久性好，并且对水分、蒸汽和气体具有不渗透性，还容易进行机械加工，可锯、钻、车及打钉等，是一种高级保温隔热材料。

其他常用的无机保温隔热材料还有吸热玻璃、热反射玻璃、中空玻璃等。

（二）有机保温隔热材料

1. 泡沫塑料

泡沫塑料是高分子化合物或聚合物的一种，是以各种树脂为基料，加入各种辅助料经加热发泡而成的一种轻质、保温、隔热、吸声、防震材料。它保持了原有树脂的性能，并且比同种塑料具有表观密度小（一般为 $20\sim80kg/m^3$）、导热系数低，防震、吸音性能、电性能好，耐腐蚀、耐霉变，加工成型方便，施工性能好等优点，故广泛用于建筑保温、冷藏、绝缘、减震包装、衬垫、漂浮材料等若干领域。

泡沫塑料生产方法：泡沫塑料制造时用发泡法。发泡法分为机械发泡、物理发泡和化学发泡三种。

机械发泡：通过强烈的机械搅拌树脂的乳液、悬浊液或溶液，使产生泡沫，然后使之胶凝、稠合成固化，从而得到塑料泡沫。

物理发泡：将压缩气体如氮气、二氧化碳或其他惰性气体、挥发性液体等用压力溶于树脂中，当压力下降时，即形成气孔。

化学发泡：将化学发泡剂混入树脂中，成型时发泡剂遇热分解，放出大量气体，从而使树脂发泡膨胀。

注意：虽然物理发泡法用的发泡剂价格低廉，但却需要比较昂贵的、专门为一定用途而设计的设备，故目前大多使用化学发泡剂制造的泡沫塑料。

（1）聚苯乙烯泡沫塑料。聚苯乙烯泡沫塑料是用低沸点液体的可发性聚苯乙烯树脂为基料，经加工进行预发泡后，再放在模具中加压成型的。

聚苯乙烯泡沫塑料是由表皮层和中心层构成的蜂窝状结构。表皮层不含气孔，而中心层含大量微细封闭气孔，孔隙率可达 98%。

特点：由于这种结构，聚苯乙烯泡沫塑料具有质轻、保温、吸音、防震、吸水性小、耐低温性能好等特点，并且有较强恢复变形的能力。聚苯乙烯泡沫塑料对水、海水、弱酸、植物油、醇类都相当稳定。

（2）聚氨酯泡沫塑料。聚氨酯泡沫塑料是以含有羟基的聚醚树脂或聚酯树脂为基料与异氰酸酯反应生成的聚氨基甲酸酯为主体，以异氰酸酯与水反应生成的二氧化碳（或以低沸点碳化合物）为发泡剂制成的一类泡沫塑料。

特点：聚氨酯泡沫塑料的使用温度在$-100\sim+100℃$之间，200℃左右软化，250℃分解。聚氨酯泡沫塑料耐蚀能力强，可耐碱和稀酸的腐蚀，并且耐油，但不耐浓的强酸腐蚀。

注意：在建筑上可用作保温、隔热、吸声、防震、吸尘、吸油、吸水等材料。但由于其本身属可燃性物质，抗火性能较差，因此在生产、运输和使用过程中应严禁烟火，避免受热。勿与强酸、强碱、有机溶剂等化学药品直接接触，避免日光暴晒和长时间承受压力，避免用尖锐锋利的工具勾划泡沫表面。

（3）聚氯乙烯泡沫塑料。它是以聚氯乙烯树脂与适量的化学发泡剂、稳定剂、溶剂等，经过捏合、球磨、模塑、发泡而制成的一种闭孔型的泡沫材料。

特点：聚氯乙烯泡沫塑料具有表观密度小、导热系数低、吸声性能好、防震性能好、耐酸碱、耐油、不吸水、不燃烧等特点。由于其高温下分解产生的气体不燃烧，可以自行灭火，所以它是一种自熄性材料，适用于防火要求高的地方。唯一的缺点是价格较为昂贵。

用途：聚氯乙烯泡沫塑料的制品一般为板材，常用来作为屋面、楼板、隔板和墙体等的保温、隔热、吸声和防震材料，以及夹层墙板的芯材。

（4）聚乙烯泡沫塑料。聚乙烯泡沫塑料是以聚乙烯为主要原料，加入交联剂、发泡剂、稳定剂等一次成型加工而成的泡沫塑料。

特点：除具质轻、吸水性小、柔软、隔热、吸声性能好等优点外，聚乙烯泡沫塑料吸声性能、耐化学性能和电性能优良。其缺点是易燃。

用途：聚乙烯泡沫塑料可用作减震材料、热绝缘材料、漂浮材料和电绝缘材料。在建筑工程中主要作保温、隔热、吸声、防震材料。

（5）酚醛泡沫塑料。酚醛泡沫塑料是热固性（或热塑性）酚醛树脂在发泡剂的作用下发泡并在固化促进剂（或固化刑）作用下交联、固化而成的一种硬质热塑性的开孔泡沫塑料。

酚醛树脂可采用机械或化学发泡法制得发泡体。机械发泡制得的泡沫酚醛塑料的气孔多为连续、开口气孔，因而导热系数较大，吸水率也较高，而化学发泡法所得的泡沫酚醛塑料的气孔多为封闭气孔，所以吸水率低，导热系数也较小。

特点：酚醛泡沫塑料的耐热、耐冻性能良好，使用温度范围为 $-150\sim+150℃$。加热过程中由黄色变为茶色，强度也有所增加。但温度提高到 $200℃$ 时，开始碳化。酚醛泡沫塑料除了不耐强酸外，抵抗其他无机酸、有机酸的能力较强。酚醛泡沫塑料不易燃，火源移去后，火焰自熄。

用途：可用作绝热材料、减震包装材料、吸音材料及轻质结构件的填充材料。在建筑中主要是用作保温、隔热、吸声、防震材料，并可用来制造高温（$3300℃$）耐火绝缘材料及用作核裂变材料容器的包装材料。

（6）脲醛泡沫塑料。脲醛泡沫塑料又称为氨基泡沫塑料，是以尿素和甲醛聚合而得的脲醛树脂为主要原料。脲醛树脂很容易发泡，将树脂液与发泡剂混合、发泡、固化即可得脲醛泡沫塑料。

特点：外观洁白、质轻（表观密度 $0.01\sim0.015g/cm^3$），价格也比较低廉，属于闭空型硬质泡沫塑料。其缺点是吸水性高，质脆，机械强度低，尺寸稳定性较差，有甲醛气味。

用途：主要用于夹层中作为填充保温、隔热、吸声材料。

说明：从性能而言，其远比不上低成本的聚苯乙烯泡沫塑料和高性能的聚氨酯泡沫塑料，但其原材料成本极低，是建筑业中极具发展前景的保温隔热材料。

2. 碳化软木板

碳化软木是一种以软木橡树的外皮为原料，经适当破碎后在模型中成型，再经 $300℃$ 左右热处理而成。

特点：由于软木树皮层中含有大量树脂，并含有无数微小的封闭气孔，所以它是理想的保温、绝热、吸声材料。且具有不透水、无味、无臭、无毒等特性，并富有弹性，柔和耐用，不起火焰只能阻燃等特点。

3. 纤维板

凡是用植物纤维、无机纤维制成的，或是用水泥、石膏将植物纤维凝固成的人造板统称为纤维板。

特点：其表观密度为 $210\sim1150kg/m^3$，导热系数为 $0.058\sim0.307W/(m^2 \cdot K)$。纤维板经防火处理后，具有良好的防火性能，但会影响它的物理力学性能。

用途：纤维板在建筑上用途广泛，可用于墙壁、地板、屋顶等，也可用于包装箱、冷藏库等。

4. 蜂窝板

蜂窝板是以一层较厚的蜂窝状芯材与两块较薄的面板钻结而成的复合板材，也称蜂窝夹层结构。蜂窝状芯材通常用浸渍过酚醛、聚酯等合成树脂的牛皮纸、玻璃布或铝片，经过加工粘合成六角形空腔的整块芯材。常用的面板为浸渍过树脂的牛皮纸、玻璃布或不经树脂浸渍的胶合板、纤维板、石膏板等。

特点：蜂窝板的特点是强度大、热导率小、抗震性能好，可制成轻质高强的结构用板材，也可制成绝热性能良好的非结构用板材和隔声材料。如果芯材以轻质的泡沫塑料代替，则隔热性能更好。

5. 硬质泡沫橡胶

硬质泡沫橡胶用化学发泡法制成。

特点：硬质泡沫橡胶的表观密度在 $0.064\sim0.128g/cm^3$ 之间。表观密度越小，保温性能越好，但强度越低。硬质泡沫橡胶为热塑性材料，耐热性不好，有良好的低温性能，低温下强度较高且具有较好的体积稳定性，因而是一种较好的保冷材料。

其他常用的有机保温隔热材料还有水泥刨花板（又叫水泥木丝板）、毛毡、木丝板、甘蔗板、窗用绝热薄膜（又叫新型防热片）等。

二、保温隔热材料防火要求

由于近年来多起建筑保温火灾事件的发生，引发了各界对保温防火的思考，保温材料的防火性能史无前例地引起了业内各界的高度重视。然而，很多保温材料起火都是在施工过程中产生的，如：电焊、明火、不良的施工习惯。这些材料在燃烧过程中不断产生的融滴物和毒烟，同时释放出来的氯氟烃、氢氟碳化物、氟利昂等气体对环境的危害也不可忽视。为此，住房城乡建设部和公安部于2009年9月25日联合发布了《民用建筑外保温系统及外墙装饰防火暂行规定》公通字［2009］46号文件通知，对不同建筑有如下要求。

（1）住宅建筑：建筑高度大于100m以上，保温材料的燃烧性能应为A级。

（2）其他民用建筑：建筑高度大于50m需要设置A级防火材料。

（3）其他民用建筑：24m≤高度＜50m可使用A1级，也可使用防火隔离带。

三、新型建筑墙体

节能建筑要求建筑的围护构造有良好的保温隔热、轻质高强、经济合理的特性。常规的"秦砖汉瓦"不但建材工业本身耗能巨大，而且不能满足工业化建筑体系和建筑的可持续发展，已在各地禁止使用。节能建筑将推动新型墙体材料的发展，新材料、新技术的应用又给建筑节能提供有力的保证。

目前用于节能建筑的新型墙体材料主要有如下几种。

1. 加气混凝土砌块

以钙质材料和硅质材料为基本原料，以铝粉为发气剂，经配料、搅拌、浇注成型、切割和蒸汽养护而成的一种多孔轻质墙体材料，加气混凝土热物理参数如表3-6所示。

表3-6　　　　　　　　　　　　加气混凝土热物理参数

容重（kg/m³） 含水率 热物理参数	500				700			
	0	6%	12%	18%	0	6%	12%	18%
导热系统［W/(m·K)］	0.14	0.19	0.23	0.28	0.17	0.22	0.27	0.31
比热［kJ/(kg·K)］	0.92	1.09	1.26	4.42	0.92	1.09	1.26	1.42
导温系数（m²/h）	0.0010	0.0012	0.0013	0.0014	0.0009	0.0010	0.0011	0.0011
蒸汽渗透系数 ［g/(m·h·mmHg)］	2.9×10^{-2}				1.6×10^{-2}			

（1）性能特点：容重轻、保温好、强度高，并加工容易，施工简便。

（2）主要用途：可用于工业及民用建筑的墙体材料，多被用来作多层建筑承重墙和填充墙、内隔墙等。

（3）注意事项：用于保温外墙部位，应充分考虑加气混凝土砌块的热工参数和蓄热系数情况，并且墙体厚度要满足热工设计要求，一般住宅的厚度为200mm。

2. 混凝土小型空心砌块

以水泥为胶结料，砂、碎石或卵石为骨料，加水搅拌，浇灌、振动、振动加压或冲压成型，经养护并形成一定空心率的小型墙体材料。

（1）性能特点：节能、节土，并可利用工业废渣、因地制宜，工艺简便。

（2）主要用途：适用于一般民用与工业建筑的墙体。

（3）保温做法：为了提高空心砌块的保温性能，目前较多采取"插苯板"方法，即将苯板插入砌块的孔洞内，有良好的保温性能，不会影响内墙表面硬度和蓄热特点，但会给施工带来麻烦，施工管理较难落实。

3. 陶粒空心砌块

与混凝土小型空心砌块类同，主要是其骨料用膨化的陶粒替代，提高了砌块本身的保温性能，目前在节能建筑中用得较多。当前，美国等发达国家利用页岩陶粒，做成达到C20、C40的混凝土料，用于剪力墙等承重构件中，在满足强度同时，有很好的保温隔热性能，国内尚少，但对建筑节能而言，陶粒混凝土是有开发余地的。

4. 黏土空心砖和多孔砖

热工性能如表3-7所示。与普通黏土砖相似，在砖身设空孔，以减轻砖自重和减少用土量，经焙烧而成，是目前禁止使用普通黏土砖（240mm×115mm×53mm）的过渡材料。

表 3 - 7　　　　　　　　　　　承重黏土空心砖墙热工性能

品　　种	总热阻（m² · K/W）		传热系数 ［W/(m² · K)］	
	测试值	计算值	测试值	计算值
36 孔承重空心砖墙	0.781	0.651	1.28	1.536
48 孔承重空心砖墙	0.696	0.621	1.437	1.611
33 孔承重空心砖墙	0.642	0.639	1.557	1.565
26 孔承重空心砖墙	0.635	0.583	1.574	1.715

（1）性能特点：有较高的强度、抗腐蚀、耐久，并且容重小、保温性能好。

（2）主要用途：可替代普通黏土砖用于墙体工程，但防潮层以下墙体不可使用。

第七节　典型案例分析

本节以清华大学低能耗建筑为例，介绍可持续建筑围护的设计。在决定建筑能量性能的各种因素中，围护结构起着决定性作用，直接影响建筑物与外环境的换热量、自然通风状况和采光水平。

一、清华大学超低能耗示范楼概况

清华大学超低能耗示范楼坐落于清华大学校园东区，紧邻建筑馆，建筑设计如图 3 - 27 所示，总建筑面积 3000m²，地下一层，地上四层。由办公室、开放式实验室或实验台及相关辅助用房组成。在建筑设计中选择生态策略时，设计人主张"被动式策略（自然通风、相变蓄热体、阳光房、保温隔热墙体等）优先，主动式策略（太阳能电池板、空调系统等）优化"。从建筑全生命周期的观点出发，采用了可循环利用的钢框架结构体系，外围护是以金属为饰面的多层复合轻质墙体和玻璃幕墙，钢构件支承外遮阳百叶，体现了钢结构建筑精密、细致的技术美感。同时尽可能选择可回收利用的材料，如石膏、加气混凝土、金属、玻璃等，在不同的方向、甚至相同朝向的不同开间、相同方向的不同层采用的

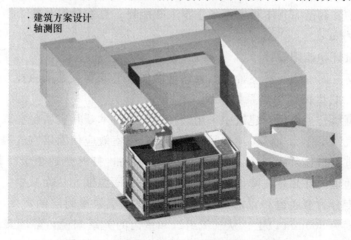

图 3 - 27　清华大学超低能耗示范楼轴测图

围护做法也不尽相同，为今后开展各项与绿色建筑相关的实验数据的测量做了准备。

　　超低能耗示范楼外围护结构体系主要是针对可调控的"智能型"外围护结构进行的，使其能够自动适应气候条件的变化和室内环境控制要求的变化。从采光、保温、隔热、通风、太阳能利用等进行综合分析，给出不同环境条件下的推荐形式。图 3-28 标明了示范楼外各个外立面采用的围护结构方式。东立面和南立面采用双层皮幕墙，西立面和建筑系馆墙体紧邻设变形缝的部位，采用加气混凝土砌块，西立面朝向内院的部分和北立面，采用现场复合的轻质保温外墙；屋面采用绿化种植屋面；地面采用相变蓄热地板设计。

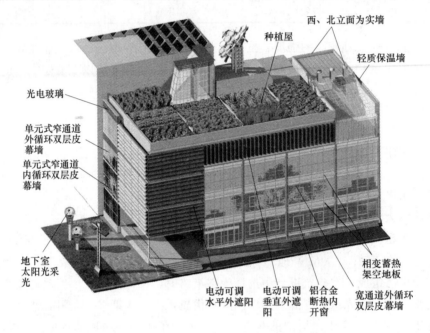

图 3-28　各个外立面围护结构方式示意图

　　通过围护结构的节能设计，使得冬季建筑物的平均热负荷仅为 0.7W/m²，最冷月的平均热负荷也只有 2.3W/m²，围护结构的负荷指标远小于常规建筑，如果考虑室内人员、灯光和设备等的发热量，基本可实现冬季零采暖能耗。夏季最热月整个围护结构的平均得热也只有 5.2W/m²。

二、幕墙设计和遮阳设计

　　东立面和南立面采用双层皮幕墙及玻璃幕墙加水平或垂直遮阳两种方式，综合得热系数 1W/(m²·K)，太阳能得热系数 0.5。

　　双层呼吸幕墙是当今生态建筑中采用的一项先进技术，其实质是在双层幕墙之间留有一定宽度的空气间层作为气候缓冲空间。在冬天，温室效应使间层空气温度升高，通过开口和室内空气进行热循环；夏季，通道内部温度很高，打开热通道上下两端的进、排风口，气流带走通道内部热量，降低了内侧幕墙的外表面温度，从而减少空调冷负荷。按照空气间层的宽度分为窄通道和宽通道两种形式，通常窄通道间层的宽度为 150~300mm，宽通道间层宽度为 500mm 以上。从气流组织和室内的关系来说，幕墙又可分为内循环式和外循环式；从气流组织的高度来说，可以有多层串联式和单层循环式。上下通风口的高度越大，热压通风的效果越好；当气流速度较小时，也可以辅助小型风机加速气流。

1. 窄通道呼吸幕墙

节能楼在南立面 1～2 轴之间，1、2 层采用内循环式窄通道双层幕墙，通道宽度为 200mm，中间设宽 50mm 的电动百叶，为加速通道内风速，采用小型风机连通到室内通风系统；3、4 层采用外循环式窄通道双层幕墙，夹层 110mm 宽，中间电动百叶宽度为 25mm，在每层上下端分设排风口和进风口。南立面幕墙平面构造如图 3-29 所示，南立面窄通道幕墙剖面和单层幕墙水平百叶剖面如图 3-30 所示，窄通道双层皮幕墙循环示意图如图 3-31 所示。无论是内循环还是外循环式，内层幕墙均可开启，以便清洁；在凸出部分的两个侧面设置进风百叶，用以在过渡季节有更多的自然通风。

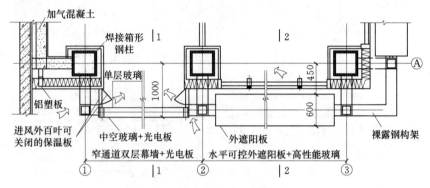

图 3-29 南立面幕墙平面构造

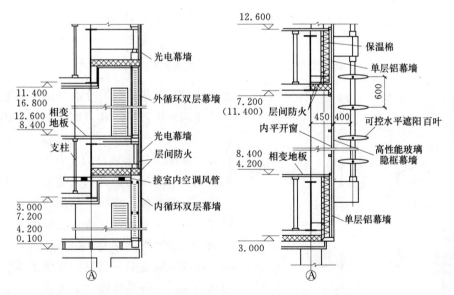

图 3-30 南立面窄通道幕墙剖面（左）和单层幕墙水平百叶剖面（右）

2. 宽通道呼吸幕墙

东立面 1～3 层为双层皮幕墙，外层为单层隐框幕墙，内层为双 Low-E 双中空玻璃，两层幕墙间隔约为 600mm，人员可进入检修。东立面宽通道幕墙 1～3 层平面构造如图 3-32 所示。宽通道外循环双层皮幕墙示意图如图 3-33 所示，以每层和每个开间划为一个

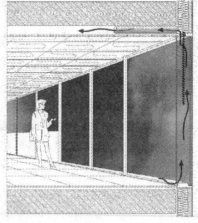

图 3-31 窄通道双层皮幕墙循环示意图

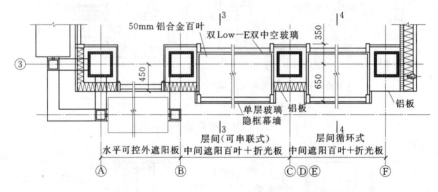

图 3-32 东立面宽通道幕墙平面构造

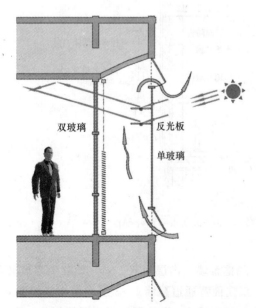

图 3-33 宽通道外循环双层皮幕墙示意图

独立单元，上下层以及左右开间不连通，噪音不会在通道内传播，在每层上部和下部分别设出气和进气的外旋窗，进气口和出气口错开开启，以减小下层出风口对上层进风口的污染，同时有利于双层通道内部风的循环。上下层间采用可拆卸盖板，能够把单层通风变为多层串联式通风。东立面宽通道双层幕墙单层通风和串联通风剖面构造如图 3-34 所示，研究表明，串联式通道热压通风效果优于单层循环式通风效果。在外侧幕墙的上方设折光板，调节角度，可增加室内深部照度，紧靠内层幕墙玻璃以外 100mm 处设铝合金遮阳百叶。

3. 光电幕墙设计

光电电池的主要优点是可以与外装饰材料结合使用，特别是能够替代传统的玻璃等幕墙

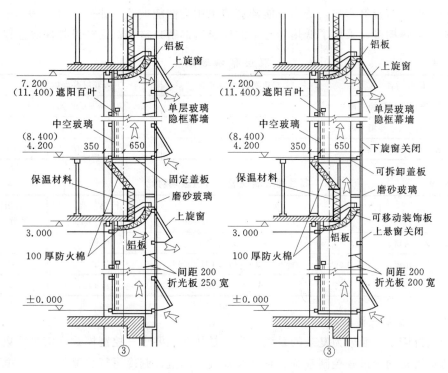

图 3-34 东立面宽通道双层幕墙单层通风（左）和串联通风（右）剖面构造

面板材料，集发电、隔音、隔热遮阳、安全、装饰功能于一身，而且运行时没有噪音和废气，使建筑物从单纯的耗能型转变为供能型，产生的电能可以独立存储，也可以并网应用。在节能楼每层楼板和管道夹层的立面位置上安装光电池板，如图3-35所示。光电池板有一定的遮挡作用，因此在外侧看不到主体钢结构以及层间防火的处理，产生的电能还用于控制室外遮阳百叶的转动和幕墙窗扇的开启。

4. 双层幕墙防火设计

宽通道双层幕墙采用单层循环式幕墙方式，上下楼层防火分区被彻底分开，而且内层玻璃采用磨砂玻璃，耐火极限高于

图 3-35 南立面光电幕墙

外层玻璃。一旦发生火灾，外层玻璃先炸裂，即可视为建筑外面发生火灾，而不是烟囱效应使火焰和烟气在通道内蔓延。

5. 高性能玻璃和智能遮阳设计

玻璃幕墙的保温隔热功能与很多因素有关，其中影响最大的是传热系数和遮阳系数。传热系数受材质和厚度的影响，而遮阳系数受玻璃本身特性（太阳得热系数）的控制，又

受到遮阳构件、窗帘等影响。清华节能楼玻璃采用高性能玻璃，如表3-8、表3-9所示；窗框为断桥隔热构造，采用了低热传导率的玻璃边部密封材料；窗外设外保温卷帘。

表3-8　　　　　　　　　　　　　**双层幕墙玻璃**

位　　置	双层幕墙外层玻璃	双层幕墙内层玻璃
窄通道外循环双层幕墙（南）	T8	T8Low-E+18A+4/PVB/T4
窄通道内循环双层幕墙（南）	T8Low-E+12A+T10	T8
宽通道双层幕墙（东）	T6	T4Low-E+9Ar+5+9Ar+T4Low

表3-9　　　　　　　　　　**高性能玻璃性能和普通玻璃对比**

位　　置	玻　　璃	传热系数 $[W/(m^2 \cdot K)]$	太阳得热系数 SHGC
单层幕墙（南、西窗）	T5+6A+4+V+4+6A+T5	0.93	0.48
单层幕墙（东、北窗）	T4Low-E+9Ar+4+9·5Ar+T4Low-E	1.02	0.53
普通中空玻璃	6+12A+6	3.99	0.56

6. 智能化遮阳设计

智能化遮阳是一套较为复杂的系统工程，是从功能要求—控制模式—信息采集—执行命令—传动机构的全过程控制系统。它涉及到气候测量、制冷运行状况的采集、电力系统配置、楼宇系统、计算机控制、外立面构造等多方面因素。节能楼单层幕墙外部设可控水平或垂直遮阳板，如图3-36所示。在冬季白天，叶片平行于入射光线，太阳入射光线进入室内，使室内升温。夜间，百叶叶片平行外幕墙，呈闭合状态，减少室内热量向室外散失。控制每层较高位置叶片的角度，使光线在百叶叶片和顶棚上反射，可以提高室内深部照度；夏季较低位置的叶片转动到基本和入射光线垂直的位置，阻挡直射光线的进入并遮挡室外的太阳辐射热，在冬季则平行入射光线。由于空气间层的存在，无论是宽通道还是窄通道双层幕墙均能够在缓冲空间提供一个保护空间用以安置遮阳设施，如图3-37所示。围护结构的测试包括各玻璃、窗框、遮阳百叶、保温墙体的表面温度、热流，控制系

图3-36　智能化遮阳设施

统可以采集室外各个测点的日照情况，以调节遮阳百叶的状态，减少建筑负荷。

三、钢结构体系的实墙体

低能耗楼采用钢结构体系，具有自重轻、抗震好、工厂制作、施工快，环境污染小、可回收利用等优点。西立面外墙基本是由两个部分构成，其一是和建筑系馆墙体紧邻设变形缝的部位，采用加气混凝土砌块，工人在节能楼内部施工比较容易，在钢柱和钢梁的位置，采用外砌加气保温块，阻止了冷桥。另一部分是西立面朝向内院的部分和北立面，采用现场复合的轻质保温外墙，300mm厚，内侧板是80mm"可呼吸"脱硫石膏砌块，中间是150mm铝箔保温玻璃棉，外饰面板是50mm聚氨酯保温铝幕墙板，墙体传热系数达到 0.35W/（m² · K）。现场复合避免了单一材料板材和工厂预制复合板材

图 3-37 双层幕墙中的遮阳百叶

在安装中的通缝问题，多层材料交错安装，具有良好的保温隔热性，有效避免了冷、热桥的产生，为隔绝雨水和室内潮气设置了多道屏障，空气间层不仅减少内部冷凝水的产生，也使少量进入到内部的水分能够及时排走，同时便于设备管线的安装；同时墙体各层相对独立，易于维修更换，外幕墙板可以根据建筑师的要求，选择饰面层，内层板也可根据室内装饰的需要选材。

四、绿化屋顶设计

屋顶种植能够有效地提高屋顶隔热保温性能，同时改善生态与环境质量。节能楼屋顶种植土厚度为250mm，构造依次向下为滤水层（无纺布），排水层（陶粒30～50）、防水保护层、防水层（EPDM）、找坡层、保温层（130 聚氨酯）、防水层（SBS）和结构层，

综合传热系数达到 0.1W/（m² · K）。在靠近女儿墙部位及屋顶中间纵横双向每6m间距设600mm宽走道，走道以两道砖墙架空，上铺活动盖板作为人行通道，走道下设屋面内排水口，砖墙最下一层留空缝，以便滤水。在植物种类选择上，屋顶绿化以种植低矮的灌木、地被植物和宿根花卉、藤本植物等为主。为防止植物根系穿破建筑防水层，宜选择须根发达的植物，不宜选直根系植物或根系穿刺性较强

图 3-38 清华楼屋顶绿化

的植物，清华楼屋顶绿化如图 3-38 所示。

五、相变蓄能地板和设备夹层设计

示范楼的围护结构由玻璃幕墙、轻质保温外墙组成，热容较小。低热惯性容易导致室

内温度波动大，尤其是在冬季，昼夜温差会超过 10℃。为增加建筑热惯性，以使室内热坏境更加稳定，示范楼采用了相变蓄热地板的设计方案。清华大学超低能耗示范楼相变蓄热地板设计方案如图 3-39 所示。具体做法是将相变温度为 20 ～ 22℃的定形相变材料放置于常规的活动地板内作为部分填充物，由此形成的蓄热体在冬季的白天可蓄存由玻璃幕墙和窗户进入室内的太阳辐射热，晚上材料相变向室内放出蓄存的热量，这样室内温度波动将不超过 6℃。现浇钢筋混凝土楼板浇筑在工字钢梁和桁架梁的下翼缘，相变活动地板以支柱支承在钢筋混凝土楼板上，活动地板架空层高度 1.2m，空调风道、各类水管、电缆、综合布线等均隐藏在架空层内。保证室内干净整洁，而且不需要吊顶，房间净空高度大，有效利用空间多。

图 3-39　清华大学超低能耗示范楼相变蓄热地板设计方案

六、自然采光技术

天然光是大自然赐予人类的宝贵财富，它不仅是一种清洁、安全的能源，而且是取之不尽、用之不竭的。充分利用天然采光不但可节省大量照明用电，而且能提供更为健康、高效、自然的光环境。建筑的天然采光就是将日光引入建筑内部，精确地控制并将其按一定的方式分配以提供比人工光源更理想和质量更好的照明。目前采光搁板、导光管、光导纤维、棱镜窗等新的采光系统，通过光的反射、折射、衍射等方法，可将天然光引入并传输到理想的地方。

1. 采光搁板

采光搁板是在侧窗上部安装 1 个或 1 组反射装置，使窗口附近的直射阳光经过 1 次或多次反射进入室内，以提高房间内部照度的采光系统。房间进深不大时，采光搁板的结构可以十分简单，仅是在窗户上部安装 1 个或 1 组反射面，使窗口附近的直射阳光，经过一次反射，到达房间内部的天花板，利用天花板的漫反射作用，使整个房间的照度和照度均匀度都有所提高，图 3-40 为清华低能耗楼在宽通道幕墙中设计的采光搁板。

2. 导光管

低能耗楼在屋面上采用了导光管技术，采光管适合于在天然光丰富、阴天少的地区使用，为了输送较大的光通量，导光管直径一般都大于 100mm。由于天然光的不稳定性，往往导光管装有人工光源作为后备光源，以便在日光不足的时候予以补充。用于采光的导光管主要由 3 部分组成：①用于收集日光的集光器；②用于传输光的管体部分；③用于控

图 3-40 清华低能耗楼在宽通道幕墙中设计的采光搁板

制光线在室内分布的出光部分，导光管的组成如图 3-41
所示。有的激光器管体和出光部分合二为一，一边传输，
一边向外分配光线。垂直方向的导光管可穿过结构复杂的
屋面及楼板，把天然光引入每一层直至地下层。

3. 光导纤维

光导纤维采光系统一般也是由聚光、传光和出光 3 部
分组成。聚光部分把太阳光聚在焦点上，对准光纤束；传
光的光纤束一般用塑料制成，直径在 10mm 左右，其传光
原理主要是光的全反射原理，光线进入光纤后经过不断的
全反射传输到另一端；在室内的输出端装有散光器，可根
据不同的需要使光按照一定规律分布。"向日葵"式光纤采
光系统的集光机、光纤和终端照明器具（吸顶式）示意图
如图 3-42 所示。因为光纤截面尺寸小，所能输送的光通
量比导光管小得多，但它最大的优点是在一定的范围内可
以灵活地弯折，且传光效率比较高，因此同样具有良好的

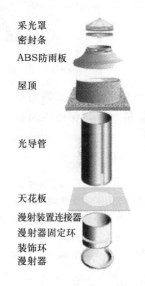

采光罩
密封条
ABS防雨板

屋顶

光导管

天花板
漫射装置连接器
漫射器固定环
装饰环
漫射器

图 3-41 导光管组成示意图

应用前景。图 3-43 是清华大学的超低能耗节能楼在地下室采用的光导传输系统，集光机
"向日葵"安装在室外人造湿地上。

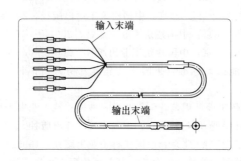

输入末端

输出末端

图 3-42 "向日葵"式光纤采光系统的集光机、光纤和终端照明器具（吸顶式）

低能耗建筑是基于各项绿色技术而形成的，在设计中，没有刻意做外观形象设计，技
术的需要形成了围护的形象设计和构造设计。力求在建筑全生命周期（物料生产、建筑规
划设计、施工、运营维护及拆除、回用过程等）中实现高效率利用各种资源（包括能源、
土地、水系源、建筑材料等）；采用利于提高材料循环利用效率的新型结构体系；尽可能

图 3-43　清华大学的超低能耗节能楼在地下室采用的光导传输系统

减少不可替代资源的消耗，减轻对环境的破坏和污染；推广使用无害、无污染的绿色环保型建筑材料，保证室内品质。

参 考 文 献

［1］　陈庆丰．建筑地面保温与节能［J］．哈尔滨工业大学学报，2003，35（5）：573-575.

［2］　周边地面和非周边的计算原理．http：//wenku. baidu. com/view/75dae5d184254b35eefd34d1. html［2010-12-01］.

［3］　苏迎社，陈林．新型墙体材料与节能建筑的保温技术初探［J］．煤炭技术，2011，30（7）：244-246.

［4］　夏云，夏葵，施燕．生态与可持续建筑［M］．北京：中国建筑工业出版社，2001.

［5］　王立雄．建筑节能［M］．北京：中国建筑工业出版社，2004.

［6］　金招芬，朱颖心，等．建筑环境学［M］．北京：中国建筑工业出版社，2001.

［7］　宋德萱．节能建筑设计与技术［M］．上海：同济大学出版社，2003.

［8］　陈衍庆，王玉荣．建筑新技术［M］．北京：中国建筑工业出版社，2002.

［9］　涂逢祥．建筑节能33［M］．北京：中国建筑工业出版社，2001.

［10］　涂逢祥．建筑节能34［M］．北京：中国建筑工业出版社，2001.

［11］　JGJ 26—1995民用建筑节能设计标准（采暖居住建筑部分）［S］．北京：中国建筑工业出版社，2003.

［12］　GB 50176—1993民用建筑热工设计规范［S］．北京：中国建筑工业出版社，2003.

［13］　扬善勤．民用建筑节能设计手册［M］．北京：中国建筑工业出版社，1997.

［14］　房志勇，等．建筑节能技术［M］．北京：中国建材工业出版社，1999.

［15］　刘晓燕，等．学苑小区建筑围护结构节能分析计算与评价研究报告［R］．2006.

［16］　陈秀英，符晓民．建筑墙体和屋面保温隔热措施探讨［J］．四川建材，2011（3）：7-8.

［17］　邹学红．建筑保温隔热材料性能研究［D］．2008.

［18］　民用建筑外保温系统及外墙装饰防火暂行规定（公通字［2009］46号）［S］．2009.

［19］　建筑保温隔热材料．http：//wenku. baidu. com/view/090c3a305a8102d276a22f68. html［2011-10-02］.

［20］　李海英，洪菲．可持续建筑围护设计——以清华大学低能耗建筑为例［J］．建筑科学，2007，23

(6)：98 - 105.

[21] 李海英．清华低能耗示范楼智能围护构造技术研究 [J]．华中建筑，2005，23（3）：42 - 44.

[22] 张峰，郑庆红．窗墙面积比对建筑能耗的影响 [J]．广西节能，2007（1）：24 - 26.

[23] 常静，李永安．居住建筑窗墙面积比对供暖能耗的影响研究 [J]．暖通空调，2008，38（5）：109 - 112.

第四章 供热系统节能

本章简要概述国内外城市供热节能现状，分析热源、供热管网及热用户热能损失的原因，提出供热系统节能措施。介绍国内外分户热计量的进展，目前供热计量方式的优缺点，供热计量方式的选择条件，适合供热计量应具备的条件，既有集中采暖住宅分户热计量改造方案，以及供热计量如何收费的相关知识。并通过典型案例对住宅供热计量的节能效果及潜力进行分析。

第一节 国内外城市供热节能现状

一、国外城市供热现状

供热采暖是关系到国计民生的大事。为了保护环境，节约能源，减少污染，世界各国在供热采暖方面都采取了相应的节能措施。

1. 美国

美国绝大多数住宅为单一家庭住宅，建筑物供热能源以天然气和电为主，油和煤用的很少。建筑物和供热设备对节能增效考虑周到。目前美国市场上多数单户高效供热设备的效率为 90%～95%。仅有 8% 的商用建筑使用区域供热，民用建筑几乎不使用区域供热。

2. 德国

德国在供热方面一直在研究最节省能源的供热管理措施、热计量技术、热量表产品及检测技术。德国早在 1981 年就颁布了关于热费的规定，要求在所有新建和现有多层建筑的公寓中安装分户热计量装置，住宅按照计量的热耗付费。德国 1989 年出台新法令，规定房产主有义务在其出租的房屋内安装计量装置，有义务抄录用户所消费的热量，有义务向用户通报计量。德国供热计量已经进入了成熟时期，他们的整套装置控制完全是由计算机终端处理器完成。

3. 法国

法国的能源利用技术与能源设备在世界上亦处于领先地位，其城市供热综合技术、能源的综合利用和供热经济效益等几方面有着自己独特的优势。由于法国属贫煤国家，现在以煤为主要燃料的情况正逐步被煤气、重油燃烧所取代。供热厂主要分布在远离城市的郊区，且又以煤气和油燃烧为主，对城市中心的空气污染相对较小。巴黎的城市垃圾基本上实现分类袋装，在废弃物焚烧厂内处理后作为燃料，既解决了城市垃圾处理的难题，又为城市提供了较大一部分的供热量，节约了其他燃料。

另外，法国政府为了降低石油消费量，在供热方面采取了其他颇有功效的措施。比如，提高建筑材料的保温标准，降低室内供暖温度的要求等。根据经验，室内供热温度每降低 1℃，能源消耗将降低至少 7%。原来的供暖温度常常在 22℃ 以上，1975 年第一次能源危机后限制为20℃，1978年第二次能源危机后限制为19℃，目前为18℃。这就在人体能够接受的前提下，有效地减少了对能源的消耗。法国政府在热量计量收费方面也采取了相应的措施：对集中供热的直接用户，禁止采用任何包费制，而是强制采用热量计量收费制。

4. 韩国

韩国是能源缺乏的国家，煤产量很低，供热使用的能源是天然气或柴油。韩国集中供热的规划、设计、施工、监理，全面引进芬兰的供热先进技术和经验，扬长避短，达到了技术先进、投资回报率高、施工运行管理方便、安全的目的。以首尔为例，现代化的高层建筑越来越多，在城市管网中输送的热媒，全部采用了单一的高温水，高温水供、回水温度分别为120℃、65℃。这种做法，无论是热源还是管网都很简单，节省投资，热损失少，而且便于长距离输送，也安全可靠。另外，韩国由于传统生活习惯的原因，主要采用地板采暖，地板采暖的原理是通过埋在地板下的加热管，把地板加热到18～28℃，均匀地向室内辐射热量而达到采暖效果。这种采暖方式不但提高室内的舒适度，节省空间，更重要的是房屋耗能节省30%以上。

韩国是唯一的一个有法律规定采用热水流量表来计量采暖能耗的国家。根据1989年的法律，集中采暖的建筑必须采用分户计量。在韩国，大约有60万用户全年由区域供热系统供热及供应生活热水。区域供热公司负责换热站和热表的安装，并负责每月将采暖和生活热水费用发给房屋公司。房屋公司负责换热站的运行、维护和每月向用户收取热费。

5. 丹麦

自1970年以来，丹麦经济增长了70%，但能源消耗总量却仍保持在20世纪70年代的水平，这要归功于高效的能源利用率和建筑保温技术的改善。几十年来丹麦一直不遗余力地发展热电联产，每座大城市都建有热电厂和垃圾焚烧炉用于集中供热。热电联产、天然气和可再生能源满足丹麦全国3/4的热负荷需求。丹麦住房与建设部1996年颁布条例，要求所有建筑物安装热计量装置，违背者将受处罚。通过使用计量设备，使得丹麦的室内采暖总能耗降低了50%，相当于建筑物的总采暖面积增加了45%。

6. 日本

日本的集中供热系统比较注重节能和环保，如采用热电联供系统、蓄热槽及利用城市废热作为能源等，以提高能源的利用效率。

7. 波兰

波兰采用7项法规确保采暖改革。20世纪90年代，波兰的房屋建筑为混凝土砌块结构，热量损失大，采暖及生活热水的单位建筑面积能耗，约为发达国家的2倍。转入市场经济后，为提高能源的有效利用，减少采暖热耗，波兰政府抓紧制定了七项政策法规。如1991年7月1日颁布的建筑法规，要求在每栋新建和改建建筑的每个散热器上安设恒温阀；1995年4月1日建筑部颁布规定，要求在所有建筑中分别安设热表。波兰建筑节能改造后，效益十分明显。改造前供热量的85%用于采暖，15%用于生活热水；改造后用于采暖的热量低于65%，用于生活热水的热量高于35%。

另外，国外还有与其优势能源相对应的供热节能措施。如：日本、冰岛、法国、美国、新西兰等都大量利用地热采暖。例如，冰岛地处北极圈边缘，气候寒冷，一年中有300～340 天需要取暖。但该国缺煤少油，常规能源极其贫乏，他们依靠得天独厚的地下热水，全国有 85％的房屋用地热供热。地热采暖是发达国家直接利用地热能源的主要方式，占地热资源总利用量的 33％。

综上所述，各国通过不同节能措施的使用，有效地降低了建筑采暖能耗。

二、我国城镇供热现状

图 4-1 为影响建筑采暖及其能源消耗的各个环节。从图 4-1 中可以看到，采暖能耗不仅与建筑保温状况或建筑采暖实际消耗的热量等因素有关，还与采暖的系统方式有关。采暖系统的构成方式不同，系统中各个环节的技术措施与运行管理方式不同，都会对实际采暖能耗有很大影响。不同的采暖方式对应的环节不同，其采暖能耗也不同。根据热源的设置和管网状况，大体上可以把采暖方式分为三类：分户或分楼采暖、小区集中供热、城市集中供热。目前我国北方地区城镇采暖方式中，这三种类型大致各占 1/3。

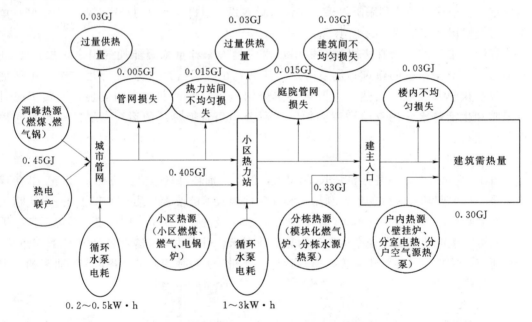

图 4-1　影响建筑采暖及其能源消耗的各个环节

[图中数字为北京地区典型建筑年面积热指标，来源于《中国建筑节能年度发展研究报告（2011）》]

具体来说，我国各类建筑采暖能耗包括北方城镇采暖能耗和夏热冬冷地区的城镇采暖能耗，在 1996～2008 年的变化情况分别介绍如下。

北方城镇采暖能耗：是我国城镇建筑能耗比例最大的一类，且单位面积能耗高于其他各类；其能耗强度在 13 年间有了显著下降，但随着建筑面积的成倍增长，其总能耗由 0.72 亿 tce 增长至 1.53 亿 tce，增加了一倍。

夏热冬冷地区的城镇采暖能耗：尽管目前的绝对数量不大，能耗强度也不高，但能耗强度在不断攀升，随着建筑面积的增加，其能耗从 1996 年的 40 万 tce 迅速增长到 2008 年的 1490 万 tce，并有继续快速增长的趋势。

（一）北方城镇采暖供热

北方城镇采暖能耗，是指历史上法定要求建筑采暖的省、自治区和直辖市的冬季采暖能耗，包括各种形式的集中采暖和分散采暖能耗。所涉及的省、自治区和直辖市有：北京、天津、河北、山西、内蒙古、辽宁、吉林、黑龙江、山东、河南、陕西、甘肃、青海、宁夏、新疆、西藏。

按热源系统形式的不同规模和能源种类分类，包括大中规模的热电联产、小规模热电联产、区域燃煤锅炉、区域燃气锅炉、小区燃煤锅炉、小区燃气锅炉、热泵集中供热等集中采暖方式，以及户式燃气炉、户式小煤炉、空调分散采暖和直接电加热等分散采暖方式。

2008 年北方城镇采暖能耗占建筑总能耗的 23％。从 1996～2008 年，该类能耗从 7200 万 tce 增加到 15300 万 tce，翻了一番；而随着节能工作的开展，平均的单位面积采暖能耗量从 1996 年的 24.3kgce/(m^2·a) 降低到 2008 年的 17.424.3kgce/(m^2·a)。

1. 建筑面积

1996～2008 年，北方城镇建筑面积从不到 30 亿 m^2 增长到超过 88 亿 m^2，增加了 1.9 倍，这是城镇建设飞速发展和城镇人口增长造成的必然结果。同时，有采暖的建筑占建筑总面积的比例也有了进一步提高。目前北方城镇有采暖的建筑占当地建筑总面积的比例已接近 100％。

北方城镇各类热源对应面积比例逐年变化情况：

（1）户式分散小煤炉的比例迅速减少，从超过 50％降低到不到 10％。

（2）集中供热系统的比例整体增加，到 2008 年，已占到北方城镇采暖总面积的近 80％。

（3）以燃气为能源的采暖方式比例增加，到 2008 年，各种规模的燃气采暖占北方城镇采暖总面积的 5％。

2. 单位建筑面积需热量

单位建筑面积需热量大小由建筑物（围护结构、建筑体形系数）以及人的行为（换气次数、采暖期和室内温度）决定。

（1）建筑物。目前中国的建筑节能设计标准，主要针对建筑物围护结构保温性能。从 1986 年第一部建筑节能设计标准颁布起，针对北方采暖地区的建筑节能设计标准经过了 1995 年、2010 年两次更新（分别称作"节能 50％"、"节能 65％"标准），对新建建筑物的保温水平要求大幅度提高。

中华人民共和国住房和城乡建设部（以下简称建设部）在 2000 年曾对北方采暖地区贯彻建筑节能设计标准的情况组织检查，发现达到建筑节能设计标准的节能建筑只占同期建筑总量的 5.7％，标准执行方面存在设计、施工与验收脱离的问题。2005 年 2 月建设部公布的统计数据，2000 年底全国城乡既有房屋建筑中达到采暖建筑节能设计标准要求的仅有 1.8 亿 m^2，仅约占全部城乡建筑面积的 0.6％。

为了保障节能设计标准的执行，自 2004 年起，每年冬季开展建筑节能审查。由建设部组织开展，建设部门重点督查，各级建设行政主管部门进行自查，审查新建和在建建筑执行设计标准的情况，以及节能工作推进情况。该工作有效促进了北方地区城市新建建筑符合节能标准的面积比例不断提高，新建建筑的围护结构平均传热系数大幅度降低。根据2009年的节能审查结果通报《关于2009年全国建设领域节能减排专项监督检查建筑节能检查的通报》（建科〔2010〕45号），新建建筑中符合建筑节能标准设计的已经达到99%，施工后符合建筑节能标准的已达到90%。截至2009年，全国累计增加节能建筑面积40.8亿 m²，其中北方城镇节能建筑面积累计增加约24亿 m²，占北方城镇建筑总面积的27%。

建筑物保温水平的提高，是采暖能耗强度降低的重要原因之一。

（2）新风量。换气次数指室内外的通风换气量，以每小时有效换气量与房间体积之比定义。我国1990年以前的建筑由于外窗质量不高，房间密闭性不好，内窗关闭后仍然有漏风现象存在，换气次数可达1~1.5次/h。近年来新建建筑采用新型门窗，密闭性得到显著改善，门窗关闭时的换气次数可在0.5次/h以下。

（3）室内温度。采暖期间的室内外平均温差与室外温度和室内温度有关。我国规定的采暖期间室内温度为18℃，然而，大多数集中供热的采暖建筑的实际供热量在很多情况下都高于为维持18℃的室温所需要的热量，而且出现了"部分采暖房间、部分采暖季节室温普遍偏高"的现象。室温提高直接造成采暖能耗的增加，以北京为例，采暖期室外平均温度为0℃，这样平均室内外温差为18℃。如果将室内温度提高2℃，达到20℃，室内外温差则提高到20℃，对应的采暖能耗将提高11%。

此外，当集中供热的一部分房间室内温度超过20℃甚至更高时，为了避免过热，居住者只好开窗散热，大量的采暖热量通过外窗散掉。造成过量供热的原因是：①集中供热系统调节性能不良，造成采暖房间冷热不均，为了满足偏冷的房间温度不低于18℃，只好增大总的供热量，导致其他建筑（房间）过热；②末端没有有效的调节手段，由于某些原因室温偏热时，只能被动地听任室温升高或开窗降温；③部分热源调节不良，不能根据室外温度变化而改变供热量，导致室外温度偏高时过量供热。开窗后的通风量将达到5~10次／h，远大于室内人员对新风量的需求，而热量就被白白浪费掉了。

3. 热源系统形式

以北方城镇采暖的平均建筑耗热量115kW·h/(m²·a)为基准，平均建筑耗热量下各种热源形式的一次能耗如表4-1所示。

表4-1　　　　　　平均建筑耗热量下各种热源形式的一次能耗　　　　单位：kgce/(m²·a)

大、中规模热电联产	小规模热电联产	区域燃煤锅炉	区域燃气锅炉	水源热泵	分户燃气炉	分户燃煤炉	分户电加热
9	14	20	16	13.9	12	35	24

4. 近年发展新动向

2004年颁布的《节能中长期规划》中，针对建筑物的节能工作提出："十一五"期间，新建建筑严格实施节能50%的设计标准。其中北京、天津等少数大城市率先实施节能65%的标准。供热体制改革全面展开，居住及公共建筑集中采暖按热表计量收费在各大中城市普遍推行，在小城市试点。结合城市改建，开展既有居住和公共建筑节能改造，大城市完成改造面积25%，中等城市达到15%，小城市达到10%。

通过各项措施和努力，供热计量收费改革和既有建筑改造都取得了显著的成就。

（1）供热计量收费改革。作为供热体制改革的核心内容，供热计量收费制度改革一直是北方城镇采暖节能的重中之重。从2003年7月21日，建设部等八部委联合印发了《关于城镇供热体制改革试点工作的指导意见》，作为中国首个关于供热体制改革的文件，明确提出了"稳步推行按用热量计量收费制度，促进供用热双方节能"的要求。2006年起，建设部加快了供热计量收费制度改革的步伐。出台了一系列文件包括：

2006年6月，《关于推进供热计量的实施意见》，提出从政府机关和公共建筑做起，全面实施供热计量工作，建立和完善供热计量收费机制。

2007年5月，《北方采暖区既有居住建筑供热计量及节能改造奖励资金管理暂行办法》明确了奖励供热计量改造的国家财政专项资金安排。

2008年2月，《关于进一步推进供热计量改革工作的意见》，对供热计量改革工作的不同内容分别作了规定，明确了政府和供热单位的主体责任和奖惩要求。

2008年5月，《关于推进北方采暖地区既有居住建筑供热计量及节能改造工作的实施意见》。

2010年6月，《关于加大工作力度确保完成北方采暖地区既有居住建筑供热计量及节能改造工作任务的通知》，进一步督促改革工作的开展。

此外，我国自2006年开始在年度的建筑节能专项检查中加入供热计量的内容，对各地当年实施供热计量的计划，以及完成"十一五"供热计量的计划、目标和实施措施进行检查和督促。

截至2009年采暖期结束，供热计量收费面积以每年翻一番的速度发展，如图4-2所示。四年期间供热计量装表面积达到3.6亿m²，占北方城镇集中采暖总面积的近5%，其中供热计量收费面积为1.5亿m²。

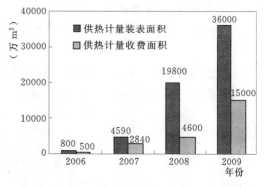

图4-2 "十一五"期间供热计量装表和收费面积

（2）建筑保温改造。既有建筑节能改造工作首先是针对北方采暖地区高能耗、低热舒适度的居住建筑，从供热计量、建筑保温和采暖系统的改造做起。相关的政策措施包括如下内容：

2007年，《国务院关于印发节能减排综合性工作方案的通知》中明确规定，"十一五"期间，推动北方采暖地区既有居住建筑供热计量及节能改造1.5亿m²。

2007年12月，财政部印发了《北方采暖区既有居住建筑供热计量及节能改造奖励资金管理暂行办法》，明确了奖励北方采暖地区既有居住建筑节能改造的国家财政专项资金安排。

2008年5月，建设部、财政部联合下发了《关于推进北方采暖地区既有居住建筑供热计量及节能改造工作的实施意见》，将北方采暖地区既有居住建筑供热计量及节能改造1.5亿m²的任务分解到各省区市。

2010年5月，《国务院关于进一步加大工作力度确保实现"十一五"节能减排目标的通知》中提出到 2010 年底，"完成北方采暖地区居住建筑供热计量及节能改造 5000 万 m²，确保完成'十一五'期间 1.5 亿 m² 的改造任务"的目标。为了落实该文件，建设部于 2010 年 6 月颁发了《关于加大工作力度确保完成北方采暖地区既有居住建筑供热计量及节能改造工作任务的通知》（建科 [2010] 84 号），提出了落实节能改造任务的指导措施，并将节能改造任务按省份进行了分配。

另外，从 2004 年开始，建设部开始了全国范围的"建筑节能专项审查"，审查设计、施工、验收、市场交易过程中节能标准的执行情况，其中各地新建建筑执行建筑节能标准的情况和北方城镇采暖建筑的节能改造是重点。

根据 2010 年初公布的节能专项检查结果，截至 2009 年采暖季前，北方 15 省（自治区、直辖市）已经完成节能改造面积共计 10949 万 m²，完成"十一五"改造 1.5 亿 m² 任务的 2/3。财政部根据实地核查结果，下拨奖励资金 12.7 亿元，用于对改造项目的补助。据测算，完成节能改造的项目可形成年节约 75 万 tce 的能力，减排二氧化碳 200 万 t。通过对既有建筑的节能改造，采暖期室内温度提高了 3～6℃，部分项目提高了 10℃ 以上，室内热舒适度明显改善。此外，上海、江苏、湖南、深圳等省（直辖市）也开展了既有建筑节能改造工作，对过渡地区和南方地区开展这项工作进行了探索和实践。

（二）夏热冬冷地区城镇采暖

夏热冬冷地区指包括山东、河南、陕西部分不属于集中供热的地区和上海、安徽、江苏、浙江、江西、湖南、湖北、四川、重庆，以及福建部分需要采暖的地区。

与北方城镇不同的是，夏热冬冷地区的住宅采暖绝大部分为分散采暖，热源方式包括空气源热泵、直接电加热等针对空间的采暖方式，以及炭火盆、电热毯、电手炉等各种形式的局部加热方式；而该地区的公共建筑中还有少量燃煤、燃油和燃气锅炉供热。

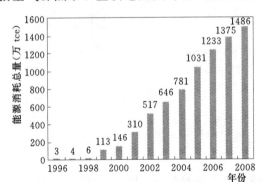

图 4-3　1996～2008 年夏热冬冷地区城镇采暖能耗变化

需要说明的是，由于公共建筑的采暖方式和能耗在建筑间差别很大，且很少有单独的测试、调研和统计数据。这里仅讨论介绍夏热冬冷地区城镇居住建筑采暖能耗。

而对于住宅部分，由于分散采暖设备的使用种类、使用时间和使用方式很难全面统计，夏热冬冷地区城镇采暖的能耗数据很难获取。本书对能耗数据的研究方法是，以各种调研数据和模拟数据为基础，估算该地区采用各种电力采暖方式的家庭比例和使用方式，并以此计算电力消耗（不包括小煤炉等非电能耗，以及炭火盆等非商品能源消耗）。

1996～2008 年夏热冬冷地区城镇采暖能耗变化如图 4-3 所示，夏热冬冷地区采暖能耗从 1996 年不到 1 亿 kW·h，到 2008 年增长为 460 亿 kW·h。下文从建筑面积和单位面积建筑能耗两个方面来分析该地区的变化情况。

1. 建筑面积

1996～2008 年，夏热冬冷地区的建筑总面积从 23 亿 m²，增加到 82 亿 m²，增加了 2.6 倍，夏热冬冷地区的建筑面积变化如图 4-4 所示。随着经济的增长，对建筑环境的需求不断提高，冬季使用各种形式采暖方式的建筑比例也随之增加。该地区绝大部分家庭采用各种不同形式的整体或者局部采暖方式，但在具体细节和室内温度上有很大差别。

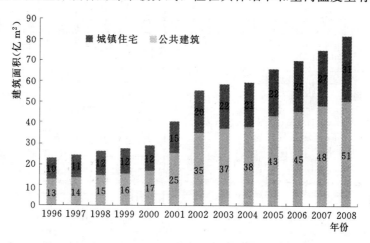

图 4-4 夏热冬冷地区的建筑面积变化

2. 单位建筑面积能耗

2008 年夏热冬冷地区城镇采暖的总能耗为 460 亿 kW·h，平摊到该地区所有的建筑，约为 5.6kW·h/m²。

相关的调查研究表明，不同家庭采暖方式差别很大。采暖设备形式、设备运行方式以及室温均对建筑能耗产生不同影响。

（1）采暖设备形式。2009 年清华大学对该地区的上海、苏州和武汉分别开展了针对采暖方式和居住能耗的社会调查统计，三个地区的采暖方式如表 4-2 所示。

表 4-2　　　　　　　　　　　　上海、苏州和武汉的采暖方式调查结果

地点	样本量（户）	纯空调（%）	纯电热（%）	空调＋电热（%）	集中采暖（%）	其他（%）
上海	775	30	7	19	2	41
武汉	700	6	16	30	3	45
苏州	386	32	28	31	0	9

注　其他包括其他采暖方式和无任何采暖方式的样本。

（2）运行方式。考察这一地区人们的生活习惯，大部分家庭目前是间歇式采暖，也就是家中无人时关闭所有的采暖设施，家中有人时也只是开启有人房间的采暖设施。由于电暖气和空气—空气热泵能很快加热有人活动的局部空间，而且由于这一地区冬季室外温度并不太低，因此这种间歇局部的方式并不需要提前运行几个小时对房间进行预热。

（3）室温。图 4-5 为对我国一些城市典型住宅的室温调查结果（Hiroshi Yoshino，2006）。从图 4-5 中可看出，尽管室外气温较低，我国北方的冬季室内外温差较大，室内

温度在 20℃左右；而夏热冬冷地区的室内外温差较小，室内温度在 10℃左右，在有人使用并运行了局部采暖设施的房间，室温一般只在 14～16℃，而不像北方地区那样维持室温在 20℃左右。由于室温偏低而室外又不太冷，因此这一地区的居民室内外着衣量相同，目前还没有像北方地区居民冬季进门脱掉外衣，室内室外不同着衣方式的习惯。

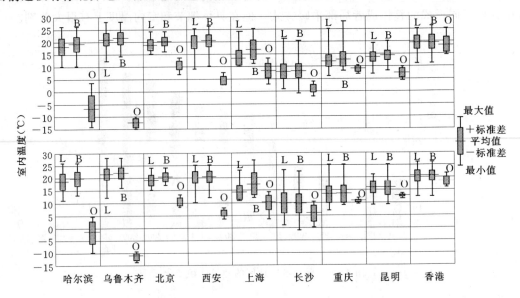

图 4-5 中国一些城市的住宅室温调查

O—该地区的室外温度；L—起居室温度；B—卧室温度

因此，目前的单位建筑面积需热量是建立在局部空间、间歇采暖和较低的室温习惯基础上的。通过模拟计算可以更直观地了解这三个因素对能耗的影响。对同一座普通塔楼居住建筑，在上海和武汉的冬季采暖能耗采用模拟分析软件 DeST 计算，定量研究生活方式对采暖能耗的影响。计算采用空气源热泵的采暖方式，COP 取 1.9。图 4-6 所示为不同室温（14℃、16℃、18℃和 22℃）和采暖方式（间歇还是连续采暖）下的上海、武汉八种生活方式的采暖耗电量。

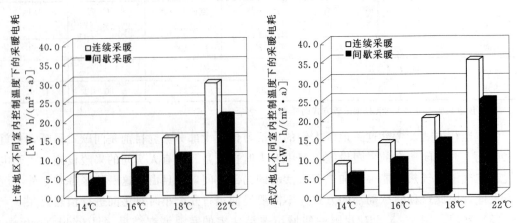

图 4-6 上海、武汉住宅冬季采暖电耗模拟计算结果

计算表明，采暖温度从 14℃ 升到 22℃，从间歇改为连续，采暖耗电量相差 8～9 倍。目前该地区城镇住宅大部分室温低于 20℃，采用间歇采暖的生活方式，因此平均的采暖耗电量在 5～10kW·h/m² 范围。

3. 近年发展新动向

（1）集中供热方式的发展情况。近年来，夏热冬冷地区冬季室温改善的需求不断增强。过去在夏热冬冷地区以热电联产为主的集中供热主要用户为工厂和公共建筑，而近年来在安徽、江苏、浙江、湖北等省份出现了针对住宅集中供热的采暖方式，并陆续制定相关的法规、规划和管理办法。

例如，2010 年 8 月颁布的《江苏省节约能源条例（修订草案）》提出，"县级以上地方人民政府应当进行城市热力规划，推广热电联产、集中供热和集中供冷，提高热电机组利用率，发展热能梯级利用技术，热、电、冷联产技术和热、电、燃气三联供技术，提高热能综合利用率。新建的开发区和有条件的城镇、住宅区，应当集中供热。"再如，武汉市将集中供热制冷纳入"十二五"规划。据初步规划，武汉集中供热制冷将以热电联产为主要依托。同时大力发展冷、热、电三联供和燃气空调，适度发展地源热泵技术。力争到"十二五"末期，集中供热制冷覆盖区域达 500km²，服务人口 160 万人。

（2）集中供热方式的能耗情况。如果该地区采用集中供热方式，将直接改变该地区居民的采暖情况。其中间歇采暖改为连续型采暖，室温会很自然地升到 20℃。然而，这一地区居民经常开窗通风的生活习惯却很难改变，因此无论建筑围护结构保温如何，室内外由于空气交换造成的热量散失会很大。

当采暖方式变化为集中供热、连续运行、室温设定值为 20℃ 时，通过模拟计算得到平均采暖需热量为 60kW·h/(m²·a)。如果像北方地区一样出现集中供热系统的不均匀损失和过量供热问题，建筑耗热量将相应达到每个冬季 80kW·h/(m²·a) 左右的热量。

考虑热源的一次能耗，如果以平均效率为 70% 的燃煤锅炉作为热源，这样的集中采暖单位面积一次能耗将达到 114kW·h/(m²·a)，折合 14.0kgce/(m²·a)，超过目前分散采暖方式平均能耗 [5.6kW·h/(m²·a)，折合 1.8kgce/(m²·a)] 的 7 倍。如果以"热电联产＋调峰锅炉"方式作为热源，采用小规模凝汽为主的热电联产时，提供 80kW·h/(m²·a) 的建筑耗热量，需要消耗约 10kgce/(m²·a)；采用大、中规模抽凝电厂热电联产方式，也需要 6.3kgce/(m²·a) 的一次能源。

因此，无论采用何种系统形式，夏热冬冷地区采用集中供热后，能耗将不可避免地出现 4～10 倍的增长。

（3）适宜夏热冬冷地区的冬季采暖方式。实际上，目前该地区采用间歇采暖、局部采暖、定时开窗通风的生活习惯。如果能在有人活动的时间和建筑空间内提供较为完善的局部采暖设施，适当提高室内温度，避免目前一些热风装置吹风感大、噪声严重等问题，也可以提供较为舒适的冬季室内环境。此外，这一地区在夏季都会出现炎热、高湿的气候，空调和除湿又是满足室内基本的舒适要求的必要措施。

夏热冬冷地区冬季和夏季的室内外温度（冬季室外温度 5℃，室内 16℃；夏季室外温度 35℃，室内温度 25℃），适合空气源热泵工作。如果研制开发出新型的热泵空调系统，可以满足这种局部环境控制、间歇采暖和空调的需求，同时在冬季能以辐射的形式或辐射对流混合形式实现快速的局部采暖，夏季同时解决降温和除湿需求，这将更适宜这一地区室内环境控制的要求。

对局部间歇方式采暖，如果平均采暖的时间与空间为连续全空间采暖的50%，采暖温度为16℃，则采暖平均需热量可以控制在35kW·h/(m²·a)。若此工况下热泵的COP为3.5，平均冬季采暖电耗可以在10kW·h/(m²·a)以内，折合一次能源不到4kgce/(m²·a)，仅为采用高效的集中供热方式煤耗的63%。

第二节 供热系统节能措施

供热系统由热源、供热管网和热用户三部分构成，其能源消耗主要由燃料能量转换损失、输送过程损失和建筑散热构成。随着建筑节能的不断发展，供热系统各环节的节能研究更加深入，节能措施也更加有效。各种供热方式造成能量损失的环节如图4-7所示。

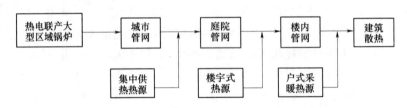

图4-7 各种供热方式造成能量损失图

一、热源节能

目前，我国是世界上第二大能源消耗国，其中采暖能耗占有相当大的比例。在同等条件下，我国采暖能耗较发达国家高很多。主要是由于供热系统自身存在的问题及运行管理不到位，建筑围护结构的保温性差，用户无自主节能意识，私自放水放热等。随着国家节能减排工作的开展，节约能源已是供热企业的工作重点，它不但要求要有良好的企业管理模式，还要求采用先进的节能技术措施及经济的运行方式。

（一）热源的选择

1. 热源的形式

（1）热电联产集中供暖。热电联产是利用燃料的高品位热能发电后，将其低品位热能供热的综合利用能源的技术，是目前各种热源中能源转换效率最高的方式。按照发电机组容量大小主要可分为两类。

1）小规模凝汽为主的热电联产：用汽轮机冷凝器的热量加热供热热水，再用低压或中压抽气补充供热量的不足。这主要是不足一万千瓦发电量到几万千瓦发电量的小型热电联产机组，是20世纪80~90年代兴建的热电联产电厂的主导形式。

2）大、中规模抽凝电厂：21世纪以来兴建的热电联产电厂主要是单机容量为20万kW、30万kW发电量的大型凝汽机组。这些电厂在非采暖期可以高效发电，发电煤耗与目前的全国平均发电煤耗接近。在冬季热电联产工况下，则完全依靠抽取低压蒸汽加热，但为了维持汽轮机的正常运行，仍有约三分之一的蒸汽要通过低压汽缸继续发电，然后再利用放出的低温余热供热。

（2）燃煤锅炉供暖。

1）区域燃煤锅炉：我国北方城镇大约有 22 亿 m^2 的建筑目前是靠不同规模的燃煤锅炉房作为热源进行集中供热采暖的。

2）分户燃煤炉：用蜂窝煤或其他燃煤的小火炉或家庭土暖气采暖。

（3）燃气供暖。

1）区域燃气锅炉：设置大的燃气锅炉集中供热。据有关资料表明，燃气锅炉效率并未能随着锅炉容量增大而有所升高，集中供热系统的热损失率却随着规模增大而迅速增加，导致能耗增加。

2）分户燃气采暖：采用分户的小型燃气热水炉作为热源，通过散热器或地板辐射方式进行采暖。大量实测结果表明由于这种采暖方式水温较低，燃烧温度低，因此大多数合格产品的实际能源转换效率可达 90% 以上，排放的 NO_x 浓度也低于一般的中型和大型燃气锅炉。

（4）电采暖。

1）集中电热：设置大型电锅炉进行集中采暖的方式。这不仅将高品位电能转化为低品位热能，同时还存在集中供热所含的各种管网损失和过量供热损失在内的所有弊端。

2）分室电热：各种直接把电转换为热量满足室内采暖要求的方式，例如电热膜、电热电缆、电暖气，以及各类号称高效电热设备的"红外"、"纳米"等直接电热设备。

3）电动空气热泵：此时的电是用来实现热量从低温提升到高温，用电量大致与所提升的温度差成正比，因此热泵是否节能很大程度上取决与其工作时两侧的温度。当室外温度过低时，其转换效率就不如大型燃煤锅炉了。另外，空气源热泵系统的容量规模不宜过大，因为当空气源热泵容量大于 2MW，其 COP 就不再随容量增加而增加，而集中供热的各种损失却随规模增大而增大。

4）水—水热泵：水—水热泵系统有多种形式，包括以地下埋管形式从土壤中用热泵取热，打井提取地下水通过热泵从水中取量，采用海水、湖水、河水，利用热泵提取其热量，利用热泵从污水提取热量等。这种方式除注意热泵机组压缩机的性能外，还应注意热泵两侧循环泵的电耗，因此水源热泵不是永远节能，而是在很大程度上取决于系统设计和运行状况以及当地水温状况。

2. 热源选择应注意的问题

（1）充分发挥现有城市集中供热管网的作用，增大热电联产供热范围，替代区域锅炉房。只要能采用热电联产的方式，则一定优先使用热电联产供热，充分挖掘热电联产系统的潜力。

（2）当不能实现热电联产供热，只能采用区域锅炉房时，优先考虑大型燃煤锅炉，并坚持"宜集中不宜分散，宜大不易小"的原则，坚决取消小型燃煤锅炉。

（3）城市大型集中供热管网应只支持热电联产热源和大型燃煤区域锅炉房热源。当采用燃气锅炉时，应坚持"宜小不易大"原则，应越小越好。有条件时利用小型天然气锅炉在末端为大型集中供热进行分散式调峰。否则就尽可能采用分户、分栋、小规模方式。

（4）当只能用电时，则尽可能地采用各类热泵方式。与天然气采暖一样，采用直接电采暖和电动热泵时，其规模也是越小越好，争取做到分户、分栋或几栋建筑的小规模，避免大规模集中供热造成的各种不均匀和过量供热损失。严格禁止集中电热锅炉的采暖方式。

（二）热媒的优选

对热电厂供热系统来说，可以利用低位热能的热用户（如供暖、通风、热水供应等），应首先考虑以热水作为热媒。因为以热水为热媒，可按质调节方式进行供热调节，并能利用供热汽轮机的低压抽气来加热网路循环水，对热电联产的经济性更为有利；对于生产工艺热用户，通常以蒸汽作为热媒，蒸汽通常从供热汽轮机的高压抽气或背压排气供热。

对于区域锅炉房作为热源的集中供热系统，在只有供暖、通风和热水供应热负荷的情况下，应采用热水为热媒，同时应考虑采用高温水供热的可能性。

对于工业区的供热，通常既有生产工艺热负荷，也有供暖、通风和热水供应，此时多以蒸汽热媒来满足工艺用热要求。对于供暖系统的形式、热媒的选择，应根据具体情况，通过全面的技术经济比较加以确定。

（三）连续供暖运行方式

住宅区及其他居住建筑的供暖系统，应按热水连续采暖进行设计。居住建筑属全天24h 使用性质，要求全天的室内温度保持在舒适范围内，但夜间允许室温适当下降。连续供暖的锅炉可避免或减少频繁的压火和挑火所引起的锅炉运行效率的降低和燃煤的浪费。在设计条件下，连续采暖的热负荷，每小时都是均匀的，按连续供暖设计的室内供暖系统，其散热器的散热面积不考虑间歇因素的影响，管道流量应相应减少，因而节约初投资和运行费。所谓连续采暖，即当室外为设计温度时，为使室内达到日平均设计温度，要求锅炉按照设计的供回水温度（例如：95℃/70℃），昼夜连续运行。当室外温度高于采暖设计温度时，可以采用质调节或量调节以及间歇调节等运行方式，以减少供热量。

为了进一步节能，夜间允许室内温度适当下降。需要指出间歇调节运行与间歇采暖的概念不同。间歇调节运行只是在供暖过程中减少系统供热量的一种方法；而间歇采暖是指在室外温度达到采暖设计温度时，也采用缩短供暖时间的方法。有些建筑物，如办公楼、教学楼、礼堂、影剧院等，要求在使用时间内保持室内设计温度，而在非使用时间内，允许室温自然下降。对于这类建筑物，采用间歇供暖不仅是经济的，而且也是适当的。

（四）锅炉房内燃煤节能措施

燃煤一定要选择符合锅炉煤种的发热量高的优质煤，其含碳量高，灰分、挥发分较小，可以降低固体不完全燃烧热损失及灰渣物理热损失。在燃烧的过程中，根据不同的煤种调整煤层的厚度及炉排的转速，并对风量进行合理控制，使之燃烧处于微负压状态。煤层过厚或炉排转速过快，燃烧不充分将被带到灰渣区，可形成固体不完全燃烧热损失；还可以采用分层给煤的燃烧方式或采用煤与炉渣混烧法，同时也降低了炉渣的含碳量。而风量的大小也会影响锅炉的效率，风量过大会使炉膛温度降低，剩余一部分空气会随着烟气一起流走，带走热量，从而造成排烟热损失；而风量过小，会造成燃料燃烧不充分，有一部分煤未完全燃烧就随炉排转到进入到炉渣区，又形成了固体不完全燃烧热损失及气体不完全燃烧热损失。另外要控制锅炉排烟温度在 150~200℃ 之间，排烟温度过高就会有很大的排烟热损失，锅炉烟道尾部受热面积灰或是结渣将使排烟温度升高，所以要尽量保持受热面的清洁。做好锅炉炉墙、风烟管道的密封，从而降低排烟热损失，降低锅炉的散热损失。

（五）锅炉选型与台数

锅炉选型要合适。由于我国采暖地域辽阔，各地供应的煤质差别很大。一般每种炉型都有适用煤种，因此在选炉前一定要掌握当地供应的煤种，选择与煤种相适应的炉型，在此基础上选用高效锅炉。表4-3是目前我国各种炉型对煤种的要求。锅炉的设计效率不应低于表4-4中规定的数值。

表4-3　　　　　　　　　　　　各种炉型对煤种的要求

手　烧　炉	适　应　性　广
抛煤机炉	适应性广，但不适应水分大的煤
链条炉	不宜单纯烧无烟煤及结焦性强和高灰分的低质煤
振动炉	燃用无烟煤及劣质煤效率下降
往复炉	不宜燃烧挥发分低的贫煤和无烟煤，不宜烧灰熔点低的优质煤
沸腾炉	适应各种煤种，多用于烧煤干石等劣质煤

表4-4　　　　　　　　　　　　锅炉最低设计效率　　　　　　　　　　　%

燃　料　品　种		锅　炉　容　量（MW）				
		2.8	4.2	7.0	14.0	28.0
烟煤	II	73	74	78	79	80
	III	74	76	78	80	82

锅炉房总装机容量要适当，容量过大不仅造成投资增大，而且造成设备利用率和运行效率降低。相反，如果容量小不仅造成锅炉超负荷运行而效率降低，而且还会导致环境污染加重。一般锅炉房总容量是根据其负担的建筑物计算热负荷，并考虑管网输送效率，即考虑管网输送热损失，漏损损失以及管网不平衡所造成的损失等因素而确定的，一般管网输送效率为90%。由于锅炉实际运行有别于设计条件，锅炉实际出力往往低于设计出力，因此在设计中应考虑锅炉出力率的安全系数。但考虑到我国目前采用的采暖热负荷计算方法的计算结果与实际供热量相比稍有偏高，且锅炉有一定的超负荷能力，因此锅炉出力率的安全系数不予考虑。

根据供暖总负荷选用新建锅炉房的锅炉台数。设计上一般采用2～3台，如采用1台，偶有故障就会造成全部停止供暖，以致有冻坏管道设备的危险。而且在初寒期及末寒期，锅炉负荷率可能低于50%，而造成锅炉运行效率的降低。如采用台数偏多、容量较小的锅炉，则存在小容量锅炉一般额定效率较低的缺点。

由于采暖锅炉运行是季节性的，在非采暖期间可进行维修，从我国的经济条件出发，一般供暖锅炉房不宜设置备用锅炉。此外，由于仅严寒期需要满负荷运行，而在初寒期和末寒期仅需部分锅炉投入运行，因此亦有进行部分检修的余地。

另外，在小区中采用连续供暖运行方式可以避免远端建筑（和远端房间）的暖气"迟到现象"，保持远近建筑（和房间）受益时间的均衡。集中锅炉房的单台容量不宜小于7.0MW，供热面积不宜小于10万 m²。对于规模较小的住宅区，锅炉房的单台容量可适当降低，但不宜小于 4.2MW。建锅炉房时应考虑与城市热网连接的可能性，锅炉房宜建在靠近热负荷密度大的地区。

（六）锅炉用鼓风机、引风机、除尘器及泵

锅炉房换热站内鼓引风机、循环水泵、补水泵等用电设备是主要的耗电大户。各设备在设计选型时一定要经过严格的计算并与锅炉换热器相匹配，同时在运行时降低系统循环水系统阻力损失。锅炉房内部水循环阻力损失是很大的，在设计时应考虑在锅炉进出口管道处加扩径管，使水循环的管道、阀门阻力损失变小，并去掉不必要的止回阀。使用经过处理的循环软化水并使之进入锅炉后保持在 pH＝10～12 范围内，软化水硬度降低可防止炉管、管道系统结垢，保持水成碱性防止炉管生锈，提高锅炉热效率，同时也减小了循环阻力。系统运行循环水量往往大于额定循环水量，在供热负荷不变的情况下，可以增大系统的供回水温差，降低循环水量，或在设备进出口处并联一个旁通管，分流一部分循环水量，以减小水循环阻力损失。

锅炉房换热站内循环水泵在选型时最好是单台运行不设备用泵。从水泵特征曲线中可以知道，多台泵并联时的每台泵都不在高效点工作。合理的方法应是选两台大小不等的泵，一台是供热初期和末期使用的泵，其流量可按计算流量的 60％～70％ 选取，另一台是按计算流量的 100％ 选取，是供热中期使用的泵。确定换热站内循环水泵扬程时不要与补水泵的扬程混淆，否则泵扬程偏高，功率偏大，造成电能的浪费。扬程偏高时还可能使水泵在超流量下工作，只有关小泵出口阀门，否则电机就烧坏了，这样电能都浪费在泵出口阀门上了。补水泵选型时流量按系统总容水量的 1％～2％ 选取，扬程也不宜选取太高。补水泵的扬程与系统的定压有直接的关系。如果这个压力点定高了，那么补水泵的扬程就偏大了，造成电能的浪费，所以应满足一级网高温水系统都充满水不汽化、二级网系统充满水不超压时就可以了，经济允许条件下可以采用变频补水，这是节电的最好方式。

（七）换热器

换热器是整个换热站内阻力损失最大的设备。现在很多都采用换热效果好的板式换热器，但其水流通道比较狭窄，容易挂垢、堵塞，易造成水流阻力增大，致使水泵扬程增大，电耗增加。

最好的办法是保证水质防止结垢，系统回水管道上安装除污器，系统运行前进行冲洗，除去管道中的污物。

（八）对锅炉房、热力站和建筑物入口进行参数监测与计量

锅炉房总管，热力站和每个独立建筑物入口应设置供回水温度计、压力表和热表（或热水流量计），补水系统应设置水表。锅炉房动力用电、水泵用电和照明用电应分别计量。单台锅炉容量超过 7.0MW 的大型锅炉房，应设置计算机监控系统。

为使供暖锅炉房的运行管理走向科学化，设计中应考虑锅炉房装设必要的计量与监测仪表。主要计量仪表有：总耗水量的水表、补给水量的水表、动力电表、照明电表、锅炉房总输出的热量计或流量计、供回水温度自动记录仪。中型以上锅炉建议设置燃煤量的计量仪及以下参数的监测仪表：炉膛温度、炉膛压力、排烟温度、烟气成分、空气过剩系数、排烟量。

集中锅炉房 7.0MW 以上锅炉宜设计微机监控系统，可以自动控制锅炉辅机——鼓风

机及引风机的开度，但同时应设置变频装置，以使锅炉辅机大幅度节电（30％～40％），并方便检修。

分散锅炉房 4.2MW 以下锅炉宜设置采暖系统量化管理仪，进行锅炉监测，以指导科学的运行调节，指导司炉工控制合理的热媒参数，保证在正常供暖基础上最大限度地节煤。

（九）烟气余热回收技术

利用锅炉烟气余热使低温水加热，提高锅炉效率，降低排烟温度。锅炉排烟温度较高，一般在 150～210℃，烟气中有 6％～9％的烟气显热损失和 11％的潜热未被利用就被直接排放，这不仅造成大量的能源浪费也加剧了环境的污染。利用烟气余热回收装置，使低温水吸收烟气的物理显热和汽化潜热，降低排烟温度，提高锅炉效率；同时由于冷凝的作用，排入大气的有害物质 CO_2 和 NO_x 等大为减少，排烟将更加符合环保标准。

（十）多热源共网系统

如果把单热源供热系统改造为多热源联网系统，由主热源担负基本负荷，尖峰热源承担尖峰热负荷，这样不但可以减少庞大设备，进而减少初投资，而且可以使更多的设备在满负荷下亦能在高效率下运行，其节能效果、降低运行成本的效果非常显著。特别对于以热电厂为主的多热网联网供热系统，一般热化系数（热化系数 α＝热电厂供热能力/用户最大热负荷）为 0.5～0.8 的热电厂承担供热基本负荷，更能充分发挥其高效节能的优势，多年运行实践都证明了这一点。

多热源联网的供热系统，提高了供热系统的可调性和可靠性，改善了供热效果。由于系统规模大，通常多设计为环形网，并在环网干线上配置调节阀门。这样，无论热源还是管网都增加了互补性，一旦出现故障甚至事故，都不必停运维修。只要通过正确的适时协调、调节调度，就可以达到供热需要。这种通过提高供热系统的可调性和可靠性，进而改善供热效果是多热源联网的独特优势。

二、供热管网节能

供热管网的节能应从水力平衡、管道保温、减少漏水、合理调节和控制循环水泵的耗电输热比等方面进行。研究结果表明：从技术经济综合考虑，管网保温效率可以达到97.5％；系统的补水量可控制为循环流量的 0.5％，平衡效率可达到 98％。这表明，只要管网保温效率、输热功率和平衡效率同时达到要求，供热管网输送效率满足第三阶段节能标准要求的 93％的水平是完全可行的。热网运行的实际情况表明：系统的补水量可从管理方面加以控制，而提高管网的平衡效率和保温效率则应采取技术措施。

（一）水力平衡

在供热采暖系统中，热媒（一般为热水）由闭式管路系统输送到各用户。对于一个设计完善、运行正确的管网系统，各用户应均能获得相应的设计水量，来满足其热负荷的要求。但由于种种原因，大部分供水环路及热源并联机组都存在水力失调，使得流经用户及机组的流量与设计流量要求不符。

1. 水力失调的原因

在进行供热采暖水力管网系统设计时，首先根据局部热负荷确定每一个末端装置的水流量，然后计算水路系统累积流量，确定支管、立管、干管尺寸，同时进行管网水力平衡计算，最后确定总流量与总阻力损失，并由此选择水泵型号。管网并联环路平衡计算时允许差额应满足国家规范要求。

尽管设计比较完善，但在实际运行时，各环路末端装置中的水流量并不能够按设计要求输配，而且系统中总水量远大于设计水量。分析原因主要有以下两个方面。

（1）环路中缺乏消除环路剩余压头的定量调节装置。截止阀及闸阀既无调节功能，又无定量显示，而节流孔板的位置往往难以计算得比较精确。

（2）水泵实际运行点偏离设计运行点。设计时水泵型号按两个参数选择。流量为系统总流量（按总负荷求得），扬程则为最不利环路阻力损失加上一定的安全系数。由于实际阻力往往低于设计阻力，水泵工作点处于水泵特性曲线的右下侧，使实际水量偏大。

另外对于由于系统改造，逐年并网或者要考虑供热面积逐年扩大的管网系统，想以一次性的平衡计算或安装节流孔板达到永远平衡是不可能的，设计时留有较大的富余量是可以理解的。那么大流量及水力失调就不可能避免了。

在室内一侧，散热器散热量并不与通过散热器的水量成正比的，因为散热器的散热量主要取决于空气侧。所以即使一个水系统总水量为设计水量的 1 倍时，可能在最不利的环路上才可以达到设计水量，但最有利的环路却可能达到 300％的设计流量。这样虽然最不利环路处室温可以改善，但有利环路室温却会偏高很多。根据调查，有的管网近环路室温可达 26～28℃（或更高），不利环路只有 11～13℃。实践表明，增大总水量会使锅炉出水温度升不上去，即使不利环路保持了设计水量，也会由于水温低而使室温达不到设计值，同时水泵电耗大幅度增加，锅炉效率十分低。

由此可以看出，如果水系统达到平衡，并且锅炉在其额定水流量情况下运行，上述一系列不合理现象均能得到改善，设计者不必担心不利环路居民的投诉而选用超量的锅炉和水泵，也不必一再地增加散热器的片数（组数）。因为水量及锅炉容量合理后供水温度必然会提高，使得散热量明显增高。因此解决系统的水力平衡问题是实现供热采暖系统节能的关键之一。

2. 水力失调分类和解决途径

水力失调分为静态水力失调和动态水力失调两种。

（1）静态水力失调。由于设计、施工、设备材料等原因导致的系统管道特性阻力数与设计要求管道特性阻力数比值不一致，从而使系统各用户的实际流量与设计流量不一致，引起系统的水力失调，称为静态水力失调。该失调是稳态的、根本性的、系统本身所固有的，是暖通空调水系统中水力失调的主要因素。

目前，实现静态水力平衡的方法，主要有以下几种。

1）同程管：同程管结构可以很好地解决静态水力平衡问题，对于小规模管网，同程管是非常理想的解决方案。但是在大规模管网中，如高楼的管路系统中，由于同程管造价要高于异程管，因此往往不被采用，或者同程异程混用。

2）在管道系统中加设静态水力平衡阀：在暖通水系统初调试时对系统管道特性阻力数比值进行调节，使其与设计要求管道特性阻力数比值一致。此时当系统总流量达到设计值时，各末端设备流量均同时达到设计流量，从而消除了静态水力失调。因此通过静态水力平衡阀的使用可平衡各环路阻力，使各环路流量达到或接近设计流量，消除冷热不均现象；不需要因为照顾最不利环路而加大流量运行，从而不仅达到设计要求，而且可节能、节省运行费用。

平衡阀都是在管网施工完成后进行人工调节，需要绘制水力平衡图，调试步骤比较多，有时候需要反复多次调试，才能达到平衡，对调试人员的技术要求较高。

静态水力平衡可以通过加装静态水力平衡设备来实现，平衡后能达到设计要求，但是由于流体管网系统中，各个支路所需的流量是会随着时间发生变化的（如分户计量的用户开断或设定的室温发生变化时），所以只经过静态平衡调解的管网系统仍会出现水力失调的情况。因此要实现真正的水力平衡，我们必须实现动态水力平衡的控制，使得运行值贴近实际需要值。

（2）动态水力失调。系统在实际运行过程中当某些用户阀门开度变化引起水流量改变时，系统的压力产生波动，其他用户的流量也随之发生改变，偏离系统设计流量，从而导致的水力失调，称为动态水力失调。该失调是动态的、变化的，它不是系统本身固有的，是系统运行过程中产生的。

实现变流量系统动态水力平衡的方法，根据实现原理分类，主要有压差控制调节和流量控制调节两大类。

1）压差控制调节。压差控制调节，是通过动态水力平衡设备将双管并联系统的关键点压差恒定在设计压差。基于压差控制的动态水力平衡调节主要有以下几种形式：

①自力式压差调节器：当某一支路流量发生变化时，压差调节器调节集水器、分水器之间的压差，使其保持恒定，从而使其余各个支路流量保持不变。

②电动调节阀：包括二通阀、三通阀、分流阀等形式，通过调节旁通水流量，从而使集水、分水器压差或支路两端压差保持恒定。

③水泵变频：调节水泵电压频率来调整水泵流量，稳定集水、分水器压差。

④动态平衡阀：当其他管路特性发生变化时，动态平衡阀自动调整阀门两端压差，使其保持恒定，这种方式的优点是调节阀的流量特性曲线与理想特性曲线一致，不会发生变形，调节性能好。

2）流量控制调节。流量控制调节，是近几年新出现的一种方法，主要依靠使用智能流量阀来控制调节。

智能流量阀是当调节阀两端压差发生变化时，阀芯自动调节开度，使得所在支路流量恒定在设定值。

实现管网水力平衡需要硬件和软件两个方面的支持。软件上，要求研究管网平衡调试方法，使整个管网系统平衡调试最为科学、工作量最小；硬件上，需要一种既具有良好的流量调节性能，又能定量地显示出环路流量（或压降）的一种阀门。

3. 管网水力平衡调试方法

（1）温差法。此法是利用在用户引入口安装压力表和温度计，对系统进行初调节。

首先使整个系统达到热力稳定。为提高系统初调节的效果，可使网路供水温度保持60℃以上的某个温度不变化，若热源的总回水温度不再变化，就可以认为整个系统已达到热力稳定。此时记录下热源的总供水及回水温度和所有热用户处回水压力和供、回水温度。

先调节供回水温差小于热源总供回水温差的热用户，并按照用户的规模大小和温差的偏离程度大小，确定初调节次序。先对规模较大且温差的偏离也较大的热用户进行调节。根据经验对其他用户引入口装置中的供水或回水阀门进行节流。待第一轮次调节完毕系统稳定运行几小时后，再重新记录总供水温差及各用户入口处供回水压力及温度进行下一轮的调节。

该调节方法调节周期时间长，需要反复进行，它适用于保温较好的网路。如果网路保温较差，网路供水的沿途温降较大，则对于供水温度较低的热用户，或室内供暖系统水力不平衡的用户将较差，可能出现新的水力失调。但此调节方法属于粗调，调节效果不准确。

（2）比例法。此法是利用两台便携式超声波流量计，或可测得流量的阀门（如平衡阀新型入口装置）及步话机（用于调节时人员之间的联系）来完成的。比例法的基本原理为：如果两条并联管路中的水流量以某比例流动（例如 1：2），那么当总流量在±30％范围内变化时，它们之间的流量比仍然保持不变（1：2）。但用比例法调节时相互间不易协调，对操作人员素质要求较高，并需要两台相同的流量计，初投资较大。

（3）CCR 法。CCR 法是在严格的对全系统阻力分析计算的基础上，对全系统实行一次调整的新方法，它由采集数据、计算机计算和现场调整三步构成。CCR 法的基本思路是先测出被测管网现状的各管段阻力数 S 值，再根据所要求的各支路流量计算出各调节阀所相应的开度，最后根据计算结果一次将各调节阀调节到所计算的开度，使系统达到所要求的分配流量。此方法相应的初投资较大，而且各管段实际阻力数 S 值不易测量。但降低了运行费用，是未来发展的方向。

（4）综合调节法。在管网的设计阶段，通过计算为使支管线及各热用户水力平衡，选取适当管径的阀门（截止阀与管径相同或小几号）及相应的开启度。管网投入运行后，按计算结果将截止阀一次调节完成，可实现管网的初平衡。在管网精细调节时，需要在热用户入口处或支管线上装设流量测孔，并配备一台便携式水力平衡测试仪（该仪表可测流量与温度）。通过流量测试、计算、再调节，实现管网的最终水力平衡。

4. 水力平衡阀

实际上平衡阀是一种定量化的可调节流通能力的孔板，专用智能仪表不仅用于显示流量，而更重要的是配合调试方法，使得原则上只需要对每一环路上的平衡阀作一次性的调整，即可使全系统达到水力平衡。这种技术尤其适用于逐年扩建热网的系统平衡，因为只要在逐年管网运行前对全部或部分平衡阀重作一次调整即可使管网系统重新实现水力平衡。

（1）平衡阀的调节原理。平衡阀属于调节阀范畴，它的工作原理是通过改变阀芯与阀座的间隙（即开度），来改变流经阀门的流动阻力，以达到调节流量的目的。从流体力学观点看，平衡阀相当于一个局部阻力可以改变的节流元件，对不可压缩流体，由流量方程式可得

$$Q = \frac{F}{\sqrt{\xi}} \cdot \sqrt{\frac{2(P_1 - P_2)}{\rho}} \tag{4-1}$$

式中 Q——流经平衡阀的流量，m^3/h；

ξ——平衡阀的阻力系数；

P_1——阀前压力，Pa；

P_2——阀后压力，Pa；

F——平衡阀接管截面积，m^2；

ρ——流体的密度，kg/m^3。

由上式可以看出，当 F 一定（即对某一型号的平衡阀），阀门前后压降 $P_1 - P_2$ 不变时，流量 Q 仅受平衡阀阻力影响而变化。ξ 增大（阀门关小时），Q 减小；反之，ξ 减小（阀门开大时），Q 增大。平衡阀就是以改变阀芯的开度来改变阻力系数，达到调节流量的目的。平衡阀外形如图 4-8 所示。

令 $K_V = \dfrac{F}{\sqrt{\xi}} \cdot \sqrt{\dfrac{2}{\rho}}$，当流体为水时，则 $Q = K_V\sqrt{\Delta P}$。

图 4-8 平衡阀示意图

K_V 为平衡阀的阀门系数。它的定义是：当平衡阀前后差压为 100kPa 时，流经平衡阀的流量值（m^3/h）。平衡阀全开时的阀门系数相当于普通阀门的流通能力。如果平衡阀开度不变，则阀门系数 K_V 不变，也就是说阀门系数 K_V 由开度而定。通过实测获得不同开度下的阀门系数，平衡阀就可做为定量调节流量的节流元件。在管网平衡调试时，用软管将被调试的平衡阀的测压小阀与专用智能仪表连接，仪表可显示出流经阀门的流量值（及压降值），经与仪表人机对话，向仪表输入该平衡阀处要求的流量值后，仪表通过计算、分析、得出管路系统达到水力平衡时该阀门的开度值。

（2）平衡阀适用场合。管网系统中所有需要保证设计流量的环路中都应安装平衡阀，每一环路中只需安设一个平衡阀（或安设于供水管路，或安设于回水管路），可代替环路中一个截止阀（或闸阀）。这里举例说明热源及输配管网中如何安设平衡阀（图中只画出平衡阀）。

1）锅炉机组的平衡。在锅炉房中，一般并联安装几台机组，由于各机组具有不同的阻力，引起通过各机组的流量不一致。有些机组流量超过设计流量，而有些机组流量低于设计流量，因此不能发挥装机的最大出力。解决这个问题有效的方法是在每台锅炉进水管处安装平衡阀，如图 4-9 所示。使每台机组都能获得设计流量，确保每台机组安全、正常运行，并创造机组达到其设计出力的条件。

2）热力站的一、二次环路水量平衡。一般，热电站或集中锅炉房向若干热力站供热水，为使各热力站获得要求的水量，水管上安装平衡阀。为保证各二次环路水量为设计流量，热力站的各二次环路侧也宜安设平衡阀。

3）小区供热管网中各幢楼之间的平衡。小区供热管网往往由一个锅炉房（或热力站）向若干幢建筑供热，由总管、若干条干管以及各干管上与建筑入口相连的支管组成。由于每幢建筑距热源远近不同，一般又无有效设备来消除近环路剩余压头，使得流量分配不符设计要求，近端过热，远端过冷。所以应该在每条干管及每幢建筑的热力入口处安装平衡阀，以保证小区中各干管及各幢建筑间流量的平衡，如图 4-10 所示。

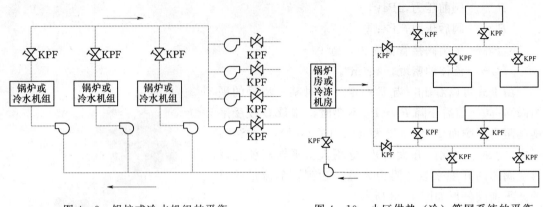

图 4-9 锅炉或冷水机组的平衡 　　　图 4-10 小区供热（冷）管网系统的平衡

4）建筑物内供热管网水流量平衡。对于要求较高的供热管网系统，需要保证所有的立管（甚至支管）达到设计流量，这时在总管、干管和立管（及支管）上都要安装平衡阀，如图 4-11 所示。

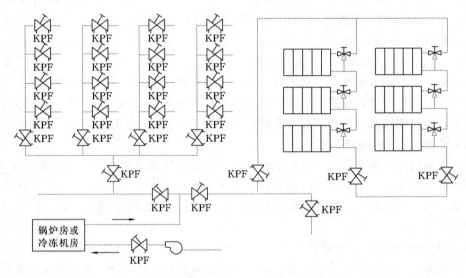

图 4-11 建筑物内供热（冷）管网系统的平衡

（3）平衡阀选型原则。平衡阀是用于消除环路剩余压头，限定环路水流量用的。为了合理地选择平衡阀的型号，在设计水系统时，仍要进行管网水力计算及环网平衡计算，按管径选取平衡阀的口径（型号）。对旧系统进行改造时，可按管径尺寸配用同样口径的平衡阀，直接以平衡阀取代原有的截止阀或闸阀。但应作压降校核计算，以避免原有管径过于富裕使流经平衡阀时产生的压降过小，产生较大的误差。

（4）平衡阀使用注意事项。

1）安装位置。平衡阀可安装在供水管路上，也可安装在回水管路上（每个环路中只需安装一处）。对于热力站的一次环路侧来说，为方便平衡调试，建议将平衡阀安装在水温较低的回水管路上。总管上的平衡阀，宜安装在供水总管水泵后（水泵下游），以防止由于水泵前（阀门后）压力过低，发生水泵气蚀现象。

2）尽量安装在直管段上。由于平衡阀具有流量计量功能，为使流经阀门前后水流稳定，保证测量精度，在条件允许的情况下应尽量将平衡阀安装在直管段处。

3）注意新系统与原有系统的平衡。当安装有平衡阀的新系统连接于原有供热（冷）管网时，必须注意新系统与原有系统水量分配平衡问题，以免安装了平衡阀的新系统（或改造系统）的水阻力比原有系统高，而达不到应有的水流量。图4-12中，（a）为新系统连接于原有系统的末端；（b）为新系统连接于原有系统的中间位置，并在原有系统的入口处加设平衡阀。

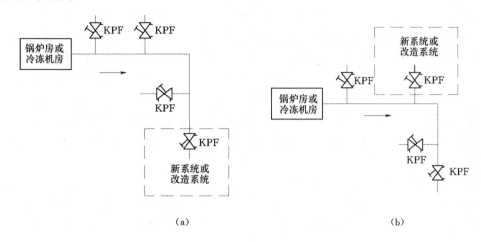

图4-12 改造工程中的水力平衡

（a）新系统连接于原有系统的末端；（b）新系统连接于原有系统的中间位置

4）不应随意变动平衡阀开度。管网系统安装完毕，并具备测试条件后，使用专用智能仪表对全部平衡阀进行调试整定，并将各阀门开度锁定，使管网实现水力平衡。在管网系统正常运行过程中，不应随意变动平衡阀的开度，特别是不应变动开度锁定装置。

5）不必再安装截止阀。在检修某一环路时，可将该环路上的平衡阀关闭，此时平衡阀起到截止阀截断水流的作用，检修完毕后再回复到原来锁定的位置。因此安装了平衡阀，就不必再安装截止阀。

6）系统增设（或取消）环路时应重新调试整定。在管网系统中增设（或取消）环路时，除应增加（或关闭）相应的平衡阀之外，原则上所有新设的平衡阀及原有系统环路中的平衡阀均应重新调试整定（原环路中支管平衡阀不必重新调整）。

（5）安装水力平衡阀时水力平衡的调试。

1）静态水力平衡调试。开始前将所有阀门打开，然后将系统分解成一个多级的多个并联子系统，按照末端到总管的顺序，通过专用流量测量仪对各个并联子系统按照一定的步骤进行调节，使其各支路流量比与设计要求流量比一致。最后调节系统主管的流量至设计总流量。这时系统各个末端设备的流量同时达到设计流量。调试合格后不要随意变动平衡阀开度。

2）动态水力平衡调试。动态流量平衡阀是根据设计流量由厂家在出厂前定制的，现场不需要进行任何调试。

动态平衡电动二通阀是根据设计流量和工作电压由厂家在出厂前定制的，现场只需与标准的房间稳控器连接即可，不需要进行任何调试。

动态平衡电动调节阀通常与楼宇自控系统相连，现场先进行简单的单机调试，然后与楼宇系统联调。楼宇公司只需进行一些简单的参数设定。

（二）管网系统的保温

以前的建筑围护结构及顶层屋面保温性差，耗热量大。现今采用节能保温墙体使建筑耗热量指标下降了 35％左右。此外，由于管道部分能量的损失占总能损失的比重较大，管道保温已是当务之急，浪费在这里的热能相当于总热量的 10％左右。

供热系统的热能输送由管网承担，管道敷设主要有架空、管沟和直埋三种方式。

管网热能损失主要有沿程热损失和泄露热损失。沿程热损失产生的主要是由于管道保温不好或管道附件未保温造成的；泄露热损失产生的主要原因是管网中介质泄露带走的热量损失。

对于一次网的高温水管道，管道保温效果不佳，管网泄漏时介质带走热量损失所占总热损失的 80％左右。对于二次网的低温水管道，热损失主要是由于管网泄漏时热介质损失所带走的热量产生的，这部分损失占二次网总热量损失的 70％左右，所以在二次网低温管网的管理上，应以控制失水为主。

一般热网的热效率应大于 90％～95％，而架空和管沟敷设管道都达不到要求，其热损失远大于 10％。由于地沟不防水或防水失效，造成地沟积水，管道泡水，保温性能遭到破坏，其热损失甚至大于裸管。

为了解决供热管道地沟敷设中的种种弊端，在 20 世纪 80 年代，我国开始引进国外一些发达国家的预制保温管和直埋技术。经过研究、试验和应用，1998 年国家颁布了《城镇直埋供热管道工程技术规程》（CJJ/T 81—1998）。经过十余年的应用证明，供热管道直埋敷设技术具有良好的节能效益，主要表现为热损失小、节约能源。聚氨酯硬质泡沫塑料吸水率小于 10％，具有其他保温材料不可比拟的优越性。使用聚氨酯保温层外加高密度聚乙烯为防水保护壳，使管道具有低导热率和吸水率，可大大减少供热管道的整体热损失。

天津大学建筑设计研究院测试了"氰聚塑直埋供热管道"的热损失，比使用普通保温材料的保温直埋管道的热损失降低 40％～60％。

北京煤气热力设计院测试结果：使用聚氨酯硬质泡沫塑料管道的热损失，是使用沥青珍珠岩、水泥珍珠岩作为保温材料管道热损失的 25％～40％。

太原市热力公司的测试结果：聚氨酯硬质泡沫塑料保温管每千米温降为 1～2℃。

天津市自来水公司统计的直埋敷设和地沟敷设管道，热损失（折合煤耗）的平均比例为 1∶2.53，直埋敷设的煤耗比地沟敷设的煤耗约减少 40％。20 世纪 90 年代，全国年供热煤耗约 1.27 亿 t，如果能降低煤耗 20％，则全国每年可节煤 2540 万 t。

供热管道采用直埋敷设，有着其他方法不可比拟的优越性，具有显著的社会效益、经济效益、节能效益，这些优点是城镇集中供热管网直埋敷设得以实现的有力保证。

对采暖供热管道保温厚度，我国目前已经制定了《设备和管道保温技术通则》（GB 4272—2008）（以下简称《通则》），并已发布实施。该《通则》适用于动力、采暖、供热及一般工业部门的设备和管道。并明确规定：为减少保温结构散热损失的保温材料层厚度应按"经济厚度"的方法计算。所谓经济厚度，即在考虑年折旧率的情况下，隔热保温设施的费用和散热量价值之和为最小时的厚度。

根据《通则》的原则和精神，已编制并发布了《设备和管道保温设计导则》（GB 8175—2008）（以下简称为《导则》）。在《导则》中给出了计算保温层经济厚度的公式。民用建筑采暖管道的保温以《通则》为指导，采用《导则》中给出的经济厚度计算公式确定保温层厚度。表4-5是严寒区（A）采暖供热管道最小保温层厚度值。

表4-5 严寒区（A）采暖供热管道最小保温层厚度值（mm）

| 公称直径 | 最小保温层厚度 δ_{min} | | | | | | | | | |
| | 玻璃棉管壳 $\lambda_m = 0.024 + 0.00018t_m$（W/m·K） | | | | | 聚氨酯硬质泡沫保温管（直埋管） $\lambda_m = 0.02 + 0.00014t_m$（W/m·K） | | | | |
	热价 20元/GJ	热价 30元/GJ	热价 40元/GJ	热价 50元/GJ	热价 60元/GJ	热价 20元/GJ	热价 30元/GJ	热价 40元/GJ	热价 50元/GJ	热价 60元/GJ
DN 25	23	28	31	34	37	17	21	23	26	27
DN 32	24	29	33	36	38	18	21	24	26	28
DN 40	25	30	34	37	40	18	22	25	27	29
DN 50	26	31	35	39	42	19	23	26	29	31
DN 70	27	33	37	41	44	20	24	27	30	32
DN 80	28	34	38	42	46	20	24	28	31	33
DN 100	29	35	40	44	47	21	25	29	32	34
DN 125	30	36	41	45	49	21	25	29	33	35
DN 150	30	37	42	46	50	21	26	30	33	36
DN 200	31	38	44	48	53	22	27	31	35	38
DN 250	32	39	45	50	54	22	27	32	35	39
DN 300	32	40	46	51	54	23	28	32	36	39
DN 350	33	40	46	51	56	23	28	32	36	40
DN 400	33	41	47	52	57	23	28	32	36	40
DN 450	33	41	47	52	57	23	28	33	37	40

注 表中 t_m 为保温材料层的平均使用温度（℃），$t_m = \dfrac{t_{ge} + t_{he}}{2} - 20$；$t_{ge}$、$t_{he}$ 分别为采暖期室外平均温度下，热网供回水平均温度（℃）。

（三）控制热网运行失水率

热网补水率可以近似作为反映输送过程中失水的指标（忽略水热胀冷缩的补充）。目前热网运行补水率差别很大，在 0.5%～10% 范围内变化。正常情况下，一次网的补水率应在 1% 左右，二次网的补水率应在 2% 左右。

由于大多数供热系统都采用了间接连接方式，一次网的失水率相对稳定，二次网失水率相对较高。采用直接连接方式的供热系统失水率最高，严寒期的失水率达 10% 以上。

在热网系统中，由于管道泄漏及人为偷放的都是热水，而补充的是比回水温度低许多的冷水（一般为 10～15℃），把冷水加热到供水温度需要的热量至少是循环水所需热量的三倍（二次网运行供水温度一般为 55～85℃，回水为 40～60℃）。通过上述分析可以看到，热网系统补水不仅是水耗的问题，更重要的是热耗的问题。经测算，1% 的补水率，至少相当于 3% 的供热量，10% 的补水率至少相当于 30% 的供热量，由此可看出由失水引起的热损失非常大。

要切实有效地解决热网失水率过高的问题，把失水率控制在规范规定的范围内，需要供热企业加强管理，并对供热系统进行更新改造。采取调控手段，采用科学的调节方法，解决热力工况失调和水力工况失调的问题，做到供热达标。

（四）供热系统的供热调节

为保证供热质量，满足使用要求，并使热能制备和输送经济合理，就要对供热系统进行供热调节。根据热用户的性质不同，提供不同的负荷控制策略，使系统的供热量与热负荷相一致，实现分时、分温、分区、按需供热。

在一个供暖系统中，热用户的性质是不同的，例如，一个学校，有办公楼、教学楼、宿舍楼、家属楼、图书馆、体育馆、游泳池、车库等。由于建筑物的功能不同，所需的热量不同，供暖时间也各不相同。分时、分温、分区供热技术就是对这些不同的热用户提供不同的负荷控制策略。通过分区调节，使系统的供热量与热负荷相一致，实现按需供热、按时间段供热，达到最大限度的节能。例如：教学楼和宿舍楼的供暖需求不同，白天，教学楼需要高温供暖，且供暖时间要长，而宿舍楼就可以低温供暖，且供暖的时间相对要短；夜间，宿舍楼需要高温供暖，而教学楼就可以低温供暖；图书馆可以按照规定的开馆时间保证适宜的室内温度，其余闭馆时间仅需要低温供暖即可；对车库只要提供较低的供暖温度保证汽车的适应温度就可以了。这种分时分温分区的按需供热，既满足了不同用户的需求，又可达到十分明显的节能效果。

下面主要介绍直接连接热水供暖系统的热调节方法。

1. 质调节

在供热系统运行过程中，只改变供暖系统的供水温度，而用户的循环流量保持不变，称为质调节。

质调节供回水温度计算公式

$$\tau_g = t_g = t_n + \Delta t'_s \overline{Q}^{\frac{1}{1+b}} + 0.5\Delta t'_j \overline{Q} \tag{4-2}$$

$$\tau_h = t_h = t_n + \Delta t'_s \overline{Q}^{\frac{1}{1+b}} - 0.5\Delta t'_j \overline{Q} \tag{4-3}$$

$$\Delta t'_s = 0.5(t'_g + t'_h - 2t_n)$$

$$\Delta t'_j = t'_g - t'_h$$

式中　t_g、t_h——在某一室外温度下，供、回水温度，℃；

　　　t'_g、t'_h——在供暖室外计算温度 t'_w 下的供、回水温度，℃；

　　　　　t_n——供暖室内计算温度，℃；

　　　　$\Delta t'_s$——用户散热器的设计平均计算温度差，℃；

　　　　$\Delta t'_j$——用户设计供回水温差，℃；

　　　　$\overline{Q}$——相应 t_w 下的供暖热负荷与供暖设计热负荷之比，称为相对供暖热负荷比。

上式适用于无混合直接连接，不适用混水直接连接系统。

2. 分阶段改变流量质调节

分阶段改变流量的质调节，是在供暖期中按室外温度高低分成几个阶段，在室外温度较低的阶段中，保持设计最大流量，而在室外温度较高的阶段中，保持较小的流量。在每一阶段内，网路循环水量始终保持不变，按改变网路供回水温度的质调节进行供热调节。

$$\varphi = \overline{G} = \text{const} \qquad (4-4)$$

式中　$\overline{G}$——相对流量比。

$$\tau_1 = t_g = t_n + \Delta t'_s \overline{Q}^{\frac{1}{1+b}} + 0.5\Delta t'_j \overline{Q}/\varphi \qquad (4-5)$$

$$\tau_2 = t_h = t_n + \Delta t'_s \overline{Q}^{\frac{1}{1+b}} - 0.5\Delta t'_j \overline{Q}/\varphi \qquad (4-6)$$

$$\Delta t'_s = 0.5(t'_g + t'_h - 2t_n)$$

$$\Delta t'_j = t'_g - t'_h$$

式中　$\Delta t'_s$——用户散热器的设计平均计算温度，℃；

　　　$\Delta t'_j$——用户设计供回温差，℃。

3. 间歇采暖

当室外温度升高时，不改变网路的循环水量和供水温度，而只减少每天供暖小时数，这种供热调节方式称为间歇采暖。

作为一种辅助的调节措施，间歇采暖可以应用在室外温度较高的供暖初期和末期。当采用间歇调节时，网路的流量和供水温度保持不变，网路每天工作总时数 n 随室外温度的升高而减少。可按下式计算

$$n = 24\frac{t_n - t_w}{t_n - t''_w} \qquad (4-7)$$

式中　t_w——间歇运行时的某一室外温度，℃；

　　　t''_w——开始间歇调节时的室外温度，℃。

大庆某小区质调节案例分析：根据上述质调节公式计算供回水温度，给出大庆某小区的供回水温度随室外环境温度变化的曲线，如表4-6和图4-13所示。图表中给出了大庆某小区质调节时，供回水温度随室外温度的变化情况。表4-7和图4-14给出了分阶段改变流量质调节时，供回水温度随室外温度的变化情况。运行过程中按该曲线调节供回水温度，从而达到优化运行，节约能源的目的。

表4-6　　　　　　　　　大庆某小区质调节供回水温度的变化情况

质　调　节						
t_w（℃）	$\overline{Q}$	t_g（℃）	t_h（℃）	t_w（℃）	$\overline{Q}$	t_g（℃）	t_h（℃）
−26	1	95	70	−22	0.909091	89.29958	66.57231
−25	0.977273	93.58418	69.15236	−21	0.886364	87.85837	65.69928
−24	0.954545	92.16229	68.29866	−20	0.863636	86.41032	64.81941
−23	0.931818	90.73415	67.4387	−19	0.840909	84.95519	63.93247

质　调　节							
t_w（℃）	$\overline{Q}$	t_g（℃）	t_h（℃）	t_w（℃）	$\overline{Q}$	t_g（℃）	t_h（℃）
−18	0.818182	83.49277	63.03822	−6	0.545455	65.26309	51.62672
−17	0.795455	82.02279	62.13643	−5	0.522727	63.67506	50.60688
−16	0.772727	80.54499	61.22681	−4	0.5	62.07393	49.57393
−15	0.75	79.05909	60.30909	−3	0.477273	60.45895	48.52713
−14	0.727273	77.56478	59.38296	−2	0.454545	58.8293	47.46567
−13	0.704545	76.06174	58.44811	−1	0.431818	57.18409	46.38863
−12	0.681818	74.54962	57.50417	0	0.409091	55.52229	45.29502
−11	0.659091	73.02805	56.55078	1	0.386364	53.84276	44.18367
−10	0.636364	71.49662	55.58753	2	0.363636	52.14422	43.05331
−9	0.613636	69.9549	54.614	3	0.340909	50.42517	41.90245
−8	0.590909	68.40242	53.6297	4	0.318182	48.68394	40.7294
−7	0.568182	66.83867	52.63412	5	0.295455	46.91855	39.53219

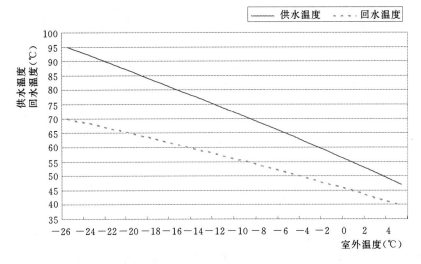

图 4−13　大庆某小区质调节时，供、回水温度的随室外温度的变化关系

表 4−7　　　　　　　　大庆某小区分阶段改变流量质调节参数变化表

分阶段改变流量质调节							
t_w（℃）	$\overline{Q}$	t_g（℃）	t_h（℃）	t_w（℃）	$\overline{Q}$	t_g（℃）	t_h（℃）
−26	1	95	70	−21	0.886364	87.85837	65.69928
−25	0.977273	93.58418	69.15236	−20	0.863636	86.41032	64.81941
−24	0.954545	92.16229	68.29866	−19	0.840909	84.95519	63.93247
−23	0.931818	90.73415	67.4387	−18	0.818182	83.49277	63.03822
−22	0.909091	89.29958	66.57231	−17	0.795455	82.02279	62.13643

续表

分阶段改变流量质调节							
t_w（℃）	$\overline{Q}$	t_g（℃）	t_h（℃）	t_w（℃）	$\overline{Q}$	t_g（℃）	t_h（℃）
−16	0.772727	80.54499	61.22681	−5	0.522727	65.85483	48.42711
−15	0.75	82.18659	57.18159	−4	0.5	64.15893	47.48893
−14	0.727273	80.59751	56.35024	−3	0.477273	62.44917	46.5369
−13	0.704545	78.9997	55.51015	−2	0.454545	60.72476	45.57021
−12	0.681818	77.39281	54.66099	−1	0.431818	58.98477	44.58795
−11	0.659091	75.77646	53.80237	0	0.409091	57.2282	43.58911
−10	0.636364	74.15026	52.9339	1	0.386364	55.4539	42.57254
−9	0.613636	72.51377	52.05513	2	0.363636	53.66058	41.53694
−8	0.590909	70.86651	51.16561	3	0.340909	51.84677	40.48086
−7	0.568182	69.20799	50.26481	4	0.318182	50.01076	39.40258
−6	0.545455	67.53763	49.35218	5	0.295455	48.1506	38.30014

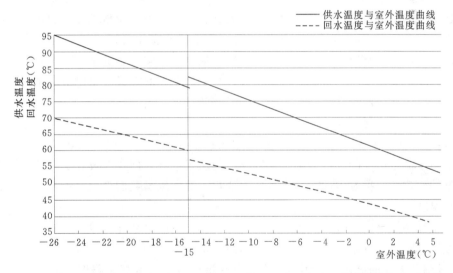

图 4-14 大庆某小区分阶段改变流量质调节供、回水温度随室外温度变化关系曲线

4. 热网实施变流量运行方式

目前，热网系统一般都采用集中质调节的方法，特别是在间接连接的系统中，二次网采用集中质调节，使系统的运行调节变得简单、方便。但在集中质调节不能满足各种运行工况要求的情况下，则必须进行一次网的变流量调节。在多种热负荷、多个热源的共网中，为了进行系统流量平衡调节，也必须实行变流量运行。此外，质调节耗电多，不利于节能，在特别大的供热系统尤为突出。

国外供热企业普遍采用量调节，其原因是，量调节循环水泵电耗最少，节能效果好。从理论分析，在管道管径已经确定的情况下，降低电耗和减少流量是三次方关系，如果流量减少30%，电耗就减少65.7%。如果供热系统保持70%左右流量运行，年电耗减少

40%左右。

量调节对于用户用热量变化影响的速度也比质调节的快。质调节的温度变化从热源到用户的传送速率是以流速进行的，管道中水流速为 $1\sim 2\mathrm{m/s}$，传送到 1km 远的用户的时间是 8 分 20 秒～16 分 40 秒；如果传送到 10km 远的用户则需要 $1.5\sim 3\mathrm{h}$；如果水流速低，传送时间将会增加。而量调节则是以声速传送，其响应几乎是同步的。

在很多供热系统中，一般都采用多水泵并联的方式来实现运行调节中变流量的要求，但这种方法调节范围小、耗电多，效果并不十分理想。变速水泵的出现，使供热系统实现无级变流量运行成为可能，而且省电效果显著。若对供热系统一次网循环水泵进行变频调速，则经济效益会更好。

因此一次网采用量调节是未来的发展趋势，量调节采用变速循环水泵，每年可降低电耗 40%左右。

(1) 变流量系统的优点。由于恒流量系统在大型供热系统中的缺点越来越明显，热源供水温度的变化需数小时甚至十几小时才能影响到热用户，而且使用定速水泵和不变的循环水量，即意味着在低负荷下仍消耗高的电量，运行费用高。

对现代化的大中型供热系统，在计量收费的条件下，所需热量和流量由用户自行决定，快速响应的变流量系统最能适应这样的要求。因为管道中流量变化引起压差改变，压差在管道中以大约 $1000\mathrm{m/s}$ 的速度传播，因而热需求的变化可以通过流量的改变得到满足。相应的，由于水泵电耗与水泵转速的三次方成比例变化，改变水泵转速将大大降低运行费用。同时，对系统实行科学管理，实现计算机调度和监控又给量调节实施提供了必要的保证条件。因而变流量系统技术上可行，经济效益好。

(2) 变流量系统运行参数的选择和比较。

1) 参数选择。大中型供热系统一般采用间接连接，一、二次网的热量是通过热交换器来传递的，流量调节和控制必须考虑换热器的动态特性，即在非设计工况下的换热器特性。流量的变化将使换热器的传热系数发生变化，而传热系数的变化又影响一次网的流量和供回水温度。

对于小型供热系统，包括热力站二次网系统，与热用户系统一般都采用直接连接。在直接连接系统中，不宜采用流量变化较大的纯量调节。

2) 量调节方式的比较。当固定一次网供水温度时，流量变化程度较大，有利于减少管网传输损耗和换热器阻力损耗。而且控制温度为恒定值，比较简单和易于实现。当由于流量变化幅度大带来换热器热力工况失调，在热负荷减少到一定程度时应减少换热器的投入台数，相应使热力站控制复杂程度有所增加。总的来说该方法经济可行，是比较好的量调节运行方式。

分阶段改变一次网供水温度的调节方式，是为了从根本上减少流量变化的幅度，减少热力失调度，通过降低供水温度达到此目的。这种调节方式技术上可行，但由于分阶段改变供水温度，增加了控制难度，而且流量大于供水温度恒定的调节方式，使运行费用较高。

固定一次网供回水温差的调节方式。供回水温度随热负荷的降低而减少。这种情况下，换热器失调度较小，换热效果易于保证。但流量相对加大，使换热器阻力损失增加了

16%，三种方式中它的运行费用最高，而且一次网供回水温度同时改变，控制难度也最大。

（3）变流量系统的经济分析。供热系统变流量可以通过两种方法来实现，一种是改变水泵出口阀门开度；另一种是通过改变水泵转速来改变输送到用户的流量。前者的缺点是：当调节阀门时，阀门必须承受大部分水泵多余的压头，意味着大量电能消耗在阀门节流里，而且由于控制阀门在开度很小时，其控制特性一般较差，会造成控制品质的恶化。后者的优点是不存在牵制的问题，而且可以节省大量电耗。因此为了保证供热品质和节能效果，应该选择变流量系统和使用变速水泵。

（五）耗电输热比

一般情况下，耗电输热比，即设计条件下输送单位热量的耗电量 EHR 值应不大于按下式所得的计算值

$$EHR = \frac{N}{Q\eta} \leqslant \frac{A(20.4 + a\sum L)}{\Delta t} \qquad (4-8)$$

式中　EHR——循环水泵的耗电输热比；

　　　Q——建筑供热负荷，kW；

　　　η——电机和传动部分的效率，应按表 4-8 选取；

　　　N——水泵在设计工况点的轴功率，kW；

　　　A——与热负荷有关的计算系数，按表 4-8 选取；

　　　Δt——设计供回水温差，应按设计要求选取；

　　　$\sum L$——室外管网主干线（包括供回水管）总长度，m。

α 的取值如下。

当　　　　　　　　　　$\sum L < 400\text{m}$，$\alpha = 0.115$

　　　　　　$400\text{m} < \sum L < 1000\text{m}$，$\alpha = 0.0092$

　　　　　　　　　　　$\sum L > 1000\text{m}$，$\alpha = 0.0069$

电机和传动部分的效率及循环水泵的耗电输热比计算系数如表 4-8 所示。

表 4-8　　　　　电机和传动部分的效率及循环水泵的耗电输热比计算系数

热负荷 Q（kW）		<2000	$\geqslant 2000$
电机和传动部分的效率 η	直联方式	0.87	0.89
	联轴器连接方式	0.85	0.87
计算系数 A		0.0062	0.0054

三、热用户节能

热用户是热力系统的重要组成部分。热用户除采用必要的保温墙体、保温屋面和节能门窗外，还应力求使热媒所携带的热量最大限度地散发到用热体内，提高热能的利用效率。

1. 树立热是商品的观念

长期以来我国大部分地区实行的是福利制供暖，耗热多少与用户利益无关，因此热用户节能的积极性不高。为适应市场经济发展的要求，应积极采用热量表、热量分配表等计

量设备，逐步建立和完善对热用户按耗热量收费的体系。发达国家采取供热计量收费措施，可节能20％～30％。我们也只有遵循经济规律，把热作为商品，由用户自行控制使用，才能调动广大热用户节能的积极性。

2. 积极推广分户双管系统

随着热表到户、计量收费的实施，单管顺序式系统既不能安装温控设备，又不能进行用热计量的弊病已开始凸现，因此采暖系统中不宜再采用。随着散热器温控阀的问世，热水采暖双管系统垂直失调迎刃而解，双管系统便于热计量、量调节和分户控制。因此应更新观念，积极推广分户双管系统，为实现热用户计量收费创造条件。

第三节　分户热计量技术

我国根据建筑节能的发展需求，颁布了《建筑节能（采暖居住部分）设计规范》（JGJ 26—1995），提出了新建建筑节能50％的目标。这一目标的实施过程分解为，建筑本体节能30％、供热系统节能20％。目前，我国提出了更高的建筑节能目标，中华人民共和国科学技术部中国科学技术促进发展研究中心国家技术前瞻研究组，已将建筑节能列为从现在开始今后10～20年能源领域的九大前瞻技术之一。黑龙江省于2008年颁布了《黑龙江省居住建筑节能65％设计标准》，其他地区也相继出台了建筑节能65％的地方标准。由此可见，建筑节能是我国未来10～20年能源领域重点解决的问题。

传统的热计量收费方式是按供暖面积，每平方米收取固定的供暖费。这种收费方式不利于用户根据自己的热需求合理地支配使用的热量，造成热量的浪费。因此，供热系统实行供热计量已是当务之急。

实行供热计量收费有很多优点：首先，分户热计量有利于每户按照自己的需要控制和调节热量，可以提高热舒适性；其次，利用分户计量的自控可调特点可以节约一部分热量，在不需要的时候甚至可以自行切断用热；再次，采用分户热计量按热收费有利于提高人们的节能意识，实现管理节能。根据发达国家的经验，采取供热计量收费措施，可节能20％～30％。

一、国内外热计量进展

（一）国外热计量进展

欧洲国家，特别是北欧国家，从20世纪70年代能源危机以来就十分重视建筑节能工作，并制定了有关的政策、法规以及相配套的技术措施。国外发达国家的集中供热系统均为动态的变流量系统，其调节与控制技术先进，控制手段完善，设备质量高。通常一次管网所提供的热量在热力站交换成二次采暖热水和民用生活热水。在热力站的二次水系统中均安装有变频调速的水泵、压差控制器、电动调节阀、气温补偿器以及回水温度限制器等设备，并有一整套成熟的供热系统运行模式。集中采暖按热量计费是世界各国的发展趋势，也是各国节能环保的一项基本措施。与此同时，集中采暖按热量计费的相应技术也得到进一步发展，采暖系统的动态调节更加先进，计费技术也更加可靠和准确，整个采暖热量计费装置向小型化、计算机化发展。

西欧国家为了节约能源，在采暖系统中安装自动控制装置，使用户能够充分自由调节，提高了室内舒适度。同时普遍采用计量热量收费制度，取得了良好的节能效果。随着20世纪80年代环境问题日益突出，西欧国家政府和公众对供暖分户计量的认识又进一步上升到环境保护高度。多年来，欧洲国家关于供热计量的政策规范及技术在实践中不断补充完善，计量与温控技术亦日臻成熟。

德国、丹麦、芬兰等国家在热用户室温控制的技术水平和设备上代表了当今世界的先进水平。目前德国约98％的公寓住户根据计量的热耗支付热费。丹麦从20世纪80年代开始按热量收费，分户热计量有几十年的历史。在芬兰，楼栋热计量是最普遍的热计量方式，77％住宅通过楼栋及热力站与区域供热外网相连。每栋楼装有一个带气候补偿器的独立式热交换站，根据室外温度控制采暖温度，散热器上装有恒温阀以控制室内温度。

1. 丹麦

丹麦在20世纪60年代，家庭采暖也是按建筑面积收费，到了70年代，改为按流量收费，到了80年代，根据法律规定，又改为按热量收费。目前，丹麦的建筑物室内采暖管网均为双管系统，独户住宅一般用水平双管系统，公寓房屋则一般用垂直双管系统。这种双管系统可将各散热器并联起来，每个散热器的供水管处都安有温控阀，使各散热器能分别进行调节。热计量方式有分户热量表计量及整栋楼用热量表加分户热量分配表计量两种，由中介性的能源服务公司按热量表提供的资料计算热费。

2. 德国

20世纪80年代，德国开始应用热计量的技术推广建筑节能。一方面在新建建筑上推荐按户分环、分户计量的方法，另一方面在当时已有的建筑上采用了楼栋总表加热分配表的模式。至今为止，大约2/3的住宅（旧住宅）采用了楼栋总表加热分配器的方式，大约1/3的住宅（基本为新建住宅）采用了直接安装户用热能表的方式。目前，德国大约有1200万只热能表在实际运行中，每年新装或更换的热能表总数超过了100万只。由区域供热公司负责供热到建筑，能源计量服务公司负责建筑内的热计量和收费。

3. 芬兰

芬兰的供热计量不同于德国、丹麦，其独到之处是热量计量到楼。公寓式住宅的室内采暖系统都是垂直双管系统，一般安装散热器恒温阀或手动调节阀，但不强制安装，不影响住宅的建筑布局和结构荷载，又不需安装室内计量装置，减少了供热计量投资。没有按户分环的户内系统，垂直立管和水平干管，一般不安装流量控制装置，换热站控制简单易行。房屋管理公司根据楼用热量表读值，按面积向各户分摊热费。芬兰的供热公司按照市场规律管理经营，向消费者提供热商品。供热公司与热用户签订供热合同，按照合同规定提供热给用户，用户按照合同规定按月交纳热费，年底结算，多退少补。对公寓式住宅，供热公司通常是按照在楼内热力站安装的热量表与公寓房屋管理公司进行热量结算，然后房屋管理公司按面积向住户收取热费。楼用热量表读数是该楼房屋管理公司与区域供热公司热量结算的依据。

4. 波兰

由于受苏联的影响，波兰原有的供热系统和我国十分相似，其改革成功的经验值得借鉴。波兰的城市以集中供热为主，住宅采暖以双管系统为主，只有少部分采用单管系统。波兰的房屋过去流行混凝土砌块建筑（达90％），保温不良，热损失很大，因而建筑节能工作远远落后于西方国家，供暖及生活热水单位建筑面积能耗为发达国家的两倍左右。供热采暖按建筑面积收费，采暖收费的差额由国家财政部补贴。转入市场经济后，政府明确提出了建筑热工与供热现代化的方案，不仅对不少既有建筑的围护结构，而且对供热系统的热源、热网和热用户也同时进行技术改造。波兰目前重视室内采暖系统的改造，主要的方法是加装散热器恒温阀，按用热量收费，并使水系统从开放式改为封闭式，使补水量大大降低。1992 年热计量公司开始进入波兰，1995 年开始大量引进热量分配表，采暖系统依用户用热量来计量热费。到 1998 年城市建筑中已有 40％装有总热量表，15％的用户安装有恒温阀，13％的建筑装有热量分配表，10％的既有建筑进行了节能改造。采暖收费模式从按建筑面积收费变为按热量收费，对装有总热量表，但未安装户用热表建筑物，按用户建筑面积分摊热费。而且每年的热价随上年度的实际成本变化而变化，形成了可持续发展的良性循环。各热用户应缴热费由专门的能源服务公司负责计算，服务公司的劳动报酬由热力公司提供。1999 年 1 月波兰设立能源管理办公室，负责对热价进行协调。按照政府的安排，在建筑物中安装热表的工作在 2001 年全部实现。安装热表之后，按照实际用热付费。到 1999 年底，所有住户都按实际用热付费。

（二）国内热计量进展

最近几年，为了解决收费难和供热系统节能问题，国内供热行业开始旨在改进室内采暖系统，实现分户供热按热计量收费的研究和试验，以节约能源，减轻环境污染，促进供热行业向市场经济转化。

相对于欧洲国家，我国对集中供热按户计量的研究刚刚起步，对具体计量方式的研究尚处于摸索阶段。为了进一步在实践中探索集中供热按户计量在中国的可行性，国家出台了一系列相关政策。2000 年 2 月 18 日，建设部发布了"76 号令"——《民用建筑节能管理规定》。规定中提出："新建居住建筑的集中采暖系统应当实行供热计量收费"，"鼓励发展分户热量计量技术与装置"。2003 年建城〔2003〕148 号《关于城镇供热体制改革试点工作的指导意见》的通知要求北京、天津、河北、山西、内蒙古、黑龙江、吉林、辽宁、山东、河南、陕西、甘肃、宁夏、青海、新疆等省、自治区、直辖市人民政府，新疆生产建设兵团，解放军总后勤部进行改革试点。要求停止福利供热，实行用热商品化、货币化。2005 年 12 月 16 日，建设部、发改委、财政部等八部委联合下发建城〔2005〕220 号《关于进一步推进城镇供热体制改革的意见》，提出"原则上各地区可用两年左右的时间实现供热商品化、货币化"。

2007 年建设部下发了落实《国务院关于印发节能减排综合性工作方案的通知》的实施方案，明确了 2007 年将推动北方采暖地区 1.5 亿 m^2 既有居住建筑供热计量及节能改造。实施方案指出，到"十一五"期末，建筑节能要实现节约 1 亿 tce 的目标。其中，通过对北方采暖地区既有建筑实施热计量及节能改造，实现节能 1600 万 tce；加强新建建筑节能工作，实现节能 6150 万 tce；加强国家机关办公建筑和大型公共建筑节能运行管理与改造，实现节能 1100 万 tce。

此外，建设部还建立了大型公共建筑节能监管体系，在北京、上海、天津、重庆等 32 个示范省、直辖市开展国家机关办公建筑和大型公共建筑的能耗统计和能源审计工作，公示一批国家机关办公建筑和大型公共建筑基本能耗情况。在此基础上，研究制定用能标准、能耗定额和超定额加价、节能服务等制度。2007、2008 两年逐步在全国范围内推开，其中省（自治区、直辖市）、省会城市、计划单列市今年全部实行，地级城市 2009 年全部实行。

自 1998 年始，我国相继在北京、天津、大连、唐山等城市进行了供暖分户计量节能试点实验。从实验的情况看，基本达到了预期效果。1999 年 5 月，建设部建筑采暖计量收费考察组对波兰、丹麦进行了考察，形成考察分析报告，对我国推行分户计量收费具有指导意义。2000 年 2 月 18 日建设部发布的第 76 号令明确指出，自 2000 年 10 月 1 日起，新建建筑应采用双管系统，实施计量收费。"供一份热，收一份钱"的新型供热理念迅速得到推广，传统的福利供热观念逐渐淡出了历史的舞台。在国家确定了重点的试点城市后，天津、烟台等城市相继出台了地方法规，对实施供暖系统的改造和计量收费做出了明确的规定。由此，全国范围内的供暖分户计量改造与推广工作逐步展开。

1. 北京

1998 年，由联合国计划开发署投资，北京建筑设计院设计，在北京市西三旗的新康小区进行节能供热系统的示范工程建设。示范工程合计 4 栋楼，150 户住宅，面积 11346m²。该项目采用两种形式加装温控阀，控制室内温度。一种是安装连接在散热器的支管上，控制每个房间的温度；另一种是安装在入户的暖气总管上（这仅适用于每户一个采暖系统的住宅），一户中各个房间的温度遵循一个规律变化。其中，在 B1 楼的每户中，安装了户用热表，用于计量每户的热消耗。在 C1 楼，采暖系统采用的是传统双管系统，在采暖系统入口安装热量表，每个散热器上安装热量分配器进行热量分摊。

示范工程和传统供热系统相比较：其中 B1 楼方式，计量投资为 31500 元，回收期为 1 年。按照节能率为 20% 计算，投资回收期为 2 年。C1 楼方式计量投资为 89300 元，回收期为 2.8 年，按节能率为 20% 计，则回收期为 5.6 年。节能效果显著，投资回收期也可以接受。

由于北京公建面积总量大，比重高，而且还呈逐年增加的势头。北京市热计量试验和试点工作从 2003～2004 年采暖季开始，先后在崇文、东城、朝阳选择了 7 个小区内的 2002 年以后新建建筑进行热计量试点，面积共 22 万 m²；2004～2005 年采暖季，又针对不同年代建筑（1950～2003 年）、不同热源形式、不同保温做法的建筑进一步扩大完善试点，增加计量仪表，测试不同规模区域管网效率及水泵电耗等指标，试点区域达 15 个，试点面积累计达 177 万 m²；2005～2006 年采暖季，进一步对城区 18 个住宅小区进行了热计量试点试验和研究工作，涉及供热面积 191 万 m²。

2007 年 2 月，北京市正式下发《关于对部分公建用户试点实施热计量价格的通知》，并在 2006～2007 采暖季对部分公建实施了按热计量收费。按热计量收费总面积达 366.2 万 m²。此次实行的热计量试点价格分成两部分，基本热价按照用户建筑面积征收，热价标准为 12 元/建筑 m²，计量热价确定为 0.16 元/(kW·h)。北京市热力集团 2006～2007 采暖季的试点结果表明，366.2 万 m² 按热计量收费比按建筑面积收费节约热费 2201.27 万元，扣除管理费，热计量收费的平均值为 17.17 元/m²。

2010 年北京完成 35% 既有居住建筑热计量改造，并且完成 70% 以上的老旧供热管网及户内实施更新改造，同时安装跨越管、温控阀，使建筑具备热计量条件。并规定 2008

年 1 月 1 日新竣工的公共建筑一律实行按热计量收费。

2. 天津

我国实施供热计量收费最好的是天津。1997 年，天津市南开区供热办公室、丹佛斯（天津）有限公司和诺培卡彻能源服务公司在天津南开凯立住宅小区进行采暖建筑节能示范项目试验。在凯立花园小区 5 万多 m² 的建筑面积内，安装了采暖节能设备和热计量分配表，室内采暖系统采用单管加跨越管，散热器上加装丹佛斯的散热器温控阀。设计中共使用了 3300 多个温控阀和热计量分配计。对其中 100 多组散热器进行了热量统计和分析。该系统节能效果明显，其中经常根据室内需求调节温度的节能效果为 30％，常温保持在 16℃的节能效果为 24％，常温保持在 20℃的节能效果为 10％。由于加设了温控阀，充分利用了太阳能及人体散热，温控阀自动调节了室温，提高了室内舒适度。

2000 年 10 月，天津市出台了供热体制及收费制度改革方案，拉开了天津市供热体制改革的帷幕。具体做法是：取消热费单位报销制，并将暗补改为明补；在兼顾各方利益的前提下，采取政府和单位补一点，供热企业降一点，老百姓个人掏一点的做法。①用热居民与供热单位签订合同，由个人交付全部采暖费；②下调供热价格，热价由 18.5 元/m² 降到 15.4 元/m²，供热单位承担供热改革的差价；③增发供热采暖补助费，在原有基础上由单位增发供热补助费 185 元/人，并对优抚对象和下岗职工减免采暖费。2004 年，天津市对供热收费制度进一步进行了规范。随着供热成本的增加，热价由 15.4 元/m² 涨到 20.0 元/m²，降低了供热企业的负担；对于优抚对象、下岗职工和低保户，采暖费改为先由用户自己交费，再到街道民政部位报销的做法。在改革方案出台后，由于措施得力、工作到位，改革得到了广泛的理解和支持，取得了令人满意的结果。

2006 年天津市供热办制定了《2006 年供热计量试验工作计划方案》，明确了 2006 年供热计量工作目标、工作内容和进度计划。对 2006 年 8 月以前竣工入住的新建住宅项目进行了拉网式普查，从 871 万 m² 项目中筛选确定了条件相对较好的 34 个住宅小区（300 万 m²）的新建住宅进行了供热计量试验，其中 15 个住宅小区（100 万 m²）进行计量收费试验，19 个住宅小区（200 万 m²）进行抄表试验。计量方式为户用热量表为主，热分配表为辅。

在以往供热计量热价研究的基础上，结合 2005 年 200 万 m² 供热计量试验数据的分析研究，完成了《制定天津市住宅采暖供热计量热价及相关政策研究》课题，提出了天津市 2006 年推行供热计量的热价方案。2006 年 8 月专家对该研究成果进行了鉴定，经专家评审，该项研究成果达到了国内领先水平，获得了专家的一致好评。2006 年 11 月，天津市出台了《天津市住宅供热计量收费暂行管理办法》，确定了 2006～2007 年收费试验项目采用两部制热价及相应的热费结算办法。并形成了统一的《天津市住宅计量供用热合同》，明确供热单位和用户之间的法律关系，为供热计量试验的稳步推进奠定了基础。

截止到 2011 年 5 月，天津市供热面积 2 亿 3700 万 m²。3300 万 m² 实现供热计量，其中 1800 万 m² 计量收费，1500 万 m² 抄表试验。供热计量的节能率为 7％～11％。

3. 大连

1998 年，建设部建筑设计院针对大连市经济技术开发区采暖费收费率低的情况，进行了供热系统计量技术与计量收费措施的课题研究。该课题主要从三方面进行了研究：现有的系统改造方案和相应的供热计量手段；针对新建筑，选择了一座位于大连市区的六层标准住宅楼，提出了三种不同采暖方案，对每种方案进行详细分析，给出其供热系统形式和相应的供热计量手段；重点分析了热入口装置。对于现有建筑供暖系统的改造应加装跨越管、温控阀等。通过测试发现，改造后，传统的单管系统上热下冷的垂直失调问题得到缓解。对于新建住宅，综合比较了三种方案：①管式分户水平串联，入口设热水表，锁闭阀；②双管式分户跨越式串联，入口设热水表、锁闭阀、散热器设温控阀；③双管式分户水平串联，入口设热量表，锁闭阀，散热器设温控阀。其中，除第一种方案是以收费为目的的过渡方案外，其余两种方案都是在满足收费管理的前提下，进一步达到了舒适与节能的目的。但后两种方案相比较，第二种方案因调节时流量变化不大，其主要节能效果在热源热量的节约；第三种方案则因其调节时流量变化，除节约能源的热量外还可以节约循环水泵的电能，但这需要热源部分有变频调速装置，增加了初投资。因此，在确定方案时，应该根据外网形式、投资情况等因素，经过技术经济比较后择优选择。

数据统计表明：2007 年，新建建筑安装 12 万 m^2；2009 年，新建建筑安装 11.75 万 m^2，热量表及温控阀全部进口，已计量收费。公建基本上都是节能建筑，公建增加热力口调控装置，个别还要单独控制，不是一个供热回路，控制方便。并要求新建的建筑要求必须带远传。既有建筑改造：2009 年、2010 年为 500 万 m^2，"十二五"报 100 万 m^2，新建建筑一律热表计量，两年保修维护期，然后收费，收费标准为居住建筑按建筑面积 28 元/m^2，公共建筑按建筑面积 33 元/m^2，供热 153d（11 月 5 日到次年 4 月 5 日）。

4. 唐山

唐山市的新建建筑供热计量改革经历了两个阶段：一是试点示范阶段。2000 年起，要求所有新建居住建筑必须预留热表安装位置；2002 年，选择了丽景琴园小区实施了供热计量试点；2005 年，又积极申请建设部/世界银行"供热改革与建筑节能"项目，最终唐山的鹭港小区成功入选。试点示范给唐山带来了技术和经验的积累。二是全面实施阶段。在试点示范工程取得成效的基础上，2007 年 10 月 1 日起，唐山市要求所有新建居住建筑必须同步安装供热计量及温控装置，而且将其作为工程竣工验收的一项重要指标进行监督。

对于既有建筑的供热计量改造，唐山市采取了分类实施的原则。2007 年，首先要求大型公共建筑安装供热计量装置，实现计量收费。通过两年的努力，到 2009 年底，全市 330 万 m^2 的大型公共建筑基本安装了热计量表具，实现了用热计量收费。2008 年，在中德政府间合作"既有建筑节能改造"项目在唐山市取得成功的基础上，唐山又大范围的实施了既有居住建筑供热计量改造，截止到 2010 年底，全市累计完成居住建筑供热计量改造项目 1741 万 m^2。其中综合改造 356 万 m^2，计量改造 1385 万 m^2。

唐山认真落实住房和城乡建设部及省各项政策要求，结合实际，配套出台了一系列政策措施，引导和保障供热计量改革和建筑节能改造顺利进行。第一，配套热费制度改革政策。围绕落实"两改一保"，建立了"谁用热、谁交费"的供热收费制度，停止福利用热，2005 年出台了采暖补贴标准，热费补贴由"暗补"变"明补"，由用热户全额交纳热费，实现了用热商品化、货币化。第二，实行两部制热价。2007 年，出台了两部制热计量收费政策，基本热费和计量热费各占 50%，现行热价标准为基本热价：9.75 元/m^2，计量热价：0.11元/(kW·h)。第三，配套供热计量改革和建筑节能政策。先后出台了《推进供热计量工作实施方案》、《关于加强热计量管理的通知》、《关于公建单位实施供热计量改造相关工作的意见》等政策性文件，明确供热计量改造的目标任务、实施步骤和保障措施，用制度规范行为，靠政策调动积极性。

二、供热计量方式的种类及其优缺点

欧洲各个国家热计费方式有所不同，在欧洲有不同类型的供热收费合同制。供热收费合同是供热企业与用户之间达成协议的条款，依据二者之间形成的供需合同关系，进行具体的热费计算。目前，常见的热计费方式基本上可以划分为以下五种。

（一）楼栋热表计量

通过测定楼栋热量总量按照面积确定用户的用热量。该方法将整个楼栋的热耗由安装在热入口（即与二次网、热交换器或供整个楼栋的锅炉的连接处）的一块热量表计量。每户按总表值、建筑面积、楼层比例合理分摊热费。

芬兰、瑞典等国家广泛采用楼栋总表并按面积分摊的计量方式。楼栋分摊法收费模式有其优点，同时也存在缺点，其优缺点如下：

优点：建筑供暖入口的楼栋热量计量值，是整个建筑实际得到的热量，也是供热企业向热用户提供的实际热的数量，应作为确定该建筑物供暖费的基本依据。按照楼栋计量值和国家批准的采暖热量价格进行结算，就从根本上将吃大锅饭的按面积收费，改变为商品化、货币化的按热量收费。强调楼栋计量，可以比较准确地显示建筑的采暖能耗，体现出节能建筑的经济效益，有力地推动建筑节能。在楼栋总热费的基础上，分户计量只是为了提供各户之间供暖费分配比例的依据。楼栋计量给热计量提供了一种简便的适应中国现阶段国情的一种计量方式。

缺点：在楼栋计量的基础上实现面积分摊，将不同位置的用户耗热量及输送管道的耗热量不加区分的平均分摊，用户的节能行为不能与自己的切身利益密切相关，节能效果不明显。

由于房间传热及房间位置等因素对计量收费的影响未能得出统一的修正意见，因此进行楼栋计量是一个较为现实而简便的方式。

（二）户用热表计量

直接测定用户从供暖系统中取得的用热量。该方法需对入户系统的流量及供回水温度进行测量，需要在楼栋安装热计量总表，户内安装户用热计量表（插卡式带锁闭功能的预付费型热计量表、超声波热计量表等）。每户按总表值、户表值、楼层比例合理计量和分摊热费。德国、丹麦部分地区采用户用热量表计量，户用表计量收费的优缺点如下。

优点：对新建建筑一次性室内采暖系统更新到位，采用按户计量可以对每户热量进行较为精确的热量计量。尽管由于户间传热等使户表热值并不是用户实际所消耗的热量，但在高精度的热表计量基础上进行适当的修正是可以反映用户实际耗热情况的。该种方式可以让用户对所耗热量有个直接明确的认识，较易理解与接受，再配上温控调节装置就可以按需供热，调动用户的节能意识，便于收费管理，节能效益明显。

缺点：对于既有建筑，由于大部分不是按户分环系统，不能分户进行热量计量，因此要改造成适应按户计量的室内采暖系统。而这些就需要进行管道更新，这就带来了很大的困难。其一是由于室内装修的存在，给施工带来很大不便，用户也难以接受，其二是用户可能需要承担部分费用。

（三）热分配表计量

通过测定用户散热设备的散热量来确定用户的用热量。该方法除了计量整栋楼的热耗外，户内每个散热器的散热量由热量分配表计量。整个楼栋的热费部分根据采暖面积，各用户用热量根据热量分配表的读数进行分摊。目前热分配表有两种，蒸发式热分配表和电子式热分配表。

1. 蒸发式仪表分摊法

该法是利用液体蒸发量与散热器放出的热量之间的关系来进行热量计量的。该法认为，散热器的散热量是与供回水平均温度和室温之差成函数关系的，而散热器的散热量又与液体蒸发量有关。该法基本能反映楼内的每个用户实际的耗热量，将室内管道散热量和用户放水耗热按每组散热器的散热量进行了均摊。

2. 电子式仪表分摊法

该法是利用测量散热器放出的热流或测量供回水平均温度与室温之差，来进行供热量计量的。此法同蒸发式仪表分摊法一样，基本上能反映楼内的各个用户实际的耗热量。

热分配表计量在德国应用较多，大约2/3的住宅（旧住宅）采用了楼栋总表加热分配器的方式。热分配表计量的优缺点如下。

优点：无需对现有系统进行改造，可适用于现有的散热器采暖系统；初期投入成本、安装等方面表现得便捷又便宜；费用分摊方法灵活，可按用户的要求对位置不利的房间进行费用分摊补偿。

缺点：不便于用户监督，用户只能看到自己的采集器的数据，而无法得知对应的实际用热数量，更无法知晓热费究竟是怎样计算出来的；防作弊性差，由于进行累积和分配计算的计算机和软件系统不属于计量器具（国家质检总局有函件说明），对其计算中的可靠性缺乏外界的有效监督，用户更不可能对各户的全部数据进行有效的记录、统计并核算。而且计算机由于控制在供热单位单方手中，是否在软件或数据中做手脚，外人无法得知。可见，其计算结果的真实性可靠性均存在缺陷，特别在有争议的情况下不便于举证和调查，不适用于地板辐射采暖系统。

（四）流量温度法热计量

该计量方法工作原理：在楼栋入口安装一块楼栋热计量表，计量楼栋总供热量，通过无线或有线方式传到数据中心。在每个热用户回水管道上安装一个流量控制器，流量控制器设定的初始流量与每户的供热负荷相一致。在每个热用户的采暖系统回水总管上设置温度传感器，每户设置室内温度传感器，每个单元设置供水温度传感器，每个单元楼道内设置温度采集显示箱。采集的供回水温度及室内温度通过无线方式发送到数据中心进行热量计算分摊及存储。在数据监测计量中心，数据通过网络共享，供热公司可以随时查看供热用户的数据信息，即室内温度，供回水温度，设备的工作情况。

优点：计量出的每户热量是按照用户室内温度的高低进行热费分摊，符合公平的原则，也省去了由于房间的位置不同而进行的各种修正，计量的热量可直接进行收费，做到了相同面积的用户，在室温相同时，热费相等。热费分摊结果人们容易理解和接受，消除了热量分摊中用户散热器数量、型号及安装条件对计量结果的影响。可同时测量室温,方便热源或热力站的运行管理和运行调度。新建建筑及既有建筑热计量改造,只需要在管井内进行设备安装,施工及安装简单方便。

缺点:由于室温是判断热用户耗热的唯一标准,因此室内温度的测取尤为重要,但是由于用户装修的限制,对温度的测量不可能完全符合建筑物室内平均温度的测量要求,会带来较大的误差。且由于不能遏止用户开窗散热,这就会导致用户不会主动采用温度调控装置主动进行室温调节,该法计量原理简单,但开窗散热无法计算,不利于节能。

(五)通断时间面积法

通断时间面积法是以每户的供暖系统通水时间为依据,分摊建筑的总供热量。对于按户分环的水平式供暖系统,在各户的热力入口处安装室温通断控制阀,对该用户的循环水进行通断控制来实现该用户的室温调节。同时在各户的代表房间里放置室温控制器,用于测量室内温度和供用户设定温度,并用这两个温度与设定值之差,确定在一个控制周期内通断阀的开停比,并按照这一开停比控制通断控制阀的接通时间,按照各户的累计接通时间结合供暖面积分摊整栋建筑的热量。

优点:应用比较直观,可同时实现室温控制功能,适用于按户分环、室内阻力不变的供暖系统。

缺点:测量的不是供暖系统提供给房间的供热量,而是根据供暖的通断时间来分摊总热量,两者之间存在着差异。如散热器大小匹配不合理,或者散热器堵塞,都会对测量结果产生影响,造成计量误差,该方法不能实现分室的温控。

(六)温度面积法

该方法是利用所测量的每户室内温度,结合建筑面积来对建筑的总供热量进行分摊。其具体做法是,在每户主要房间安装一个温度传感器,用来对室内温度进行测量,通过采集器采集的室内温度经通信线路送到热量采集显示器;热量采集显示器接收来自采集器的信号,并将采集器送来的用户室温送至热量采集显示器;热量采集显示器接收采集显示器、楼前热量表送来的信号后,按照规定的程序将热量进行分摊。

优点:这种方法的出发点是按照住户的平均温度来分摊热费。如果某住户在供暖期间的室温维持较高,那么该住户分摊的热费也较多。它与住户在楼内的位置没有关系,收费时不必进行住户位置的修正。应用比较简单,结果比较直观,它也与建筑内采暖系统没有直接关系。所以,这种方法适用于新建建筑各种采暖系统的热计量收费,也适合于既有建筑的热计量收费改造。

缺点:无法避免热用户开窗散热,会导致用户不会主动采用温度调控装置主动进行室温调节。

(七)户用热水表方法

这种方法以每户的热水循环量为依据,进行分摊总供热量。该方法的必要条件是每户必须为一个独立的水平系统,也需要对住户位置进行修正。

优点:通过热水流量计量,简单、方便。

缺点:由于这种方法忽略了每户供暖供回水温差的不同,在散热器系统中应用误差较大。所以,通常适用于温差较小的分户地面辐射供暖系统,已在西安市有应用实例。

三、热量计量仪表

(一) 热量表

热量表是通过对热媒的比焓差和质量流量在一定时间内的积分进行热量计量的，采用如下公式运算

$$Q_g = \int KGc_p(t_g - t_h)\mathrm{d}\tau \qquad (4-9)$$

式中　　Q_g——供热系统向热用户供给的热量，J；

　　　　G——热媒的体积流量，$\mathrm{m^3/h}$；

　　　　c_p——水的定压比热容，$\mathrm{J/(kg \cdot ℃)}$；

　　t_g、t_h——热媒流经热用户的进、出水温度，℃；

　　　　$\mathrm{d}\tau$——时间间隔，s；

　　　　K——水的密度和比热的修正系数。

因为流量计测的是体积流量，换算成质量流量时，应考虑水的密度随温度的变化。同理，水的比热随水温的不同也不同，对于供回水温度不同的两个工况，即使温差相同，所携带的热量也不同。

热量表的测量原理明确，测量数值准确，而且直观、可靠、读数方便，技术比较成熟。我国已有相应的行业标准《热量表》（CJ 128—2007）。

(二) 热分配表

1. 蒸发式热分配表

蒸发式热分配表固定在散热器表面上，热分配表内的测量液体由于散热器表面的热效应而蒸发。对于某一确定的测量液体，其蒸发速度与散热器的表面温度密切相关，散热器表面温度越高液体蒸发越快。某一段时间内测量液体的蒸发量表征了散热器表面温度对时间的积分值，实际上也是反映了散热器的散热量的相对大小。但是其读数并不能直接得出散热器的散热量值，必须把楼用总热量表的读数及与该热量表连接的所有热分配表的读数联系起来，才能得到每个散热器的实际散热量。

由于蒸发式热分配表的测量结果只和散热器的温度和时间有关，其他因素的不同并不能体现出来，因此要对热分配表的读数进行修正才能参与用户用热量的计算。一般考虑的修正系数包括以下几种：散热器功率修正、传热热阻修正、房间设定温度修正等。

散热器功率修正是用来修正类型相同，但额定功率不同的散热器上热分配表读数的，它一般为各个散热器在标准状况下的散热量。传热热阻修正是用来修正因散热器形式不同，使得热分配表与散热器表面传热热阻不同，从而对蒸发液的蒸发量产生影响。房间设定温度修正考虑房间设定温度与热分配表标定温度（一般为20℃）之间的差别对读数的影响。

另外还要考虑散热器连接方式、每组散热器片数多少以及不同房间在整座楼的位置等的修正系数。

蒸发式热分配表造价低廉、易安装、寿命长、对采暖系统无限制。缺点是测量受散热器类型、规格尺寸、供热能力、散热器位置等多方面的影响，需要有大量的试验工作。需要考虑以上多种因素来进行热量计算，工作量大，结果不直观。其安装位置、安装方法有严格要求，每年需要入户更换每个分配表的玻璃管，并进行读表。

我国已有蒸发式热分配表标准《蒸发式热分配表》（CJ/T 271—2007）。

2. 电子式热分配表

电子式热分配表的使用方法与蒸发式相近。它直接测定室内温度及散热器平均温度，利用以下公式计算散热器放出的热量。

$$Q = \int AKF(t_p - t_n)^B d\tau \tag{4-10}$$

式中　　Q——散热器向房间散发的热量，J；

　　　　K——散热器传热系数，W/（m^2·K）；

　　　　F——散热器传热面积，m^2；

　　　　t_p——散热器平均温度，℃；

　　　　t_n——室内温度，℃；

　　A、B——与散热器有关的系数；

　　　　$d\tau$——时间间隔，s。

电子式热分配表将测得的散热器平均温度与室温差值存储于微处理器内，高集成度的微处理器可预先写入程序，也可根据需要，进行现场编程。电子式热分配表具有较高的精度和分辨率，可以现场读表，也可以远传集中读表，而且不必每年更换部件，管理方便。但造价高于蒸发式热分配表。我国已有电子式热分配表标准《电子式热分配表标准》（CJ/T 260—2007）。

四、热计量方式选择

热计量方式的选取，一般依据以下几个条件：

（1）采暖系统形式的限制。如既有住宅垂直式的采暖系统只能采用蒸发式或电子式的热分配表方式。

（2）计量装置的精确度。对具体的供热系统，从技术和经济方面考虑，并不需要过高的精确度，而应具有在一定精度要求下足够的稳定和持续可靠的运行特性。

（3）在读取测量数据时对用户的影响。

（4）每年系统计量与结算所花费的费用。

（5）用户对所采用的计量系统的认可程度。

实行供热计量的目的，一是收费，二是节能，根本目的是通过收费来实现节能。因此，确定热计量方式最重要的是保证为供热计量而额外增加的费用不应超过实行计量供热所节省下来的费用。

实行供热计量的节能效果，国外的经验一般认为是20％～30％。1996年欧洲计量供热联合会编写的《计量供热指南》指出总的计量供热节能范围大约在15％～32.5％之间。2001年德国出版的《计量供热手册》（第五版）中指出：在德国，1995年实行了新的《建筑保温法》后，用热计量费用的上限定为总采暖费用的20％。国内一些供热计量试点工程表明，增加采暖温控热计量设施具有显著的节能效果，但由于试点工程大部分没有收费制度支持，节能效果缺乏合理可信的数据。由于我国目前普遍存在的高采暖能耗，采暖热计量的节能潜力是较大的。

花费在热计量方面的费用包括：热计量仪表的购置费和安装费；抄表读数、分摊计算、账单制作及发送等服务费。按 2001 年德国出版的《计量供热手册》（第五版），德国规定的计量仪表的折旧年限为：热量表 5 年，蒸发式热分配表 15 年，电子式热分配表 10 年。散热器恒温阀国外一般不计入热计量的费用，但在我国温控技术是与热计量联系在一起的，一般将其列入热计量费用，其折旧年限暂定 10 年。按目前热计量设备的市场价格，户用热量表国产的每只 800～1000 元，进口每只 1200～1500 元；蒸发式热分配表国产每只 40～50 元，进口每只 60～70 元；电子式热分配表每只 120～160 元；恒温阀每只 140 元；楼用总热量表每只 16000 元；安装费用取设备价格的 80%，每年每组散热器的读数记账费用按 10 元计算。总的采暖热费按济南市 2003 年价格 19.8 元/m²。基于以上折旧原则，每户采暖面积 100m²（三室二厅一卫，6 组散热器），一梯两户的六层三单元砖混住宅，可以算出不同热计量系统每年在总热费中所占的比例，如表 4-9 所示。

表 4-9 不同热计量系统在总热费中所占比例

计量方式		每年所需的热计量费用 （元/年）	热计量费用占总热费的比例 （%）
蒸发式热分配表	国产	218.16（127.44）	11.0（6.4）
	进口	226.8（136.08）	11.5（6.9）
电子式热分配表	进口	259.2（168.48）	13.1（8.5）
户用热量表	国产	393.12（302.4）	19.9（15.2）
	进口	490.3（399.6）	24.8（20.2）

注 括号内数值是不包括每户恒温调节阀费用情况。

表中数据仅是说明热计量方式选择的案例，不同地区、不同类型的住宅、不同市场情况以及不同的仪表来源等会有不同的结果，如考虑采暖系统形式不同，比较会更准确。

五、热计量收费

1. 热价组成

热是一种特殊的商品。目前，在我国热价的确定不仅仅是个技术经济问题，还涉及到诸多社会问题和政策问题。对于供热企业，热价包括生产成本和盈利。生产成本是指生产过程中各种消耗的支出，包括供热设备的投资、折旧，锅炉的煤耗、水泵电耗、软化水的药、水耗及人员工资等，而盈利则包括企业利润和税金两部分。我国目前的热价难以确定，其主要原因之一就是我国的供热企业 95% 都为国有，其制热和输配设施的归属与折旧难以确定。对于新建住宅小区的锅炉房，其供热设施都已包括在房屋的配套费中，也就是说这些供热设施都是住户的财产，热价的确定比较容易，不含设备折旧、利息和税收，仅包括：消耗的燃料及其运费；系统运行的耗电费；设备的操作、监控和养护；由专业人员对设备的运行可靠性、安全性所进行的定期检查和设定；设备和工作间的清洁维护；环保监测；热费计量装置及使用。

由于供热系统的特殊性，国外供热系统发达的国家一般执行两部热价法。其一为固定热费，也称容量热费，即仅根据用户的采暖面积收费而不管用户是否用热或者用热多少收取的费用。其二为实耗热费，也称热量热费，是根据用户实际用热量的多少来分摊计算的热费。

固定热费的收取基于以下理由：

（1）为用户供热兴建的锅炉房、供热管网等固定资产的年折旧费和投资利息以及供热企业管理费用等，并不因为使用或停用、用的多少而变化，这部分费用应由用户按建筑面积分摊。

（2）建筑物共用面积的耗热量以及公共的采暖管道散热未包括在各户热量表的读值内，此部分热量应由各户分摊。

（3）由于热用户所处楼层、位置不同，其外围护结构数量不同，部分用户要多负担屋顶、山墙、地面等围护结构的耗热量，而这些围护结构是为整个建筑、所有用户服务的，应由所有用户分摊。

（4）邻室传热的存在，使得某户当关小或关闭室内散热设备时，可以从邻户获得热量，而这部分热量显然未包括在该户的热计量表读值内，需另外收取予以补偿。

固定热费与实耗热费比例的确定与建筑物性质（如为住宅、商业、办公等）、能源种类（如煤、天然气等）、热源形式（如集中供热的一次供热、二次供热等）等有关。固定热费比例高，有利于供热企业的收费，但不利于用户的节能。在"欧洲计量供热协会"的《计量供热指南》和德国标准 DIN4713 第五部分中都明确界定了这两部分的比例。固定热费应占总热费的 30%～50%，实耗热费应占总热费的 50%～70%。而德国规定一般取50%作为固定部分的上限。我国应根据各地的情况，摸索一个适合当地气候、能源、建筑围护结构状况、供热企业运行等方面的分配比例。国内一些研究与试点工程在这方面作了一些探索。

2. 热价制定

热费分摊的原则是用热公平、公共耗热量共摊。不同楼层、不同建筑位置，但户型及面积相同的用户，维持相同的室温，所缴纳的热费相同，不应受到山墙、屋顶、地面等外围护结构及户间传热的影响。

无论是分户热量表还是热分配表的读值，它们仅反映了用户室内用热量的多少。基于上述原则，耗热量与邻户传热耗热量应计入各户的热费中。这部分耗热量是与各户的建筑面积相关联的，与其相关的热费也应与建筑面积相关。因此，用户的热费应为

$$C_{Ti} = C_{Bi} + C_{mi} \tag{4-11}$$

式中　C_{Ti}——某户的年度采暖费，元/年；

　　　C_{Bi}——与该户建筑面积相关的基础热费，元/年；

　　　C_{mi}——按热表读值确定的实耗热费，元/年。

供热站所收缴的全部费用应为

$$\sum C_{Ti} = x \sum C_{Ti} + \sum C_{mi} \tag{4-12}$$

式中　$\sum C_{Ti}$——供热站全部用户所缴纳的费用，理论上等于供热站总预算 C_T。包括供热站运营成本及合理盈利；

　　　x——按面积收取的费用占总费用的比例，一般 $x = 0.3 \sim 0.5$。

$$x = \frac{\sum C_{Bi}}{\sum C_{Ti}} \tag{4-13}$$

$$\sum C_{mi} = \sum C_{Ti}(1 - x) \tag{4-14}$$

式中　$\sum C_{mi}$——全部用户实耗热费，元/年。

由于沿程热损耗等因素，供热站所供给的总热量 Q_T 与供热站全部用户热表读值总和 $\sum Q_i$ 存在一定差额。因此，在计算每 $kW \cdot h$ 热价时，应考虑予以补偿，即

$$\sum Q_i = y \sum Q_T \tag{4-15}$$

根据不同情况，$y = 0.90 \sim 0.97$。

按各用户热计量表读值的计费热价 $C[元/(kW \cdot h)]$

$$C = \frac{\sum C_{mi}}{\sum Q_i} = \frac{\sum C_{Ti}(1-x)}{\sum Q_i} = \frac{(1-X)C_T}{(yQ_T)} \tag{4-16}$$

按各户建筑收取的基本费用 P（元/m²）

$$P = \frac{x \sum C_{Ti}}{\sum A_i} = \frac{xC_T}{\sum A_i} \tag{4-17}$$

式中　$\sum A_i$——供热站各户供热面积的总和，m²。

各地供热主管部门可会同物价部门，根据各供热站提供的年度报表、年度预算等资料，选择具有先进性、代表性的供热企业的成本，制定出本地区的合理收费指标 x、C 及 P 值。

3. 热费分摊

对于末端用户来说，由于层位差异引起的耗热量差异之大，难以通过固定热费的调整达到平衡。对于图 4-15 所示户型，表 4-10 计算了在不进行另外修正的情况下，用户实耗热量相差 170%，实缴热费相差 70%。对于末端采暖用户来说，应该通过楼用热量表读数 $\sum Q$、建筑面积 $\sum A$、固定热费 P 及热价 C 确定该楼总采暖费 $H(H = C\sum Q + P\sum A)$ 后，再通过修正进行合理的分摊，达到公平用热的目的。热费修正是基于公共耗热量共担原则，对公共围护结构产生的传热耗热量计算公式进行如下推导。

某住户的采暖费可表示为

$$h_i = C\bar{\omega}S_i \tag{4-18}$$

式中　h_i——某住户的采暖费，元/年；

　　　C——热价，元/（$kW \cdot h$）；

　　　$\bar{\omega}$——该栋建筑的单位面积平均耗热量，$kW \cdot h/m^2$；

　　　S_i——该住户的建筑面积，m²。

其中

$$\bar{\omega} = \frac{\sum \omega_i S_i}{\sum S_i} \tag{4-19}$$

在式（4-18）等号两边第二项乘以 $\frac{\omega_i}{\omega_i}$，变为

$$h_i = C\bar{\omega} \times S_i \times \frac{\omega_i}{\omega_i} = CS_i\omega_i \times \frac{\bar{\omega}}{\omega_i} = Cq_i\beta_i \tag{4-20}$$

式中　ω_i——某住户单位面积耗热量，$kW \cdot h/m^2$；

　　　q_i——某住户实际耗热量，$q_i = S_i\omega_i$，$kW \cdot h$；

　　　β_i——某住户传热耗热量修正系数，$\beta_i = \frac{\bar{\omega}}{\omega_i}$。

用户实际热费分固定费用与变动费用两部分，热费分摊公式应为

$$h_i = H\left[0.01x \times \frac{S_i}{\sum S} + (1-0.01x) \times \frac{q_i}{\sum q_i} \times \beta_i\right] \tag{4-21}$$

式中　H——该栋楼的总采暖费，元/年；

　　　q_i——某住户实际耗热量（热表读数），$kW \cdot h$；

　　　$\sum S$——总建筑面积（含公共分摊面积），m^2；

　　　x——固定费用比例百分数，%。

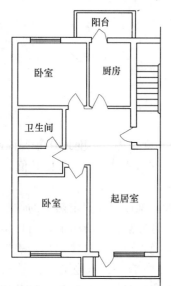

图 4-15　某住宅标准层平面图

【例 4-1】　某六层住宅，三个单元，户型平面见图 4-15，户内建筑面积 76.56m^2。计算假定围护结构符合节能标准要求，室温维持平均 16℃，按单元设置总热量表。以节能标准计算，步骤如下：

（1）根据节能标准，计算得出各户的传热耗热量及单位面积传热耗热量，带入式（4-21）算出整栋楼房平均单位面积耗热量。

（2）由 β_i 的定义，计算各住户的修正系数。

（3）利用式（4-18）计算各户采暖费。计算结果列于表 4-10。

从表 4-10 中可以看出，未进行传热修正时，各户采暖费相差较大，并随固定热费比例增大差别有所减小；进行修正后，各户采暖费较好地得到平衡（差别小于 10%），并且与固定热费比例基本没有关系。因此，采用传热修正方法进行热费分摊，在保证供热公司固定运转费用前提下，应尽可能降低固定费用比例，以鼓励用户节能。该方法加大了收费的工作量，实际工作中可采用供热公司收费到楼，并由供热公司或相应权威部门一次性提供每栋楼、每个用户的传热耗热量修正系数，由小区或单位的物业管理人员进行每户的热费分摊计算及收缴。

表 4-10　　　　　　　　　　　　热费分摊计算表

住户编号	建筑面积（m^2）	户耗热量 q_i（W）	$q_i/\sum q_i$	单位面积传热耗热量 ω（W）	平均单位面积传热耗热量 $\bar{\omega}$（W）	$s_i/\sum s$	修正系数 β_i	采暖费（元）					
								$x=30\%$		$x=40\%$		$x=50\%$	
								不修正	修正	不修正	修正	不修正	修正
101	76.56	2028.2	0.113	23.00	15.24	0.08	0.66	0.103	0.076	0.100	0.077	0.097	0.077
102	76.56	1522.4	0.085	16.44	15.24	0.08	0.93	0.084	0.079	0.083	0.079	0.083	0.080
201~501	76.56	1457.2	0.081	15.59	15.24	0.08	0.98	0.081	0.080	0.081	0.080	0.081	0.080
202~502	76.56	1050.9	0.058	10.28	15.24	0.08	1.48	0.065	0.084	0.067	0.084	0.069	0.083
601	76.56	2418.4	0.134	28.14	15.24	0.08	0.54	0.118	0.075	0.112	0.075	0.107	0.076
602	76.56	2012.1	0.112	22.84	15.24	0.08	0.67	0.102	0.077	0.099	0.077	0.096	0.078

固定热费一般占总热费的 30%～60%，可变热费一般占总热费的 40%～70%。

供热行业实施两部制热价体系是欧洲一些国家经过多年的实践摸索总结出的一种价格

体系。目前欧洲国家多使用两部制热价法，该法的优点是鼓励热用户根据自身舒适性的需要减少或增加热力消费，供热企业的经营不会受各采暖期冬季寒冷程度的过多影响。此外，为克服热量计量收费后热负荷变化太大的弊端并鼓励节能，有的还可以实行高低峰热价、回水温度热价、变动流量热价等等。我国热计量进行最好的城市天津市从 1999 年就开始按两部制价格体系收取热费，取得了成功，试点面积逐步扩大。

（1）供热计量两部制热价的必要性。

1）合理补偿供热成本费用。城市供热是由热源、热网、热用户组成的庞大、封闭、复杂的循环系统，是根据热用户最大热负荷，即合同容量而建设的。供热系统建成后，无论用户是否用热或用热量多少，都要进行维护和管理。向热用户收取容量热费，不仅能保证供热企业用于供热系统建设、维修和管理而投入的资金回收，还可继续保持投资者投资城市供热的积极性，而且促使热用户按实际用热量申报最大热负荷，减少供热系统不必要的闲置，提高供热系统的热负荷率。

供热系统向用户供热，还要消耗一定量的燃料、电力、水和劳动力，供热企业因此还要投入一定量的资金。按照市场经济规律的要求，供热企业应按用户用热量的多少收取计量热费，充分体现了"多用热多交费"的公平交易原则，还有利于促使用户合理用热，节约热能，减少对环境的污染。

2）公平分摊公用空间耗热热费。建筑物公共部分，如楼梯间，温度是大于室外温度的。这是由于建筑物中的各用户通过其内墙向楼梯间传热造成的。并且各用户都享受到公共部分的热。所以，"两部制"热价可以实现公共部分供热能耗由所有用户共同承担。

3）补偿"邻室传热"造成的不公平。供暖分户计量是把供暖节能变成人们使用热量时的一种自觉行动的重要措施。分户计量总是和分户室温调节是分不开的，让住户根据自己的生活习惯、经济能力等在一定范围内自主选择室内供暖温度，当然也就自主地决定了供暖付费的多少，显然这是符合市场经济公平原则的。但是"热"这种特殊的商品与其他诸如水、电、煤气等市政供应家用商品有着明显的区别，建筑中各用户在使用"热"时并不是孤立的而是相互联系的。允许各用户独立调控室内温度，则必然在同一建筑物中存在多种空间温度，使得用户之间存在一定的热传递。若仅按计量收费，其他住户必然会因邻室传热而多缴纳热费，这明显有失公平。采用两部制热价，不论用户是否用热和用热多少都需缴纳基本热费。通过这样的方法可以在较大程度上补偿邻室传热造成的不公平性。

4）弱化建筑不同位置房间的热费差距。与水、电、煤气等计量收费不同，供热计量收费有其特殊性。相同户型和相同建筑面积的单元，由于在建筑物内所处的楼层与位置不同，其外围护结构情况及其面积不同，其耗热量也会有明显差异。处于顶层、底层、建筑物边层或朝向差的采暖不利户，较其他外围护结构较少、朝向较好、阳光足的采暖有利户，要消耗更多的热量室内才能维持相同的采暖设计温度。若采用基于面积和基于耗热量的两部制热价，则相同面积的采暖不利条件住户和采暖有利条件住户的基本热费相同，只是计量热费部分不同，这样就弱化了采暖不利条件住户和采暖有利条件住户总热费的差距。

5）兼顾供热单位和热用户的利益。当暖冬或由于供热计量使用户耗热量减少时，或是用户不采暖时，供热单位的收益将大为减少。特别是供热计量推行初期，供热单位的技术管理水平还不能完全适应供热计量的要求，采用两部制热价，基本部分比例较高些，有利于降低供热单位在实施供热计量收费中的经营风险，保护实施供热计量改革的积极性，不会在推进改革中产生过大阻力。同时采用两部制热价，热用户也能够主动节能节费。

（2）我国计量热费是否修正。当采用基于面积和耗热量的两部制热价时，用户热费之间的差距只是计量热费部分。而且提高热费中基本部分的比例，采暖不利用户和有利用户之间的热费差距会缩小。建筑物保温情况越好，采暖有利用户与不利用户之间的差距就越小。修正系数确定的工作量和工作难度很大，因为要确定修正系数，就必须对大量的房型进行不同位置、朝向、楼层理论计算和实际耗热量测算。两部制价格已经在很大程度上对实际耗热量进行了修正，本着热价应简单明了的原则，不建议采用修正系数。

建设部城建司、科技发展促进中心及建设部推动供热体制改革行动办公室于2009年9月发布的《中国供热价格和热计量相关问题的研究》报告中也建议：对于新建居住建筑不采用修正系数，可以根据节能设计标准模拟计算出不同位置房屋的单位能耗差，以此为依据向开发商提出不同位置房屋销售的建议价差，供购房者选用。

六、热计量应具备的条件

（一）供热采暖系统应具备的条件

1. 调节功能

系统必须具有可调性，用户可以根据需要分室控制温度。

无论手动调节还是恒温调节，可调系统都是热计量的前提。分室控制室温是为了弥补系统总体平衡不足和适应采暖客观因素和主观因素的变化。客观因素是指室外气象条件对建筑物不同朝向或不同部位的影响；主观因素是指得热因素变化，如人体、电器、炊事等引发的热变化，以及居住者对温度、通风及换气量的不同要求等。

2. 与调节功能相应的控制装置

这是保证调节功能实现的必要条件。由于室内系统的调节，原有的定流量系统成为变流量系统，系统工况变化较大。若不采取相应的控制措施，将无法满足用户需要。

3. 每户按热计量功能

每户的用热量应可以计量，用户按用热量计量收费。调动用户自身的节能意识。

（二）按户计量的建筑应具备的条件

按户计量在我国是一项新的技术，而设计符合按户计量要求的供暖系统形式是这项技术的难点，通过试点工程的研究，暖通设计人员感到：必须在建筑设计中考虑按户安装热表的供热系统布置。

1. 对建筑平面设计的要求

采用热量表按户进行计量时，平面设计应考虑供回水立管的布置。为便于安装、维修和热表读值，应设置单独的管道井。管道井可布置在楼梯间或户内的厨房等处，并应适当加大楼梯间或厨房尺寸。由于户内成为单独的系统环路，因此管道增加，户内各房间平面布置设计时应考虑使管道和散热器布置方便，如应注意系统管道过门、散热设备相对靠近等问题。

2. 管道的布置

按户安装热表时，水平系统的管道过门处理比较困难，若能把过门管道在施工中预先埋设在地面内，将使系统的管道得到较好的布置。实施按户热表计量，室内管道增加，这既影响美观也占用了有效使用面积，且不好布置家具。对部分供暖系统管道进行暗设，可以解决这一问题。因此，建筑设计时，应尽可能考虑管道预埋暗设。

3. 层高的要求

对于按户设热量表的单独环路，由于室内需布置供回水干管，因此以往的标准层高不利于管路的布置，需增加层高。层高的尺寸，可视室内供暖系统的具体形式确定。

七、既有集中采暖住宅供热形式及分户热计量改造方案

（一）既有住宅采暖系统形式（表4-11）

表 4-11 既有住宅采暖系统形式

序号	形式名称	图示	使用范围	特 点
1	双管上供下回式		不超过5层的住宅	1）排气方便 2）每组散热器可单独调节 3）层数多时垂直失调严重 4）顶层须保证干管带坡敷设空间 5）回水干管设于地沟或地下室
2	双管下供下回式		1. 别墅式住宅 2. 顶层无干管敷设空间的多层住宅（≤6层）	1）合理配管可有效消除垂直失调现象 2）供回水干管设于地沟或地下室，室内无干管 3）每副立管都要设自动排气阀，否则只能靠散热器手动跑风，不利于排气
3	垂直单管跨越式		多层住宅和高层住宅（一般不超过12层）	1）可解决垂直失调 2）散热器可单独调节和关断 3）三通阀也可仅装上部几层
4	垂直单（双）管上供中回式		1. 不宜设置地沟的多层住宅 2. 旧楼加装暖气	1）系统泄水不方便 2）影响底层室内美观 3）排气不便 4）检修方便 5）为保证底层采暖效果，双管系统底层应做成单管系统

序号	形式名称	图示	使用范围	特　点
5	单双管式（多级双管式）		5层以上住宅	1）解决双管系统垂直失调问题 2）解决单管系统不能调节问题 3）每级双管不超过4层 4）各级散热器应按不同水温选择 5）通过每级的水量为各级按负荷计算所得水量的总和
6	分区采暖		1. 建筑高度超过50m的住宅 2. 高温水热源	1）室外管网为低温热水时，高区散热器用量大 2）宜采用板式等高效换热器 3）造价较高

（二）既有住宅采暖系统存在的问题

1. 调控困难、能源浪费严重

无论室内系统还是室外热网，由于缺乏有效的调节手段，多存在严重的水力工况失调，造成热用户冷热不均。一些用户的室温达不到设计要求，影响正常生活；而另一部分用户则室温过高，需要开窗散热，造成热能浪费。供热部门为了保证尽可能多的用户达到供热标准，只得加大循环流量，系统以"大流量、小温差"方式运行，致使能耗加大。由于热用户缺少有效的调控设备，当居民外出时，无法调节室内温度，使热能白白浪费。

2. 热费收取不合理，收费困难

由于既有系统无法进行有效热计量，供热部门按供热面积计取热费，跟用户实际用热多少无关，用户缺乏自主节能意识。而达不到室温要求的用户怨声不断，热费收缴困难。

（三）既有住宅采暖系统的分户热计量改造方案

改造的途径有两个：一是结合室内管道更新，拆除原系统，按满足分户热计量的要求重新设计；二是尽量利用原系统，进行适度改造，满足控温及计量的基本要求。

1. 双管系统改造方案

双管系统改造方案如表4-12所示。

表4-12　　　　　　双 管 系 统 改 造 方 案

序　号	改 造 内 容	图　示	特　点
1	锁闭阀、恒温阀、热分配表、热力入口设热表		1. 室温可调，节能效果明显 2. 热量计量准确 3. 收费管理方便 4. 投资较高

续表

序 号	改 造 内 容	图 示	特 点
2	恒温阀、热分配表、热力入口设热表		1. 无法强制收费 2. 热量计量准确 3. 室温可调
3	锁闭阀、热分配表、热力入口设热表		1. 室温不可调，舒适性、节能性差 2. 收费管理方便 3. 热量计量准确
4	热分配表、热力入口设热表		1. 热量计量准确 2. 造价低 3. 无法强制收费
5	恒温阀、热力入口设热表		1. 室温可调，舒适性、节能性好 2. 造价低 3. 不适用于住宅，适用于办公、宾馆等公共建筑
6	恒温阀、热力入口设热表、户内安装户用热计量表		1. 室温可调，舒适性、节能性好 2. 投资较高 3. 热量计量准确 4. 可充分调动用户的节能意识，便于收费管理

2. 单管系统改造方案

单管系统改造方案如表 4 - 13 所示。

3. 分户热计量改造要点

单管跨越式系统由于已有跨越管，改造内容可参照表 4 - 13，视情况增设恒温阀、锁闭阀及热分配表等。

表 4 - 13　　　　　　　　　单管顺流式系统改造方案

序 号	改 造 内 容	图 示	特 点
1	增设跨越管、三通锁闭、恒温阀和热分配表		1. 满足计量、温控、锁闭各项要求 2. 三通锁闭阀造价较高
2	跨越管、恒温阀、热分配表		1. 不具有锁闭功能 2. 室温可调

续表

序　号	改　造　内　容	图　　示	特　　点
3	跨越管、热分配表		1. 普通手动调节阀或截止阀代替恒温阀，节能效果有限 2. 造价低
4	跨越管、锁闭阀、热分配表		收费管理方便
5	跨越管、恒温阀、供热入口设热表		1. 适用于公共建筑 2. 室温可调
6	热分配表、供热入口设热表		1. 室温不可调 2. 造价低 3. 无法强制收费

根据室内采暖系统形式确定散热器支管恒温阀或调节阀型号、规格。垂直单管系统应采用低阻力恒温阀，垂直双管系统应采用高阻力恒温阀。垂直单管系统可采用两通型恒温阀，也可采用三通型恒温阀，垂直双管系统应采用两通型恒温阀。

垂直单管系统三通调节阀的主要作用在于调节散热器进流系数，避免"短路"，同时便于管理。当散热器进流系数通过管径匹配可以保证不小于30％时，可不设三通调节阀，采用两通调节阀代替。

当设三通调节阀时，垂直单管系统的跨越管管径宜与立管管径相同，不设三通调节阀时，特别是散热器为串片等高阻力类型时，跨越管管径宜较相应立管管径小一号。

由于以下原因，系统改造时宜将原有的散热器罩拆除。原有垂直单管顺流系统改造为设跨越管的垂直单管系统后，上部散热器特别是第一、二组散热器的平均温度有所下降；单双管系统改造为设跨越管的垂直单管系统后，散热器水流量减小；散热器罩影响感温元件内置式的恒温阀和热分配表的正常工作；散热器罩拆除后，所增加的散热量基本可以补偿由于系统变化对散热器散热量的不利影响。当散热器罩不能拆除时，应采用感温元件外置式的恒温阀。

既有住宅室内采暖系统实施计量供热改造后，应对相应的室外管网系统重新进行平衡计算和水压图分析，以保证建筑物热力入口处具有足够的资用压差。

改造系统若采用共用立管的分户独立系统，应按新建系统要求设计。

八、新建集中采暖住宅分户热计量采暖系统

新建集中采暖住宅应根据采用的热量计量的方式选用不同的采暖系统形式。当采用热分配表加楼用总热量表计量方式时，宜采用垂直式采暖系统；当采用户用热量表计量方式时，应采用共用立管分户独立采暖系统。

适于热量计量的垂直式室内采暖系统应满足温控和计量的要求，必要时增加锁闭措施。因此，适宜的系统为垂直单管跨越式系统及垂直双管系统。从克服垂直失调的角度，垂直双管系统宜采用下供下回异程式系统，供回水立管比摩阻宜采用 50～60Pa/m。

共用立管分户独立采暖系统，即集中设置各户共用的供回水立管，从共用立管上引出各户独立成环的采暖支管，支管上设置热计量装置及锁闭阀等。这是一种便于按户计热的采暖系统形式，既可解决供热分户计量问题，又有利于解决传统的垂直双管式和垂直单管式系统的热力失调问题，并有利于实施变流量调节的节能运行方案。

由进户总阀门、热量表和较长的户内管道、散热器及恒温阀等环节组成的分户独立系统阻力（设户用换热机组时为换热器阻力），远大于传统垂直双管系统单组散热器的阻力。使得共用立管的阻力和自然作用压力占系统总循环阻力的比例相对较小，垂直失调的可能性降低，通过水力平衡计算，可基本消除垂直失调现象。

多户共用立管的位置及热表设置，均应考虑管理和维修的方便，并尽量避免对住户的干扰，以户外设置为宜。

共用立管分户独立采暖系统可分为建筑物内共用采暖系统及户内采暖系统两部分。

（一）建筑物内共用采暖系统

建筑物内共用采暖系统由建筑物热力入口装置、建筑内共用供回水水平干管和各户共用供回水立管组成。

1. 建筑物热力入口装置

在满足户内各环路水力平衡和总体热计量的前提下，应尽量减少建筑物热力入口的数量。

热力入口装置的设置位置：

（1）新建无地下室的住宅，宜于室外管沟入口或底层楼梯间隙板下设置小室，小室净高不应低于 1.4m，操作面净宽不应小于 0.7m。室外管沟小室宜有防水和排水措施。

（2）新建有地下室的住宅，宜设在可锁闭的专用空间内，空间净高应不低于 2.0m，操作面净宽应不小于 0.7m。

（3）对补建或改造工程，可设于门洞雨棚上或建筑物外地面上，并采取防雨、防冻及防盗等保护措施。

建筑物热力入口装置做法：

（1）户内采暖为单管跨越式定流量系统时，热力入口应设自力式流量控制阀；室内采暖为双管变流量系统时，热力入口应设置自力式压差控制阀。两种控制阀两端的压差范围宜为 8～100kPa。

（2）热力入口供水管上应设两级过滤器，顺水流方向第一级宜为孔径不大于 3mm 的粗过滤器，第二级宜为 60 目的精过滤器。

（3）应根据采暖系统的热计量方案，确定热力入口是否设置总热量表。设总热量表的热力入口，其流量计宜设在回水管上，进入流量计前的回水管上应设滤网规格不小于 60 目的过滤器。

（4）供回水管上应设必要的压力表或压力表管口。

（5）热力入口供回水管上应设置关断阀，供回水管之间应设旁通管和阀门。

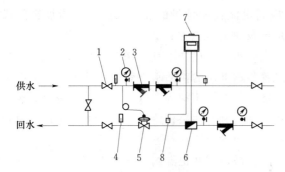

图 4-16 典型建筑物热力入口图示

1—阀门；2—压力表；3—过滤器；4—温度计；

5—自力式压差控制阀或流量控制阀；6—流

量传感器；7—积分仪；8—温度传感器

典型的建筑物热力入口装置如图 4-16 所示。

2. 共用水平干管和共用立管

建筑物内共用水平干管不应穿越住宅的户内空间，通常设置在住宅的设备层、管沟、地下室或公共用房的适宜空间内，并应具备检修条件。共用水平干管应有利于共用立管的布置，并应有不小于 0.002 的坡度。

建筑物内各副共用立管压力损失相近时，共用水平干管宜采用同程式布置。

建筑物内共用立管宜采用下供下回式，其顶端设自动排气阀。

除每层设置分、集水器连接多户的系统外，一副共用立管每层连接的户数不宜大于 3 户。

新建住宅的共用立管，应设在管道井内并应具备从户外进入检修的条件。既有住宅改造或补建工程的共用立管，宜设在管道井内或者户外的共用空间内。

（二）户内采暖系统

户内采暖系统应与采用的热计量方式相适应。通常是指采用户用热量表的一户一环的系统形式，由户内采暖系统入户装置、户内的供回水管道、散热器及室温控制装置等组成。

1. 户内采暖系统入户装置

采用户用热量表计量方式时，户内系统入户装置包括供水管上的锁闭调节阀（或手动调节阀）、户用热量表、滤网规格不低于

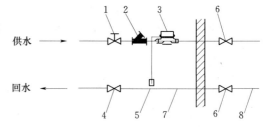

图 4-17 典型户内系统热力入口图示

1—锁闭调节阀；2—过滤器；3—热量表；4—锁闭阀；

5—温度传感器；6—关断阀；7—热镀锌钢管；

8—户内系统管道

60 目的水过滤器及回水管上的锁闭阀（或其他关断阀）等部件。典型户内系统入户装置如图 4-17 所示。

新建住宅的户内系统入户装置，应与共用立管一同设于邻楼梯间或户外公共空间的管道井内。管道井应层层封闭，其平面位置及尺寸应保证与之相连的各分户系统的入户装置能安装在管道井内，并具备查验及检修条件。管道井的门应开向户外。

既有住宅改造或补建工程户内系统的入户装置，宜安装在楼梯间的热量表箱内。

2. 户内采暖系统形式

根据住宅建筑平面、装饰标准、施工技术条件的不同，对采用共用立管分户独立采暖系统的户内管道布置，可采用以下几种形式。

（1）放射双管式系统或低温热水地板辐射采暖系统。户内管道暗敷在本层地面垫层内。系统特点如下：

1) 室温独立调节。

2) 变流量系统，节能。

3) 室内无立管，美观。

4) 可方便地通过散热器手动跑风排气。

5) 适合塑料管道无接口安装。

6) 地面需设垫层。

（2）下供下回水平双管式系统。户内供、回水干管沿地面明装或暗敷在本层地面下沟槽或垫层内或镶嵌在踢脚板内。明装管道过门时，应局部暗敷在沟槽内。系统特点如下：

1) 每组散热器温度相同，散热器可独立调节。

2) 变流量系统，节能。

3) 室内无立管。

4) 可方便地通过散热器手动跑风排气。

5) 地面需设垫层，如地面上明装过门不易处理，如下层明装不美观，对邻户有影响。

（3）上供上回水平双管式系统。户内供、回水干管沿本层顶棚下水平布置。系统特点如下：

1) 每组散热器温度相同，散热器可独立调节。

2) 变流量系统，节能。

3) 管道不出户，易于管理，符合住宅设计规范要求。

4) 顶板下敷设两根明管，影响室内美观。

（4）水平单管跨越式系统。户内采暖干管沿地面明装，或暗敷在本层地面下沟槽或垫层内，或镶嵌在踢脚板内。明装管道过门时，应局部暗敷在沟槽内。系统特点如下：

1) 采用跨越管，散热器可设置恒温阀，房间温度可调。

2) 每组散热器上设置恒温阀和跨越管，工程的造价和施工复杂程度提高。

3) 定流量系统，循环泵不节能。

并联于一对共用立管上的分户采暖系统应采用相同的布置方式。

采用冬季集中采暖和夏季独立冷源相结合的分户空调系统时，应便于采暖和供冷系统之间的切换。

九、高层住宅分户热计量系统

高层住宅分户计量采暖系统采用共用立管分户独立采暖系统时，每副共用供回水立管每层连接的户数不宜大于3户，当每层户数较多时，应增加共用立管数量或采用分集水器连接。

建筑物高度超过50m时，共用立管应根据系统水力平衡、散热设备承压能力以及管材的性能等因素进行竖向分区设置，并应考虑管道热补偿问题。户内系统采用金属管道和散热器时，竖向分区应保证各区采暖系统最低层最低点散热器处的工作压力不大于散热器本身的承压能力。户内管道采用塑料或复合管材时，应保证各区采暖系统最低层最低点管道处的工作压力不大于管材的承压能力。对钢制、铜铝复合型或钢铝复合型等工作压力较高的散热器，采取一定措施可以突破该分区限制。当每户采用独立换热机组时，只要换热器承压足够，分区的建筑高度还可加大。

因高层住宅封闭性强，住户复杂，热表应尽量出户，土建应预留足够的管井空间。

十、分户热计量附属设备

1. 散热器恒温控制阀

散热器恒温控制阀是由恒温控制器、流量调节阀以及一对连接件组成，如图4-18所示。

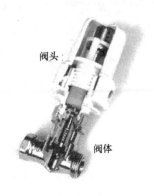

阀头

阀体

图4-18 散热器恒温控制阀结构图

恒温控制器的核心部件是传感单元，即温包。温包有内置式和外置（远程）式两种，温度设定装置也有内置式和远程式两种形式。可以按照其窗口显示来设定所要求的控制温度，并加以控制。温包内充有感温介质，能感应环境温度。感温包根据感温介质不同，通常主要分为以下几种。

蒸汽压力式，即以液体升温蒸发和降温凝结为动力，推动阀门的开度。

液体膨胀式，温包中充满具有较高膨胀系数的液体，常采用甲醇和甲苯、甘油等。依靠液体的热胀冷缩来执行温控。

固体膨胀式，利用石蜡等胶状固体的胀缩作用。当室温升高时，感温介质吸收膨胀，关小阀门开度，减少了散热器的水量，降低散热量以控制室温。当室温降低时，感温介质放热收缩，阀芯被弹推回而使阀门开度加大，增加流经散热器水量，恢复室温。

恒温阀可以人为调节设定温度。

2. 户外控制系统

为适合室内恒温控制主动调节的需要，外网及热源采取什么控制装置，以寻求适合我国国情的变流量系统运行模式，也是当前亟待解决的问题。

当前，在试点中普遍采用在楼入口安装平衡阀，在新单管系统立管上安装定流量阀，在双管系统立管上安装定差压阀，个别试点还进行了锅炉量化管理，应用了气候补偿器，变频水泵等装置进行动态调节等。

第四节 典型案例分析

本节将以刘晓燕教授课题组承担的大庆市供热计量改造试验项目为例，通过对两栋建筑的能耗对比分析供热计量并进行温控调节的节能效果。

一、试验楼工程概况及改造方案

（一）试验1号住宅楼工程概况及改造方案

1. 试验1号住宅楼工程概况

该建筑为六层，四个单元，共有48个住户。结构形式为混合结构，外墙为370mm厚砖墙外抹水泥砂浆，外贴100mm厚聚苯板。采暖系统形式为分户式水平双管式散热器采暖系统。其中散热器采暖 40 户，散热器数量为 430 组，私自改成地板辐射采暖的 8 户。

2. 改造方案

（1）安装单元热量表：因为试验 1 号住宅楼采暖系统为单元入户形式，所以在该建筑的单元采暖引入口处的回水管上安装单元热计量表，测出整个单元的采暖耗量；在供水管上加跨越管并且安装热水循环泵。之所以在供水管上安装热水循环泵，是因为本次热计量试点项目只是选取部分楼进行试点，并没有对整个小区进行，为预防由于安装温控阀，使系统阻力增大，给住户供热质量带来影响，在试点楼的热力入口处安装热水循环泵做为备用。单元表具体安装示意图见图 4-19。

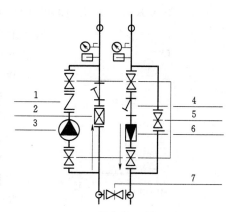

图 4-19 单元表安装示意图
1—止回阀；2—调节阀；3—循环水泵；
4—过滤器；5—闸阀；6—热量表；
7—闸阀

（2）安装户用热量表：在每个住户的采暖引入口安装户用热计量表，测出每个住户的采暖耗量。并且在供水管上，户用热量表前安装过滤器，供回水管上安装测温球阀。由于楼梯间设计上没有管道井，采暖管线裸露在楼梯间内。户用表安装示意图见图 4-20。

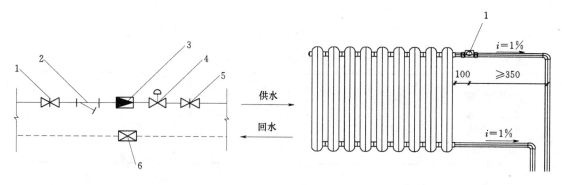

图 4-20 户用表安装示意图
1—闸阀；2—过滤器；3—热量表；4—锁闭调节阀；
5—闸阀；6—调节阀

图 4-21 温控阀安装示意图
1—温控阀

（3）安装温控阀：住户内每组散热器安装一个温控阀，实现用户分室调节控温。对于改为地板辐射采暖系统的住户，在分水器前安装地板辐射采暖系统用的温控调节阀。温控阀安装示意图见图 4-21。

（二）试验 2 号住宅楼工程概况及改造方案

1. 试验 2 号住宅楼工程概况

本建筑层数为 6 层，层高 2.9m，室内外高差 0.6m，顶层带阁楼。总建筑面积 5345.12m²，结构形式为混合结构。外墙为 370mm 厚砖墙外抹灰水泥砂浆，外贴 100mm 厚聚苯板，内墙为 240mm 或 120mm 厚砖墙，外墙周边向内 2m 范围内的地面下铺设 30

（100）mm 厚聚苯板，外墙内侧贴 100mm 厚聚苯板向下至基础顶面（从一层地面向下）。

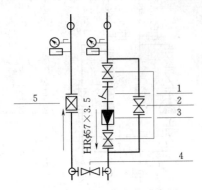

图 4-22　单元表安装示意图
1—过滤器；2—闸阀；3—热量表；
4—闸阀；5—调节阀

所有外窗及封闭阳台窗均为 65 型系列型材白色塑钢，所有南向、东西向及阳台窗均为单框双层玻璃（中空玻璃）[传热系数不大于 2.5W/(m² · K)]，北向窗及北向门连窗均为单框三层玻璃（中空玻璃）[传热系数不大于 2.0W/(m² · K)]。采暖系统为散热器采暖。

2. 试验 2 号住宅楼改造方案

试验 2 号住宅楼采暖系统也为单元入户形式，所以在该建筑单元采暖引入口处的回水管上安装单元热计量表，测出整个单元的采暖耗量。因为本建筑只是测量耗热量用于对比分析，并没有安装户用热量表及温控阀，所以不用安装热水循环泵，其热量表安装示意图见图 4-22。

二、建筑物室内平均温度测试

1. 温度测点的选择布置

根据建筑物室内平均温度测试方案，结合住户的具体情况，在试验 1 号楼和试验 2 号楼有代表性的不同位置布置了测温点。

2. 室内温度测试计算结果

室内温度的测试计算起止时间从 2008 年 10 月 15 日 0 时至 2009 年 4 月 15 日 24 时。将测试数据整理计算，计算得检测持续时间内建筑物室内平均温度如表 4-14 所示。

表 4-14　　　　　　　　　　建筑物室内平均温度计算一览表　　　　　　　　　单位：℃

建筑物名称	室 内 平 均 温 度			
	一单元	二单元	三单元	四单元
试验 1 号楼	21.0	24.0	25.0	23.0
试验 2 号楼	23.0	22.0	24.0	—

三、耗热量测试计算结果

根据《采暖居住建筑节能检验标准》（JGJ 132—2001）中建筑物单位采暖耗热量的检测方法，对以上建筑进行一个采暖季的耗热量进行检测。对选择的建筑单位采暖耗热量进行计算，并将试验 1 号楼和试验 2 号楼每个单元一个采暖季的总耗热量、单元的建筑面积、单位采暖耗热量列于表 4-15 中。

表 4-15　　　　　　　　　　　建筑单位采暖耗热量计算对比表

建 筑 物 名 称	单位采暖耗热量 （W/m²）	累 计 耗 热 量 （MJ）	建筑面积 （m²）
试验 1 号楼（1）	17.66	442900.00	1437.76
试验 1 号楼（2）	22.90	642038.00	1437.76
试验 1 号楼（3）	23.18	672999.00	1437.76

续表

建筑物名称	单位采暖耗热量 （W/m²）	累计耗热量 （MJ）	建筑面积 （m²）
试验1号楼（4）	23.46	633560.00	1437.76
试验2号楼（1）	24.40	815928.70	1781.71
试验2号楼（2）	24.24	780570.00	1781.71
试验2号楼（3）	27.72	958712.04	1781.71

通过表4-15可以看出，不同建筑不同单元的单位采暖耗热量是有差别的。通过各个单元进行比较，分析住宅安装温控阀进行供热热计量的建筑的节能效果。对比分析分为有山墙的单元和中间单元。表4-16为试验1号楼与试验2号楼节能率对比分析表。

表4-16 试验1号楼与试验2号楼节能率对比分析表

建筑物单元	单位采暖耗热量（W/m²）		试验1号楼温控阀 安装比例（%）	节能率 （%）
	试验1号楼	试验2号楼		
东山墙单元	17.66	24.40	83.3	27.6
中间单元	22.90	24.24	41.7	5.5
中间单元	23.18		50.0	4.5
西山墙单元	23.46	27.72	66.7	15.4

由表4-16节能效果看出，试验1号楼东山墙单元单位采暖耗热量最少，相比试验2号楼东山墙单元节能率达到27.6%，试验1号楼西山墙单元与试验2号楼西山墙单元相比节能率达到15.4%。而中间单元节能率比两个山墙单元偏低的原因是因为这两个单元温控阀的安装比例比有山墙单元的比例低。这也可以明显看出安装温控阀的节能效果。如果建筑物全部安装温控阀，住户能够积极地进行调节，供热计量的节能潜力都能达到20%～30%，这也更证明了实施供热计量的必要性和紧迫性。

表4-17分别列举了试验1号楼和试验2号楼两栋节能住宅楼的采暖耗热量、建筑面积以及单位采暖耗热量对比情况。

表4-17 建筑单位采暖耗热量对照表

建筑物名称	建筑面积 （m²）	耗热量 （MJ）	单位采暖耗热量（W/m²）		超标率 （%）
			测试值	标准限值	
试验1号楼	5751.04	2391497.00	21.8	22.0	0
试验2号楼	5345.12	2555210.74	25.5		24.5

从表4-17可以看出，只有进行供热计量温控阀调控的试验1号楼号住宅楼没有超过标准规定的限值，而试验2号楼超出24.5%。通过比较可以看出，供热计量并采用温控阀控制的可以达到很好的节能效果，同时可以看出未采用温控阀控制的建筑节能潜力非常大。

参 考 文 献

［1］ 李向东，于晓明．分户热计量采暖系统设计与安装［M］．北京：中国建筑工业出版社，2004．

［2］ 中国建筑业协会建筑节能专业委员会．建筑节能技术［M］．北京：中国计划出版社，1996．

［3］ 龙惟定，武涌．建筑节能技术［M］．北京：中国建筑工业出版社，2009．

［4］ GB 50019—2003 采暖通风与空气调节设计规范［S］．北京：中国建筑工业出版社，1996．

［5］ 卜一德．地板采暖与分户热计量技术［M］．北京：中国建筑工业出版社，2003．

［6］ JGJ 26—95 民用建筑节能设计标准（采暖居住建筑部分）［S］．北京：中国建筑工业出版社，2003．

［7］ 董重成，那威，李岩．供热管网保温厚度的计算研究［J］．暖通空调．2005，35（2）：7-10．

［8］ 贺平，孙刚．供热工程［M］．第四版．北京：中国建筑工业出版社，2009．

［9］ 国内外城市主要供热方式现状及发展趋势［N］．中国建设报．2008-06-13．

［10］ 赵振兴．供热计量改造技术及收费模式研究［D］．东北石油大学．2010．

［11］ 刘晓燕，李晓庆，邓书辉，赵振兴．大庆市热计量试点项目研究报告［R］．2009．

［12］ 刘义宗．国外民居建筑采暖现状［N］．市场报．2010-10-14．

［13］ 高会荣．暖通空调水系统中水力失调现象及其解决方法．山西建筑．2011（20）：123-124．

［14］ 中国建筑节能年度发展研究报告［M］．北京：中国建筑工业出版社，2011．

［15］ 孙伟．供热管网水力平衡调节方法的研究［J］．林业科技情报．2008，40（4）：44-45．

第五章　空调系统节能技术

从这一章起，将进行空调系统节能技术的学习。作为建筑能耗中重要的组成部分，空调系统的能耗将直接影响到建筑总能耗的大小。要实现空调系统能耗的节约，就需要掌握空调技术的基本原理、不同空调技术的特点、各种节能空调技术及节能措施。空调系统节能的研究主要在三个方面展开，包括硬件技术的提高、空调方式进步、空调系统管理及运行调节的完善。对于中央空调系统的节能，主要从"设备节能、形式节能、优化节能、管理节能"四个方面进行了讨论。

本章介绍了空调系统节能的一些常见措施，着重介绍了目前主要的空调节能技术，如热回收技术、热泵技术、湿度温度独立控制的空调技术、建筑热电冷三联供系统、分区空调技术、分层空调技术等。在此基础上围绕热泵技术和蓄冷技术这两类目前应用广泛且极具推广价值的空调节能技术进行了详细的介绍。最后介绍了五个热泵与蓄冷方面的实际工程案例，详细介绍了设计方案及相关参数，并对其节能效果进行了对比分析。

第一节　空调系统节能技术概述

一、空调系统节能的意义

节能是 2010 年度空调行业最关注的问题。在全球能源日趋紧张、环境日益恶劣的今天，节能减排工作的形势异常严峻，国家对于节能减排的工作极为重视。国务院办公厅印发《2009 年节能减排工作安排》，要求各地区、各部门加大工作力度，重视节能减排工作，其中对家电节能、以旧换新工作做出了重点批示。随着经济的发展，人口的增多，城市化水平越来越高，普通家庭家电的耗电量也在快速攀升。空调，作为家电中耗电量最大的产品，其耗电已经成为我们中国面临的一个巨大的能源问题。据统计，全国空调夏季的耗电量几乎是整个电力系统耗电量的三分之一，这也是造成一些地区在夏季用电高峰出现电力系统不堪重负，以至拉闸限电的原因之一。实际上，我们如果仔细观察夏季电荒的特点，就会发现，伴随着的是空调器在国内家庭及公共建筑的大规模普及。

空气调节的定义是通过人工手段，利用各种空气处理设备（空调设备）将处理后的空气送入需要空调的建筑物内，并使室内环境达到要求的空气参数如温度、湿度、气流速度和洁净度等。随着经济和生产、生活的发展，对空调的需求不断提高，依赖程度也日渐加深。因此空调节能对国家节能减排的大政方针将产生极其重要的意义。从空调下乡三级能效的准入门槛，再到"以旧换新"、"节能产品惠民工程"政策将补贴对象定位为一、二级高能效空调，可以说相关政府部门在促进节能空调推广上，做了很多工作。但是政府部门的推动，离不开各个相关行业及全体人民的支持。2007 年 6 月初，国务院专门召开了有关节能减排的会议，国务院办公厅下发了关于严格执行公共建筑空调温度控制标准的通知，要求"所有公共建筑内的单位，包括国家机关、社会团体、企事业组织和个体工商户，除医院等特殊单位以及在生产工艺上对温度有特定要求并经批准的用户之外，夏季室内空调温度设置不得低于26℃，冬季室内空调温度设置不得高于20℃，倡导广大家庭合理控制空调温度"。夏季空调温度在国家提倡的基础上上调1℃，可节约6.25%的用电负荷，其节电效果是巨大的。按照空调行业进行的人体热舒适的实验数据来看，即使夏季28℃的室内温度，配合吹风也可以满足热舒适和健康的双重要求。我们可以观察身边空调的使用情况，真正认真这么去做的并不多，政策的执行力度缺乏监督，收效甚微。空调节能不是口号，大家应该从自己做起，真正去重视它。

空气调节系统种类繁多，可按照其主要使用目的及场合、设备布置情况及空气处理来源等进行分类。

按照空调使用场合及目的，可分为用于满足人们生活工作环境要求的舒适性空调，以及满足生产、科研等对环境要求较高的工艺性空调。

按照空气处理设备分布情况，可分为主要的空气处理设备都置于空调机房的集中式（中央）空调，设备分散到每个用户处独立处理空气的分散式（局部）空调，以及既有集中也有独立处理设备的半集中式空调。

按输送冷热的介质，分为由处理后的空气承担空调房间内全部热湿负荷的全空气式空调系统，用冷热水承担空调房间内热湿负荷的全水式空调系统，还有空调房间内的热湿负荷由水和空气共同负担的空气—水式空调系统，以及完全用制冷剂承担热负荷的制冷剂式空调。

根据房间内循环空气新风量多少分为全新风的直流系统、无新风的闭式系统和部分新风的混合式系统；运行过程中送风量是否变化则可分为定风量和变风量系统。

目前应用较多的空调系统有数量最多的家用空调系统（制冷剂式）、集中式定风量空调系统和风机盘管加新风机系统。

20世纪90年代末以前，我们的空调应用都是以所谓单位用户即中央空调为主，随着经济的发展，从90年代末以来，局部式空调中的家用分体式空调器以爆炸般的速度增长，10年的年均增长速度达到了35%～40%，一跃成为全球最大的家用空调器生产及销售国。短短几年内城市居民家庭空调拥有量就从每百户几台的数量增加至128台/百户，从而超越中央空调成为空调系统最大的一块市场。因此考虑空调系统节能就需考虑家用空调和中央空调两方面的节能。因为中央空调形式复杂，种类繁多，因此节能的空间比家用空调要大，本文对空调系统节能的介绍也主要是对中央空调而言。家用空调是一种工业化流水线生产出来的产品，基本不涉及后天使用环节的二次设计，因此其节与否能更重要的是在于空调企业对于产品性能的提升。

空调系统节能是一个复杂的综合性问题，目前空调系统节能的研究主要是从三个方面进行。

（1）硬件技术的提高。空调系统里有大量的设备，以基于蒸汽压缩式制冷技术为基础的空调为例，空调主机就有压缩机、蒸发器、冷凝器、节流装置等设备，而整个空调系统还有大量的管路、水泵、风机、末端装置等等。这些硬件设备技术不断的随着社会的发展而进步着，同一套空调系统，即使设计是完全一样的，内部采用更先进的设备，就有可能大幅降低能耗。

（2）空调方式的进步。中央空调和家用空调的重要区别就在于，它在工厂生产出来后，并不能给用户直接使用，还需要由暖通空调设计师进行设计再安装好后，才能使用。设计师采用什么类型的空调方案，对空调设计参数的取舍都会很大的影响到中央空调系统使用的耗能水平。这些年来，中央空调领域出现了很多新的空调方式，如蓄冷空调、热泵空调、大空间分层空调、多分区空调，等等，促进了空调应用的节能及舒适健康效果。

（3）空调系统管理及运行调节的完善。空调系统尤其是中央空调系统，是一个由冷热源、自动控制、水系统、风系统等很多不同硬件及控制系统共同组成的一个复杂的有机体，彼此相互影响，相互耦合。因此运行过程中的管理以及调节就十分重要，对于全系统的耗电和效果产生直接的影响。得益于硬件技术及软件的进步，原本十分复杂的运行调节和管理从不可能进行发展到现在能运用神经网络系统、模糊控制及人工智能技术来很好地行操作。

二、中央空调节能措施

空气调节的能耗在建筑能耗中占 50% 左右，高效利用中央空调系统的能源，采取有效的节能措施已成为迫切需要解决的问题。节能就是采取技术上可行，经济上合理以及环境和社会可以承受的措施，减少从能源生产到消费各个环节中的损失和浪费，更加有效合理地用能源。空气调节系统的节能不但与空调冷热源、空调系统的设置、空调设备的性能、能量能否合理利用有关，而且与建筑物围护结构的形状、朝向、保温隔热性能等许多因素有关。因此，空气调节系统的节能是一项综合性非常强的工作。空调系统的节能不仅具有良好的经济效益，也具有很好的社会效益。

中央空调的应用包含了硬件设备、设计运行方案、过程控制及日常维护保养等多个方面，因此其节能也是相关涉及到的各个环节的综合节能。

业界对于中央空调系统节能归纳为四个方面：设备节能、形式节能、优化节能、管理节能。

1. 设备节能

如上所述，技术的发展总是和硬件的进步有着密切关系，节能也是如此。家用空调使用的压缩机，以及翅片管式冷凝器和蒸发器，从 20 世纪 70 年代到 21 世纪，有了巨大的变化。压缩机从半封闭到全封闭，从活塞式到滚动转子式再到涡旋式，从定速到交流变频，再到直流变频以及数码涡旋。换热器从普通铜管翅片到内螺纹铜管和亲水膜铝翅片，有效提高了换热系数，抑制了冬季结霜，蒸发器更是外形上从平面到两折再到三折，以及最新的圆弧形状，大大提高了有效空间内的换热面积。生产设备和工艺的提高，也大大提高了压缩机的综合性能以及空调产品的密封性能。这些硬件技术提高把家用分体式空调器的能效比从过去的 2.0 不到提升到了接近 4.0。而变频技术的进步虽然没有把空调工况下的能效比提高，但是却把家用空调全年综合耗电降低了 1/3 到 1/2。中央空调领域的硬件进步也是明显的，只是最近 20 年被家用空调器的光芒给掩盖了，而且中央空调领域的进步在控制领域体现的更加明显。

2. 形式节能

形式节能实际上就是针对用户实际情况决定采用什么样方案来达到最佳节能效果。采用何种形式的中央空调系统是设计方案决定的，不同形式的中央空调系统就具体用户而言其节能效果是不一样的，如对于同小区的楼房，供暖采用热泵系统就比采用电取暖节能50％以上；对于住宅性质的小区采用 VRV 数码地暖中央空调系统就比大型水源热泵系统节能 30％以上。形式选择切忌盲目采用所谓最先进的方式，合适很重要。

3. 优化节能

优化节能是指系统的设计与施工是否根据建筑物的特点、使用的性质、建筑物所处的区域等在基本形式确定之后进行优化设计和优化施工，使得设计的系统阻力小，能量损耗小，计费准确，供应方便，并能为后期的空调系统合理使用、科学管理提供所必需的硬件等。如对于大型水水中央空调系统采用变流量的循环水系统就比定流量系统节能。采用能够准确进行分户计量的 VRV 数码地暖中央空调系统就比不能实现准确消费计量的水—水中央空调系统节能。

4. 管理节能

空调系统在安装运行后，运行期间的管理也非常重要。有效的管理可以让系统稳定运行，在保证舒适性的前提下实现节能，如过滤器的定期清洗、风盘表冷器的定期清洗、室内温湿度的合理设定、无人房间的即时关停、系统水温度的合理设定等。统计表明，有效管理可使同一个中央空调系统节能 30％以上。但是管理节能是建立在系统优化节能的基础之上，建立在先进硬件引入的保证之上，如没有分户计量设备，就无法合理进行分户收费管理，就不能促使用户自觉关停不用房间的供暖，也就无法实施以合理收费为基础的费用管理，实现节能降耗。

节能要达到最好的效果，就应该充分考虑以上四个方面的问题。首先应该保证硬件的先进性，落后过时的硬件会大大降低后面措施的节能效果；其次实现形式节能和优化节能，才能为后期的管理节能打下基础；然后在形式节能和优化节能实现的同时，制定合理的运行管理方案，实现管理节能。只有这样才能真正实现中央书调系统的运行节能，使中央空调系统稳定可靠服役到设计寿命或超过设计寿命。

中央空调系统主要由冷热源、空气处理系统、冷热介质输配系统（包括风机、水泵、风道、风口与水管等）、空调末端及自动控制系统组成。其中空调系统的能耗主要有两方面：一方面是为了提供给空气处理设备冷量和热量的冷热源能耗，如活塞式、螺杆式、离心式等制冷机能耗；另一方面是为了给空调房间送风和输送空调循环水的风机和水泵所消耗的电能。

因此，减小空调系统的能耗主要取决于两方面。其一是做好建筑物自身节能，这是节能之本，建筑物自身是否节能直接影响到建筑空调负荷的大小，如果空调房间负荷偏大，所选择的机组型号，设备功率自然要大，耗能必然增加。而建筑物自身的节能可以从建筑围护结构、设计规划、遮阳设施等方面进行考虑。其二是减小空调系统的能耗，根据中央空调系统的组成及工作原理，其耗能设备主要有冷热源机组、冷热介质输送系统中的动力设备—泵与风机。其中冷热源机组能耗的大小上要取决于其类型、规格和台数的选取，而这些又是由空调房间的负荷及新风量的大小决定的。泵及风机的能耗大小与其型号、台数的选取，管路的布置形式及运行管理等因素有关。另外为维持空调房间的压力平衡，送入房间一定量的风，还需排出一定量的风。而排出的风量会带走一部分冷（热）量而造成一定的能量耗散。因此，中央空调系统的节能措施可从以下几个方而考虑。

（一）合理降低系统的设计负荷

过去我国的多数暖通设计人员在设计空调系统时，往往采用负荷指标进行估算，并且出于安全考虑，指标往往取得过大，造成系统的冷热源、输配设备、末端换热设备的容量都大大超过实际需求，使得系统的初投资、设备占用面积和运行费用增加，造成了能源的浪费。因此合理降低系统的设计负荷是中央空调节能之本。

建筑参数相同时，空调系统的设计负荷还取决于室内、外的设计参数。根据人体的舒适性要求确定室内设计参数是更加科学合理的。对民用空调而言，有一个较为宽泛的舒适区，在这个区域内夏季空调室内空气计算温度和湿度越低，房间的计算冷负荷就越大，系统耗能也越大。因此在满足人体舒适度要求的前提下，要尽量提高夏季室内设计温度和相对湿度，尽量降低冬季室内设计温度和相对湿度，其有显著的节能效果。例如夏季把设计温度从 26℃ 提高到 28℃ 时，冷负荷可减少约 22%；冬季把设计温度从 20℃ 降低到 18℃ 时，热负荷可减少约 28%。设计人员在合理确定了室内外设计参数后，使用鸿业、DEST 等专业负荷软件来对设计进行准确的计算，尤其是全面负荷模拟，也非常利于设计负荷的降低。

（二）控制和正确使用室外新风

为了保证空调房间内的空气品质良好，室内必须保证有足够的新风量，而对于医院和净化厂房等特殊环境新风量要求更高。这使得在建筑物的空调负荷中新风负荷占的比例很大，一般占总负荷的 20%~30%。因此控制和正确使用新风量以及采用全热回收新风机组是空调系统有效的节能措施之一。

新风节能使用的原则是：①在满足空气品质要的前提下，冬、夏季尽量减少新风量，不要随意提高最小新风量标准，但是早晚凉快的地方，可以夜间增加新风降低建筑蓄热。②在春、秋过渡季节，应尽量多地采用新风，甚至全部采用新风。既可减少冷负荷，又可改善室内空气品质，因此在进行空调设计时要考虑到不同季节及不同时候对新风量灵活控制的硬件措施。③新风量较大的场合采用全热回收新风机组，尽量从排风中回收能量。

（三）选择合适的冷热源

在空调系统中，冷热源能耗约占空调系统能耗的一半左右，合理选择冷热源系统是空调节能的保证。冷热源的种类繁多，需综合考虑本地的能源供应情况及能源政策和价格等。目前，最常用的冷热源方式有水冷冷水机组＋锅炉、热泵和溴化锂吸收式机组＋锅炉等形式。

不同的设备在标准情况下的运行效率虽然有高有低，比如水冷冷水机组的能效比就远高于吸收式机组。但是如果用户有大量的废热可以利用，则吸收式系统的综合能源利用效率就更高。因此设计人员设计时，不能简单看哪个冷热源更先进，还应根据当地情况，进行综合技术经济比较，考虑初投资、运行费、回收期限、电源、水源、热源等，合理灵活地运用不同的技术，才能确定出最佳的冷热源方案。

（四）充分利用建筑中的可再生能源

可再生能源包括太阳能、风能、水能、生物质能、地热能和海洋能等多种形式的能源。可再生能源日益受到重视，开发利用可再生能源已成为世界能源可持续发展战略的重要组成部分。使用可再生能源就意味着对不可再生能源的节约和对环境的保护。

太阳能既是一次能源又是可再生能源，资源丰富，对环境无污染，是一种非常清洁的能源，在建筑中得到了较为广泛的应用。如何有效地利用可再生能源满足建筑的采暖空调等能源需求，也是建筑节能的一项重要内容。目前国内外针对太阳能光热利用、光电转换以及直接利用太阳光采光等方面均取得了进展，太阳能热水器、太阳能空调、太阳能热泵等产品也得到了很好的推广。可再生能源技术的发展中，成本是极为重要的因素，曾经很昂贵的太阳能发电、风能发电等便宜了很多，因此迎来了较大发展。

（五）降低输配系统能源消耗

在大型公共建筑采暖空调能耗中，60%～70%的能耗被输送和分配冷量热量的风机水泵所消耗。这是导致此类建筑能源消耗过高的主要原因之一。对大规模集中供热系统，负责输配热量的各级水泵的能源消耗也在供热系统运行成本中占很大比例。分析表明，这部分能量消耗可以降低50%～70%，因此，降低输配系统能源消耗应是建筑节能中尤其是大型公共建筑节能中潜力最大的部分。

由于设计和设备选择的粗糙，我国建筑内的风机水泵绝大多数的运行效率都仅为30%～50%，而实际这些风机水泵的最高效率大多可达75%～85%。如何通过调节改变风机水泵工作状况，使其与已有管网相匹配，从而在高效工作点工作，是对风机水泵和管网技术的挑战。仅这一技术的突破，就可使输配系统能耗降低一半。目前国内外都有在此方面努力，但尚无创新性突破。

目前变频器的质量已很可靠，且成本足够低。采用变频风机、变频水泵对流量进行调节已很普及。但大多数采暖空调的输配系统的结构设计还是基本上沿用传统的基于阀门调节的输配系统，没能真正发挥变频调速的作用。水泵的能耗一半和风机的能耗25%～40%都消耗在各种阀门上。彻底改变输配系统结构，去掉调节阀，用分布的风机水泵充当调节装置，即不是用阀门消耗多余能量，而是用风机水泵补充不足能量，这可以使输配系统能耗比目前降低50%～70%（还不包括提高风机水泵效率）。

全空气系统因为空气输送系统的庞大和高成本，已逐步用水代替作为传输媒介，从而可以较小的能耗为代价输送更多的热量冷量。而通过管道输送水所需的能耗还可进一步通过在水中添加减阻剂来降低。国内外的研究都表明，采用某些减阻剂可使管道阻力降低到20%，这将极大地降低输配系统能耗。但需进一步研究解决如何提高这种方式的稳定性，消除其对传热过程的不利影响，并降低其造价，避免减阻剂本身可能造成的环境污染等技术问题。与减阻剂方法相对应的是采用功能热流体方法。将相变温度在系统工作范围内的相变材料微粒掺混于水中，制成"功能型热流体"，可以通过相变吸收和释放热量，从而可在小温差下输送大量热量。这就可以大大减少循环水量，从而使输送能耗降低到原来的15%～30%。目前这一方向的研究中，清华大学已研制成这种流体，大量的传热和阻力特性试验表明其具有良好的动力特性和传热特性。但最终在工程中全面推广还要解决稳定性、成本问题等诸多难点。此方向的工作主要针对降低大型公共建筑的能耗。有效的技术突破可使大型公共建筑采暖空调能耗降低40%，这相当这类建筑的总能耗降低20%。

空调输送系统包括风系统、水系统和压缩工质系统。对于大型中央空调系统风系统和水系统应用较多，因此本节针对输送系统动力节能的讨论主要围绕系统中风机和水泵所消耗电能的变化进行，这些设备的电耗占空调系统耗电量的比例很大。例如，一般空调水系统的输配用电在冬季供暖期间约占整个建筑动力用电的 20％左右，夏季供冷期间占 15％左右。因此输送系统的动力能耗的节约也是不容忽视的。

1. 水输送系统的节能

中央空调水系统是一个大型的热交换装置，包括冷却水循环系统和冷媒水循环系统，这些系统需要消耗水泵较大的输送能量。

使用变水量节省水系统输送的能量是一种很好的方法。变水量系统中，在负荷变化时，保持水温在一定范围内，通过供水量的改变来匹配负荷的变化。水泵的能耗随负荷的减少能大幅降低，节能效果明显。变水量系统需要采用供、回水压差进行流量控制，控制系统很复杂，对其推广造成了影响，现在很多研究都集中在提供更加简单的变水量控制方案。

实际应用中，可以采取几种变水量的方法：①多台水泵并联，负荷变化时改变工作水泵的台数，只要水泵搭配调节合理，可以使流量改变后的工作点始终在高效区内，从而达到节能目的。流量变化较大而扬程变化较小的场合适合这种方式；②采用变频调速变水量系统，改变转速，而不改变管路特性，保持水泵的运行工作点在高效区，节能效果很好；③冬夏分别设水泵，不同季节进行切换，有一定的节能效果，但是投资较大。

另外，复式泵系统也有较好的节能效果。所谓复式泵就是在冷热水源侧和负荷侧分别配备水泵，系统负荷侧可以变流量，从而实现水泵变流量，降低能耗。复式泵系统虽然可有较好的节能效果，但是系统复杂，控制要求高，初投资也大，影响了应用。

此外，节省电能的另一种方式是加大冷媒水的供回水温差，实现"大温差，小流量"运行，同时需进一步优化设计，减小空调水系统中水的流速以减少系统阻力，从而减少泵或风机的输送动力，降低运行电耗。

在冷却水系统，冷却塔的能耗也占一定比例。因此冷却塔的节能也具有一定的现实意义。冷却塔的性能影响参数主要有室外空气的湿球温度、入口水温及冷却水量等。当空调负荷发生变化时，冷却负荷必然也随之发生变化，为使冷却塔的冷却能力与冷却负荷相匹配，节省运行能耗，可改变冷却塔的风机转速。

常用的措施有：

（1）在气候较冷、要求全年使用空调的地区，设置温度调节器控制风机的启停，防止室外湿球温度降低时冷却塔的冷却能力增加，出口水温降低，产生冻结故障。

（2）采用变频风机，既可实现风量的无级调节，稳定冷凝器水温，又可减少风机的启停次数，延长风机的使用寿命。

（3）当空调系统有几台冷却塔或每台冷却塔有几台风机用电机时，可通过控制电机的运转台数实现冷却风量与冷却负荷相适应，从而减小冷却塔风机能耗。

2. 风输送系统的节能

风输送系统的节能是指送风、回风及排风系统中，在达到调节和控制空调房间空气参数要求的前提下，尽量减小风机的电耗。空调系统中风机包括空调风机、送风机、回风机、排风机等，这些设备的电耗占空调系统电耗的比例是最大的，因此风系统的节能潜力也最大。

空调系统中的风系统，根据运行过程风量固定与否，可以分为定风量系统和变风量系统，风量固定与否直接影响冷热源能耗和风机电耗。

定风量空调系统是指送风量全年固定不变。当室内负荷变化时，通过改变其送风温度来满足要求。这种形式的送风量是按空调房间负荷的最大热、湿负荷确定的，而实际房间的热、湿负荷在全年的大部分时间均低于最大负荷。当室内热、湿负荷减小时，定风量系统调节再热量以提高送风温度，从而减小送风温差来保持室内温度的恒定，这样不但浪费了热量而且也浪费了冷量。机组能耗和风机电耗都较大，很不经济。但定风量系统的结构简单，技术成熟，初投资较小，因此应用很广。

变风量系统是一种较先进的空调系统，其工作原理是当室内负荷变化时，在保持送风状态参数不变的情况下，通过改变送风量的大小来适应不同的室内负荷。该系统可以克服定风量系统的诸多缺点，据统计，采用变风量空调系统，全年空气输送能耗节约 1/3，设备容量减少 20％～30％，并可同时提高环境的舒适性。因此变风量系统是一种节能的空调系统，最适合应用于负荷变化大或多区域控制的建筑，或有公用回风通道的建筑，尤其是办公楼、图书馆等建筑，更能发挥其操作简单、舒适、节能的优势。变风量空调系统有如下特点。

（1）系统送风量和选用的设备，是按照瞬时各房间所需风量之和来确定的，考虑了系统同时负荷率（参差系数）。因空调设备提供的冷量能自动地随着负荷的变化在建筑物内部移动，故设备容量和风道尺寸比较小。例如，一幢四个朝向的建筑物，各朝向房间高峰值之和比建筑物瞬时最大负荷高 20％～30％。即考虑同时负荷率设计空调系统，可减少 20％～30％的设备容量。为了充分利用该特点，空调系统的服务范围可不按朝向分区。

（2）采用全年变风量运行，可显著节约风机运行所耗电能。在全年空调的建筑物里，由于极大部分时间系统在部分负荷情况下工作，如采用末端变风量、控制系统静压，调节风机总风量，则风机耗能将大大减少。对于全年空调的大楼（如办公楼），空调风机的耗电量占整个大楼所耗总电量（包括大楼中冷热源、照明、风机、水泵、给排水泵、电梯等）约 1/3。故减少风机所耗电能是节能的重要方面。

（3）在部分负荷时减少送风量，既没有冷热量的相互抵消，又没有冷热风的混合损失。变风量系统可以完全或最大限度地减少这种损失。

（4）同其他全空气系统一样，在室外气温较低时（如过渡季），可以停用冷冻机，低温新风焓值低于室内空气焓值，直接使用全新风作为送风。

（5）空调机组集中，新风量容易得到保证，便于集中空气净化和噪声处理。

（6）和全空气定风量系统一样，便于与热回收系统、热泵系统结合起来。

变风量系统应用中也存在一些问题：

（1）风量过小时，室内气流组织会受到一定影响。

（2）风量过小时，新风量不易保证。

（3）末端机组会有一定的噪声，主要是在全负荷时产生的噪声较大。

（4）要克服以上缺点，需增加房间风量控制，如系统风量以及最小新风量控制。故其自动控制系统较复杂，造价比较高。

VAV（变风量）系统主要由 VAV 空调机组和 VAV 末端组成，根据控制区域对冷（热）负荷的需求变化，VAV 末端会相应调节末端送风量的大小，而 VAV 空调机组则根据各 VAV 末端的变化来控制总送风量的大小。其中常用的 VAV 末端装置有节流型、旁通型和风机动力型。

另外，风输送系统的节能除了采用变风量系统之外，还可通过增大送风温差、减小风速来降低能耗。特别对于舒适型空调系统，空调精度要求不高。在满足室内温、湿度要求，气流组织分布均匀的前提下，尽量采用大温差送风，可有效地减小送风量，降低风速和风机能耗。

3. 压缩工质输送系统的节能

变压缩工质流量系统（VRV）是目前国内空调市场上一种重要的空调节能系统形式，在合适范围内其节能效果优于 VWV（变水量）和 VAV 系统。虽然该系统不属于中央空调系统中的风输配系统或水输配系统，但作为新节能技术在此也作一简单介绍。

（六）加强中央空调的控制节能

空调系统是为了给人们提供一个安全、舒适、健康的室内环境，需要对包括室内温度、湿度、风速及空气品质在内的很多参数进行有效、及时的控制。当出现对设备安全不利的情况时也要及时进行保护，例如压缩机的高、低压保护，温度保护等。另外，节能的要求使得系统的运行往往更为复杂多变，并涉及到大量的计算，这些如果仅靠人力来调节，是无法实现的，因此需要在空调机组有先进的控制系统，按照预设的节能运行管理程序，实现实时的动态控制，既方便了运行管理，又节省了能耗。

（七）提高系统的运行管理水平

运行管理是中央空调节能是否实际有效的关键点。很多空调系统，刚开始的能耗并不高，运行的效果也不错，但是使用一段时间后，效果越来越差，能耗却越来越大了。如果排除硬件质量，问题多半出在运行管理上。可见一个设计再好的系统，也需要良好的管理。因此，为保证系统发挥最大能效、经济运行、延长使用寿命，提高中央空调系统的运行管理是必不可少的有效措施。

运行管理常采用的节能措施如下。

（1）定期对设备和系统进行保养维护，把问题在发生之前制止。例如阀门、构件等的维护，防止冷（热）水和冷（热）风的跑、冒、滴、漏等现象的发生；冷凝器等换热设备传热表面的定期除垢或除灰；过滤器、除污器等设备定期清洗；经常检查自控设备和仪表，保证其正常工作等。

（2）对系统的运行参数进行监测，及时发现问题并加以处理。

（3）加强对空调水系统的水质管理，防止水系统故障。

（4）人员数量变化比较大的系统，新风量不应简单地实行比例控制，应该根据室内的 CO_2 浓度检测器检测结果，及时调节新风量，做到空气品质和节能效果并重。

（5）当过渡季节中室内有冷负荷时，应尽量采用室外新风的自然冷却能力，节省人工冷源的冷量。

（6）管理和操作人员要经过培训，考核合格后才能上岗，并建立完善的运行管理、维护、检修等规章制度。再好的制度，如果没有合格尽职的操作人员也是无效的。

三、常用空调节能技术

1. 热回收装置

建筑中使用中央空调时为了保证室内的空气品质，要按照国家标准设计足够的新风量。对于住宅建筑和普通公共建筑，当建筑围护结构保温隔热达到一定水平后，室内外通风形成的热量或冷量损失就成为这类建筑能耗的重要组成部分。而对于一些特殊的建筑如医院、净化厂房等，几乎是完全使用新风，这部分能耗就更大了。通过专门装置有组织地回收排风中的能源，对降低这类建筑的能耗具有重要意义。欧洲在这方面已创造出了丰硕成果：通过有组织地控制通风量和排风的热回收，大大降低了空调的使用时间，使耗热量耗冷量降低 30％以上。由于以前我国建筑本身的保温隔热性能较差，通风问题的重要性就远没有欧洲突出。因此相比之下有较大差距。

热能回收装置比较成熟并大量使用的有板式热回收器、转轮式热回收器、热管式换热器和中间冷媒式换热器，目前需要积极开展相关的研究和产品开发与推广。就排风热回收而言，国内目前已研制成功蜂窝状铝膜式、热管式等湿热回收器，只对降低冬季采暖能耗有效。由于夏季除湿是新风处理的主要负荷，因此需要全热回收器。目前国内已开始有纸质和高分子膜式透湿型全热回收器、转轮蓄能型全热回收器。

2. 各种热泵技术

从空调系统排风中通过热交换器来回收热量的方法，称为"直接热回收法"。由热泵来实现热量的转移，称为"间接热回收法"。利用间接热回收法可以从大气、水、土壤等环境中获得热能。

通过热泵技术提升低品位热能的温度，为建筑物提供热量，是建筑能源供应系统提高效率降低能耗的重要途径，也是建筑设备节能技术发展的重点之一。在此领域目前国内外进展情况如下。

（1）空气源热泵，冬季从室外空气中提取热量为建筑供热，是住宅和其他小规模民用建筑供热的最佳方式。在我国华北大部分地区，这种方式冬季平均电热转换率有可能达到 3 以上。目前的技术难点是外温在 0℃左右时蒸发器的结霜问题，以及为适应外温在 −3～5℃范围内的变化，需要压缩机在很大的压缩比范围内都具有良好的性能。

（2）地下水水源热泵，即从地下抽水经过热泵提取其热量后再把水回灌到地下。这种方式用于建筑供热，其电热转换率可达到 3～4。这种技术在国内外都已广泛推广，但取水和回灌都受到地下水文地质条件的限制，并非普遍适用。研究更有效的取水和回灌方式，可能会使此技术的应用范围进一步扩大。污水水源热泵，直接从城市污水中提取热量，是污水综合利用的组成部分。据测算城市污水充当热源可解决城市 20％建筑的采暖。目前的方式是从处理后的中水中提取热量，这限制了其应用范围，并且不能充分利用污水中的热能。哈尔滨工业大学最近研制成功污水换热器，可直接大规模从污水中提取热量，并在哈尔滨实现了高效的污水热泵供热，处于世界领先水平。如果进一步完善和大规模推广，应该能成为我国北方大型城市建筑采暖的主要构成方式之一。

（3）地埋管式土壤源热泵，通过在地下垂直或水平埋入塑料管，通过循环工质，成为循环工质与土壤间的换热器。在冬季通过这一换热器从地下取热，成为热泵的热源；在夏季从地下取冷，使其成为热泵的冷源。这就实现了冬存夏用，或夏存冬用。目前这种方式的问题是初投资较高，并且由于需要大量从地下取热、储热，仅适宜于低密度建筑。与建筑基础有机结合，从而进一步降低初投资，提高传热管与土壤间的传热能力，将是今后低密度建筑采用热泵解决采暖空调冷热源的一种有效方式，值得进一步研究发展。如前分析，采暖用能占我国北方地区建筑能耗的约50%，通过热泵技术如能解决1/3建筑的采暖，将大大缓解目前采暖与能源消耗、采暖与环境保护间的矛盾，实现高效的电驱动采暖。

3. 湿度温度独立控制的空调系统

目前中央空调很多都是采取热湿联合处理，使用5～7℃的冷冻水降温且除湿。排除余湿要求冷源温度低于室内空气的露点温度，占总负荷一半以上的显热负荷本可以采用高温冷源带走，却与除湿一起共用7℃的低温冷源进行处理，造成能量利用品位上的浪费。降温的目的，采用18～20℃的冷源即可满足。一般情况下除湿负荷占空调负荷的30%～50%，目前大量的显热负荷也用这样的低温冷媒处理，就导致冷源效率低下。

采用温度湿度独立控制的空调方式有助于改善这个问题，如图5-1所示。将室外新风除湿后送入室内，可用于消除室内产湿，并满足新鲜空气需求；另外用独立的水系统使18～20℃温度的冷水循环，通过辐射或对流型末端来消除室内显热。这不仅可避免采用冷凝式除湿时为了调节相对湿度进行再热而导致的冷热抵消，还可用高温冷源吸收显热，使冷源效率大幅度提高。同时，这种方式还可有效改善室内空气质量，因此被普遍认为是未来的主流空调方式。目前世界各国都积极开展大量的相关研究和工程尝试。

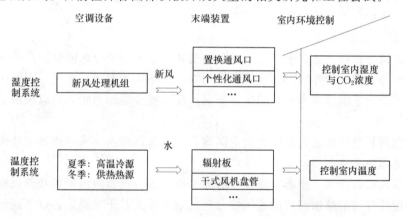

图5-1　温湿度独立控制空调原理图

这一方式的主要难点是新风的高效大幅度除湿。我国华南理工大学开发的除湿转轮，可以进一步发展成为湿度独立控制系统的新风处理方式。清华大学以江亿为代表研究的溶液除湿方式，利用低温热源（60～70℃）驱动，可实现较高的能源利用率，并能同时实现排风的全热回收。目前这一技术也已用于实际的温度湿度独立控制的空调系统。国内这两项空气除湿技术在国际上同领域内都属于较为先进的技术，进一步完善这两项技术，并使其产品化，将对改变中央空调节能起到重大作用。

这种新的空调方式的实现还包括对现有末端方式的革新。采用高温冷水（18～20℃吸收显热，应使用不同于目前方式的末端装置。目前国外已研发出多种辐射型末端和干式风机盘管，以及自然对流型冷却器等，国内也需要相应的跟踪或开发新的高效的显热型末端装置。本方向的研究主要针对降低大型公共建筑能耗。有效的技术突破可使大型公共建筑采暖空调能耗再降低 30％，这相当于此类总能耗降低 15％。

4. 建筑热电冷三联供系统

冷热电三联产技术 BCHP 也称作分布式供能系统，是基于天然气、石油等原料，采用燃汽轮机、内燃机或外燃机发电，使燃料燃烧放出的余热获得有效利用（采暖，空调制冷，供热水）的供能系统。与直接燃烧方式相比，采用动力装置先由燃料燃烧发电，再由发电后的余热向建筑供热或作为空调制冷的动力，可获得更高的燃料利用率。

这种方式通过让大型建筑自行发电，解决了大部分用电负荷，提高了用电的可靠性，同时还降低了输配电网的输配电负荷，并减少了长途输电的输电损失（在我国此损失约为输电量的 8％～10％）。美国为解决其电力输配和供电安全问题，近年来大力推广这一方式。美国能源部预测到 2020 年新建建筑的 50％、现有建筑的 20％都将采用这种方式解决建筑物内的能源供应。

我国长沙远大公司也属于美国能源部组织的关键设备研究单位之一，其产品已用于美国的几个主要的 BCHP 示范项目中。日本有很多应用实例，技术和应用都比较领先。我国实现"西气东输"后，这种方式可以作为东部大城市天然气应用的一种形式。对于用电可靠性要求高、全年存在稳定的热负荷或冷负荷的建筑，这种方式可获得较高的节能效果和经济性。要使这种方式能更大范围地使用，并真正有利于节能、环保，并具有经济性，还需要继续完善以下几个方面：高发电效率、低排放的燃气发电动力装置，高密度高转换效率的蓄能装置和高效率的热驱动空调方式。

5. 分区空调技术

多分区空调方式特别适合于具有不同负荷变化特点的多个分区的空调系统中。例如大型办公楼可划分为内区和外区，外区又可分为东区、南区、西区、北区，不同区域内负荷变化特点不同，为了满足每个分区的热湿要求，而又减少能源消耗，可以采用多分区空调方式。

多分区空调器是一种定风量组合式空调器，它与普通的组合式空调器的区别如下。

（1）它是压出式空调器。

（2）在送风机和冷热交换器之间设一旁通分路，该分路参数由回风和新风混合而定。

（3）经过冷却或加热加湿后的送风按分区的数量分为若干支路，各以不同比例与一部分旁通送风混合，从而产生若干不同温度参数的送风支路，分别接至各个空调分区。

多分区空调的主要优点。

（1）根据各个空调分区的负荷变化自动调节冷热风和旁通风的混合送风阀，以使空调房间达到设计的室内温度。其中不存在冷热能量抵消的问题。

（2）它是一种设备容量较小的全空气型空调器。同变风量系统一样，设备容量是按照瞬时各房间所需风量之和确定，也即考虑系统同时负荷率（参差系数）。

（3）其各部分自动控制便于和楼宇自动化管理的计算机相连接，实现中央监控和调节。

（4）具备在过渡季节充分利用新风冷却代替人工制冷的条件。

（5）在采用智能全自动控制装置后，可以实现非工作时间的送、回风机（双速电机）

的低速节电运行。

（6）冷冻水管和冷凝水管不必进入建筑吊顶，从而避免管道渗漏、表面结露所造成的一系列检修问题。

多分区空调方式虽然有着不少的优点，在特定的建筑内可以节约能源，降低运行费用，但是其初投资较高，虽然比变风量方式要低，但是比目前很流行的风机盘管加新风空调机方式高出近 40%，这是阻碍其在我国应用发展的一大阻力。从未来的发展来看，多分区空调方式还是很有潜力的。

6. 分层空调技术

高大空间建筑物的空气调节相比一般的建筑具有其特殊性，在空气分布上气流存在明显的分层现象，且垂直方向温度变化很大。对于这样的空间，如果要对整个空间进行空气调节，其空调的耗能相当巨大。真实情况是需要空调的部位一般仅为下部 2～3m 高的人员活动区域。处理这个问题的一种特殊的空调方式出现了，这就是分层空调的方式。分层空调作为一种特殊的气流方式，于 20 世纪 60 年代最早出现在美国，后又在日本、中国等开始大量应用。即在大空间两侧或单侧腰部设置送风喷口，下部同侧均匀设置回风口，运用多股平行非等温射流将空间隔断为上下两部分，仅对下部空间形成"空调区"，对上部通风形成"非空调区"。空调区利用合理的气流组织对其进行空气调节，从而达到满足工艺和人员所需要的温度、湿度要求。非空调区则不设空调，可根据该区热负荷强度酌情采取一般通风排热措施或者不采取任何排热措施。

高大空间应用分层空调技术能较好地满足工作区人员的热舒适调节，并考虑了气流组织对空调负荷以至能耗的影响，通过合理利用气流组织，大大降低空调系统能耗。国内外的大量模型实验和工程实践已经证明，建筑物高度大于 10m，建筑物体积大于 1 万 m^3，空调区高度与厂房高度之比不超过 1/2 时，在高大空间中应用分层空调技术，与全室空调相比能节约大量冷量和运行费用，制冷负荷节约率为 14%～50%，是一种较为经济的方式。

上海飞机制造厂的一个单层部件组装车间，总高度约 17m，因工艺需要加装中央空调。经上海安悦节能技术公司设计，采用了分层空调技术，使夏季负荷比常规设计降低了 35% 左右，达到了较好的节能效果。

（1）分层空调的负荷。分层空调虽然分为上下两个区，但是两区之间也会有热的转移，因此计算分层空调的负荷必须考虑到这部分。上下区之间热转移负荷根据过程特点分为对流热转移负荷和辐射热转移负荷。前者是由于送风射流的卷吸作用，使非空调区部分热量转移到空调区，后者是由于非空调区温度较高的各表面向空调区温度较低表面的热辐射，其中一部分热量成为空调区的冷负荷。分层空调负荷就是把上述两部分热转移负荷再加上空调区本身得热所形成的冷负荷。

空调区本身得热所形成的冷负荷包括：通过围护结构得热形成的冷负荷，内部热源发热引起的冷负荷和室外新风或渗漏风形成的冷负荷。

（2）分层空调气流组织。分层空调本就是针对大空间建筑的一种特殊气流方式，因此其气流组织和普通中央空调的气流组织是有着不同的特点。空调区送回风口的形式和布置，除不采用顶棚下送和贴附射流侧送方式外，与全室空调时所采用的方式基本相同。而对非空调区，有时为了排除夏季余热还需考虑通风设施。

高大空间分层空调气流组织采用腰部水平喷射送风、同侧下部回风为宜，对于跨度较大车间则采用双侧对送、双侧下部回风较好。

采用腰部水平送风的分层空调气流组织通常有图 5-2 所示的 5 种基本形式。

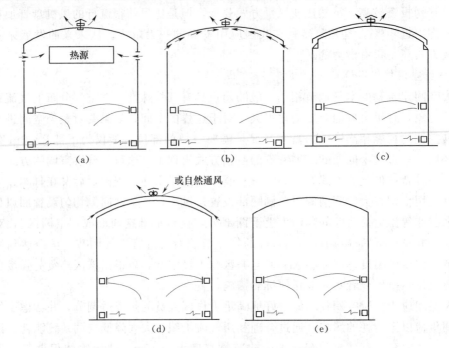

图 5-2　分层空调气流组织基本形式

1）图 5-2（a）为空调区单侧或双侧送风，在同侧下回风。非空调区的热源采取屋顶排风的方式排除，然后由非空调区两侧进风。

2）图 5-2（b）为空调区单侧或双侧送风，在同侧下回风。非空调区无明显热源，屋面下进风沿着屋面底部形成贴附气流，从屋顶排风。

3）图 5-2（c）为空调区单侧或双侧送风，在同侧下回风。非空调区无明显热源，屋面下有通风夹层，在高侧墙上进风，从屋顶排风。

4）图 5-2（d）为空调区单侧或双侧送风，在同侧下回风。非空调区无明显热源，屋顶上的结构为架空屋盖，在夹层中通风。

5）图 5-2（e）为空调区单侧或双侧送风，在同侧下回风。非空调区无热源，不采取通风措施。

第二节　热泵式空调节能技术

一、热泵的工作原理及分类

（一）概述

在自然状态下，热的传递是由高温向低温方向进行，我们不能将外部寒冷环境中的热量输进更加温暖的室内环境中。同理，炎热的夏季我们也不能让将热量从凉快的房间传递到室外去。通过人工手段将热量从冷环境传送到热环境的技术已发展150多年了，这就是人工制冷技术，即把热量通过制冷剂散发到外部更高温度的环境中去。如果将外部环境中的热量传送到室内则可以产生制热效果。因为这种方式类似把自然状态下水往低处流的现象进行逆转的水泵，所以也把此项技术形象的称为热泵（Heat Pump），只是处理的对象由水变成了热能。

热泵技术是暖通空调节能技术中重要的一类，它有着先天的节能优势。由于其类似水泵的特点，可以利用低温低品位热能资源，通过少量输入高品位电能，从而实现低品位热能向高品位热能转移。这里的低品位热能可以是空气、水、土壤、工业废热、生活废热及太阳能等，而高品位热能资源可以是煤炭、石油、天然气及电能等。热泵每利用一部分低品位热能就意味着高品位能源的节约，从而也保护了资源，降低了碳排放和环境污染。这也是热泵技术日益受到人们的关注，并在经济生活中开始推广普及的原因。

1. 热泵与制冷机

按新国际制冷辞典（New International Dictionary of Refrigeration）的定义，热泵（Heat Pump）就是以冷凝器放出的热量来供热的制冷系统。从热力学或工作原理上说，热泵和制冷机实际上是一体的。两者存在的区别主要有两点。

（1）两者的使用目的不同。一台热泵（或制冷机）工作时总是不断从低温热源（Heat Source）吸热，然后放热至高温热源（或称热汇，Heat Sink）。按照热力学第二定律，循环过程必须消耗机械功。如果使用目的是为了放热至高温部分，从而获得高温，那就是热泵。如果目的是为了从低温热源吸热，从而让获得低温，那就成了制冷机。

（2）两者的工作温度区不同。由于热泵与制冷两者使用目的不同，热泵总是将环境温度作为低温热源，而制冷机则是常常将环境温度作为高温热源。因此在相同环境温度条件下，热泵的工作温度区就明显高于制冷机。

热泵技术和制冷技术虽然存在区别，其研究的热力学基础都是卡诺循环。两者的发展是相辅相成的，有着密切的联系。从发展的历史来看，热泵技术的发展是滞后于制冷技术的，这是多方面的原因造成的，最主要的莫过于技术的实现性差异。因为人类要想人工制冷只能通过制冷设备，而要供热则有着天然的便利，最简单莫过于直接使用燃料燃烧，比如历史悠久的锅炉，直到今天也是供热的主力。同时，热泵的设备也比制冷的设备更加复杂一些，一些关键的零部件当时的生产技术还不太高，也制约了整机的发展。

2. 热泵技术发展历史及现状

19 世纪初，人们对热能是否可"泵"送至较高的温度发生了兴趣。英国物理学家焦耳（J. P. Joule）论证了改变气体的压力能引起温度变化的原理。卡诺在 1824 年发表关于卡诺循环的论文，这是热泵的理论起源。之后许多科学家和工程师对热泵进行了大量研究，直到汤姆逊教授在 1852 首先提出"制冷机可以用于供热"，在此基础上提出了一个原始的热泵系统，被称为"热量倍增器"。这被视为第一种正式的热泵技术的出现。

直至 20 世纪 20~30 年代，热泵有了较快的发展。一方面，在这之前工业技术特别是制冷机的发展为热泵的制造奠定了良好的基础；另一方面社会上出现了对热泵的需要。有了市场需要，自然就更加推动了技术的应用发展。

英国霍尔丹（Haldane）于 1930 年在著作中谈到了 1927 年在苏格兰安装试验的一台家用热泵。该热泵使用氨作工质，以外界空气为热源，用来采暖及加热水。这是英国安装的第一台热泵。当时霍尔丹研究发现可以通过简单的切换制冷循环来实现冬季供热与夏季制冷。他还研究了废水热量利用，廉价的低谷电力，带废热回收的柴油机及在低温热源端制冰等问题。

1931 年，美国加州的安迪生公司在洛杉矶的办公大楼上安装了第一台大容量的热泵用于采暖，制热量为 1050kW，制热系数为 2.5。

1939 年，欧洲第一台大型热泵出现于瑞士的苏黎世的市政府大厦，制热量为 175kW，制热系数为 2.0，以河水为低温热源，采用离心式压缩机，工质是 R12，输出水温 60℃，该装置夏季也能用来制冷。

第二次世界大战，一方面中断了空调用热泵的发展，另一方面却促进了热泵在木材、生物制品干燥方面的应用。二战结束后，各种空调与热泵机组在美国开始高速发展起来。至 1950 年，已有 20 个厂商及十余所大学和研究单位从事热泵的研究工作。当时的 600 台热泵中，约 50％用于房屋供暖，45％为商用建筑空调，仅 5％用于工业。这种状况的改变直到通用电气公司生产出了以空气为热源，制热与制冷可自动切换的机组，使空调用热泵可以全年运行，从而进入了空调商品市场。1957 年美国军事当局在建造大批住房项目中用热泵供热，又进一步推动了热泵的发展。至 60 年代初，在美国安装的热泵机组已近 8 万台。然而，由于过快的产品增长速度造成热泵产品一系列的问题，如质量较差，设计安装水平低，维修及运行费过高，这些都影响了热泵的声誉，使热泵进入 10 年左右的调整期，这个阶段持续到 70 年代中期才有了变化。主要是因为随着热泵技术的发展，原来的很多问题得到了大大的改善，同时 1973 年能源危机推动了节能的需要，这正是热泵的优势。至 1978 年美国的热泵产量已近 60 万台，而至 1988 年，美国包括热泵在内的房间空调器和单元式空调机的年产量已分别达 463 万台和 321 万台。至 1996 年单元式空调机年产量达 567 万台，而空气源热泵年产量达 114 万台。

早期热泵的发展，欧洲国家是主要的推动力。但后期发展较为缓慢。直至 1973 年能源危机时，才又一次进入高速发展时期。瑞士是传统的热泵国家，这是源于北欧国家的严寒气候使得对取暖的需求超过了夏季空调，故在热泵理论及技术上均有许多研究和突破。其他一些国家如德国、法国、苏联等国家对热泵的研究也相当重视。比如在德国就曾广泛应用一种既可降低地窖食物贮藏室温度又可供应生活用热水的"一举两得"式热泵热水器。而瑞典则把热泵用于区域供暖最多，其首都斯德哥尔摩市区域供暖的容量约有 50％由大型热泵提供。

我国对热泵技术的研究与应用是从 20 世纪 50 年代初开始的，和发达国家相比，我国的热泵技术的发展受到了工业技术基础薄弱和经济发展水平较低两个方面的制约，因此理论技术发展滞后于西方，缺少创新，而实际应用更是缓慢，直到 90 年代以后才迅速发展起来。这个发展是伴随我们经济高速发展在进入 90 年代以后积累的对与居民生活的重大影响而产生的，因为居民对家用空调器需求的大幅增长，带动了我国家用空调器生产的高速增长，从而使得可以制冷也可以制热的热泵式空调器大量进入居民家庭。以包括热泵在

内的房间空调器年产量的增长为例，1991 年的产量为 59.6 万台，1996 年产量已猛增至
645.9 万台，2010 年更突破了 1 亿台，为 1991 年的近 200 倍。

1956 年天津大学吕灿仁教授发表《热泵及其在我国应用的前途》，这是我国热泵研究
现存的最早文献。1963 年原华东建筑设计院与上海冷气机厂开始研制热泵式空调器；
1965 年上海冰箱厂研制成功了我国第一台制热量为 3720W 的 CKT—3A 热泵型窗式空调
器；1965 年天津大学与天津冷气机厂研制成国内第一台水源热泵空调机组；1966 年又与
铁道部四方车辆研究所共同合作，进行干线客车的空气—空气热泵试验；1965 年，由原
哈尔滨建筑工程学院徐邦裕教授、吴元炜教授领导的科研小组，根据热泵理论首次提出应
用辅助冷凝器作为恒温恒湿空调机组的二次加热器的新流程，这是世界首创的新流程；
1966 年与哈尔滨空调机厂共同开始研制利用制冷系统的冷凝废热作为空调二次加热的新
型立柜式恒温恒湿热泵式空调机。

目前我国研究热泵技术的主要有清华大学、天津大学、上海交通大学、中科院广州能
源研究所等一批大专学校和研究院所。经过近二十几年的研究和开发，热泵技术在我国已
取得了很大进步。

3. 热泵的工作原理

从原理上看，热泵和制冷机都是按照逆卡诺循环进行运行的，但是冷热源的温度不
同，最终的使用效果也不一样。制冷机工作时是通过制冷剂作为工作介质，把热能从被冷
却对象传递到外部空间，热泵则是把热能传递到需要供热的对象。因此热泵一方面可以实
现对某个对象供热，用于冬季采暖或者提供生活热
水，另一方面，热泵也可以作为吸收式空调或者水
冷式中央空调的冷源及热源，从而节约宝贵的电能
或燃料。

在进行热泵的设计时，考虑到其基本原理和制
冷是相同的，因此下面的描述也是依托制冷方面来
进行的。目前的人工制冷技术中，在工业和经济生
活中大规模普及，尤其在建筑内使用的主要是蒸汽
压缩式制冷技术。

蒸汽压缩式制冷，其运行原理如图 5-3 所示。
利用压缩机将制冷剂压缩排出，制冷剂转化为高温
高压的过热气体，然后输入冷凝器，在冷凝器中进

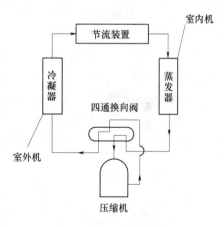

图 5-3　蒸汽压缩式制冷过程

行放热，利用空气或冷却水将放出的热能带走，前者就称为风冷式，后者称为水冷式。冷
却后的制冷剂温度降低，压力依旧保持高压，这是因为液体在高压下其沸腾温度会升高，
如低于该温度则不会沸腾，只要压力合适，就可以让制冷剂蒸汽的温度达到沸点以下，从
而在高压下由气体逐渐变为液体。从冷凝器出来的制冷剂液体再进入节流阀，常温高压的
液态制冷剂经过节流阀后，压力进一步降低，部分制冷剂因为压力降低而汽化，从而吸收
了一部分汽化潜热，这部分热量主要来源于制冷剂与节流阀外的空气，因此制冷剂本身的
温度也降低了，成为既有液体又有蒸汽的湿蒸汽，处于两相状态。从节流阀出来的低温低
压的湿蒸汽制冷剂流入蒸发器，在蒸发器的大空间内，因为压力的降低，液态的制冷剂不

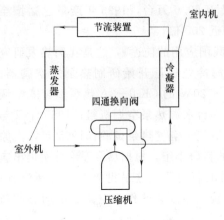

图 5-4　热泵供热过程

断蒸发，从而吸收蒸发器外的被冷却介质如空气或水（也可以是其他流体如盐水溶液、乙二醇等）的热量，从而产生制冷效果。蒸发后的低温低压制冷剂蒸汽又再次被压缩机吸入，进入再一次的循环，只要压缩机等装置不断工作，制冷循环就能不断进行，从而源源不断地进行制冷。

在蒸汽压缩制冷循环的过程，制冷剂不断的在压缩、冷凝、节流、蒸发四个过程依次进行。在冷凝器中是释放热能出去的过程，而蒸发器中则是吸收热能的过程。生活中常见的两种装置如冰箱和空调，冰箱是将冰箱内的热能排到室内空气中，从而降低内部温度，冰箱内部相当于蒸发器；空调则是将房间内的热能传递到房间外面去，将蒸发器置于室内侧，将冷凝器置于室外侧，夏季时通过蒸汽压缩制冷循环，使得房间内空气温度达到我们要求的低温。既然蒸汽压缩制冷装置运行时总会在冷凝器处释放热能，而在蒸发器处吸收热能，那么将冷凝器处的热量供应给需要热量的需求方，就是热泵。最简单的热泵，如图 5-4 所示。就是通过一个电磁四通换向阀装置将制冷剂循环时的管道连接方向进行切换，从而在冬季时使得压缩机出来的高温蒸汽先进入室内夏季作为"蒸发器"使用的换热器，此时它已经成了系统的"冷凝器"，而释放了热量的制冷剂蒸汽再流入室外夏季作为"冷凝器"使用的换热器，此时它已经成为了蒸发器。

热泵依旧消耗了能源，为了让循环不断进行，需要给压缩机、水泵、风机等动力装置消耗电能，但是通过对蒸汽压缩制冷循环进行热力分析，其循环消耗每单位电能，可以产生三到四倍的制冷量，以及更高的热能。

从图 5-5 的热泵能量关系图上，可以看到热泵系统的能量交换反应在热泵的组成上，包括了三部分。

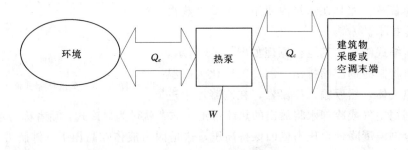

图 5-5　热泵能量交换关系

（1）热泵本身消耗的能源，如上所述，热泵系统中制冷循环的压缩机、水泵、风机等机构是需要消耗能量来驱动的，根据动力装置的不同如电动机、蒸汽轮机、燃料发动机等，对应消耗电能、燃油、天然气、煤炭等。这部分能量最终也通过制冷循环传输给了用户。

（2）热泵循环的低温热源，通过制冷循环的叙述可以知道其相当于蒸发器端的被冷却对象，也是我们说的低品位热源，如环境中的空气、江河水、污废水、地下水、土壤热、太阳能、工业废热，等等。它们是供应给用户热能的主要来源。

（3）热泵循环的高温热源，也就是制冷循环中的冷凝器端，循环将低温热源吸收的热量和热泵本身消耗的能源一起传递到了冷凝器端的用户端，从而产生了供热的效果。

4. 热泵性能的评价

为了评价热泵具体的运行性能，就需要对其"收入支出"在能量方面进行分析。收入自然是指热泵能给用户提供的热能大小，而支出则是热泵本身消耗的能量。而经济性评价则更为复杂，需要综合考虑多方面的因素。

在此过程中，热泵的压缩机需要一定量的高位电能驱动，其蒸发器吸收的是低位热能，但热泵输出的热量是可利用的高位热能，在数量上是其所消耗的高位热能和所吸收低位热能的总和。热泵输出的热量 Q 与消耗功率 W 之比称为热泵性能系数，即 COP 值（Coefficient of Performance）。

$$COP = \frac{Q_c}{W} = \frac{Q_e + W}{W} = \frac{Q_e}{W} + 1 \qquad (5-1)$$

如果以上面公式代表热泵供热的性能系数，以 COP_H 来表示，而循环时蒸发器吸收热量与消耗功率之比为制冷性能系数 COP_R，则上式可以表示为

$$COP_H = \frac{Q_e}{W} + 1 = COP_R + 1 \qquad (5-2)$$

从式（5-1）很容易看出热泵的供热性能系数是量纲为 1 的量，它表示热泵循环工作所能提供的热量是其消耗功率或能量的多少倍。同时，我们也很清楚地看到，热泵供热的性能系数 COP_H 恒大于 1。这也是为什么热泵用于供热比直接使用高品位能源节能的原因。

考虑到不同类型的热泵，其消耗的能源多种多样，并不只是电能，还包括燃料的热能等。因为其价值高低不一，不同的能源不能直接比较。可以统一以一次能源能量来作为比较。热泵消耗的不同能源都按照一定的关系转化为一次能源能量，然后以热泵循环所供应的能量来和系统消耗能源所转化的一次能源之和进行比较，从而更加科学地体现热泵系统的节能效果。这种评价指标称为能源利用系数 E。

$$E = \frac{热泵的供热量}{热泵消耗的全部一次能源} \qquad (5-3)$$

热泵的经济效率不能只考虑节能的效果高低，还应该考虑其投资，这里使用投资回收期 β 来对不同的热泵的综合经济效率进行评判。考虑系统节能的效果即节约的"费用"与投资的费用，通过其比较关系得到投资收回需要的年限，即为投资回收期 β。

$$\beta = \frac{I}{AQ_E} \qquad (5-4)$$

式中 β——投资回收期，年；

I——热泵系统所需投资，元；

A——燃料价格，元/J；

Q_E——热泵系统与传统空调供暖系统相比节约的能量，J/年。

（二）热泵的分类

如上所述热泵与制冷存在异同之处，同为主，异为副。因此热泵的分类也主要是基于制冷技术的不同，同时也考虑到应用中的一些特点来进行的。

按热泵的工作原理可以分为：①蒸汽压缩式；②气体压缩式；③蒸汽喷射式；④吸收式；⑤热电式；⑥化学式热泵。

蒸汽压缩式由压缩机、冷凝器、节流装置及蒸发器等部件组成，通过输入功来维持制冷剂在部件中循环，循环过程中发生气液两相变化从而产生制冷制热效果。气体压缩式则在循环过程中始终保持气态，利用压力改变带来温度变化。

吸收式系统消耗较高品位的热能热泵的目的：

第一类（增热型）热泵：供热的温度低于驱动热源。

第二类（升温型）热泵：供热的温度高于驱动热源。

虽然从工作原理上有着多种不同的热泵，但是最为常见的是蒸汽压缩式热泵。

按热泵使用蒸汽压缩机种类分为：①活塞式；②涡旋式；③螺杆式；④滑片式；⑤滚动转子式；⑥离心式。压缩机的不同，实际上是和空调器直接关联的，在小型的家用空调器和大中型的中央空调器里不同的企业不同的型号用着不同的压缩机。

按热泵工作的动力分为蒸汽压缩式热泵和吸收式热泵。蒸汽压缩式热泵可分为：①电力；②燃油或燃气式发动机。吸收式热泵可分为：①蒸汽；②热水；③油或气直燃。

按热泵使用功能分为：①仅供制冷，只是提供制冷；②仅供制热，只是用于供热；③制冷或制热，根据季节交替转换，如冬夏季，分别进行制冷或制热，也可以根据需要随时在两者间切换；④制冷同时制热，这样一举两得，系统同时提供冷和热，达到能源的最充分利用。

按热泵供热温度分为：①供热温度低于100℃的为低温热泵；②超过100℃的为高温热泵。多数使用的热泵都属于低温热泵。

按热泵热源种类分为：①大气源热泵；②水源热泵；③地源热泵。具体可以为空气、地表水、地下水、土壤、太阳能、工业废热、污废水等。根据热泵使用时供应或吸收热量，热泵工作的热的源泉可以分别称为冷源（热汇）或热源，但是和单纯的制冷系统不同的是，热泵系统在不同使用目的时，冷源与热源是一体的，不好区分，为了简便，统称为热源。

按热源或热源媒介及应用端媒介组合分为：①大气－空气热泵；②大气－水热泵；③水－空气热泵；④水－水热泵。

按热泵机组的安装形式分为：①单元式；②分体式；③现场安装。安装形式也取决于空调器的形式，比如常见的窗式空调器和家用分体式空调器就分别对应单元式和分体式，而一些工业热泵则根据需要根据现场的不同进行设计、安装，不像普通民用热泵可以大规模流水线生产成成品直接使用。

按热量提升分为：①初级热泵；②次级热泵；③三级热泵。

二、常用热泵系统

(一) 空气源热泵

1. 空气源热泵的工作原理与组成

空气源热泵，也被称为大气源热泵或风冷热泵（对应水冷热泵），其利用的热源来源于室外大气。大气无疑是热泵最方便的热源，因为大气无处不在，只要能安装上热泵，就可以方便地从周围的大气中获取热源。而从环保的角度看，使用新型环保制冷剂的空气源热泵后，其环保性也大幅度提升。从能源角度来说，热泵的节能优势也十分显著。

空气源热泵的原理并不复杂，技术也很成熟，其基本原理和蒸汽压缩制冷装置是一样的。属于空气—空气热泵类型的分体家用空调、窗式空调及商用空调、变频及数码涡旋VRV 空调等，以及属于空气—水热泵的冷（热）水机组等，都是空气源热泵的分支。热泵空调器已占到家用空调器销量的 70%～80%，2010 年产量达到 6000 万台以上。热泵冷热水机组自 20 世纪 90 年代初开始，在夏热冬冷地区得到了广泛应用，据不完全统计，该地区部分城市中央空调冷热源采用热泵冷热水机组的已占到 20%～30%，而且应用范围继续扩大并有向此移动的趋势。

空气—空气热泵和空气—水热泵（如图 5-6 所示）的基本原理和核心构成都是一样的，区别在于热泵循环工作的结果是直接与建筑内的空气交换热量，还是和中间循环水进行热量交换，再把循环水输送到需要的地方或设备里。如前介绍的蒸汽压缩热泵的原理，空气源热泵主要组成也是由压缩机、换热装置、节流装置，相关连接管路及对应阀门等组成，这里换热装置也就是常说的蒸发器和冷凝器，从周围环境或对象吸取热量的就是蒸发器，向周围环境或对象输出热量则为冷凝器。在换热器中，两侧交换热量的介质都是空气即是空气—空气热泵。若两侧分别为空气和水，最后输出的是冷、热水，则该系统为空气—水热泵。

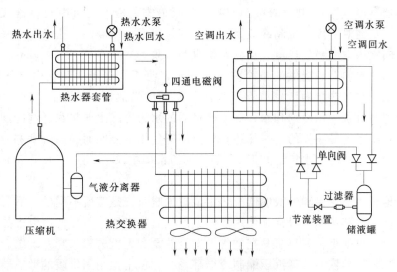

图 5-6　空气—水热泵构成

在夏季，即使炎热地区，大气温度也可满足热泵的制冷工况要求。在冬季，除寒冷地带，我国很大一部分地区的大气温度也是可以满足热泵制热工况要求的。大气源热泵的应用是当前最为广泛的。属大气—空气热泵的有整体或分体家用空调及商用空调、VRV 变频及数码涡旋等；属大气—水热泵的有冷（热）水机组等。

因为其利用大气冬季从室外空气中提取热量，为建筑供热，应是住宅和其他小规模民用建筑供热的最佳方式。在我国华北大部分地区，这种方式冬季平均电热转换率有可能达到 3 以上。目前的技术难点一是室外温度在 0℃ 左右时蒸发器的结霜问题；二是为适应室外温度在 −3~5℃ 范围内的变化，需要压缩机在很大的压缩比范围内都具有良好的性能。

2. 空气源热泵的类型

空气源热泵的种类也是十分繁多的，与热泵的分类有一定的连续性。上面介绍的空气—空气热泵机组，空气—水热泵冷热水机组是从热源与供热介质的不同组合方式来区分的，另外还有空气—地板辐射热泵和空气—水—空气热泵；从输出容量上可以分为：小型（7kW 以下），中型，大型（70kW）；从使用的压缩机型式分为：转子式、涡旋式、螺杆式、活塞式、离心式；从驱动方式分为：电驱动、燃气燃油驱动；从功能分为：一般功能的空气源热泵冷热水机组，热回收型的空气源热泵冷热水机组，冰蓄冷型的空气源热泵冷热水机组。

目前使用的热泵大多数都属于电驱动一般功能，燃油燃气类的热泵因为直接使用天然气和油类燃料，主要使用于吸收型热泵。家用的冷暖型空调器都属于小型热泵，而中央空调采用的热泵则一般属于大型热泵，中型的热泵较为少见。

空气—空气热泵作为最普遍的热泵型式，被广泛用于住宅和商业建筑。目前空调产品中数量最庞大的窗式空调器、家用分体式空调器、单元式空调器都是空气—空气热泵产品。空气—空气热泵在夏季制冷和冬季供暖的关键，就在于制冷剂流动方向的切换。使用一个电磁四通换向阀，根据控制系统的指令，使得阀门的内部结构发生改变，从而控制不同管路的开和通，使得制冷剂流动管路发生改变。夏季，压缩机出来的制冷剂先流入室外部分的换热器（冷凝器），热量释放到室外，然后液态制冷剂在室内换热器（蒸发器）蒸发吸收热量，从而对室内产生制冷效果；冬季正好想反，制冷剂从压缩机出来后先进入室内换热器，向室内空气释放热量，从而产生供暖效果。

空气—水热泵向对象提供的是冷冻水或热水，而不是直接从建筑内空气里吸热或放热。它和空气—空气热泵的区别就在于采用了不同的换热器，换热器为水—制冷剂换热器，换热器两侧分别为制冷剂和水，交换热量后的水为冷冻水或热水。制冷剂循环系统和空气—空气热泵系统是一样的，供冷还是供热同样使用电磁四通换向阀来进行切换。中央空调中常见的风冷式冷热水机组和近 10 年出现的家用中央空调冷热水机组都属于空气—水热泵的范畴。

空气—地板辐射热泵和一般的低温热水地板采暖系统是有所不同的，后者这几年在国内应用逐渐增多，其热源一般都是使用燃油或燃气直接燃烧，也可使用电加热，系统能源消耗较大。空气—地板辐射热泵是把空气—空气热泵和地板辐射采暖系统结合起来的一种新型采暖系统，热源依旧是蒸汽压缩制冷循环系统，但是把用于供暖的散热器改成了地板辐射采暖系统，将压缩机出来的制冷剂蒸汽通入地板辐射换热器，以低温地板辐射的形式对房间进行供暖，而夏季制冷时，则通过电磁阀进行切换，将节流后的制冷剂引入室内的蒸发器，对室内空气进行制冷。由于热源本身的节能效应，使得整个系统供暖耗费的能源大大低于传统的地板辐射采暖系统。

另外一类在近年快速发展的空气源热泵就是空气—水—空气热泵，从其原理结构上来看相当于一台空气—水热泵机组和一台水源热泵结合。利用空气—水热泵从室外大气里获得热量然后输出冷冻水或热水，而输出的冷冻水或热水成为水源热泵的冷热源，同样的蒸汽压缩制冷循环系统，通过换向阀的切换，需要制冷或制热时，则分别对房间内的空气进行制冷或制热。这种方式可以用在热回收领域，将一处空间多余的热转移到需要的空间。

变制冷剂流量（VRV）多联式空气源热泵中央空调系统日益在商业建筑得到运用，相比传统的中央空调系统，在设计、施工及使用方面都有着更加有利的地方。其实质就是传统大型空气—空气热泵在室内侧的末端从一个变为多个，且每个末端都可以根据室内冷热负荷的变化改变相应制冷剂流量，从而使得每个房间的冷热输出和其冷热负荷匹配，并实现总体运行的节能。目前其主要形式按照功能不同分为热泵型和热回收型。热泵型系统的多个室内末端只可以同时提供制冷或制热，若有房间需要制冷，有房间却需要制热，就可以用热回收型的系统，该系统同时利用了制冷系统循环的蒸发热和冷凝热，既实现了不同房间对冷热的不同运行要求，又提高了综合能源利用效率。按照压缩机不同分为变频和变容量系统，如数码涡旋和直流变频系统。

空气源热泵热水器从 2000 年开始在我国逐渐兴起，从 2007 年以来以年均增速50％～60％的高速发展，2010 年空气源热泵热水器市场销售总量会超过 50 万台。空气源热泵热水器从原理上看是空气源热泵系统的缩小，集成到类似于家用空调产品，同样利用了蒸汽压缩制冷系统将空气中的低温热能转化为高温热能传递给冷水，从而提供家庭生活用热水。空气源热泵热水器吸收的是制冷系统冷凝器端的热量，按照蒸汽压缩制冷系统工作的性能情况，冷凝器端可得的热能是压缩机输入电能的 3～4 倍，这几年天然气价格大涨，电费综合价格也在不断上涨，使得空气源热泵热水器相对燃气和电热型热水器的运行成本优势明显，非常受市场欢迎。按照国家发改委节能信息传播中心的测算，每用一台空气源热泵热水器替换一台电热水器，一年可以节约电 825kW·h，如果能替换已有的 4000 万台电热水器中的 10％，一年即可节约 33 亿 kW·h，折合约 129 万 tce。空气源热泵热水器如此符合国家节能减排的既定方针，当然受到国家的政策大力支持。自从 20 世纪 90 年代我国家用热泵型空调器（也称冷暖空调）高速增长以来，空气源热泵热水器将成为热泵产品又一个极具潜力的发展方向。

3. 空气源热泵的优缺点

空气源热泵的主要优点如下：

（1）用空气作为低位热源，取之不尽，用之不竭，到处都有，可以无偿地获取。

（2）空调系统的冷源与热源合二为一；夏季提供 7℃冷冻水，冬季提供 45～50℃热水，一机两用。

（3）空调水系统中省去冷却水系统。

（4）无需另设锅炉房或热力站。

（5）要求尽可能将空气源热泵冷水机组布置在室外，如布置在裙房楼顶上、阳台上等，这样可以不占用建筑屋的有效面积。

（6）安装简单，运行管理方便。

（7）不污染使用场所的空气，有利于环保。

空气源热泵的虽然有很多优点，在我国的空调市场上高速发展，但其也有缺点：

（1）中小型空气—水式热泵内置水泵于机组主机内可以减少安装时系统的总占地面积，降低施工费用。但是对主机的噪音、振动和漏水提出了考验。因此设计时应该充分考虑泵的安装位置及多重减震措施来完善产品，进出水的管路连接要严格，并适当考虑机组内漏水后有泄水措施。

（2）空气源热泵一般是露天放置，因此工作环境不好，腐蚀问题很严重。对应机组的外壳、面板、框架等都应该选择不锈钢等抗腐蚀材料，机组所用的螺钉、螺帽等辅材也同样要加以考虑。

（3）空气源热泵安装位置要注意噪音和气流问题，周围空间应该通畅，对于气流的流通不应该有障碍，这样在降低气流噪音的同时，也有利于避免回流干扰，方便散热。对于机组的排风侧，要求15m内无阻挡物，如果现场不能满足，应该采取专门的处理措施降低影响。

（4）小型空气源热泵（房间空调器）是住宅建筑良好的冷热源系统，但由于分散设置在建筑物的外立面上，影响建筑物的外部景观，尤其是高层建筑，外墙上挂满室外机，既不安全，也很不美观，有些地方甚至夏天运行时成为"小雨"。这个问题可以通过对建筑设计加以改进来解决，比如新建高层建筑，就会在结构上预留很多隐蔽的室外机安装位置，并设置了统一的排水接管。

4. 空气源热泵中央空调主机系统节能措施

蒸汽压缩式空气源热泵的中央空调主机是整个机组最为核心的部分，节能好坏直接关系整个系统的节能效果。近年对此问题的研究主要集中在以下几个方面。

（1）优化室内外热交换器，采用更高效的换热器形式，提高蒸发温度、降低冷凝温度以提高 COP 值。与水冷机组相比，空气源热泵需要采用空气—制冷剂换热器代替水冷机组中的水—制冷剂换热器，需要更大的换热面积和更多的换热材料来抵消换热热阻增加的负面影响，结果是机组成本提高，其能效比也低于水冷机组。而且换热器体积的增加将导致机组体积的增加，对于某些空间有限的建筑，将阻碍用户选用空气源热泵。

（2）选择更高效更可靠的压缩机，如变频压缩机、数码涡旋压缩机等，有效提高部分负荷下工作的效率，提高低温至-15℃时系统的工作可靠性及效率。

（3）合理解决除霜问题，当空气源热泵用于冬季室外温度低于0℃并具有高湿度的地区时，除霜问题将变得非常严重，甚至导致机组无法正常供热。这就需要从硬件和软件控制两方面对除霜过程加以改进，实现彻底除霜，降低除霜时间。

（4）机组制热性能随室外温度降低急剧下降，原有的空气源热泵系统一般使用于长江流域，但是很快就扩展到全国各地。而黄河以北地区冬季的温度较低，使得冬季机组供热运行的可靠性和效率大幅降低。除了对除霜问题加以解决外，还可通过对压缩机技术进行改进，采取双压缩技术和喷液增焓技术来提高低温工况下运行的 COP 值。

（5）优化控制技术，引入模糊控制及神经网络控制技术，使得运行过程温度控制更加合理、更加准确，从而降低运行功耗。

（6）随着分户计量的普及，对于能源的使用，精确到户，实现逐户、逐时计量，使得能耗更清楚，提高用户节能意识。

5. 空气源热泵机组的应用与展望

我国空气源热泵技术的发展与欧美发达国家相比是有一定差距的，未来空气源热泵机组的发展的应用可以适当借鉴一些国外经过实践证实比较有效的做法。

（1）对于供热负荷远小于供冷负荷的地区，可以对与供热负荷相应的冷量部分用热泵提供热量（冬）和冷量（夏），而其余冷量由 COP 值较高的制冷设备（如离心式）来解决。这样夏季的电耗可得以节省。

（2）采用蓄热方法，冬季中午热泵出力有余，可将该热量积蓄在蓄热槽里，到晨、晚不足时使用，这种蓄热方法可以在水蓄热系统中应用，也可以在空气源热泵的冰蓄热装置中实现。

（3）采用热回收式热泵，即在热泵循环中增设一冷媒—水换热器，夏季回收部分冷凝器排热量，冬季可回收空调区内的热量补充采热蒸发器的不足，即在冬季时不仅是空气热源，同时又利用了内区水热源。最近国外推出一种与夏季冰蓄冷相结合的空气源热泵装置，全年可实现八种运行工况，冬季则可根据一天内气候变化规律完成热泵供热功能，弥补了过去热泵出力与建筑能耗有相反趋向的不足。

（4）当有条件多能源供冷供热时，可合理组织供能模式。例如：当高层建筑物的标准层为办公楼而下部裙房为综合用途者，则高层部分可用空气源热泵装置（有条件时考虑储冰），低层部分可采用燃气吸收式系统。当电动制冷设备与燃气吸收式联合供能时，则可按夏季优先用燃气、冬季优先用电力来协调供能。

（5）当利用燃气作能源时，可试行热力原动机（燃气机）直接带动的空气源热泵，它不仅利用了空气热源，还从原动机的排热中回收大量热量，其能量利用系数可达 1.5 左右。国外已有容量达 240kW 的整体式机组。

（二）水源热泵

1. 水源热泵工作原理

水源热泵是以水作为热泵冷热源，从而实现制冷或制热的热泵系统，其区别于空气源热泵之处在于其冷热源为地球上的水体，地下水、地表水、工业废水等。在冬季热泵从水中吸收热量向建筑物供暖，夏季将吸收到的热量向其排放从而对建筑物供冷。水源热泵克服了空气源热泵供热量随着室外气温的降低而减少和结霜的问题，而且运行可靠性也较高，因此虽然应用不如空气源热泵普及，但也有逐渐扩大的趋势。

1934 年美国通用公司就在纽约州塞勒姆市的大西洋城电力公司安装了地下水热泵系统，此后许多城市也陆续安装了地下水源热泵。欧洲因为国情特点对水源热泵的开发不如美国积极，但也不断有进展。

我国近年伴随着整个热泵技术应用的发展，地下水源热泵系统的研究不断深入，应用的案例也日渐增多，不再停留在纸上。比如山东省东营市由清华同方完成的水源热泵空调系统，建筑面积 4500m²，制冷量 271kW，制热量 290kW，输入功率 83kW，采用两口水井作供水井和回灌井；河南省济源市政府大楼安装的水源热泵，建筑面积 11800m²，制冷量 1087kW，制热量 1333kW，输入功率 264kW，采用两口水井作供水井，四口回灌井。类似的工程项目还很多，而且规模也有不断加大的趋势。

应用最为广泛的蒸汽压缩式空气源热泵与水源热泵从技术上来看依旧有着很大的相似性，只要将空气源热泵冷热源的空气式换热器换成以水为热交换源的换热器，其对应的热泵系统就成为了水—空气和水—水式热泵。其核心运行部分依旧是蒸汽压缩循环系统，在压缩机、风机和水泵等动力装置消耗高品位能量的情况下，带走或供应热量。

从热泵性能分析中可知热泵在供热时，因为供应的能量里包含所消耗的高品位能量，所以性能系数总是大于1的，而随着水源温度不同，其性能系数也会有所不同。空调的使用在不同的季节会分别需要制冷或制热，甚至一些大型建筑内部不同区域同时需要制冷、制热、热水供应。选择合适的热泵系统，则有可能满足建筑不同的需求，节省投资并节约运行费用，降低能耗。这也是推动热泵发展的根本动力。空气源热泵有其方便性，更适合普通用户的普及，而水源热泵如有合适条件，也能比空气源热泵有更好的经济性。以应用最为广泛的蒸汽压缩式热泵系统为例，其技术成熟，只需稍作改变就可以是空气源热泵或水源热泵。我国家用分体式空调产业已经极为发达，非常适合这方面进行应用。

2. 水源热泵分类

水源热泵按照所使用水的来源，大体上有三类：地下水；河流、湖泊及海洋等地表水；污废水。也有的把土壤算是一种，考虑到地源热泵主要是利用土壤热源，因此没有归入水源热泵，留在后面介绍。表5-1列举了几种水源的温度情况。

表5-1　　　　　　　　　　水源热泵常见热源温度

热源种类		地下水	地表水	城市生活废水
热源温度（℃）	最高	20	30	16
	最低	6	0	3

（1）水源热泵常用形式。目前最为常用的水源热泵根据工作原理来看主要是蒸汽压缩式，根据循环过程热源与供热介质组合不同，可以有以下几种形式。

1）水—空气热泵。水源直接作为蒸汽压缩制冷装置的蒸发器循环水，热泵从水源中获取热量，然后直接在室内冷凝端换热器加热室内空气。夏季制冷运行时，通过换向阀切换，使得水源循环端的换热器成为冷凝器。

2）水—水热泵。这种方式最为常见，工作时均以水作为热源和冷却介质，而供热供冷介质亦为水。这种方式便于和传统的中央空调直接联合使用，无需做大改动。该方式和水冷式中央空调冷热水机组结构原理非常类似，只是作为冷热源端的水不再是冷却塔里的循环水，而是上述的地下水、地表水等。

对于水—空气热泵和水—水式水源热泵，根据水源的不同还可以作如下的细分。

a. 地下水热泵：以地下水作为冷热源。地下水既可以直接循环至热泵中，也可以通过一个中间换热器进行热交换后将冷热循环给热泵，而地下水不直接进热泵中循环。

b. 地表水热泵：利用地表水如河流、湖泊等作为冷热源。与地下水热泵类似，地表水也可以直接循环至热泵中，或是通过一个中间换热器进行热交换后将冷热循环给热泵。

c. 污废水源热泵：作为冷热源的水严格说起来很多是"不干净"的水，比如生活污废水和工业排放的水等，考虑到其特殊性，一般不直接引入热泵，而是通过中间热交换器进行传热。

d. 太阳能辅助热泵：太阳能的利用是非常普遍的，作为加热热水的热水器已经应用几十年了，在我国非常普及。可以通过太阳能热水器加热热源的循环水，然后通过闭式水路在热泵内循环供热。也可以采取直接膨胀式的太阳能吸收式空调方式。具体如何应用，应该对当地太阳能资源、集热器的性能等进行综合评判。

e. 内部热源热泵：利用现代建筑内部产生的热作为加热热源，也可以利用蓄热，然后通过闭式水路循环至热泵作为冷热源。该方式和水环热泵空调系统原理实际是一致的。

3. 常见水源热泵系统及其特点

（1）地下水水源热泵。地下水热泵系统（Ground water heat pumps，GWHPs），即通常说的深井回灌式水源热泵系统，如图5-7所示。抽取浅层地下水（100m以内），经过热泵提取热量或冷量，使水温降低（提取热量时）或升高（提取冷量时），再将其回灌到地下。这种方式用于建筑供热，其电热转换率可达到3～4。这种技术在国内外都已被广泛推广，但取水和回灌都受到地下水文地质条件的限制，并非普遍适用。研究更有效的取水和回灌方式，可能会使此技术的应用范围进一步扩大。

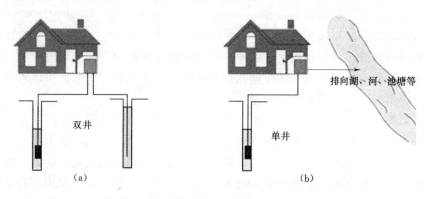

图5-7　地下水热泵系统循环示意图
(a) 回灌式；(b) 直排式

该方式优点是非常经济，占地面积小，为了保证系统工作可靠、高效，需满足下列条件：水质良好（需设计水处理系统）；水量丰富；回灌或排放水可靠且符合相关水质标准。实际运用中，因为我国地下水资源日益枯竭，在多数城市出现地下水过量开采的情况下，国家加大了对地下水资源利用的限制，因此该方式的发展也受到了很大的制约。对于欧美国家，由于人口密度小，人均水资源远大于我国，该方式还是有很大发展空间的。

地下水水源热泵机组自20世纪广泛应用于国内空调工程领域以来，已成为华北和中原地区空调系统的一大热点。据不完全统计，2006年全国地源和地下水水源热泵机组总销量已达1000台（多为地下水水源热泵），今年也保持了强劲的增长势头。全国在应用地源或水源热泵系统的建筑中，地下水水源热泵约占全部的45%，是比例最高的一种系统形式。

地下水水源热泵系统近年出现了许多的实际应用项目，但并不意味着我国的地下水水源热泵技术已经发展成熟，相反，工程应用中遇到了不少问题。

1）地下水的开采问题。水源的探测开采技术及其开采成本制约着水源热泵的应用。

首先，在不同地区不同需求条件下，地下水水源热泵投资的经济性有所不同，地下水的开采利用要符合《中华人民共和国水法》及各个城市制订的《城市用水管理条例》，这些法规强调用水要经过审批并收费，这直接影响水源热泵的经济性。其次，地下水水质直接影响地下水水源热泵机组的使用寿命和制冷制热效率。最后，过度的地下水开采可能导致地面下陷等地质问题，产生高额环境成本。这些问题都是采用地下水水源热泵系统首先必须谨慎考虑的问题。

2) 地下水的回灌问题。地下水的开采就已经很麻烦了，而为了能够开采地下水，还必须进行回灌。只有把水保质保量回灌到原来取水的地下含水层，才能不影响地下水资源。此外，还要考虑取水位置地下水的热容量，避免使用过程地下水温越来越低（冬季）或越来越高（夏季），使系统性能恶化。

3) 地下水的回灌。根据采水和回灌是否采用同一井而分成两种：同井回灌和异井回灌。同井回灌是利用一口井采水和回灌，在深处含水层取水，浅处的另一个含水层回灌。回灌的水依靠两个含水层间的压差，经过渗透，穿过两个含水层间的固体夹层，返回到取水层。在渗透过程中，夹层中的介质（土壤，沙石）换热，在一定程度上恢复原来的温度，然后再次利用，反复循环。这样的方式有利于回灌，但不利于回灌水的温度恢复，从而会导致运行效率低。当打井取水处的地下水流动情况很好时，回灌水温度的回复靠上游流过的地下水，能有效避免采水的短路和性能逐渐恶化的现象。但是如果取水井的分布密度较大，就会出现上游影响下游的问题。

异井回灌是在与取水井有一定距离处单独设回灌井。把提取了热量/冷量的水加压回灌，一般是回灌到同一层，以维持地下水状况。有时，取水井和回灌井定期交换，以保证有效的取水和回灌。当地下含水层的渗透能力不足时，回灌很难实现。所以只有当地下含水层存在回灌的可能性时，才能够采用这种方式。同样，当地下含水层内存在良好的地下水流动时，从上游取水，下游回灌，会得到很好的性能，但此时在回灌的下游再设取水井，有时就会由于短路而使性能恶化。

此外，为了防止地下水资源受到污染要严格控制人工回灌水质。从设备本身来看，地下水源热泵主要是利用地下水的冷量和热量，而且水系统是封闭循环对地下水水质几乎没有影响，主要的污染一方面是来自于水质的加药处理过程，另一方面来自长期使用过程中管路系统、换热器等设备对水质的污染，这就要求考虑地下水水源热泵系统对于水系统的加药处理，和水循环过程中相关管路设备的材料。

4) 投资的经济性和运行的经济性问题。理论条件下，如果地下水水源热泵的制热性能系数 $COP = 5$，冬季消耗 1kW 电能得到 5kW 左右的热量，其中 4kW 的热量来自水源。这表明地下水水源热泵能源利用效率为电加热器的数倍，但这并不意味着地下水水源热泵系统实际应用时具有很高的能效。实际上，制热性能系数受到很多因素的影响，地下水开采和回灌过程水泵能耗会因为水体情况而改变，前面分析当地地下水的温度恢复情况也严重影响能效。另外，长期使用后设备性能的降低也是严重影响实际能效的重要因素。因此系统投资及运行的实际经济性需要在设计中应该根据实际情况综合考虑多方面影响因素。

地下水源热泵在实际应用中还遇到如上面介绍的众多问题，地下水水源热泵并不是什么条件下都适用，是否采用地下水水源热泵需满足以下条件。

1）我国是一个水资源缺乏的国家，地下水资源很宝贵。大规模、过量开采利用地下水，已经对我国城市环境产生了很多问题。因此地下水水源热泵系统的发展必须因地制宜，地下水开采后必须回灌。缺水地区，尤其是地下水资源已经开采过度的城市，大规模应用地下水水源热泵是不适宜的。

2）能否有效取水和有效回灌取决于地下地质结构。就两种回灌方式来说，异井回灌法的总费用约高出同井回灌法约 20%。一般来说，同井回灌法具有井数少、占地少、水温恢复快、水温变化小等诸多优点，主要适宜在砂性土含水层、渗透系数小的场地应用，而对于卵石土含水层的城市，则以异井回灌法比较适宜。

3）水源热泵系统的技术经济性需要综合考察多方面的因素。一方面，要考虑采用地下水水源热泵系统形式所需的地下水提取及回灌能耗增加对整体系统性能的影响，并且要以一次能源消耗而不是电耗为比较的基准；另一方面，地下水水源热泵初始状态下的性能系数并不能作为全寿命期的综合反映，逐年性能衰减必须纳入技术经济性评价的内容，还需要考虑系统对当地生态即地下水资源使用的环境成本，该成本很容易被大家有意或无意忽视掉。

（2）地表水源热泵。地表水热泵系统（Surface—Water Heat Pumps，SWHPs），利用地表水如江水、河水、湖水、水库水以及海水来作为热泵冷热源，通过直接抽取或者间接换热的方式，直接输入热泵机组［图 5-8（b）］或经过二次换热后再输入热泵机组［图 5-8（a）］，直接和间接方式里的地表水在交换热量后排放到自然界。使用前和使用后同样需要进行水质处理。该方式同地下水热泵系统一样归属于水源热泵方式。还有个别使用城市中的污废水做为水源，也称为污水源热泵。

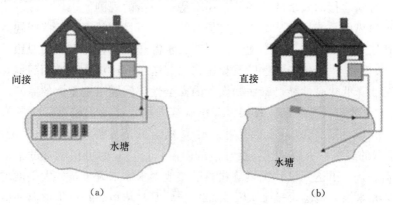

图 5-8 地表水热泵系统循环示意图
（a）间接式；（b）直接式

地表水源热泵的优点有：在 10m 或更深的湖中，可提供 10℃的水直接制冷，比地下埋管系统投资要小；水泵能耗较低；高可靠性、低维修要求、低运行费用；在温暖地区，湖水可做热源。其缺点有：在浅水湖中，盘管容易被破坏，由于水温变化较大，会降低机组的效率。

地表水源热泵系统根据水循环过程分为开式循环或闭路循环两种形式，参见图 5-9。开式循环是用水泵抽取地表水在热泵的换热器中换热后再排入水体，但在水质较差时换热器中易产生污垢，降低换热效果，恶化热泵的运行能效，严重时甚至影响系统的可靠性和安全性。因而地表水热泵系统一般采用闭路循环，即把多组塑料盘管沉入水体中，或通过特殊换热器与水体进行换热，通过二次介质将水体的热量输送至热泵换热器，从而避免因水质不良引起的热泵换热器的结垢和腐蚀问题。

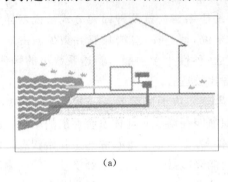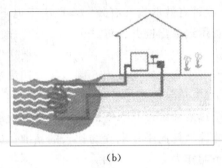

（a） （b）

图 5-9 地表水源热泵开式与闭式循环示意图
（a）开式循环；（b）闭式循环

我国地表水源热泵主要应用于大型商用建筑，个别应用于住宅类高档公寓式建筑的供暖，为提高热泵系统的全年利用率常常也兼作供冷系统的冷源。截止 2007 年，在应用土壤源、水源热泵系统的建筑中，地表水（包括污水源）热泵系统占有市场份额约 20%，且其装机容量大多在 1～10MW 之间，个别海水源热泵项目的装机容量超过 20MW，有些城市地表水源热泵系统示范工程规模大至 80 万 m^2。这些系统能否达到预期的节能减排效果，尤其是长时间运行的效果和可靠性，还有待进一步的观测。

地表水水源热泵系统虽然从技术上看是可行的，但目前还存在一些问题阻碍其实际运用，这也是其他热泵工程应用不断增加，而地表水源热泵工程却极少的原因。主要有冬季供热的可行性、夏季供冷的经济性以及长途取水与送水的经济性三方面问题，另外水质不好易结垢、腐蚀降低热泵性能、寿命和设备的安全性等问题也是重大的障碍。

1）冬季供热的可行性问题。我国大多数城镇天然水体面积较小，在冬季最冷时的温度大都在 2～5℃之间，北方甚至会结冰。热泵机组低蒸发温度运行，COP 可能降低至 3.0 以下，运行的经济性大幅恶化。受冰点的限制，1～3℃的可用温差过小，使得单位面积水体供热不足，为了达到设计供热量就得增加地表水需求流量，并大幅度增加换热器面积，工程投资和水泵耗能会翻倍加大，因此冬季低温时从地表水中提取温差显热的实用性就会变得很小。一般的城镇地表水体的散热量一般不超过 13W/m^2，按照一般的冬季供暖负荷计算，1m^2 办公楼面积就要需要 5～8m^2 的地表水表面积用于换热，实际情况很难满足。

2）夏季供冷的经济性问题。夏季使用地表水源作为空调制冷的冷却水时，还是得考虑地表水资源的实用性。有些浅层湖水温度可能会高于当时空气的湿球温度，从湖水中取水的水泵能耗有可能远远高于冷却塔能耗。另一方面，如果水源距离较远，长距离输送冷水不但会有大量沿途散热导致冷量损失大，而且因为散热损失而不得不加大的水流量必将导致冷水输配系统耗电量巨大、运行费用极高，且项目装机容量越大问题就越严重。因此是否采用同样设备在夏季进行空调供冷，需要从经济性等进行多方面论证。

3）长途取水、送水的经济性问题。地表水源与建筑的距离远近，以及水源水位与建筑的高差都对运行的输水能耗影响甚大。采用开式水循环系统时，距离的远近和高差的大小决定着循环水泵消耗动力的大小，从而导致整体运行的效率和经济性。此外，水循环的温差也会随距离增大而降低，这也造成热水、冷水循环泵耗较高。这就使得系统的综合性能系数 $COPs$ 远远低于热泵机组的 5.5。长距离取水、送水经济性问题往往会决定着方案能否被接受。

4）换热性能恶化和设备的安全性问题。地球的污染问题很严重，地表水的水质问题比空气污染问题更严重，淡水水体污染物极易堵塞、腐蚀换热器及管道设备。对于海水源而言，盐分、海洋生物、泥沙更容易造成管道和换热器腐蚀、阻塞。如何处理换热装置的腐蚀问题对于设备的可靠性和安全性都是至关重要的，而且腐蚀之后带来的设备对水体的二次污染也不容忽视。解决了这些问题，地表水源热泵才可能进入实用化。

正因为工程应用中常常遇到上述问题，故必须因地制宜地、科学地评价地表水源热泵的适用性问题，为系统方案的选择提供依据。

1）选用地表水源热泵方案时，必须要有适宜的水源，并进行深入的环境影响评价；必须明确水源的水质，选取合理的热泵机组和相应设备，达到技术上的可行；必须对水源供给的连续性进行评估，防止枯水季节热泵不能运行，防止备用系统的重新投入。

2）必须根据水文、气象资料和建筑负荷特点，分析采用冬季供热的可行性、夏季供冷的经济性以及长途取水、送水的经济性问题。装机容量不宜大于 5MW，特别需要避免超大容量的地表水源热泵工程。由于大规模建筑将导致水源循环泵和用户侧冷/热水循环泵的能耗增大，当两部分泵耗的累计电耗超过整个热泵系统的 40% 时，则不宜采用该类热泵系统，以避免水泵电耗过高导致工程的失败。

3）必须进行投资回收期经济性分析，与常规分散独立的供冷/热方案进行比较，当投资回收期超过 10 年时，需慎用地表水源热泵系统。

4）污水源热泵作为地表水源热泵中的一种，由于城市污水中的固体污杂物含量为 0.2%～0.4% 左右，工程污废水则完全取决于工厂的生产性质和生产技术水平，处理这些污杂物的影响是污水源热泵的核心问题。除必须考虑与地表水源热泵相同的问题外，还需注意热泵的容量规模不宜过大，必须考虑排污温度变化对河流环境的影响，如果不能很好的处理这些问题，则不适合使用污水源热泵。我国成功地开发出"滤面的水力连续自清装置"，解决了换热器防阻塞问题，哈尔滨、北京等地的一些公共建筑中采用了这项技术，取得了一些实践经验。

闭式水环路热泵空调系统，它由许多台水源热泵空调机组成。这些机组由一个闭式的循环水管路连在一起，该水管路既作空调工况下的冷源，又作供暖工况下热泵热源。该系统是水源热泵在空调工程中一种新颖的方式。很好地处理了现代大型建筑中不同区域分别需要采暖和制冷的状况，实现了能源的高效综合利用。水环路的冷热源可以是地源，或锅炉、冷却塔联合方式。该系统最早在 20 世纪 60 年代于美国加利福尼亚出现，所以也称为加利福尼亚系统。

闭式水环路热泵空调系统主要有以下三种运行模式。

1）夏季运行：全部或大多数机组供冷，热量水环路排至室外的冷源，如地源或冷却塔。

2）春季/秋季运行：对有内区与周边区的建筑物，会出现内区需要供冷而周边区需要供热的情况，内区的热量就可被周边区所利用，即内区空调的排热与周边区热泵供热所需热量接近平衡时，室外的冷热源可以停运。这种制冷供热同时进行，能量在建筑物内部转移，运行费用最少，节能效果明显。

3）冬季运行：全部或大多数机组供热，供热源（地源或加热源）把热量补充到水环路。

水环路热泵空调系统除具有显著节能特点外，还具有以下特点：①系统紧凑，节省占地，不用设大的冷冻机房，没有庞大的风管系统；②能源费用可以单独计量，由各部门、住户或单位独立承担，有效促进用户使用中节能，能源费用计量简单且公平，符合当前的能源费用独立计量方法；③调节灵活，每台热泵空调机在任何时间可以选择供冷或供热。能灵活充分地满足建筑物各个区的需要，并可以随时更改用途。

（三）地源热泵

1. 地源热泵的工作原理与组成

地源热泵是以大地为热源对建筑进行供冷或供热的技术，其所利用的地下浅层地热资源包括土壤、地下水以及地表水等。通过消耗一定量的高品位能源如电能就可以从低温热源中转移数倍的热能于高温热源。由于其节能、环保、热稳定等优点，日益受到各国的重视。

从国家标准对于地源热泵的定义可以看到广泛如土壤源热泵、地表水、地下水、海水、污水源热泵都是地源热泵的范畴，但人们习惯上把土壤源热泵叫地源热泵，而把"含水"的地表水、地下水、海水、污水源热泵叫水源热泵。前面介绍中已经介绍过水源热泵，因此本节主要介绍土壤源热泵。

土壤源热泵在欧洲发展已经有近30年的历史。土壤源热泵在瑞典、瑞士、奥地利和德国等欧洲国家的出现主要是以解决采暖问题为目标而发展起来的。这些国家的居住建筑形式以独栋别墅为主，气候条件决定了其夏季很少需要供冷，但冬季必须采暖。由于这些国家以水电与核电为主要能源，因此传统上普遍采用直接电采暖。之所以发展出以垂直地埋管为主的土壤源热泵技术，是因为土壤源热泵的 COP 必然大于或等于1，因此同直接电采暖方案相比，土壤源热泵采暖更加节能、省钱，而垂直埋管土壤源又比空气源（包括机械排风热源）热泵和水平埋管土壤源方案可以实现更高的系统 COP 和 EER。而中欧地区的别墅建筑以热负荷为主兼有少量冷负荷，采用垂直埋管技术可以在保证高效（COP）采暖的条件下在夏季可以实现供冷。当我国大量出现的高密度负荷的建筑采用垂直埋管技术时，考虑井群效应的影响，为了平衡地下土壤的冷热量并减少打孔埋管的初投资，保证埋管换热器接近满负荷的连续运行，应采用混合系统，即让热泵的埋管换热器承担基载、由冷却塔和燃气锅炉调峰。

尽管与直接电采暖以及其他热泵方式相比，土壤源热泵技术更加节能，而且低密度建筑的特点使得每栋建筑有足够的可利用的土壤面积，但毕竟有限体积土壤的供热能力有限。因此，在欧洲此类项目的总供热量一般不超过350kW。

　　近 3 年来地源热泵技术中的垂直埋管土壤源热泵方案作为空调冷热源的解决方案在我国许多的项目中得到了应用，主要应用领域是住宅类的高档公寓、酒店和轻型商用建筑，装机容量普遍在 1MW 以上，个别项目甚至达到了 9MW。有些项目采用了垂直埋管结合水平埋管、垂直埋管结合冰蓄冷等多种冷热源组合的形式。欧美等发达国家地源热泵的利用已有几十年的历史，而我国虽然技术研究时间不短，但是真正大规模应用还是 20 世纪 90 年代以后，尤其是近几年能源问题凸显，全社会有着节能减排的需求，极大地促进了地源热泵的发展应用。截止 2009 年，我国地源热泵使用总面积已达 1.39 亿 m^2，虽然相对于我国已建设建筑总面积而言还是很小的一个数字，但许多大城市都继续加大相关工程的规划建设力度，如北京就规划 2011 年建设 400 万 m^2 地源热泵采暖建筑。未来 10 年，我国地源热泵将继续高速发展。

　　如图 5-10 所示，地源热泵系统主要由三部分构成，包括室外地能换热机组、水源热泵机组和建筑内空调机组。室外地能换热机组是用于和土壤进行热量交换的系统，而它的输出则成为水源热泵机组的冷热源，而水源热泵机组可以给建筑内空调系统供暖或供冷。室外地能换热系统如果是和室外水源进行热量交换，那么就是我们前面学习的水源热泵系统了。这也是一些研究者和机构将水源热泵也归为地源热泵的一个原因。

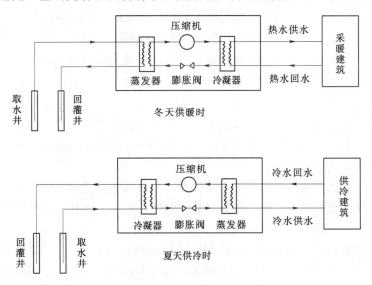

图 5-10　地源热泵采暖、供冷原理

2. 地源热泵的类型

　　根据冷热源的不同通常把地源热泵分为地下水热泵系统、地表水热泵系统、单井换热热井和地下耦合热泵系统。实际上，很多资料都把地下耦合热泵系统作为地源热泵的代名词，而把其余的归为水源热泵。水源热泵从定义上来看是一个总称，包括所有以水作为冷热源的热泵如土壤热泵和水环热泵，这是本质上区别空气源热泵（风冷热泵）的。所以从大分类来说，水源热泵包括地源热泵和水环热泵还有一些特殊的利用低位热水能量的热泵（比如利用工业废水或发电厂冷却循环水梯级利用等）。地下水热泵系统和地表水热泵在上节中已经介绍，此处重点介绍其余几种地源热泵形式。

(1) 单井换热热井 (Standing Column Well Heat Pumps，SCW)，也就是单管型垂直埋管地源热泵，也常被称为"热井"。该方式是在一口井内同时进行抽水和回灌，在地下水位以上用钢套作为护套，直径和孔径一致。地下水位以下为自然孔洞，不加任何固井设施。单井换热热井的地下换热系统有三种换源井，分别是循环单井、抽灌同井和填砾抽灌同井，如图 5-11 所示。

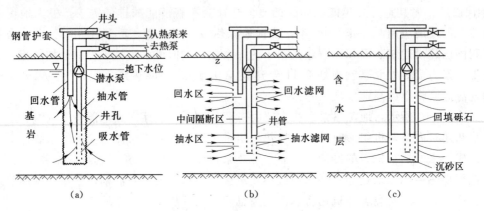

图 5-11　单井换热热井地下换热系统
(a) 循环单井；(b) 抽灌同井；(c) 填砾抽灌同井

三种热源井都是从含水层的下部取水，地下水换热后再回到含水层的上部。区别就在于循环单井使用的是基岩中的裸井；抽灌同井采用的是过滤器井，其井口直径等于井管直径；填砾抽灌同井采用的是填砾井，其井口直径大于井管直径，孔隙使用分选性较好的砾石来回填。后两者都有井壁，并在内部有隔板，而循环单井没有。由于水循环属于强迫流动，地下水的换热能力比土壤的换热能力要强，因此同等条件下单井换热热井系统承担负荷的能力要强于土壤源热泵。

该系统适用于岩石地质地区，与岩石直接换热，换热效率得到提高，节省了钻孔、埋管费用，但需注意分析具体地质情况，做好隔热、封闭、过滤、实际换热量测算等具体工作，否则会大大影响系统运行效果。

(2) 地下耦合热泵系统 (Ground-couple Heat Pumps，GCHPs)，常被称为埋管式土壤源热泵系统，有时也叫地下热交换器地源热泵系统 (Ground heat exchanger)。其水循环属于闭式系统方式，通过中间介质 (水或是加入防冻剂的水) 作为热载体，使中间介质在埋于土壤内部的封闭环路中循环流动，从而与大地土壤进行热交换。在冬季通过这一换热器从地下取热，成为热泵的热源；在夏季从地下取冷，使其成为热泵的冷源，该方式适宜低密度建筑。

地下耦合热泵系统的主要形式取决于地下埋管的形式，最常见的有三类：即垂直埋管地源热泵系统 (Vertical Bore Hole Ground-coupled Heat Pump)、水平埋管地源热泵系统 (Horizontal Ground-coupled Heat Pump) 和蛇形埋管地源热泵系统 (Slinky Ground-coupled Heat Pump)，三种方式的示意图见图 5-12。另外，后面介绍的直接膨胀式热泵系统也属于地下耦合热泵系统，不同之处在于是制冷剂直接与土壤换热。

埋管方式的选择主要取决于场地大小、当地岩土类型及挖掘成本。水平埋管通常设置

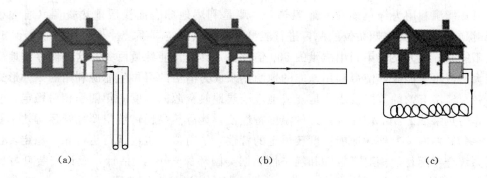

(a) 垂直埋管；(b) 水平埋管；(c) 蛇形埋管

在 1~2m 深的地沟内。其特点是安装费用低，换热器的寿命较长，但占地面积大，水系统耗电大。垂直埋管其垂直孔的深度大约在 30~150m 的范围内，特点是占地面积小，水系统耗电小，但钻井费用高。在竖直埋管换热器中，目前应用最为广泛的是单 U 形管，此外还有双 U 形管，即把两根 U 形管放到同一个垂直井孔中。同样条件下双 U 形管的换热能力比单 U 形管要高 15% 左右，因此可以减少总打井数，在人工费明显高于材料费的条件下采用较多。

（3）直接膨胀式（Direct—Expansion）热泵系统，该方式将热泵的蒸发器（Refrigerant in Tubes）直接埋入地下进行换热，即制冷剂直接进入地下回路进行换热，不像上述系统那样采用中间介质水来传递热量，由于取消了中间换热器，换热效率有所提高。但是由于制冷剂使用量比较大，且高压的制冷剂直接进入地下循环，经济性和安全性不高，应用很少。

地源热泵除了根据冷热源的不同可以分为如上几种常见类型外，也可根据应用的建筑物的不同分为家用和商用两大类，或根据输送冷热量方式的不同则可以分为集中式、分散式和混合式系统。

1）集中式系统是把热泵集中布置在机房内，将进行过热量交换的空气或水集中通过管道输送到每个需要的房间。和集中式空调系统类似，主要用于宾馆、商场、写字楼等大型商业建筑。

2）分散式系统是把机组分散到每个用户，可以单独控制其效果。这样可以把用户使用的能耗和得到的冷热量在计量装置上单独反映出来，同时也改善了用户的使用效果，并能有效的提高节能效果。一般用于普通住宅、高层住宅、办公楼等建筑。

3）混合式系统是在一般地源热泵的基础上在加辅助冷热源如冷却塔和锅炉，适用于空间小、不能单独采用地下埋管换热系统的建筑，或内外分区冬季有大量可利用的排热的建筑物。使用混合式系统也是我国国情所决定的，南方夏季普遍偏热，而冬季气温较高，因此夏季冷负荷较高时地源冷源往往不够，可以使用冷却塔联合工作。而冬季热负荷较小，使用地源就够了。北方则相反，冬季热负荷较大，使用锅炉联合工作，则热源较为有保障。这样联合使用的好处是可以降低地源的规模和投资。

3. 地源热泵的优缺点

地源热泵迅速发展和其优点是离不开的，其主要优点如下。

（1）能源利用为绿色能源。地源热泵主要是利用地球表面浅层地热资源（通常小于400m深）及部分其他低品位能源，进行能量转换的供暖空调系统。地表浅层收集了47％的太阳能量，比人类每年利用能量的500倍还多，其蕴含能源量巨大。这种储存于地表浅层庞大且可再生能源，使得利用地能的地源热泵成为清洁的可再生能源利用的一种形式。

（2）经济有效的节能技术。地能或地表浅层地热资源的温度一年四季相对稳定，非常适于作为热泵热源和空调冷源。这种温度特性使得地源热泵比传统空调系统运行效率要高30％～40％左右。另外，地能温度较恒定的特性，使得热泵机组运行更可靠、稳定，也保证了系统全年运行的相对高效性和经济性。据美国环保署EPA估计，设计安装良好的地源热泵，平均可以节约用户30％～40％的供热制冷空调的运行费用。

（3）环境效益显著。地源热泵的污染物排放比空气源热泵减少40％以上，与电供暖相比，减少70％以上，如果结合其他节能措施节能减排会更明显。虽然也采用制冷剂，但比常规空调装置减少25％的充灌量，先进的生产工艺也降低了制冷剂泄露的风险。该装置正常运行的污染排放极少，对使用环境的影响较小。

（4）一机多用，应用范围广。地源热泵系统可供暖、空调和生活热水，一机多用。地源热泵可应用于宾馆、商场、办公楼、学校等建筑，更适合于较为分散的别墅住宅的采暖、空调。此外，机组使用寿命长，均在15年以上；机组紧凑、节省空间；维护费用低；自动控制程度高，可无人值守。

但是，地源热泵也不是十全十美的，其应用会受到不同地区、不同用户及国家能源政策、燃料价格的影响，一次性投资及运行费用会随着用户的不同而有所不同。采用地下水的利用方式，会受到当地地下水资源的制约，实际上地源热泵并不需要开采地下水，所使用的地下水可全部回灌，不会对水质产生污染。

从实际运行工程效果来看，土壤源热泵系统不适用于高负荷密度的、大型的公共建筑，也不适用于集合住宅小区，只适用于低密度的独栋住宅，以及有足够施工场地的小型公共建筑。另外还需要注意的是，由于埋管内的平均水温与管壁周围地温之间的温差往往达到8℃以上，因此与地下水温相差甚远，如果周围存在温度比埋管水温更适合的冷热源，就不应该勉强用地源热泵。比如夏季用地源热泵制造生活热水，在冬季用地源热泵为建筑内区供冷都是较差的方案。某些工程项目由于埋管数量受限，导致夏季相当长的时间管内水温达到30℃以上，跟冷却塔没有区别，反而增加了初投资。

4. 目前我国土壤源热泵工程应用中存在的问题

（1）采用模拟软件进行埋管换热器辅助设计计算。目前多数设计者采用打试验井进行排热和吸热实验的方法，来获得单位长度埋管的换热能力，采用这种设计方法，和实际运行情况出入很大，最后会导致机组出力不足且电耗增加。国内外根据几十年积累的数据开发了一套成熟的埋管换热器设计计算软件，可以避免盲目粗略估算带来的失误，用来辅助热泵的设计。而传统采用的只计算建筑物峰值冷热负荷的方法也不够精确，必须通过建筑全年动态热模拟来获得全年冷热负荷。

（2）冷热平衡问题的解决方案。土壤源热泵应尽量应用于冷热负荷积累量易于平衡的项目，在夏热冬冷地区应用的平衡性比较好，而单纯严寒地区或者夏热冬暖地区应用的效果就比较差。一般的不平衡问题，也需要采取一定的措施。除了在选型时设计计算方法尽量准确以外，还可以采用混合系统，保证地下换热器部分能够达到冷热平衡，不平衡部分由增设的冷却塔排除多余的热量，或采用辅助锅炉、太阳能热水系统等方法补充热的不足，从而使得负荷平衡。

对于我国严寒和寒冷地区的地源热泵项目，应该保证换热器彼此平均间距在 25m 以上，以减小冷热负荷的不平衡。地源热泵适用于超低容积率、独栋小负荷建筑群（如别墅、边远山区加油站）或独立建筑的特点，城区建筑密集的情况下并不适合。

（3）返浆回填方法。我国绝大多数土壤源热泵工程在下管之后采用的是从上往下灌入回填料的方式，这种方式很可能导致回填料中间存在气隙而降低了回填料的实际导热系数，使得换热管的传热能力下降。可以用高压泵把回填料压入伸到井底的管子中，使回填料从井底向上溢上来，避免回填料中存在气隙，回填后引导管就留在井中。这种施工方法就是返浆回填方法，施工成本要高于普通的从上往下的回填方法。

（4）供冷期回填料导热系数下降。采暖期间，用于埋管内媒介的温度低，管壁周围的回填料的湿度比较高，导热系数与实验值基本一致甚至大一些。但在夏季供冷期，埋管内循环媒介的温度过高，就会导致管壁周围的回填料中的水分蒸发干裂，导热系数显著下降，换热管的换热能力下降 10%～20% 甚至更多。因此当冷负荷比较大的情况下，设计时夏季埋管内媒介的温度最好不要超过 30℃，且在设计计算的时候，就应充分预估供冷期回填料导热系数下降的量，在换热管留有足够的安全余量。

（5）适当的项目规模。表 5-2 给出了不同类型的热泵技术的推荐适用规模，这对热泵工程的设计施工具有指导意义，但是不同形式的系统规模并不是越大越好，其中垂直埋管土壤源热泵最适合的规模是 350kW 以下。

表 5-2　　　　各种形式的热泵技术在我国应用的推荐适用规模

装机容量（kW）	1～10	10～100	100～1000	>1000
水平埋管	▓	▓		
桩基埋管	▓	▓		
垂直埋管	▓	▓	▓	
沉浸管（湖水）		▓	▓	
地下水水源			▓	
地表水水源			▓	▓

（6）系统运行效果必须进行长期总结。从欧美大量的土壤源热泵系统长期运行数据来看，系统供热的季节能效比在 2.3～2.7，远低于机组自身的额定能效比。目前的很多技术资料，数据都来源于欧美，我国缺乏对于土壤源热泵的全年运行能耗和效率、建筑的负荷情况和地埋换热器的情况关系的数据积累。对于我国土壤源热泵运行的实际能耗和节能效果，以及设计用到得一些经验数据，应该以我国目前运行的土壤源热泵的长期系统能效测试结果为准。

三、热泵节能是建筑节能的重要组成部分

建筑设备能耗是建筑能耗中最为重要的部分，用于采暖空调的能耗更是占到了整个建筑能耗的近一半，因此采暖空调的节能就是建筑节能研究的重要领域。采暖空调主要消耗电能和燃料燃烧能，我国电力系统主要是燃煤发电，实际消耗的依旧是燃料燃烧能。热泵系统同样可以作为采暖空调的冷热源，且可以降低电能消耗，最终降低了燃料消耗，这是对节能减排的重要支持。

1. 热泵采暖的能源利用系数 E 要比传统采暖方式高

小型锅炉房供热时 E 为 0.5，中型的锅炉房 E 值也只是 0.65～0.7，很多锅炉房实际使用过程中因为种种因素的影响 E 值只会更低。比较先进的热电联合供热方式，由于对能量的综合利用率大大提高，E 值可以达到 0.88。使用电动热泵进行采暖，假设热泵工作的性能系数为 3，考虑了电站锅炉的损失、发电机的损失及输配电的损失后，电动热泵的能源利用系数 $E=0.9$。燃气热泵比电动热泵少了发电相关的损失，其 E 值可以达到 1.41。很明显，热泵的能源利用效率是高于传统取暖方式的，对南方缺乏锅炉房的地区来说，很多用户都是直接使用电取暖，其 E 值更是高出很多。

2. 热泵系统合理使用了高品位能源

高品位能源是宝贵的，不像低品位能源的可持续和再生性好。传统建筑用能基本上都是高品位电能，其消耗和低品位能源的消耗不是简单的数量高低关系。即使消耗同样数量的能量，能用低品位能源就是一种对社会资源的节约，对环境的贡献。不同供热方式中有用能的损失情况可以用㶲效率来评价，几种供热方式的㶲效率如表 5－3。

表 5－3　　　　　　　　　　不同供热方式的㶲效率 η_{ex}　　　　　　　　　　　　　　%

供热方式	火炉供热	电加热器供热		供热站或热化电站	电动压缩式热泵	
		火电	水电		火电	水电
η_{ex}	3.8	2.4	5.3	7.7	7.1	15.6

3. 热泵的环保意义

热泵节能的同时也意味着低碳和减排，正如上面介绍，我国是一个以燃料燃烧能为主的国家，尤其是煤炭的使用最多，2010 年煤炭产量近 30 亿 t。使用燃料燃烧能很多是不可再生的，另外燃烧的排放物造成了大气污染及严重的温室效应。热泵的使用，与燃煤锅炉相比，平均可以减少 30% 的二氧化碳排放量；与燃油锅炉比，可以减少 68%。近年运煤和开采煤炭问题对国民经济和生活构成了很大的影响，运输超载、煤矿事故及电力缺煤问题已经成了严重社会问题，因此热泵节能减排的同时也对构建和谐社会做出了贡献。

4. 热泵适合采暖空调使用

热泵的节能和其制热性能系数 COP 值有直接关系，COP 值越高，则热泵运行越节能。当 COP 值从 3 增加到 5 的时候，和中型锅炉房相比，假设供热量为 4.18GJ/h，则对煤炭燃料的节约从 208t/年提高到 697t/a。随着热泵技术的发展，新型技术层出不穷，制热性能系数不断提高，其节约效果也越发明显。另外，一般建筑采暖时，并不需要很高的温度，风机盘管只需 50～60℃ 的热水。热泵的制热性能系数是随着蒸发发温度上升以及供热温度降低而升高的，温度不高的采暖需要有利于热泵的高效运行。同时，热泵利用废热的特点，使得热泵不仅本身节能，更在使用能源上实现了变废为宝，起到了节能环保的双重效果。

第三节 蓄 冷 空 调 系 统

一、蓄冷空调技术概述

1. 我国电力问题

1978 年改革开放以来，我国现代工业高速发展以及人民生活水平的提高，使得人们对空调的应用越来越广泛，消耗了巨大的电能，一些大中城市中央空调用电量已占其高峰用电量的 20％以上。虽然电力系统装机容量也在高速发展，速度却落后于电力需求的增长，2010 年我国发电机总装机容量达到了 9.62 亿 kW，较上年增长 10.07％，全社会用电量 41923 亿 kW·h，同比增长 14.56％，全国电力缺口在 2000 万 kW 以上，电网负荷率低，系统峰谷差占高峰负荷之比达到了 25％～30％。2010 年国家电网公司系统除东北三省及新疆外，其余电网均出现拉闸限电情况，累计拉闸限电 123.85 万次，损失电量 388.33 亿 kW·h。这严重制约了经济发展，也影响了人们正常的生活。

高峰电力严重不足，低谷电力过剩的原因有两点：一是随着用电结构的变化，工业用电比重相对减少，城市生活、商业用电快速增长。二是输配电建设落后于发电厂建设，电网承受能力差，许多城市出现配电设备超载运行。想要解决电力不足的问题，可以从两方面着手：一方面增加对电力的投入，加快电力建设；另一方面要继续坚持开发与节约并重的方针。我国不是个资源特别富裕的国家，大规模电力设备的投资消耗了宝贵的资金和能源，而在冬季和夏季用电高峰期对电力"移峰填谷"则很好满足了要求。鼓励开发低谷用电，将高峰与低谷电价拉开，可以很好降低用电高峰时的电力负荷。"移峰填谷"包含了发电设备和用电设备两方面的应用，前者仍旧需要大规模投资发电设备，后者则可以在不大规模增加投资的前提下达到用电高峰时对电力负荷的降低。如上所述，空调耗电是我国耗电大户，对其进行"移峰填谷"是非常有利的。

2. 空调蓄冷技术

峰谷差异电价政策的实施，为空调蓄冷技术提供了广阔的发展前景。在夜间电网低谷时间，制冷主机进行制冷运行，并将冷量在蓄冷设备中储存起来，到了白天电网负荷高峰时，再将冷量释放出来，满足空调负荷的需要，从而节约制冷主机的耗电，降低高峰电网负荷，有效均衡城市电网负荷，达到削峰填谷的目的。在中央空调系统中，制冷系统的用电量约占整个系统用电量的 40％～50％。以商场为例，每 10 万 m^2 空调制冷系统需用电功率为 7000～9000kW，若移峰 40％，则可减少 2800～3600kW，将制冷主机的负荷自白天转移至夜间的特性，称为空调蓄冷系统的"负荷平移"效应。最常用的蓄冷方式主要有两大类：冰蓄冷和水蓄冷。

空调蓄冷技术出现的时间并不短，但是真正应用发展是在能源危机、电力紧缺给社会带来的刺激之后。在 20 世纪 30～60 年代，空调蓄冷技术是以削减空调制冷设备装机容量为主要目标，应用方式主要是以小制冷机带动大冷负荷的水蓄冷，有效降低了制冷系统的初投资。经历了能源危机后的 20 世纪 70～80 年代，空调蓄冷技术主要是以转移尖峰用电时段空调用电负荷为主要目的的移峰填谷的冰蓄冷。当时的冰蓄冷技术，由于需降低蒸发温度，降低了制冷效率并增加了蓄冷时的输送电耗，导致系统的实际效率降低、电能消耗增加，偿还期也因为总投资较高而达到 7 年以上。20 世纪 80 年代末以后，冰蓄冷技术不再单纯"削峰填谷"，开始考虑利用冰蓄冷的高品位冷量，结合了低温、大温差供冷送风技术，提高了空调制冷系统整体能效，系统整体投资得以降低。这类蓄冷空调所增加的初投资一般可在两年左右得到收回，少数工程已做到比常规空调系统投资更少。另外，这种方式还有利于改善室内空气品质和热舒适性。由此可见，空调蓄冷技术，在不同的时期有着不同的目的与要求，其包含着的技术内涵不同，所涉及的技术深度与广度也不同。

我国在空调工程中应用蓄冷技术起步较晚，在 1994 年电力部郑州会议上，正式将蓄冰空调系统写入国家红头文件，被列为十大节能措施之一，且在深圳电子大厦建成第一个冰蓄冷空调系统。同年，国家计委、电力部等部门决定实行峰谷不同的电价政策，来缓解电力建设和新增用电的矛盾，峰谷电价比在 2～5 之间。不少城市还在用电增容费、用电集资费等方面给予减免等优惠政策，为推广应用蓄冷技术给予政策上的支持。这为蓄冷技术提供了广阔的发展前景。1993 年首次在深圳中电大厦落户，1999 年底已建成和正在建的蓄能空调有 87 项，截至到 2004 年底，我国已建成或正在建的冰蓄冷工程约计 318 项。为加速蓄冷空调技术在我国的推广应用，1995 年 4 月我国成立了"全国蓄冷空调研究中心"，1996 年 5 月组建了"全国蓄冷空调节能技术工程中心"。党的十六届五中全会提出把节约资源作为基本国策，"十一五"规划纲要进一步把"十一五"时期单位 GDP 能耗降低 20％左右作为约束性指标。2006 年 7 月 19 日国务院总理温家宝主持召开国务院常务会议，进一步重申节能工作的意义及要求，把节能工作摆在更加突出的战略位置，这些政策都为空调蓄冷技术在国内的发展提供了良好的契机。目前在中国大力发展空调蓄冷技术的条件已经相当成熟，人们对蓄冷空调技术的开发和应用越来越重视，发展蓄冷空调技术已成为不可逆转的趋势，很快将同中央空调一样为社会普遍接受。

二、蓄冷方式分类

目前，空调蓄冷技术种类较多，按储存冷能的方式主要分为显热蓄冷和潜热蓄冷两大类；按蓄冷介质可以分为水蓄冷、冰蓄冷和共晶盐蓄冷三种方式；按负荷管理的策略则可分为全部负荷蓄冷和部分负荷蓄冷。

（一）显热蓄冷技术

物质在形态不变的情况下改变温度就会吸收或放出热量，而该热量的大小和物质的热容成正比，此现象就是显热蓄冷技术的基础。虽然多数物质都可以被应用于显热蓄冷技术，但实际应用考虑到技术及经济多方面的原因，一般选择比热容较大的物质（如水、岩石、土壤等）。前面介绍的地源热泵实际就是显热蓄冷的一种宏观表现。由于显热蓄冷的技术难度较低，且其自然表现形式很容易被大众所观察接受，使得蓄冷技术最早得以发展应用，比如在春秋战国时期，人们就已经知道在夏季把水果置于深井中来降温。

在蓄冷介质中水是一种价格低廉、使用方便、比热容大的材料，常规蓄冷空调系统利用水的显热进行蓄冷，具有投资少、系统简单、维修方便、技术要求低等优点。但是利用水冷蓄冷也会因为水的相变温度范围小而使得蓄冷温差不大，从而降低总的蓄冷量，同等蓄冷量需要大容积的蓄水槽。最近几十年蓄冷技术发展的趋势也表明了潜热蓄冷的发展前景和应用规模都远大于水蓄冷。但是因地制宜，水蓄冷依旧有发展空间，比如近年研究采用地下水层或深层土壤与岩石蓄能，由于蓄冷水源的特点，可以实现相对低成本大规模蓄冷，方法简单有效，而且可以实现夏季和冬季的双向蓄能，即夏季储存热能为冬季所用，而冬季储存冷能供夏季使用，进一步增强了该技术的实用性，从而受到行业重视。

（二）潜热蓄冷技术

冰蓄冷、共晶盐蓄冷和热化学蓄冷技术由于蓄冷过程中有相变，从而与显热蓄冷明显不同，属于潜热蓄冷技术，即利用蓄冷介质由固态变为液态过程中吸收大量热量的特性来储存冷量。

三种蓄冷介质的蓄冷参数比较见表 5-4。

表 5-4　　　　　　　　　蓄冷介质蓄冷参数比较

项　　目	水	冰	共晶盐
蓄冷方式	显热蓄冷	显热＋潜热	潜热
相变温度	—	0℃	4～12℃
温度变化范围	7～12℃	12℃水～0℃冰	8℃液体～8℃固体
单位质量蓄冷容量（kJ/kG）	20.9	384	96
单位体积蓄冷容量（MJ/m³）	20.9	355	153
（kW·h/m³）	5.81	98.61	42.5
（RTH/m³）	1.65	28.08	12.10
每1000RTH需蓄冷介质体积	606m³	35.3m³	82.6m³

注　1RTH=12670kJ=3.516kW·h=3024kcal。

（1）冰蓄冷。利用固态冰转变为液态水时，具有大量吸热的特点来进行蓄冷。由于水相变时潜热高达335kJ/kg，其单位质量能量密度远远高于水蓄冷的4.18kJ/kg·℃，所以冰蓄冷所需的蓄冷槽体积比水蓄冷小得多，仅为其1/5～2/3，易于在建筑物内或周围布置冰蓄冷槽。由于冰水温度较低，在相同的空调负荷下可以减少冰水的供应量和空调系统的送风量，采用冰蓄冷的空调系统管路和风机的投资和运行费用均比水蓄冷低。在蓄冷量较大时，冰蓄冷空调系统的总投资费用要低于水蓄冷。

低温冰水空调系统的另一好处是除湿能力较强，在湿热环境中可使空调区域内空气的相对湿度降低，具有更好的舒适性。冰蓄冷系统也存在缺点：由于水的冰点温度为0℃，考虑到传热温差，制冷系统的蒸发温度必须在−8℃以下，对于采用载冷剂间接换热的冰蓄冷系统，制冷系统的蒸发温度还要更低些。与冷水机组在7℃设计出的水温度相比，相同制冷系统的制冷量将降至60％左右，制取相同冷量时冰蓄冷机组的耗电量要增加19％以上。制冰、蓄冰槽及冰水管路温度较低，为了避免冰槽和管路外部结露和降低环境热量的传入，须增加绝热层厚度。由于蓄冷空调系统的技术要求较高，特别是新近提出的冰泥Ice Slurry式蓄冷空调系统，使得冰蓄冷系统的设计和控制比水蓄冷系统复杂得多。

（2）共晶盐（Eutectic Salt）蓄冷技术。冰蓄冷技术因为蒸发温度较低，使得制冷系统COP值降低，并且输出温度低于普通的冷水机组水温，不能直接与之共用，解决的方法是采用固—液相变温度高于水的共晶盐来蓄冷。共晶盐是一种由无机盐、水、促凝剂和稳定剂组成的混合物，应用较广泛的是相变温度在5～8℃左右的共晶盐，其充冷温度一般为 4～6℃，而释冷温度一般为 9～10℃。该工作温度范围使得常规制冷机组可用于制冷蓄冷，无需调整。目前比较常用的共晶盐蓄冷装置主要为美国 Transphase 公司的 T 形冰板，其蓄冷介质以硫酸钠无水化合物为主，充注在高密度聚乙烯板式容器内。

在蓄冷空调系统中，因为采用共晶盐蓄冷材料相变温度较高，与一般的冰蓄冷系统相比，机组的制冷能力可提高 30％左右，COP 值可提高 15℃左右，节能效果明显。另外，设计时无须考虑管线冻结的问题，给空调系统管路设计运行带来许多方便。共晶盐蓄冷的缺点是相变潜热不高，同等蓄冷量时，共晶盐蓄冷槽体积比冰蓄冷大，但比水蓄冷小。

（3）热化学蓄能技术。这是近年比较受关注的一种空调蓄冷技术，其基本原理是在一定温度范围内某物质吸热或放热时，会产生某种热化学反应。当过程反向进行时，则可以大量吸收热量，从而达到蓄冷的效果。比如目前正在研究的气体水合物（Gas Hydrate）蓄冷技术就是一种热化学蓄冷技术。气体水合物晶体是由某种气体通入水中在一定压力下降低温度后，气体与水发生水合作用所形成的。反应过程释放出的热量由冷却装置带走，而气体水合物被加热时，就会发生分解，大量吸收热量。水合物由固—液相变成气—液相，正是这种相变过程，使得气体水合物蓄冷技术也被归为潜热蓄冷技术。气体水合物是由许多水分子围绕一个气体分子形成一种网状晶体，其形成过程用下式来表述

$$M(\text{气体或易挥发液体}) + N \cdot H_2O \longrightarrow M \cdot NH_2(\text{晶体}) + \Delta H \qquad (5-5)$$

气体水合物蓄冷技术与空调工况吻合较好，便于设计，蓄能密度也较高，蓄冷、释冷时的传热效率也比较高，是一种很有潜力的空调蓄冷技术，但目前研究还相对较少，需要完善的地方还较多，尤其是实践应用的结合还需大力进行，未来完全有可能成为空调蓄冷市场重要的一员。

（三）全部负荷蓄冷和部分负荷蓄冷

蓄冷可以是日蓄冷，也可以是周蓄冷。日蓄冷每天利用夜间或非高峰电力时间进行蓄冷，到第二天将所蓄冷能放出供日间或空调负荷需求时间使用。而周蓄冷是利用周末加上每天非空调时间进行蓄冷，来供应周一至周五每天的全部或部分空调负荷，这种蓄冷模式的空调负荷需求及蓄冷量需要精确计算和调配，再加上优良的自动控制装置才能获得最佳效益。目前蓄冷技术的研究应用基本都是日蓄冷，因每日蓄冷运行对负荷的管理策略不同发展出两类不同的蓄冷设计思路，即全部负荷蓄冷和部分负荷蓄冷。

1. 全负荷蓄冷

以通常情况为例，一般非空调使用时间为 18：00～7：00，如图 5-13（a）所示，全部蓄冷就是在非空调时间运转压缩机蓄存足够的冷量（B+C），供应高峰时的全部空调负荷需求冷量 A，即 A=B+C。在空调使用时间压缩机停止运转，冷负荷完全由蓄冷系统供给，系统中只要运转必要的泵和风扇即可。

采用全部蓄冷模式对减少高峰时期的用电量效果十分显著。若将全部蓄冷的主机运行时间限定在电力部门规定的低峰期，如 22：30～7：30 的 9h 内，这期间的电价最优惠，能节省更多的费用。这种模式下系统制冷主机和蓄冷装置容量比较大，占地面积也比较大，导致投资费用高。多用于峰值需冷量大且间歇性使用空调的场合，如体育馆、影剧

院、写字楼、商业建筑等。

2．部分负荷蓄冷

部分负荷蓄冷的概念是利用非空调时间运转压缩机蓄冷量只提供部分全天所需冷量，如图 5-13（b）所示。非空调时间蓄存的冷量 $B+C=A_1$，全天所需冷量为 A_1+A_2，多出的需冷量由制冷主机直接提供，制冷主机和蓄冷槽两者共同分担空调负荷。部分蓄冷模式由于压缩机的运行时间延长使得主机及蓄冷容量显著降低，与传统空调系统和全部蓄冷模式相比，具有制冷主机减小、所需附属设备（泵等）减少、蓄冷空间减小、投资费用低、经济效益好等特点，一般舒适性建筑空调均能采用此方案，特别是全天均开空调且负荷变化较大的建筑物空调只能采用这种模式，如医院、宾馆、某些工厂的生产用冷却空调等。

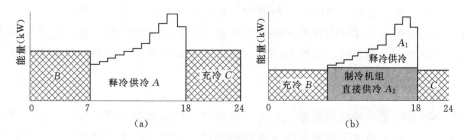

图 5-13　全负荷蓄冷和部分负荷蓄冷
（a）全负荷蓄冷；（b）部分负荷蓄冷

部分蓄冷与全部蓄冷方式相比较，利用非电力高峰时间作全部蓄冷所需的蓄冷量最大，投资费用最高，但节省电费也最多。部分负荷蓄冷投资费用最低，更加实用，但是降低尖峰电力及节省电费方面则不如全部蓄冷模式。就经济效益而言，很难说哪一个方式最好，这需要综合考虑空调负荷分布比例、时间、高峰电价结构、蓄冷容量、蓄冷介质价格及电力补助政策等。

三、空调蓄冷系统

（一）水蓄冷空调系统

水蓄冷空调系统采用冷冻水蓄冷时，温度一般由 12℃降至 7℃，温差为 5℃，则 1m³冷冻水可蓄冷 20.9×10^3kJ。最基本的水蓄冷空调系统包括冷水机组、冷却塔、冷却水泵和冷冻水泵及空调箱等传统空调系统设备并配备冷冻水蓄水槽。夜间电网处于低峰时期，制冷机组运行将冷冻水蓄水槽中的 12℃冷冻水全部降至 7℃，完成蓄冷过程。白天电力高峰时期，停止或部分运行制冷机组，直接使用蓄水槽里 7℃冷冻水作为空调运行的冷源，从建筑内吸收热量升温后的冷冻水仍回流至冷冻水蓄水槽储存。如此昼夜循环工作，利用蓄水槽内冷冻水的温差保存冷量，从而降低白天电力高峰期制冷主机的耗电以达到转移高峰负荷的目的。

水蓄冷空调系统的优点是只需要增加一个蓄水槽，而且蓄水槽与消防蓄水池等建筑内其他水体容器共用，投资费用增加有限，并且各种冷水机组均可使用，兼容性好。另外，系统技术可靠，实现难度小，运行可靠。因为运行温度高，制冷主机的运行效率也高。它的缺点是回流的热水与所保存的冷冻水容易混合，减少了可利用的蓄冷量，所以系统设计时必须考虑这个问题。另一个缺点是冷冻水蓄冷的单位体积蓄冷量较小，所以蓄水槽的容积要求较大，容积越大，经济性也越好，较为经济的容积约 760m³，可以达到 2000RTH 的蓄冷量，这对于水蓄冷空调的实际应用产生了很大的限制。

水蓄冷空调系统根据制冷、蓄冷系统和空调系统连接运行方式的不同主要分成了四种模式。

（1）制冷机单独供冷工况：制冷机正常运行直接供冷，蓄冷系统不供冷。

（2）蓄冷水槽单独供冷工况：夜间低谷电时制冷机运行，产生足够冷冻水并储存在蓄冷槽中，白天完全由蓄冷水槽提供供冷需要的冷冻水。

（3）制冷机与蓄冷水槽联合供冷工况：考虑到极端炎热天数有限，为了降低蓄水槽的容积，空调负荷很大时制冷机、蓄冷水槽共同提供所需冷量。

（4）蓄冷工况：由制冷机制冷，给蓄冷水槽提供低温冷冻水，蓄存冷量。

防止回流的热水与保存的冷冻水混合是水蓄冷空调技术的关键，对此能采用的方法主要有多蓄水罐方法、迷宫法、自然分层法、隔膜法和折流板法，目前用得最多的是自然分层法。

1. 自然分层蓄冷原理

自然分层蓄冷是一种结构简单、蓄冷效率较高、经济效益较好的蓄冷方法，目前应用较为广泛。水在不同温度下密度不同从而自然分层，密度大的水自然集中到蓄水槽的下部形成高密度水层。在水温大于 4℃时，温度升高密度减小，而在 0～4℃范围内，温度升高密度增大，3.98℃时水的密度最大。温度为 4～6℃的冷水聚集在蓄冷罐的下部，而 10～18℃的热回水自然地聚集在蓄冷罐的上部，实现了冷热水的自然分层。如果设计合理，自然分层方法蓄冷效率可以 85%～95%。

自然分层水蓄冷罐的结构形式如图 5-14 所示，在蓄冷罐中设置了上下两个均匀分配水流的散流器，为了达到自然分层的目的，要求在蓄冷和释冷过程中，热水始终是从上部散流器流入或流出，而冷水是从下部散流器流入或流出，应尽可能形成分层水的上下平移运动。斜温层是蓄水槽内上下冷热分层的重要因素，它是由于冷热水间自然的导热作用

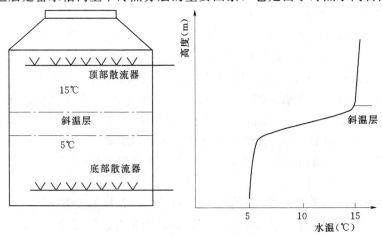

图 5-14　自然分层蓄水水槽温度分布

而形成的一个冷热温度过渡层，如图 5 - 14 所示。稳定的斜温层能防止蓄冷罐下部冷水与上部热水的混合，斜温层变化是衡量蓄冷罐蓄冷效果的主要考察指标。斜温层厚度一般在 0.3～1.0m 之间，它会随着储存时间的延长及导热的进行而增厚，从而减少实际可用蓄冷水体的体积，降低蓄冷量。为了减小水的流入和流出对所蓄冷水的影响，在自然分层蓄冷水槽中采用散流器以使水流以较小的流速均匀地流入蓄冷罐，从而减少对水槽蓄水的扰动和对斜温层的破坏。

在自然分层水蓄冷罐蓄冷循环中，冷水机组送来的冷水由下部散流器进入蓄冷罐，而热水则从上部散流器流出，进入冷水机组降温。随着冷水体积的增加，斜温层将被向上推移，而罐中总水量保持不变，在释冷循环中，水流动方向相反，冷水由下部散流器送至负荷，而回流热水则从上部散流器进入蓄冷罐。

2. 蓄冷水槽

蓄冷水槽储存低温冷冻水，为了降低冷量的损失以及提高运行的效率，应当阻止冷冻水与罐内回流的热水发生混合，降低冷冻水与罐体的换热。

作为蓄冷水槽，自然要求面积容量比小，热损失小，材料成本低，空间利用率高，基建投资小，利于自然分层。完全满足条件很难，但可能的形状如平底圆柱体、立方体、长方体、球体，其中平底圆柱体与立方体或长方体蓄水罐相比，在同样的容量下，面积容量比、单位容量比和热损失最小，单位冷量的基建投资低。球状蓄水槽的面积容量比最小，但自然分层效果不佳，实际应用较少。立方体和长方体的蓄水罐虽然性能上不如平底圆柱体，但是可以与建筑物一体化，利用建筑原有的蓄水池，虽然热损失较大，但可以节省基建投资。

形状确定后，蓄水罐的高度直径比也是需要考虑的一个重要形状参数。提高高度直径比降低了斜温层在蓄水罐中所占的份额，有利于提高蓄冷的效率，但在容量相同的情况下增加了蓄水罐的投资，因此合适的高度直径比需要进行技术经济比较来确定。

蓄冷水槽外形确定后，就得选择所用材料，材料选择需要考虑的因素有：初投资、泄漏的可能性、地下布置的可能性和现场的特定条件。目前常用的有焊接钢槽、装配式预应力水泥槽和现场浇筑水泥槽。钢槽良好的导热性能会影响蓄冷效率，水槽体积越小则影响越明显。水泥罐的绝热性能较好大，但同时会造成斜温层品质的下降。若是水槽容积不大，也可以使用复合材料、有机材料等。

水蓄冷蓄水槽的体积较潜热蓄冷的槽要大得多，安装工作非常重要，直接关系到施工的难度及投资。空间有限的建筑，可在地下或半地下布置蓄水槽。新建建筑，在设计时就考虑让蓄水槽与建筑物的其他一体化能降低投资。这比单独新建一个蓄水罐要合算。

蓄冷水槽不管是何种样式，其实际可用蓄冷量均可采用下式进行计算

$$Q_{st} = \rho V C_P \Delta t (FOM) \alpha_V \tag{5-6}$$

其中　Q_{st}——蓄冷罐内的可用蓄冷量，kJ；

　　ρ——蓄冷水的密度，一般取 1000kg/m³；

　　C_P——水的定压比热，取 4.187kJ/(kg·K)；

　　V——蓄冷罐的实际体积，m³；

　　Δt——释冷时回水温度与蓄冷时进水温度之间的温差，K；

　　FOM——蓄冷罐的完善度，考虑混合和斜温层等的影响；可从蓄冷罐移走的冷量
　　　　　　（实际可用蓄冷量）与理论可用蓄冷量之比；

　　α_v——蓄冷罐的体积利用率，考虑散流器布置和蓄冷。

3. 散流器

散流器也叫水流分布器，一般由开孔圆管构成，用以将水平稳地引入水槽中，依靠密度差产生一个沿罐底或罐顶水平分布的重力流，形成一个使冷热水混合作用尽量小的斜温层，如图 5-14 所示。蓄冷水槽内水的工作温度一般在 0～20℃，密度差较小，形成的斜温层不稳定。为了减小对斜温层的扰动破坏，在设计中要注意散流器的开口方向，控制进出口水流流速足够小。通常顶部散流器的开口方向朝上，避免水流直接向下冲击斜温层；底部散流器的开口方向则朝下，避免水流直接向上冲击斜温层。散流器管的开口一般为90°～120°，其型式有：八边形、H 形、径向盘式和连续槽式等。圆柱体蓄冷水槽一般为八边形，立方体蓄冷水槽为 H 形。

（二）冰蓄冷空调系统

1. 概述

"冰蓄冷空调"一词通俗易懂，蓄冷介质以冰为主的空调方式，不同的蓄冰释冷方式，构成不同的冰蓄冷系统。

冰蓄冷系统的种类很多，分类也相当复杂，不同的角度来描述，可以有很多种不同的分法。典型的如美国制冷学会（ARI）1994 年出版的《蓄冷设备热性能指南》将冰蓄冷设备分为五种类型，见表 5-5。

表 5-5　　　　　　　　　　　　冰蓄冷设备类型

类型	蓄冷介质	蓄冷流体	制冷流体
冰盘管（外融冰）	冰或其他共晶盐	制冷剂	水或载冷剂
		载冷剂	
冰盘管（内融冰）	冰或其他共晶盐	载冷剂	载冷剂
		制冷剂	制冷剂
封装式	冰或其他共晶盐	水	水
		载冷剂	载冷剂
片冰滑落式	冰	制冷剂	水
冰晶式	冰	制冷剂	载冷剂
		载冷剂	

注　载冷剂一般为乙烯乙二醇水溶液。

按冷源分类：①冷媒液（盐水等）循环；②制冷剂直接蒸发式。

按冷水输送方式分类：①二次侧冷水输送方式为冰蓄冷槽与二次侧热媒相通；②一次侧与二次侧相通的盐水输送方式。

按制冰形态分类：①静态型，在换热器上结冰与融冰，最常用的为浸水盘管式外制冰内融方式；②动态型，将生成的冰连续或间断地剥离，最常用的是在若干平行板内通以冷媒，在板面上喷水并使其结冰，待冰层达到适当厚度，再加热板面，使冰片剥离，提高了蒸发温度和制冷机性能系数。

按取冷过程分类：①内融冰，来自用户或二次换热装置的温度较高的载冷剂（或制冷剂）仍在盘管内循环，使盘管外表面的冰层自内向外逐渐融化进行取冷。融冰均匀，无需采取搅拌措施，但是冰层自内向外融化时，在盘管表面与冰层之间形成薄的水层，其导热系数为冰的 25％左右，故融冰换热热阻较大，影响取冷速率。为此目前多采用细管、薄冰层蓄冰来缓解这个问题。②外融冰，温度较高的空调回水直接送入盘管表面结有冰层的蓄冰水槽，使盘管表面上的冰层自外向内逐渐融化，故称为外融冰方式。换热效果好，取冷快，来自蓄冰槽的供水温度可低达 1℃左右。此外，空调用冷水直接来自蓄冰槽，故可不需要二次换热装置。不过为了提高融冰速度，蓄冰槽容积较大。同时，由于盘管外冰层冻结不均匀，易形成水流死角，需采取搅拌措施。

按施工特点分类：①现场安装型，适用于大型建筑物；②机组型，将制冷机与冰蓄冷槽等组合成机组，由工厂生产，适用于中小型建筑。

2. 蓄冷设备及工作原理

（1）冰盘管式（Ice on Coil）。该系统也称直接蒸发式蓄冷或冷媒盘管式系统，其制冷系统的蒸发器直接放入蓄冷槽内，蒸发器盘管伸入蓄冰槽内构成结冰时的主干管，冰结在蒸发器盘管上。融冰时则将空调回水直接冲蚀槽内的冰而释放出冷量，因此为外融冰系统（External Melt Ice-on Coil Storage Systems）。融冰过程中，冰由外向内融化，温度较高的冷冻水回水与冰直接接触，换热效果好，可以短时间内制出大量的低温冷冻水，出水温度与要求的融冰时间长短有关，可低至 1℃。因为空调用冷水直接来自蓄冰槽，可以不需要二次换热装置。因为融冰时需要加快融冰的速度，水与冰需要充分接触，蓄冰槽内需要留出一半的空间给水，所以其蓄冰率一般不大于 50％，增大了容积。为了加快水流和冰的接触，还需要采取搅拌措施。这种系统特别适合于短时间内要求冷量大、温度低的场所，如一些工业加工过程及低温送风空调系统使用。

此种形式的冰蓄冷盘管以美国 BAC 公司为代表。盘管为钢制，连续卷焊而成，外表面为热镀锌。管外径为 26.67mm，冰层最大厚度为 35.56mm，因此盘和换热表面积为 0.137m²/(kW·h)，冰表面积为 0.502m²/(kW·h)，制冰率约为 40％～60％。

（2）完全冻结式（Total Freeze-up）。也称卤水静态储冰系统，水溶液（二次冷媒）送入如图 5-15 所示的蓄冰槽（桶）中的塑料管或金属管内，使管外的水结成冰，蓄冰槽可以将 90％以上的水冻结成冰。融冰时从空调负荷端温度较高的乙二醇水溶液抽回，在塑料或金属盘管内流动，将管外的冰融化，乙二醇水溶液吸热放热后温度下降，再被抽回到空调负荷端使用。融冰时最接近管壁的冰层先行融化释冷，由内向外扩展，属于内融冰式（Internal Melt Ice-on-coil Storage）。

完全冻结式冻结和融冰都在盘管外，无冻坏的危险。这种方式制冰率最高，可达 90％以上（槽中水 90％以上冻结成冰）。这种蓄冰设备生产历史较长，工艺成熟，国内外生产厂家较多。以美国 CALMAC 蓄冰桶为例，使用外径为 16mm（也有 13mm）的聚乙烯管绕成螺旋形盘管。盘管冰层厚度为 12mm，盘管换热表面积 0.317m²/(kW·h)。

（3）制冰滑落式（Dynamic Ice-maker）。也称为动态制冰机，如图 5-16 所示。以保温的槽体作为蓄冷设备，制冰机安装在蓄冰槽的上方，在若干块平行板内通入制冷剂作为蒸发器。空调回水从上方以一薄水膜的方式喷洒而下流，到冰冷的裸板状冷媒蒸发器开始

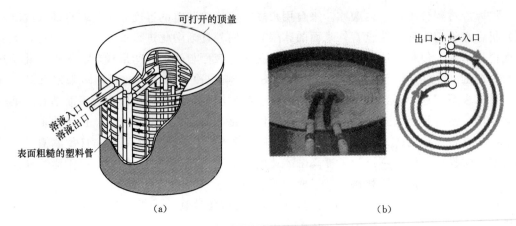

图 5-15　蓄冰筒管路布置示意图

(a) 蓄冰筒的内部管路；(b) 蓄冰筒内部塑料管布置

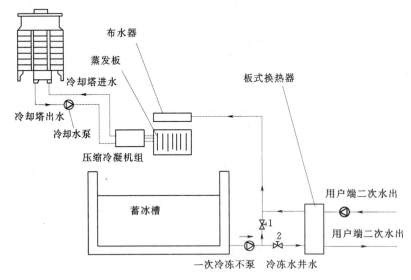

图 5-16　制冰滑落式系统原理图

结成薄冰层，待冰达到一定厚度（一般在 3～6.5mm 之间）时，经由制冷四通阀的切换，此时蒸发器变成冷凝器，由压缩机送来的高温制冷剂进入其中，使冰融化，3～6mm 的薄片冰由于自身重力向下滑落至下方蓄冰槽内，原理如一般常用的除霜原理。鉴于这种工作特性，也称该系统为片冰滑落式蓄冷装置，是一种动态制冰方法，有别于前面介绍的两种方法制冰过程为一次冻结完成，故前两者也被称为静态蓄冰。

制冰滑落式系统取冷供水温度低，融冰速度快，适合尖峰用冷。运行中"结冰"，"取冰"过程反复进行，蓄冰槽的蓄冰率为 40%～50%，初投资较高，且机房空间高大，不适合于大、中型系统。代表性生产厂家有美国的 Turbo. Morris 和 Paul Mueller。

（4）容器式（Encapsulated Ice）。容器式（Encapsulated Ice）将蓄冷介质封装在一定形状的小容器内，并将大量的该小容器放在密封罐或开式槽体内，因而也叫封装式蓄冷装置。系统的工作原理类似完全冻结式，即将小容器塞在蓄冰槽内，以低温盐水（乙烯乙二醇）作为二次冷剂通入蓄冰槽与容器内的冰或水进行热交换。

此种类型目前有多种形式，即冰球、冰板和蕊心褶囊冰球。冰球应用较多，又分为园形冰球，表面有多处凹涡球和齿形冰球。冰球一般为外径 76.2mm 的硬质塑胶球或外径 101.6mm 的软质塑胶球内注入水，并预留一个凹陷的膨胀空间，由球内的水结冰蓄冷和化冰释冷。

冰球式以法国 CRISTOPIA 为代表，蓄冰球外壳由高密度聚合烯烃材料制成，内部充注具有高凝固—融化潜热的蓄能溶液。其相变温度为 0℃，分为直径 77mm（S 形）和 95mm（C 形）两种。以外径 95mm 冰球为例，其换热表面积为 $0.75m^2/(kW \cdot h)$，每立方米空间可堆放 1300 个；外径 77mm 冰球则每立方米空间可堆放 2550 个。冰球结构图见图 5-17。

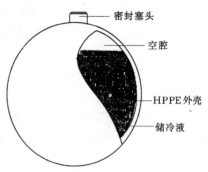

—— 密封塞头

—— 空腔

—— HPPE 外壳

—— 储冷液

图 5-17 冰球结构图

（5）冰晶或冰泥（Crystal Ice or Ice Slurry）。该系统是用盐水泵从蓄冰槽底部将 6% 浓度的盐水洒到蒸发器，当盐水被冷却到凝固点温度以下时，产生许多非常细小均匀的冰晶，为直径约为 $100\mu m$ 的冰粒与水的混合物，类似泥浆状，可以用泵输送。蓄冷时搅拌机将冰晶刮下与盐水混合成冰泥送至蓄冰槽，释冷时盐水从蓄冰槽被送至热交换器，升温至 10～12℃ 再送至蒸发器降至 5℃ 再送回蓄冰槽。

该类典型产品有美国 Paul Mueller 公司的 Maxim ICE 液冰蓄冷系统，由 Mueller 专利设计的行星转杆壳管式蒸发器、冷凝机组和贮冰槽组成。我国北京嘉里中心的蓄冰空调工程中采用。另外还有德国 INTEGRAL ENERGIETECHNIK GMBH 亦生产 Binary-ice（亦称二元冰机组——即液冰机组），加拿大 SUNWELL 公司生产的冰晶式蓄冷装置，北京低温设备厂也有冰晶机产品。

3. 蓄冷系统连接方式

冰蓄冷系统由制冷主机来提供冷量，在蓄冰槽内生产蓄冷用的冰。制冷主机与蓄冷装置之间管路的连接从基本形式上看，可以分为并联和串联两种不同的连接形式，对于整个系统的运行控制有着很大的影响。

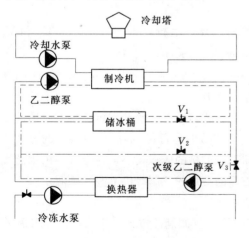

冷却塔

冷却水泵

制冷机

乙二醇泵

储冰桶

V_1

V_2

次级乙二醇泵 V_3

换热器

冷冻水泵

图 5-18 并联系统

如图 5-18 所示的连接形式就是并联系统，图中换热器上侧的管路系统中为乙烯乙二醇水溶液。制冷机与蓄冰槽在系统中处于并联位置，当最大负荷时，可以联合供冷。同水蓄冷系统一样，也包括蓄冰、蓄冰槽与制冷机联合供冷、蓄冰槽单独供冷和制冷机直接供冷四种运行工况。

制冷机运行制冷，在储冰槽内制冰储存，运行乙二醇泵，V_1 阀门打开，V_2、V_3 阀门关闭。

空调需冷量小的情况下，蓄冰槽单独供冷，停开制冷主机，将储冰槽冷量供空调系统使用，次级乙二醇泵运行，V_1、V_3 阀门打开，V_2 阀门关闭。

在制冷机与融冰联合供冷时，白天空调高峰冷量由制冷主机制冷和储冰槽融冰冷量一起供空调系统使用，此时制冷主机和次级乙二醇泵运行，V_2 阀门关闭。

制冷机直接供冷时，制冷主机和次级乙二醇泵运行，V_1、V_2 阀门关闭，V_1 阀门开启。

并联系统是最常见的系统，系统操作运行简单方便，在发挥制冷机与蓄冰罐的放冷能力方面均衡性较好，夜间蓄冷时只需开启功率较小的初级泵运行，蓄冷时更节能，运行灵活。

如图 5-19 所示连接形式就是串联系统。制冷机与蓄冰罐在流程中处于串联位置，以循环泵维持系统内的流量与压力，供应空调所需的基本负荷。串联流程配置适当自控，也可与并联系统一样实现四种工况的切换，只是蓄冰工况有所不同。串联流程系统较简单，放冷恒定，适合于较小的工程和大温差供冷系统。

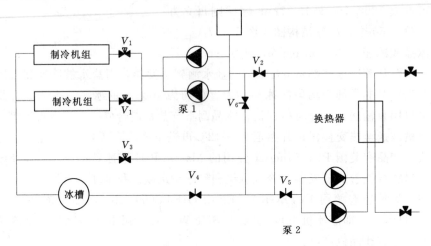

图 5-19 串联系统

蓄冰工况时，制冷主机和泵 1 运行，V_1、V_6 和 V_4 阀门开启，V_2、V_3 和 V_5 阀门关闭。

制冷机直接供冷工况时，此时制冷主机和泵 1 运行，V_1、V_3、V_2 和 V_5 阀门开启，V_6 和 V_4 阀门关闭。

蓄冰槽直接供冷工况时，制冷主机和泵 1 关闭，泵 2 运行，V_2、V_3、V_4、V_5 和 V_6 阀门开启，V_3 和 V_4 阀门对乙二醇溶液进行调节，V_1 阀门关闭。

蓄冰槽和制冷剂联合供冷工况时，制冷主机和泵 1、泵 2 运行，V_1、V_2 和 V_5 阀门开启，V_1 阀门关闭，V_3 和 V_4 阀门对乙二醇溶液进行调节。

一般来说，串联系统中多采用"制冷机上游"的方式，此时，制冷主机位于蓄冰槽的上游，制冷机的进水温度较高，有利于制冷机的高效率与节电运行；"制冷机下游"的方式冰蓄冷贮槽可以按照较高的释冷温度来确定容量，冰蓄冷贮槽的体积要小，制冷机的出水温度低，制冷机的效率相应较低，但制冷机与冰蓄冷贮槽的费用较"制冷机上游"要低。

4. 冰蓄冷空调

(1) 冰蓄冷空调分类。冰蓄冷空调制冷系统中不同空调制冷方式，也可以产生几种不同的组合方式。

冰蓄冷低温送风空调系统有别于一般系统的地方在于送风温度，一般 10～15℃ 的送风温度称为常温送风系统；送风温度在 4～10℃ 则为低温送风系统。后者可以降低一次风的送风量，假设常温送风温差为 $\Delta t=27-19=8℃$ 时，冰蓄冷空调系统的低温送风温差可达 $\Delta t=27-14=13℃$ 以上，送风量可减小 40％ 左右。一次风相应的硬件都有所减小，初投资得到了降低。另外，因为相关管路和设备有所减小，低温送风系统还可以降低房间的层高，从而节省建筑空间及建筑造价。以高层建筑为例，总高度不变时，每 20～30 层就可以增加出一层楼，这对用户是十分有利的。

采用低温送风时，还可降低空调房间的相对湿度。按照热舒适理论，在相对湿度 35％～45％ 的典型情况下，干球温度可在一般室内舒适温度的设定点上提高 1～2℃，而环境的热舒适感差别不大。设定温度的上升可以使制冷的能量减少 5％～10％。

最大的问题就是空气中水的凝结。因此对管道的保温提出了更高的要求，还要注意保护空调房间保温管道的隔气层。由于大温差送风，使得系统的送风量较小，流速也低，从而严重影响了室内的空气品质。在设计系统时，可以采用变风量方式，确定一个最小新风量，随着室内负荷的减小，新风比增大，从低温送风系统末端吹出的冷空气下沉而影响室内的空气分布，室内人员会有吹风感，目前可以用低温送风系统专用的散流器，这种散流器有很好的帖附诱导性能，但是成本仍然很高，由于低温送风空调系统在技术上已经有了很大的进步，一次投资只是常规空调造价的 76％～86％，这在一定程度上弥补了冰蓄冷与低温送风相结合的系统中增加蓄冷设备而引起的初投资的增加。

冰蓄冷热泵空调系统是由冰蓄冷技术与上节介绍的热泵式空调系统结合而成。冰蓄冷技术主要应用于夏季空调，可起到削峰填谷的用电效益，但冰蓄冷技术无法提供冬季的采暖。热泵技术虽然可以实现冬季采暖和夏季制冷，但却无法利用夜间电力低谷低价时段来蓄冷量。当两项技术结合后，可以实现优势互补，既可满足制冷和采暖的功能需要，又可采用蓄冰技术进行电网的削峰填谷来降低电费，减少了污染排放，降低了电网白天高峰期对发电设备的需求。冰蓄冷式热泵空调系统必然具有广阔的经济前景和重大的社会效益。

由于冰蓄冷系统和热泵系统工况不同，因此在这两种系统结合的过程中，要注意系统的匹配问题。例如，由于空调工况与蓄冰工况的制冷剂流量、阀前后压差及运行特性等差别很大，特别是由于热力膨胀阀本身构造所限，其适用的温度及调节范围均小于两种工况，采用同一膨胀阀显然是不合理的。还有对于空调工况和蓄冰工况的蒸发温度差别较大，所以一个蒸发器很难满足两个工况下的要求，这些都是亟待解决的问题。

冰蓄冷多联空调（VRV）系统，是由日本空调企业大金公司在多联空调（VRV）系统的基础上，结合蓄冰技术推出的新型系统。传统的冰蓄冷空调系统一般用于较大型的商业或公共建筑，而家用或商用的中小型系统一直缺乏应用。VRV 空调系统因为结构简单、高效节能、占地少、易于安装、使用灵活的特点，在大量的中小型建筑乃至住宅小区使用，结合了冰蓄冷技术后，大大提高了冰蓄冷空调的应用空间，又保留了蓄冷技术的削峰填谷、节约电费的优点。

对于冰蓄冷空调系统，由于冷水水温特别低（约 2℃ 左右），可以通过热交换器，形成闭路空调水系统，避免了开式水系统由于水的高度提升而损失的能量，从而大大节约能源。

（2）冰蓄冷系统运行控制。蓄冷空调的运行控制，一方面是蓄冷空调系统根据外界条件，控制不同阀门、水泵及主机的开停，在不同的四种基本模式下切换，并对运行过程中的空调供回水温度、流量进行控制；另一方面则是解决制冷机组与蓄冷设备之间供冷负荷的合理分配，尤其是在部分负荷情况下。为此可以采取三种运行模式。

1）制冷主机优先。由制冷主机优先运行，如能满足要求时，则蓄冷槽处于旁路，只有当制冷主机不能满足空调负荷时，才使用蓄冷槽补充，这种系统比较普遍。冷负荷直接反馈到制冷机，使制冷机优先通过对蓄冷槽和制冷主机的控制达到理想的供液温度。该运行模式简单易行，运行可靠，但是降低了蓄冷槽的使用率，削峰填谷的作用没有充分发挥。

2）蓄冷槽优先。由蓄冷器先承担负荷，当蓄冰器能承担时，制冷机停机，只有在蓄冷量不满足负荷时，制冷机才辅助运行，由于蓄冰器先承担负荷，冰的消耗量很大，这种装置适合于低峰时使用，冰优先负荷适合于低温空气系统，此时出口较低的盐水温度可由制冰机保证。

3）优化控制。优化控制的目标就是把有限的蓄冷量用在电价最高的时候，最大限度发挥蓄冷槽的作用。白天尽量不开主机，如果主机需要开启，则力求使主机处于满负荷运行状态，同时当天蓄冷量必须全部用完。控制系统根据末端空调冷负荷、主机的出口温度、主机的部分负荷性能指标、电力高峰平峰时段分布来决定当天的哪一时段开启或关闭部分制冷主机，使主机的耗电量与水泵的总耗电量达到最小。根据分析，优化控制比制冷主机优先控制能节省运行电费 25% 以上。

四、蓄冷空调系统设计

蓄冷空调系统设计是一个复杂、多领域交叉的工作，一般由暖通专业的设计师进行，本书只对其过程作一简单介绍。如有需要，可以进一步对此进行专门的学习。

蓄冷空调系统是一个综合系统，由制冷设备、蓄冷设备（或蓄水池）、空调设备、辅助设备及设备之间的连接管路和调节控制等部件组成。由此可见，只着重蓄冷设备、制冷设备或是空调设备的设计并不足以将蓄冷空调系统完善。设计更重要的是因地制宜，充分考虑不同设备的特性，蓄冷系统和制冷系统虽然种类多种多样，但是设计的最终的目的是为建筑物提供一个舒适健康的环境，并达到能源最佳使用效率，节省运转电费，节约国家电力设备的投入，降低碳排放，为用户提供一个安全可靠耐用的蓄冷空调系统。

蓄冷空调系统的设计主要依据设计日空调负荷及所选择蓄冷设备的特性进行，并能实现以下四种基本运转模式：

（1）制冷机组蓄冷过程（有时需同时供冷）。

（2）制冷机组供冷过程。

（3）蓄冷设备释冷过程。

（4）制冷机组与蓄冷设备同时供冷释冷过程。

如果在夜间蓄冷时仍需少量供冷，可采取两种方法加以解决：一是在冷冻水系统中增设常规空调冷水机组，二是在设计时将制冷主机选大，将制冷所需负荷也考虑进去，蓄冷过程中将一部分低温二次冷媒分流到换热器所得的冷水供到空调末端使用。

为便于操作管理及提高系统长期运行的安全可靠性，系统流程应尽可能简单，阀门不宜过多，尤其是电子阀门故障率高于手动阀门，尽量少用。对于大、中型蓄冷空调，宜采用二次冷媒系统即卤水系统。卤水系统设计应紧凑简单，管路不宜过长。

蓄冷空调系统运行策略的控制，目的是充分利用低价的夜间电，减少白天高电价时的用电量，使系统的运行效益最大化。

蓄冷空调系统设计可按以下步骤进行。

（1）收集基本资料：当地电价政策、建筑物的类型及使用功能、可利用空间等。

（2）确定建筑物设计日的空调逐时冷负荷。

（3）确定蓄冷设备的形式。

（4）确定蓄冷系统模式和运行控制策略。

（5）确定系统运行参数：不同点水温，水泵流量，扬程，蓄冷和制冷设备运行关键系数等。

（6）确定制冷机组和蓄冷设备的容量。

（7）选择其他配套设备。

（8）编制蓄冷周期逐时运行图。

（9）经济分析：通过计算设备投资、施工投资及运行费用，与常规空调（也可加入其他蓄冷空调方案）相比计算出投资回收期。

设计时，蓄冷系统是采用全负荷蓄冷还是部分负荷蓄冷可根据建筑物设计日空调负荷分布曲线图来确定。一般当设计日尖峰负荷远大于平均负荷时，系统宜采用全部蓄冷；反之，相差不大时，则宜采用部分蓄冷。全负荷蓄冷式系统的投资较高，占地面积较大，而部分负荷蓄冷式系统的初期投资与常规空调系统相差不大，故易被采用。

值得注意的是蓄冷循环周期可分为每日，每周或其他等几种，虽然一般的蓄冷系统循环周期为每日循环，但是也应考虑建筑物的使用特性和设计日空调负荷分布情况，做到适用。

第四节 典型案例分析

一、某大楼蓄冰空调系统

工程概况：北京军区总医院外科周转楼，一幢九层高的综合楼，设有一个单层的地下室，总建筑面积为 $22880m^2$，建筑类型为病房楼，设计冷负荷 1760kW，采用高灵冰蓄冷空调。该建筑物典型设计日逐时负荷如图 5-20 所示。

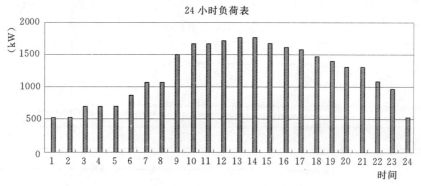

图 5-20　24h 逐时负荷

由图 5-20 看出，本项目峰值冷负荷出现在下午 13、14 点，为 1760kW，设计日累计日冷负荷为 29251kW·h。采用高灵冰蓄冷空调系统的冰蓄冷装置安装效果见图 5-21。

图 5-21 高灵冰蓄冷装置安装效果图

北京不同时段电费见表 5-6。

表 5-6 北京不同时段电费明细表

类 别	高 峰	平 段	低 谷
时段划分	10：00～15：00 18：00～21：00	7：00～10：00 15：00～18：00 21：00～23：00	23：00～7：00
金额 [元/(kW·h)]	1.2	0.766	0.16

通过模拟分析蓄冰系统的运行，结合北京电价政策，可以计算得出蓄冰系统的运行电费。该建筑空调的供冷期按 5～9 月共 150 天来计算，蓄冰空调系统每年夏季空调运行电费可节省约 54.2 万元。

（1）常规空调运行费用见表 5-7。

表 5-7 常规空调运行费用明细 单位：元

负荷分配	运行费	运行天数	总费用
100%负荷	8434.31	30	253029.25
75%负荷	6325.73	70	442801.19
50%负荷	4217.15	30	126514.63
25%负荷	2108.58	20	42171.54
总计		150	864516.6

（2）高灵冰蓄冷空调运行费用见表 5-8。

表 5-8 高灵冰蓄冷空调运行费用明细 单位：元

负荷分配	运行费	运行天数	总费用
100%负荷	3818.96	30	114568.75
75%负荷	2359.00	70	165129.90
50%负荷	1188.16	30	35644.93
25%负荷	352.84	20	7056.76
总计		150	322400.34

（3）综合经济比较见表 5-9。

表 5-9 高灵冰蓄冷空调与常规空调系统比较

项 目	高灵冰蓄冷系统	常规空调系统	常规蓄冰空调
初投资（万元）	240.9	0	240.9
空调制冷年运行电费（万元）	32.2	86.4	54.2
回收期		4.4 年	

本项目所设计的冰蓄冷节能中央空调系统总投资约 240.9 万元，蓄冰系统年运行费约 32.2 万元，常规空调年运行费约 86.4 万元，冰蓄冷系统每年可比常规空调系统节省运行费用约 54.2 万元，年运行费用节省比例为 63%。比常规空调高出的投资部分在 4.4 年的时间里就可以全部回收。冰蓄冷系统使用寿命都在 20 年以上，所以 20 年至少可为用户节省空调费用 1084 万元。

二、上海市某酒店水输配系统节能改造工程

上海市某酒店是一座大型豪华五星级酒店，地处上海市中心，由 43 层主楼和 5 层裙楼组成。酒店空调使用面积 40000m²，集中空调系统共设有 4 台空调机组，制冷量合计为 1900RT，其中包括 3 台制冷量为 500RT 的离心式制冷机组和 1 台制冷量为 400RT 的螺杆式制冷机组。冷冻水循环采用二次泵系统，冷冻水和冷却水循环均采用定流量运行。

酒店空调系统主要设备参数见表 5-10。

表 5-10 中央空调主要设备参数

设备	电机功率（kW）	制冷量（RT）	流量（m³/h）	扬程（m）	数量（台）
离心式空调主机	346.0	500			3
螺杆式空调主机	245.0	400			1
冷却水泵	55.0		300	40.6	4
一次冷冻水泵	18.5				4
二次冷冻水泵	55.0		300	40.6	4
冷却塔风机 1 号	7.5				2
冷却塔风机 2 号	11.0				4

原定流量系统的年平均用电量约 3.9GW·h，空调系统的年运行费用相当可观。由于

酒店的空调冷负荷受客房入住情况的影响，波动变化较大，设计条件下的满负荷工况很少出现，使得使用定流量系统会产生较多的冷量浪费，也使空调系统的耗电量居高不下，造成电能和运行费用的浪费。2003 年，该酒店的集中空调系统进行了变流量节能改造。其中的冷冻水一次泵、二次泵，冷却水泵以及冷却塔风机均加装了变频器，由原来的工频定速运行改造为变频变速运行，因此在运行中，制冷机的制冷量与空调负荷更加匹配。

经过节能改造，制冷主机的月耗电量与定流量运行时相比有所减少，在监测日中，经计算，日节省耗电量可达 10% 以上。

冬季以及过渡季节几个月的节电率要大于夏季。这主要是由于在夏季，空调冷负荷较大，其逐时波动较小，系统中的各个设备基本都在额定功率和额定流量下运行，系统流量变化较小，故较少存在冷量浪费的情况，耗电量基数较大，节电潜力小；而在过渡季节和冬季，酒店建筑的负荷特点决定了需要供冷的区域和时间存在一定的间断性和不确定性，冷负荷逐时波动较大，这样节能改造后的变流量系统能够更好地与负荷的变化波动进行匹配，基本实现供需平衡，加上这些季节供冷时数本身就比夏季短得多，耗电基数较小，故节电率较高，节能效果较明显。因此，通常情况下，该变流量节电系统在冬季的节能效果要好于夏季。

通过全年监测所得到的每月酒店集中空调系统在定流量和变流量工况下分别运行时，所得到的系统耗电量的对比，系统由原定流量运行转到变流量模糊运行后，能耗明显降低。原先定流量运行时，酒店的空调系统年运行能耗约在 3.7GW·h，而进行了变流量节能改造后，系统的年运行能耗基本上能够保持在 3GW·h 以下，整体节电率达到了 20% 以上。

三、某大型购物商场冷水机组节能优化改造工程

某大型购物商场，共 6 层，以商场部分为主体，包括 200 余家店铺和餐厅，另有大型电影院和室内溜冰场等，还包括少部分办公楼。商场总面积为 11.5 万 m^2，其中空调面积为 9.6 万 m^2，采用集中空调系统全年供冷。系统原有 5 台离心式冷水机组供白天使用，实际运行中最多同时开启 3 台；另有 1 台螺杆式冷水机组供夜间使用。冷却水泵和冷却塔根据冷水机组开启状况进行台数控制。

系统冷水机组全年运行电耗为 1209 万 kW·h，占空调系统总电耗的 68%。原有离心机组的 COP 值为 4 左右。

为了提高冷水机组运行效率，将冷却塔更换为湿式冷却塔、拆除冷却塔动态平衡阀、冷却塔控制优化等改造。此举大大降低了冷却水回水温度，在冷凝器传热性能不变的情况下，显著降低了冷水机组冷凝温度，大幅提升了运行效率。

提高负荷率应从两方面着手：一是外部调节，即通过水系统优化控制减少旁通管逆流造成冷水机组提前开机的现象；二是冷水机组重新选型，使其额定冷量的组合与实际耗冷量相匹配。新冷水机组为 3 台额定制冷量 4565kW 的离心机，使新冷水机组可以尽量在满负荷下工作。

采取了改进措施并更换新冷水机组后，COP 值大幅度提高，见表 5-11。

以 2008 年下半年冷水机组耗电量为基础，更换冷水机组后，2009 年仅 8～12 月冷水机组节电量就达到 212 万 kW·h，节能效益显著。

表 5-11 新旧冷水机组 *COP* 对比

时　　间	8 月	9 月	10 月	11 月	12 月
旧冷水机组	3.44	3.64	3.70	3.53	3.92
新冷水机组	5.75	5.87	6.32	6.38	6.6
COP 升高（%）	67.3	61.3	70.8	80.7	68.3

四、某大型商场水蓄冷系统节能设计

该商场楼位于湖北地区，地下 3 层，地上 7 层，空调建筑面积约 3 万 m^2，制冷设备房位于地下室 3 层。大楼空调时间为 8：00～20：00，尖峰冷负荷为 6000kW（1706RT），设计日总负荷为 59940kW·h。设计采用位于制冷机房旁的消防水池作为蓄冷水槽，消防水池可蓄水容积为 580m^3，蓄冷时，蓄水槽进出水温度采用 4℃/12℃，则蓄水槽可蓄冷量为

$$Q_{ST} = \rho V C_P \Delta t (FOM) \alpha_V = 580 \times 8 \times 1000 \times 4.187 \times 0.85 \times 0.95/3600 = 4358 \text{（kW·h）}$$

由于消防水池容积有限，所以不能满足全部或主要由蓄冷水池供冷的运行要求。因此，只能采用部分负荷蓄冷的方式运行，该工程设计采用部分负荷均衡蓄冷策略，制冷机在设计周期内连续运行，负荷高峰时蓄冷装置同时提供释冷。选用 2 台 2461kW 离心式冷水机组，蓄水槽蓄冷量仅需单台制冷机组在电价低谷段全力蓄冷 2h 即可。为了减少蓄水槽表面热损失，应尽可能减少蓄水槽内冷冻水的储存时间。因此，在商场上午开始营业前的低谷电价段 2h 运用单台冷水机组全力制冷。湖北省分时电价情况：高峰期（10：00～12：00；18：00～22：00）电价 1.22 元/（kW·h）；平段期（8：00～10：00；12：00～18：00；22：00～24：00）电价 0.705 元/（kW·h）；低谷期（0：00～8：00）电价 0.369 元/（kW·h）。常规空调系统及水蓄冷空调系统设备配置见表 5-12 和表 5-13。

表 5-12 常规空调系统设备配置

名称	规格	数量	功率（kW）
离心式冷水机组	2110	3	394
冷冻水泵	399	4	54
冷却水泵	499	4	56
冷却塔	518	3	15

表 5-13 水蓄冷空调系统设备配置

名称	规格	数量	功率（kW）
离心式冷水机组	2110kW	3	394
离心式冷水机组	2461kW	2	445
冷冻水泵	567m^3/h	3	77
冷却水泵	581m^3/h	3	66
释冷泵	127m^3/h	1	14
蓄冷泵	290m^3/h	1	33
板式换热器	1078kW	1	0
冷却塔	575m^3/h	2	15

假设全年夏季制冷为 120 天,其中设计日负荷和 25％负荷各为 15 天,75％和 50％设计负荷各为 45 天,常规空调方案和水蓄冷空调方案的空调全年运行费用比较见表 5－14。

表 5－14 　空调全年运费费用比较 　单位:元

负荷分布（％）	运行天数	常规空调方案				水蓄冷空调方案			
		高峰	平段	谷段	合计	高峰	平段	谷段	合计
100	15	7901	5848	0	13750	7507	5169	365	13041
75	45	5926	4386	0	10312	4690	4260	365	9315
50	45	3951	2924	0	6876	3940	2532	365	6838
25	15	1975	1462	0	3417	801	1266	365	2433
全年总计	120	1031224				958961			

从表 5－14 可以看出:全年累积下来,水蓄冷空调系统比常规电空调系统运行费用节省了 72263.0 元。

五、某医院地源热泵结合蓄冰系统设计

(1) 某 20000m² 医院,住院部夜间负荷占总负荷 30％。设计制冷采暖负荷暂定如下。夏季冷负荷约为 2000kW(100W/m²),冬季热负荷为 1500kW(75W/m²)。

(2) 夏季典型设计日负荷图见图 5－22。

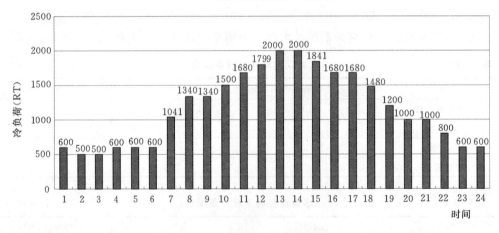

图 5－22　夏季典型设计日负荷

(3) 预计夏季使用时间:100％负荷 8 天;75％负荷 45 天;50％负荷 52 天;25％负荷 35 天;共计 140 天。

(4) 预计冬季使用时间:120 天。医院建筑的门诊楼、医技部等区域的负荷多数都在白天,夜间 23 点后低谷电时段负荷主要为住院楼等夜间负荷,所占比例为总负荷的 25％～35％,本方案考虑采用地源热泵机组加冰蓄冷方案,冰蓄冷设备采用 CIAT 生产的空调用 AC.00 型蓄冰球。

根据本工程特点，为节省初投资，冰蓄冷系统的方式选用负荷均衡的部分蓄冰，冰蓄冷系统采用温差可以较大的主机上游的串联系统，同时蓄冰设备选用法国西亚特公司生产的冰球蓄冰装置。在典型设计日空调冷负荷由冷水机组和蓄冰设备共同承担，非典型设计日通过优化控制来满足冷负荷需求并将系统耗电量降低到最小。

考虑到该项目的整体投资，本系统采用串联系统主机上游的形式，见图 5-23。为提高主机的运行效率，日间，地源热泵机组空调工况运行，与蓄冰设备联合供冷。夜间，三工况机组蓄冰工况运行。

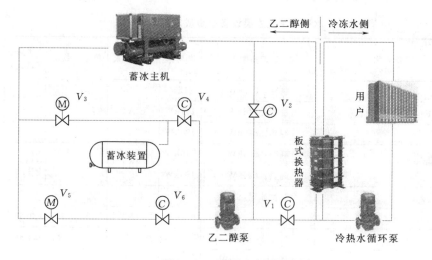

图 5-23　冰蓄冷空调原理图

本方案选择 1 台西亚特 LWP 系列三工况热泵主机，制冷量为 840kW，制热量 875kW。选择 1 台西亚特 LWP 基载热泵主机，制冷量为 600kW，制热量 625kW。

制冷机组蓄冰工况下的容量系数为 0.65，制冰量为 546kW，根据主机制冷能力，8h 可提供 4368kW·h 冷量，选用 80m³ 蓄冰球。

地源热泵的计算结果见表 5-15。

表 5-15　　　　　　　　　　　　　冬 夏 季 计 算 表

夏季选型计算表	夏季散热量（kW）	单井双 U 地埋管换热量（W/m）	地埋管换热孔总长（m）	井深（m）	井数量（口）
空调系统	1700	70	·24286	120	200
冬季选型计算表	冬季提取热量（kW）	单井双 U 地埋管换热量（W/m）	地埋管换热孔总长（m）	井深（m）	井数量（口）
空调系统	1190	50	23800	120	198

根据表 5-15 的结果，最终以冬季为准。

冰蓄冷空调系统运行策略参数：

（1）基载主机最大能量输出：600kW。

（2）三工况主机最大能量输出：840kW。

（3）夜间制冰工况制冷量：546kW。

（4）蓄冷设备夜间储存的可利用冷量：4368kW·h。

（5）蓄冷设备日间溶冰最大输出能量：660kW。

（6）蓄冷设备最大削减制冷高峰时段容量：33%～40%。

（7）CIAT蓄冰球的体积：80m³。

蓄冰系统机房主要设备投资见表5-16。

表5-16　　　　　　　　　　　冰蓄冷系统主要设备投资成本明细

序号	设备名称	性能参数	电功率	生产厂家	单位	数量	单价（万元）	合价（万元）
1	三工况主机	制冷：840kW	155	CIAT	台	1	55	55
		蓄冰：546kW	131kW					
		制热：875kW	180kW					
2	基载主机	制冷：600kW	110kW	CIAT	台	1	40	40
		制热：625kW	130kW					
3	蓄能槽90m³	钢制蓄冰罐：钢罐		国产	式	1	15	15
4	蓄冰球			CIAT	m³	80	0.65	52
5	乙二醇	100%浓度		燕山石化	t	8	1.0	8
6	板式换热器	换热量：1400kW		国产	台	1	18	18
7	乙二醇泵	200m³/h，25m	22		台	2	1.0	2.0
8	板换二次负载循环泵	241m³/h，32m	45		台	2	1.8	3.6
9	三工况地埋冷却循环泵	171m³/h，32m	30		台	2	1.5	3.0
10	基载末端循环泵	103m³/h，32m	15		台	2	0.8	1.6
11	基载地埋循环泵	122m³/h，32m	15		台	2	0.8	1.6
12	乙二醇补液系统				套	1	1.0	1.0
13	定压补水设备				套	2	2.5	5.0
14	软水设备				项	1	3.0	3.0
15	软化水箱				个	1	1.2	1.2
16	自控系统				项	1	35	35
17	系统安装（含管路、阀门等）				项	1	80	80
18	配电系统				项	1	50	50
19	室外地源井及室外管线	井深120m，单孔双U			个	200	0.8	160
合计								535

注　1. 以上报价为暂估价，最终报价要根据施工图确定。

　　2. 初投资费用包括：机房内所有设备的购置及安装，电气系统及自控系统。

　　3. 初投资费用不包括：机房土建费用，泵房土建费用，末端设备费用。

冰蓄冷机房设备最大配电为445kW，见表5-17。

表 5 - 17   冰 蓄 冷 设 备 能 耗

序号	设备（不计备用）	数量	单位能耗（kW）	总能耗（kW）
1	三工况主机	1	180	180
2	基载主机	1	130	130
3	乙二醇泵	1	22	22
4	三工况地埋泵	1	30	30
5	负载泵	1	45	45
6	基载循环泵	1	15	15
7	基载地埋泵	1	15	15
8	定压设备	2	4	8
9	合计			445

常规冷水机组机房主要设备投资见表 5 - 18。

表 5 - 18   常规冷水机组机房主要设备投资明细

序号	设备名称	性能参数	电功率	单位	数量	单价（万元）	合价（万元）
1	常规冷水机组	制冷：1000kW	200	台	2	70	140
2	燃气锅炉	制热：750kW		台	2	22	44
3	冷却塔	流量：250m³/h		台	2	11	22
4	末端冷冻循环泵	180m³/h，32m	30	台	3	1.5	4.5
5	冷却循环泵	210m³/h，30m	45	台	3	1.8	5.4
6	锅炉末端循环泵	130m³/h，30m	15	台	3	0.8	2.4
7	锅炉一次循环泵	130m³/h，16m	7.5	台	3	0.6	1.8
8	锅炉用板式换热器	换热量：750kW		台	2	10	20
9	定压补水设备			套	1	2.5	5.0
10	软水设备			项	1	3.0	3.0
11	软化水箱			个	1	1.2	1.2
12	自控系统			项	1	30	30
13	系统安装（含管路、阀门等）			项	1	80	80
14	配电系统			项	1	60	60
合计							419.3

常规冷水机组机房系统设备最大配电为 799kW，见表 5 - 19。

表 5 - 19   常规冷水机组机房设备配电明细

序号	设备（不计备用）	数量	单位能耗（kW）	总能耗（kW）
1	常规冷水机组	3	200	600
2	末端冷冻循环泵	2	30	60
3	机组冷却泵	2	45	90
4	锅炉末端循环泵	2	15	30
5	锅炉板换循环泵	2	7.5	15
6	定压设备	1	4	4
7	合计			799

北京的分时电价见表5-20。

表5-20　　　　　　　　　　北京市蓄能空调电网峰谷分时电价表

时　　段	时　间　范　围	电价［元/（kW·h）］
尖峰段（7、8、9月）	11：00～13：00，20：00～21：00	1.3033
高峰段	10：00～11：00，13：00～15：00，18：00～20：00	1.1933
平段	7：00～10：00，15：00～18：00，21：00～23：00	0.7525
低谷段	23：00～7：00	0.3369

初投资比较见表5-21。

表5-21　　　　　　　　　　　　两种系统初投资明细　　　　　　　　　　单位：万元

类　　型 项目	地源热泵＋冰蓄冷	常规系统
制冷主机	95	140
锅炉	0	44
水泵	11.8	14.1
板换	15	20
室外地埋孔	200	0
蓄冰设备	67	0
冷却塔	0	22
其他辅助及安装	146.2	179.2
小计	535	419.3
蓄冰系统增加投资	116万	

对夏季运行成本进行分析时，蓄冰空调系统的耗电量只含冷冻机房中的三工况乙二醇主机、乙二醇泵和地埋水泵。末端循环水泵的电量，根据空调系统的全年的负荷特点，作了简化的统计，分为100%负荷8天，75%负荷45天，50%负荷52天，25%负荷35天，全年合计140天。具体见表5-22和表5-23。

从上表可以得到冰蓄冷空调夏季运行费用可比常规冷机系统减少22.2万元。

冬季运行节约费用情况见表5-24。

表5-22　　　　　　　　　　常规冷机系统年运行费用分析统计表

负荷	运行天数	热泵机组运行费用（元）	热泵机组运行费用占百分比	水泵运行费用（元）	水泵运行费用占百分比	常规系统日运行电费（元）	
						日运行费用	小计
100%	8	5005	65%	2376	31%	8117	64932
75%	45	3754	59%	2230	35%	6628	298242
50%	52	2503	61%	1394	34%	4306	223915
25%	35	1251	44%	1394	49%	2993	104738
总计	140	382911	55%	240636	35%		691827

表 5-23 地源热泵＋蓄冰系统年运行费用分析统计表

负荷	运行天数	热泵机组运行费用（元）	热泵机组运行费用占百分比	水泵运行费用（元）	水泵运行费用占百分比	蓄冰空调日运行电费（元）		
						日运行费用	日节省占百分比	小计
100%	8	4130	65%	2222	35%	5850	28%	46800
75%	45	3076	61%	1935	39%	4604	31%	207180
50%	52	1758	52%	1621	48%	3084	28%	160368
25%	35	614	35%	1156	65%	1587	47%	55545
总计	140	284366	61%	229603	49%			469893

表 5-24 地源热泵和燃气锅炉冬季运行费用比较

项 目	地源热泵	燃气锅炉
能源形式	电	天然气
能源单位	kW・h	m³
单位能源热值	1	9.886
效率	4	0.88
单位能源制热量（kW・h）	4	8.7
建筑面积（m²）	20000	
平均单位负荷（W/m²）	75	
采暖负荷（kW）	1500	
负荷系数	0.75	
当量小时系数（每天运行时间）	10	
运行天数	120	
供热量（kW・h）	1350000	
能源消耗（能源单位）	337500	155172
单位能源价格（元/能源单位）	0.7	2.2
机组运行费用（万元/冬季）	23.6	34.1
辅助设备运行费用（万元/冬季）	10.0	9.0
差值（万元）	11.5	

从表 5-24 可以得到地源热泵空调冬季运行费用可比常规冷机系统空调减少 11.5 万元。

全年共节省运行费用 33.7 万元。地源热泵结合冰蓄冷系统总投资为 535 万元，而采用常规冷机系统机房造价约为 419 万元，机房内的设备投资相差 116 万元，回收期为 3.4 年。但是机房内可通过蓄冰系统全自动运行，非常适合医院的管理。

由于设计中，机房负荷 30% 由冰蓄冷设备提供，因此配电设备将大幅减少，配电投资可以减少。

采用常规冷机系统年运行费用约 112 万元，而采用地源热泵结合蓄冰式系统年运行费用约 80.6 万元，年节约费用约 33.7 万元。

　　冰蓄冷系统通过蓄冰，增加了一套相对独立的冷源，即使空调机组损坏或者因为电力紧张不允许开机，楼宇都可以提供空调冷气，系统安全性大幅提高。

参 考 文 献

［1］　杨闪勤．民用建筑节能设计手册［M］．北京：中国建筑工业出版社，1997.

［2］　房志勇．建筑节能技术教程［M］．北京：中国建材工业出版社，1997.

［3］　GB 50019—2003 采暖通风与空气调节设计规范［S］．北京：中国建筑工业出版社，2004.

［4］　JGJ 26—1995 民用建筑节能设计标准（采暖居住建筑部分）［S］．北京：中国建筑工业出版社，1996.

［5］　从大鸣．节能生态技术在建筑中的应用及实例分析［M］．济南：山东大学出版社，2009.

［6］　江亿等．中国建筑节能年度发展研究报告（2008）［M］．北京：中国建筑工业出版，2008.

［7］　简毅文．住宅热性能评价方法的研究［D］．北京：清华大学，2003.

［8］　燕达，谢晓娜，宋芳婷．建筑环境设计模拟分析软件 DeST 第一讲 建筑模拟技术与 DeST 发展简介［J］．暖通空调，2004，34（7）：48－56.

［9］　万威武，张东胜．项目经济评价理论与方法［M］．西安：西安交通大学出版社，1992.

［10］　李德英．建筑节能技术［M］．北京：机械工业出版社，2006.

［11］　陈万仁．热泵与中央空调节能技术［M］．北京：化学工业出版社，2010.

［12］　张雄．建筑节能技术与节能材料［M］．北京：化学工业出版社，2009.

第六章　可再生能源在建筑中的应用

第一节　太阳能在建筑中的应用

太阳能资源是一种巨大的、无尽的、非常宝贵的可再生能源。太阳表面的有效温度为 5762K，而中心区的温度高达 $8\times106\sim40\times106$K。内部压力有 3400 多亿标准大气压。由于太阳内部的温度极高、压力极大，物质早已离子化，呈等离子状态，不同元素的原子核相互碰撞，引起了一系列核子反应，从而构成太阳的能源。因此它的热量主要来源于氢聚变成氦的聚合反应。太阳一刻不停地发射着巨大的能量，每秒有 657×109kg 的氢聚变成 657×109kg 的氦，连续产生 391×1021kW 的能量。这些能量以电磁波的形式向空间辐射，尽管只有 22 亿分之一到达地球表面，但已高达 173×1012kW，它仍是地球上最多的能源。地球上的风能、水能、海洋温差能、波浪能和生物质能以及部分潮汐来源于太阳；即使是地球上的化石燃料（如煤、石油、天然气等）从根本上说也是远古以来贮存下来的太阳能，所以广义的太阳能所包括的范围非常大，狭义的太阳能则限于太阳辐射能的光热、光电和光化学的直接转换。

一、自然采光原理及措施

人眼只有在良好的光照条件下才能有效地进行视觉工作。随着经济的发展和人民生活水平的不断提高，人们的生活和工作方式也发生了较大的变化，据统计，在室内工作的人们有 80％的时间处于室内，因此必须在室内创造良好的光环境。

室内光环境包括自然光和人工光源，人类经过数千万年的进化，人的肌体所最能适应的是大自然提供的自然光环境，人眼作为视觉器官，最能适应的也是自然光。将自然光与人工光源的光谱组成进行比较，会发现各种波长的光组成比例相差甚远，现有的光源无论哪一种都不具备自然光那样的连续光谱。太阳光是种巨大的安全的清洁能源，可谓取之不尽，用之不竭。而我国地处温带，气候温和，自然光很丰富，为充分利用自然光提供了有利的条件。充分利用自然光源来保证建筑室内光环境，进行自然采光，也可节约照明用电。

（一）自然光的组成和影响因素

1. 自然光的组成

由于地球与太阳相距很远，因此认为太阳光是平行地射到地球上。太阳光经大气分子和尘埃等微粒、地表面（包括地面及地上建筑等表面）的折射、透射和反射形成太阳直射光、天空扩散光及地表面上的反射光。

（1）太阳直射光。太阳光穿过大气层时，直接透过射到地面的光。它具有强烈的方向性，在物体的背阳面形成阴影。直射阳光在地面上形成的照度主要受太阳高度角和大气透明度的影响。阴天时直射阳光照度为零，夏季晴天中午照度可高达 1051x 以上。

（2）天空扩散（漫射）光。太阳光穿过大气层时，碰到大气层中的空气分子、灰尘、水蒸气等微粒，产生多次反射，形成大空扩散光。大空扩散光使大空具有一定的亮度，无方向、不形成阴影。

（3）地表面上反射光。太阳直射光和天空扩散光射到地球表面上后产生反射光，并在地球表面与天空之间产生多次反射，使地球表面和天空亮度有所增加。

2. 自然光的影响因素

在自然采光的房间里，室内的光线随着室外天气的变化而改变。因此，为了我们能更好地利用自然光，必须对当地的室外照度状况以及影响它变化的气象因素有所了解，以便采取相应的采光措施，保证采光需要。

晴天是指天空无云或很少云（云量为 0～3 级）。这时地面照度是由太阳直射光和天空漫射光两部分组成，其照度值随太阳的升高而增大，只是漫射光在太阳高度角较小时（日出、日落前后）变化快，到太阳高度角较大时变化小。太阳直射光照度在总照度中所占比例是随太阳高度角的增加而较快变大，见图 6-1，阴影也随之而更明显。

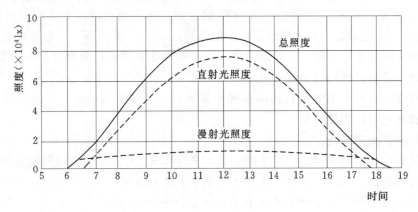

图 6-1 晴天室外照度变化情况

阴天是指天空云很多或全云（云量 8～10 级）的情况。全阴天时天空全部为云所遮盖，看不见太阳，因此室外自然光全部为漫射光，物体背后没有阴影。这时地面照度取决于：

（1）太阳高度角，全阴天中午仍然比早晚高。

（2）云状，低云云层厚，遮挡和吸收光线量大，天空亮度降低，地面照度也很小；高云时天空亮度大，地面照度也高。

（3）地面反射能力，由于光在云层和地面间多次反射，使天空亮度增加，地面上的漫射光照度也显著提高，特别是当地面积雪时，漫射光照度比无雪时提高可达 1 倍以上。

（4）大气透明度。如工业区烟尘对大气的污染，使大气杂质增加，大气透明度降低，于是室外照度大大降低。

除了晴天和阴天这两种极端状况外，还有多云天。在多云天时，云的数量和在天空中的位置瞬时变化，太阳时隐时现，因此照度值和天空亮度分布都极不稳定。光气候的错综复杂也给如何有效稳定地利用自然采光带来了一定的难度。

（二）自然采光技术

为了营造一个舒适的光环境，可以采用各种技术手段，通过不同的途径来利用自然光。在过去的几十年，玻璃窗装置和玻璃技术得到迅速的发展，低辐射涂层、选择性膜、空气间层、充气玻璃。高性能窗框的研制和发展，遮阳装置和遮阳材料的发展，高科技采光材料的应用，为天然采光的利用提供了条件，同时促进了自然采光技术的发展。现在，设计师可以采用各种技术手段，通过不同的途径来利用自然光。自然采光的技术大致可分为三类，分别是纯粹建筑设计技术、支撑建筑设计的技术和自然采光新技术。

1. 纯粹建筑设计技术

这种自然采光技术是把自然采光视为建筑设计问题，与建筑的形式、体量、剖面（房间的高度和深度）、平面的组织、窗户的型式、构造、结构和材料整体加以考虑，在解决自然采光的目的时，科技技术起了很小的作用或根本不起作用。这种技术手段不仅经济环保节能，还可以增添建筑的艺术感，是建筑采光设计的首选技术，在实际生活中应用的最为广泛。

为了获得自然光，人们在房屋的外围护结构上开了各种形式的洞口，装上各种透光材料，以免遭受自然界的侵袭，这些装有透光材料的孔洞统称为窗洞口。纯粹的建筑设计技术就是要合理地布置窗洞口，达到一定的采光效果。按照窗洞口所处的位置，可分为侧窗（安装在墙上，称侧面采光）和天窗（安装在屋顶，称顶部采光）两种。有的建筑同时兼有两种采光形式，称为混合采光。

（1）侧窗。它是在房间的一侧或两侧墙上开的采光口，是最常用的一种采光形式，如图 6-2 所示。

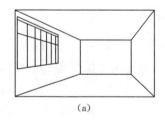
(a)

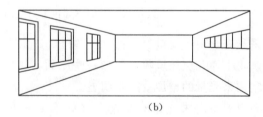
(b)

图 6-2　侧窗的形式

侧窗构造简单、布置方便、造价低廉，光线方向性明确。侧窗一般放置在 1m 左右高度，有时为了争取更多的可用墙面，将窗台提高到 2m 以上，称高侧窗，高侧窗常用于展览建筑以争取更多的展出墙面，用于厂房以提高房间深处照度，用于仓库以增加贮存空间。

实验表明，在采光口面积相等，窗台标高一样的情况，正方形窗口采光量最高；竖长方形在房间进深方向均匀性好，横长方形在房间宽度方向较均匀。所以窗口形状应结合房间形状来选择，见图 6-3。

对于沿房间进深方向的采光均匀性而言，最主要的是窗位置的高低，图 6-4 上部的图给出侧窗位置对室内照度分布的影响。图 6-4 下部的图是通过窗中心的剖面图，图中的曲线表示工作面上不同点的采光系数。由图可以看出低窗时，近窗处照度很高；窗的位置提高后，虽然靠近窗口处照度下降，但离窗口远的地方照度却提高不少，均匀性得到很大改善。

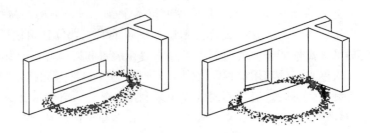

图 6-3　不同侧窗的光线分布

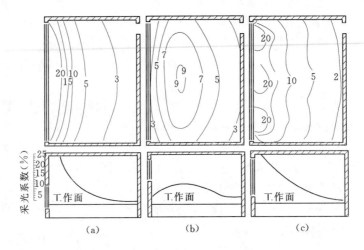

图 6-4　窗的不同位置对室内采光的影响

　　侧窗采光时，由于窗口位置低，一些外部因素对它的采光影响很大。故在一些多层建筑设计中，将上面几层往里收，增加一些屋面，这些屋面可成为反射面。当屋面刷白时，对上一层室内采光量的增加效果很明显。

　　小区布置对室内采光也有影响。平行布置房屋，需要留有足够的间距，否则严重挡光。

　　在晴天多的地区，朝北房间采光不足，若增加窗面积，则热量损失大，这时如能将对面建筑（南向）立面处理成浅色，由于太阳在南向垂直面形成很高照度，使墙面成为一个亮度相当高的反射光源，就可使北向房间的采光数增加很多。

　　（2）天窗。随着生产的发展，车间面积增大，用单一的侧窗已不能满足生产需要，故在单层房屋中出现顶部采光形式，通称天窗。由于使用要求不同，产生各种不同的天窗形式，大致分为矩形、锯齿形和平天形三种天窗。

　　1）矩形天窗。矩形天窗是一种常见的天窗形式。矩形天窗有很多种，名称也不相同，如纵向矩形天窗、横向矩形天窗、井式天窗等。其中 纵向矩形天窗是使用得非常普遍的一种矩形天窗，它是由装在屋架上的一系列天窗架构成的，窗的方向垂直于屋架方向，故称为纵向矩形天窗。另一种矩形天窗的做法是把屋面板隔跨分别架设在屋架上弦和下弦的位置，利用上下屋面板之间的空隙作为窗洞口，这种天窗称为横向矩形天窗。井式天窗与横向天窗的区别在于后者是沿屋架全长形成巷道，而井式天窗是为了通风上的需要，只在屋架的局部做成窗洞口，使井口较小，起抽风作用。下面对不同形式的矩形天窗做一些介绍。

①纵向矩形天窗。纵向矩形天窗是由装在屋架上的天窗架和天窗架上的窗扇组成，简称为矩形天窗。窗扇一般可以开启，也可起通风作用。矩形天窗的光分布见图 6-5。由图可见，采光系数最高值一般在跨中，最低值在柱子处。由于天窗位置较高，可避免照度变化大的缺点，且不易形成眩光。

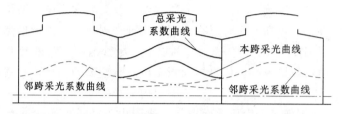

图 6-5 纵向矩形天窗采光系数曲线

根据试验，纵向矩形天窗的某些尺寸对室内采光影响较大，在设计时应注意选择。图 6-6 为纵向矩形天窗图例。

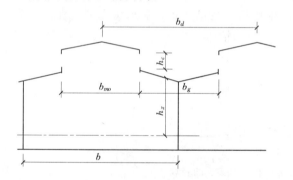

图 6-6 纵向天窗尺寸
b_{mo}—天窗宽度；h_x—天窗位置高度；
b_d—天窗间距；b_g—相邻天窗玻璃间距

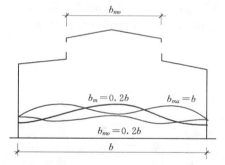

图 6-7 天窗宽度变化对采光的影响

天窗宽度的影响。天窗宽度（b_{mo}）对于室内照度平均值和均匀度都有影响。加大天窗宽度，平均照度值增加，均匀性改善。图 6-7 表示单跨车间不同天窗宽度时的照度分布情况。但在多跨时，增加天窗宽度就可能造成相邻两跨天窗的互相遮挡，同时，如天窗宽度太大，天窗本身就需作内排水而使结构趋于复杂。故一般取建筑跨度（b）的一半左右为宜。

天窗位置高度 h_x 的影响。天窗位置高度指天窗下沿至工作面的高度。天窗位置高，采光均匀性好，但照度平均值下降。这种影响在单跨厂房中特别明显。单从采光角度来看，单跨或双跨车间的天窗位置高度最好在建筑跨度的 0.35～0.7 之间。

天窗间距 b_d 的影响。天窗间距指天窗轴线间距离。从照度均匀性来看，它愈小愈好，但这样天窗数量增加，构造复杂，所以也不可能太密。一般小于天窗位置高度的 4 倍以内。

相邻天窗玻璃间距 b_g 的影响。相邻天窗玻璃间距太近，会互相挡光，影响室内照度，故一般取相邻天窗高度和的 1.5 倍。

②横向矩形天窗。与纵向矩形天窗相比，横向矩形天窗省去了天窗架，降低了建筑高度，简化结构，节约材料，但在安装下弦屋面板时施工稍麻烦。根据有关资料介绍，横向矩形天窗的造价仅为矩形天窗的 62%，而采光效果与纵向矩形天窗差不多。

③井式天窗。井式天窗是利用屋架上下弦之间的空间，将几块屋面板放在下弦杆上形成井口。井式天窗主要用于热车间。为了通风顺畅，开口处常不设玻璃窗扇；为了防止飘雨，除屋面作挑檐外，开口高度大时还在中间加几排挡雨板。挡雨板挡光很厉害，光线很少能直接射入车间，因此采光系数一般在 1% 以下。尽管这样，在采光上仍然比旧式矩形避风天窗好，而且通风效果更好。如将挡雨板做成垂直玻璃挡雨板，对室内采光条件改善很多。但由于处于烟尘出口，较易积尘，影响室内采光效果。

2）锯齿形天窗。锯齿形天窗属单面顶部采光。由于倾斜顶棚的反光，锯齿形天窗的采光效率比纵向矩形天窗高。当窗口朝向北时，可避免直射阳光射入车间，有利于车间的温湿度调节，所以，锯齿形天窗多用于纺织厂的纺纱、织布、印染等车间。图 6-8 为锯齿形天窗的室内自然光分布，可以看出它的采光均匀性较好。由于它是单面采光形式，故朝向对室内自然光分布的影响大，图 6-8 中曲线 a 为晴天窗口朝向太阳时，曲线 c 为背向太阳时的室内天然光分布，曲线 b 表示阴天时的情况。

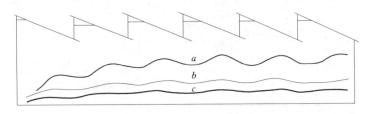

图 6-8　锯齿天窗朝向对采光的影响

锯齿形天窗具有单侧高窗的效果，加上倾斜顶棚的反射面的反射光，使光线更均匀，方向性更强，有利于在室内布置机器。

为了使车间内照度均匀，天窗轴线间距应小于窗下沿至工作面高度的 2 倍。当厂房高度不大而跨度相当大时，可在一个跨度内设置几个天窗。

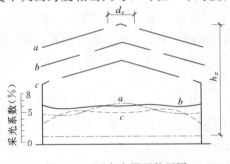

图 6-9　天窗在屋面的不同
位置对室内采光的影响

3）平天窗。平天窗是在屋面直接开洞并铺上透光材料而成，由于不需特殊的天窗架，降低了建筑高度，简化结构，施工方便。平天窗的玻璃面接近水平，在水平面的投影面积较同样面积的垂直窗的投影面积大。根据立体角投影定律可以计算，在天空亮度相同情况下，平天窗采光效率比矩形天窗高 2～3 倍。

平天窗布置灵活，易于达到均匀的照度。图 6-9 表示天窗在屋面的不同位置对室内采光的影响，图中三条曲线代表三种窗口布置方案时的采光系数曲线，这说明：平天窗在屋面的位置影响均匀度和采光系数平均值，①当它布置在屋面中部偏屋脊处（曲线 b），均匀性和采光系数平均值均较好；②它的间距 d_c 对采光均匀性影响较大，最好保持在窗位置高度 h_x 的 2.5 倍范围内，以保证必要的均匀性。

2. 支撑建筑设计的技术

这种技术是通过建筑设计考虑自然采光，但由于某些原因（如地形、朝向、气候、建筑的特点等），自然采光满足不了工作的亮度要求或产生眩光等照明缺陷，而采用遮阳（室内外百叶、幕帘、遮阳板等）、玻璃（各种性能的玻璃及其组合装置）和人工照明控制这样的技术手段来补充和增强建筑的自然采光。这种技术主要有以下五种特性：①解决大进深建筑采光问题；②受建筑层数限制，仅能解决单层或顶层建筑采光；③受室内吊顶限制；④仍无法控制光强和光线角度；⑤增加建筑热损。

遮阳百叶可以把太阳直射光折射到围护结构内表面上，增加天然光的透射深度，保证室内人员与外界的视觉沟通以及避免工作区亮度过高；同时，也起到避免太阳直射的遮阳效果，可以遮挡东、南、西三个方向一半以上的太阳辐射。

3. 自然采光新技术

充分利用天然光，为人们提供舒适、健康的天然光环境。传统的采光手段已无法满足要求，新的采光技术的出现主要是解决三方面的问题：①解决大进深建筑内部的采光问题。由于建设用地的日益紧张和建筑功能的日趋复杂，建筑物的进深不断加大，仅靠侧窗采光已不能满足建筑物内部的采光要求。②提高采光质量。传统的侧窗采光，随着与窗距离的增加室内照度显著降低，窗口处的照度值与房间最深处的照度值之比大于 5：1，视野内过大的照度对比容易引起不舒适眩光。③解决天然光的稳定性问题。天然光的不稳定性一直都是天然光利用中的一大难点所在，通过日光跟踪系统的使用，可最大限度地捕捉太阳光，在一定的时间内保持室内较高的照度值。

目前新的采光技术可以说层出不穷，它们往往利用光的反射、折射或衍射等特性，将天然光引入，并且传输到需要的地方。

（1）导光管。导光管的构想据说最初源于人们对自来水的联想，既然水可以通过水管输送到任何需要的地方，打开水龙头水就可以流出，那么光是否也可以做到这一点。对导光管的研究已有很长一段历史，至今仍是照明领域的研究热点之一。最初的导光管主要传输人工光，20 世纪 80 年代以后开始扩展到天然采光。

用于采光的导光管主要由三部分组成：用于收集日光的集光器；用于传输光的管体部分；以及用于控制光线在室内分布的出光部分（如图 6-10 所示）。集光器有主动式和被动式两种：主动式集光器通过传感器的控制来跟踪太阳，以便最大限度地采集日光；被动式集光器则是固定不动的。有时会将管体和出光部分合二为一，一边传输，一边向外分配光线。垂直方向的导光管可穿过结构复杂的屋面及楼板，把天然光引入每一层直至地下层。为了输送较大的光通量，这种导光管直径一般都大于 100mm。由于天然光的不稳定性，往往给导光管装有人工光源作为后备光源，以便在日光不足的时候作为补充。导光管采光适合于天然光丰富、阴天少的地区使用。

（2）光导纤维。光导纤维是 20 世纪 70 年代开始应用的高新技术，最初应用于光纤通信，80 年代开始应用于照明领域，目前光纤用于照明的技术已基本成熟。

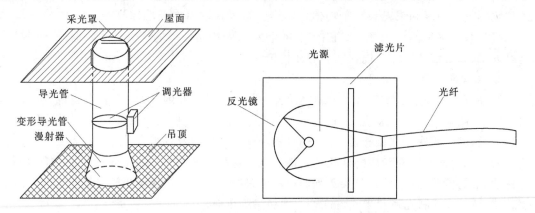

图 6-10 导光管采光　　　　　图 6-11 光导纤维采光系统

光导纤维采光系统一般也是由聚光部分、传光部分和出光部分三部分组成，如图 6-11 所示。聚光部分把太阳光聚在焦点上，对准光纤束。用于传光的光纤束一般用塑料制成，直径在 10mm 左右。光纤束的传光原理主要是光的全反射原理，光线进入光纤后经过不断的全反射传输到另一端。在室内的输出端装有散光器，可根据不同的需要使光按照一定规律分布。

对于一幢建筑物来说，光纤可采取集中布线的方式进行采光。把聚光装置（主动式或被动式）放在楼顶，同一聚光器下可以引出数根光纤，通过总管垂直引下，分别弯入每一层楼的吊顶内，按照需要布置出光口，以满足各层采光的需要。因为光纤截面尺寸小，所能输送的光通量比导光管小得多，但它最大的优点是在一定的范围内可以灵活地弯折，而且传光效率比较高，因此同样具有良好的应用前景。

光纤照明具有以下显著的特点：①单个光源可形成具备多个发光特性相同的发光点；②发光器可以放置在非专业人员难以接触的位置，具有防破坏性；③无紫外线、红外线光，可减少对某些物品如文物、纺织品的损坏；④发光点小型化，质量轻，易更换和安装；⑤无电磁干扰，可应用在有电磁屏蔽要求的特殊场所内；⑥无电火花和电击危险，可应用于化工、石油、游泳池，有火灾、爆炸性危险或潮湿多水的特殊场所；⑦可自动变换光色；⑧可重复使用，节省投资；⑨柔软易折不易碎，易被加工成各种不同的图案；⑩系统发热量低于一般照明系统，可减少空调系统的电能消耗。

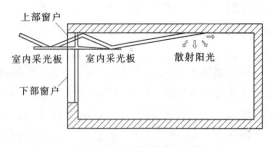

图 6-12 采光搁板示意

（3）采光搁板。采光搁板是在侧窗上部安装一个或一组反射装置，使窗口附近的直射阳光经过一次或多次反射进入室内，以提高房间内部照度的采光系统，如图 6-12 所示。房间进深不大时，采光搁板的结构可以十分简单，仅是在窗户上部安装一个或一组反射面，使窗口附近的直射阳光，经过一次反射，到达房间内部的天花板，利用天花板的漫反射作用，使整个房间的照度和照度均匀度均有所提高。

当房间进深较大时，采光搁板的结构就会变得复杂。在侧窗上部增加由反射板或棱镜组成的光收集装置，反射装置可做成内表面具有高反射比反射膜的传输管道。这一部分通常设在房间吊顶的内部，尺寸大小可与建筑结构、设备管线等相配合。为了提高房间内的照度均匀度，在靠近窗口的一段距离内，向下不设出口，而把光的出口设在房间内部，这样就不会使窗附近的照度进一步增加。配合侧窗，这种采光搁板能在一年中的大多数时间为进深小于9m的房间提供充足均匀的光照。

（4）导光棱镜窗。导光棱镜窗是利用棱镜的折射作用改变入射光的方向，使太阳光照射到房间深处，如图6-13所示。导光棱镜窗的一面是平的，一面带有平行的棱镜，它可以有效地减少窗户附近直射光引起的眩光，提高室内照度的均匀度。同时由于棱镜窗的折射作用，可以在建筑间距较小时，获得更多的阳光。

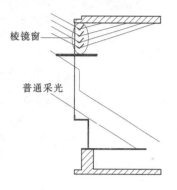

图6-13　导光棱镜窗

产品化的导光棱镜窗通常是用透明材料将棱镜封装起来，棱镜一般采用有机玻璃制作。导光棱镜窗如果作为侧窗使用，人们透过窗户向外看时，影像是模糊或变形的，会给人的心理造成不良的影响。因此在使用时，通常是安装在窗户的顶部或者作为天窗使用。

二、太阳能供暖

太阳能供暖根据是否利用机械设备的方式获取太阳能，分为主动式供暖和被动式供暖。需要借助机械设备获取太阳能的供暖技术称为主动式供暖技术；通过适当的建筑设计，无需借助机械设施获取太阳能的供暖技术称为被动式供暖技术。

（一）主动式供暖

主动式供暖与常规能源供暖的区别在于它是以太阳能集热器作为热源，替代以煤、石油、天然气、电等常规能源作为燃料的锅炉。主动式太阳能供暖系统主要设备包括：太阳能集热器、储热水箱、管道、风机、水泵、散热器及控制系统等部件。太阳辐射受季节、气候和昼夜的影响很大，为保证室内能稳定供暖，因此对比较大的住宅和办公楼通常还需配备辅助热源装置。

根据承担室内热负荷的介质不同，主动式太阳能供暖分为太阳能空气供暖和太阳能热水供暖。

1. 太阳能空气供暖

太阳能空气供暖包括热水集热、热风供暖和热风集热、热风供暖两种形式。前者的特点是热水集热后，再用热水加热空气，然后向各房间送暖风；后者采用的就是太阳能空气集热器，是由太阳能集热器加热空气直接用来供暖，比要求热源的温度低50℃左右，集热器有较高的效率。热风供暖的缺点是送风机噪声大，功率消耗高。

太阳能空气供暖根据集热器的位置不同可分为空气集热器式、集热屋面式、窗户集热板式、墙体集热式等方式。

（1）空气集热器式。此方式是在建筑的向阳面设置太阳能空气集热器，用风机将空气通过碎石蓄热层进入建筑物内，并与辅助热源配合，如图6-14所示。由于空气的比热小，从集热器内表面传给空气的传热系数低，所以需要大面积的集热器，而且该形式热效率低。

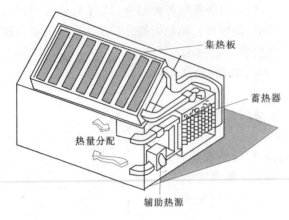

图 6-14　空气集热器形式

（2）集热屋面式。此方式是把集热器放在坡屋面、用混凝土地板作为蓄热体的系统。冬季，室外空气被屋面下的通气槽引入，积蓄在屋檐下，被安装在屋顶上的玻璃集热板加热，上升到屋顶最高处，通过通气管和空气处理器进入垂直风道转入地下室，加热屋内厚水泥地板，同时热空气从地板通风口流入室内，如图 6-15 所示。夏季夜晚系统运行与冬季白天相同，但送入室内的是冷空气，起到降温作用。夏季白天集聚的热空气能够加热生活热水，如图 6-16

所示。此种系统若在室内上空设风机和风口，可以把室外新鲜空气送到屋面集热器下进行加热（冬季）或冷却（夏季）然后送到室内。

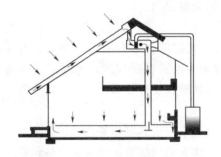

图 6-15　冬季白天加热室外空气

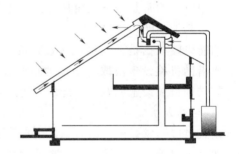

图 6-16　夏季白天热空气送入热水箱

（3）窗户集热板式。窗户集热板式的结构如图 6-17 所示。玻璃夹层中的集热板把光能转换成热能，加热空气，空气在风扇驱动下沿风管流向建筑内部的蓄热单元。在流动过程中，加热的空气与室内空气完全隔绝。集热单元安装在向阳面，空气可加热到 30～70℃。集热单元的内外两层均采用高热阻玻璃，不但可以避免热散失，还可防止辐射过大时对室内造成的不利影响。不需要集热时，集热板调整角度，使阳光直接入射到室内。夜间集热板闭合，减少室内热散失。蓄热单元可以用卵石等蓄热材料水平布置在地下，也可以垂直布置在建筑中心位置。集热面积约占建筑立面的 1/3，最多可节约 10％的供热能量，与日光间的节能效果相似，适用于太阳辐射强度高、昼夜温差大的地区内低层或多层居住建筑和小型办公建筑。

（4）墙体集热式。太阳墙系统由集热和气流输送两部分系统组成，房间是蓄热器。其工作原理如图 6-18 所示。气流输送系统包括风机和管道。太阳墙板材覆于建筑外墙的外侧，上面开有小孔，与墙体的间距由计算决定，一般在 200mm 左右，形成的空腔与建筑内部通风系统的管道相连，管道中设置风机，用于抽取空腔内的空气。

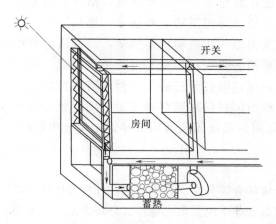

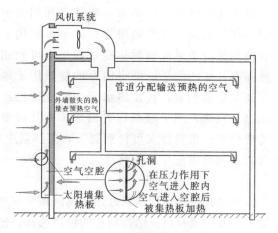

图6-17　窗户集热板系统示意图　　　　图6-18　太阳墙系统工作原理

2. 太阳能热水供暖

太阳能热水供暖通常是指以太阳能为热源，通过集热器吸收太阳能，以水为热媒进行供暖的技术。因为辐射供暖的热媒温度要求在30～60℃，这就使得利用太阳能作为热源成为可能。按照使用部位的不同，太阳能辐射供暖可分为太阳能顶棚辐射供暖、太阳能地板辐射供暖等，在此只介绍使用普遍的太阳能地板辐射供暖。

太阳能地板辐射供暖是通过敷设在地板中的盘管加热地面进行供暖的系统，该系统是以整个地面作为散热面，传热方式以辐射为主，其辐射换热量约占总换热量的60%以上。典型的太阳能地板辐射供暖系统由太阳能集热器、控制器、集热泵、水箱、供回水管、止回阀、过滤器、泵、温度计、分水器等组成。如图6-19所示。

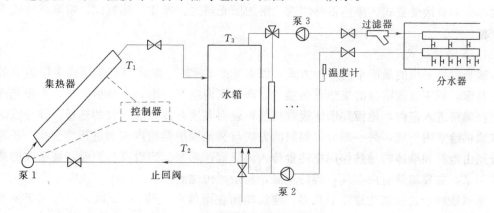

图6-19　太阳能地板辐射供暖系统图

当 $T_1 > 50℃$ 时，控制器就启动水泵，水进入集热器进行加热，并将集热器的热水压入水箱，水箱上部温度高，下部温度低，下部冷水再进入集热器加热，构成一个循环。$T_1 < 40℃$ 时水泵停止工作，为防止反向循环及由此产生的集热器的夜间热损失，则需要一个止回阀。当蓄热水箱的供水水温 $T_3 > 45℃$ 时，可开启泵3进行供暖循环。当阴雨天或是夜间太阳能供应不足时，开启三通阀，利用辅助热源加热。当室温波动时，可根据以下几种情况进行调节：如果可利用太阳能，而建筑物不需要热量，则把集热器得到的能量加到蓄热水箱中去；如果可利用太阳能，而建筑物需要热量，把从集热器得到的热量用于地板辐射供暖；如果不可利用太阳能，建筑物需要热量，而蓄热水箱中已储存足够的能量，则将储存的能量用于地板辐射供暖；如果不可利用太阳能，而建筑物又需要热量，且蓄热水箱中的能量已经用尽，则打开三通阀，利用辅助加热器对水进行加热，用于地板辐射供暖。尤其需要指出，蓄热水箱存储了足够的能量，但不需要供暖，集热器又可得到能量，集热器中得到的能量无法利用或存储，为节约能源，可以将热量供应生活用热水。

（二）被动式供暖

被动式供暖设计是通过建筑朝向和周围环境的合理分布、内部空间和外部形体的巧妙处理以及建筑材料、结构构造的恰当选择，使其在冬季能集取、储存、分布太阳能，从而解决建筑物的供暖问题。被动式太阳能建筑设计的基本思想是控制阳光和空气在恰当的时间进入建筑并储存和分配热空气。其设计原则是要有有效的绝热外壳和足够大的集热表面，室内布置尽可能多的储热体，以及主次房间的平面位置合理。

被动式供暖应用范围广、造价低，可以在增加少许或几乎不增加投资的情况下完成，在中小型建筑或住宅中最为常见。

被动式太阳能供暖从太阳热利用的角度，分为直接受益式、集热蓄热墙式、附加阳光间式、屋顶蓄热池式、对流环路式等五种类型。

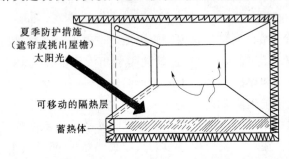

图 6-20 直接受益式工作原理

1. 直接受益式

这是较早采用的最简单的一种方式，原理见图 6-20。南立面是单层或多层玻璃的直接受益窗，利用房间本身的集热蓄热能力，而使室内空气升温。在日照阶段，太阳光透过南向玻璃窗进入室内，地面和墙体吸收热量，表面温度升高，所吸收的热量一部分以对流的方式供给室内空气，另一部分以辐射的方式与其他围护结构内表面进行热交换。还有一部分则由地板和墙体的导热作用把热量传入内部蓄存起来。当没有日照时，被吸收的热量释放出来，主要加热室内空气，维持室温，其余则传递到室外。

采取该种形式应该注意以下几点：建筑朝向在南偏东、偏西30°以内，有利于冬季集热和避免夏季过热；根据传热特性要求确定窗口面积、玻璃种类、玻璃层数、开窗方式、窗框材料和构造；合理确定窗格划分，减少窗框、窗扇自身遮挡，保证窗的密闭性；最好与保温帘、遮阳板相结合，确保冬季夜晚和夏季的使用效果。

直接受益式的优点是：构造简单，易于制作安装和日常管理维修；形式灵活，与建筑功能配合紧密，便于建筑立面处理，有利于设备与建筑的一体化设计；有利于自然采光。缺点是：室温上升快，一般室内温度波动幅度稍大，可能引起过热现象；易引起眩光，需要采取相应的构造措施。非常适合冬季需要供暖且晴天多的地区。如我国的华北内陆、西北地区等。

2. 集热蓄热墙式

最早著名的集热蓄热墙是 1956 年法国学者特朗勃等提出了一种集热蓄热方案，即在直接受益式太阳窗的后面筑起一道重型结构墙，利用重型结构墙的蓄热能力和延迟传热的特性获取太阳的辐射热。集热蓄热墙的形式如图 6-21 所示，此种形式在供热机理上不同于直接受益式，属于间接受益式太阳能供暖系统。阳光透过玻璃射在集热墙上，集热墙外表面涂有吸收涂层以增强吸热能力，其顶部和底部分别开有通风孔，并设有可开启活门。阳光透过透明盖板照射在重型集

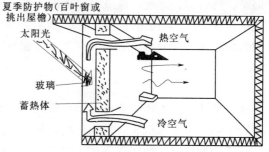

图 6-21　集热—蓄热墙式工作原理

热墙上，墙的外表面温度升高，墙体吸收太阳辐射热，一部分通过透明盖层向室外损失；另一部分加热夹层内的空气，从而使夹层内空气与室内空气密度不同，通过上下通风口而形成自然对流，由上通风孔将热空气送进室内；第三部分则通过集热蓄热墙体向室内辐射热量，同时加热墙体内表面空气，通过对流使室内升温。

对于利用结构直接蓄热的墙体，墙体结构的主要区别在于通风口。按照通风口的有无和分布情况，分为三类：无通风口、在墙顶端和底部设有通风口和墙体均布通风口。通常把前两种称为"特朗勃墙"，后来在实用中，建筑师米谢尔又作了一些改进，所以也在太阳能界称之为"特朗勃—米谢尔墙"；后一种称为"花格墙"。把花格墙用于局部供暖，是我国的一项发明，理论和实践均证明了其具有优越性。根据我国农村住房的特点，清华大学在北京郊区进行了旧房改建为太阳房的试验，得到了较好的效果。具体做法是：先对原有房屋的后墙、侧墙和屋顶进行必要的保温处理，然后将南窗下的 37 坎墙改成当地农民使用低强度等级 37mm 混凝土块砌筑的花格墙，表面涂无光黑漆，外加玻璃—涤纶薄膜透明盖板，并设有活动保温门。这种墙体在日照下能较多地蓄存热量，夜晚把保温门关闭，吸热混凝土块便向室内放热。

集热蓄热墙式供暖具有如下优点：在充分利用南墙面的情况下，能使室内保留一定的南墙面，便于室内家具的布置，可适应不同房间的使用要求；与直接受益窗结合使用，既可充分利用南墙集热又能与砖混结构的构造要求相适应；用砖石等材料构成的集热蓄热墙，墙体蓄热在夜间向室内辐射，使室内昼夜温差波动小，热舒适程度相对较高；在顶部设置夏季向室外的排气口，可降低室内温度；利于旧建筑的改造。但缺点是玻璃窗较少，不便观景和自然采光，阴天时效果不好。

3. 附加阳光间式

此种方式是在向阳侧设透光玻璃构成阳光间接受日光照射，阳光间与室内空间由墙或窗隔开，蓄热物质一般分布在隔墙内和阳光间底板内。从向室内供热来看，其机理完全与集热墙式太阳房相同，是直接受益式和集热蓄热式的组合。随着对建筑造型要求的提高，这种外形轻巧的玻璃立面普遍受到欢迎。阳光间的温度一般不要求控制，可结合南廊、入

口门厅、休息厅、封闭阳台等设置，用来养花或栽培其他植物，所以附加阳光间式太阳房有时也称附加温室式太阳房。

附加阳光间式具有如下优点：集热面积大、升温快，与相邻内侧房间组织方式多样，中间可设砖石墙、落地门窗或带槛墙的门窗。缺点是透明盖层的面积大，散热面积增大，降低了所收集阳光的有效热量；围护费用较高；对夏季降温要求很高。只有解决好冬季夜晚保温和夏季遮阳、通风散热的问题，才能减少因阳光间自身缺点带来的传热方面的不利影响。

4. 屋顶蓄热池式

屋顶蓄热池式太阳能兼有冬季供暖和夏季降温两种功能。从向室内的供热特征上看，这种形式类似于不开通风口的集热墙式被动式太阳房，蓄热物质被放在屋顶上，是具有吸热和储热功能的贮水塑料袋或相变材料，其上设可开闭的隔热盖板，冬夏兼顾。冬季供暖季节，晴天白天打开盖板，将蓄热物质暴露在阳光下，吸收太阳热；夜晚盖上隔热盖板保温，使白天吸收了太阳能的蓄热物质释放热量，并以辐射和对流的形式传到室内。夏季，白天盖上隔热盖，阻止太阳能通过屋顶向室内传递热量；夜间移去隔热盖，利用天空辐射、长波辐射和对流换热等自然传热过程降低屋顶池内蓄热物质的温度，从而达到夏季降温的目的。系统中的盖板热阻要大，蓄水容器密闭性要好。

该形式适用于冬季不太寒冷、夏季较热的地区。但由于屋顶需要有较强的承载能力，隔热盖的操作也比较麻烦，构造复杂，造价较高，实际应用比较少。

5. 对流环路式

这种太阳能供暖方式由集热器（大多数为空气集热器）和蓄热物质（通常为卵石地床）构成，因此也被称为卵石床蓄热式被动太阳房。原理如图6-22所示。安装时，集热器位置一般要低于蓄热物质的位置。在太阳房南墙下方设置空气集热器，用风道与供暖房间及蓄热卵石床相通。集热器内被加热的空气，借助于温差产生的热压直接送入供暖房间，也可送入卵石床蓄存，而后需要时再向房间供热。

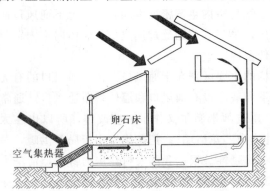

图6-22　对流环路式被动太阳房原理图

该方式的特点是：构造较复杂，造价较高；集热和蓄热量大，且蓄热体的位置合理，能获得较好的室内温度环境；适用于一定高差的南向坡地。

目前，在所有的太阳能供暖方式中，用空气作介质的系统相对而言技术简单成熟、应用面广、运行安全、造价低廉。

（三）太阳能热泵

在太阳辐射强度小、气温较低、对供热要求较高的地区，普通太阳能供热系统的应用受到很大限制，存在诸多问题。如白天集热板板面温度的上升导致集热效率下降，在夜间或阴雨天，没有足够的太阳辐射，无法实现连续供热等。为克服太阳能利用中的上述问题，人们不断探索各种新的、更高效的能源利用技术，热泵技术在此过程中受到了相当的重视。将热泵技术与太阳能装置结合起来，充分利用两种技术的优势，有效提高太阳能集热器集热效率和热泵系统性能，解决了全天供热问题，同时实现了使用一套设备解决冬季供暖和夏季制冷的问题，节省了设备初投资，在工程实践中已取得了非常好的使用效果。

太阳能热泵供暖系统就是利用集热器进行太阳能低温集热（10～20℃），然后通过热泵，将热量传递到温度为 30～50℃ 的供暖热媒中去。冬季太阳辐射量较小，环境温度很低，集热器中流体温度一般为 10～20℃，直接用于供暖是不可能的。使用热泵则可以直接收集太阳能进行供暖。按照太阳能和热泵系统的连接方式，太阳能热泵系统分为串联系统、并联系统和混合连接系统，其中串联系统又可分为传统串联式系统和直接膨胀式系统。

1. 传统串联式系统

在该系统中，太阳能集热器和热泵蒸发器是两个独立的部件，它们通过储热器实现换热，储热器用于存储被太阳能加热的介质（如水或空气），热泵系统的蒸发器与其换热使制冷剂蒸发，通过冷凝器将热量传递给热用户，这是最基本的太阳能热泵的连接方式。如图 6-23 所示。

2. 直接膨胀式系统

该系统将太阳能集热器作为热泵系统中的蒸发器，换热器作为冷凝器。这样，就可以得到较高温度的供暖热媒。最初使用常规的平板式太阳能集热器，后来又发展为没有玻璃盖板，但有背部保温层的平板集热器，甚至还有结构更为简单的，既无玻璃盖板又无保温层的裸板式平板集热器。有人提出采用浸没式冷凝器（即将热泵系统的冷凝器直接放入储水箱），这会使得该系统的结构进一步地简化。目前直接膨胀式系统因其结构简单、性能良好，已逐渐成为人们研究关注的对象，并已经得到实际的应用。如图 6-24 所示。

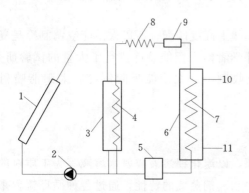

图 6-23　串联式太阳能热泵系统

1—平板式集热器；2—水泵；3—换热器；4—蒸发器；

5—压缩机；6—水箱；7—冷凝盘管；8—毛细管；

9—干燥过滤器；10—热水出口；11—冷水入口

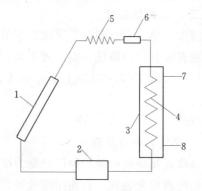

图 6-24　直接膨胀式太阳能热泵系统

1—平板式集热器；2—压缩机；3—水箱；

4—冷凝盘管；5—毛细管；6—干燥

过滤器；7—热水出口；8—冷水入口

3. 并联式系统

该系统如图 6-25 所示，是由传统的太阳能集热器和热泵共同组成，它们各自独立工作，互为补充。热泵系统的热源一般是周围的空气。当太阳辐射足够强时，只运行太阳能系统，否则，运行热泵系统或两个系统同时工作。

4. 混合连接系统

此系统是串联和并联的组合，如图 6-26 所示，混合式太阳能热泵系统设两个蒸发器，一个以大气为热源，另一个以被太阳能加热的介质为热源。当太阳辐射强度足够大时，不需要开启热泵，直接利用太阳能即可满足要求；当太阳辐射强度很小，以至水箱的水温很低时，开启热泵，使其以空气为热源进行工作；当外界条件介于两者之间时，使热泵以水箱中被太阳能加热的工质为热源进行工作。

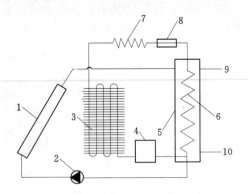

图 6-25　并联式太阳能热泵系统

1—平板式集热器；2—水泵；3—蒸发器；
4—压缩机；5—水箱；6—冷凝盘管；
7—毛细管；8—干燥过滤器；
9—热水出口；10—冷水入口

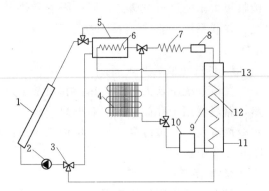

图 6-26　混合式太阳能热泵系统

1—平板式集热器；2—水泵；3—三通阀；4—空气源蒸发器；
5—中间换热水箱；6—以太阳能加热的水或空气为热源
的蒸发器；7—毛细管；8—干燥过滤器；9—水箱；
10—压缩机；11—冷水入口；12—冷凝盘管；
13—热水出口

三、太阳能制冷

因太阳辐射和空调制冷用能在季节分布规律上高度匹配，所以太阳能空调制冷是夏季太阳能有效利用的最佳方案。近年来，国内外学者对太阳能制冷进行了大量的试验研究，并进行了实际工程应用。主要包括太阳能吸收制冷、太阳能吸附制冷、太阳能喷射制冷等。

（一）太阳能吸收制冷

1. 吸收式制冷原理

吸收式制冷机组是一种以热能为驱动能源，以溴化锂溶液或氨水溶液等为工质对的吸收式制冷或热泵装置。它利用溶液吸收和发生制冷剂蒸气的特性，通过各种循环流程来完成机组的制冷、制热或热泵循环。吸收式机组种类繁多，可以按其用途、工质对、驱动热源及其利用方式、低温热源及其利用方式以及结构和布置方式等进行分类。简单的分类见表 6-1。目前常用的机组有水—溴化锂机组和氨—水机组。

（1）溴化锂吸收式制冷循环。在溴化锂吸收式冷水机组中，以水为制冷剂（以下称冷剂水），以溴化锂溶液为吸收剂，可以制取 7~15℃ 的冷水供冷却工艺或空气调节过程使用。为此，冷剂水的蒸发压力必须保持在 0.87~2.07kPa。故而，在溴化锂吸收式冷水机组中，冷剂水在真空压力下蒸发制冷，通过溶液的质量分数在吸收和发生过程中的变化，

表 6 - 1　　　　　　　　　　　吸收式制冷机组的种类

分类方式	机组名称	分类依据、特点和应用
用途	制冷机组 冷水机组 冷热水机组 热泵机组	供应 0℃ 以下的冷量 供应冷水 交替或同时供应冷水和热水 向低温热源吸热，供应热水或蒸汽，或向空间供热
工质对	氨—水 水—溴化锂 其他	采用 NH_3/H_2O 工质对 采用 $H_2O/LiBr$ 工质对 采用其他工质对
驱动热源	蒸气型 直燃型 热水型 余热型 其他型	以蒸气的潜热为驱动热源 以燃料的燃烧为驱动热源 以热水的显热为驱动热源 以工业和生活余热为驱动热源 以其他类型的热源为驱动热源，如太阳能、地热等
驱动热源的 利用方式	单效 双效 多效 多级发生	驱动热源在机组内被直接利用一次 驱动热源在机组内被直接或间接的利用二次 驱动热源在机组内被直接或间接地多次利用 驱动热源在多个压力不同的发生器内被多次直接利用
低温热源	水 空气 余热	以水冷却散热或作为热泵的低温热源 以空气冷却散热或作为热泵的低温热源 以各类余热作为热泵的低温热源
低温热源的 利用方式	第一类热泵 第二类热泵 多级吸收	向低温热源吸热，输出热的温度低于驱动热源 向低温热源吸热，输出热的温度高于驱动热源 吸收剂在多个压力不同的吸收器内吸收制冷剂，制冷机组有多个蒸发温度或热泵机组有多个输出热温度
机组结构	单筒 多筒	机组的主要热交换器布置在一个筒内 机组的主要热交换器布置在多个筒内
筒体布置方式	卧式 立式	主要筒体的轴线按水平布置 主要筒体的轴线按垂直布置

来实现冷剂水的制冷循环。溴化锂吸收式制冷循环如图 6 - 27所示。在吸收器中溴化锂溶液吸收来自蒸发器的制冷剂蒸气（水蒸气，以下称冷剂蒸气），溶液被稀释。溶液泵将稀溶液从吸收器经溶液热交换器提升到发生器，溶液的压力从蒸发压力相应地提高到冷凝压力。在发生器中，溶液被加热浓缩并释放出冷剂蒸气。流出发生器的浓溶液经溶液热交换器回到吸收器。来自发生器的冷剂蒸气在冷凝器中冷凝成冷剂水。冷剂水经过节流元件降压后进入蒸发器制冷，产生冷剂蒸气，冷剂蒸气进入吸收器，这样完成了溴化锂吸收式制冷循环。可见，溴化锂溶液的吸收过程相当于制冷压缩机的吸气过程；溶液的提升和发生过程相当于制冷压缩机的压缩过程。因此，吸收—发生过程是吸收式制冷循环的特征。它也被称为热压缩过程。在

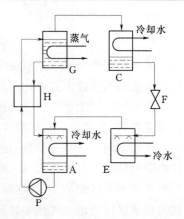

图 6 - 27　溴化锂吸收式制冷循环
A—吸收器；C—冷凝器；E—蒸发器；
F—节流阀；G—发生器；H—溶液热
交换器；P—溶液泵

溶液热交换器的回热过程中，流出发生器的浓溶液把热量传递给流出吸收器的稀溶液，可以减少驱动热能和冷却水的消耗。上述吸收、发生、冷凝、蒸发和回热过程构成了单效溴化锂吸收式制冷循环。

（2）氨水吸收式制冷循环。在氨水吸收式制冷机中，以氨为制冷剂，以氨水溶液为吸收剂，可以制取冷水供冷却工艺或空气调节过程使用，也可以制取低达 $-60℃$ 的冷量供冷却或冷冻工艺过程使用。当氨的蒸发温度大于 $-34℃$ 时，机组的压力保持在大气压力之上。

氨水吸收式制冷循环如图 6-28 所示。在吸收器中氨水溶液吸收来自蒸发器的氨蒸气成为浓溶液。溶液泵将浓溶液从吸收器经溶液热交换器提升到发生器，溶液的压力从蒸发压力相应地提高到冷凝压力。在发生器中，溶液被加热释放出蒸气。流出发生器的稀溶液经溶液热交换器回到吸收器。来自发生器的蒸气在精馏器中被提纯为氨蒸气。氨蒸气在冷凝器中冷凝成氨液。氨液经预冷器、再经节流元件降压后进入蒸发器制冷，产生氨蒸气。氨蒸气经预冷器进入吸收器。这样完成了氨水吸收式制冷循环。上述吸收、发生、精馏、冷凝、预冷、蒸发和回热过程完成了单级氨水吸收式制冷循环。

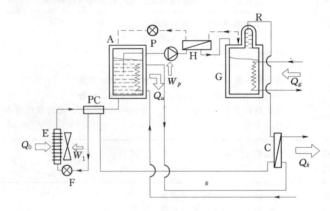

图 6-28　氨水吸收式制冷循环

A—吸收器；C—冷凝器；E—蒸发器；F—节流阀；H—溶液热交换器；

G—发生器；P—溶液泵；PC—预冷器；R—精馏器

吸收式制冷技术，从所使用的工质对角度看，应用最广泛的有溴化锂—水和氨—水，其中溴化锂—水由于能效比高、对热源温度要求低、没有毒性和对环境友好，因而占据了当今研究与应用的主要地位。从吸收式制冷循环角度看，目前有单效、双效、两级、三效以及单效/两级等复合式循环。

单效、两级制冷机，热力系数较低，三效乃至四效等更复杂的制冷循环机型，仍处于试验研究阶段，目前在市场上应用最广泛的是双效型机组。但是由于双效制冷机的能源利用率仍然不及传统的蒸气压缩式制冷机，而三效制冷机由于 COP 值较高，能源利用率已经可以超过传统的蒸气压缩式制冷机，因而三效以及多效机组将是今后吸收式制冷技术发展的一个重要方向。

2. 太阳能吸收式制冷系统

太阳能驱动的吸收式制冷机是目前应用太阳能制冷最成功的方式之一，也是较容易实现的方法。吸收式制冷机可在较低的热源温度下运行，制冷效率较高，有希望小型化。目前用作太阳能空调机的绝大部分都是溴化锂吸收式制冷机，有较小型的采用无溶液泵的自然循环式制冷机〔1.5～10 冷吨（1 冷吨＝3.5169kW）〕。也有大容量的强制循环式制冷机，它的优点是当热源温度即使有某种程度的变化，也能稳定运行。另一类吸收式制冷机是氨吸收式（$NH_3 + H_2O$）制冷机，它的优点是能够制取低温（0℃以下）、溶液不会发生结晶等。因此，有可能用氨—水吸收式制冷做成冰箱、冷库的制冷机。由于系统不需要真空操作运行，能将集热器直接当作发生器用，可以简化系统结构和运行，其缺点是氨的泄漏会产生危害，整个系统设置在室内有一定的困难。

太阳能吸收式制冷，主要包括两大部分：太阳能热利用系统以及吸收式制冷机。太阳能热利用系统包括太阳能收集、转化以及贮存等构件，其中最核心的部件是太阳能集热器。适用于太阳能吸收式制冷领域的太阳能集热器有平板集热器、真空管集热器、复合抛物面聚光集热器及抛物面槽式等线聚焦集热器。

（1）太阳能驱动的水—溴化锂吸收式制冷系统。单效溴化锂吸收式制冷机的热力系数约为 0.6，其驱动能源如果采用 0.03～0.15MPa 的蒸气，即为蒸气型单效溴化锂吸收式制冷机组；如果采用 85～150℃的热水作为驱动热源，即为热水型单效溴化锂吸收式机组。

单效溴化锂吸收式制冷机的能效比不高，产生相同数量的冷量，所消耗的一次能源大大高于传统压缩式制冷机。但是其优势在于，可以充分利用低品位能源，比如废热、余热、排热等作为驱动热源，从而可以充分有效地利用能量，这是压缩式制冷机无法比拟的。从低品位能源充分利用的角度看，单效机组是节电而且节能的。而采用低温太阳能驱动的集热器，所产生的太阳能热水可以用来驱动单效吸收式制冷机，从而组成太阳能驱动的单效溴化锂吸收式制冷系统。

适用于这一系列的太阳能集热器类型有平板集热器、复合抛物面镜聚光集热器以及在国内占据较大市场的真空管集热器。在国际上，由于真空管集热器造价昂贵，为降低系统成本，应用的主要还是各种形式的平板集热器（单层盖板，双层盖板，或盖板与吸热板之间加透明隔热填充材料等），而在国内，由于真空管集热器价格已经较为低廉，平板集热器的高温集热效率太低，真空管集热器已经占据越来越多的市场。

图 6-29 是太阳能驱动的单效溴化锂吸收式制冷系统的示意图。太阳能驱动的溴化锂—水吸收式制冷系统，最核心部分是溴化锂—水吸收式制冷机。根据实际系统的需要，选择合适的制冷机，然后根据制冷机的驱动热源选择与之匹配的太阳能集热器。另外，太阳能集热器的技术对于太阳能吸收式制冷的发展也有限制。目前平板集热器在超过 90℃的高温下效率过低，真空管集热器与复合抛物面聚光等聚焦集热器，在国际上普遍成本较高，因此太阳能驱动的溴化锂吸收式制冷系统，目前比较成熟应用广泛的仍然是单效溴化锂吸收式制冷系统。

（2）太阳能驱动的氨—水吸收式制冷系统。国外对太阳能驱动氨—水吸收式制冷系统的研究多集中在 20 世纪 70～90 年代。在此期间，美国、加拿大、埃及、墨西哥等国的学者对该系统进行了研究，但多停留在理论研究和经济性分析的阶段。我国的天津大学、北京师范学院、华中工学院等从 20 世纪 70 年代起也开始了太阳能驱动氨—水吸收式制冷系

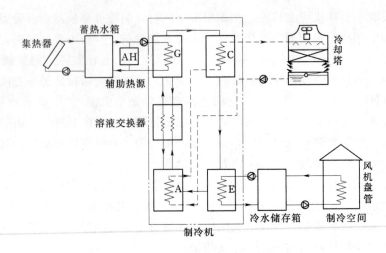

图 6-29　太阳能驱动的单效溴化锂吸收式制冷系统

统的研究，但也是停留在理论研究和经济性分析的阶段。

连续式太阳能驱动氨—水制冷系统通常以太阳能集热器来提供制冷所需的热源，利用太阳能直接或者间接加热发生器中的氨—水制冷溶液，驱动制冷系统制冷。整个系统包括太阳能集热器、发生器、冷凝器、蒸发器、吸收器、热交换器、膨胀阀和溶液泵。太阳能集热器中的氨水溶液被太阳能加热（或者利用加热后的载热介质——油、热水、或蒸气加热发生器中的氨—水溶液使得其中的氨受热蒸发），解吸出的氨蒸气流经冷凝器，向外界放出流量，变成高温高压的液体，再经过膨胀阀，压力和温度都得到降低。低温低压的氨液进入蒸发器蒸发成为低温低压的蒸气，同时吸收外界的热量，达到制冷的目的。氨蒸气回到吸收器，为稀溶液吸收溶解，变成高浓度的氨—水溶液，如此完成一个制冷循环。

图 6-30 是太阳能驱动的间歇式氨—水制冷系统的结构简图。整个系统由太阳能集热器，发生器/吸收器、精馏器、冷凝/蒸发器组成。太阳能集热器可以使用平板型集热器或者真空管/热管集热器；发生器/吸收器中贮存空调系统制冷所需要的氨水溶液，并通过自然对流来实现氨水溶液在集热器和发生器/吸收器之间循

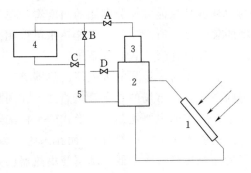

图 6-30　太阳能驱动的间歇式
氨—水空调系统结构简图
1—太阳能集热器；2—发生器/吸收器；
3—精馏器；4—冷凝/蒸发器；5—制
冷剂回流管；阀门—A，B，C，D

环；精馏器用来提高从贮液罐中蒸发出来的氨气的浓度；冷凝/蒸发器在再生过程中起到冷凝器的作用，而在制冷过程中则起到蒸发器的作用。系统的运行过程分为再生过程、冷凝过程和制冷过程三部分，首先阀门 B、C、D 关闭，阀门 A 打开，利用太阳能直接加热发生器/吸收器中的氨水溶液，使氨蒸发并进入冷凝器，这一过程称为再生过程。当再生过程结束时，关闭阀门 A。氨气经过空冷或水冷的方式向周围环境放热并冷凝成液体贮存在冷凝/蒸发器中。冷凝过程结束后，打开阀门 B，冷凝/蒸发器中的氨液开始蒸发并顺着

管道流入发生器/吸收器被其中的稀溶液所吸收，同时吸收外界的热量开始制冷。这样就完成了一个制冷循环。

太阳能驱动的氨—水吸收式制冷系统的重点应该放在小型化上，使用对象应该是热带地区的国家。在热带发展中国家的村庄中，针对其电力供应不足而太阳能十分丰富的情况，利用太阳能驱动的小型氨—水吸收式制冷系统可以有效地解决当地制冰和食品冷藏的问题。

太阳能驱动氨—水吸收式制冷系统的研究主要集中在 20 世纪 70～90 年代之间，几乎均处在理论或实验研究阶段。相比近年来太阳能驱动的溴化锂—水吸收式空调系统的发展，太阳能驱动的氨—水吸收式制冷系统明显滞后，这和国内外企业致力于发展溴化锂—水吸收式空调系统有一定的关系，毕竟太阳能制冷系统的效率是由太阳能集热器的效率和制冷机的效率共同决定的。氨—水吸收式制冷机发展的落后使得其制冷系数不高，也限制了太阳能驱动的氨—水吸收式制冷系统的发展。

（二）太阳能吸附制冷

1. 吸附式制冷原理

吸附式制冷循环关键是利用合适的吸附剂和制冷剂作为工质对，经过吸附和解附过程使制冷剂在冷凝器中冷凝成液体，然后在蒸发器中蒸发制冷。一个好的制冷系统不但要有好的循环方式，而且要有在工作范围内吸附性能强、吸附速度快、传热效果好的吸附剂和汽化潜热大、沸点满足要求的制冷剂。制冷机是否适应环境要求，是否满足工作条件，在很大程度上都取决与吸附工质对的选择。常用的工质对有活性炭—甲醇、活性炭—氨、氯化钙—氨、沸石分子筛—水、金属氢化物—氢、硅胶—水等。

吸附剂的吸附性能是由其化学组成及微孔结构决定的。沸石分子筛—水的等温吸附曲线比较平坦，而且水的汽化潜热比较大，这是该工质对的最大优点。但是沸石分子筛对水的吸附容量随温度变化不是很敏感，而且水在 0℃ 以下易结冰。因此，沸石分子筛—水比较适合于高温热源（120℃ 以上）驱动、0℃ 以上蒸发温度的空调系统。活性炭—甲醇的等温吸附曲线不太平坦，但是活性炭对甲醛的吸附容量比较大，而且吸附容量对温度变化比较敏感，甲醇的汽化潜热大，冰点低，沸点比室温高，对铜、钢等金属材料不腐蚀。因此，该工质对适合太阳能或其他低温热源驱动的一般制冷系统。由于甲醇在 150℃ 左右将分解，因而活性炭—甲醇制冷系统的工作温度应低于 150℃。对于活性炭用作吸附式制冷性能的优劣，除考虑制冷循环能效比及单位活性炭产冷量外，还需要考虑吸附/解附时间问题。一般来说，粉末型活性炭吸附比表面积（单位质量粉体颗粒外部表面积和内部孔结构的表面积之和）大，但热导率小，因而吸附/发生器中活性炭床的吸附/解析时间长，为此活性炭常做成颗粒状或在其中掺杂金属粉末以提高热导率。

吸附式制冷的特点：与蒸汽压缩制冷系统比，吸附式制冷具有结构简单、一次投资少、运行费用低、使用寿命长、无噪声、无环境污染、能有效利用低品位热源等一系列优点；与吸收式制冷系统比，吸附式制冷不存在结晶问题和分馏问题，且能用于振动、倾颠或旋转的场所。但吸附式制冷也存在循环周期太长、制冷量相对较小、相对蒸汽压缩式制冷 COP 偏低等缺点。

太阳能驱动的活性炭—甲醇吸附式制冷机已成为商品，而且被国际卫生组织推荐在第三世界无电力设施或缺电的地方用作疫苗保存。

2. 太阳能吸附式制冷系统

太阳能吸附式制冷系统，实际上是将太阳能集热器与吸收式制冷机结合应用，系统可把吸附器和发生器结合为一体，使结构比较简单，这种形式多用于冰箱或冷藏箱。太阳能吸附式制冷系统也可能通过太阳集热器获得的热水加热吸附器和冷却水冷却吸附器而得到热波型（连续回热）吸附式制冷机。

太阳能吸附式制冷系统主要由太阳能吸附集热器、冷凝器、储液器、蒸发器、阀门等组成。白天太阳辐射充足时，太阳能吸附集热器太阳辐射能后，吸附床温度升高，使吸附的制冷剂在集热器解附，太阳能吸附器内压力升高。解附出来的制冷剂进入冷凝器，经冷却介质（水或空气）冷却后凝结为液态，进入储液器。夜间或太阳辐射不足时，环境温度降低，太阳能吸附集热器通过自然冷却后，吸附床的温度下降，吸附剂开始吸附制冷剂，由于蒸发器内制冷剂的蒸发，温度骤降，通过冷媒水制冷，也可以直接制冰。

（三）太阳能喷射式制冷

1. 喷射式制冷原理

与吸收式制冷机相类似，蒸汽喷射式制冷机也是依靠消耗热能而工作的，但蒸汽喷射式制冷机只用单一物质为工质。虽然从理论上讲可应用一般的制冷剂，如氨，氟利昂12，氟利昂11，氟利昂113等作为工质，但到目前为止，只是以水为工质的蒸气喷射式制冷机得到实际应用。用水为工质所制取的低温必须在0℃以上，故蒸气喷射式制冷机目前只用于空调装置或用来制备某些工艺过程需要的冷媒水。

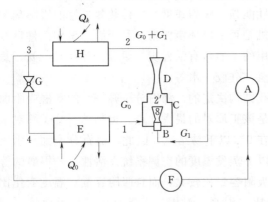

图 6-31　蒸气喷射式制冷机原理图
A—锅炉；B—喷嘴；C—混合室；D—扩压管；
E—蒸发器；F—泵；G—节流阀；H—冷凝器

图 6-31 为蒸气喷射式制冷机的系统原理图，它的工作过程如下：锅炉 A 提供参数为 P_1、T_1 的高压蒸气，称为工作蒸气。工作蒸气被送入喷射器（它是由喷嘴 B、混合室 C 及扩压管 D 组成），在喷嘴中绝热膨胀，达到很低的压力 P_o 并获得很大流速（可达800~1000m/s）。在蒸发器中制取冷量 Q_o 产生的蒸气被吸入喷射器的混合室中，与工作蒸气混合，一同流入扩压管，并借助于工作蒸气的动能被压缩到较高的压力 P_k，然后进入冷凝器 H 冷凝成液体，并向环境介质放出热量 Q_k。由冷凝器引出的凝结水分为两路：一路经节流阀 G 节流降压到蒸发压力 P_o 后进入蒸发器 E 中制取冷量，而另一路则经水泵 F 被送入锅炉中，于是便完成了工作循环。

蒸气喷射式制冷具有如下特点：喷射器没有运动部件、结构简单、运行可靠；相当于蒸气压缩机的喷射器利用低品位热源驱动，从而系统电能消耗少，又充分利用了废热/余热和太阳能；可以利用水等环境友好介质作为系统制冷剂；喷射器结构简单，可与其他系统构成混合系统，从而提高效率而不增加系统复杂程度；系统能效比偏低。

2. 太阳能喷射式制冷系统

典型的太阳能喷射制冷系统如图 6 - 32 所示。该系统由太阳能集热—蓄热子系统、蓄热—发生子系统与喷射式制冷子系统组成。

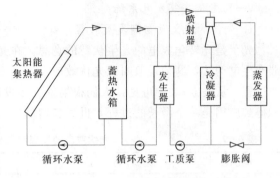

图 6 - 32　太阳能喷射式制冷原理图

太阳能集热子系统中，集热介质一般为水，水在太阳能集热器中被加热后，进入蓄热水箱放热，而后被水泵送入集热器，完成集热循环。蓄热—发生子系统中，载热剂从蓄热水箱提取热量，在发生器中加热制冷工质，使其变为高温、高压蒸气，供制冷循环使用。

喷射制冷系统中，来自蓄热水箱的热水加热发生器中的制冷剂后，回到蓄热水箱，继续从太阳能集热器中的热水获取热量。而发生器中的制冷剂液体被加热后，高温高压的制冷剂蒸气进入喷射器，从喷嘴高速喷出形成低压，将蒸发器中的蒸气吸入喷射器。经过在喷射器中的混合和增压后，混合气体进入冷凝器凝结，成为制冷剂液体。一部分冷凝液进入蒸发器蒸发完成制冷负荷，另一部分经过工质泵增压后回到发生器，完成喷射制冷循环。

太阳能喷射制冷的研究者提出了许多系统形式，按照制冷系统是否为单纯的喷射制冷可归纳为两类：单纯的太阳能喷射制冷系统与复合式太阳能喷射制冷系统。单纯的太阳能喷射制冷系统中的制冷子系统按喷射与压缩制冷或喷射与吸收制冷循环方式运行。

(1) 带回热器的太阳能喷射制冷系统由太阳能集热—蓄热子系统、蓄热—发生子系统、喷射制冷子系统构成。太阳能由太阳能集热—蓄热子系统收集并储存在蓄热器中，而后利用蓄热器中的能量加热发生器中的制冷工质，产生高温、高压的制冷剂蒸气，高压蒸气进入喷射器，抽吸蒸发器出来的低压蒸气，并使其升压，达到设计的冷凝压力；从喷射器出来的工质蒸气经回热器出来后，进入冷凝器冷凝成饱和液体；而后，制冷剂液体分为两支，一支经膨胀阀膨胀后进入蒸发器蒸发，另一支经工质泵输送，经回热器后，去发生器发生高压蒸气，进入蒸发器的液体在蒸发器中低温蒸发制冷，而后进入喷射器完成循环。

(2) 喷射与压缩复合式太阳能喷射制冷系统。这种系统在单纯太阳能喷射制冷系统的基础上，在蒸发器出口增加了增压器，提高了喷射器入口蒸气压力，从而提高了喷射制冷系统性能。但这种系统需要注意喷射器与增压器的协调性能，同时应采用喷射与压缩性能俱佳的制冷剂。

(3) 喷射与吸收复合太阳能喷射制冷系统。这种系统由太阳能集热系统与喷射、吸收复合式制冷系统组成。喷射器从蒸发器中吸收一部分蒸气，从而增加了吸收制冷系统中蒸发器的蒸发量，提高了单效吸收制冷系统的性能系数，其复杂程度比双效吸收制冷系统低许多。但这种系统对太阳能集热器温度要求较高，一般要达到 $190 \sim 205℃$，同时应考虑腐蚀、结晶等问题。

四、光伏建筑一体化设计

(一)光伏建筑发电系统

1. 光伏的定义及初期发展过程

光伏是光转化成电的光生伏特的意思。在光照条件下,光伏材料吸收光能后在材料两端产生电动势,这种现象叫做光伏效应。在表6-2列出了光伏效应的发现和最初期的发展过程。从表6-2中可见,人们很早就已经发现了光伏效应这种物理现象,但光伏在实际得到应用是一个漫长的过程,世界各国的专家仍在共同努力着。

表6-2　　　　　　　　　　　　　光伏效应的发现和最初期的发展过程

年代	人　　物	发现和发展	说　　明
1839	Edmond Becquere(法)	光伏(PV)效应—液体	第一次发现 PV 效应
1876	W. G. Adams&R. E. Day	Se 中 PV 效应—固体	适合现在应用
1883	C. E. Fritts	光电池	Se 薄膜光电池
1927	Grondahl—Geiger	Cu_2O	
1930	Bergman	Cu_2O, Tl_2S, e	硅也被发现具有 PV 效应

2. 光吸收和电的产生

(1)光的吸收。光投影在光伏材料上发生反射、吸收和透射三种现象。对于光伏元件来说,光的反射和透射都是能量的损失,关键是要有效的吸收投射光,以产生电能供人们使用。在忽视反射的情况下,材料对光的吸收量取决于吸收系数和材料厚度。太阳光在光伏材料中由于被吸收而使光强沿材料厚度方向不断减弱。

材料中光强 I 的计算公式

$$I = I_0 e^{-ax} \tag{6-1}$$

式中　I_0——材料表面的光强;

　　　a——材料的光吸收系数,cm^{-1};

　　　x——计算光强的某一点与材料表面的距离。

材料的光吸收系数 a 取决于材料自身特性和透射光的波长。半导体材料有能量带隙 E_g 只有光子具有足够的能量激发电子,并使产生的电子跨过能量带隙 E_g,光子才会被吸收而不是透过。对于某一特定的材料,不同光波长的光子能量 E_p 形成光吸收系数的光谱分布。光吸收系数 a 也不一定是常数,当一些光子的能量非常靠近导带底时,也容易被吸收而产生电子—空穴对。而能带隙 E_g 本身的大小也会随温度/材料的杂质和其他原因变化而变化。

(2)电的产生。式(6-1)可用来计算太阳能电池产生电子—空穴对的数量,假定吸收光子使光强的减少量完全用于产生电子—空穴对,那么材料中电子—空穴对的产生量 G 可以通过材料的光强变化计算

$$G = a\varphi e^{-ax} \tag{6-2}$$

式中　φ——光通量,cm^2/s。

目前使用的光伏材料多为半导体,能量为 $E_p = hV$ 的光子落在半导体上时可分为以下三种情况:

$E_p < E_g$，即光子能量小于能带隙时，光子没有足够的能量产生电子跨过能带隙，光子不被吸收而透射过材料；

$E_p = E_g$，即光子能量等于能带隙时，光子刚好有足够的能量产生电子跨过能带隙，光子被有效吸收，而且不产生热量无能量损失；

$E_p > E_g$，即光子能量大于能带隙时，光子被强烈吸收，而且产生热量有能量损失。

3. 电能——电功率的产生

（1）电流的产生——光生载流子的收集。太阳光入射到太阳能电池上会产生电子—空穴对。由于光生少数载流子必须在被复合之前要跨过 p—n 结才能对外电路贡献电能，少数载流子一旦跨过 p—n 结会被吸收，因为外部电路与太阳能电池连接就有电流产生，并通过外电路吸收到太阳能电池产生的光生电流。

在 p—n 结内部自建电场作用下，p 侧和 n 侧的电子（少数载流子）扫过耗尽区到达另外一侧变成多数载流子，为外电路做贡献。外电路短路时，p—n 结两侧的少数载流子增大，同时与少数载流子相关联的漂移电流增大，在太阳光投射下，产生短路电流 ISC，短路电流为太阳能电池可以输出的最大电流，此时输出电压为 0。

（2）电压的产生——电功率输出。根据电功率公式 $P = IV$，电功率 P 的产生，必须同时产生电压 V 和电流 I。可知光生载流子本身不能升格为电功率（电能能源）。

零偏压时，光生少数载流子跨过 p—n 结内部，自建电场就失去从光子能量所得到的额外能量。如果光生载流子在太阳能电池内部，而不被外电路抽取，太阳能电池就不能输出光生载流子，而光生载流子产生电荷分离。p—n 结内部两端的电子互相到达另外一端，由于没有外电路连接，光生载流子的分离降低了 p—n 结的电场，此时由于电场降低，扩散电路增加。

外电路开路时，总电路为零，太阳能电池没有光生电路输出，光生载流子和扩散电流处于平衡状态，叫做开路电压 VOC，是太阳能电池输出的最大电压。因为此时漂移电流和扩散电流是反方向的，处于平衡状态，太阳能电池输出电流为 0。

太阳能电池吸收了入射太阳光子后产生了荷电的载流子，在外电路有电流和电压时，通过外电路的负荷去做功。

4. 光伏材料

（1）半导体。世界上所有的材料物质可分为固体、液体、和气体，其中固体又可分为导体和绝缘体。半导体是在低温下为绝缘体，但加入杂质、得到能量或者加热时变成导体的一种材料。现在实际使用的太阳能电池都由半导体材料制成，显示带正电性质（有较高的空穴浓度）的半导体材料叫 p 型半导体，显示带负电性质（有较高的电子浓度）的半导体材料叫 n 型半导体。

（2）半导体分类。

1）单晶体，整块晶片只有一个晶粒，晶粒内的原子有序地排列，不存在晶粒边界。单晶体有严格的精制技术要求。

2）多晶体，多晶体的制备要求没有单晶体要求那么严格，一块晶片含有许多晶粒，晶粒之间存在边界。由于边界存在很大的电阻，晶粒边界会阻止电流的流动，或者电路流经 p—n 结时有旁路分流，并在禁带内有多余能级把光产生的一些带点粒子复合掉。

3）非晶体，非晶体的原子结构没有长序，材料含有未饱和的或者悬浮的键。非晶体材料不能用加入杂质的方法改变材料导电类型，但加入氢原子会使非晶体中一部分悬浮键饱和，改善材料的性质。

（二）光伏建筑一体化

太阳能光伏建筑一体化（BIPV）系统是应用太阳能发电的一种新方法，简单地说就是将太阳能光伏发电阵列安装在建筑物的围护结构外表面来提供电能。光伏建筑一体化系统是目前世界上大规模利用光伏技术发电的重要市场，一些发达国家都在将光伏建筑一体化系统作为重点项目积极推进，我国在光伏建筑一体化设计上也在不断探索和发展。

1. 光伏建筑一体化的优点

（1）可以有效地利用建筑物屋顶和幕墙，无需占用宝贵的土地资源，这对于土地昂贵的城市尤为重要，也可以在人口稠密的闹市区安装使用。

（2）建筑物光伏发电不需要安装任何额外的基础设施。

（3）能有效减少建筑能耗，实现建筑节能。并网光伏发电系统在白天阳光照射时，同时也是用电高峰时段发电，有效缓解高峰电力需求，多余电力并入电网。

（4）光伏组件阵列一般安装在屋顶和外墙上接吸收太阳能，有效降低墙面和屋顶温升，从而降低建筑物室内冷负荷。

（5）并网光伏发电系统没有噪声、零污染物排放、不消耗燃料，对人类生态环境保护具有极其重大的意义。

2. 光伏与建筑结合形式

光伏与建筑的结合方式有两种：一类是建筑与光伏系统相结合，把封存好的光伏组件平板或曲面板安装在建筑物的屋顶和外墙上，建筑物作为光伏阵列的载体，起支撑作用，然后光伏阵列再与逆变器、蓄电池、控制器、负载等装置相连。

另一类是建筑与光伏组件结合，这种形式的结合是光伏建筑一体化的高级形式，它对光伏组件的要求较高。光伏组件不仅要满足光伏发电的功能要求，同时还要兼顾建筑的基本使用功能。

（1）建筑与光伏系统的结合。与建筑相结合的光伏系统可以作为独立电源供电或者以并网的方式供电。当光伏建筑一体化系统参与并网时，可以不需要蓄电池，但需要与电网连入的装置，而并网发电是当今光伏应用的新趋势。将光伏组件安装在建筑物的屋顶或外墙，引出端经过控制器及逆变器与公共电网相连接，需要由光伏阵列及电网并联向用户供电，这就组成了用户并网光伏系统。由于其不需要蓄电池，大大降低了造价，且具有调峰、环保和代替某些建材的功能，是光伏发电步入商业应用并逐步发展成为基本电源之一的重要方式。

光伏系统与建筑相结合的形式主要包括与建筑屋顶相结合以及与建筑墙体相结合等方式，下面分别进行介绍。

1）光伏系统与建筑屋顶相结合。将建筑屋顶作为光伏阵列的安装位置有其特有的优势，日照条件好，不易受到遮挡，可以充分接受太阳辐射，且系统可以紧贴建筑屋顶结构安装，减少风力的不利影响。此外，太阳光伏组件可以代替保温材料，增加屋顶的热工性能，有效地减少投资和利用屋面的复合功能，见图 6-33。

 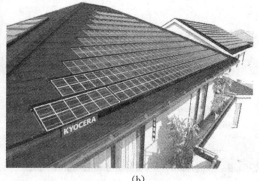

(a) (b)

图 6-33 光伏屋顶

(a) 工业实例；(b) 民用实例

2）光伏系统与建筑墙体相结合。对于多、高层建筑来说，建筑外墙是与太阳光接触的主要部位，为了合理利用墙面收集太阳能，将光伏系统布置于建筑墙体上，不仅可以利用太阳能产生电能，满足建筑的用电需求，而且还能有效降低建筑墙体温升，使建筑物有更好的热工性能。实例如图 6-34 所示。

图 6-34 光伏系统与建筑墙体相结合实例

（2）建筑与光伏组件的结合。建筑与光伏组件的结合是指将光伏组件与建筑材料集成化，光伏组件以一种建筑材料的形式用于建筑结构本身，成为建筑不可分割的一部分，如光伏玻璃幕墙、光伏瓦和光伏遮阳装置等。

把光伏组件作为建材，必须具备建材的物理及化学性能，如坚固耐用、保温隔热、防水防潮、适当的强度和刚度等。

1）光伏组件与玻璃幕墙相结合。将光伏组件同玻璃幕墙集成化的光伏玻璃幕墙将光伏技术融入其中，突破了传统幕墙单一的维护及透光功能，把以前认为有害的光线转化为人们可利用的电能，同时不多占用建筑面积，赋予了建筑鲜明的现代科技和时代特色。见图 6-35 所示。

2）光伏组件与遮阳装置相结合。将光伏组件与遮阳装置构成多功能建筑构件，一物多用，既可以有效利用空间为建筑物提供遮阳，又可以提供能量。见图 6-36 所示。

3）光伏组件与屋顶瓦板相结合。太阳能瓦是光伏组件与屋顶相结合的另外一种光伏系统，它是太阳能光伏电池与屋顶瓦板结合形成一体化的产品，是真正意义上的太阳能建筑一体化。见图 6-37 所示。

4）光伏组件与窗户及采光顶相结合。光伏组件用于窗户、采光顶等，则必须有一定的透光性，既可发电又能够采光，但在设计的时候还必须考虑其安全性。见图 6-38 所示。

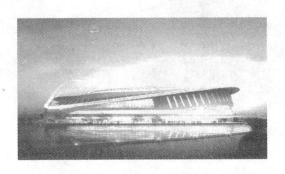

图 6-35 光伏玻璃幕墙实例

图 6-36 光伏遮阳装置实例

图 6-37 光伏瓦板实例

图 6-38 光伏窗户实例

3. 光伏建筑一体化对光伏系统及组件的要求

光伏建筑一体化将太阳能光伏组件作为建筑的一部分，对建筑物的设计效果和功能带来一些新的影响。作为建筑结合或者集成的建筑新产品，光伏建筑一体化对光伏系统及组件提出了以下的新要求。

光伏阵列的布置要求，选择地理位置和安装方位；建筑的美学要求，满足建筑的审美；光伏组件的力学性能要求，选择合适的建筑设计；建筑隔热隔声要求，选择适当的隔声材料；建筑采光要求，选择适用的采光技术；光伏系统寿命问题，选择合适的产品。

（三）光伏建筑一体化系统的设计

光伏建筑一体化是光伏系统依赖或者依附于建筑物的一种新能源利用的形式，其主体为建筑物，附体为光伏系统。因此，光伏建筑一体化设计应以不损害和影响建筑的效果、结构安全、功能和使用寿命等为基本原则，任何对建筑本身造成损害或者不良影响的光伏建筑一体化设计都是不合格的。

1. 建筑设计

光伏建筑一体化设计应从建筑设计入手，首先对建筑物所在地的地理、气候和太阳能分布进行分析，这是是否选用光伏建筑一体化的先决条件；其次是考虑建筑物周边环境，是否有遮挡；第三是光伏建筑一体化是否对建筑物本身的审美和热工性能造成影响；最后是光伏建筑一体化是否符合市场经济评价要求。

2. 发电系统设计

光伏建筑一体化发电系统设计是根据光伏阵列大小与建筑采光要求来确定发电功率及配套系统,在设计过程中还需要考虑系统类型(并网或独立系统)、控制器、逆变器、蓄电池等的选型,防雷、系统布线等的设计。

3. 结构安全与构造设计

光伏组件与建筑物相结合,结构安全涉及到两方面:一是组件本身的结构安全,如高层建筑屋顶风载荷、自身强度刚度等是否满足设计要求;二是固定光伏组件的连接方式的安全性,是否满足建筑物自身设计寿命的需要。

结构设计是关系到光伏组件工作状况和使用寿命,与建筑结合时,其工作环境与条件发生变化,其结构也需要与建筑相结合,达到同时设计,同时使用的要求。

光伏建筑一体化是光伏技术、建筑学、社会效应的统一体。在能源紧缺和建筑节能大背景下,光伏建筑一体化已经成为社会发展的选择。随着科技的不断进步和光伏成本的降低,光伏建筑一体化必将得到飞跃的发展。

第二节　地热能在建筑中的应用

地热能是来自地球深处的可再生热能,它起于地球的熔融岩浆和放射性物质的衰变。地下水深处的循环和来自极深处的岩浆侵入到地壳后,把热量从地下深处带至近表层。大部分地热能集中分布在构造板块边缘一带。地热能不但是无污染的清洁能源,而且如果热量提取速度不超过补充的速度,那么热能还是可再生的。地热能的传递方式主要有三种:以传导的方式通过固体岩石向外传递;加热地下的流体,以对流的方式向外传递;以岩浆向上移动的方式传播。开发的地热资源主要是蒸汽型和热水型两类,地热利用方式有地热发电、地热直接利用。

一、地热发电

地热蒸汽发电有一次蒸汽法和二次蒸汽法两种。一次蒸汽法直接利用地下的干饱和(或稍具过热度)蒸汽,或者利用从汽、水混合物中分离出来的蒸汽发电。二次蒸汽法有两种含义:一种是不直接利用比较脏的天然蒸汽(一次蒸汽),而是让它通过换热器汽化变成洁净水,再利用洁净蒸汽(二次蒸汽)发电。第二种含义是,将从第一次汽水分离出来的高温热水进行减压扩容生产二次蒸汽,压力仍高于当地大气压力,和一次蒸汽分别进入汽轮机发电。

地热水中的水,按常规发电方法是不能直接送入汽轮机去做功的,必须以蒸汽状态输入汽轮机做功。目前对温度低于100℃的非饱和态地下热水发电,利用抽真空装置,使进入扩容器的地下热水减压汽化,产生低于当地大气压力的扩容蒸汽然后将汽和水分离、排水、输汽充入汽轮机做功,这种系统称"闪蒸系统"。低压蒸汽的比容很大,因而使汽轮机的单机容量受到很大的限制。但运行过程中比较安全。如氯乙烷、正丁烷、异丁烷和氟利昂等作为发电的中间工质,地下热水通过换热器加热,使低沸点物质迅速气化,利用所产生气体进入发电机做功,做功后的工质从汽轮机排入凝汽器,并在其中经冷却系统降温,又重新凝结成液态工质后再循环使用。这种方法称"中间工质法",这种系统称"双流系统"或"双工质发电系统"。这种发电方式安全性较差,如果发电系统的封闭稍有泄漏,工质逸出后很容易发生事故。

混合蒸汽法为地热蒸汽发电和地热水发电两种系统合二为一,设计出一个新的被命名为联合循环地热发电系统,该机组已经在世界一些国家安装运行,效果很好。

二、地热直接利用

地热直接利用范围很广,有工业、农业、生活等方面。由于热用户所需温度水平不同,为充分利用地热资源,更好地提高能源利用效率,应根据用户需要实行温度分段和梯级使用。高温水供应给温度要求高的用户,使用后温度降低的水供应给温度要求较低的用户,做到综合利用,以便使最后排放温度达到最低,充分发挥地热井的供热能力。但由于条件所限,往往难以开展梯级综合利用,例如城市供暖后地热排水温度大多在45℃以上,如果供给附近的温室加热最为理想,可是城市土地宝贵,很难在附近建温室,所以应针对各种情况设计不同的方案,以达到合理充分利用的目的。本节以地热供暖为例,介绍地热直接利用。

对于50~90℃的低温地热资源,可以直接用来对建筑热用户直接供暖,地热供暖设计与常规供暖设计有一定的区别,因为地热热源的可用水量、水温、水质有不确定性,可能有较大范围的变化,设计工作要适应这个变化才能利用地热。地热供暖系统主要由以下几个部分组成:①地热井,包括取水井、井泵和井口装置等。②换热站,地热间接供暖系统需要中间换热。③调峰加热措施,如用锅炉、电热或热泵作为调峰措施。④输送分配管网,包括循环泵、输送管线系统。⑤用户终端,指供暖用户的供暖散热器系统。⑥地热水排放或回灌系统。

地热供暖根据地热热水的水质情况可分为直接供暖和间接供暖两类。

1. 地热直接供暖系统

地热直接供暖是指将地热水直接送入供暖用户终端散热器进行供暖的地热供暖方式,供暖降温后的地热尾水再进行综合利用、回灌或排放,如图6-39。这种供暖方式具有设备简单,投资较少及地热水量利用充分的优点。直接式地热供暖的必要条件是地热水水质好,对设备和管道的腐蚀性小。否则地热水的腐蚀、结垢所带来的维修,甚至设备、管道的损坏,有时损失是巨大的。有些地热直接供暖用户,由于地热水的腐蚀,结垢,地热水管道、管件或散热器使用不到三年就被损坏,而不得不更换。

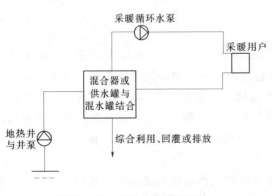

图6-39 地热直接供暖系统

地热直接供暖系统的设计应注意以下几点。

(1) 只有当地热水质腐蚀性很小时,才可选用地热直接供暖方案。地热直接供暖不需用中间换热器,管路设备比较简单,节省初投资。水质相对比较好,同时购置换热器资金又受到限制的项目,如要采用地热直接供暖,系统设计应尽量隔氧,并可同时配合加药除氧措施，以减少加药成本，增加系统使用年限。

（2）井口密封，必要时在井口加设氮气隔氧保护。

（3）管路系统设计要尽量密封隔氧。在地热供热工程中，氧的来源有井口水面、水箱水面、泵的间歇停车启动、系统运行在负压处漏入的空气和系统死角原有的存气等。调整系统水流量时可用混水器，为减少氧的融入不要用开口水箱。中途加压可以减少潜水电泵扬程，避免井泵为了供水轴向反力过大易被损坏的缺点。

（4）选用抗腐蚀能力较强的散热器和阀门。

（5）地热直接供暖系统的水力稳定性差也是应当考虑的问题。常规锅炉供暖系统是一个充满水的管路闭合系统，而地热直接供暖系统要不停地向外排水，是一个开口管路系统，此时系统的某些立管容易出现排空缺水，造成供暖中断，这将增加运行管理的难度，因此终端管路应设水封，以防止系统倒空。

（6）多设排气口。地热水由地下深处上升至地面压力骤降，会不断地有气体从地热水中逸出，形成气团，在管路中阻碍水的流动，因此在系统可能形成气塞处应设置有防腐能力的自动排气口。

2. 地热间接供暖系统

地热间接供暖是指采用中间换热的方式，地热水为一次水，供暖循环水为二次水。两路水通过中间换热器换热，供暖循环水将地热水中的热量取出送往用户进行供暖，地热水经换热降温后，再进行综合利用、回灌或排放，如图6-40所示。

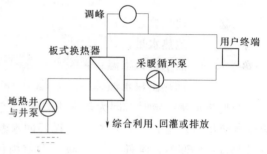

图6-40 地热间接供暖系统

地热间接供暖和直接供暖两种方式的最大区别是有无中间换热器。与直接供暖相比，间接供暖的优点是供暖系统的设备、管道、泵和用户终端不会因地热水的进入而造成腐蚀和结垢。其不利之处是：①因增加换热器要增加系统投资。②地热水经换热，二次循环水的供暖温度低于地热供水温度，与直供比，供暖温度的降低使得供暖面积将有所减少。

图6-41为典型地热间接供暖系统原理图。为提高循环水供水温度，换热器内水流通常安排为逆流式。

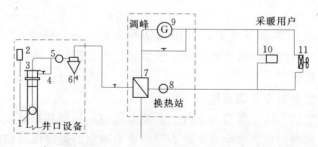

图6-41 地热间接供暖系统原理图

1—地热井与井泵；2—变频器；3—井口装置；4—回流管；5—热水表；6—除砂器；

7—换热器；8—循环泵；9—调峰设备；10—散热器；11—风机盘管

地热间接供暖用换热器的选定设计，包括选型、选材、估算传热面积、安排流程流道和投资估算等。地热供暖用换热器与常规锅炉房区域供热热力站换热器的设计选用方法有区别，设计时应注意地热利用的特点。

（1）选型。由于地热水温不高，为保证地热利用效率，设计可用的地热水入口水温 t_g 与循环水出口水温 t_{c2} 的温差要小，与常规热力站用换热器相比温差常要小许多。另外，板式换热器的传热系数要比管壳式的大 3～4 倍，并且地热用换热器通常需要方便地打开观察腐蚀情况、清洗结垢。因此地热间接供暖几乎只选用板式换热器。

（2）选材。可参照后面介绍的地热水氯离子含量、水温对不锈钢腐蚀的影响等，决定选用不锈钢或钛板。我国从地下基岩层开采的地热水，通常氯离子含量大都超过 300mg/L，为保证系统长期正常运行常要选用钛板换热器。

（3）参数选定。为提高循环水供水温度，流向常安排为逆流式。地热放热量为

$$Q_D = G_D(t_g - t_d) \qquad (6-3)$$

式中　Q_D——地热放热量；

　　　G_D——地热水量；

　　　t_g——热水进口水温；

　　　t_d——地热出口水温。

当地热水量一定时，因为热水进口水温 t_g 是不能变的，要地热多放热，必须尽可能降低地热出口水温 t_d。而 t_d 应高于循环回水温度 t_{c1}，只有降低 t_{c1} 才能降低 t_d。而 t_{c1} 受终端散热设备的制约，降低 t_{c1}，将减少向室内供暖散热量。因此，确定合理的循环回水温度 t_{c1}，是设计地热间接供暖系统遇到的一个重要问题。它影响地热利用率、终端散热量和换热器初投资。t_{c1} 要满足终端供暖要求，t_{c1} 不能过低；其次是为了提高地热利用率，t_{c1} 要尽可能的低；然后再考虑换热器有合理的传热温差，以降低换热器的初投资。

由此可得出：

（1）循环水量要大于地热水量，否则循环水量将限制地热水的放热，但循环水量过大，传热量增加很小。

（2）终端散热器决定 t_{c1}。为了提高地热利用率，要使 t_d 尽量接 t_{c1}。这样尽管用了间接供暖，但与地热直接供暖相比，可减少由传热温差引起的地热损失，换热器的传热温差可依靠 $t_g - t_{c2}$ 获得。

（3）由于地热水比常规系统更容易出现结垢影响传热，换热器的传热面积应当有10%左右的余量。有条件时，可按地热供暖参数允许变化范围，选出优化的热力参数，以使换热器的初投资较低。

三、地源热泵供暖制冷空调系统

地源热泵制冷空调和热泵装置与系统，只是取代空气源而利用地表浅层热源为建筑物提供所需的能量。其利用地表水中或大地表层中更为恒定的温度以及储存于地表水中或地下土壤层中一定程度上可再生低品位热能，通过输入少量的高品位能源（如电能），实现低温热源向高温热源的转移，地表水或者浅层土壤源（包括地下水）分别在冬季和夏季作为机组的热源和冷源，能量在一定程度上得到循环回用，符合节能建筑的基本要求和发展

方向，是目前住宅、商业和其他共用建筑供热制冷空调领域热点技术。地源热泵系统在建筑领域中应用的优势在于较低的能量消耗。地源热泵的最大优势是与常规供热或制冷空调系统相比少消耗电能，同时在夏季免费或低费用的提供生活热水。其广泛应用可以降低电力消耗、减少热岛现象，在环境保护中发挥更大的作用。

四、地温能与地源热泵的工作原理

地源热泵技术在 1995 年被 ASHRAE 归纳为地热资源 3 种利用方式之一，即：①高于 150℃的高温地热发电；②小于 150℃的中低温地热直接利用；③小于 32℃的应用地源热泵技术。事实上，地源热泵技术应用明显不同于其他两种应用，运行在相对较低的温度范围内。

1. 地温能

地球表面温度通常保持在 15℃左右。这是因为在地球接受到的 2.6×10^{24} J 太阳能中，大约有 50% 被地球吸收。这其中有一半能量以长波形式辐射出去，余下的作为水循环、空气循环、植物生长的动力，这些都是以太阳能为来源的可供人类再利用的低温冷热源，从而形成具体的热泵利用技术。而如今全球人口所消耗的总能量仅为 2.827×10^{20} J。由此可见，太阳能以及地表储存的能量有多么丰富。

地球这个庞大的物体主要由地壳、地幔和地核等几大部分组成。按照温度的变化特性，地球表面的地壳层可分为可变温度带、恒温带和增温带三个带。可变温度带，由于受太阳辐射的影响，其温度有着昼夜、年份、世纪、甚至更长的周期性变化；恒温带，其温度变化幅度几乎等于 0，深度一般为 20～30m；增温带，在恒温带以下，温度随深度增加而升高，其热量的主要来源是地球内部的热能。而地表水的温度也是随着季节和太阳辐射有季节和年份的变化。

根据目前国内外的实际情况，把地下 400m 范围内土壤层中或地下水中蓄存的相对稳定的低温位热能定义为地温能（也有称大地能或地表热能）。地温能涉及内容很多，与地源热泵密切相关的核心内容是地壳浅层土壤岩石层的热特性、流动特性及其低熵热能储量。地温能与太阳能、地热能有着密切联系，而且具有自身特色，如较好的蓄热蓄冷性能，使其可在夏季吸收热量、冬季放出热量，使建筑物中的热量、冷量得到部分的循环回用，达到节能、环保的双重效益。

2. 地源热泵的工作原理

地源热泵供暖空调系统主要分 3 部分：室外地温能地下换热系统、水环管路与水源热泵机组和室内采暖空调末端系统，如图 6-42 所示。室外换热系统包括埋地换热器、地下水换热器、地表水换热器等；室内末端输配系统包括加压送风系统或地板盘管、风机盘管等。

地源热泵系统与空气源热泵系统不同，它是利用地表浅层中蓄存的能量。室外空气温度波动很大，但地表面几米以下的地温全年相对恒定。

在冬季，地源热泵系统通过埋在地下或沉浸在池塘、湖泊中的封闭管路，或者直接利用地下水，从大地中收集自然界中的热量，由装在室内机房或室内各房间区域中的水源热泵装置通过电驱动的压缩机和热交换器把大地的能量集中，并以较高的温度释放到室内，如图 6-43 所示。

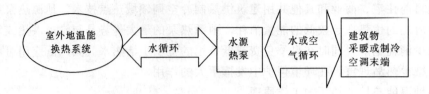

图 6-42　地源热泵空调系统示意图

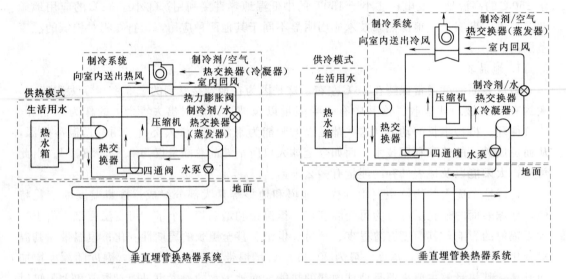

图 6-43　地源热泵在冬季供热模式原理　　　图 6-44　地源热泵在夏季供冷模式原理

在夏季，与上述过程相反，地源热泵系统将室内的多余热量不断地排出而为大地所吸收，使建筑物室内保持适当的温湿度。其过程类似于电冰箱，不断地从冰箱内部抽出热量并将它排出箱外，使箱内保持低温，如图 6-44 所示。

从图 6-43 和图 6-44 中可以看出，不管是冬季工况，还是夏季工况，都可以产生生活热水，满足用户常年的需要。

3. 地源热泵系统的分类

对于热泵装置本身来说，有多种分类方法，如：

(1) 按热源分，有地下水源、土壤源、太阳能以及排放余热等。

(2) 按压缩机种类分，有活塞式、螺杆式、涡旋式、离心式。

(3) 按热泵的功能分，有单纯供热、交替制冷供热、同时制冷供热。

(4) 按驱动方式分，有电力压缩式、热力吸收式。

(5) 按供热温度分，有低温（＜100℃）热泵系统、高温（＞100℃）热泵系统。

此外，按热源和冷热媒介质的组合方式热泵还可以分为多种类型，如空气—空气式热泵、空气—水式热泵、水—水式热泵、水—空气式热泵。

而对于地源热泵来说，它实际上强调的是利用地温能或地表浅层热能的热泵空调系统，是一个广义的术语。热泵装置作为该系统的核心部件，上述分类有些也可以应用于地源热泵的分类，如按冷热媒介质不同，可分为水—水式、水—空气式等。目前，地源热泵系统中应用较多的是以水作为热源介质的热泵装置，俗称水源热泵。

鉴于地下热源系统在地源热泵空调系统中的关键作用，根据其型式的不同对地源系统进行分类。根据地下换热系统型式的不同，可以分成闭环系统、开环系统与直接膨胀系统三种类型。对于一个地区地下换热方式的选择，主要取决于水文质结构、有效的土地面积和孝命周期费用。

（1）闭环系统。闭环系统指的是通过水或防冻液在预埋地下的塑料管中进行循环流动来传递热量的地下换热系统。闭环系统的具体形式有垂直环路、水平环路、螺旋盘管环路与池塘环路，还有一种与建筑地桩相结合的桩埋管换热器。

1）垂直环路。由高密度聚氯乙烯管组成，这些管环放在直径 100～150mm 的垂直管孔中，井内埋设 U 形管或者同心套管，具体长度取决于土壤热特性。所有垂直管孔要用膨润图（黏土）灌浆。有并联式系统和串联式系统两种类型。并联式系统所用管径较小，管环长度较短，所需水泵扬程较低，可用较小的水泵，运行费用较少。大多数用户一般都选择并联式系统。垂直环路系统更多地用于土地面积有限、水位较深以及地下为岩石层或岩石地层的地方，是商业用途中最常用的系统形式。

2）水平环路。将横管放在深度约为 1.2～3.0m 深的水平管沟内，比垂直埋管可节省费用 25％～30％。由于受地表温度年波动的影响，环路长度需增加 15％～20％。管沟长度取决于土壤条件和管沟中的管子数量。该方式常用于住宅，适用于土地丰富且具有较高地下水水位的地区。

3）螺旋管环路。一种型式是多管水平环路的一个改进，通常称"slinky"；另一种型式是在窄小的垂直管沟中沿高度方向布置螺旋盘管，通常适用于冷量较小的系统。如果工程设计恰当，将与垂直环路和水平环路一样有效。

4）池塘湖泊环路。为使系统运行良好，池塘的大小必须在 4000m² 以上，深度超过 4.6m。管环为盘管，连接到公共联箱上，然后将它漂浮到池塘或湖泊中，充水后即会沉入水底。这种系统的安装费不高，即使水面冬季结冰，仍能正常运行。

5）桩埋管环路。指利用建筑地桩或在混凝土构件中充满液体的管道系统。

（2）开环系统。开环系统通常指利用传统的地下水井传递地下水中或地下土壤中热量的地源热泵系统。地表水水源热泵中的池塘或湖水直接利用热泵系统也属开环系统。开环系统有许多特殊因素要考虑，如水质、水量、地面沉降以及回灌或排放问题。而且应特别注意地下水源的应用要接受当地水资源管理部门的管理。尽管存在这些问题，开环系统还是在很多地区以及很多工程中得到了合理的应用。

（3）直接膨胀式系统。该系统直接采用装有制冷剂的铜管埋入地下取热。铜管可以垂直埋也可以水平埋，前者每千瓦制冷量需要 2.6～4.0m² 土地面积，通常 2.7～3.7m 深；后者每千瓦制冷量需要 11.9～14.5m² 土地面积，1.5～3.0m 深。在沙质、粘质或较干土壤中不宜用垂直埋。由于地下埋管是金属管，容易受腐蚀。系统供热/制冷量一般在 7.0～17.6kW。

（4）其他分类方式。根据应用的建筑物对象不同，地源热泵可分为家（住宅）用和商（公共建筑）用两大类；根据输送冷热量方式，可分为集中式和分散式。

集中式系统热泵布置在机房内，冷热量集中通过风道或水路分配系统送到各房间，如

图 6-45（a）所示。

分散式系统用中央水泵，采用水环路方式将水送到各用户作为冷热源，用户单独使用自己的热泵机组调节空气。一般用于办公楼、学校、商用建筑等。此系统可将用户使用的冷热量完全反应在用电上，便于计量，适用于目前的独立热计量要求，如图 6-45（b）所示。

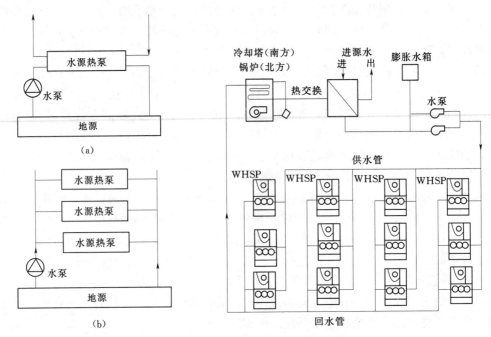

图 6-45　集中式和分散式地源热泵系统　　　　图 6-46　混合地源热泵系统

按照热源系统的组成方式又可以分为纯地源系统与混合式系统。混合式系统是将地源与冷却塔或加热锅炉联合使用，如图 6-46 所示。此外，地源与太阳能、工业余热等热源联合使用的系统，也是混合式地源热泵系统的一种类型。

在南方地区，冷负荷大，热负荷低，夏季适合联合使用地源和冷却塔，冬季只使用地源。而在北方地区，热负荷大，冷负荷低，冬季适合联合使用地源和锅炉，夏季只使用地源。这样，混合式系统可以减少地源的容量和尺寸，节省投资。

第三节　风能在建筑中的应用

风能建筑利用按照利用的形式可分为主动利用和被动利用。我们通常所说的自然风和热压作用驱动的建筑自然通风属于被动利用，而风力发电、风力制冷制热、风力提水等则属于风能主动利用技术。

一、自然通风技术

依靠室外风力造成的风压和室内外空气温度差造成的热压，促使空气流动，使得建筑室内外空气交换。自然通风可以保证建筑室内获得新鲜空气，带走多余的热量，又不需要消耗动力，节省能源，节省设备投资和运行费用，因而是一种经济有效的通风方法。利用风压做驱动力的称风压通风，利用热压做驱动力的称热压通风。室外自然风吹向建筑物时，在建筑物的迎风面形成正压区，背风面形成负压区，利用两者之间的压差进行室内通风，就是风压通风。而热压通风则是因为室内外温度差引起空气的密度差而产生的空气流动：当室内空气温度高于室外时，使室外空气由建筑物的下部进入室内，而从建筑物的上部排到室外；而当室外温度高于室内时，则气流流向相反。多数情况下风压和热压是同时起作用的，这时主流空气的流向依两种驱动力的作用方向和强弱对比来确定。

如果建筑物外墙上的窗孔两侧存在压差 Δp，空气就会流过该窗孔，如图 6-47 所示，空气流过窗孔时的局部阻力就等于 Δp

$$\Delta p = \zeta \frac{\rho v^2}{2} \tag{6-4}$$

式中　Δp——窗孔两侧的压力差，Pa；

　　　　v——空气流过窗孔时的流速，m/s；

　　　　ρ——通过窗孔空气的密度，kg/m³；

　　　　ζ——窗孔的局部阻力系数。

式（6-4）可写为

$$v = \sqrt{\frac{2\Delta p}{\zeta \rho}} = \mu \sqrt{\frac{2\Delta p}{\rho}} \tag{6-5}$$

式中　μ——窗孔的流量系数，$\mu = (1/\zeta)1/2$，μ 值的大小与窗孔的构造有关，一般小
　　　　于 1。

通过面积为 F 的窗孔的空气量为

$$L = \mu F \sqrt{\frac{2\Delta p}{\rho}} \text{或} G = \rho L = \mu F \sqrt{2\rho \Delta p} \tag{6-6}$$

式中　F——窗孔的面积，m²。

由上式可以看出，流经窗孔的空气量 G 与窗孔面积 F 和两侧压力差 Δp 有关。对于面积一定的窗孔，流经的空气量大小随 Δp 的增加而增大。

（一）热压作用下的自然通风

如图 6-47 所示有一厂房，在外墙的不同高度上开有窗孔 a 和 b，其高差为 h。其余物理参数如图，由于 $t_n > t_w$，所以 $\rho_n < \rho_w$。

如果先将窗孔 b 关闭，仅开启窗孔 a。只要窗孔 a 两侧最初有压差存在，空气就会产生流动，最终导致 $p_a = p_a'$。当 $\Delta p_a = p_a' - p_a = 0$ 时，

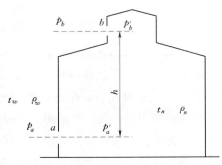

图 6-47　热压作用下的自然通风

空气流动停止。

此时，窗孔 b 的内外压差 Δp_b 为

$$\Delta p_b = p'_b - p_b = (p'_a - \rho_n gh) - (p_a - \rho_w gh) = (p'_a - p_a) + gh(\rho_w - \rho_n)$$

$$= \Delta p_a + gh(\rho_w - \rho_n)$$

$$\Delta p_b = p'_b - p_b = (p'_a - \rho_n gh) - (p_a - \rho_w gh) = (p'_a - p_a) + gh(\rho_w - \rho_n) = \Delta p_a + gh(\rho_w - \rho_n)$$

$$(6-7)$$

上式表明，当窗孔 a 内外压差 $\Delta p_a = 0$ 时，由于 $\rho_n < \rho_w$（即 $t_n > t_w$），作用在窗口 b 的内外压差 $\Delta p_b > 0$。

如果将窗孔 b 打开，空气会在 Δp_b 的作用下，从室内流向室外，室内静压随着逐渐降低，在窗孔 a 处将由 $p_a = p'_a$ 变为 $p_a > p'_a$，室外空气就由窗孔 a 流入室内，直到窗孔 a 的进风量与窗孔 b 的排风量相等，室内静压才达到稳定。由于窗孔 a 进风，$\Delta p_a < 0$；窗孔 b 排风，$\Delta p_b > 0$。

由上式可得

$$\Delta p_b + (-\Delta p_a) = \Delta p_b + |p_a| = gh(\rho_w - \rho_n)$$

$$(6-8)$$

从式（6-8）可看出，进风窗孔和排风窗孔内外侧压差的绝对值之和与窗孔的高度差 h 和室内外空气的密度差（$\Delta\rho = \rho_w - \rho_n$）成正比，通常把 $gh(\rho_w - \rho_n)$ 称为热压。

室内外空气没有温度差，或者窗孔间没有高度差，就不会产生热压作用下的自然通风。当然热压大自然通风量也大。为了增大热压，应当加大进排风窗孔的高度差，其最合理的途径是降低进风窗孔的高度。

（二）余压

通常将室内某一点的压力和室外同标高未受扰动的空气压力的差值称为该点的余压。

仅在热压作用下，窗孔内外的压差，即为窗孔的余压。若余压为正值时，则窗孔为排风，若余压为负值时，则窗孔口为进风。

按余压定义，窗孔 b 的余压为 $p'_b - p_b$，窗孔 a 的余压为 $p'_a - p_a$。由式（6-7）得某一窗孔的余压为

$$p'_x = \Delta p_a + g'_h(\rho_w - \rho_n) = p_{xa} + gh'(\rho_w - \rho_n)$$

$$(6-9)$$

式中　p'_x——某一窗孔的余压；

　　　p_{xa}——窗孔 a 的余压；

　　　h'——某窗孔至窗孔 a 的高度差。

在热压作用下，余压沿车间高度的增加而增大。由于进风窗孔的余压为负值，排风窗孔的余压为正值，在两窗孔之间必然存在一个余压为零的平面，即 O—O 面，如图 6-48 所示。则把这个余压等于零的平面称为中和面或等压面。位于中和面的窗孔内外没有压差，因而没有空气流动。

（三）风压作用下的自然通风

1. 风压作用下的自然通风的形成

当气流绕流建筑物时，由于建筑物迎风面的阻挡，动压降低，形成正压；在气流断面Ⅱ—Ⅱ上，气流产生绕流，风速增大，形成负压；在建筑物背风面的某一范围内，由于气流形成漩涡，静压降低，形成负压，所以该处的空气压力也小于大气压力。在气流断面Ⅲ—Ⅲ上，气流重新恢复到断面Ⅰ—Ⅰ处的状态，如图6-49所示。

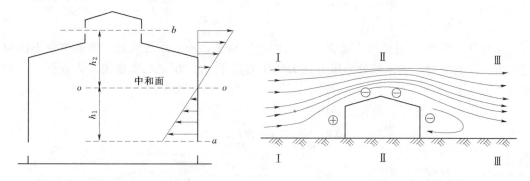

图6-48 余压房间高度的变化   图6-49 建筑物四周的静压分布

和远处未受干扰的气流相比，由于气流的作用，在建筑物表面所形成的空气静压的变化称为风压。

由于建筑物迎风面的空气压力超过大气压力，背风面的空气压力小于大气压力，建筑物外部的空气便会从迎风面外墙上的孔口进入室内，而室内的空气则会从背风面外墙上的孔口排出。这样，就形成了风压作用下的自然通风。

2. 建筑物四周气流分布

气流在建筑物的顶部和后侧形成弯曲循环气流。屋顶上部的涡流区称为回流空腔，建筑物背风面的涡流区称为回旋气流区。这两个区域的静压低于大气压力，形成负压区。则把风压为负的区域称为空气动力阴影区。空气动力阴影区覆盖着建筑物下风向各表面（如屋顶、两侧外墙和背风面外墙），并延伸一定距离，直至尾流，如图6-50所示。

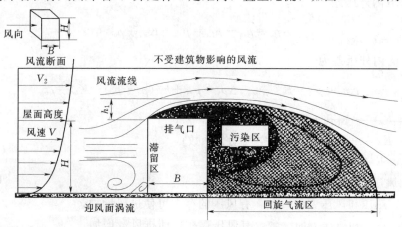

图6-50 建筑物周围气流流型

3. 风压的计算

如图 6-51 所示，风向一定时，建筑物外表面上某一点的风压大小和室外气流的动压成正比，可以用下式表示

$$p_F = K \frac{v_w^2}{2} \rho_w \qquad (6-10)$$

式中　v_w——室外空气流速，m/s；

　　　ρ_w——室外空气密度，kg/m^3；

　　　K——空气动力系数。

空气动力系数 K 主要与未受扰动来流的角度相关，一般通过风洞实验来确定不同位置的值。K 为正时，表示该处的压力比大气压力高了 p_F；反之，负值表示该处的压力比大气压力小了 p_F。

在风压单独作用下，窗孔 a 的内外压差为

$$\Delta p_a = p_{na} - p_{Fa} = p_{xa} - p_{Fa} \qquad (6-11)$$

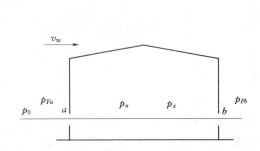

图 6-51　风压作用下的自然通风

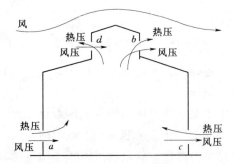

图 6-52　风压和热压同时作用下的自然通风

（四）风压和热压同时作用下的自然通风

建筑物受到风压、热压同时作用时，外围护结构各窗孔的内外压差等于风压、热压单独作用时窗孔内外压差之和，见图 6-52。

窗孔 a 的内外压差

$$\Delta p_a = p_{xa} - p_{Fa} = p_{xa} - K_a \frac{v_w^2}{2} \rho_w \qquad (6-12)$$

窗孔 b 的内外压差为

$$\Delta p_b = p_{xb} - K_a \frac{v_w^2}{2} \rho_w ; \Delta p_b = p_{xa} + hg(\rho_w - \rho_n) - K_b \frac{v_w^2}{2} \rho_w \qquad (6-13)$$

式中　p_{xa}、p_{xb}——窗孔 a 和 b 的余压，Pa；

　　　K_a、K_b——窗孔 a 和 b 的空气动力系数；

　　　h——窗孔 a 和 b 之间的高差，m。

热压和风压同时作用时，情况是复杂的。

窗孔 a，热压和风压方向一致，有风压的存在可使进风增加。

窗孔 b，热压和风压方向一致，有风压存在可使排风量增加。

窗孔 c，热压和风压方向相反，有风压存在可使进风量减少。

窗孔 d，热压和风压方向相反，有风压存在可使排风量减少。

当外面的风压大于此窗孔的余压时，还会形成倒灌。

因此，风对自然通风是有影响的，在建筑、通风设计及管理时，应注意风压的影响。

二、风能制热

风能建筑利用方式很多，有直接利用和间接利用方式。

1. 风力发电再利用

风力发电机发电，再对电能进行利用，如用于照明、电加热等，电能再利用的效率很高，但由风能转化为电能效率较低影响了整体风能利用效率。

2. 液体搅拌制热

这是一种较早使用的方法，是把风力产生的机械能用于搅拌液体而变成热能。根据实验结果，显示出机械能转换成热能的变换效率可以达到100％，但需要另外配备液体泵将被搅拌加热的水或其他液体送到使用的地方。这种搅拌器的转速不能太高，否则液体中将产生泡沫而降低效率；但转速低又将增加设备的尺寸。

3. 风力机将风能转化为空气压能

风力机将风能转化为空气压能，风力机带动压缩机，压缩机内的空气被绝热压缩，其温度、压力升高，在获得热能的同时，也获得压力能。该方法需要两套不同形式的能量负载装置，或再经历一次空气压力能向热能的转化；虽然这一方法中工质是取之不尽、用之不竭的空气，寒冷天气无结冰之虞，但因空气的比热容不如液体大，密度又小，因此，为提高制热容量需提高压气机的转速，并增大设备与管道的尺寸。

4. 液体挤压制热

液体挤压制热是利用挤压方式将风力机的机械能转化为压力能，压力能驱动油液经过节流孔板，将油液的动能转化为热能。图6-53为基于液体挤压的制热与制冷原理图。由图可知，通过液体挤压获得的热能在冬季以热水的形式供给风机盘管或散热器可为房间提供热量实现制热，夏季将热水供给吸收式制冷机的发生器作为其发生热源，在其驱动下机组制冷运行可对房间进行制冷。必要时可设蓄热水箱以调节负荷。

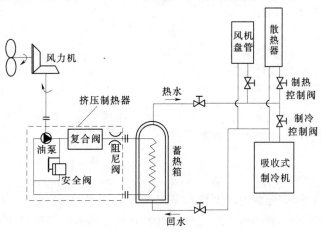

图 6-53　液体挤压制热与制冷原理图

313

5. 风力驱动的压缩式热泵

风力驱动的压缩式热泵是通过风力机为热泵压缩机、蒸发器与冷凝器风机或者机组控制系统提供动力的新型采暖空调装置。其中有风力机通过传动机构直接带动热泵压缩机旋转；风力机与交流电机并联传动驱动热泵压缩机；风力发电机与市电、蓄电池并联驱动热泵压缩机等四种类型。完全由风力发电驱动热泵压缩机的系统通常结合蓄电池或蓄热或低温辐射采暖与吊顶冷却结合实现制冷与制热。这种系统还用于进行风电峰值负荷调节。图 6-54 为风力机通过传动机构直接驱动热泵压缩机的风力热泵系统。该系统采用导向伞齿轮组将风力机的水平旋转方向转变成竖向旋转，驱动置于风力机塔杆中部或底部的发电机和压缩机，发电机为换热器风扇电机提供电量，压缩机通过四通阀与室内、外换热器连接，实现夏季制冷与冬季制热。图 6-55 为风力机与交流电机通过传动机构驱动压缩机的风力热泵系统。该系统中风力机与交流电机都有传动机构与压缩机连接，在转换器的控制作用下，压缩机可由风力驱动或在无风与风力不足时由电机驱动。这两种系统都利用风力机直接驱动热泵压缩机，减少了风能转化为电能过程中的能量损耗，投入产出效能更高。然而，由于现有各类型风力机出力调控能力的限制，风力强度变化后风力机出力难于控制，与热泵压缩机配合后不易实现房间内温度的即时控制。另外，当传动系统采用齿轮箱传动时，系统较复杂，难以实现热泵压缩机动力输入结构的一体化配合连接。

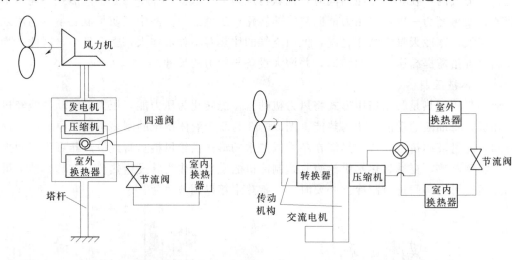

图 6-54　风力机通过传动机构直接　　　　图 6-55　风力机与交流电机通过传动机构
　　驱动热泵压缩机的风力热泵系统　　　　　　驱动压缩机的风力热泵系统

由于风能资源的随机性和不稳定性特点，完全由风力发电机供给热泵用电不能保证无风和风速较低情况下房间的冷热量需求。这时，可采用以风电为主、蓄电池和市电为辅的系统。

6. 风力驱动的吸收式制冷（热泵）机组

图 6-56 和图 6-57 分别为风力直流与交流发电机驱动的吸收式制冷（热泵）机组。该系统在控制器作用下，利用风力发电机发电为冷剂泵和溶液泵提供动力，多余的发电量用于加热水，为吸收式机组发生器提供热源，当热水温度低于热源要求时，由锅炉提供补充热量；当热水温度超出热源要求时，将多余电量存储在蓄电池内或通过泄荷器泄掉。另

外，若系统中不设锅炉，风电不足时可由市电提供泵及加热水所需电量。

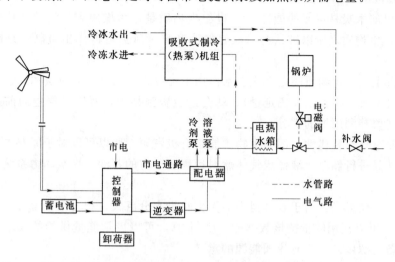

图 6-56 风力与直流发电机驱动的吸收式制冷（热泵）系统

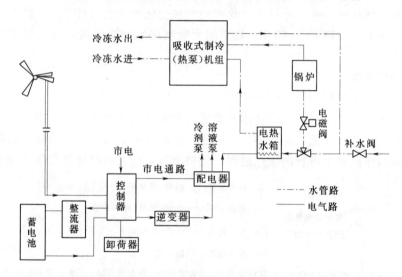

图 6-57 风力与交流发电机驱动的吸收式制冷（热泵）系统

第四节 生物能在建筑中的应用

生物质不仅包括农作物、木材、海藻等本原型农林水产资源，而且还包括纸浆废物、造纸黑液、酒精发酵残渣等工业有机废弃物，厨房垃圾、纸屑等一般城市垃圾以及污水处理厂剩余污泥等。有的国家把城市垃圾划分为生物质，有的则没有。

生物质种类很多，而且存在量十分巨大，但是可以稳定地作为替代能源的，只有"有机废弃物"和"能源作物"。有机废弃物主要是指城市垃圾、农林废弃物等。"能源作物"是以能源利用为主要目的进行栽培的植物，主要指树木等木质类生物质，以及甘蔗、玉米、油菜、熨斗兰等草本类生物质。

一、生物能的基本特征

19 世纪以前木炭是主要的能源，20 世纪生物质是作为煤炭和石油的替代能源，进入 21 世纪以后，生物质之所以被认为对减轻能源和环境压力可以作出贡献，是因为它具有以下特征。

（1）可再生性：生物质能是在光和水作用下可以再生的惟一有机资源。但是，如果利用量超过其再生量（生长量、固定量），就会造成资源枯竭，所以可再生的前提是通过种植林木等措施填补利用掉的部分。

（2）可储存性与替代性：因为生物质能是有机资源，所以可以对于原料本身及其液体或气体燃料产品进行储存。液体或气体燃料运用于已有的石油、煤炭动力系统之中也是可能的。

（3）巨大的储存量：由于森林树木的年生长量十分巨大，相当于全世界一次性能源的 7～8 倍，实际可以利用的量按该数据的 10% 推算，可以满足能量供给的要求。因此，生物质除了储备能源以外，更有流通能源的意义。

（4）碳平衡：生物质燃烧释放出来的二氧化碳可以在再生时重新固定和吸收，所以不会破坏地球的二氧化碳平衡。近年来，政府间气候变化委员会（IPCC）、联合国气候变化框架公约缔约国大会（FCCC—COP）提倡的大量利用生物质以减轻气候变暖的对策，其根据就在于此。

二、生物质分类

生物质按其来源进行分类的情况见图 6-58。根据图 6-58，在以能源作物等生物质为目标的生产中，如果生产所需的费用不能通过利用生物质加以回收，则难以建立经济上独立可行的生产工艺。因此，生物质产品的成本会比较高，而从副产物或废弃物得到的生物质由于都来自于经济上可行的生产过程，价格便宜，而且有时还能收取处理费用。

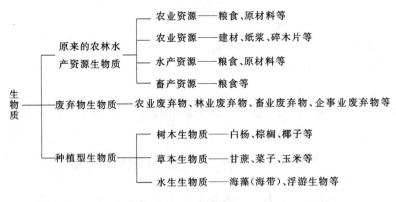

图 6-58 生物质资源的分类

三、生物质能转化技术

（一）生物质气化利用技术

1. 生物质气化原理

生物质气化是一种生物质热化学转换技术，其基本原理是在不完全燃烧条件下，将生物质原料加热，使较高分子量的有机碳氢化合物链裂解，变成较低分子量的一氧化碳、氢气、甲烷等可燃性气体。在转换过程中要加气化剂（空气、氧气或水蒸气），其产品主要指可燃性气体与 N_2 等的混合气体。此种气体尚无准确命名，称燃气、可燃气、气化气的都有，以下称其为"生物质燃气"或简称"燃气"。生物质气化技术近年来在国内外被广泛应用。对生物质进行热化学转换的技术还有干馏和快速热裂解，它们在转换过程中是加不含氧的气化剂或不加气化剂，得到的产物除燃气之外还有液体和固体物质。生物质气化所用原料主要是原木生产及木材加工的残余物、薪柴、农业副产物等，包括板皮、木屑、枝杈、秸秆、稻壳、玉米芯等等，原料在农村

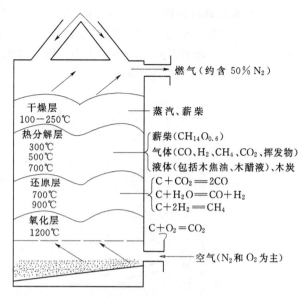

燃气（约含 50% N_2）

干燥层
$100-250°C$

蒸汽、薪柴

热分解层
$300°C$
$500°C$
$700°C$

薪柴（$CH_{14}O_{0.6}$）
气体（CO，H_2、CH_4、CO_2、挥发物）
液体（包括木焦油、木醋液）、木炭

还原层
$700°C$
$900°C$

$C+CO_2=2CO$
$C+H_2O=CO+H_2$
$C+2H_2=CH_4$

氧化层
$1200°C$

$C+O_2=CO_2$

空气（N_2 和 O_2 为主）

图 6-59　生物质气化机理示意

随处可见，来源广泛，价廉易取。它们挥发组分高，灰分少，易裂解，是热化学转换的良好材料。按具体转换工艺的不同，在添入反应炉之前，根据需要应进行适当的干燥和机械加工处理。

生物质气化都要通过气化炉完成，其反应过程很复杂，目前这方面的研究尚不够细致充分（图 6-59）。随着气化炉的类型、工艺流程、反应条件、气化剂的种类、原料的性质和粉碎粒度等条件的不同，其反应过程也不相同。但不同条件下生物质气化过程基本上包括下列反应

$$C+O_2 = CO_2 \qquad 2CO+O_2 = 2CO_2 \qquad H_2O+C = CO+H_2$$
$$2H_2O+C = CO_2+2H_2 \qquad H_2O+CO = CO_2+H_2 \qquad C+2H_2 = CH_4$$

2. 常见生物质气化炉

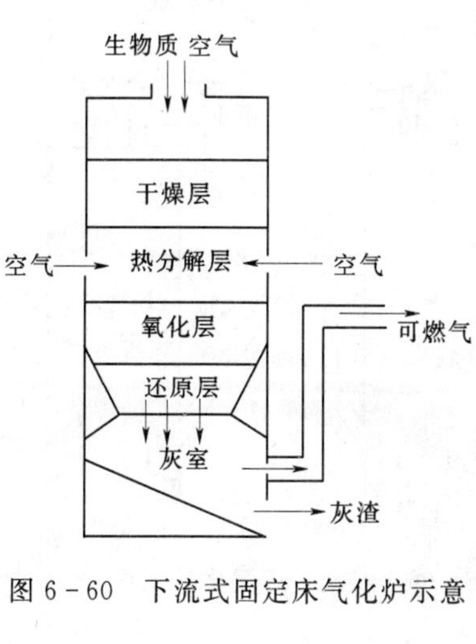

生物质　空气

干燥层

空气 → 热分解层 ← 空气

氧化层

还原层

灰室

可燃气

灰渣

图 6-60　下流式固定床气化炉示意

把农作物秸秆、薪柴等通过气化转变成生物质燃气，需要用生物质气化炉来完成。因此，气化炉是生物质气化设备的核心部件。气化炉大体上可分为固定床气化炉和流化床气化炉两大类。固定床气化炉是将切碎的生物质原料由炉子顶部加料口投入炉中，物料在炉内基本上是按层次地进行气化反应。反应产生的气体在炉内的流动要靠风机来实现。固定床气化炉的炉内反应速度较慢，按气体在炉内流动方向，可将固定床气化炉分为下流式（又称下吸式）、上流式（又称上吸式）、横流式（又称横吸式）和开心式四种类型（图 6-60～图 6-63）。流化床气化炉的工作特点是将粉碎的生物质原料投入炉中，气化剂由鼓风机从炉

栅底部向上吹入炉内，物料的燃烧气化反应呈"沸腾"状态，反应速度快。按炉子结构和气化过程，可将流化床气化炉分为单流化床（图 6-64）、循环流化床（图 6-65）、双流化床（图 6-66）和携带流化床四种类型。按供给的气化剂压力大小，流化床气化炉又可分为常压气化炉和加压气化炉两类。

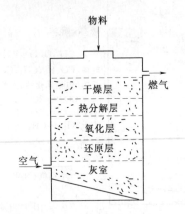

图 6-61　上流式固定床气化炉示意

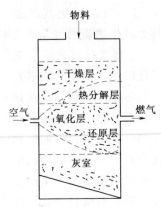

图 6-62　横流式固定床气化炉示意

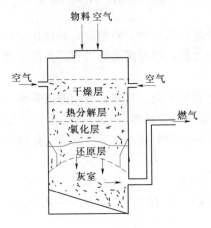

图 6-63　开心式固定床气化炉示意

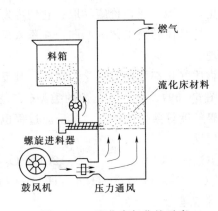

图 6-64　流化床气化炉示意

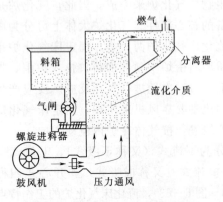

图 6-65　循环流化床气化炉示意

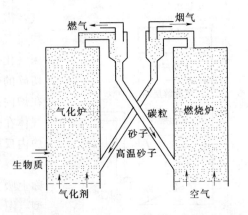

图 6-66　双流化床气化炉示意

固定床气化炉结构简单，投资少，运行可靠，操作比较容易，对原料种类和粒度要求不高。固定床气化炉通常产气量较小，多用于小型气化站内或户用，只有上流式固定床气化炉可用于较大规模的生物场合。

下流式固定床气化炉的气化剂在炉中自上而下流动，热分解层产出的焦油（对气化技术来说，焦油是有害的物质）在经过氧化—还原层时，能热裂解成小分子量的永性体（再降温时不凝结成液体），所以出炉的燃气中焦油含量较少，但是灰分较多，并且温度较高，需进行冷却和去除杂质。这种气化炉在国内外小规模生产中得到了较广泛的应用，其原因如下。

1）结构简单，运行比较可靠，造价较低，适于农村的技术水平与经济水平。

2）这种炉型的产气量一般为 $600m^3/h$，最大可达 $1000m^3/h$；燃气的热值常为 $5000kJ/m^3$ 左右。农作物秸秆资源比较分散，自然村居民超过 400 户的为数不多，气化站用这种小炉型，产气量与用气量匹配合理，原料用量少，运输距离短。

3）这种炉型的设计、制造、安装与使用的经验比较成熟，人们对它已有良好的印象，易于推广应用。

流化床气化炉多用于中、大规模的连续生产，其投料、送风、控制系统等较复杂，加之炉型较大，致使制造成本大大增加。流化床气化炉流化速度高，出炉的燃气中携有较多的炭粒与砂子。循环流化床气化炉是在燃气出口处设有旋风分离器或袋式分离器，将气化气中的炭粒与砂子分离出来，返回气化炉中再次参加反应，从而提高了炭的转化率，这对于难以燃尽的生物质的转换效率具有明显的作用。加压流化床能使系统气化效率更高，产出的燃气不仅温度高，而且压力大，经净化后不用压缩和冷却即可直接供燃气轮机用，是实现生物质大规模气化—燃气轮机发电机组—汽轮机发电机组联合循环系统的有效途径，但是目前也存在向压炉内加料困难、高温燃气的过滤材质、设备复杂成本高等问题。

（二）沼气技术

1. 沼气

在沼泽、河底、湖底、池塘、污水池等厌氧环境中，由于微生物的活动，有机质能被分解产生可燃性气体。因其和沼泽关系密切，所以叫做沼气。后来发现，沼气主要来自生物物质的分解，所以又叫做生物气。在气温较高的日子，尤其是夏天，如果我们站在多年未掏泥的池塘边，将一块石头扔到池塘里，立即就可以着到有巨大的气泡从池底升起，有时气泡还将池底的污泥带到水面上，这种现象就是在池底形成的沼气受到搅动突然升到池面引起的。

沼气是由微生物产生的一种可燃性混合气体，其主要成分是甲烷（CH_4），甲烷在沼气中的含量大约占 60%；其次是二氧化碳（二氧化碳），大约占 35%；此外还有少量其他气体，如水蒸气、硫化氢、一氧化碳、氮气等。甲烷是一种简单的有机化合物，是良好的气体燃料。它的化学性质极为稳定，微溶于水；比空气约轻一半；无色、无毒、无臭。一般沼气燃烧前略带蒜味，这是其中含有少量的硫化氢和某些有机化合物的缘故。沼气与空气混合燃烧时，呈淡蓝色火焰，最高温度可达 1400℃，能够产生大量的热量。沼气是一种高效清洁卫生的燃料，在配置适合炉具的条件下，沼气燃烧热效率可高达 65%，比直接燃烧柴草提高了好几倍。另外，沼气燃烧不会产生烟尘等环境污染物。

2. 沼气发酵原理

沼气发酵是一个（微）生物作用的过程。各种有机质，包括农作物秸秆、人畜粪便以及工农业排放废水中所含的有机物等，在厌氧及其他适宜的条件下，通过微生物的作用，最终转化成沼气，完成这个复杂的过程，即为沼气发酵。沼气发酵主要分为液化、产酸和产甲烷三个阶段进行，如图6-67所示。

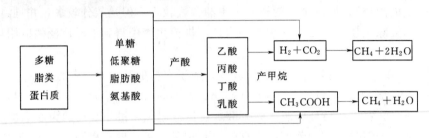

图6-67　沼气发酵的基本历程示意

（1）液化阶段。农作物秸秆、人畜粪便、垃圾以及其他各种有机废弃物，通常是以大分子状态存在的碳水化合物，如淀粉、纤维素及蛋白质等。它们不能被微生物直接吸收利用，必须通过微生物分泌的胞外酶（如纤维素酶、肽酶和脂肪酶等）进行酶解，分解成可溶于水的小分子化合物（即多糖水解成单糖或双糖，蛋白质分解成肽和氨基酸，脂肪分解成甘油和脂肪酸）。这些小分子化合物进入到微生物细胞内，进行的一系列生物化学反应，这个过程称为液化。

（2）产酸阶段。液化完毕后，在不产甲烷微生物群的作用下，将单糖类、肽、氨基酸、甘油、脂肪酸等物质转化成简单的有机酸（如甲酸、乙酸、丙酸、丁酸和乳酸等）、醇（如甲醇、乙醇等）以及二氧化碳、氢气、氨气和硫化氢等，由于其主要的产物是挥发性的有机酸（其中以乙酸为主，约占80%），故此阶段称为产酸阶段。

（3）产甲烷阶段。产酸阶段完成后，这些有机酸、醇以及二氧化碳和氨气等物质又被产甲烷微生物群（又称产甲烷细菌）分解成甲烷和二氧化碳，或通过氢还原二氧化碳形成甲烷，这个过程称为产甲烷阶段。这种以甲烷和二氧化碳为主的混合气体便称为沼气。

3. 典型农村户用沼气生产装置

（1）典型水压式沼气池。图6-68为我国农村大量使用的典型圆筒形水压式沼气池。水压式沼气池的优点：

1）池体结构受力性能良好，而且充分利用土壤的承载能力，所以省工省料，成本比较低。

2）适于装填多种发酵原料，特别是大量的作物秸秆，对农村积肥十分有利。

3）为便于经常进料，厕所、猪圈可以建在沼气池上面，粪便随时都能打扫进池。

4）沼气池周围都与土壤接触，对池体保温有一定的作用。

水压式沼气池的缺点：

1）气压反复变化，而且一般在4～16kPa之间变化，这对池体强度和灯具、灶具燃烧效率的稳定与提高都有不利的影响。

2）由于没有搅拌装置，池内浮渣容易结壳，且难以破碎，所以发酵原料的利用率不

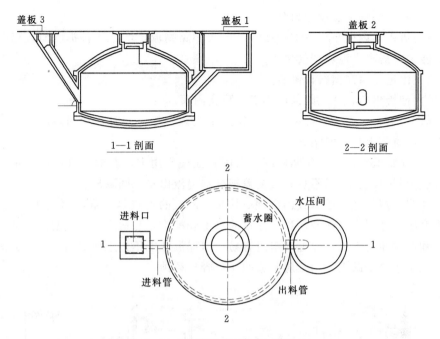

图 6-68　典型圆筒形水压式沼气池

高，池容产气率（即每立方米池容积一昼夜的产气量）偏低，一般产气率每天仅为 0.15～0.20。

3）由于活动盖直径不能加大，对发酵原料以秸秆为主的沼气池来说，出料工作比较困难。因此，最好采用机械出料。

（2）曲流布料水压式沼气池。该池型属于改进型的水压式沼气池（图 6-69）。它的发酵原料不用秸草，全部采用人、畜、禽粪便。其含水量在 95% 左右（不能过高）。该池型有如下特点：

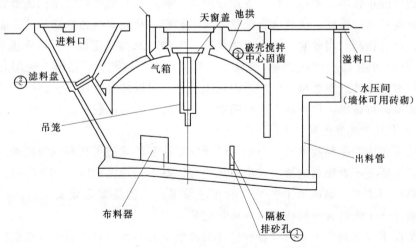

图 6-69　曲流布料水压式

1) 在进料口咽喉部位设滤料盘。

2) 原料进入池内由布料器进行布料，形成多路物流，增加新料扩散面，充分发挥池容的负载能力，提离了池容产气率。

3) 池底由进料口向出料口倾斜。

4) 扩大池墙出口，并在内部设隔板，阻流固菌。

5) 池拱中央、天窗盖下部设吊笼，输送沼气入气箱。同时，利用内部气压、气流产生搅拌作用，缓解上部料液结壳。

6) 把池底最低点改在水压间底部。在倾斜池底作用下，发酵液可形成一定的流动推力，实现进出料自流，可以不打开天窗盖把全部料液由水压间取出。

(3) 浮罩式沼气池。浮罩式沼气池（图6-70）的特点是：罩内沼气压力基本稳定，压力大小取决于浮罩内筒横截面积与浮罩的自重和配重，易适应沼气发酵工艺要求（指压力大小）和燃烧器的性能；建池和出渣容易；但保温性能不如水压式沼气池。分离储气罩式沼气池克服了这个缺点。用金属制造的浮罩容易锈蚀。

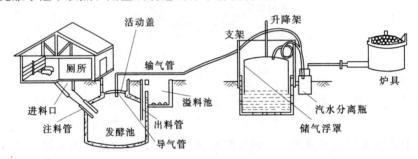

图6-70 分离浮罩式沼气池及其配套设施

（三）生物质固化成型燃料技术

生物质固化成型燃料技术是在一定温度和压力作用下，将各类分散的、没有一定形状的农林生物质经过收集、干燥、粉碎等预处理后，利用特殊的生物质固化成型设备挤压成规则的、密度较大的棒状、块状或颗粒状等成型燃料，从而提高其运输和贮存能力，改善秸秆燃烧性能，提高利用效率，扩大应用范围。生物质原料挤压成型后，密度可达0.8~1.3t/m³，热值可达15~17MJ/kg，燃烧特性明显改善，且贮存、运输、使用方便，是在一定领域代替煤炭的理想燃料。生物质固化成型燃料可以部分替代煤炭、燃气等作为民用燃料进行炊事、取暖等，也可作为工业锅炉或生物质发电站的燃料。

1. 生物质固化成型燃料技术的工艺

生物质固化成型燃料技术发展至今，已开发了许多种成型工艺和成型机械。但是作为生产燃料，主要是干燥物料的常温成型与热成型。基本流程图如图6-71所示。

(1) 热成型工艺。热成型工艺是目前普遍采用的生物质固化成型工艺。其工艺流程为：原料粉碎→干燥混合→挤压成型→冷却包装。

热成型技术发展到今天，已有各种各样的成型工艺问世，总的看来可以根据原料被加热的部位不同，将其划分为两类：一类是原料只在成型部位被加热，称为非预热热压成型工艺。另一类是原料在进入压缩机之前和在成型部位被分别加热，称为预热热压成型工

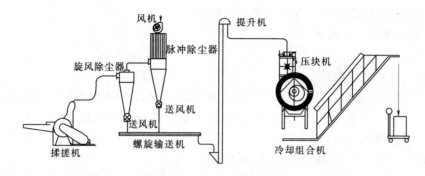

图 6-71 生物质固化成型燃料技术基本工艺流程

艺。两种工艺的不同之处在于预热热压成型工艺在原料进入成型机之前对其进行了预热处理。但是从实际应用情况看,非预热热压成型工艺占主导地位。

(2) 常温成型工艺。生物质常温成型工艺即在常温下将生物质颗粒高压挤压成型的过程。常温成型工艺一般需要很大的成型压力,为了降低成型压力,可在成型过程中加入一定的粘结剂。如果粘结剂选择不合理,会对成型燃料的特性有所影响。从环保角度,不加任何添加剂的常温成型是现代的主流。一般成型工艺如图 6-72 所示。

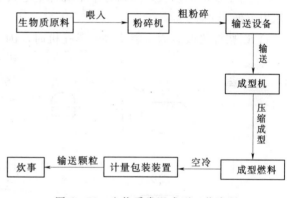

图 6-72 生物质常温成型工艺流程

粒径满足生产要求的原料可以不经过粉碎;水分满足生产要求的原料可以不经过干燥;对于成型过程水分较大的成型燃料产品,如对棍挤压的颗粒燃料,需要经过晾晒(干燥)脱水后再包装、贮存、运输、使用,以保证燃料使用效果。

(3) 其他成型工艺。除了上述主要成型工艺外,还有炭化成型工艺。该工艺可以分为两类:一类是先成型后炭化,另一类是先炭化后成型。

1) 先成型后炭化工艺。工艺流程为:原料→粉碎干燥→成型→炭化→冷却包装。

先用压缩成型机将松散碎细的植物废料压缩成具有一定密度和形状的燃料棒,然后用炭化炉将燃料棒炭化成木炭。这种工艺具有实用价值。

2) 先炭化后成型工艺。工艺流程为:原料→粉碎除杂→炭化→混合粘结剂→挤压成型→干燥→包装。

先将生物质原料炭化成颗粒状炭粉,然后再添加一定量的粘结剂,用压缩成型机挤压成一定规格和形状的成品炭。这种成型方式使挤压成型特性得到改善,成型部件的机械磨损和挤压过程中的能量消耗降低。但是,炭化后的原料在挤压成型后维持既定形状的能力较差,贮运和使用时容易开裂和破碎,所以压缩成型时一般要加入一定的粘结剂。如果在成型过程中不使用粘结剂,要保证成型块的贮存和使用性能,则需要较高的成型压力,这将明显提高成型机的造价。这种成型方式在实际生产中很少见。

（四）生物质能发电技术

1. 沼气发电

（1）沼气发电的特点。

1）甲烷的燃烧速度较低，而沼气中除了甲烷外，又含 35% 左右的二氧化碳，使其燃烧速度更低，容易造成沼气发动机的后燃现象严重。排烟温度高达 650~700℃，从而造成发电机的耗能增加及热效率降低。目前，国内研制的火花点火式全沼气发动机快速燃烧系统，使排气温度接近 500℃ 的国际先进水平。

2）沼气中二氧化碳的存在，既能减缓火焰传播速度，又能在发动机高温高压下工作时起到抑制"爆燃"倾向的作用，这是沼气较甲烷具有更好抗爆特性的原因。因此，可在高压缩比下平稳工作，同时使发动机获得较大功率。

3）用于发电的沼气，其组分中甲烷含量应大于 60%，硫化氢含量应小于 0.05%，供气压力不低于 6kPa。

4）以柴油机改装为全燃沼气的奥托机时，因为沼气中含二氧化碳，在不改变原发动机容积的情况下，由于不能增加混合气的热值，所以沼气发动机热效率一般在 25%～30% 范围内。

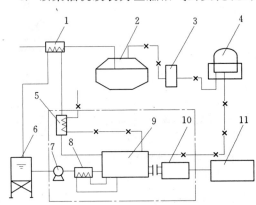

图 6-73 沼气发电系统流程

1—燃料加热器；2—厌氧消化器；3—脱硫器；
4—储气柜；5—废气热交换器；6—热水箱；
7—循环泵；8—润滑油冷却器；9—沼气
发动机；10—发电机；11—受变电设备

（2）沼气发电系统。构成沼气发电系统的主要设备有燃气发动机、发电机和热回收装置。由厌氧发酵装量产出的沼气，经过水封、脱硫后至储气柜；然后再从储气柜出来，经脱水、稳压供给燃气发动机，驱动与燃气内燃机相连接的发电机而产生电力。燃气发动机排出的冷却水和废气中的热量，通过废热回收装置回收余热，作为厌氧发酵装置的加热源。图 6-73 是沼气发电系统流程。若沼气的发热量为 23237kJ/m³，发动机的热效率为 35%，发电机的热效率为 90% 时，那么每立方米沼气可发电约 2kW·h。

燃气发动机的能量收支随着发动机的种类和工作条件不同而不同，大约沼气总能量的 33% 可直接变为发动机的机械能，其余的作为废热而排放。由冷却水和排气中回收的热量，相当燃料供热量的 44% 左右，主要用于厌氧消化装置的加温。沼气发电装置废热回收方法见图 6-74。

2. 生物质气化发电技术

生物质气化发电技术是生物质清洁能源利用的一种方式，几乎不排放任何有害气体。

生物质气化发电工作过程如图 6-75 所示。

生物质气化发电目前有三种基本形式：一是内燃机/发电机机组；二是汽轮机/发电机

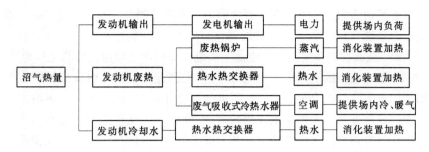

图 6-74　沼气发电装置废热回收方法

机组；三是燃气轮机/发电机机组。现在我国利用生物质燃气发电主要是第一种形式，它包括三个组成部分：一是生物质气化部分；二是燃气冷却、净化部分；三是内燃机/发电机机组燃气可直接供给内燃机，也可由储气罐供给内燃机。

现在国内采用的燃气净化方法是普通的物理方法，净化程度低，只能勉强达到内燃机的使用要求。内燃机有两种类型：一是单燃料内燃机（只燃烧燃气）；二是双燃料内燃机（燃气与燃油混烧）。前者使用方便，后者工作稳定性好，效率较高。

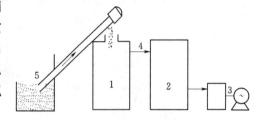

图 6-75　生物质气化发电工作过程示意
1—气化部分；2—燃气冷却、净化部分；3—内燃机/发电机机组；4—燃气；5—生物质原料

内燃机/发电机组属于小型发电装置。它的特点是设备紧凑，操作方便，适应性较强，但系统效率低，单位功率投资较大。它适用于农村、农场、林场的照明用电或小企业用电，也适用于粮食加工厂、木材加工厂等单位进行自供发电。

第五节　典型案例分析

一、西藏措勤 20kW 光伏电站

西藏措勤位于号称"世界屋脊"的西藏阿里地区，是阿里地区东三县之一，距该地区所在地狮泉河镇 783km，距拉萨市 969km，全县总人口 10510 人，县城人口 226 户 678 人。措勤县无煤、油、气等化石能源资源，而且也缺乏小水电资源，但却拥有极为丰富的太阳能资源可以开发利用。县城的主要用电类型为照明、电视和水泵。光伏电站建设前，县城办公照明用电、生活照明用电以及收看电视等的用电，依靠 1 台 75kW 柴油发电机组来提供。建设光伏电站后，解决了县政府所在地各单位的办公用电和居民的照明、听收录机、看电视等的用电，也消除了从 1000 多公里外运进柴油发电的负担。

措勤县位于东经 85°，北纬 31°，海拔 4700m，雨季为 8 月。据统计，10 年内最长阴雨天为 5 日，水平面上平均总辐射 792.56kJ/m²，最高气温 25℃，最低气温 -34℃，最大风力 9 级（25m/s）。

光伏电站电池方阵的总功率为 20kW，年发电量可达 43000kW·h，总投资为 290 万元。

该电站的发电系统由太阳能电池方阵、蓄电池组、直流控制器、直流—交流逆变器、交流配电柜和备用电源系统（包括柴油发电机组和整流充电柜）等组成。15 个太阳能电池方阵经过 TDCK—40kW 直流控制柜向两组蓄电池组供电。每组蓄电池组的标称电压为 250V，充电电流约为 40A。蓄电池组的上限电压定为 290V，充到允许值后，由直流控制柜执行自动停充，将太阳能电池方阵切离充电回路。当蓄电池组电压回降至 270V 时，再将太阳能电池方阵接入充电回路恢复充电。两组蓄电池组均通过 TDCK—40kW 直流控制柜向直流—交流逆变器供电。经由逆变器将直流电变换成三相交流电，再通过 JP—75kV 安交流配电柜，以三相四线制向输电线路供电。当蓄电池组的电压下降至 230V 时，为不造成蓄电池组的过放电，直流控制柜将自动切断输出，直流—交流逆变器停止工作，如图 6-76 所示。

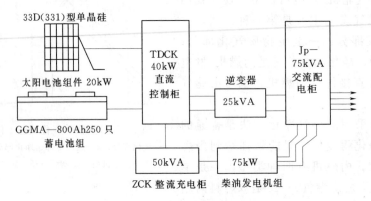

图 6-76　光伏电站系统图

该光伏电站配有备用电源，以太阳能电池发电为主，配备 1 台 75kW 的柴油发电机组作为备用电源，以便在必要时通过 ZCK—50kV 安整流充电柜为蓄电池组充电，也可以在光伏发电系统出现故障时直接通过交流配电柜向输电线路供电。逆变器和柴油发电机组不能同时向输电线路送电，由交流配电柜的互锁功能来保证供电的唯一性。

二、收益分析

西藏措勤 20kW 光伏电站的建成，对于西藏的社会稳定、民族团结、经济繁荣具有重要意义，社会效益显著。过去这里的广大藏族同胞，由于没有电，日出而作，日落而息，科技文化落后，经济不发达，远离现代物质文明，文盲充斥，人口素质低下，过着近乎与世隔绝的生活。现在通了电，既用上了电灯，又看上了电视、听到了广播，大大缩短了与现代社会的距离，改变了当地人民群众的生活。

光伏电站取代了 75kW 的柴油发电机组，一年约可节约柴油达 30t，机油约 0.5t，并且节省了从上千公里以外的拉萨将这些燃料运来所消耗的汽油。此外，光伏电站不消耗化石燃料，无二氧化碳、二氧化硫等有害气体的排放，不会破坏当地尚未遭到环境污染和生态破坏的自然环境。

参 考 文 献

［1］　王长贵，郑瑞澄．新能源在建筑中的应用［M］．北京：中国电力出版社，2003.

［2］ 郭新生．风能利用技术［M］．北京：化学工业出版社，2007．

［3］ 付祥钊，等．可再生能源在建筑中的应用［M］．北京：中国建筑工业出版社，2009．

［4］ 刘文合，李桂文．可再生能源在农村建筑中的应用研究［J］．低温建筑技术，2007，118（4）．

［5］ 付祥钊，肖益民．建筑节能原理与技术［M］．重庆：重庆大学出版社，2008．

［6］ 罗运俊，何梓年，王长贵，等．太阳能利用技术［M］．北京：化学工业出版社，2005．

［7］ 王如竹，代彦军．太阳能制冷［M］．北京：化学工业出版社，2007．

［8］ 薛德千．太阳能制冷技术［M］．北京：化学工业出版社，2006．

［9］ 王崇杰，薛一冰．太阳能建筑设计［M］．北京：中国建筑工业出版社，2007．

［10］ 丁国华．太阳能建筑一体化研究、应用及实例［M］．北京：中国建筑工业出版社，2007．

［11］ 田琦．太阳能喷射式制冷［M］．北京：科学出版社，2007．

［12］ 刘长滨，唐永忠，张丽，辛萍，等．太阳能建筑应用的政策与市场运行模式［M］．北京：中国建筑工业出版社，2007．

［13］ 王光荣，沈天行．可再生能源利用与建筑节能［M］．北京：中国建筑工业出版社，2004．

［14］ 李明．基于太阳能利用的固体吸附式制冷循环研究［D］．上海交通大学博士学位论文，1999．

［15］ 赵云，施明恒．太阳能液体除湿空调系统中除湿器型式的选择［N］，太阳能学报，2002，23（1）．

［16］ 李锐，张建国，俞坚，王志峰，高瑞恒．太阳能热泵系统．可再生能源［J］，2004.4

［17］ 王长贵．新能源在建筑的应用．北京：中国电力出版社，2003．

［18］ 赵军，戴传山．地源热泵技术与建筑节能应用［M］．北京：中国建筑工业出版社，2007．

［19］ 匡跃辉．中国水资源与可持续发展［M］．北京：气象出版社，2001．

［20］ 马最良，刘永红．热泵站的现状及在我国应用的前景［J］．暖通空调，1994，24（5）：6－10．

［21］ 余其铮．辐射换热原理［M］．哈尔滨：哈尔滨工业大学出版社，2000．

［22］ ［日本］能源学会编．生物质和生物能源手册［M］，史仲平，华兆哲译．北京：化学工业出版社，2007．

［23］ 蒋剑春．生物质能源转化技术与应用（J）．生物质化学工程，2007，41（3）：59－65．

［24］ 董天峰．李君兴．张蕾蕾，等．生物质能源应用研究现状与发展前景［J］．农业与技术，2008，28（2）：9－11．

［25］ 孙永明，袁振宏，孙振钧．中国生物质能源与生物质利用现状与展望［J］．可再生能源，2006，（2）：78－82．

［26］ 北京土木建筑学会，北京科智成市政设计咨询有限公司．新农村建设—生物质能利用［M］．北京：中国电力出版社，2008．

［27］ 惠晶．新能源转换与控制技术［M］．北京：机械工业出版社，2008．

［28］ ［美］保罗·克留格尔著．可再生能源开发技术［M］．朱红，译．郑琼林，校．北京：科学出版社，2007．

［29］ 张军，李小春，等．国际能源战略与新能源技术进展［M］．北京：科学出版社，2008．

［30］ 林聪．沼气技术理论与工程［M］．北京：化学工业出版社，2007．

［31］ 中华人民共和国农业部．农业和农村节能减排十大技术［M］．北京：中国农业出版社，2007．

［32］ 李长生．农家沼气实用技术［M］．北京：金盾出版社，2004．

［33］ 周成．生物质固化成型燃料的开发与应用［J］．现代化农业，2005，（12）．

［34］ 王斌瑞．浅谈生物质能固化原理与意义［J］．清洁能源，2007，（11）：24－25．

［35］ 蒋剑春．生物质能源转化技术与应用（Ⅳ）——生物质热解气化技术研究和应用［J］．生物质化学工程，2007，41（6）：47－55．

［36］ 米铁，唐汝江，陈汉平，等．生物质气化技术比较及其气化发电技术研究进展［J］．能源工程，2004，（5）：33－37．

[37] 陈冠益，高文学，颜蓓蓓，等. 生物质气化技术研究现状与发展 [J]. 煤气与热力. 2006，26（7）：20－26.

[38] 董玉平，邓波，景元琢，等. 中国生物质气化技术的研究和发展现状 [N]. 山东大学学报（工学版），2007，37（2）：1－7.

[39] 吴创之. 小型生物质气化发电系统应用实例分析 [J]. 可再生能源，2003（6）：66－67.

[40] 孙一坚. 工业通风 [M]. 北京：中国建筑工业出版社，1994.

第七章 建筑节能评价及检测

本章简要介绍国内外建筑节能评价标准。详细介绍我国节能建筑检测标准、合格判据、检测方法、数据处理方法以及检测所需仪器设备，介绍能效测评的方法及步骤。以大庆某小区建筑节能检测为案例讲述建筑节能检测与评价的实施方法。

第一节 国内外节能建筑评价标准

第一次石油危机之后，西方发达国家逐步认识到能源消费与能源安全的重要性。从国家经济安全的战略高度来看待建筑节能，并依据自身能源状况，采取一系列措施来促进建筑节能工作的开展。各国相继制定并实施了一系列的建筑节能法律、法规，从政府规制和市场激励两个方面来促进建筑节能的发展。

事实上，西方发达国家在建筑节能上，大量采用强制性的节能标准，以提高建筑的节能效果。国外在开展建筑节能方面的实践经验证明，强制执行节能标准是促进新建建筑节能的有效途径。现在世界上已有 90 多个国家和地区在建筑节能上取得了不同程度的效果，其中 60 多个国家和地区有用于新建建筑的强制性节能标准。美国有 40 个州制订了本州的公共建筑节能标准，其中 6 个经济发达州采用了比国家标准更为严格的地方建筑节能标准。

同时，为保证节能标准的顺利实施，各国都加强了建筑节能方面的立法力度，以支持建筑节能工作的开展。

一、美国

美国能源消耗占世界总能耗的 1/4，是世界上最大的能源消费国。美国的能源节约立法起步早，经过多年的摸索形成了许多较成熟的法律法规。为应对石油危机，联邦政府于1975 年出台了《能源政策和节能法案》，1976 年颁布《资源节约与恢复法》，1978 年颁布了《国家节能政策法案》及《公用电力公司管理政策法案》。为全面推进能源节约和环境保护，1992 年美国出台了《能源政策法案》。2005 年美国又通过《能源政策法 2005》，对1992 年的《能源政策法案》进行了全面的修改和完善，来适应新世纪世界能源格局的实际需要。此外，美国还相继出台《联邦电力法》、《天然气政策法》、《国家天然气法》和《能源部组织法》等多项能源开发、利用与节约的法律。这些法律都大量涉及建筑节能的法制保障问题，为能源节约提供了法律上的保障。

建筑节能检测、认证作为促进建筑节能技术发展的基础，美国非常重视。

美国全面推行设备能效标准、标识和认证。其能效标准由能源部负责制定和实施，1992 年开始实施能源之星认证。"能源之星"启动了三类认证：终端产品节能认证、建筑物节能认证、建筑物运行管理节能认证。

其他方面最有代表性的是能源和环境设计先导（LEED），《绿色建筑评估体系》（Leadershipin Energy & Environmental Design Building Rating System，LEED）是目前世界各国建筑环保评估、绿色建筑评估及建筑可持续性评估标准中最完善、最有影响力的评估标准（含建筑节能部分），已成为世界各国建立各自绿色建筑及可持续性评估标准的范本。

LEED 是自愿采用的评估体系标准，主要目的是规范一个完整、准确的绿色建筑概念，防止建筑的滥绿色化，推动建筑的绿色集成技术发展，为建造绿色建筑提供一套可实施的技术路线。LEED 是性能性标准，主要强调建筑在整体、综合性能方面达到"绿化"要求。该标准很少设置硬性指标，各指标间可通过相关调整形成相互补充，以方便使用者根据本地区的技术经济条件建造绿色建筑。

LEED 评估体系及其技术框架由五大方面及若干指标构成，主要从可持续建筑场址、水资源利用、建筑节能与大气、资源与材料、室内空气质量等方面对建筑进行综合考察，评判其对环境的影响，并根据各方面指标综合打分。如对可持续的场地设计，基本要求是必须对建筑腐蚀物和沉淀物进行控制，目的是控制腐蚀物对水和空气质量的负面影响。在每一方面内，具体包含了若干个得分点，项目按各具体方面达到的要求，评出相应的积分，各得分点都包含目的，要求和相关技术指导 3 项内容。如有效利用水资源这一方面，有节水规划、废水回收技术和节约用水 3 个得分点，如果建筑项目满足节水规划下两点要求，可得 2 分。积分累加得出总评分，由此建筑绿色特性便可以用量化的方式表达出来。其中，合理的建筑选址约占总评分的 22%，有效利用水资源占 8%，能源与环境占 27%，材料和资源占 27%，室内环境质量占 23%。通过评估的建筑，按分数高低分为白金、金、银、铜 4 个认证级别，以反映建筑的绿色水平。

虽然 LEED 为自愿采用的标准，但自从其发布以来，已被美国 48 个州和国际上 7 个国家所采用。美国俄勒冈州、加利福尼亚州、西雅图市已将该标准列为法定强制标准加以实行。美国国务院、环保署、能源部、美国空军、海军等部门也已将其列为所属部门建筑的标准，如美国驻中国大使馆新馆就采用了该标准。国际方面，加拿大政府正在讨论将 LEED 作为政府建筑的法定标准。中国、澳大利亚、日本、西班牙、法国、印度等国都在对 LEED 进行深入研究，并在此基础上制定本国绿色建筑的相关标准。

截止到 2009 年 9 月，在美国和世界各地已有 3855 个工程通过了 LEED 评估，被认定为绿色建筑；另有 25611 个工程已注册申请进行 LEED 绿色建筑评估；每年新注册申请LEED 评估的建筑都以 20% 以上的速度增长。凡通过 LEED 评估的工程都可获得由美国绿色建筑协会颁发的绿色建筑标识。

中国国家建设部目前也在借鉴 LEED 认证标准，现行的《绿色奥运建筑评估体系》、《中国生态住宅技术评估手册》和上海通过的《绿色生态小区导则》也在一定程度上借鉴了 LEED 认证标准的内容。

另外美国还鼓励有条件的州制定高于国家标准的节能政策，以多样化扶持措施来推进建筑节能技术的发展和建筑节能政策的实施。

此外，美国制定、实施了建材产品节能标志认证制度，推动了节能建材的发展。美国的地毯标志计划对相关建材的质量标准和健康标准作了规定，对建材的散发物和内含物有了定量规定。由此，节能建材迅速发展起来并占据了广阔的市场。利用节能建材建造房屋，对建筑节能的发展取得了实质性的突破。

二、日本

日本能源贫瘠，90％以上依靠进口，因此特别重视节能工作，日本在制定有关标准时所遵循的原则有：

（1）节能建筑设计必须在满足使用要求的前提下进行，不得采用降低设计标准的方法。

（2）把建筑、结构、设备融为一体，考虑最适当的方案，不仅在建筑保温性能上做文章，而且还应考虑建筑造型以及采用先进设备，提高设备的能源利用效率。

（3）要照顾地区差别。

（4）要合理考虑节能与建设投资的关系。

（5）积极开发新能源，提倡在建筑行业使用低温、低密度的低品位能源及未利用能。

住宅建筑节能标准采用的是"热（冷）损失系数法"。住宅以外的建筑，特别是商业建筑（如商场、宾馆、写字楼等），一般设置空调设备或制冷采暖设备，因此不仅要考虑采暖负荷，还需考虑制冷负荷。规定了以下两个指标：

（1）周边全年负荷系数是一个反映减少建筑外围护结构能量损失的节能指标，定义为

$$PAL = \frac{\text{建筑物周边的全年热负荷(kJ/a)}}{\text{建筑物周边的建筑面积(m}^2)}$$

建筑物周边是指从外墙中心线往里 6m 的区域。

其全年热负荷包括：

1）由于室内外温差造成的围护结构热（冷）损失。

2）太阳辐射热。

3）周边区内部产生的热（照明、人体等的显热）。

（2）空调能量消耗系数是一个用以评价空调设备能量利用效率的指标，它等于空调设备一年的能量总消耗与假想空调负荷全年累计值之比。定义为

$$CEC = \frac{\text{空调设备全年总能量消耗量(kJ/a)}}{\text{假想空调负荷全年累计值(kJ/a)}}$$

CEC 值越小，表明空调设备的能量利用率越高，日本规范公布，按节能要求，商场的 CEC 值必须小于或等于 1.5。

日本形成了有特色的能源管理模式，是世界节能程度最高的发达国家之一。1972 年日本设立了热能源技术协会，1978 年成立节能中心。同年，日本颁布了《节能技术开发计划》。1979 年，日本颁布《节约能源法》对能源消耗的标准做了严格的规定，要求企业在保证产值不减的情况下每年以 1％的速度递减能源消耗。对于节能达标的单位，政府在一定期限给予减免税的优惠；对于未达标者，政府会依法公布其单位名称，并处以 100 万日元以下的罚款。此外，对使用节能设备的单位，实行特别折旧和税收减免优惠，减免的税收约占设备购置成本的 7％。《节约能源法》中有"领跑者制度"，即节能指导性标准按照当下最先进的水平领跑者制定，5 年后这个标准就变成强制性标准。同年颁布实施《合理用能法》。1993 年制定了《合理用能及再生资源利用法》。1998 年修订《合理用能法》，

规定了更严格的能效标准。1998 年对《节约能源法》进行修订，目的是完成京都会议上承诺减排 6％的目标。2002 年对《节约能源法》再次进行了修改，提高了汽车、空调、冰箱、照明灯、电视机、复印机等产品的节能标准。2003 年 4 月 1 日实施的《修正节能法》规定了工厂、办公楼、学校、政府机关有义务制定节能计划。日本建筑节能设计的能效标准是强制性的，节能法对办公楼、住宅等建筑物提出了明确的节能要求。2007 年 3 月底前，建筑面积在 2000m² 以上的新建办公楼和住宅等，必须将建筑物热、冷损失系数降低 20％以上。

在节能检测、认证方面，日本广泛推行设备能效标准、标识，同时建立起相关的评价系统。1976 年实行"能源使用合理化法律"，根据建筑物用途不同其有效节能方式不同，制定了"住宅用建筑"与"非住宅类建筑"两套建筑节约能源的设计及施工的指针和基准。

2002 年建立了属于日本的绿色建筑评估体系（CASBEE），分五个等级来评价建筑环境性能效率。兼顾"削减环境负荷"和"蓄积优良建筑资产"两方面，用建筑环境性能效率（BEE）来评估建筑物的综合环境性能。

三、德国

德国能源紧缺，能源供应进口依存度大，石油几乎 100％进口，天然气 80％进口。为此，德国制定了完备的建筑节能法律法规。1976 年德国通过了第一部节能法规《建筑节能法》。1977 年德国开始实施《建筑物热保护条例》，该条例又分别于 1982 年、1995 年和 2002 年进行了三次修改。除此以外，德国政府还相继公布了《建筑采暖装置条例》和《建筑物供热费用条例》两个相关的建筑节能条例。2002 年德国开始施行新的节能法规，《建筑保温规范》和《供暖设备条例》合二为一。2004 年修订版发布实施，不过仅仅是格式上的修改，并指明了可参照的新标准。2007 年又通过了最新的建筑节能规范，规定了法律的适用范围，住宅建筑的标准和非住宅建筑的标准，包含建筑和设备等内容。

德国在检测认证方面最有代表性的是建筑能耗标识制度，即"建筑能耗证书"体系，1976 年的第一部《建筑节能法》要求建筑开发商出具建筑物的"能源消耗证明"。随着新的建筑节能法规"EnEv2007"的实施，需要说明的主要能耗指标不仅要列明建筑的某一方面的能量消耗，也要考虑到整个建筑的整体耗能及建材生产过程中耗能量。2003 年欧盟出台了关于"建筑整体能效"的指令，要求采取综合措施大量减少建筑物的能源消耗。这项指令的主要内容就是推介"建筑能耗证书"体系。德国在"EnEv2007"中很好地执行了欧盟的指令。新修定的"EnEv2007"最核心的变化就是推出了利于市场化、方便实际操作的"建筑能耗证书"体系。

"EnEv2007"强制要求："从 2008 年 7 月 1 日起，1965 年之前建造的住宅建筑在出租、出售时必须出示专业机构出具的建筑能源证书，新建住宅建筑从 2009 年 1 月 1 日起在出租、出售时必须出具该证书，新建非住宅建筑从 2009 年 7 月 1 日起在出租、出售时必须出具该证书。"建筑能耗证书有"能源需求证书"和"能源消耗证书"。"EnEV2007"允许建筑物的业主自由选择这两种证书。不过，德国能源局一般建议住宅建筑采用能源需求证书，以便分析居住者的能源使用量和建筑物的能耗，更好地在建筑之间进行比较。

四、英国

英国建筑研究组织环境评价法是由英国建统研究组织（BRE）和一些私人部门的研究者最早 1990 年共同制定的。目的是为绿色建筑实践提供权威性的指导以期减少建筑对全球和地区环境的负面影响。从 1990 年至今，BREEAM 已经发行了《2/91 版新建超市及超级商场》、《5/93 版新建工业建筑和非食品零售店》，《环境标准 3/95 版新建住宅》以及《BREEAM98 新建和现有办公建筑》等多个版本，并已对英国的新建办公建筑市场中25％到 30％的建筑进行了评估，成为各国类似评估手册中的成功范例。

BREEAM98 是为建筑所有者、设计者和使用者设计的评价体系，以评判建筑在其整个寿命周期中，包含从建筑设计开始阶段的选址、设计、施工，使用直至最终报废拆除所有阶段的环境性能，通过对一系列的环境问题，包括建筑对全球、区域、场地和室内环境的影响进行评价，BREEAM 最终给予建筑环境标志认证。其评价方法概括如下。

首先，BREEAM 认为根据建筑项目所处的阶段不同，评价的内容相应也不同。评估的内容包括三个方面：建筑性能、设计建造和运行管理。其中：处于设计阶段、新建成阶段和整修建成阶段的建筑，从建筑性能，设计建造两方面评价，计算 BREEAM 等级和环境性能指数；属于被使用的现有建筑，或是属于正在被评估的环境管理项目的一部分，从建筑性能、管理和运行两方面评价，计算 BREEAM 等级和环境性能指数；属于闲置的现有建筑，或只需对结构和相关服务设施进行检查的建筑，对建筑性能进行评价并计算环境性能指数，无需计算 BREEAM 等级。

其次，评价条目包括九大方面：管理——总体的政策和规程；健康和舒适——室内和室外环境；能源——能耗和 CO_2 排放；运输——有关场地规划和运输时 CO_2 的排放；水——消耗和渗漏问题；原材料——原料选择及对环境的作用；土地使用——绿地和褐地使用；地区生态——场地的生态价值；污染——空气和水污染。每一条目下分若干子条目，各对应不同的得分点，分别从建筑性能，或是设计与建造，或是管理与运行这三个方面对建筑进行评价，满足要求即可得到相应的分数。

最后，合计建筑性能方面的得分点，得出建筑性能分（BPS）。合计设计与建造，管理与运行两大项各自的总分。根据建筑项目不同阶段，计算 BPS＋设计与建造分或 BPS＋管理与运行分，得出 BREEAM 等级的总分；另外由 BPS 值根据换算表换算出建筑的环境性能指数（EPI）。最终，建筑的环境性能以直观的量化分数给出，根据分值 BRE 规定了有关 BREEAM 评价结果的四个等级：合格，良好，优良，优异。同时规定了每个等级下设计与建造、管理与运行的最低限分值。

自 1990 年首次实施以来，BREEAM 系统得到不断地完善和扩展，可操作性大大提高。基本适应了市场化的要求，至 2000 年已经评估了超过 500 个建筑项目。它成为各国类似研究领域的成果典范。受其影响启发，加拿大和澳大利亚出版了各自的 BREEAM 系统，香港特区政府也颁布了类似的 HK—BEAM 评价系统。

五、加拿大

加拿大的绿色建筑挑战 2000（GBC 2000）也是用来综合评价节能建筑的。绿色建筑挑战（Green Building Challenge）是由加拿大自然资源部（Natural Resources Canada）发起并领导。至 2000 年 10 月有 19 个国家参与制定约一种评价方法，用以评价建筑的环境性能。它的发展已经历了两个阶段：最初的两年有 14 个国家的参与，1998 年 10 月在加拿大温哥华召开了"绿色建筑挑战 98"国际会议，之后的两年更多的国家加入，成果 GBC2000 在 2000 年 10 月荷兰马斯持里赫特召开的国际可持续建筑会议（International SB 2000）上得到介绍。绿色建筑挑战目的是发展一套统一的性能参数指标，建立全球化的绿色建筑性能评价标准和认证系统，使有用的建筑性能信息可以在国家之间交换，最终使不同地区和国家之间的绿色建筑实例具有可比性。在经济全球化趋势日益显著的今天，这项工作具有深远的意义。

GBC 2000 评估范围包括新建和改建翻新建筑，评估手册共有四卷，包括总论，办公建筑，学校建筑，集合住宅。评估目的是对建筑在设计及完工后的环境性能予以评价，评价的标准共分八个部分：第一部分，环境的可持续发展指标，这是基准的性能量度标准，用于 GBC 2000 不同国家的被研究建筑间的比较；第二部分，资源消耗，建筑的自然资源消耗问题；第三部分，环境负荷，建筑在建造、运行和拆除时的排放物，对自然环境造成的压力，以及对周围环境的潜在影响；第四部分，室内空气质量，影响建筑使用者健康和舒适度的问题；第五部分，可维护性，研究提高建筑的适应性、机动性、可操作性和可维护性能；第六部分，经济性，所研究建筑在全寿命期间的成本额；第七部分，运行管理，建筑项目管理与运行的实践，以期确保建筑运行时可以发挥其最大性能；第八部分，术语表，各部分下部有自己的分项和更为具体的标准。

GBC 2000 采用定性和定量的评价依据结合的方法，其评价操作系统称为 GBTool，这是一套可以被调整适合不同国家、地区和建筑类型特征的软件系统。评价体系的结构适用于不同层次的评估，所对应的标准是根据每个参与国家或地区各自不同的条例规范制定的，同时也可被扩展运用为设计指导。GBTool 也采用的是评分制。

此外，法国对建筑物评估与认证采用住宅质量认证和高环境质量建筑评估两个系列，还有法国的高环境质量建筑评估（HQE），这些认证都较好地促进了各国建筑节能的发展。

六、中国节能建筑的评价标准

随着我国建筑节能的发展，相应的建筑节能法律法规和标识规范体系正在逐步建立。在法律和法规方面，2007 年 10 月 28 日颁布了《中华人民共和国节约能源法》，并于 2008 年 4 月 1 日起正式施行。2008 年 7 月 23 日国务院通过《民用建筑节能条例》，并于 2008 年 10 月 1 日起正式施行。随后又正式颁布了《公共机构节能条例》。在法律和法规方面为建筑节能奠定了基础。

在我国建筑节能设计标准中体现了对节能建筑各项指标的具体要求主要的节能设计标准包括《公共建筑节能设计标准》（GB 50189—2005）、《民用建筑节能设计标准（采暖居住建筑部分)》（JGJ 26—95）、《夏热冬冷地区居住建筑节能设计标准》（JGJ 134—2001，J 116—2001）、《夏热冬暖地区居住建筑节能设计标准》（JGJ 75—2003，J 275—2003）。这些标准为全面开展建筑节能工作奠定了基础。尤其是《公共建筑节能设计标准》的颁布和实施，对我国公共建筑节能的推动和建筑节能工作的开展，对实现"节能减排"的国家战略具有重要意义。

在建筑节能评价体系方面，建立了《建筑节能工程施工质量验收规范》（GB50411—

2007），试行《建筑能效测评与标识技术导则》制度。建筑能效标识制度作为建筑节能的推进器，对于提高建筑用能系统的实际运行能效，促进新型节能技术在建筑中的合理应用，有效减低建筑的实际运行能耗具有重要的作用。《建筑能效测评与标识技术导则》引用吸收了国际上建筑能效标识的成果和经验，以我国现行建筑节能设计标准为依据，结合我国建筑节能工作的现状和特点，适用于新建居住和公共建筑以及实施节能改造后的既有建筑能效测评标识方法。《建筑能效测评与标识技术导则》的特点是强调控制建筑节能实际能耗和能效的测评制度。

在总结近年来绿色建筑的实践经验，并借鉴国际绿色建筑评价体系的基础上，2006年，我国颁布了第一部《绿色建筑评价标准》（GB/T 50378—2006）。该标准是一部多目标、多层次的绿色建筑综合评价体系，该体系从选址、材料、节能、节水、运行管理等多方面，对建筑进行综合评价，其特点是强调设计过程中的节能控制。

绿色建筑是在全寿命周期内兼顾资源节约与环境保护的建筑。我国的绿色标识制度主要以《绿色建筑评价标识管理办法》及《绿色建筑评价技术细则》为设计和评判依据，经专家和测评机构（中国绿色建筑与节能委员会）评审通过后，颁发"绿色建筑评价标识"。"绿色建筑评价标识"分为1、2、3星级，3星级为最高级别。我国香港地区主要施行《香港建筑环境评估标准》。该评价体系在借鉴英国BREEAM体系主要框架的基础上，由香港理工大学于1996年制定。它是一套主要针对新建和已使用的办公、住宅建筑的评估体系。该体系旨在评估建筑的整体环境性能表现。其中对建筑环境性能的评价归纳为对场地、材料、能源、水资源、室内环境质量、创新与性能改进六个方面的评价。

为了支撑现行的测评体系和设计标准，国家有关部门组织编写和颁布的标准还有：《公共建筑节能检测标准》、《节能建筑评价标准》、《公共建筑节能改造技术规范》、《集中供暖系统温控与热计量技术规程》等。这些都为我国新建建筑节能和既有建筑节能改造的规范化管理和实施奠定了很好的基础。

我国有些地市也相继出台了一些高于国家标准的地方建筑节能设计标准，比如《黑龙江省居住建筑节能65％设计标准》，吉林省地方标准《居住建筑节能设计标准》（节能65％）等。

第二节 建筑节能检测

本节主要介绍我国建筑节能检测指标、合格判据、检测数据的分析处理方法及检测用主要测试仪表设备。结合东北石油大学刘晓燕教授科研成果介绍检测方法。

一、我国节能建筑检测指标及检验合格判据

根据《居住建筑节能检验标准》（JGJ/T 132—2009）的规定，在进行采暖居住建筑及节能技术措施的节能效果检验时，以下测试指标应达到如下标准。

1. 建筑物室内平均温度

集中热水采暖居住建筑的采暖期室内平均温度应在设计范围内，室内温度逐时值不应低于室内设计温度的下限；当设计无规定时，应符合现行国家标准《采暖通风与空气调节设计规范》（GB 50019—2003）中的相应规定。

2. 建筑物围护结构主体部位传热系数

受检围护结构主体部位传热系数应满足设计图纸的规定；当设计图纸未作具体规定时，应符合国家现行有关标准的规定。如《严寒和寒冷地区居住建筑节能设计标准》对围护结构传热系数规定了限值，其限值是考虑了热桥影响后计算得到的平均传热系数。

3. 建筑物围护结构热桥部位内表面温度

在室内外计算温度条件下，围护结构热桥部位的内表面温度不应低于室内空气露点温度，且在确定室内露点温度时，室内空气相对湿度应按 60% 计算。

4. 建筑物围护结构热工缺陷

根据 JGJ/T 132—2009，受检外表面缺陷区域与主体区域面积的比值小于 20%，且单块缺陷面积应小于 $0.5m^2$。受检内表面因缺陷区域导致的能耗增加比值应小于 5%，且单块缺陷面积应小于 $0.5m^2$。

5. 建筑物室外管网水力平衡度

根据 JGJ/T 132—2009，室外供热管网各热力入口的水力平衡度应为 0.9～1.2。

6. 建筑物外窗窗口气密性能

根据 JGJ/T 132—2009，外窗窗口与外窗本体的结合部应严密，外窗窗口单位空气渗透量不应大于外窗本体的相应指标。

7. 建筑物外围护结构隔热性能

根据 JGJ/T 132—2009，夏季建筑东（西）外墙和屋面的内表面逐时最高温度均不应高于室外逐时空气温度最高值。

8. 建筑物外窗外遮阳设施

根据 JGJ/T 132—2009，受检外遮阳设施结构尺寸、位置和安装角度转动或活动范围以及柔性遮阳材料的光学性能应满足设计要求。

9. 采暖系统补水率

根据 JGJ/T 132—2009，采暖系统补水率不应大于 0.5%。

10. 锅炉运行效率

根据 JGJ/T 132—2009，采暖锅炉日平均运行效率不应小于表 7-1 中的规定。

表 7-1　　　　　　　　　　采暖锅炉最低日平均运行效率　　　　　　　　　　%

锅炉类型、燃料种类			在下列锅炉容量（MW）下的设计效率						
			0.7	1.4	2.8	4.2	7.0	14.0	>28.0
燃煤	烟煤	II	—	—	65	66	70	70	71
		III	—	—	66	68	70	71	73
	燃油、燃气		77	78	78	79	80	81	81

11. 室外管网热损失率

根据 JGJ/T 132—2009，采暖系统室外管网热损失率不应大于 10%。

12. 采暖系统耗电输热比

根据 JGJ/T 132—2009，采暖系统耗电输热比应满足下式的要求：

$$EHR_{a,e} \leqslant \frac{0.0062(14+a \cdot L)}{\Delta t} \qquad (7-1)$$

式中　$EHR_{a,e}$——采暖系统耗电输热比；

　　　　L——室外管网主干线，包括供回水管道总长度，m；

　　　　a——系数，其取值为：$L \leqslant 500m$ 时，$a=0.0115$；当 $500m < L < 1000m$ 时，$a=0.0092$；当 $L \geqslant 1000m$ 时，$a=0.0069$。

当采暖系统耗电输热比满足上式规定时，应判为合格。

13. 年采暖耗热量指标

根据 JGJ/T132—2009 附录 C 规定，受检建筑物年采暖耗热量指标的验算结果不应大于参照建筑物的相应值。

14. 年空调耗冷量指标

根据 JGJ/T132—2009 附录 D 规定，受检建筑物年空调耗冷量指标的验算结果不应大于参照建筑物的相应值。

二、检测方法

根据 JGJ/T132—2009，结合东北石油大学刘晓燕教授科研成果介绍检测方法。

1. 建筑物室内平均温度测试

（1）代表性房间的确定：在进行建筑物室内平均温度的测试时，对所要检测的建筑物选择底层、顶层和中间层等不同楼层，在每个楼层中分别选择靠近东山墙、西山墙以及中间的不同住户，即每栋建筑不少于 9 个住户。

（2）测点布置：在每个住户的南向和北向有代表性的房间各布置一个测温点，当受检房间使用面积大于或等于 $30m^2$ 时，应设两个测点，测点应设于室内活动区域，且距地面或楼面（700～1800mm）范围内有代表性的位置。

（3）测试数据记录：可采用记忆式温度计每半小时逐时记录室内温度。

（4）检测时间确定：检测持续时间宜为整个采暖期。针对建筑物采暖耗热量的室内平均温度的检测，起止时间应符合相应检测项目检测方法中的有关规定。

2. 建筑物围护结构主体部位传热系数测试

建筑物围护结构主体部位传热系数的现场检测采用热流计法进行。针对所测建筑物的不同围护结构如屋面、外墙等，各布置 3～5 个测点。在每个测点上各安装一个热流传感器和两个温度传感器，逐时记录围护结构每个测点对应的热流密度和内外表面温度。检测时间宜选在最冷月，对设置采暖系统的地区，检测在采暖供热系统正常运行后进行。对未设采暖系统的地区，可采取人工加热或制冷的方式建立室内外温差。围护结构高温侧表面温度应高于低温侧 10℃以上。检测持续时间不少于 96h。

3. 建筑物围护结构热桥部位内表面温度测试

首先采用红外摄像仪对所有热桥部位进行普测，找到温度最低的热桥部位后，采用温度传感器贴于被测表面，对建筑物围护结构热桥部位内表面温度检测。检测在采暖供热系统正常运行后进行，检测持续时间不少于 72 小时。

4. 建筑物围护结构热工缺陷检测

建筑物围护结构热工缺陷采用红外摄像法进行定性检测。检测在供热系统正常运行后进行，为避免阳光直射对检测结果的影响，检测选择宜在夜间进行。用红外摄像仪首先对围护结构进行普测，然后依据普测结果对可疑部位进行详细检测。

5. 建筑物室外管网水力平衡度测试

采用热量计量装置在建筑物热力入口处测量建筑物的耗热量。新建节能建筑都是采用单元入户式供暖系统，在每个单元楼梯间的阀组间安装一个热量计量表，循环水量的测量值应以相同检测持续时间内各热力入口处测得的结果为依据进行计算。

6. 建筑物外窗窗口气密性能检测

(1) 检测条件：外窗窗口气密性能的检测应在受检外窗几何中心高度处的室外瞬时风速不大于 3.3m/s 的条件下进行。检测前对受检外窗的观感质量应进行目检，当存在明显缺陷时，应停止该项检测。

(2) 检测系统的附加渗透量标定：在开始正式检测前，应对检测系统的附加渗透量进行一次现场标定。标定用外窗应为受检外窗或与受检外窗相同的外窗。附加渗透量不应大于受检外窗窗口空气渗透量的 20%。

(3) 检测装置的安装：检测装置应在受检外窗已完全关闭的情况下安装在外窗洞口处；当受检外窗洞口尺寸过大或形状特殊时，宜安装在受检外窗所在房间的房门洞口处。

(4) 外窗窗口气密性检测：正式检测时，向检测房间中充气加压，使其内外压差达到 150Pa，稳定时间不应少于 10min，然后进行逐级减压，每级压差稳定作用时间不应少于 3min，记录逐级作用压差下系统的空气渗透量，计算压差为 10Pa 时外窗窗口总空气渗透量。每樘受检外窗的检测结果应取连续三次检测值的平均值。

(5) 环境参数的确定：检测开始和结束时对室内外空气温度、室外风速和大气压力等环境参数应进行测量，取其算术平均值作为环境参数的最终检测结果。

7. 建筑物外围护结构隔热性能检测

居住建筑东（西）外墙和屋面应进行隔热性能现场检测，隔热性能检测应在围护结构施工完成 12 个月后进行。受检外围护结构内表面所在房间应有良好的自然通风环境，直射到围护结构外表面的阳光在白天不应被其他物体遮挡，检测时房间的窗应全部开启。内外表面温度传感器应对称布置在受检外围护结构主体部位的两侧，与热桥部位的距离应大于墙体（屋面）厚度的 3 倍以上。每侧测点应至少各布置 3 点，其中一点应布置在接近检测面中央的位置。内表面逐时温度应取内表面所有测点相应时刻检测结果的平均值。检测持续时间不应少于 24h。检测时应同时检测室内外空气温度、受检外围护结构内外表面温度、室外风速、室外水平面太阳辐射照度。白天太阳辐射照度的数据记录时间间隔不应大于 15min，夜间可不记录。

8. 建筑物外窗外遮阳设施检测

外窗外遮阳设施：对固定外遮阳设施，检测的内容应包括结构尺寸、位置和安装角度。对活动外遮阳设施，还应包括这样设施的转动或活动范围以及柔性遮阳材料的光学性能。活动外遮阳设施的转动或活动范围的检测应在完成 5 次以上的全程调整后进行。遮阳材料的光学性能检测应包括太阳光反射比和太阳光直接透射比。其检测应按现行国家标准《建筑玻璃 可见光透射比、太阳光直接透射比、太阳能总透射比、紫外线透射比及有关窗玻璃参数的测定》（GB/T2680—1994）的规定执行。

9. 采暖系统补水率检测

补水率检测应在采暖系统正常运行后进行，采用具有累计流量显示功能的流量计量装置检测总补水量。检测持续时间宜为整个采暖期。

10. 室外管网热损失率检测

采暖系统室外管网热损失率的检测应在采暖系统正常运行 120h 后进行，检测持续时间不应少于 72h。检测期间，热源供水温度的逐时值不应低于 35℃。

11. 锅炉运行效率检测

采暖锅炉日平均运行效率的检测应在采暖系统正常运行 120h 后进行，检测持续时间不应少于 24h。检测期间，采暖系统应处于正常运行工况，燃煤锅炉的日平均运行负荷率应不小于 60%，燃油和燃气锅炉瞬时运行负荷率不应小于 30%，锅炉日累计运行时数不应少于 10h。燃煤采暖锅炉的耗煤量应按批计量，燃油和燃气采暖锅炉的耗油量和耗气量应连续累计计量。采暖锅炉的输出热量应采用热计量装置连续累计计量。热计量装置中供回水温度传感器应靠近锅炉本体安装。

12. 采暖系统耗电输热比

耗电输热比的检测应在采暖系统正常运行 120h 后进行，采暖热源的输出热量应在热源机房内采用热计量装置进行累计计量，循环水泵的用电量应分别计量。检测持续时间不应少于 24h。

13. 年采暖耗热量指标验算方法

原《采暖居住建筑节能检验标准》（JGJ32—2001）主张通过检测各个热力入口的供热量来计算标准规定状态下的耗热量指标，以此结果来评判该居住建筑的采暖耗热量是否满足设计标准的要求。实践证明：采用这种方法得到的结果和设计标准很难吻合；其次，在采暖系统供热计量尚未在全国实施的情况下，采用实测耗热量法做起来难度大，可操作性差。为了解决这一矛盾，JGJ/T132—2009 主张只要通过动态计算软件进行验算，证明业已竣工的居住建筑物与其参照建筑相比，其年采暖耗热量不大于参照建筑即可。

14. 年空调耗冷量指标验算方法

JGJ/T132—2009 主张通过动态计算软件进行验算，证明业已竣工的居住建筑物与其参照建筑相比，其年空调耗冷量不大于参照建筑即可。

15. 建筑物单位采暖耗热量测试

考虑到在建筑节能检测过程中，常常会遇到有关单位采暖耗热量的检测问题，JGJ/T132—2009 对其检测和数据处理方法做了修订。采用热量计量装置在建筑物热力入口处测量建筑物的耗热量。新建节能建筑都是采用单元入户式供暖系统，在每个单元楼梯间的阀组间安装一个热量计量表；对原有的非节能建筑，在建筑物热力总入口安装热量计量表，连续记录建筑物的累计耗热量、累计流量、瞬时供水温度、瞬时回水温度。

检测在供热系统正常运行 120h 后进行，检测持续时间不少于 24h。

三、检测数据的分析处理

根据 JGJ/T132—2009，数据处理方法如下。

1. 建筑物室内平均温度

室内温度逐时值和室内平均温度应分别按下列公式计算：

$$t_{rm,i} = \frac{\sum\limits_{j=1}^{p} t_{i,j}}{p} \tag{7-2}$$

$$t_{rm} = \frac{\sum\limits_{i=1}^{n} t_{rm,i}}{n} \tag{7-3}$$

式中　t_{rm}——受检房间的室内平均温度，℃；

$t_{rm,i}$——受检房间第 i 个室内温度逐时值，℃；

$t_{i,j}$——受检房间第 j 个测点的第 i 个室内温度逐时值，℃；

p——受检房间布置的温度测点的点数；

n——受检房间的室内温度逐时值的个数。

2. 建筑物围护结构传热系数

(1) 围护结构的热阻。围护结构的热阻按下列公式计算：

$$R = \frac{\sum\limits_{j=1}^{n} (\theta_{Ij} - \theta_{Ej})}{\sum\limits_{j=1}^{n} q_j} \tag{7-4}$$

式中　R——围护结构主体部位的热阻，$m^2 \cdot K/W$；

θ_{Ij}——围护结构主体部位内表面的第 j 次测量值，℃；

θ_{Ej}——围护结构主体部位外表面温度的第 i 次测量值，℃；

q_j——围护结构主体部位热流密度的第 j 次测量值，W/m^2。

(2) 围护结构主体部位传热系数。围护结构主体部位传热系数按下式计算：

$$K = \frac{1}{R_i + R + R_e} \tag{7-5}$$

式中　K——围护结构主体部位传热系数，$W/(m^2 \cdot K)$；

R_i——内表面换热阻，按国家标准《民用建筑热工设计规范》（GB50176—1993）附录二附表 2.2 的规定采用；

R_e——外表面换热阻，按国家标准 GB50176—1993 附录二附表 2.3 的规定采用。

(3) 围护结构平均传热系数。一个单元墙体的平均传热系数可按下式计算：

$$K_m = K + \frac{\sum \psi_j l_j}{A} \tag{7-6}$$

式中　K_m——单元墙体的平均传热系数，$W/(m^2 \cdot K)$；

K——单元墙体的主断面传热系数，$W/(m^2 \cdot K)$；

ψ_j——单元墙体上的第 j 个结构性热桥的线传热系数，$W/(m^2 \cdot K)$；

l_j——单元墙体上的第 j 个结构性热桥的长度，m；

A——单元墙体的面积，m^2。

热桥线传热系数应按下式计算：

$$\psi = \frac{Q^{2D} - KA(t_n - t_e)}{l(t_n - t_e)} = \frac{Q^{2D}}{l(t_n - t_e)} - KC \tag{7-7}$$

式中　ψ——热桥线传热系数，W/(m·K)；

Q^{2D}——二维传热计算得出的流过一块包含热桥的墙体的热流，W；

K——墙体主断面的传热系数，W/(m²·K)；

A——计算 Q^{2D} 的矩形墙体的面积，m²；

t_n——墙体室内侧的空气温度，℃；

t_e——墙体室外侧的空气温度，℃；

l——计算 Q^{2D} 的矩形的一条边的长度，计算 ψ 时，l 宜取 1m；

C——计算 Q^{2D} 的矩形的另一条边的长度，即 $A=lC$，可取 $C\geqslant 1m$。

3. 建筑物围护结构热桥部位内表面温度

室内外计算温度下热桥部位的内表面温度按下式计算：

$$\theta_I = t_{di} - \frac{t_{rm} - \theta_{lm}}{t_{rm} - t_{em}}(t_{di} - t_{de})\qquad(7-8)$$

式中　θ_I——室内外计算温度下热桥部位内表面温度，℃；

t_{rm}——受检房间的室内平均温度，℃；

θ_{lm}——检测持续时间内热桥部位内表面温度逐时值的算术平均值，℃；

t_{em}——检测持续时间内室外空气温度逐时值的算术平均值，℃；

t_{di}——冬季室内计算温度，℃，根据具体设计图纸确定或按国家标准 GB50176—1993 第 4.1.1 条的规定采用；

t_{de}——围护结构冬季室外计算温度，℃，根据具体设计图纸确定或按国家标准 GB50176—1993 第 2.0.1 条的规定采用。

4. 建筑物围护结构热工缺陷

受检外表面的热工缺陷应采用相对面积 ψ 评价，受检内表面的热工缺陷应采用能耗增加比 β 评价。β 应根据式（7-10）计算。

$$\psi = \frac{\sum_{i=1}^{n} A_{2,i}}{\sum_{i=1}^{n} A_{1,i}}\qquad(7-9)$$

$$\beta = \psi \left| \frac{T_1 - T_2}{T_1 - T_0} \right| \times 100\%\qquad(7-10)$$

$$T_1 = \frac{\sum_{i=1}^{n}(T_{1,i} \cdot A_{1,i})}{\sum_{i=1}^{n} A_{1,i}}\qquad(7-11)$$

$$T_2 = \frac{\sum_{i=1}^{n}(T_{2,i} \cdot A_{2,i})}{\sum_{i=1}^{n} A_{2,i}}\qquad(7-12)$$

$$T_{1,i} = \frac{\sum_{j=1}^{m}(A_{1,i,j} \cdot T_{1,i,j})}{\sum_{j=1}^{m} A_{1,i,j}}\qquad(7-13)$$

$$T_{2,i} = \frac{\sum_{j=1}^{m}(A_{2,i,j} \cdot T_{2,i,j})}{\sum_{j=1}^{m} A_{2,i,j}} \tag{7-14}$$

$$A_{1,i} = \frac{\sum_{j=1}^{m} A_{1,i,j}}{m} \tag{7-15}$$

$$A_{2,i} = \frac{\sum_{j=1}^{m} A_{2,i,j}}{m} \tag{7-16}$$

式中 ψ——受检表面缺陷区域面积与主体区域面积之比值；

$\quad$ β——受检内表面由于热工缺陷所带来的能耗增加比；

$\quad$ T_1——受检表面主体区域（不包括缺陷区域）的平均温度，℃；

$\quad$ T_2——受检表面缺陷区域的平均温度，℃；

$\quad$ $T_{1,i}$——第 i 幅热像图主体区域的平均温度，℃；

$\quad$ $T_{2,i}$——第 i 幅热像图缺陷区域的平均温度，℃；

$\quad$ $A_{1,i}$——第 i 幅热像图主体区域的面积，m^2；

$\quad$ $A_{2,i}$——第 i 幅热像图缺陷区域的面积，即与 T_1 的温度差不小于 1℃ 的点所组成的面积，m^2；

$\quad$ T_0——环境温度，℃；

$\quad$ i——热像图的幅数，$i=1\sim n$；

$\quad$ j——每一幅热像图的张数，$j=1\sim m$。

5. 建筑物室外管网水力平衡度

室外管网水力平衡度按下式计算：

$$HB_j = \frac{G_{um,j}}{G_{ud,j}} \tag{7-17}$$

式中 HB_j——第 j 个热力入口的水力平衡度；

$\quad$ $G_{um,j}$——第 j 个热力入口循环水量的测量值，kg/s；

$\quad$ $G_{ud,j}$——第 j 个热力入口循环水量的设计值，kg/s；

$\quad$ j——热力入口的序号。

6. 建筑物外窗窗口气密性能

现场检测条件下且受检外窗内外压差为 10Pa 时，检测系统的附加渗透量和总空气渗透量应根据回归方程计算，回归方程应采用下列形式：

$$Q = a(\Delta P)^c \tag{7-18}$$

式中 Q——现场检测条件下检测系统的附加渗透量或总空气渗透量，m^3/h；

$\quad$ ΔP——受检外窗的内外压差，Pa；

$\quad$ a、c——拟合系数。

外窗窗口单位空气渗透量应按下式计算：

$$q_a = \frac{Q_{st}}{A_w} \quad\quad (7-19)$$

$$Q_{st} = Q_z - Q_f \quad\quad (7-20)$$

$$Q_z = \frac{293}{101.3} \times \frac{B}{(t+273)} \times Q_{za} \quad\quad (7-21)$$

$$Q_f = \frac{293}{101.3} \times \frac{B}{(t+273)} \times Q_{fa} \quad\quad (7-22)$$

式中　q_a——外窗窗口单位空气渗透量，$m^3/(m^2 \cdot h)$；

Q_f——现场检测条件下，受检外窗内外压差为 10Pa 时，检测系统的附加渗透量，m^3/h；

Q_{fa}——标准空气状态下，受检外窗内外压差为 10Pa 时，检测系统的附加渗透量，m^3/h；

Q_z——现场检测条件下，受检外窗内外压差为 10Pa 时，受检外窗窗口（包括检测系统在内）的总空气渗透量，m^3/h；

Q_{za}——标准空气状态下，受检外窗内外压差为 10Pa 时，受检外窗窗口（包括检测系统在内）的总空气渗透量，m^3/h；

Q_{st}——标准空气状态下，受检外窗内外压差为 10Pa 时，受检外窗窗口本身的空气渗透量，m^3/h；

B——检测现场的大气压力，kPa；

t——检测装置附近的室内空气温度，℃；

A_w——受检外窗窗口的面积（当外窗形状不规则时应计算其展开面积），m^2。

7. 采暖系统补水率

采暖系统补水率应按下式计算：

$$R_{mp} = \frac{g_a}{g_d} \times 100\% \quad\quad (7-23)$$

$$g_d = 0.861 \times \frac{q_q}{t_s - t_r} \quad\quad (7-24)$$

$$g_a = \frac{G_a}{A_0} \quad\quad (7-25)$$

式中　R_{mp}——采暖系统补水率；

g_d——采暖系统单位设计循环水量，$kg/(m^2 \cdot h)$；

g_a——检测持续时间内采暖系统单位补水量，$kg/(m^2 \cdot h)$；

G_a——检测持续时间内采暖系统平均单位时间内的补水量 kg/h；

A_0——居住小区内所有采暖建筑物的总建筑面积，m^2，应按 JGJ/T132—2009 附录 B 第 B.0.3 条的规定计算；

q_q——供热设计热负荷指标，W/m^2；

t_s、t_r——采暖热源设计供水、回水温度，℃。

8. 室外管网热损失率

室外管网热损失率按下式计算：

$$\alpha_{ht} = \left(1 - \sum_{j=1}^{n} Q_{a,j}/Q_{a,t}\right) \times 100\% \qquad (7-26)$$

式中　α_{ht}——采暖系统室外管网热损失率；

　　　$Q_{a,j}$——检测持续时间内第 j 个热力入口处的供热量，MJ；

　　　$Q_{a,t}$——检测持续时间内热源的输出热量，MJ。

9. 锅炉运行效率

$$\eta_{2,a} = \frac{Q_{a,t}}{Q_i} \times 100\% \qquad (7-27)$$

$$Q_i = G_c Q_c^y 10^{-3} \qquad (7-28)$$

式中　$\eta_{2,a}$——检测持续时间内采暖锅炉日平均运行效率；

　　　Q_i——检测持续时间内采暖锅炉的输入热量，MJ；

　　　G_c——检测持续时间内采暖锅炉的燃煤量（kg）或燃油量（kg）或燃气量（Nm³）；

　　　Q_c^y——检测持续时间内燃用煤的平均应用基低位发热值（kJ/kg）或燃用油的平均低位发热值（kJ/kg）或燃用气的平均低位发热值（kJ/ Nm³）。

10. 采暖系统耗电输热比

采暖系统耗电输热比按下式计算：

$$EHR_{a,e} = \frac{3.6\varepsilon_a \eta_m}{\sum Q_{a,e}} \qquad (7-29)$$

当 $\sum Q_a < \sum Q$ 时

$$\sum Q_{a,e} = \min\{\sum Q_p, \sum Q\} \qquad (7-30)$$

当 $\sum Q_a \geqslant \sum Q$ 时

$$\sum Q_{a,e} = \sum Q \qquad (7-31)$$

$$\sum Q_p = 0.3612 \times 10^6 G_a \Delta t \qquad (7-32)$$

$$\sum Q = 0.0864 q_q A_0 \qquad (7-33)$$

式中　$EHR_{a,e}$——采暖系统耗电输热比（无因次）；

　　　ε_a——检测持续时间内采暖系统循环水泵的日耗电量，kW·h；

　　　η_m——电机效率与传动效率之和，直联取 0.85，联轴器传动取 0.83；

　　　$\sum Q_{a,e}$——检测持续时间内采暖系统日最大有效供热能力，MJ；

　　　$\sum Q_a$——检测持续时间内采暖系统的实际日供热量，MJ；

　　　$\sum Q_p$——在循环水量不变的情况下，检测持续时间内采暖系统可能的日最大供热能力，MJ；

　　　$\sum Q$——采暖热源的设计日供热量，MJ；

　　　G_a——检测持续时间内采暖系统的平均循环水量，m³/s；

　　　Δt——采暖热源的设计供回水温差，℃。

11. 建筑物单位采暖耗热量

单位采暖耗热量应按下式计算：

$$q_{ha} = \frac{Q_{ha}}{A_0} \cdot \frac{278}{H_r} \qquad (7-34)$$

式中 q_{ha}——建筑物或居住小区单位采暖耗热量，W/m²；

   Q_{ha}——检测持续时间内在建筑物热力入口处或采暖热源出口处测得的累计供热量，MJ；

   A_0——建筑物（含采暖地下室）或居住小区（含小区内配套公共建筑）的总建筑面积（该建筑面积应按各层外墙轴线围成面积的总和计算），m²；

   H_r——检测持续时间，h。

四、测试仪表设备

测试设备选取满足 JGJ132—2001，在此基础上，选择尽可能高精度和准确度高的设备。

1. 室内温度测量仪表

室内温度测量仪表可采用记忆式温度计，测量时每半小时或 1 小时纪录一组温度数据。

2. 采暖耗热量测量仪表

采暖耗热量测量可采用热量表。热量表是一个由热量传感器、配对温度传感器和计算器组成的组合式仪表。用于计量以水为介质的采用集中供暖的民用或其他公共场所在采暖期间实际消耗的热量。

3. 围护结构传热系数测量仪器

围护结构传热系数可采用热流计法进行测试。采用经过标定的铜—康铜热电偶对围护结构的内外表面温度进行测量、用热流传感器对该对应点的热流密度进行测量。应用建筑热工温度与热流自动测试系统作二次记录表，显示温度及热流密度，每隔一个小时自动纪录一次数据。

4. 建筑物围护结构热桥部位内表面温度测试仪表

可采用红外摄像仪对所有热桥部位进行普测，找到温度最低的热桥部位后，采用红外点温仪点测到温度较低点，然后用温度巡检仪记录检测温度。

对单元门等特殊部分的围护结构可采用便携式热流计进行测量。

5. 热工缺陷测试仪表

围护结构热工缺陷可采用红外热像仪进行检测。由于红外热像仪确定范围较大，再用红外温度计辅助点测，以更准确的确定热工缺陷位置。

6. 建筑物室外管网水力平衡度测试仪表

有热量计量装置的可采用热量计量表测量建筑物的循环水量。无热量计量装置的循环水量的测量可采用超声波流量计进行测量。

7. 外窗现场气密性能检测设备

外窗窗口气密性能检测可采用外窗现场气密性能检测设备。主要检测原件使用热扩散式气体质量流量传感器及高精度压力传感器，保障空气流量及压力数据的检测精度及分辨率。

第三节 建筑能效测评

为建设资源节约型和环境友好型社会，大力发展节能省地型居住和公共建筑，缓解我国能源短缺与社会经济发展的矛盾，我国推行民用建筑能效测评标识。建筑能效测评标识适用于新建居住和公共建筑以及实施节能改造后的既有建筑。实施节能改造前的既有建筑可参照执行。申请民用建筑能效测评标识的建筑必须符合国家现行有关强制性标准的规定。

建筑能效测评是对反映建筑物能源消耗量及其用能系统效率等性能指标进行检测、计算，并给出其所处水平。将反映建筑物能源消耗量及其用能系统效率等性能指标以信息标识的形式进行明示，称其为建筑能效测评标识。这里所提到的建筑物用能系统是与建筑物同步设计、同步安装的用能设备和设施。居住建筑的用能设备主要是指采暖空调系统，公共建筑的用能设备主要是指采暖空调系统和照明两大类；设施一般是指与设备相配套的、为满足设备运行需要而设置的服务系统。

一、基本规定

（一）民用建筑能效的测评标识分类

民用建筑能效的测评标识分为建筑能效理论值标识和建筑能效实测值标识两个阶段。民用建筑能效理论值标识在建筑物竣工验收合格之后进行，建筑能效理论值标识有效期为1年。建筑能效理论值标识后，应对建筑实际能效进行为期不少于1年的现场连续实测，根据实测结果对建筑能效理论值标识进行修正，给出建筑能效实测值标识结果，有效期为5年。居住建筑和公共建筑应分别进行测评。

（二）民用建筑能效的测评标识对象

民用建筑能效的测评标识应以单栋建筑为对象，且包括与该建筑相联的管网和冷热源设备。在对相关文件资料、部品和构件性能检测报告审查以及现场抽查检验的基础上，结合建筑能耗计算分析及实测结果，综合进行测评。建筑能耗计算分析软件应由建筑能效标识管理部门指定。

（三）民用建筑能效的测评标识内容

民用建筑能效的测评标识内容包括基础项、规定项与选择项。

（1）基础项：按照国家现行建筑节能标准的要求和方法，计算或实测得到的建筑物单位面积采暖空调耗能量。

（2）规定项：除基础项外，按照国家现行建筑节能标准要求，围护结构及采暖空调系统必须满足的项目。

（3）选择项：对高于国家现行建筑节能标准的用能系统和工艺技术加分的项目。

（四）民用建筑能效标识等级划分

民用建筑能效标识划分为五个等级。民用建筑能效标识在不同的阶段有不同的要求。

1. 建筑能效理论值标识阶段

当基础项达到节能50％～65％且规定项均满足要求时，标识为一星；当基础项达到节能65％～75％且规定项均满足要求时，标识为二星；当基础项达到节能75％～85％以上且规定项均满足要求时，标识为三星；当基础项达到节能85％以上且规定项均满足要求时，标识为四星。若选择项所加分数超过60分（满分100分）则再加一星。

2. 建筑能效实测值标识阶段

将基础项（实测能耗值及能效值）写入标识证书，但不改变建筑能效理论值标识等级；规定项必须满足要求，否则取消建筑能效理论值标识结果；根据选择项结果对建筑能效理论值标识等级进行调整。若建筑能效理论值标识结果被取消，委托方须重新申请民用建筑能效测评标识。

（五）标识程序

1. 建筑能效理论值标识

（1）提供申请资料。申请建筑能效理论值标识时，委托方应提供下列资料：项目立项、审批等文件；建筑施工设计文件审查报告及审查意见；全套竣工验收合格的项目资料和一套完整的竣工图纸；与建筑节能相关的设备、材料和产品合格证；由国家认可的检测机构出具的项目围护结构产品热工性能及产品节能性能检测报告或建筑门窗节能性能标识证书和标签以及《建筑门窗节能性能标识测评报告》；节能工程及隐蔽工程施工质量检查记录和验收报告；采暖空调系统运行调试报告；应用节能新技术的情况报告；建筑能效理论值。

（2）建筑能效理论值测评。基础项测评应以竣工验收资料为依据，性能参数以施工过程中见证取样的检测报告为主，辅以现场抽查的检测数据。规定项和选择项测评应以现场抽查为主，并辅以施工过程中的验收报告和检测报告。

（3）建筑能效理论值标识。建设主管部门依据建筑能效理论值标识的申请材料核发建筑能效理论值测评标识。

2. 建筑能效实测值标识

（1）提供申请资料。对建筑实际能效进行为期不少于 1 年的现场连续实测后，委托方申请建筑能效实测值标识时，应提供下列资料：采暖空调能耗计量报告；与建筑节能相关的设备、材料和部品的运行记录；应用节能新技术的运行情况报告；建筑能效实测值。

（2）建筑能效实测值测评。建筑能效实测值的内容包括基础项、规定项和选择项的运行实测检验报告。

（3）建筑能效实测值标识。建设主管部门依据建筑能效实测值标识的申请材料核发建筑能效实测值测评标识。

二、测评方法

（1）测评方法包括软件评估、文件审查、现场检查及性能测试。

（2）建筑能耗计算分析软件的功能和算法必须符合建筑节能标准的规定。

（3）文件审查主要针对文件的合法性、完整性及时效性进行审查。

（4）现场检查为设计符合性检查，对文件、检测报告等进行核对。

（5）性能测试方法和抽样数量按节能建筑相关检测标准和验收标准进行。性能测试内容如下，其中已有检测项目不再重复进行，但需提供相关报告。

1）墙体、门窗、保温材料的热工性能。

2）围护结构热工缺陷检测。

3）外窗及阳台门气密性等级检测。

4）平衡阀、采暖散热器、恒温控制阀、热计量装置检测。抽样数量为至少抽查 0.5%，并不得小于 3 处，不足 3 处时，应全数检查。

5）冷热源设备的能效检测，抽样数量为至少抽查 1/3。

6）太阳能集热器的效率检测。

7）水力平衡度检测。

三、建筑能效理论值测评

（一）居住建筑能效理论值测评

1. 基础项

（1）采暖空调全年耗能量计算。居住建筑应进行建筑物单位建筑面积采暖空调全年耗能量计算。能耗计算应符合以下规定：

1）严寒寒冷地区应计算建筑物单位建筑面积采暖全年耗能量及建筑物耗热量指标。

2）夏热冬冷地区应计算建筑物单位建筑面积采暖空调全年耗能量。

3）夏热冬暖地区应计算建筑物单位建筑面积空调全年耗能量。

测评方法：软件评估、性能测试。

（2）获得建筑能耗计算所需数据的方法。建筑能耗计算所需数据应按下列方法获得：

1）建筑物构造尺寸按竣工图纸。

2）建筑物外门、外窗的保温和气密性能应以施工进场见证取样检测报告为准。

3）外墙保温材料的导热系数按施工进场见证取样检测报告为准，其厚度取现场抽查的厚度和施工验收时厚度的平均值。现场抽查数量按照《建筑节能施工验收标准》进行。当差异较大时，应现场抽样检测墙体传热系数。

4）楼梯间隔墙和地面按施工验收报告。

5）屋面材料的导热系数按施工进场见证取样检测报告，其厚度按施工验收时的平均厚度。如有必要时可进行检测。

2. 规定项

（1）外窗。

1）外窗的密闭性能。外窗应具有良好的密闭性能，严寒及寒冷地区建筑的外窗气密性等级符合《民用建筑节能设计标准》（JGJ 26—1995）第 4.2.5 条的规定，夏热冬冷地区符合《夏热冬冷地区居住建筑节能设计标准》（JGJ 134—2001）第 4.0.7 条的规定，夏热冬暖地区符合《夏热冬暖地区居住建筑节能设计标准》（JGJ 75—2003）第 4.0.11 条的规定。

测评方法：性能测试、文件审查、现场检查。

2）窗洞口之间的密封方法和材料。严寒及寒冷地区和夏热冬冷地区门窗洞口之间的密封方法和材料应符合相应的节能设计要求。

测评方法：文件审查、现场检查。

（2）围护结构热桥。严寒寒冷地区和夏热冬冷地区外墙与屋面的热桥部位（如空调板、腰线等）均应采取保温措施，以保证热桥部位的内表面温度在室内空气设计温、湿度条件下不低于露点温度。

测评方法：文件审查、现场检查、性能测试。

（3）冷热源。

1）除电力充足和供电政策支持、或者建筑所在地无法利用其他形式的能源外，严寒寒冷地区的住宅内，不应采用直接电热采暖。

测评方法：文件审查、现场检查。

2）以地源热泵、水源热泵为空调机组冷热源时，应确保水资源不被破坏，不被污染，不被浪费。

测评方法：文件审查、现场检查。

3）锅炉的设计效率不应低于表7-2中规定的数值。

表7-2　　　　　　　　　　　　锅炉的最低设计效率　　　　　　　　　　　　%

锅炉容量（MW） 锅炉类型、燃料种类及发热值			0.7	1.4	2.8	4.2	7.0	14.0	>28.0
燃煤	烟煤	Ⅱ	—	—	73	74	78	79	80
		Ⅲ	—	—	74	76	78	80	82
燃油、燃气			86	87	87	88	89	90	90

测评方法：文件审查、现场检查。

4）采用户式燃气炉作为热源时，应设置专用的进气及排烟通道，并应符合下列要求：燃气炉自身必须配置有完善且可靠的自动安全保护装置；燃气热风供暖炉的额定热效率不低于80%；燃气热水供暖炉的额定热效率不低于89%，部分负荷下的热效率不低于85%；具有同时自动调节燃气量和燃烧空气量的功能，并配置有室温控制器；配套供应的循环水泵的工况参数，与采暖系统的要求相匹配。

5）电机驱动压缩机的蒸气压缩循环冷水（热泵）机组，在额定制冷工况和规定条件下，性能系数（COP）不应低于表7-3的规定。

表7-3　　　　　　　　　冷水（热泵）机组制冷性能系数

类　　型		额定制冷量（kW）	性能系数（W/W）
水冷	活塞式/涡旋式	<528	3.8
		528~1163	4.0
		>1163	4.2
	螺杆式	<528	4.10
		528~1163	4.30
		>1163	4.60
	离心式	<528	4.40
		528~1163	4.70
		>1163	5.10
风冷或蒸发冷却	活塞式/涡旋式	≤50	2.40
		>50	2.60
	螺杆式	≤50	2.60
		>50	2.80

测评方法：文件审查。

6）名义制冷量大于7100W、采用电机驱动压缩机的单元式空气调节机时，在名义制冷工况和规定条件下，其能效比（EER）不应低于表7-4的规定。

表7-4　　　　　　　　　单元式机组能效比　　　　　　　　单位：W/W

类　　　型		能　效　比
风冷式	不接风管	2.60
	接风管	2.30
水冷式	不接风管	3.00
	接风管	2.70

测评方法：文件审查。

7）集中采暖系统热水循环水泵的耗电输热比（EHR）值应符合下式要求

$$EHR = N/Q\eta \tag{7-35}$$

$$EHR \leqslant 0.0056(14 + a\sum L)/\Delta t \tag{7-36}$$

式中　N——水泵在设计工况点的轴功率，kW；

　　　Q——建筑供热负荷，kW；

　　　η——电机和传动部分的效率；采用直联方式时，$\eta = 0.85$；采用联轴器连接方式时，$\eta = 0.83$；

　　　Δt——设计供回水温度差，℃。系统中管道全部采用钢管连接时：取 $\Delta t = 25$℃；系统中管道有部分采用塑料管材连接时，取 $\Delta t = 20$ ℃；

　　　$\sum L$——室外主干线（包括供回水管）总长度，m。

当$\sum L \leqslant 500$m 时，$a = 0.0115$。

当$500 < \sum L < 1000$m 时，$a = 0.0092$。

当$\sum L \geqslant 1000$m 时，$a = 0.0069$。

测评方法：文件审查、现场检查。

8）设置集中采暖和（或）集中空调系统的建筑，采取分室（户）温度控制设施，并设置分户热量分摊装置或预留安装该装置的位置。

测评方法：文件审查、现场检查。

9）锅炉房和热力站的一次水总管和二次水总管上，必须设置计量总供热量的热量表；集中采暖系统中的建筑物应在热力入口处设置热量表，作为该建筑物采暖耗热量的依据，并设置过滤器。

测评方法：文件审查、现场检查。

10）集中采暖空调水系统采取有效的水力平衡措施。

测评方法：文件审查、现场检查。

11）区域供热锅炉房和热力站，除必须设计和配置必要的保证安全运行的控制环节外，还应设计和配置保证供热质量及实现节能的下列环节：按需供热，设置供热量自动控制装置（气候补偿器），实时检测。

测评方法：文件审查、现场检查。

3. 选择项

(1) 可再生能源的利用。

1) 根据当地气候和自然资源条件，充分利用太阳能、地热能、风能等可再生能源。

测评方法：文件审查、软件评估、现场检查。

分数：55，根据可再生能源使用占建筑采暖空调及生活热水能耗的比例加分，见表7-5。

2) 在住宅小区规划布局、建筑单体设计时，进行科学的自然通风与自然采光设计，以充分利用自然能源。

测评方法：文件审查、计算分析报告、现场检查。

表 7-5 可再生能源加分等级

可再生能源使用占建筑采暖空调及生活热水能耗的比例（%）	分数
<20	5
20～50	15
50～70	35
>70	55

分数：20，其中建筑物具有良好朝向5分，能组织良好通风5分，采用有效遮阳措施10分。

(2) 能量回收利用及节能产品的应用。设置集中空调系统的住宅，采用符合国家标准的能量回收系统（装置）。设置分散系统的住宅所选用的空调器达到国家空调节能级别。

测评方法：文件审查、现场检查；分数：15。

(3) 其他节能措施的应用。其他新型节能措施，并提供相应节能技术报告。

测评方法：文件审查、现场检查；分数：每项措施加5分，替代措施总分不超过10分。

（二）公共建筑能效理论值

1. 基础项

(1) 公共建筑应进行建筑物单位建筑面积采暖空调全年耗能量计算。

测评方法：软件评估、性能测试。

(2) 建筑能耗计算分析所需数据获得方式同居住建筑能效理论值数据获取方法。

2. 规定项

(1) 外窗。建筑外窗的气密性不低于《建筑外窗气密性能分级及其检测方法》（GB 7107—2002）规定的4级要求。透明幕墙的气密性不低于《建筑幕墙物理性能分级》（GB/T 15225—1994）规定的3级要求。

测评方法：性能测试、文件审查、现场检查。

(2) 围护结构热桥。外墙与屋面的热桥部位（如空调板、腰线等）均应采取保温措施，以保证热桥部位的内表面温度在室内空气设计温、湿度条件下不低于露点温度。

测评方法：文件审查、现场检查、性能测试（围护结构热工缺陷检测）。

(3) 冷热源。

1）电作为热源。除了符合下列情况之一外，不得采用电热锅炉、电热水器作为直接采暖和空气调节系统的热源：电力充足、供电政策支持和电价优惠地区的建筑；以供冷为主，采暖负荷较小且无法利用热泵提供热源的建筑；无集中供热与燃气源，用煤、油等燃料受到环保或消防严格限制的建筑；利用可再生能源发电地区的建筑；内、外区合一的变风量系统中需要对局部外区进行加热的建筑。

测评方法：文件审查、现场检查。

2）以地源热泵、水源热泵为空调机组冷热源时，应确保水资源不被破坏，不被污染，不被浪费。

测评方法：文件审查、现场检查。

3）锅炉的额定热效率不应低于表7-6中规定的数值。

表7-6 　　　　　　　　　　　　锅炉额定热效率　　　　　　　　　　　　　　 ％

类　　　　型	热效率
燃煤（II类烟煤）蒸汽、热水锅炉	78
燃油、燃气蒸汽、热水锅炉	89

测评方法：文件审查、现场检查。

4）电机驱动压缩机的蒸气压缩循环冷水（热泵）机组，在额定制冷工况和规定条件下，性能系数 COP 不应低于表7-3的规定。

测评方法：文件审查。

5）名义制冷量大于7100W、采用电机驱动压缩机的单元式空气调节机、风管送风式和屋顶式空气调节机组时，在名义制冷工况和规定条件下，其能效比 EER 不应低于表7-4的规定。

测评方法：文件审查。

6）蒸汽、热水型溴化锂吸收式冷水机组及直燃型溴化锂吸收式冷（温）水机组应选用能量调节装置灵敏、可靠的机型，在名义工况下的性能参数应符合表7-7的规定。

表7-7 　　　　　　　　　　　溴化锂吸收式机组性能参数

机型	名　义　工　况			性　能　参　数		
	冷（温）水进/出口温度（℃）	冷却水进/出口温度（℃）	蒸汽压力（MPa）	单位制冷量蒸汽耗量[kg/(kW·h)]	性能参数（W/W）	
					制冷	供热
蒸汽双效	18/13	30/35	025	≤1.40		
	12/7		0.4			
			0.6	≤1.31		
			0.8	≤1.28		
直燃	供冷 12/7	30/35			≥1.10	
	供热出口 60					≥0.90

注　直燃机的性能系数为：制冷量(供热量)/[加热源消耗量(以低位热值计)＋电力消耗量(折算成一次能)]。

测评方法：文件审查。

7）集中采暖系统热水循环水泵的耗电输热比 EHR 值应符合式（7-37）、式（7-38）的要求。

测评方法：文件审查、现场检查。

8）集中空调系统风机单位风量耗功率 W_s 应按下式计算，并不应大于表7-8中的规定。

$$W_s = P/(3600\eta_t) \qquad (7-37)$$

式中　W_s——单位风量耗功率，W/（m³/h）；

　　　P——风机全压值，Pa；

　　　η_t——包含风机、电机及传动效率在内的总效率，%。

表7-8　　　　　　　　　　　　　风机的单位风量耗功率限值　　　　　　　　　单位：W/（m³/h）

系统型式	办公建筑		商业、旅馆建筑	
	粗效过滤	粗、中效过滤	粗效过滤	粗、中效过滤
两管制定风量系统	0.42	0.48	0.46	0.52
四管制定风量系统	0.47	0.53	0.51	0.58
两管制变风量系统	0.58	0.64	0.62	0.68
四管制变风量系统	0.63	0.69	0.67	0.74
普通机械通风系统	0.32			

注　1. 普通机械通风系统中不包括厨房等需要特定过滤装置的房间的通风系统。
　　2. 严寒地区增设预热盘管时，单位风量耗功率可增加 0.035W/（m³/h）。
　　3. 当空气调节机组内采用湿膜加湿方法时，单位风量耗功率可增加 0.053W/（m³/h）。

测评方法：文件审查、现场检查。

9）空气调节冷热水系统的输送能效比 ER 应按下式计算，且不应大于表7-9中的规定值。

$$ER = 0.002342H/(\Delta T \cdot \eta) \qquad (7-38)$$

式中　H——水泵设计扬程，m；

　　　ΔT——供回水温差，℃；

　　　η——水泵在设计工作点的效率，%。

表7-9　　　　　　　　　　　空气调节冷热水系统的最大输送能效比 ER

管道类型	两管制热水管道			四管制热水管道	空调冷水管道
	严寒地区	寒冷地区/夏热冬冷地区	夏热冬暖地区		
ER	0.00577	0.00433	0.00865	0.00673	0.0241

注　两管制热水管道系统中的输送能效比值，不适用于采用直燃式冷热水机组作为热源的空气调节热水系统。

测评方法：文件审查、现场检查。

10）设置集中采暖和（或）集中空调系统的建筑，采取室温调节设施。

测评方法：文件审查、现场检查。

11）系统的划分和布置应能实现分区热量计量。每栋建筑及其冷、热源站房应设置冷、热量计量装置。

测评方法：文件审查、现场检查。

12）集中采暖空调水系统采取有效的水力平衡措施。

测评方法：文件审查、现场检查。

13）集中采暖与空气调节系统设有监测和控制系统。

测评方法：文件审查、现场检查。

14）公共场所和部位的照明功率密度符合《建筑照明设计标准》GB 50034 的规定。照明采用节能灯具，除电梯厅外均应采用节能开关进行控制。在自然采光的区域设定时或光电控制的照明系统。

测评方法：文件审查、现场检查。

3. 选择项

（1）可再生能源的利用。

1）根据当地气候和自然资源条件，充分利用太阳能、地热能、风能等可再生能源。

测评方法：文件审查、软件评估、现场检查；分数：55，根据可再生能源使用占建筑采暖空调及生活热水能耗的比例加分，见表 7-5。

2）在建筑规划布局、单体设计时，进行科学的自然通风与自然采光设计，以充分利用自然能源。

测评方法：文件审查、计算分析报告、现场检查；分数：5。

（2）能量回收再利用及节能产品的应用。

1）采用适宜的蓄冷蓄热技术和新型节能的空气调节方式。

测评方法：文件审查、现场检查；分数：5。

2）设置集中采暖和（或）集中空调系统的公共建筑，采用切实有效的能量回收系统（装置）。

测评方法：文件审查、现场检查；分数：5。

3）建筑用生活热水或采暖选用余热或废热利用等方式提供。

测评方法：文件审查、现场检查；分数：10。

（3）运行调节与管理。

1）空调系统能根据全年空调负荷变化规律，进行全新风或可变新风比等节能控制调节，满足季节及部分负荷要求。

测评方法：文件审查、现场检查；分数：5。

2）空调系统能进行变水量或变风量节能控制调节。

测评方法：文件审查、现场检查；分数：5。

3）楼宇自控系统功能完善，各子系统均能实现自动检测与控制。

测评方法：文件审查、现场检查；分数：5。

4）具有完善的用能管理制度，对建筑冷热源、空调输配系统、照明、生活热水、家用电器等部分能耗实现分项和分区域计量与统计，通过科学运行管理模式进行节能。

采用楼宇自控系统的建筑物，应具有以下节能管理措施：冷热源设备采用群控方式，楼宇自控系统（BAS）可根据冷热源负荷的需求自动调节冷热源机组台选的启停控制；进行空调系统设备最佳启停和运行时间控制；自动控制公共区域和外立面照明的开启和关闭。

测评方法：文件审查、现场检查；分数：5。

（4）当测评建筑未采用上述节能措施时，可由其他新型节能措施替代，并提供相应节能技术报告。

测评方法：文件审查、现场检查；分数：每项措施加 5 分，替代措施总分不超过 15 分。

四、建筑能效实测值

（一）居住建筑能效实测值

1. 基础项

（1）居住建筑应进行单位建筑面积建筑总能耗实测；采用集中采暖或空调的居住建筑还应进行单位采暖耗热量或单位空调耗冷量实测。

（2）建筑总能耗是指采暖空调、照明、生活热水等所有耗能系统及设备的耗能总量。耗能的种类包括电能、燃气、蒸汽等各种能源形式。

（3）单位采暖耗热量或单位空调耗冷量的检测应以单体建筑为对象，应在采暖或空调系统正常运行后进行，检测持续时间宜为整个采暖期或供冷期。

（4）单位采暖耗热量或单位空调耗冷量的检测方法应符合 JGJ 132—2009 附录 B 的规定。

2. 规定项

（1）室内采暖空调效果检测。检验方法：建筑物室内采暖空调效果应达到设计图纸和国家相应标准规范的要求。

（2）锅炉实际运行效率检测。检测方法：符合 JGJ 132—2009 的规定。

（3）室外管网热损失率检测。检测方法：符合 JGJ 132—2009 的规定。

（4）集中采暖系统耗电输热比检测。检测方法：符合 JGJ 132—2009 的规定。

3. 选择项

参照公共建筑运行实测检验选择项要求。

（二）公共建筑能效实测值

1. 基础项

（1）公共建筑应进行单位建筑面积建筑总能耗、单位建筑面积采暖空调耗能量及采暖空调系统的实际运行能效的实测。

（2）建筑总能耗是指采暖空调系统、照明系统、办公设备、动力设备、生活热水等所有耗能系统的耗能总量。耗能的种类包括电能、燃气、蒸汽等各种能源形式。

（3）采暖空调耗能量应包括采暖空调系统耗电量、其他类型的耗能量（燃气、蒸汽、煤、油等），及区域集中冷热源提供供热、供冷量。

（4）建筑总能耗通过查阅建筑物的能源消耗清单，并辅以现场实测的方法确定。

（5）采暖与空调系统的实际运行能效应分别实测。采暖或空调系统的实际运行能效应为实测采暖或空调耗能量与实测供热或供冷量的比值。

(6) 单位采暖空调耗能量可采用以下方法:

1) 对于已设分项计量装置的建筑,其采暖空调能耗可根据计量结果确定。

2) 对于未设分项计量装置的建筑,可采用以下方法确定建筑能耗:对采暖空调系统性能进行现场测试,根据测试结果并结合以往运行记录进行分析计算;设置监测仪表,对采暖空调系统能耗进行长期检测,根据监测结果计算。

(7) 建筑物供热或供冷量应采用热计量装置在建筑物热力入口处或主供水回路上检测,供回水温度和流量传感器的安装宜满足相关产品的使用要求。

2. 规定项

(1) 室内采暖空调效果检测。检验方法:建筑物室内采暖空调效果应达到设计图纸和国家相应标准规范的要求。

(2) 冷水机组实际运行效率检测。检验方法:冷水机组实际运行效率应不低于同类机组 3 级水平所对应的限值。

(3) 采暖空调系统循环水泵的实际运行效率检测。检验方法:采暖和空调系统循环泵的实际运行效率应不低于设计和设备铭牌值的 80%。

(4) 系统供回水温度的检测。检验方法:采暖和空调系统循环泵低于设计供回水温差 40%的实际运行时间不应超过总运行时间的 15%。集中采暖空调水系统主分支管处的回水温度最大差值不应大于 1℃。

(5) 空调机组和新风机组风量和输入功率的检测。检验方法:空调机组和新风机组现场实测的风量和输入功率不应大于设计或设备铭牌值的 20%。

(6) 冷却塔实际运行效率的检测。检验方法:冷却塔的实际运行效率不应低于设计或设备铭牌值的 90%。

3. 选择项

(1) 可再生能源实际应用效果的测试评估。

(2) 蓄冷蓄热等新型节能技术实际应用效果的测评。

(3) 能量热回收装置的效率检测。

(4) 余热或废热利用技术实际应用效果的测评。

(5) 全新风或可变新风技术实际应用效果的检测。

(6) 变风量或变水量节能控制调节应用效果的检测。

(7) 其他新型节能措施实际应用效果的检测。

上述各项检验方法提供第三方测试评估报告。

五、建筑能效测评标识报告

(1) 民用建筑能效理论值标识报告应包括以下内容:

1) 民用建筑能效测评汇总表。

2) 民用建筑能效标识汇总表。

3) 建筑物围护结构热工性能表。

4) 建筑和用能系统概况。

5) 基础项计算说明书。

6）测评过程中依据的文件及性能检测报告。

7）民用建筑能效测评标识联系人、电话和地址等。

（2）基础项计算说明书应包括计算输入数据、软件名称及计算过程等。

（3）民用建筑能效实测值标识报告应包括以下内容：

1）建筑和用能系统概况。

2）基础项实测检验报告。

3）规定项实测检验报告。

4）选择项测试评估报告。

5）测评过程中依据的文件及性能检测报告。

6）民用建筑能效测评标识联系人、电话和地址。

第四节　建筑节能检测案例分析

本节介绍大庆某小区建筑概况及所选取的试验1号楼、试验2号楼住宅建筑的建筑概况，根据检测方法对测试数据进行处理，得到建筑物室内平均温度、建筑物围护结构传热系数、建筑物围护结构热桥部位内表面温度等参数。分别找出这两栋楼的建筑热工缺陷，并对所有的测试项目进行综合的分析与评价。

一、建筑概况

大庆某小区共有建筑13栋，层数为6层，总建筑面积109595m²。根据小区建筑具体情况，并得到开发商认可，选取试验1号楼、试验2号楼进行检测。

1. 试验1号楼

（1）建筑规模：总建筑面积：5796.9m²（其中阳台面积109.6m²），标准层平面共4个单元，2户/单元，占地面积为991.5m²。

（2）建筑层数与总高度：主体建筑为6层带阁楼，建筑总高度：23.755m（最高点）。

（3）本工程为按节能50%设计标准设计的节能建筑，所在城市的建筑气候分区为严寒地区B区，住宅建筑体形系数为0.28。

（4）外墙1～6层为240厚黏土实心砖加90厚苯板加120黏土实心砖。阁楼层为240厚黏土实心砖加100厚苯板。内墙1～6层为实心砖，阁楼层局部为实心砖，局部为陶粒混凝土砌块。

（5）屋面结构为钢筋混凝土屋面板加80厚挤塑苯板保温层加防水。

（6）北外窗为单框三玻平开塑钢窗，南外窗为单框双玻平开塑钢窗。

（7）采暖系统为同程式系统，散热器采暖。

2. 试验2号楼

（1）建筑规模：总建筑面积：5396.82m²（其中阳台面积106.88m²），标准层平面共4个单元，2户/单元，占地面积为1137.54m²。

（2）建筑层数与总高度：主体建筑为5层带阁楼，建筑总高度为20.720m（最高点）。

（3）本工程为按节能50%设计标准设计的节能建筑，所在城市的建筑气候分区为严寒地区B区，住宅建筑体形系数为0.29。

（4）外墙 1～6 层为 240 厚黏土实心砖加 90 厚苯板加 120 黏土实心砖。阁楼层为 240 厚黏土实心砖加 100 厚苯板。内墙 1～6 层为实心砖，阁楼层局部为实心砖，局部为陶粒混凝土砌块。

（5）屋面结构为钢筋混凝土屋面板加 80 厚挤塑苯板保温层加防水。

（6）北外窗为单框三玻平开塑钢窗，南外窗为单框双玻平开塑钢窗。

（7）采暖系统为同程式系统，散热器采暖。

二、建筑物室内平均温度测试

1. 温度测点的选择布置

根据建筑物室内平均温度测试方法，结合住户的具体情况，在试验 1 号楼、试验 2 号楼住宅楼有代表性的不同位置布置了测温点，具体布置如表 7-10 所示。

表 7-10　　　　　试验 1 号楼、试验 2 号楼住宅建筑室内温度测点布置一览表

房间号	温度计位置	代表面积（m²）	房间号	温度计位置	代表面积（m²）
试验 1-1-201	客厅	28.43	试验 2-1-201	卧室	12.69
试验 1-1-601	客厅	26.23	试验 2-1-501	卧室	17.43
试验 1-3-201	客厅	29.64	试验 2-2-202	卧室	14.01
试验 1-3-601	客厅	27.19	试验 2-2-502	卧室	14.05
试验 1-4-302	客厅	28.43	试验 2-4-302	卧室	16.60
试验 1-4-601	客厅	17.79	试验 2-4-502	卧室	17.43

2. 室内温度测试计算结果

室内温度的测试计算起止时间试验 1 号楼从 2008 年 1 月 27 日 0 时至 2008 年 2 月 2 日 23 时，共计 168h，试验 2 号楼从 2008 年 2 月 15 日 0 时至 2008 年 2 月 21 日 23 时，共计 168h，将测试数据代入式（7-2）、式（7-3），计算得检测持续时间内建筑物室内平均温度如表 7-11 所示。

表 7-11　　　　　试验 1 号楼、试验 2 号楼住宅建筑室内温度测试计算结果一览表

房间号	测试温度（℃）			低于 16℃		高于 24℃	
	平均	最低	最高	出现次数	所占比例%	出现次数	所占比例%
试验 1-1-201	17.81	16.00	20.20	0	0	0	0
试验 1-1-601	20.91	19.30	22.90	0	0	0	0
试验 1-3-201	20.73	19.50	22.50	0	0	0	0
试验 1-3-601	19.19	18.20	21.30	0	0	0	0
试验 1-4-302	19.47	18.00	21.30	0	0	0	0
试验 1-4-601	20.50	19.00	22.70	0	0	0	0
建筑物	19.71	16.00	22.90	0	0	0	0
试验 2-1-201	18.97	18.00	20.80	0	0	0	0
试验 2-1-501	19.48	19.00	20.90	0	0	0	0
试验 2-2-202	19.76	18.90	21.30	0	0	0	0

续表

房间号	测试温度（℃）			低于16℃		高于24℃	
	平均	最低	最高	出现次数	所占比例%	出现次数	所占比例%
试验2-2-502	19.67	18.70	22.00	0	0	0	0
试验2-4-302	20.40	19.50	21.60	0	0	0	0
试验2-4-502	19.97	19.10	21.30	0	0	0	0
建筑物	19.74	18.00	22.00	0	0	0	0

3. 室内温度测试计算结果分析与评价

由表7-11中可见，各测温点的逐时室内温度均高于16℃；中间楼层南向房间白天时段的逐时室内温度偏高，温度高于24℃的次数为0。达到标准要求。

从温度分布上看，位于底层的试验1-1-201房间和试验2-1-201房间的平均温度低于其他中间楼层。

三、建筑物围护结构传热系数测试

1. 测点的选择布置

根据建筑物围护结构传热系数测试方法，结合建筑的具体情况，选择了位于顶层试验1-4-602、试验2-1-501房间进行测试，对所测建筑物的不同围护结构布置了多个测点，具体布置如表7-12所示。

表7-12　试验1号楼、试验2号楼住宅建筑围护结构传热系数测点布置一览表

楼　　号	围护结构名称	测 点 位 置		
		测点1	测点2	测点3
试验1号楼	屋顶	屋顶-左	屋顶-中	屋顶-右
	外墙	外墙-上	外墙-中	外墙-下
	山墙（包括阁楼）	西山墙-上	西山墙-中	西山墙-下
	壁龛	壁龛-左	壁龛-中	壁龛-右
	外窗	外窗-上	外窗-中	外窗-下
	过梁（包括阁楼）	过梁-左	过梁-中	过梁-右
	阳台外墙	阳台外墙-左	阳台外墙-中	阳台外墙-右
试验2号楼	屋顶	卧室屋顶-左	卧室屋顶-中	卧室屋顶-右
	外墙（包括阁楼）	外墙-左	外墙-中	外墙-右
	山墙（阁楼）	东山墙-上	东山墙-中	东山墙-下
	壁龛	壁龛-左	壁龛-中	壁龛-右
	外窗	外窗-左	外窗-中	外窗-右
	过梁（包括阁楼）	过梁-左	过梁-中	过梁-右

2. 围护结构传热系数测试计算结果及分析与评价

将测试数据代入式（7-4）、式（7-5）计算主体部位传热系数，并用计算软件计算平均传热系数。计算得检测持续时间内建筑物围护结构传热系数如表7-13所示。

表7-13 试验1号楼、试验2号楼住宅建筑围护结构传热系数测试计算结果一览表

试验1号楼围护结构	传热系数 [W/(m²·K)]			超 标 率	
	平均	节能50%标准限值	节能65%标准限值	按节能50%计算	按节能65%计算
外墙	0.572	0.52	0.45	10%	27%
屋顶	0.495	0.50	0.30	0	41%
外窗	1.962	2.50	2.2	0	0
外门	0.754	2.50	1.5	0	0
试验2号楼围护结构	传热系数 [W/(m²·K)]			超 标 率	
	平均	节能50%标准限值	节能65%标准限值	按节能50%计算	按节能65%计算
外墙	0.516	0.52	0.45	0	15%
屋顶	0.495	0.50	0.30	0	65%
外窗	1.962	2.50	2.2	0	0
外门	0.754	2.50	1.5	0	0

从表7-13中可见：试验1号楼外墙传热系数按节能50%计算超标10%，按节能65%计算超标27%；屋面的传热系数满足节能50%的设计要求，按节能65%计算超标41%；外窗和外门的传热系数均满足节能50%和节能65%的设计要求；试验2号楼外墙、屋面满足节能50%的设计要求；按节能65%计算，外墙传热系数超标15%，屋面传热系数超标65%；外窗和外门的传热系数均满足节能50%和节能65%的设计要求。

四、建筑物围护结构热桥部位内表面温度测试

1. 测点的选择布置

根据建筑物围护结构热桥部位内表面温度的测试方法，首先用红外摄像仪对房间所有热桥部位进行普测，找到了位于顶棚、外墙和山墙交汇处的墙角处温度最低，将温度传感器贴于内墙表面进行检测。

2. 围护结构各热桥部位内表面温度测试计算结果

建筑物围护结构热桥部位内表面温度测试计算起止时间同传热系数测试时间相同，同时逐时测出该房间的室内温度和室外空气温度。将测试数据代入式（7-8），根据GB50176—1993规定，大庆地区室内计算温度取18℃，围护结构冬季室外计算温度取—26℃。计算得室内外计算温度下热桥部位的内表面温度试验1号楼为3.91℃、试验2号楼为3.86℃。

3. 围护结构各热桥部位内表面温度测试计算结果分析与评价

当室内计算温度为18℃，相对湿度为60%时，室内空气露点温度为10.1℃。由测试结果分析，在检测持续时间内，室内外计算温度条件下热桥部位内表面温度低于室内空气露点温度。

五、建筑物围护结构热工缺陷检测

1. 围护结构热工缺陷测试结果

根据建筑物围护结构热工缺陷检测方法，首先用红外摄像仪在夜晚对被检测建筑进行普测，然后对可疑部位进行多次详细检测。选取有代表性的热像图如图 7-1～7-3 所示。

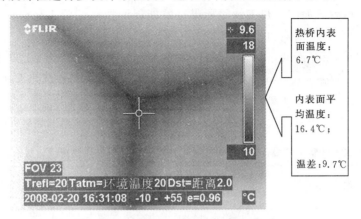

图 7-1　试验 1 号楼墙角热像图

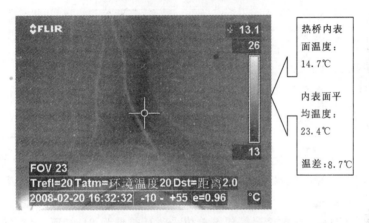

图 7-2　试验 1 号楼楼板与墙角交界热像图

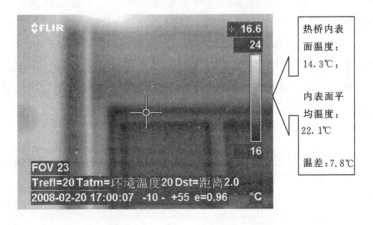

图 7-3　试验 2 号楼外窗热像图

2. 围护结构热工缺陷测试结果分析与评价

在所有热像图中找出与主体区域温度差不小于 1℃的点所组成的区域，测量出面积，计算出该区域的平均温度。同时测量出主体区域的面积和温度，将测试数据代入式（7-10），计算得受检内表面由于热工缺陷所带来的能耗增加比试验 1 号楼 $\beta=4.89\%$，该围护结构有 2 处单块热工缺陷面积大于 $0.5m^2$，分别为 $0.51m^2$、$0.55m^2$，位于山墙与顶棚交界处和楼板与墙角交界处；试验 2 号楼 $\beta=1.87\%$，该围护结构有 1 处单块热工缺陷面积大于 $0.5m^2$，为 $0.55m^2$，位于阁楼外窗。所以该两栋建筑均存在热工缺陷。

六、建筑物单位采暖耗热量检测

大庆某试验 1 号楼、试验 2 号楼住宅建筑单位采暖耗热量测试如表 7-14 所示。

表 7-14 大庆某试验 1 号楼、试验 2 号楼住宅建筑单位采暖耗热量测试计算结果一览表

建筑物名称	采暖耗热量 q_{hm}（W/m²）	平均耗热量 q_{hm}（W/m²）
试验 1-1	29.51	
试验 1-2	20.92	
试验 1-3	20.94	25.84
试验 1-4	32.00	
试验 2-1	22.48	
试验 2-2	23.51	
试验 2-3	18.47	21.60
试验 2-4	21.95	

根据测试方案在每个单元热力入口处各安装一个热量计量表，连续记录建筑物的累计耗热量、累计流量、瞬时供水温度、瞬时回水温度。将测试结果代入式（7-34），计算出建筑物单位采暖耗热量，如表 7-14 所示。

从表 7-14 可以看出试验 2 号楼建筑单位采暖耗热量为 $21.60W/m^2$，满足节能 50% 标准要求，按节能 65% 计算，超标 5.88。试验 1 号楼建筑单位采暖耗热量为 $25.84W/m^2$，按节能 50% 计算，超标 17.45%。按节能 65% 计算，超标 26.67%。

七、建筑物室外管网水力平衡度检测

根据测量方案，采用热量计量装置在建筑物热力入口处测量建筑物的耗热量。新建节能建筑都是采用单元入户式供暖系统，在每个单元楼梯间的阀组间各安装了一个热量计量表，测试起止时间同围护结构传热系数测试时间。将测试数据代入式（7-17），计算结果如表 7-15 所示。

表 7-15 试验 1 号楼、试验 2 号楼住宅建筑室外管网水力平衡度测试计算结果一览表

热力入口的序号	循环水量的设计值（kg/s）	循环水量的测量值（kg/s）	水力平衡度
试验 1-1	0.78	0.74	0.95
试验 1-2	0.82	0.65	0.79
试验 1-3	0.82	0.65	0.79

续表

热力入口的序号	循环水量的设计值 （kg/s）	循环水量的测量值 （kg/s）	水力平衡度
试验 1 - 4	0.78	0.83	1.06
试验 2 - 1	0.71	1.25	1.76
试验 2 - 2	0.67	1.01	1.51
试验 2 - 3	0.67	1.01	1.51
试验 2 - 4	0.71	1.20	1.69

从表 7 - 15 可以看出，所测试的八个单元，只有试验 1 - 1、试验 1 - 4 室外管网水力平衡度满足标准要求。

八、测试结果分析与评价

通过测试分析，得出如下结果：

（1）试验 1 号楼室内平均温度为 19.71℃，试验 2 号楼室内平均温度为 19.74℃，所测试房间逐时室内温度均高于 16℃，低于 24℃，达到标准要求。

（2）试验 1 号楼外墙传热系数不满足节能 50％的设计要求；屋面的传热系数满足节能 50％的设计要求，按节能 65％计算超标 41％；外窗和外门的传热系数均满足节能 50％和节能 65％的设计要求；试验 2 号楼外墙、屋面满足节能 50％的设计要求；按节能 65％计算，外墙传热系数超标 15％，屋面传热系数超标 65％；外窗和外门的传热系数均满足节能 50％和节能 65％的设计要求。

（3）该建筑在检测持续时间内，在室内外计算温度条件下热桥部位内表面温度为 3.91℃、3.86℃，低于室内空气露点温度 10.1℃，热桥部位应加强保温，避免结露。

（4）围护结构内表面由于热工缺陷所带来的能耗增加比分别为 4.89％、1.87％，该围护结构分别有 2 和 1 处单块缺陷面积大于 0.5m²。两项指标有一项未达标，存在热工缺陷。

（5）试验 2 号楼建筑单位采暖耗热量为 21.60W/m²，满足节能 50％标准要求；按节能 65％计算，超标 5.88％。试验 1 号楼建筑单位采暖耗热量为 25.84W/m²，按节能 50％计算，超标 17.45％；按节能 65％计算，超标 26.67％。

（6）所测试的八个单元，只有试验 1 - 1、试验 1 - 4 室外管网水力平衡度满足标准要求。

总体评价：大庆该工程住宅建筑没有达到节能建筑标准要求。

九、存在问题分析

（1）通过计算试验 1 号楼外墙平均传热系数得理论值为 0.48W/（m²·K），测量值为 0.572 W/（m²·K），由于施工质量问题或材料选择问题造成试验 1 号楼外墙平均传热系数没能满足建筑节能 50％标准要求。

（2）试验 1 号楼外墙平均传热系数高于节能 50％标准及热工缺陷造成能耗增加，使得采暖期单位采暖耗热量未能达到节能 50％标准要求。

（3）室外管网水力平衡度测试中，由于各个单元供热量基本相同，而户型不同，采暖面积不同，造成部分单元管网水力平衡度不达标。水力平衡度偏低的原因是循环水量设计值设计时采用室外计算温度－26℃，而测试时室外温度高于设计温度，锅炉房根据室外温度调低水量；水力平衡度偏高既产生了"大马拉小车"的运行模式，又造成了热能的浪费。

（4）试验1号楼和试验2号楼热桥部位内表面温度均低于室内空气露点温度，可能是施工质量和材料选择导致的。

参 考 文 献

［1］ 绿色奥运建筑课题组．绿色奥运建筑评估体系［M］．北京：中国建筑工业出版社，2003．

［2］ JGJ 26—1995民用建筑节能设计标准（采暖居住建筑部分）［S］．北京：中国建筑工业出版社，1996．

［3］ JGJ 134—2001夏热冬冷地区居住建筑节能设计标准［S］．北京：中国建筑工业出版社，2002．

［4］ JGJ 75—2003夏热冬暖地区居住建筑节能设计标准［S］．北京：中国建筑工业出版社，2003．

［5］ JGJ 129—2000既有采暖居住建筑节能改造技术规程［S］．北京：中国建筑工业出版社，2001．

［6］ JGJ 132—2001采暖居住建筑节能检验标准［S］．北京：中国建筑工业出版社，2002．

［7］ GB 50176—1993民用建筑热工设计规范［S］．北京：中国建筑工业出版社，1994．

［8］ 戴海峰．英国绿色建筑实践简史［J］．世界建筑，2004（8）：54－59．

［9］ 秦佑国，林波荣，朱颖心．中国绿色建筑评估体系研究［J］．建筑学报，2007（3）：68－71．

［10］ 刘志鸿．当代西方绿色建筑学理论初探［J］．建筑师，2000（3）：3－4．

［11］ 张志勇，姜涌．从生态设计的角度解读绿色建筑评估体系——以CASBEE，LEED，GOBAS为例［J］．重庆大学学报，2006，28（4）：29－33．

［12］ 美国绿色建筑委员会．绿色建筑评估体系（LEED Green Building Rating System™ Version 2.0）［M］．第二版．北京：中国建筑工业出版社，2002．

［13］ 王蕾，姜曙光．绿色生态建筑评价体系综述［J］．新型建筑材料，2006（12）：26－28．

［14］ 刘晓燕，张翔玉，邓书辉，李晓庆，郭涛．大庆市节能与非节能建筑能耗测试对比分析研究报告［R］．2007．

［15］ JGJ 126—2010严寒和寒冷地区居住建筑节能设计标准［S］．北京：中国建筑工业出版社，2010．

［16］ JGJ/T 132—2009居住建筑节能检测标准［S］．北京：中国建筑工业出版社，2010．

第八章　建筑能耗统计及能源审计

通过建筑能耗统计了解建筑能源消耗的整体情况，通过中外横向比较和当前与历史的纵向比较，归纳总结目前中国建筑能耗的特点，确定建筑节能的重点所在；掌握建筑能耗的详细情况，以确定节能的具体措施，同时，确定能耗的变化发展趋势，科学地预测建筑能耗发展。本章介绍能耗统计的目的和意义、统计范围和对象、统计内容、组织体系以及能耗统计方法。在能耗统计的基础上进行能源审计，为研究制定能耗公示、用能标准、能耗定额和超定额加价等制度提出理论依据。根据《国家机关办公建筑和大型公共建能耗监测系统建设相关技术导则》，本章分别针对能源审计的类型、常用设备、内容、作用、形式、原理及程序进行介绍，并给出了建筑能源审计案例。

建筑能耗统计的是建筑运行的能耗，即建筑物照明、采暖、空调和各类建筑内使用电器的能耗在建筑的全生命周期中，建筑材料和建造过程所消耗的能源一般只占其总的能源消耗的 20％左右，大部分能源消耗发生在建筑物运行过程中。因此，建筑运行能耗是建筑节能任务中最主要的关注点。

建筑能源审计是一种建筑节能的科学管理和服务的方法，其主要内容是对用能单位建筑能源使用的效率、消耗水平和能源利用的经济效果进行客观考察，对用能单位建筑能源利用状况进行定量分析，对建筑能源利用效率、消耗水平、能源经济和环境效果进行审计、监测、诊断和评价，并提出改进措施的建议，以增强政府对建筑用能活动的监控能力和提高建筑能源利用效率，从而发现建筑节能的潜力。

建筑能耗统计及能源审计工作基本程序如图 8-1 所示。

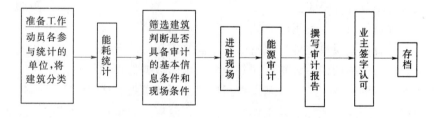

图 8-1　建筑能耗统计及能源审计工作基本程序

第一节　民用建筑能耗统计

一、目的和意义

建筑能耗统计工作的目的，主要为以下三点：一是了解建筑能源消耗的整体情况，掌握其在社会总能耗的比例和重要性；二是了解各类建筑的总体能耗情况，通过中外横向比较和当前与历史的纵向比较，归纳总结目前中国建筑能耗的特点，找出建筑能源消耗的薄弱环节，确定建筑节能的重点所在；三是掌握建筑能耗的详细情况，包括各类建筑的具体能耗数值、建筑面积、能源类型、能耗强度、典型建筑的分项能耗数据等，以确定节能的具体措施，同时，确定能耗的变化发展趋势，科学地预测建筑能耗发展。这三个目的分别由宏观到微观，所需数据也由整体粗略到全面详细，相应地，也应该采取不同的数据收集和统计方法。

二、统计范围和对象

"民用建筑"是指城镇居住建筑和公共建筑（省市直机关办公建筑、商业建筑、宾馆、写字楼等建筑），以及高等院校建筑。

三、统计内容

统计内容包括城镇民用建筑的基本情况和城镇民用建筑在使用过程中的各种能源消耗量，即包括建设部颁布的《民用建筑能耗统计报表制度》中反映城镇民用建筑基本情况的城镇民用建筑基本信息统计基层表（以下简称基1表），反映民用建筑在一定时期内各类能源的消耗量的城镇民用建筑能耗信息统计台账（以下简称台1表）和反映在一定时期内集中供热（冷）量的能耗统计建筑集中供热（冷）信息统计台账（以下简称台2表）中有关数据的统计。

四、组织体系

政府办公建筑、大型公共建筑所有权人、业主或其委托的物业管理公司应设立专门的能源管理岗位，聘任具有节能专业知识的人员，负责本单位的能源管理工作。能源管理人员具体负责建筑能耗的统计工作。

统计工作按三级组织体系进行。

一级组织为市建设局，具体业务工作由市建设局成立的民用建筑节能领导小组负责，其职责为：

（1）统计工作的规划、组织、协调和基层统计人员的培训。

（2）民用建筑能耗统计工作总动员。

（3）发放并回收统计报表。

（4）进行数据的录入、编辑、审核。

（5）监督并督促基层单位建立完整的民用建筑能耗统计台账。

（6）负责调查数据的汇总、审核，并对辖区内的数据保存和管理。

（7）将本辖区的综合表及所有基层数据按照上级要求报省建设厅。

二级组织为民用建筑能耗统计工作组，街道、政府办公建筑主管部门办公室、大型公建（非政府办公建筑）主管单位总经办、中小型公共建筑物业或主管单位总经办，学校建筑分管副校长，公安武警、海警系统的装备财务处，医院分管副院长等。二级组织负责组织有关物业、社区，以及工程部、基建办和总务处等后勤部门开展统计调查工作，进行统计报表的汇总，并上报市建设局。二级机构对辖区内各民用建筑能耗统计数据的时效性、准确性和完整性负审核责任。

三级组织为统计数据的直接提供者如：各街道社区、物业，电、气、水供应单位；政府办公建筑具体负责的科室；大型公建（非政府办公建筑）主管单位工程部；中小型公建（非政府办公楼）物业分管部门，学校总务处或后勤处，医院总务处或基建办。三级组织负责建筑基本信息和能耗的具体调查与统计，报表填写后上报二级组织。三级机构对统计数据的准确性和完整性负直接责任。

其中民用建筑能耗统计工作组负责从技术上指导和协助各二级、三级机构的工作，以确保统计数据的规范、准确、完整和时效性。

五、样本建筑基本信息和能耗统计方法

1. 前期工作部署与动员

建设局根据中华人民共和国建设部和各省建设厅的总体部署及精神，以及对样本建筑的统计要求，制定统计工作实施计划和方案，拟定各类民用建筑的统计负责单位（二级统计机构），并向省建设厅提交统计申请报告，落实并培训基层统计人员，同时向有关部门和单位下发统计报表。

各二级统计单位应按市民用建筑节能领导小组的总体部署和要求，部署好民用建筑能耗统计的有关工作（落实统计工作负责人和统计人员，规定统计数据的上报时间、统计内容和方法、统计质量要求等），做好统计工作的宣传，并向各三级统计机构下发统计报表。

各三级统计机构应按照二级统计机构的工作部署和要求，做好辖区内各民用建筑的能耗统计工作，确保统计数据的真实性、准确性和完整性。

2. 调查方式

民用建筑基本信息对政府办公建筑和大型公共建筑，以及随机抽样的街道（镇）范围内的其他民用建筑采取全面调查方式。

民用建筑能耗统计针对不同类型的建筑采取不同的统计调查方式，其中，3000m² 以上政府办公建筑和建筑面积在 2 万 m² 以上的大型公共建筑能耗统计采取全面调查的方式；其他民用建筑能耗统计采取抽样调查方式，具体抽样方法按照样本建筑的确定方法进行。

3. 样本建筑的确定

（1）建筑基本信息（基 1 表）统计样本。

（2）调查统计样本以单栋建筑物为基本单元。商住两用建筑按居住建筑考虑。

（3）对 3000m² 以上政府办公建筑、建筑面积在 2 万 m² 以上的大型公共建筑，以及建设部抽样确定的各街道内的居住建筑和中小型公共建筑（非政府办公建筑），按 100% 统计，普查所有建筑的基 1 表数据。

（4）能耗统计样本。

1）对 3000m² 以上政府办公建筑和建筑面积在 2 万 m² 以上的大型公共建筑，按 100% 统计。

2）对居住建筑和中小型公共建筑（非政府办公建筑），在取得建筑基本信息（基 1 表）基础上，采用建设部数据软件由计算机按 20% 自动随机抽样，确定调查样本，而后调查样本建筑的台 1、台 2 表中的数据。抽样工作由市建设局负责。

样本建筑每年根据建设部和省建设厅的要求作动态调整。

4. 统计流程

民用居住建筑的能耗统计基于三级组织体系按属地原则进行。具体统计流程如图 8 -

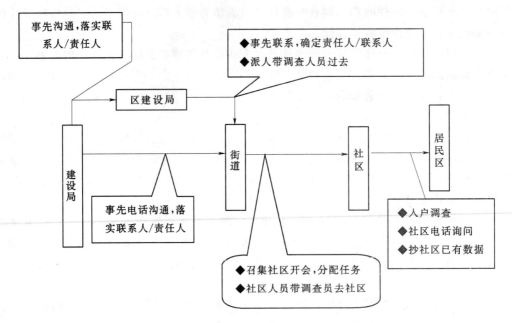

图 8-2 城镇居住建筑能耗统计流程

2 所示。如果立足于市统计组，则以统计组为主，即以民用建筑能耗统计工作组调查员为主线，将三者串起来。街道和社区配合。但作为长年统计，还是应通过立法，由街道和社区负责。本办法是按长年统计考虑。由市建设局将任务分解到街道；街道再将任务分解到三级机构（如社区、物业）；三级机构相关人员在建设局调查员的指导下进行调查并填表，数据汇总后上报街道，再由街道上报到市建设局。最后，由市建设局上报省建设厅和建设部。

政府办公建筑和大型公共建筑由建筑所有权单位或主管单位负责，统计工作组调查员配合，逐月实地调查抄表，或从电力局、煤气公司（该项一般没有）、自来水公司获取报表数据。必要时也可由建筑所在街道和社区负责完成。

5. 样本建筑能耗数据采集方法

（1）各单位应逐月采集样本建筑能耗数据。

（2）居住建筑集中供热（冷）量数据采集。

1）有楼栋热（冷）量计量总表的样本建筑，应从楼栋热（冷）量总表中采集。

2）无楼栋热（冷）量计量总表的样本建筑，宜采集热力站或锅炉房（供冷站）的供热（冷）量，按面积均摊方法获得样本建筑的集中供热（冷）量。

3）除集中供热（冷）量以外的居住建筑能耗采集，宜从能源供应端获得，否则宜设置样本建筑楼栋能耗计量总表（电度表、燃气表等），并采集楼栋能耗计量总表的能耗数据。

上述两者均不能做时，采取逐户调查的方法，采集每户能耗、公用能耗，并累计各户能耗及公用能耗，累计值即该楼栋的能耗量。

（3）中小型公共建筑。宜从样本建筑的楼栋能耗计量总表中采集。如没有计量总表，则采取逐户调查方式采集每户能耗和公用能耗，通过累计各户能耗及公用能耗得到整个楼栋的总能耗量。

（4）大型公共建筑。宜从建筑楼栋能耗计量总表中采集，如没有能耗计量总表，则应采用住户调查的方法，采集建筑中各用户的能耗数据和公用能耗数据，通过累计各户能耗及公用能耗得到整个楼栋的总能耗量。

六、复查

为确保统计数据的准确性和完整性，应对统计数据进行复查。复查包括各统计小组的自查、互查，市统计组内部核查和市建设局组织相关专家对数据进行的会议审查。复查内容包括：

检查数据是否遗漏和重复；检查是否有错填情况；检查所填写表格的表头、表尾是否完整准确；检查行政区名称是否完整准确；检查建筑物详细名称、代码和地址是否正确；检查表格属性指标是否漏填，属性指标栏不能空；检查各部分平衡关系、逻辑关系是否得到满足和合乎实际；检查数据是否存在反常现象；检查数据修改是否有记录。

1. 自查

统计人员到现场进行统计时，应根据建设部表格规定的内容和指标，对业主或主管部门提供的数据进行检查，发现遗漏和重复现象，应及时追问，并设法从多途径予以补充与确证。确实不能解决的，应及时反馈到市建设据统计工作领导小组，由领导小组设法补正或启用备份样本。

2. 互查

各统计小组互相检查对方的统计报表，发现问题，及时沟通。原负责的统计人员应针对存在的问题及时予以补正。确实不能解决的，应及时反馈到市建设据统计工作领导小组，由领导小组设法补正或启用备份样本。

3. 核查

市统计组应针对各小组提交的表格进行全面核查，发现问题，首先由原负责的统计人员和互查人员予以补正。确实不能解决的，应及时反馈到市建设局统计工作领导小组，由领导小组设法补正或启用备份样本。

4. 会议审定

市统计组对全部样本建筑的统计数据进行核查后，将报表提交市建设局，由市建设局组织相关专家对统计结果进行会议审查。

七、分类报表的填写

由市建设局组织调查员，按建设部《民用建筑能耗统计人员工作手册》和《民用建筑能耗统计报表制度》填写。

八、报表输入与报送

各类报表填写、汇总并审核通过后，通过建设部民用建筑能耗统计信息报送平台报送统计报表。数据输入由 2 人完成，分别负责录入和校核。数据输入、校核完毕，交统计组领导审核后，打印书面报表，按台账、基层表和综合表分别装订成册，并加盖市建设局公章，上报省建设厅。

九、统计频率

统计包括半年统计和全年统计，半年统计报告期为 1～6 个月，报送时间为 7 月 15 日前；全年统计报告期为 12 个月，报送时间为次年 3 月 15 日前。

十、要求

1. 对统计员的要求

统计机构、统计人员对在统计调查中知悉的统计调查对象的商业秘密，负有保密义务。

2. 对负责统计的单位要求

国家机关、社会团体、企业事业组织和个体工商户等统计调查对象，必须依照有关国家规定，如实提供统计资料，不得虚报、瞒报、拒报、迟报，不得伪造、篡改统计数据。

第二节　建筑能源审计

建筑能源审计是我国国家机关办公建筑和大型公共建筑节能监管体系建设中重要的环节。在建筑能源审计基础上，研究制定能效公示、用能标准、能耗定额和超定额加价等制度；并进一步在公共建筑领域推广能源服务和合同能源管理等节能改造机制。

一、能源审计类型

能源审计分为三种类型：初步能源审计、全面能源审计、专项能源审计。

1. 初步能源审计

进行能源审计的对象比较简单，花费时间较短，通常只作初步能源审计。这种审计的要求比较简单，只是通过对现场和现有历史统计资料的了解，对能源使用情况仅作一般性的调查，所花费的时间也比较短，一般为 1～2 天，其主要工作包括以下三个方面：

一是对用能单位的主要建筑物情况、供热系统、空调系统、管网系统、照明系统、用水系统以及其他用能设备情况进行调查，掌握用能单位的总体基本情况。

二是对用能单位的能源管理状况进行调查，了解用能单位的主要节能管理措施，查找管理上的薄弱环节。

三是对用能单位能源统计数据的审计分析，重点是主要耗能设备与系统的能耗指标的分析（如供暖、空调、供配电、给排水等），若发现数据不合理，就需要在全面审计时进行必要的测试，取得较为可靠的基本数据，便于进一步分析查找设备运转中的问题，提出改进措施。

初步能源审计一方面可以找出明显的节能潜力以及在短期内就可以提高能源效率的简单措施，同时，也为下一步全面能源审计奠定基础。

2. 全面能源审计

对用能系统进行深入全面的分析与评价，就要进行详细的能源审计。这就需要用能单位有比较健全的计量设施，或者在全面审计前安装必要的计量表，全面地采集企业的用能数据，必要时还需进行用能设备的测试工作，以补充一些缺少计量的重要数据，进行用能单位的能源实物量平衡，对重点用能设备或系统进行节能分析，寻找可行的节能项目，提出节能技改方案，并对方案进行经济、技术、环境评价。

3. 专项能源审计

对初步审计中发现的重点能耗环节，针对性地进行的能源审计称为专项能源审计。在初步能源审计的基础上，可以进一步对该方面或系统进行封闭的测试计算和审计分析，查找出具体的浪费原因，提出具体的节能技改项目和措施，并对其进行定量的经济技术评价分析，也可称为专项能源审计。

无论开展上述哪种类型的能源审计，均要求能源审计小组应由熟悉节能法律标准、节能监测相关知识、财会、经济管理、工程技术等方面的人员组成，否则能源审计的作用难以充分发挥出来。

二、能源审计委托形式

能源审计根据委托形式一般分为两种。

1. 受政府节能主管部门委托的形式

省政府或地方政府节能主管部门根据本地区能源消费的状况，结合年度节能工作计划，负责编制本省（市）、自治区或地方的能源审计年度计划，下达给有关用能单位并委托有资质的能源审计监测部门实施。这种形式的能源审计也可称为政府监管能源审计。

2. 受用能单位委托的形式

在用能单位领导部门认识能源审计的重要意义和作用或在政府主管部门要求开展能源审计的基础上，能源审计部门与用能单位签订能源审计协议（或合同），确定工作目标和内容，约定时间开展能源审计工作。或者是用能单位根据自身生产管理和市场营销的需要，主动邀请能源审计监测部门对其进行能源审计。这种形式的能源审计也可称为用能单位委托能源审计。

三、能源审计原理

能源审计是一套科学的、系统的和操作性很强的程序，这套程序引用了如下原理方法：物质和能量守恒原理、分层嵌入原理、反复迭代原理、穷尽枚举原理。

1. 物质和能量守恒原理

物质和能量守恒这一大自然普遍遵循的原理，是能源审计中最重要的一条原理，是进行能源审计的重要工具。在获得被审计用能单位的资料后，可以测算能源投入量、产品的产量，在此期间建立一种平衡，则将大大有助于弄清用能单位的能源管理水平及其物质能源的流动去向，帮助发现用能单位的能源利用瓶颈所在。物质和能量守恒这种工具是对用能单位用能过程进行定量分析的一种科学方法与手段，是用能单位能源管理中一项基础性工作和重要内容，开展用能单位能源审计必须借助这一原理。

2. 分层嵌入原理

分层嵌入原理是指在能源审计中，能源利用流程的四个环节（购入贮存、加工转换、输送分配、最终使用）都要嵌入能源利用效率低和能源浪费在哪里产生、为什么会产生能源利用效率低和能源浪费、如何解决能源利用效率低和能源浪费这三个层次。在每一个层次中都要嵌入能源、技术工艺、设备、过程控制、管理、员工、产品、废弃能这八个方面。在能源审计的各个阶段都要从四个环节出发，利用三个层次，从八个方面入手弄清位置，找准原因，解决问题。

3. 反复迭代原理

能源审计的过程，是一个反复迭代的过程，即在能源审计的过程中要反复的使用上述分层嵌入原理。分层嵌入原理这一方法适用于现场考察，也适用于产生节能方案阶段，有的阶段应进行三个层次、八个方面的完整迭代，有的阶段不一定是完整迭代。

4. 穷尽枚举原理

穷尽枚举原理的重点，一是穷尽、二是枚举。所谓穷尽，是指八个方面（能源、转换设备、输出设备、过程控制、管理、员工、输送管网、废弃能）构成了用能单位节能方案的充分必要集合。换言之，从这八个方面入手，一定能发现自身的节能方案；任何一个节能方案，必然是循着这八个方面中的一个方面和几个方面找到的。因此，从这八个方面入手可以识别用能单位所有的节能方案。所谓枚举，即是不连续的、一个一个地列举出来。因此，穷尽枚举原理意味着在每一个阶段、每一个步骤的每一个层次的迭代中，要将八个方面作为这一步骤的切入点。因此，必须深化和做好该步骤的工作，切不可合并，也不可跳跃。

四、能源审计作用

1. 能源审计是提高经济效益和社会效益的重要途径

实现经济、社会和环境的统一，提高用能单位的市场竞争力，是用能单位发展的根本要求和最终归宿。开展能源审计可以使用能单位及时分析掌握本单位能源管理水平及用能状况，排查问题和薄弱环节，挖掘节能潜力，寻找节能方向。能源审计的本质就在于实现能源消耗的降低和能源使用效率的提高。开展能源审计可以为用能单位带来经济、社会和资源环境效益，从而达到"节能、降耗、增效"的目的。

2. 能源审计有利于加强能源管理，使节能管理向规范化和科学化转变

组织开展能源审计，能够使管理层准确合理地分析评价用能单位本身的能源利用状况和水平，用以指导日常的节能管理，以实现对用能单位能源消耗情况的监督管理，保证能源的合理配置使用，提高能源利用率，节约能源，保护环境，促进经济持续地发展。

3. 能源审计有利于促进能源管理的信息化，减少能源管理的工作量

对于用能单位来说，能源管理是一项重要而又复杂的工作，需要大量的人力、物力和财力。能源审计可以准确反映用能单位的能源计量统计情况，保证用能单位有目的的采取措施，用计算机开发适用于企业的能源管理系统，减轻人工管理工作量，降低管理成本。

五、建筑能源审计程序

（1）省（自治区、直辖市）建筑能源审计工作领导小组或负责机构应根据法律、法规和国家其他有关规定，按照本级和上级人民政府建设主管部门的要求，确定年度建筑能源审计工作重点，编制年度审计项目计划，筛选被审计建筑。

（2）筛选原则：根据本年度建筑能耗统计结果，将当地的各类建筑（国家机关办公建筑、宾馆、商场、写字楼等）分类按单位能耗从低到高的顺序排列，分别找出最小值、下四分位数、中位数、上四分位数和最大值（一组建筑物单位面积能耗值的中位数是指，在这组建筑物中，有50%的建筑物能耗值比该数小，50%的能耗值比该数大；上四分位数是指，在这组建筑物中，有75%的建筑物能耗值比该数小；下四分位数指有25%的建筑能耗比该数小。这五个数值可以基本反映某个城市的能耗水平）。从建筑单位面积能耗高于上四分位数的25%的建筑中，按照国家相关规定抽取一定数量的建筑作为重点用能建

筑进行审计；从建筑单位面积能耗低于下四分位数的 25％ 的建筑中，抽取一定数量的建筑作为标杆建筑进行审计。筛选时优先选取国家机关办公建筑及政府投资管理的宾馆。

（3）在审计开始 10 个工作日之前，由省（自治区、直辖市）审计工作领导小组或负责机构确定审计对象，并书面通知被审计单位。

（4）在审计开始至少 5 个工作日之前，被审计单位应将填写完成的基本信息表格（书面版和 Excel 电子版）送回省（自治区、直辖市）审计工作领导小组或负责机构，并确定责任人和联络人。被审计单位应向审计工作小组提供审计过程中必要的工作条件与技术辅助。

（5）在审计开始之前，应首先判断建筑物开展能源审计的所具备的条件，确定审计目标。对不满足最低审计条件的建筑，在媒体上公示，不对其实施能源审计，并发出整改通知，要求加强管理。该建筑应在第二年提供相应的审计条件。

（6）审计工作小组进驻建筑物的首日，主持召开建筑能源审计工作会议。与建筑所有权人或业主以及关键岗位的物业管理人员进行沟通，落实审计内容、审计日程、审计细目，以及审计过程中必要的工作条件与技术辅助条件；提出需审查调阅的文件和能源账目、测试楼层和测试项目；核对基本信息表中的数据。

（7）能源审计小组应分成文件审查和现场测试及建筑/设备能耗数据采集两个小组。一般情况下，现场审计过程需在 5 个工作日内完成。

1）文件审查小组负责调阅能源账目文件、相关的用能设备原始文件，审阅能源管理文件（标准、规范、规定、规程、组织机构等），审阅设计图纸和运行记录等。调查核实文件数据的来源与真实性。能源账目至少应包括 12～36 个月的能源费用账单（复印件和录入标准电子表格）。

2）现场测试小组负责现场调查、测试及数据采集，主要包括大楼巡视（填写巡视表格）和室内环境测试。并将现场测试及采集的数据记录在标准电子表格内。

a. 大楼巡视。

第一步，对大楼进行整体巡视，结合文件审查结果及建筑基本信息表，确定建筑能耗和管理的总体情况，如，围护结构是否按照节能标准设计、保温层是否有破裂或脱落的现象、窗户是否有遮阳措施、是否采用了节能灯具、是否有长明灯、长流水现象、是否有过冷过热的房间等。

第二步，对大楼内的制冷机房、锅炉房等设备机房进行巡视，以便确定空调系统、通风系统、采暖系统、生活热水系统和电梯等用能系统是否存在管理不善、运行不当、能源浪费、无法调节等问题。

第三步，根据建筑内各房间的不同用途进行随机抽检，对各种用途的房间，从每种用途中抽取 10％ 面积的房间。对所抽检的房间，巡视室内基本状况，对室内环境参数（温度、CO_2 浓度、相对湿度、照度等参数）的设定情况及控制和调节方式进行现场调查，以确定是否存在设定不合理、能源浪费、无法控制或调节等现象。

记录巡视结果。

b. 室内环境测试：从建筑内各种不同用途的房间中随机抽检 10％ 面积的房间，检测室内基本环境状况（温度、湿度、CO_2 浓度、照度）。至少检测两天，上午下午各一次。有条件的情况下可采用自记式温湿度计，在整个审计阶段跟踪连续检测并记录。

c. 结合建筑基本信息表和大楼巡视情况对制冷机房、锅炉房及设备间内的各种设备及输配设备的运行情况、调节和控制方式等进行评价，有条件时进行必要的设备测试并记录。

（8）现场审计过程结束后，由能源审计工作小组分析数据，并出具审计报告。

1）对被审计的重点用能建筑的用能系统做出诊断，查找不合理用能现象，尤其是运行管理方面的缺陷，分析节能潜力，并对室内环境质量给予一定的评价。

2）对被审计的标杆建筑，应对其至少三年的能源需求结构（即分类和分系统的单位面积能耗）及能源利用状况进行检查和审核，并对其室内环境质量进行评价，确定该建筑的能源利用效率及室内环境质量是否符合或优于国家相关标准，并以此为依据来判定是否将其作为高能效的标杆建筑。

a. 对国家机关办公楼及写字楼，采用每年每平方米的能耗量和每年每人（常驻人员）的能耗量两个能耗指标来评价其能源利用效率。

b. 对宾馆建筑，采用每年每平方米的能耗量和每年每床位的能耗量两个能耗指标来评价其能源利用效率。

c. 对商场建筑，采用每年每平方米的能耗量和每年每营业小时数的能耗量两个能耗指标来评价其能源利用效率。

d. 对大学校园，采用每年每平方米的能耗量和每年每个学生的能耗量两个指标来评价其能源利用效率。

（9）在遵循审计原则的前提下，审计小组需就审计报告得到的结论与被审计单位交换意见，形成最终审计结论。审计结论需有双方责任人签字，并上报审计工作领导小组存档。

能源审计工作程序如图8-3所示。

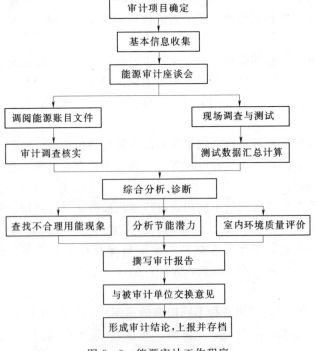

图8-3 能源审计工作程序

六、建筑能源审计内容

（1）查阅建筑物竣工验收资料和用能系统、设备台账资料，检查节能设计标准的执行情况。

（2）核对电、气、煤、油、市政热力等能源消耗计量记录和财务账单，评估分类与分项的总能耗、人均能耗和单位建筑面积能耗。

（3）检查用能系统、设备的运行状况，审查节能管理制度执行情况。

（4）检查前一次能源审计合理使用能源建议的落实情况。

（5）查找存在节能潜力的用能环节或者部位，提出合理使用能源的建议。

（6）审查年度节能计划、能源消耗定额执行情况，核实公共机构超过能源消耗定额使用能源的说明。

（7）审查能源计量器具的运行情况，检查能耗统计数据的真实性、准确性。

七、能源审计常用设备

设备包括：①电力质量分析仪；②参数通风测试仪；③红外测温仪；④红外成像仪；⑤烟气分析仪；⑥照度计；⑦噪声计；⑧超声波流量计；⑨二氧化碳浓度测试仪；⑩湿度计；⑪激光测距尺；⑫通信设备；⑬数据处理设备。

第三节 典型案例分析

为进一步掌握国家机关办公建筑、大型公共建筑和高校建筑能源使用情况，挖掘节能的潜力，指导用能单位节能管理和节能改造，东北石油大学土木建筑工程学院建筑能效测评中心在能耗统计工作基础上，挑选了部分国家机关办公建筑、大型公共建筑开展能源审计工作。

大庆市某商场是被确定开展建筑能源审计的建筑之一，根据《国家机关办公建筑和大型公共建筑能源审计导则》（建科［2007］249号）（以下简称《导则》）有关规定，该建筑满足开展能耗审计的基础条件。审计组按照黑龙江省建筑能源审计领导小组的工作部署，对该建筑进行了能源审计，有关情况报告如下。

一、建筑及用能系统概况

1. 建筑基本信息

大庆市某商场总建筑面积 70800m²，属于商场类大型公共建筑，地上 4 层，地下 1 层。地上建筑总面积 51600m²，地下室面积 19200m²，标准层高 5.4m，空调区域面积 51600m²，建筑常驻人数 3000 人，建筑系统分区见表 8-1。

表 8-1　建筑系统分区

区域	区域内容	面积（m²）	运行时间
综合办公区域	办公室	846	常年
公共区域	包括大厅、走廊、楼梯、电梯、前室、车库、配电室、卫生间等等	60961	常年
特殊区域	机房	5645	常年
	厨房面积	1300	常年
	防灾中心	688	常年
	餐厅	1360	常年

2. 围护结构状况

围护结构底部采用砖砌筑，外贴印度红磨光花岗岩，上部墙体采用高级外墙面砖，其他部分采用玻璃幕墙。

3. 建筑室内环境状况

建筑节能应是在保证人体舒适度前提下的节能。为了解大楼正常运行状况下的室内环境的舒适度，审计组根据《国家机关办公建筑和大型公共建筑能源审计导则》规定的抽样方法，对建筑内不同用途的各房间进行随机抽检，从每种用途中抽取 10% 的面积的房间，检测室内基本环境状况并记录，部分检测结果如表 8-2 所示。

表 8-2　　　　　　　　　　　　　　各区域室内环境状况简表

测点	CO_2 浓度范围 ppm	相对湿度范围（%）	温度范围（℃）	照度范围（lx）
餐厅	758.3	18.7	24.8	424.5
观光电梯	700.3	15.3	23.7	468.3
走廊	688.0	18.6	23.3	1247.3
一层电梯下口	735.3	18.7	23.8	795.8
超市粮食区	593.5	17.4	20.5	853.5
办公室	976.5	29.5	20.7	198.5

4. 建筑用能用水系统

该建筑的用能用水主要有以下几个系统建筑供配电系统、空调通风系统、采暖系统、照明系统、室内设备系统、综合服务系统、特殊区域、给排水系统、燃气系统。

二、建筑物能源管理

1. 建筑物能源管理机构

大庆市某商场由"工程物业部"构成二级能源管理体系。

工程物业部——全面负责建筑节能措施的制定，以及日常能源管理的组织、监督、检查和协调工作。同时也是大楼节能工作的具体实施者，具体负责大楼的房屋管理与维修、公用设备管理、公用设施管理等工作。

工程物业部下属班组：电工班、电梯班、变电所、空调班、机修班。

2. 建筑物能源管理现状

检查中，该大楼物业所有权人提供了以下主要文件及资料：

2011 年大庆某商场能源管理人员配置文件；大庆某商场能源管理规定；2011 年能源管理培训计划；供应商用水管理规定；厂家用电计量管理规定；大庆某商场能源管理培训记录；大庆某商场 2010 年一季度能源消耗分析；空调运行方案；电梯经济运行方案；变电所经济运行方案；照明经济运行方案；卖场温度检测记录；锅炉运行费用统计表；付出水费分析表；每月实际用水量分析表；水费回收分析表；付出电费分析表；实际用电量分析表；电费回收分析表；每月付费用电量分析表。

该商场每季度都进行能源消耗分析，节能宣传与培训。

审计组通过现场会议、文件审查、巡视和与有关员工的沟通等方式，从多角度对大楼的管理状况进行了检查，有关该大楼的管理现状说明如下：

（1）被审计单位有较详细的设备机房的节能管理规定及设备运行管理规程等管理文件，大楼管理组织有序。

（2）有关大楼的能耗数据和能源账单齐全，逐日运行维修记录和设备台账完备。

（3）大楼空调、输配、电气和照明等用能系统的操作规范，建筑竣工图纸齐全，保存良好，有关设备的技术要求完整、合理，设备铭牌清晰，所有仪表能定期校验。

（4）该大楼在节能宣传方面比较到位，有关节能管理人员每年参加2次能源培训。

三、建筑能耗分析

（一）大楼巡视和文件审查结果分析

1. 管理

（1）贯彻执行国家的节能法律、法规、方针、政策和标准情况；确定了本单位的能源管理目标。

（2）节能管理组织机构完善，管理职责明确。设立了能源管理岗位，建立了相关的节能工作责任制，节能工作岗位的任务和责任明确，能源使用管理制度化、且落实到人；主要人员的业务素质较好；用能单位各部门和人员，能够按照能源主管部门的协调安排，完成各项具体能源管理工作。

（3）能源管理所需文件（管理文件、技术文件和记录文件）齐全并得到贯彻执行。

（4）节能科技开发、技改有效，资金投入到位。

2. 运行

（1）所采用的技术手段比较先进；耗能设备部分为节能型设备，耗能设备运行状态稳定，严格执行了操作规程并注重加强维护和检修。

（2）能源计量、统计和定额管理方面：建筑总能耗统计、设备运行记录和设备台账全面；为各商铺合理地制定了能源消耗定额并将能耗定额层层分解落实；大部分有分项计量表，对实际用能量进行了计量、统计和核算，同时对定额完成情况进行考核。

（二）建筑常规能耗总量分析

1. 建筑常规年耗电量

（1）通过能源账单分析得到的建筑电耗总量。该单位提供2010年的建筑能源账单，各月份能耗量见表8-3。

表8-3　　　　　　　　　　　　　2010年的逐月耗电量

月　份	用电单价 [元/(kW·h)]	耗电量 （万 kW·h/月）	电　费 （万元）
1 月	1.05	101.70	106.79
2 月	1.05	88.80	93.24
3 月	1.05	93.80	98.49
4 月	1.05	86.70	91.04
5 月	1.05	110.40	115.92
6 月	1.05	129.00	135.45

续表

月　份	用电单价 [元/(kW·h)]	耗电量 （万 kW·h/月）	电　费 （万元）
7月	1.05	138.20	145.11
8月	1.05	132.10	138.71
9月	1.05	116.20	122.01
10月	1.05	97.60	102.48
11月	1.05	94.90	99.65
12月	1.05	102.30	107.42
合计	1.05	1189.40	1248.87
月平均	1.05	107.64	113.02

注　无再生能源供应量。

（2）对耗电总量及逐月变化规律等进行分析评价。由表 8-3 可以看出，由于该建筑是商场类大型公共建筑，其照明用电在其电量总消耗中占有较大比重，所以常年电耗相对比较平均，起伏不大，但是 7、8 月份是空调使用最频繁的季节，导致用电高峰出现在这两个月。

2. 建筑常规年耗水量

查得该建筑 2010 年逐月用水数据见表 8-4。

表 8-4　　　　　　　　　　　2010 年的逐月耗水量

月　份	用水单价 （元/m³）	耗水量 （m³/月）	水　费 （元）
1月	5.15	9340	48101.06
2月	5.15	7783	40082.49
3月	5.15	7013	36116.95
4月	5.15	4828	24864.20
5月	5.15	7360	37904.04
6月	5.15	8945	46066.75
7月	5.15	10000	51500.30
8月	5.15	7901	40690.39
9月	5.15	7591	39093.98
10月	5.15	6970	35899.18
11月	5.15	7608	39180.84
12月	5.15	6852	35287.80
合计	5.15	92191	474783.65
月平均	5.15	7683	39565.30

从表 8-4 中可以明显看出，2010 年耗水量最低点均出现在 4 月。这有两点原因：一是 4 月是采暖季与非采暖季交界，室内温度偏低，人员耗水量需求减少。二是 4 月是商场

消费淡季，顾客量相对较少。综合以上两点原因，耗水量最低值出现在4月；而7、8两月是炎热的夏季，且是暑期消费旺季，所以耗水量最高；另外1、2月是春节消费旺季，人流量相对较大，耗水量也有显著增加。

3. 建筑常规年耗气量

2010年该商场天然气逐日耗气量见表8-5。

表8-5　　　　　　　　　　　　　　2010年的逐月耗气量

月　份	天然气单价 （元/m³）	耗气量 （m³/月）	气　费 （元）
1月	2.4	241990	580776
2月	2.4	179291	430298.4
3月	2.4	132155	317172
4月	2.4	39334	94401.6
5月	2.4	12939	31053.6
6月	2.4	9180	22032
7月	2.4	4640	11136
8月	2.4	19573	46975.2
9月	2.4	13745	32988
10月	2.4	47652	114364.8
11月	2.4	66271	266445.6
12月	2.4	78056	512119.2
合计	2.4	1024901	2459762.4
月平均	2.4	85408	204980.2

由逐月耗气量表可以看出，耗气量在采暖季较高，在非采暖季很低。其中1月为年最冷月，耗气量出现最高值。随着室外气温的升高，耗气量由1月向两端逐级递减；4月、10月为采暖过渡季，耗气量明显减少；非采暖季燃气消耗来自四楼餐饮区烹饪用气，7月天气炎热，餐饮区以凉菜为主，烹饪用气量最少，出现耗气量最低值。

（三）建筑分项能耗分析

进行分项能耗计算与分析时，将常规能耗划分为空调通风系统能耗、采暖系统能耗、照明系统能耗、室内设备系统能耗及综合服务系统能耗等几项，并分项进行计算。对于中央空调，分为冷水机组、新风机组、冷冻水泵、冷却水泵、冷却塔、空调末端、风机等部分。

通过分析计算得到建筑用电分项（即空调通风、供暖、照明、室内设备和综合服务系统等）能耗及占总能耗的百分比见表8-6。

由于地处严寒地区，采暖能耗仍是所有能耗分项中比重最大的一项，占总能耗的35.08%；同时由于夏季短暂，空调使用时间短，所以空调能耗在所有能耗中所占比率并

不突出，为 8.58%；由于该建筑为商场类大型公共建筑，所以室内照明能耗所占比重明

表 8 - 6　　　　　　　　　　建筑物分项能耗汇总表（2010 年）

名称		分项能耗 （kW·h）	折算为初次能耗 （kgce）	分项初次能耗占总能耗 百分比
常规 能耗	空调通风系统	2131800	861247	13.88%
	采暖系统	8279542	1018275	16.42%
	照明系统	4561550	1842866	29.71%
	室内设备系统	1009889	407995	6.58%
	综合服务系统	1095000	442380	7.13%
	常规能耗合计	17077781	4572764	73.72%
特殊区域 能耗	厨房设备	5205248	1379319	22.24%
	消控室	1460	590	0.01%
	特殊区域能耗合计	5206708	1379909	22.25%
未审计的其他能耗		619263	250182	4.03%
总能耗		22903752	6202855	

注　以国家统计局每度电折 0.404kg 标准煤，作为电力折算标准煤系数。

显高于其他大型公共建筑和国家机关办公建筑，达到 20.49%；另外，由于该商场集餐饮娱乐于一体，超市及四楼餐饮区有大量冷柜、烤箱及其他食品储存、加工设备，同时使用天然气进行烹饪，所以在特殊区域能耗一项比例较高，达到 23.00%；商场内 23 部电梯能耗占总能耗比例的 4.92%；而根据商场类建筑服务的特殊性，熨烫机、电脑、电视、打印机、传真机等室内设备所占比例为 4.54%；消控室能耗仅占 0.01%；其余未审计能耗占 3.40%。

四、节能潜力分析及建议

（一）能源管理潜力及建议

该建筑能源管理组织机构比较完善，相应的规章制度也比较完备，但由于该建筑的特殊性，对于建筑能源管理而言，节能必须要落实到建筑内的每一户商户。目前，该建筑已经为卖场内各摊位制订了一定的能耗定额，建议建立相应的奖惩制度，调动业主主动节能的意识和积极性。

下一步，建议建设能耗监测平台系统，实现在线监测水、电、气消耗，同时，细化配电系统分区，实现全面分项计量。

（二）节能技术潜力及建议

1. 建筑围护结构节能潜力分析及建议

由于设计年代相对较早，并未执行公共建筑节能设计标准。目前大庆某商场采用的是内保温，建议在未来进行建筑围护结构改造时依据公共建筑节能设计标准对热桥部位做外保温处理，可以降低商场主要结构所受热应力的作用，有效地保护商场主体结构，提高结构的耐久性，提高商场内的热稳定性。

另外由于商场外窗极少，可将有外窗的办公室更换单框三玻窗。夏季可通过可控遮阳

设施（外遮阳、内遮阳等）及高遮蔽系数的镶嵌材料（如 low - e 玻璃）来减少太阳辐射量。

2. 空调通风系统节能潜力分析及建议

（1）目前商场内空调通风系统设定温度为夏季 28℃，冬季 22℃。由于客流量大，人体热负荷大，冬季卖场内温度偏高，且 22℃远远高于采暖设计规范对于冬季室内设定温度的规定（《供暖通风设计手册》中规定商场为 15℃），所以建议将冬季采暖室内设定温度降低。

（2）在过渡季节，建议尽量使用室外新风，以此降低冷水机组能耗。

（3）根据冷凝器中的冷却水温度确定是否需要开启冷却塔和冷却水泵。

（4）摸清整个用冷场合的实际情况，掌握最佳的开、停机时间，尤其是用冷冻水泵打循环水的时间。

（5）勤巡查。注意各通往室外门窗的关闭，防止漏冷和室外热空气的侵入。尤其对大门朝南的建筑更要想办法防止热空气进入（因夏季南风多）。

（6）根据卖场内用途不同，调节不同区域的风机盘管，如一楼超市冷藏区与三楼服装区可采用不同送风温度。

（7）根据气温的变化和用冷场合的变化，适时增开或关、停冷水机组，在满足空调需求的前提下，尽量少开机组和减少机组的运行时间。目前大楼采用人工巡查温度的方式，这种方法响应时间较长，建议在有条件的情况下在大楼内布置一定数量的温度传感器，定时定点采集温度，根据温度实时控制启停冷水机组。

（8）有条件的情况下，可将冷冻水及冷却水循环水泵改为变频。

3. 电气节能潜力分析及建议

（1）照明系统。

1）照明系统能耗在该建筑总能耗中所占比重较大，是主要能耗之一，而在照明系统中卖场内效果灯是能耗的主要部分，必须严格限制效果灯的功率，更换光源时尽量采用高效率光源。

2）效果灯的开关时间一定要严格控制，非营业时间严禁开启。

3）办公区的照明要杜绝长明灯，做到人走灯灭。

4）各区应设专门人员负责监督、管理照明用电。

5）目前商场内有电子镇流器和电感镇流器两种，当荧光灯作为商场的主光源时，采用电子镇流器或复合式镇流器来取代电感镇流器。

6）可以通过采用分相无功功率自动补偿装置来改善供电系统功率因数，以达到节能的目的。

（2）室内设备系统。

1）非办公时间关闭所有设备，切断电源，建议安装多功能电子定时器，严格控制用电时间。

2）电脑主机、显示器、打印机、饮水机、复印机、碎纸机等办公设备减少待机能耗，长时间不使用时关闭电源。

3）使用空调时关好窗户，白天可拉下遮阳设备，并注意下班后关闭办公室空调风机。

4）纸张正反面打印，开展无纸化办公。更换办公设备时，采购节能产品和设备，建议采用节能饮水机。

（3）电梯系统。

1）扶梯可改为变频调速，安装红外传感器及变频器，有客流时高速运行，无客流时缓慢运行或停转。

2）货梯严格限制非运货人员乘坐。

3）条件允许时，或节能改造时，在直梯上安装电梯回馈装置。

4）给排水节能潜力分析及建议。

（1）将现有手柄控制水龙头改为感应式或按压式掺气水龙头。

（2）大便器自闭冲洗阀改为低水箱冲水。

五、审计结论

本审计组通过审计考核，核对取证，根据审计结果，做出如下结论。

1. 用能评价等级

根据对大庆市某大楼的资料审查、巡视检查和能耗拆分等的分析结果，确定该建筑的用能等级如表 8-7。

表 8-7 大庆某商场大楼的用能评价等级

类别	评价指标				结论
	A	B	C	D	
室内热环境	被测试房间室内温湿度完全符合室内空气质量标准（GB/T 18883—2002）	75%以上被测试房间室内温湿度符合室内空气质量标准（GB/T 18883—2002）	50%以上被测房间室内温湿度超过室内空气质量标准（GB/T 18883—2002）	不足 50%的被测房间室内温湿度满足室内空气质量标准（GB/T 18883—2002）	D
室内空气品质	被测试房间室内 CO_2 浓度均符合室内空气质量标准（GB/T 18883—2002）	75%以上被测试房间室内 CO_2 浓度符合室内空气质量标准（GB/T 18883—2002）	50%以上被测试房间室内 CO_2 浓度符合室内空气质量标准（GB/T 18883—2002）	不足 50%的被测试房间室内 CO_2 浓度符合室内空气质量标准（GB/T 18883—2002）	B
能源管理的组织	能源管理完全融入日常管理之中，能耗的责、权、利分明	有专职能源管理经理，但职责权限不明	只有兼职人员从事能源管理，不作为其主要职责	没有能源管理或能耗的责任人	A
能源系统的计量	分系统监控和计量能耗、诊断故障、量化节能，并定期进行能耗分析	分系统监控和计量能耗、但未对数据进行能耗分析	没有分系统能耗计量，但能根据能源账单记录能耗成本、分析数据作为内部使用	没有信息系统，没有分系统能耗计量，没有运行记录	B
能源管理的实施	从所有权人、管理者直到普通用户都很重视建筑节能，有完整的建筑节能规章、采取一系列节能措施	建筑管理者比较重视建筑节能，制订过一些建筑节能管理规章和措施	虽然有节能管理规章，但只针对一般用户，少数人可以有超标不节能的特殊权力	完全没有管理或没有科学化的管理；或以牺牲室内环境为代价实现节能	A

2. 被审计建筑的能耗指标与耗水量指标

根据表8-8数据，分别计算各建筑能耗指标。

表 8-8　　　　　　　　　**黑龙江省大庆市某商场分系统年能耗表**

建筑总面积：70800m²　　　　　　　　　　　　常驻人数：3000 人
其中常规区域面积：63153m²　　　　　　　　　营业小时数：4198h
特殊区域面积：8993m²　　　　　　　　　　　　空调面积：51600m²

能耗类别	初次能源消耗量 （kgce）	单位面积能耗 （kgce/ m²）	单位营业小时数能耗 （kgce/h）
建筑年能耗	6202855	87.61	1477.57
常规年能耗	4572764	64.59	1089.27
特殊区域年能耗	1379909	153.44	328.71
空调系统年能耗	861247	12.16	205.16
采暖系统年能耗	1018275	14.38	242.56
照明系统年能耗	1842866	26.03	438.99
室内设备年能耗	407995	5.76	97.19
综合服务系统年能耗	442380	6.25	105.38
建筑年水耗	22393	0.32	5.33
天然气（炊事用）	344844	4.87	82.14

注　1. 总能耗指标包含建筑物对外营业区域。
　　2. 该建筑物包含餐饮特殊区域。

参 考 文 献

[1]　国家机关办公建筑和大型公共建筑能源审计导则 [S].中国建设部.2007.

[2]　刘晓燕,李晓庆,马川,武传燕,王忠华.大庆市建筑能源审计报告 [R].2010.

[3]　李国辉,刘学.政府办公建筑能耗统计与分析 [J].应用能源技术.2009 (5)：27-31.

[4]　龙维定.我国大型公共建筑能源管理的现状与前景 [J].暖通空调,2007,37 (4)：19-23.

[5]　丁洪涛,刘海柱.大力推进民用建筑能耗统计工作夯实建筑节能数据基础 [J].住房和城乡建设部科技发展促进中心,2011 (3)：54-55.

[6]　刘冬梅.公共机构能耗统计工作取得积极进展 [J].节能与环保.2010 (3)：31.

[7]　徐强.建筑能耗统计、能源审计实践思考 [J].建设科技.2009 (8)：30-31.

[8]　谷立静,郁聪.我国建筑能耗数据现状和能耗统计问题分析 [J].研究与探讨.2011,33 (2)：38-41.

[9]　可桂云.浅谈能源审计与深化节能管理工作 [J].石油和化工节能.2010 (2)：31-33.

[10]　刘丹,李安桂.大型建筑的能源审计 [J].西安科技大学学报.2011,31 (4)：493-499.

第九章 智能建筑控制与节能

我国智能建筑事业起步相对较晚，但发展速度很快，在一些发达地区已相继建成或在建了很多智能建筑，智能建筑事业的发展还将会持续很长一段时间。

智能建筑主要应用数字通信技术、控制技术、计算机网络技术、电视技术、光纤技术、传感器技术及数据库技术等高新技术，构建一个以智能建筑综合管理系统、建筑设备管理系统、通信网络系统、办公自动化系统为一体的完整的建筑智能化系统。

据清华大学和南澳大利亚政府对一些智能建筑能耗的调查发现，智能建筑的主要能耗在空调和照明等方面，智能建筑普遍存在 10%～30% 的节能潜力。因此，要实现智能建筑的有效节能需要把一些先进的智能技术和节能方法应用于智能空调和智能照明系统中，同时国家须进一步加大政策引导、经济补贴和管理力度，真正实现智能建筑的可持续发展。

第一节 智能建筑节能概况

一、智能建筑的概述

智能建筑起源于 20 世纪 80 年代的美国。1984 年，由美国联合技术公司（UTC，United Technology Corp）的子公司——联合技术建筑系统公司（United Technology Building System Corp）在美国康涅狄格州的哈特福德市改造了一幢旧建筑并将其命名为"城市广场"，在楼内铺设了大量通信线路，增加了程控交换机和计算机等办公自动设备，楼内的机电设备（变配电、供水、空调和防火等）均采用了计算机控制和管理，实现了计算机与通信设施的连接，满足了办公自动化、设备自动控制和通信自动化的基本要求。因此，被世界公认为第一座智能化建筑。

1985 年，在日本东京建成的青山大楼进一步提高了建筑的综合服务功能，在该建筑内采用了门禁管理系统，电子邮件等办公自动化系统，安全防火、排烟系统，节能系统等。1985 年年底日本还成立了国家智能建筑专业委员会，准备将智能化建筑扩大至整个城市和国家。继美国、日本后，英国、法国、加拿大、瑞典、德国等国也相继在 20 世纪 80 年代末 90 年代初建成了各具特色的智能建筑。新加坡政府的公共事业部为推广智能建筑，专门制定了《智能大厦手册》。据不完全统计，在美国已有上万座智能建筑，日本现在新建的大型建筑中，60% 以上的属智能建筑。

我国智能建筑的发展相对较晚，1990 年建成的北京发展大厦可认为是我国智能建筑的雏形。北京发展大厦在国内最先采用建筑设备自动化系统、通信网络系统、办公自动化系统，但由于 3 个子系统并未实现集中控制，其智能化控制还存在明显的不完善。1993 年建成的位于广州市的广东国际大厦可称为大陆首座智能化商务大厦。其具有较完善的建筑智能化系统及高效的国际金融信息网络，通过卫星直接接收美联社道琼斯公司的国际经济信息，并提供了舒适的办公和居住环境。

（一）智能建筑的定义

何谓"智能建筑"？目前各国、各行业还未形成统一的说法，几种典型的、且具有代表性的解释如下。

（1）美国智能建筑研究中心认为智能建筑通过对建筑物的结构、系统、服务、管理四个基本要素以及它们之间的内在联系进行最优化组合，提供一个投资合理，且拥有高效、舒适、温馨、便利的环境。

（2）欧洲智能建筑集团提出能使用户发挥最大效益，同时以最低保养成本，最有效地管理自身资源的建筑，并应提供反应快速、效率高和支持力较强的环境，使用户迅速达到实现其业务的目的。

（3）日本电机工业协会智能建筑分会则强调智能建筑必须满足以下四个基本要素。

1）作为收发信息和辅助管理效率的轨迹。

2）确保在智能建筑内工作的人满意和便利。

3）建筑管理合理，以便用低廉的成本提供更周到的管理服务。

4）针对变化的社会环境、复杂多样化的办公以及主动的经营策略作出快速灵活和经济的响应。

（4）国际智能工程学会认为在一座建筑中设计了信息响应的功能，能适应用户对建筑物用途、信息技术要求变动时的灵活性，才称之为智能建筑。智能建筑应具有安全、舒适、系统综合、有效利用投资、节能等性质，且具备很强的适用功能，用以满足用户高效率的需要。

（5）新加坡政府 PWD 的《智能大厦手册》则规定智能大厦必须具备的以下三个条件。

1）先进的自动化控制系统调节大厦内的各种设施，包括室温、湿度、灯光、保安、消防等，为用户提供舒适的环境。

2）良好的通信网络设施，使数据能在大厦内各区域之间进行流通。

3）提供足够的通信设施。

（6）目前，我们国家普遍认为智能建筑的重点是使用先进的技术对楼宇进行控制、通信和管理，强调实现楼宇三个方面的自动化功能，即建筑物的自动化 BA（Building Automation）、通信系统的自动化 CA（Communication Automation）、办公业务的自动化 OA（Office Automation）。

智能建筑的系统集成经历了从子系统功能集成到控制系统与控制网络的集成，再到当前的信息系统与信息网络集成的发展阶段。在媒体内容一级上进行综合与集成，可将它们无缝地统一在应用的框架平台下，并按应用的需求来进行连接、配置和整合，以达到系统的总体目标。

近年来又有人提出智能建筑的新定义，认为智能建筑是根据适当选择优质环境模块来设计和构造，通过设置适当的建筑设备，获取长期的建筑价值来满足用户的要求。它们提出智能建筑的核心由以下八个优质环境模块组成：

1）环境友好——包括健康和能量。

2）空间利用率和灵活性。

3）生命周期成本——适用与维修。

4）人的舒适性。

5）工作效率。

6）安全——火灾、安保与结构等。

7）文化。

8）高科技的形象。

纵观以上各国对智能建筑的定义可知，智能建筑目前还是一个发展中的概念。各国根据本国的特点对智能建筑的理解还存在些许的差异，相信随着科学技术的进步和人们对其功能要求的不断变化，智能建筑本身及人们对智能建筑的理解将不断地更新和完善。

（二）智能建筑的组成

智能建筑并不是一般的建筑物，而是以最大限度激励人的创造力、提高工作效率为中心，配置了大量智能型设备的建筑。在这里广泛地应用了数字通信技术、控制技术、计算机网络技术、电视技术、光纤技术、传感器技术及数据库技术等高新技术，构成了与传统弱电系统有本质区别的新型建筑弱电系统——"建筑智能化系统"。建筑智能化系统的结构由上层的智能建筑综合管理系统（Intelligent Building Management System，IBMS）和下层的 3 个智能化子系统构成：建筑设备管理系统（Building Management System，BMS）、通信网络系统（Communication Network System，CNS）、办公自动化系统（Office Automation System，OAS）。BMS、CNS 和 OAS 三个子系统通过综合布线系统（Generic Cabling System，GCS）连接成一个完整的智能化系统，由 IBMS 统一监管。如图 9-1 所示。

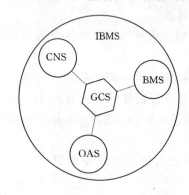

图 9-1 建筑智能化系统结构图

1. 建筑设备管理系统 BMS

BMS 是采用计算机及网络技术、自动控制技术和通信技术组成的高度自动化的管理系统，包括建筑设备自动化系统（Building Automation System，BAS）、消防自动化系统（Fire Automation System，FAS）、安防自动化系统（Safety Automation System，SAS）3 个子系统。BMS 在一个统一的图形操作界面上对上述建筑设备进行全面监视、控制和管理，提高物业管理的效率和质量。

（1）建筑设备自动化系统 BAS。狭义 BAS 的监控范围主要包括电力、照明、暖通空调、给水排水、电梯等设备。广义 BAS 的监控范围是在狭义 BAS 的基础上增加了 FAS 和 SAS，即 BMS。本书中主要以狭义 BAS 的监控范围对其进行分类和说明。

BAS 的主要功能是对以上所提到的建筑物内的各种建筑设备实行运行状态监视、控制及运行管理，达到在满足基本需求和不降低舒适性的前提下提高节能效果、降低运行费用的目的。

自动测量、自动监视与自动控制是 BAS 的三大技术环节和手段。在智能建筑中，由于建筑设备的各系统分散在各处，为了加强对设备的管理，自动测量是非常重要且不可缺少的。自动监视则是指对建筑物中的配电设备，空调、卫生、动力设备，火灾防范设备，照明设备应急广播设备，电梯设备等进行监视、控制、测量、记录等。自动控制分为集散式控制系统和全分布式控制系统。集散式控制系统一般分为 3 级，第 1 级是现场控制级，它承担分散控制任务并与过程及操作站联系；第 2 级为监控级，包括控制信息的集中管理；第 3 级为企业管理级，它把建筑设备自动化系统与企业管理信息系统有机地结合起来了。全分布式控制系统采用现场总线技术将智能传感器、智能执行器及各种智能化电子设备连接起来，变成分布式现场控制站。BAS 通过自动测量、自动监视和自动控制实时掌握建筑设备的运行状态、事故状态、能耗、负荷的变动等情况，以期采取相应合理的处理措施。

（2）消防自动化系统 FAS。FAS 具有火灾自动报警与消防联动控制功能，系统包括火灾报警、防排烟、应急电源、灭火控制、防火卷帘控制，等等，在火灾发生时报警并按消防规范启动相应的联动设施。

（3）安防自动化系统 SAS。SAS 通常设有闭路电视监控系统、门禁系统、防盗报警系统、巡更系统等。系统 24h 连续工作，监视建筑物的重要区域与公共场所，一旦发现危险情况或事故灾害的预兆，立即报警并采取对策，以确保建筑物内人员与财物的安全。

2. 通信网络系统 CNS

CAS 是通过数字交换机（PABX）来转接传输声音、数据和图像，借助公共通信网与建筑物内部综合布线系统（GCS）的传输进行多媒体通信的系统。公共通信网在我国有城市电话网、长途电话网、数据通信网等；多媒体通信的业务则有语音信箱、电视会议系统、传真和移动通信等。

智能建筑中的 CNS 包括通信系统和计算机网络系统两大部分。智能建筑中的通信系统目前主要由两大系统组成：用户程控交换系统和有线电视网。前者是由电信系统发展而来的，后者是广电系统发展而来的。智能建筑中的计算机网络系统即智能建筑中的计算机局域网及其互联网、接入网。

3. 办公自动化系统 OAS

OAS 是计算机网络与数据库技术相结合的系统，利用计算机多媒体技术，提供集文字、声音、图像为一体的图文式办公手段，为各种行政、经营的管理与决策提供统计、规划、预测支持，实现信息库资源共享与高效的业务处理。OAS 在政府、金融机构、科研单位、企业、新闻单位等的日常工作中起着极其重要的作用。

在智能建筑中，OAS 常由两部分构成：物业管理公司为租户提供的信息服务及其内部事务处理的 OAS，大楼使用机构与租用单位的业务专用 OAS。虽然两部分的 OAS 是各自独立建立的，而且要在工程后期才实施，但对它们的计算机网络系统的结构应在工程前期做出规划，以便设计 GCS。

4. 综合布线系统 GCS

GCS 是一种智能建筑或智能建筑群内部之间的传输网络。它能使建筑物或建筑群内部的电话、电视、计算机、办公自动化设备、通信网络设备、各种测控设备以及信息家电等设备之间彼此相连，并能接入外部公共通信网络。总而言之，一套综合布线系统可以传输多种信号，包括语音、数据、视频、监控等信号，有人称之为智能建筑的神经系统。

根据国家《智能建筑设计标准》（GB/T 50314—2000），综合布线系统采用星形结构的模块化设计，由 4 个独立的子系统组成：建筑群主干布线子系统，建筑物主干布线子系统，水平布线子系统，工作区布线子系统。

（三）智能建筑的发展趋势

智能建筑的发展是科学技术和经济水平的综合体现，它已成为一个国家、地区和城市现代化水平的重要标志之一。在我国步入信息社会和国内外正加速建设信息高速公路的今天，智能化建筑已成为城市中的"信息岛"或"信息单元"，是信息社会最重要的基础设施之一。随着社会的进步，科技的腾飞以及人类的需求，智能建筑在我国的发展将呈现以下趋势：

（1）建设方已把智能部分的设计列为建筑设计基本内容，政府亦高度重视，在科研、资金、和政策等方面积极地进行支持和引导，使智能建筑朝着健康和规范化的方向发展。

（2）采用最新科技成果，向系统集成化、综合化管理以及智能城市化和高智能人性化的方向发展。

（3）正在迅速发展成为一个新兴的技术产业。政府和各高校、科研机构以及相关厂商等已将智能建筑作为研究课题和商业机会，积极投入力量，开发相关的软硬件产品。

（4）智能建筑的功能朝着多元化方向发展。由于用户对智能化系统功能要求有很大差异，智能建筑的设计业要分门别类，有针对性地设计。

（5）结合最新的理念，将最先进的环保技术和节能技术融入智能建筑中，解决生态健康与居住舒适度，解决可持续发展的问题，把建筑智能化的要求和水平推向更高的境界，该智能建筑也被称为绿色智能建筑。

目前，绿色智能建筑技术在我国得到了政府、高校、科研机构和相关企业的高度关注，在建设部、科技部、国家发展改革委和国家环保总局的倡议下，在我国先后举办了多届国际智能、绿色建筑与建筑节能大会，大会得到了全世界各国政府和国际组织的高度重视，也带来了许多先进的技术和成功的经验。

可以预计，随着智能建筑技术和绿色环保节能技术的发展，人们对效率、舒适、节能、环保、便捷等方面的要求将不断提高，智能建筑将更加现代化、生态化和可持续化。

二、智能建筑的节能潜力

在智能建筑的整个生命周期内，智能建筑的投资只占整个生命周期投入的 15%，智能建筑的能耗费用和运行费用则占余下的 85%。可见智能建筑的能耗在智能建筑中所占的地位是十分重要的。

我国现有智能建筑大多数是高能耗建筑，且近年来随着经济的不断发展，又存在一种追求奢华、不求实效的不良风气。例如玻璃幕墙被大量地应用在智能建筑中，甚至存在一种泛滥的现象，业主常常片面地追求建筑物外观的奢华，而不考虑玻璃幕墙带来的高投入、高能耗和光污染的问题，等等。这些不合理和不科学的设计大大地增加了智能建筑的能耗，严重违背了智能建筑可持续发展的理念和初衷。

（一）典型智能建筑能耗的组成

智能建筑中主要的用能设备包括空调、照明、办公设备、电梯等系统，不同性质的建筑物能耗水平相差较大。根据清华大学对北京市不同性质建筑物能耗水平的调查结果发现，商场类建筑能耗最高，政府办公建筑能耗最低。

为解决目前普遍存在的智能建筑高能耗的问题，有必要对不同类型智能建筑的能耗组成进行分析，根据不同类型智能建筑能耗特点提出相应的解决方案。以下主要对一些典型智能建筑的能耗特点进行分析。

1. 政府机构办公建筑的能耗特点

政府办公建筑比较复杂，建造时间跨越年代长，围护结构、照明灯具、空调方式也各不相同。根据调研结果，北京市政府机关办公楼单位面积电耗在 $40\sim150kW\cdot h/(m^2\cdot a)$ 之间，相互之间存在较大差异。

以一家大型公共建筑的政府办公楼为例，其具体的各用电设备能耗情况如图 9-2 所示，其中中央空调、照明、办公设备和电开水器是四个主要的耗能环节。所采用的中央空调系统中，冷冻机组耗电量最大，占空调系统耗电量的 39%；水泵和风机组成的输配系统的耗电量与冷冻机组的耗电量相当；其余末端风机盘管占空调系统总用电量的 14%。

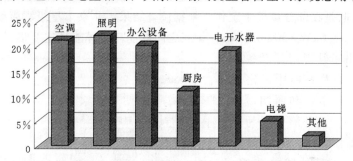

图 9-2 某政府办公楼能耗比例

2. 商场的能耗特点

商场内由于人员密集，照明等一些散热设备使用时间较长，使商场内负荷密度较大，空调系统开启时间较其他建筑长。因此，商场单位面积的能耗在智能建筑中是最高的。北京市商场单位建筑面积全年总的耗电量为 $150\sim350kW\cdot h/(m^2\cdot a)$。

图 9-3 给出了某家大型商场各设备的能耗情况，空调和照明系统为两个主要的能耗大户，各占商场总能耗的 50% 和 40%，而电梯占总能耗的 10%。商场内的建筑能耗特点鲜

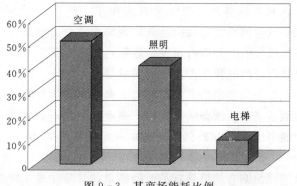

图 9-3 某商场能耗比例

明，与政府办公楼存在显著差别。目前商场空调系统普遍采用全空气空调系统，空调系统中各输能设备的耗电量也占到了相当大的比例。

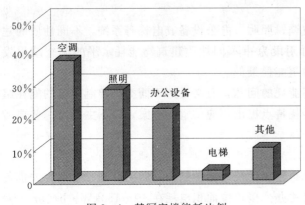

图 9-4 某写字楼能耗比例

3. 写字楼的能耗特点

写字楼属于典型的一类智能建筑，其全年使用时间约为 $200\sim250$ 天。北京市写字楼单位建筑面积全年耗电量为 $100\sim200\mathrm{kW\cdot h/(m^2\cdot a)}$。

图 9-4 给出了某写字楼各设备的能耗情况。空调系统占总能耗的 37%，照明和办公设备分别占 28% 和 22%，与政府办公大楼类似，办公设备的能耗占据的一定的比例，但空调系统的能耗较政府办公大楼明显增加。空调系统中，风机的耗电量所占比重仍然最大，其次为冷冻机组，冷冻泵、冷却泵和冷却塔的耗电量所占比例相对较小。

4. 酒店的能耗特点

酒店与商场和写字楼不同，虽然营业时间长，但由于受到旅游季节变化和入住率波动的影响，多数时间是在部分负荷下工作。根据调查结果，北京市星级酒店单位建筑面积全年用电量为 $100\sim200\mathrm{kW\cdot h/(m^2\cdot a)}$，相互之间的能耗差异能高达 2 倍以上。

图 9-5 给出了某酒店各设备的能耗情况。酒店的总耗能中，比重最大的两个部分是空调和照明，分布为 44% 和 25%。此外酒店还为客人提供 24h 的循环热水，给水排水系统耗能明显高于其他智能建筑，所占比重为 17%，而办公设备的耗能则相对较低，锅炉作为提供热水的热源也占据了 1% 的能耗。众所周知，酒店的空调系统中普遍采用了

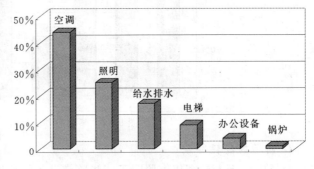

图 9-5 某酒店能耗比例

全空气空调系统和风机盘管加新风相结合的形式，在大堂和餐厅一般都采用全空气系统，因此风机的能耗所占比重仍然相对较大，酒店客房普遍采用风机盘管加新风的空调系统，风机盘管的能耗所占比重也明显提高。

以上主要给出了北京各类型典型智能建筑的能耗特点，香港理工大学对香港商业建筑和酒店能耗的调查结果表明，商业建筑中空调系统的平均能耗占总能耗的 60% 左右，照明的平均能耗占 26%，此外电梯的平均能耗占 8%。酒店中空调系统的能耗占总能耗的 44%，照明的平均能耗占 29%，电梯则占 10%。可以看出，不同区域对某一类型智能建筑能耗的调查结果具有类似的结果，只是在具体数值上存在一些差别。这主要受各区域气候差异，和建筑管理系统等的影响。为合理准确的分析各区域和各类型智能建筑的能耗特点，须分析当地气候条件、智能建筑的管理模式和用户特点，在此基础上建立完整的智能建筑能耗分布数据库。

（二）智能建筑的节能潜力

20 世纪 70 年代的石油危机引起了全世界对节能工作尤其对建筑节能的重视。智能建筑集信息技术和智能控制等先进技术和手段为一体，应发挥高技术对建筑节能的作用，真正使智能建筑成为可持续、绿色的智能建筑。

目前，我国智能建筑的发展过于追求建筑物及其附属设备的奢华，忽视了智能建筑本应承担的另一项重要任务——建筑节能。作为智能建筑贯彻节能措施平台的楼宇自动控制系统（BAS）的建设情况是粗犷型的，尚未取得节能效果。以清华大学对北京市一些智能建筑包括近千户居民家庭和多个公共建筑的调查结果发现，一般居民住宅的耗电量指标为 $10\sim20kW\cdot h/(m^2\cdot 年)$，而公共建筑的能耗指标高达 $40\sim350kW\cdot h/(m^2\cdot 年)$。对公共建筑能耗进行深入分析后得出，面积较小、不使用中央空调的普通公共建筑的能耗指标为 $40\sim60kW\cdot h/(m^2\cdot 年)$，是居民住宅的 2～4 倍；面积较大、封闭不开窗且采用中央空调的大型公共建筑的能耗指标为 $100\sim350kW\cdot h/(m^2\cdot 年)$，高达住宅建筑的 10～15倍。在一些大型和特大型城市中，占城镇总建筑面积 5％～7％的大型公共建筑的总耗电量已和全市所有居住住宅的总耗电量相当。随着城镇新建公共建筑数量的逐年提高，以北京市为例，新中国成立后的 55 年全市建成 2070 万 m^2 的大型公共建筑，按照城市的发展规划，未来几年将再建 2000 万 m^2，大型公共建筑的能耗在建筑总能耗中所占的比重会越来越高。根据清华大学对北京市公共建筑的现场测试诊断以及实际参与的部分节能改造工程的经验表明，公共建筑普遍存在 30％以上的节能潜力。

可以看出，智能建筑存在较大的节能潜力。从智能建筑设计入手，合理有效地应用智能技术将对智能建筑的节能发挥关键作用。目前，智能技术在智能建筑节能方面主要体现在智能空调、智能照明和智能家电三个方面。智能建筑的节能重点在于对中央空调系统的节能。

1. 智能建筑空调节能潜力

上节中介绍了各类型智能建筑的能耗特点，无论哪类智能建筑，中央空调系统能耗均为主要的能耗环节。智能建筑的中央空调系统往往都在建筑设备自动化系统（BAS）控制下工作。要实现节能，必须使 BAS 对空调系统进行科学、合理、有效的监控。

（1）提高 BAS 的控制精度。目前，中央空调系统设计时室内的温度设定值通常保持在 17～28℃之间，相对湿度设定值保持在 40％～70％之间，冬季取低值，夏季取高值。研究表明，人体的最佳舒适度为室外与室内相对温差在 10～12℃范围之内，过冷、过热的温差将使人们感觉到明显的不适应。因此，在冬季、夏季应根据室外温、湿度的变化，动态的调节室内设定值，是既满足人体舒适度要求，又可降低能耗的最佳选择。

目前大多数智能化系统的调节精度不高，往往造成夏季室温过低、过冷，冬季室温过高、过热。这种室温过冷或过热的现象，不但对人体的健康无益，舒适度不高，而且又浪费了能源。据有关资料表明，在夏季把室内温度设定值下调 1℃，将增加 9％的能耗，在冬季把室内温度设定值上调 1℃，将增加 12％的能耗。因此，把建筑物内空气温度、湿度控制在设定值精度范围内，是建筑空调系统节能的有效措施。

（2）新风量节能控制。为改善室内空气质量，室内必须保证一定量的新风。但新风量过大，将会明显增加空调系统能耗。有必要在满足室内卫生条件的前提下，减少新风量，节约能量的消耗。因此，新风量的控制对于智能建筑节能显得尤为重要。

新风量的节能控制，要根据不同情况采取相应措施。通常在回风风道内设置二氧化碳探测器，根据二氧化碳测试浓度，自动调节新风风门的开启度。也可通过检测室内二氧化碳浓度对新风量加以控制。在公共建筑里，根据人员流动变化规律，不同时期、不同时刻新风量都应有所区别。

（3）其他节能控制。随着空调技术和智能控制方法的发展，智能空调节能技术也在不断改进，如改善空调系统的节能设计、采用高效节能的冷热源设备，采用热泵热回收系统，选用节能的变流量控制系统，选用节能的变风量末端控制系统等，从而多方面降低智能建筑空调能耗，达到节能效果。

2. 智能建筑照明节能潜力

智能建筑中，照明能耗同样占据较大的比例，如何降低智能建筑中的照明能耗对智能建筑的节能效果显得非常重要。照明节能可采用安装节能开关，设置智能调光器，采用智能建筑的节能控制以及选用节能灯具、节能家电等。

灯光照明控制可以纳入智能建筑自动控制系统中。通过控制公共区域和外立面照明的开启和关闭，根据不同的照明度要求，进行合理的照明度控制区域划分；根据外界光线变化，自动调节照明度；适当降低室内照明度，充分利用日光照明；自动调整电梯、排风机、给排水泵等的启停和运行时间；采用建筑机电设备节能控制算法，克服建筑机电设备负荷冗余运行，实现智能照明及机电设备的节能。

南澳大利亚政府制定的能量效率行动中（Action Plan of Energy Efficiency）指出，灯光自动控制可节能 30%，而智能灯光可节能 80%。行动中还指出，在公共建筑中大约 10% 的能耗可以节省，且投资在五年之内可以回收。

通过对智能建筑的合理设计和智能控制，智能建筑的节能潜力是非常广阔的。根据清华大学对北京市公共建筑的现场测试和部分节能改造估计，公共建筑普遍存在 30% 以上的节能潜力。通过加强科学管理、杜绝"跑冒滴漏"、合理控制调节、更换低效设备等手段和技术，可获得显著的节能效果和经济效益。

第二节　智能建筑节能途径与方法

一、智能建筑节能途径

智能建筑的节能应从宏观和技术两层面下手，多层次、多手段、多渠道对智能建筑的节能进行管理。宏观层面上的智能建筑节能措施主要体现在行政、法治、经济和管理等多种方法和政策上，并促进节能方针的落实。

（一）政策与经济措施

我国建设部多次强调要大力发展"节能省地型"住宅。节能省地事关促进经济结构调整和经济增长方式转变的大局，是建设工作落实科学发展观的具体要求。要实现住宅建设的可持续发展，必须全面审视住宅建设的指导思想，在住宅建设中，按照减量化、再利用、资源化的原则，搞好资源的综合利用，抓好节能省地住宅的建设。

同时为推进节约能源的政策，全国人大常委会制定了《中华人民共和国节约能源法》，国务院颁布了《民用建筑节能条例》，建设部下发了《绿色建筑评价标准》。针对智能建筑，为有效提高智能建筑的能源利用效率，我国也相继出台了《民用建筑电气设计规范》、《智能建筑设计标准》、《智能建筑工程质量验收规范》等一系列国家、行业标准。但是由于地方经济水平和智能化发展水平的差异，人们对智能建筑节能的不了解等因素，这些节能政策、法规和标准尚未得到很好的贯彻落实。

因此，我们还要多层次的加大对智能建筑节能的政策引导，包括进一步加强政策法规的制定和完善，尤其是要制定相应的实施细则；加强宣传，让人们充分的了解智能建筑不仅要体现出智能化，更要突出节能的重要性；加大执法力度，对那些拒不执行或执行不力的人进行教育，对教育无效的人采取必要的行政或法律措施进行处罚。做到有法可依，违法必究，使这些政策法规真正落到实处，使智能建筑充分发挥其节能效果。

对于智能建筑节能方针的落实，我们不仅要对其进行政策引导，同时还要加强鼓励和扶持。鼓励开发商对新建的智能建筑采用一些新技术、新工艺和新方法，对一些既有智能建筑进行系统升级和改造，这包括太阳能、风能、地热能等一些可再生能源在智能建筑中的应用，一些先进的控制方法和控制系统在智能建筑空调、照明等用能系统中的应用等。

英国、丹麦、德国等国家先后制定了一些公约或法案对可再生能源在建筑中的应用进行财政补贴。我国建设部创立了"绿色建筑创新奖"，要求绿色能源的使用率要达到国家规定的住宅能耗标准的10％，在生态小区中，建筑节能应达到50％，完成这些指标才能取得评奖的资格。

但需要强调，这些经济激励政策和财政支持还远远不够。为使开发商更为主动的实施智能建筑节能措施，更好地发挥智能建筑的节能效果，我们应该采取多种激励手段，包括财政补贴和税收优惠相结合的方式。有的学者提出可以将建筑节能产业的发展与经济激励政策分三步走，起步阶段主要以财政补贴为主，税收优惠为辅；发展阶段以财政补贴和税收优惠并重的方式；建筑节能产业发展到一定成熟阶段后，主要以税收优惠为主，财政补贴为辅的方式。

总之，对于智能建筑的节能，我们应采取政策引导、经济激励相结合的方式，多层次、多手段地促进智能建筑节能事业持续、有效的发展，使智能建筑产业成为可持续发展的建筑产业。

（二）管理措施

智能建筑往往都建有智能化集成管理系统或智能化物业管理系统，这些系统要担负起日常管理的任务，起到日常管理的作用。然而，不少智能建筑的集成系统只能完成一般事务性的管理和控制，而没有把重点放在节能上，从某种意义上讲，这就失去了集成管理的价值。节能是智能化系统建设效益的表现的一个重要方向。智能化集成管理系统应该以空调使用的优化、机电设备使用的优化和照明管理的优化为目标，设计和开发出以节能为目的的智能化集成管理系统。

1. 全面掌握系统状况

在楼控系统中，根据系统设备控制调节的需要或者设备管理的要求，可以在相应的系统设备上及区域内设置各种各样的传感器，测量建筑内空气温度、空气湿度、室内照明、水流量、空调送风风速等参数。楼控系统将这些传感器测量的信号转换为数值信号，通过通讯网络的任一终端，管理人员或用户不必到现场读取各传感器的测量值，通过楼宇网络，可以在控制室，甚至在建筑内外任何网络通讯能够到达的角落，了解系统设备的运行现状与被控参数。管理人员可以同时掌握多个系统设备运行参数，并对这些数据进行对比分析。从这个角度来说，楼控系统是管理人员视野的拓展，帮助管理人员敏锐、准确地了解系统当前的运行状态，降低管理人员的工作量，提高运行管理的效率，为改善系统运行提供了基础。

2. 动态能耗计量分析

楼控系统可以实现建筑水、电、热量、燃气等能源消耗的自动统计计量。常规仪表对水、电、燃气等能源消耗的计量只能显示能耗总量，不同时段能耗的统计需要靠人工读取常规仪表的数据来完成。楼宇系统在总量计量的基础上，自动采集能耗计量数据，将建筑各区域、各时段、各种能源的消耗量记录分类保存到数据库中，并且通过调整采样频率，可以实现逐年、逐月、逐日、逐时，甚至每分钟能源消耗的统计，为建筑能耗的动态分析提供了依据。在能耗分析软件的帮助下，楼控系统利用能耗数据库记录的数据，绘制各个时段、各建筑区域能耗曲线，分析能耗特点以及节能潜力，为节能措施的合理选择提供帮助。

3. 控制调节和节能优化

不同气象条件、建筑使用功能以及建筑内部结构对系统设备的运行状态的要求是不同的。当气象条件等因素发生变化时，为了保证舒适的建筑环境，需要对系统设备的运行状态进行调整。实现某种建筑环境可能有多种系统调节方式，虽然都能实现相同的控制参数，但是不同系统运行方式的能耗可能差别很大。在复杂的建筑系统中和多变的外部条件下，依靠运行人员辨识系统运行状态，实现节能优化，往往挂一漏万。楼宇系统依靠计算机的计算能力，可以逐时地对采集到的大量数据进行分析，辨识出当前系统运行状态，甚至预测下一时刻系统运行的外部条件。在此基础上优化系统运行方案，实现保证建筑环境要求并降低系统能耗的目标。

4. 改善设备管理

随着建筑设备使用时间的增加，设备性能的逐步下降会影响到系统整体运行的效果，甚至会影响到系统运行的安全。系统设备维护是保证建筑系统安全可靠运行的重要环节，需要运行管理人员大量的工作。在复杂的系统中，运行人员很难全面了解所有设备的状态并发现系统中的问题与隐患。楼宇系统可以详细的监测系统设备的运行状态，及时进行故障诊断和事故报警。通过比较设备历史运行记录，分析设备的出力情况，可以提醒运行管理人员进行设备维修与更新。因此，楼宇系统的存在将大大改善系统设备的管理水平，提高系统运行的可靠性和安全性。

二、智能建筑节能方法

从智能建筑能耗特点的分析可以看出，智能建筑中的能耗大户是中央空调系统，有效地降低中央空调系统的能耗是智能建筑节能成功的关键。以下将重点对中央空调系统节能方法进行介绍。

（一）空调系统的节能

1. 变风量空调系统

变风量（Variable Air Volume，VAV）系统是根据室内负荷的变化，通过改变送入室内的送风量来实现对室内温度调节的全空气空调系统，它的送风状态保持不变。因此，变风量系统可以更灵活、更有效地节省空调系统风机的运行能耗，实现智能建筑空调系统的节能。变风量空调系统有单风道、双风道、风机动力箱式和诱导器式四种形式。

（1）单风道变风量空调系统。变风量单风道空调系统是由变风量末端机组（VAV Terminal Unit），或称为变风量末端装置，调节每个区域或房间的送风量。每个变风量末端机组可带若干个送风口，如图 9 - 6 所示。当室内负荷发生变化时，由变风量末端机组根据室内温度调节送风量，维持室内温度。

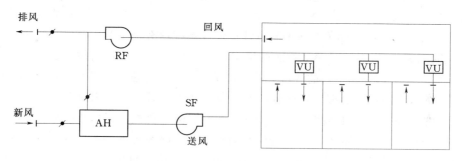

图 9 - 6　变风量单风道空调系统

AH—空气处理机组；VU—变风量末端机组；SF—送风机；RF—回风机

变风量系统的一个主要设备是变风量末端机组，其主要分为节流型和旁通型两类。节流型是利用节流机构（如风门）调节风量。旁通型则是将部分送风旁通到回风顶棚或回风道中，从而减少室内送风量。这样有部分处理后的空气被排到室外，浪费了冷、热量。因此这种旁通型变风量末端机组所组成的系统的总风量是不变的，这样的系统不是具有节能特点的真正意义上的变风量系统。

变风量末端机组按风量调节方式分为两类：压力有关型和压力无关型。压力有关型是由恒温控制器直接控制风门的角度，VAV 末端机组的送风量将随系统静压的变化而波动。压力无关型 VAV 末端机组的风门角度根据风量给定值来调节。这种 VAV 末端机组需在入口处设风量传感器。风量传感器是由两根测压管（全压和静压）组成，可以测流量。风量控制器根据实测风量值与风量给定值之差值来控制风门。恒温控制器是根据室内温度的变化设定风量控制器的风量给定值。这时 VAV 末端机组的送风量不会因系统静压的变化而变化。

在 VAV 末端机组调节的同时，还需对系统风机进行调节，使总风量适应变风量末端机组调节所要求的风量。系统总风量的控制主要有三种策略：定静压控制法、变静压控制法和总风量控制法。定静压控制是保持风道内的静压恒定，即根据风道的静压控制风机的转速和入口导叶的角度。实际上只能保持安装静压传感器处的静压恒定，因此静压传感器的安装位置就成关键问题之一。目前通常是安装在风机到最远端的 2/3 之处。变静压控制是在调节过程中，风道内的静压根据变风量末端机组风门开度来调整。自动控制系统测定每个变风量末端机组的阀位，风道内的静压应使得最大开度的变风量末端机组的风门（即最大的相对负荷）接近全开位置。当最大开度的 VAV 末端机组风门开度小于某一下限值时，则减少风道的静压设定值；反之当风门开度大于某一上限值时，则增加静压设定值。风机转速或入口导叶角度根据变化的静压设定值进行调节。总风量控制法是一种不通过静压控制总风量的控制方法，根据压力无关型 VAV 末端机组设定的风量，确定系统总风量，计算出风机的转速，从而对风机进行调节。

单风道 VAV 空调系统的主要优点有：①在部分负荷下运行，可以节省输送空气的能耗，即节省风机能耗。②一个系统可同时实现对很多个负荷不同、温度要求不同的房间或区域的温度控制。③各个房间或区域的高峰负荷参差分布时，更显示 VAV 系统的优点，这时系统的总风量及相应的设备和送风管路都比较小。④当某些房间无人时，可以完全停止对该处的送风即节省了冷量和热量，而又不破坏系统的平衡，不影响其他房间的送风量。⑤当 VAV 系统的实际负荷达不到设计负荷或系统留有余量时，可以很容易适应建筑格局变化时对系统的改造。VAV 系统的确定有：①当房间在低负荷时，送风量减少会造成新风量供应不足，影响室内的气流分布，严重时会造成温度分布不均匀，影响房间的舒适度。②VAV 末端机组会有一定噪声，主要是在全负荷时产生较大噪声，因此宜取比实际需要稍大一些的 VAV 末端机组，或使 VAV 末端机组负担的区域小一些，这样可以选用较小型号的 VAV 末端机组，它的噪声相对低一些。③系统的初投资一般比较高。④控制比较复杂，它包括房间温度控制、送风量控制、新风量和排风量控制、送回风量匹配控制和送风温度控制，这些控制互相影响，有时产生控制不稳定。

（2）双风道变风量空调系统。图 9-7 为双风道变风量系统及其末端装置的示意图。该系统送出两种参数的空气——冷风和热风，通过设在每个房间或区域内的变风量混合箱送入室内。混合箱内有风量调节风门 VR 和最小风量控制风门 MVC。当夏季室内冷负荷较大时，混合阀使冷风口全开，热风口关闭。此时，恒温控制器控制风量调节风门 VR 开大或关小。随着冷负荷减小，风量调节风门 VR 关小，最终关闭。这时风量将由最小风量控制，风门保证风量不小于设定的最小送风量。若室内温度继续下降，恒温控制器将控制

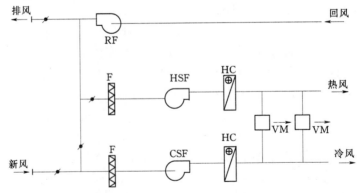

图 9-7　双风道变风量系统

HSF—热风送风机；CSF—冷风送风机；VM—变风量混合箱；

F—空气过滤器；HC—加热盘管；其余符号同图 9-6

混合阀，使热风门开大，冷风门关小，以维持室内的温度。从变风量混合箱的工作原理可以看到，对于每一个房间或区域来说，在冷负荷较大时，按变风量运行；当风量下降到一定值时，按定风量、双风道方式运行，从而避免了单风道变风量系统在冷负荷很小时房间的送风量太少带来的气流不稳定和温度场不均匀问题。

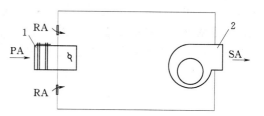

图 9-8　串联型风机动力箱示意图
1—变风量装置；2—离心风机；
RA—室内空气；PA—由系统来的一次风；
SA—室内送风

（3）风机动力型变风量系统。风机动力型系统是在单风道 VAV 系统的变风量末端机组上串联或并联风机的 VAV 系统。图 9-8 是串联型风机动力箱示意图。它由一套压力无关型变风量装置和一台离心风机组合而成。一次风与吸入箱内的室内空气混合后，经风机送出。一次风的风量根据室内温度进行控制，是变风量的；由动力箱送出的风量是恒定的，从而保证了室内气流分布稳定和温度分布的均匀性。如果一次风不经箱内风机，而与风机并联，风机只诱导室内空气，这种机组称为并联型风机动力箱。如果在风机动力箱的风机出口端装上加热盘管，即为再热型风机动力箱。再热型风机动力箱可用于周边区在冬季向室内供热，或用于在一次风最小风量时出现房间温度过低时调节室温。

风机动力箱系统最大的优点是系统是变风量的，而室内送风是恒定的，避免了小负荷时 VAV 系统因送风量减小而带来的气流分布不稳定和温度分布不均的缺点。但这种系统能耗比常规的变风量系统的能耗高（多了箱内风机的能耗），同时也带来了噪声。

（4）诱导器系统。诱导系统有两类：空气—水诱导器系统和全空气诱导器系统。

空气—水诱导器系统是空气—水系统中的一种。房间负荷由一次风（通常是新风）与诱导器的盘管共同承担。该类型诱导器的工作原理是经处理的一次风进入诱导器后，经喷嘴高速喷出，诱导器内产生负压，室内空气（二次风）通过盘管被吸入；冷却或加热后的二次风与一次风混合最后送入室内。空气—水诱导器系统的优点有：①诱导器不需要消耗风机电功率；②喷嘴速度小的诱导器噪声比风机盘管低；③诱导器无运行部件，设备寿命比较长。缺点有：①诱导器中二次风机盘管的空气流速较低，盘管的制冷能力低，同一制冷量的诱导器体积比风机盘管大；②由于诱导器无风机，盘管前只能用效率低的过滤网，盘管易积灰；③一次风系统停止运行，诱导器无法正常工作；④采用高速喷嘴的诱导器，一次风系统阻力比风机盘管的新风系统阻力大，功率消耗多。

全空气诱导器系统实质上是单风道变风量系统中的一种形式，也称变风量诱导器。该诱导器根据各房间的温度调节一次风的风量，但同时开大二次风的风门，以保证送入室内的风量基本稳定。全空气诱导器系统保持了常规的 VAV 系统的优点，而又避免了它在部分负荷时风量小而影响室内气流分布的特点。但是由于诱导器风门有漏风，该系统的总风量要比常规的 VAV 系统稍大一些，另外诱导器内喷嘴有较大的风速，因此变风量诱导器的压力损失比常规的 VAV 末端机组要大很多，噪声也会大些。

2. 变流量空调系统

不管负荷如何变化，传统的水系统在制冷机组和建筑中循环的冷冻水是固定不变的。

如果负荷小，定量的冷冻水在风机盘管前面通过三通阀时需进行分流，导致了能耗的浪费。变流量系统可以根据室内负荷的变化，利用现代化的控制系统和变速控制实现水泵及水系统的节能。

（1）单级泵变流量系统。图9-9给出的是典型的一级泵系统变流量控制的系统图。每套盘管都有一个可根据要求来调节流量的阀门。带控制阀的旁通管道保证空调主机运行所需的最小流量。一级泵的变速器由压差传感器信号及风机盘管阀的位置进行控制。

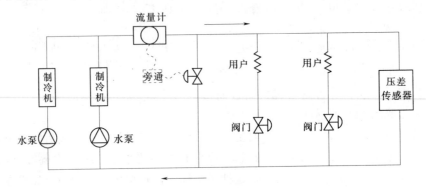

图9-9　单级泵变流量系统图

工程师们通常避免对空调主机进行变流量控制，但是由于制冷机控制技术的快速发展，蒸发器的流量可以实现比过去更大范围内的动态控制。如果制冷机在稳态下运行，而蒸发器流量减少，那么会使冷冻水的温度降低，如果流量减少缓慢，主机控制器就可以有足够的时间进行反应，而使系统保持稳定。但是流量的迅速改变，则会引起冷冻水的温度迅速下降，如果控制反应缓慢，空调主机会因低温保护而停机。因此必须重新进行手动重启，而主机重启必须要间隔一段恢复时间，这是个相当麻烦的过程。大多数制造商已经针对冷冻水温度下降对主机采用了现代控制技术，这些控制技术能防止主机的非正常停机。

（2）双级泵变流量系统。双级泵变流量系统是多机组制冷多负荷使用的标准设计形式，如图9-10所示，双级变流量设计如下：制冷机构成一个循环，系统二级水路形成一个循环，一级和二级环路之间分别独立或者存在耦合。该设计的关键是需要两个独立的环路之间共用一小段称为旁通平衡管的管道。

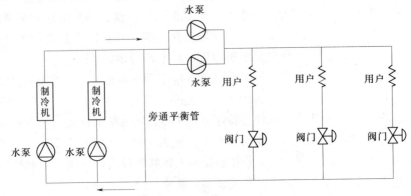

图9-10　双级泵变流量系统图

当双级泵系统以相同流速运行时，旁通平衡管中没有流量。当一级供水量和二级供水量有差异时，相差的部分从平衡管流过，平衡管可以双向流动，这样，就可以解决制冷机组和用户侧水量控制不同步的问题。用户侧供水的调节通过二级泵的运行台数及变流量调节器控制。双级泵是变速的，根据系统压差传感器和风机盘管阀的位置进行控制。

一般来说，我们希望一级泵的流量等于或者大于二级泵的流量，即意味着部分冷水将通过旁通返回空调主机回路，这部分冷水与二级泵回路的回水进行混合，以降低二级回水温度，然后一起流回空调主机。当二级泵回路流量超过一级泵回路系统时，用户侧的回水通过旁通管流回，并同一级空调主机的冷水进行混合，这提高了二级水系统的温度，有时会造成不良的后果，较高的供水温度会进一步加大二级泵的流量需求。为解决这个问题，就需要控制一级泵系统流量始终等于或大于二级泵系统流量。

3. 冷源群控

建筑物是配有多台冷水机组的场合，应采取群控策略。

冷水机组的群控不仅可以获得非常可观的节能效果，而且可以极大地改善空调末端装置的自动调节性能。一般来说，机组有效率的负荷区段在其额定负荷的 40%～90% 之间，其最有效的负荷段在 40%～80% 之间，随机组的不同而有所改变。群控可以使冷水机组工作在效率较高的工作点。

目前，冷水机组的群控有两种方式：一种是由 BA 集成商根据负荷和流量的大小，通过干接点控制机组的运行台数，或在机组供应商开放通信协议的条件下由 BA 通过通信控制机组的运行；另一种是由冷水机组供应商实施机组的群控。由于供应商更洞悉机组的运行特性，包括踹振点和机组允许的最低冷却水进水温度，可以通过群控的负荷分配使机组运行在效率最高的特性曲线部分，还可以使机组的性能适合冷却塔的运行工艺。因此由供货商实施群控目前更为合理。

（1）应研究选择适当、合理的控制策略实现多台制冷机组的群控。应研究冷水机组的电流百分比和负荷的关系；应研究冷冻水供水温度与设定值的偏差与负荷的关系；应研究离心机组的导叶开度或螺杆机组的滑块位置与负荷的关系。在群控分配冷冻机负荷时必须考虑到多启动一台机组会增加一套冷冻泵和冷却泵，这些辅助设备的能耗大约占制冷机额定负荷的 10%～15%。所以主机的节能要结合辅助设备的运行来综合考虑，要寻求所有设备的最佳节能配置，不能只考虑单台设备的能耗。

（2）群控应综合考虑包括冷却塔系统在内的综合能耗。在传统的方法中，冷却塔和冷水机是一对一的关系。将冷却塔并联分组运行可以获得低温冷却水。对离心式和螺杆式机组而言，冷却水温度越低，冷冻机的 COP 值越高。制冷系统冷却水进水温度的高低对主机耗电量有着重要影响，一般推算，在水量一定的情况下，进水温度高 1℃，电压缩主机电耗约增加 2%，溴化锂冷水机组能耗高 6%。为了保护冷水机组安全运行，冷却水的温度设有底线。冷却水温度偏低虽然造成冷却塔系统能耗增加，但从综合能耗看是节能的。

（3）冷却塔系统的维护和节能的关系。玻璃钢冷却塔在使用后期会出现冷却效率降低，达不到规定的冷量，噪声大等现象。原因是热交换管路内结了水垢，严重影响了制冷系统的高效工作，所以要及时维护并加强检查。

（4）冷却水处理。水垢热阻对制冷机性能影响很大，特别是对溴化锂吸收式冷水机组影响更大，一般冷水机组额定制冷量是按 $\delta = 0.15mm$，$R_f = 0.000086m^2 \cdot K/W$ 标定，国内外的实践证明，高频多段磁场能很好地对水质进行处理，因此，应提倡选用高频电磁多功能水处理装置。

（5）建筑群能源中心管网供能模型的研究。在建筑群如机场中出现的能源中心集中供能的设计，需要认真研究管网对供能的影响。一般来说，采用能源中心供能模式的先决条件是建筑群中的建筑物的运行工况类似。举例来说，如果一栋建筑物开了饭店，即在休息日必须供冷供热时，集中方式就不能实现节能。

（二）照明系统的节能

智能建筑中，照明系统对用户的行为表现和工作舒适度起到了至关重要的作用。有效的照明系统能改善工作环境并且提高生产效率。然而智能建筑中照明系统的耗电量普遍达到总耗电量的20%以上，高者甚至达到40%。因此，照明系统的节能成为智能建筑节能的另一重要环节。

1. 灯具的选择

最近几年，照明产业取得了许多新发展，照明设备技术的发展提高了灯具的效率，改良了灯光的色彩，并延长了灯具的使用寿命。一些新的技术使照明设备也有了长足的进步，如能启动放电/荧光灯具镇流器的出现，这种灯具能够无闪烁的启动，使用寿命更长，启动时间更快，使用温度更低。此外一些灯具还具有平稳的光度调节功能。这些技术不仅可以提高灯具的照明效率，而且对于节省能源具有非常积极的作用。

为进一步说明灯具选择好坏对智能建筑节能及舒适的影响，以下先对描述灯具特性的几个名词进行说明。

（1）光源发出的光或者亮度：用流明（lm）作为单位来度量。落在一个工作面上的光亮叫做光照度，用勒克斯（lx）来度量，$1lx = 1lm/m^2$。

（2）发光效率：光源的效率用输出的光能（lm）除以输入的电能（W）来计算。发光效率越高，光源的效率越高。

（3）平均寿命：灯具的寿命是指在标准测试情况下，大量同样的灯具损坏达到一半所用的时间，一般用小时表示。任一特定的灯具或者一组灯具的寿命可能会与平均寿命额定值不同。对于荧光灯或者高光强气体放电灯来说，照明时间（灯具从开启到关闭的平均时间）也会影响到其平均寿命。

（4）显色指数：显色指数是指一个光源照在彩色物体表面上的效果。显色指数越高，物体的颜色被灯光扭曲的程度就越小；显色指数越低，显色的改变就越明显。显色指数的最大值是100。

表9-1给出了一些工业与商业建筑所用的典型灯具的光效、平均寿命和显色性。

2. 感应传感器

智能建筑中，感应传感器通过自动关闭无人空间的照明，实现照明系统的节能。通常情况下，感应传感器适用于大部分照明设备控制的应用，但正确的指定和安装感应传感器对于照明系统至关重要。大多数感应传感器的不合理安装是由于不恰当的选择和不正确的放置造成的。因此，设计人员应当选择合适的运动感测技术的感应传感器。目前市场上存在两种运动感测技术。

表 9 – 1　　　　　　　　　　　　　　工业及商业建筑的高效照明

灯　型	功率 （W）	输出 （lm）	光效 （lm/W）	平均寿命 （h）	显色性 （Ra）
低压钠灯 （SOX）	135	22500	167	16000	—
	90	13500	150	16000	—
	35	4600	131	16000	—
高压钠灯	400	48000	120	26000	23
	150	15000	100	26000	23
	70	5600	80	26000	23
H.P. 钠灯 （SON Deluxe）	400	39000	98	26000	60
	150	12500	83	26000	60
感应灯	150	12000	80	60000	85
卤金属灯 （MBIF）	400	31000	78	15000	90
	250	19000	76	15000	90
	150	10500	70	9000	85
纳-氙灯 （DSX – 2）	77/50①	5700/2900①	74/58①	15000	50
	55/33①	3600/2000①	65/61①	5000	45
纳-氙灯（DSX）	80	4500	56	7500	85
高效荧光灯②	70	6550	94	18000/15000③	85
	58	5200	90	18000/15000③	85
	36	3250	90	18000/15000③	85
标准荧光灯	5700	76	9000	67	—
	65	4850	75	9000	67
	40	2950	74	9000	67
小型荧光灯	20	1200	60	10000	85
	11	600	55	10000	85
	7	400	57	10000	85
高压汞灯	400	22000	55	24000	44
	250	13000	52	24000	46
	125	6200	50	24000	49
钨镇流汞灯（MBFT）	250	5600	22	9000	68
钨卤灯	500	9500	19	2000	100
	300	5000	17	2000	100
	100	1650	17	2000	100
GLS 白炽灯	100	1290	13	1000	100
	60	680	11	1000	100
	40	400	10	1000	100

① 可切换至低电流低输出。

② 冷白三磷层灯（超豪华），使用 T8（26mm 直径）。

③ 冷白标准灯，使用电子镇流器/装配 T12（38mm 直径）传统镇流器。

红外传感器，记录空间中包括人体在内的各种表面发出的红外辐射。当连接红外传感器的控制器接收到一个持续变化的环境温度信号时，它就打开电灯。只要记录的温度不明显变化，电灯一直处于打开的状态。红外传感器仅在与人员保持直线状态时，才能充分的运行，并且必须用在具有规则形状且没有隔离的封闭的小空间内。

超声波传感器，应用声波原理，发出一个超出人类听觉范围的高频声音（25～40kHz）。这个声音被空间表面反射，并被一个接收器感测到。当人在这个空间移动时，声波的模式就会发生变化。在事先设定好的一段时期内，电灯会始终保持在开的状态，直到检测不到移动。与红外辐射不同，声波不易受障碍物的妨碍。然而，在产生弱回声波的大空间内，这些传感器有可能不能正常运行。

表9-2给出了用感应传感器进行改造所预期的节能效果。从表中可以看出，在间歇性使用空间，能够达到可观的节能效果，例如会议室、洗手间、储藏室和仓库。

表 9-2　　　　　　　　　　感应传感器改造带来的潜在节能效果

空间应用	节能效果	空间应用	节能效果
办公室（私人）	25%～50%	走廊	30%～40%
办公室（多人）	20%～25%	储藏室	45%～65%
洗手间	30%～75%	仓库	50%～75%
会议室	45%～65%		

3. 可调照度系统

照度可调控制可以使照明系统的亮度随自然光水平、手动调节和空间是否有人而变化。灯光照度的平滑连续减少称为持续变暗；相反，灯光照度按照设定量减少称为分级变暗。变暗、获取日光和照度下降补偿是常用于降低照明能耗的最主要的三种策略。

变暗。变暗是指调节光源照度到一个特定值。现在使用可调节灯光照度的电子镇流器能完成荧光灯变暗，这种镇流器能使能量控制应用中的光线照度变暗5%。高强放电灯利用降低电压来完成变暗。二级控制是一个常见的高强放电灯的控制类型，它在镇流器内部使用了电容式的继电开关，导致了一个固定的减少值。

获取日光是充分利用日光，来给内部空间照明的控制策略。获取日光系统根据日光水平逐渐改变亮度的等级，光敏元件的应用是关键。与光电池根据亮度等级转化光线不同，硅传感器使用变暗镇流器逐渐增加或减少荧光系统的光线照度。

照度下降补偿是最新的照明控制策略，它使用特殊光敏元件侦测实际光线水平，并跟踪电灯下降的照度。当电灯是新的且表面干净时，变暗镇流器的输出和输入功率较低，节省能量。输入功率和亮度等级随着电灯的老化和表面堆积灰尘逐渐增加，来弥补照度下降的影响。

第三节　典型案例分析

一、青岛数字中心大厦

青岛数字中心大厦位于青岛市政府认定的唯一的示范工业园，占地面积近100000m²，是青岛市一幢地标性商务办公建筑。该建筑地下 3 层，地上 28 层，包括 23 台新风机组、12 台空调机组、1 个制冷站、1 个热交换站，以及变配电监测站等系统。大厦将作为 SO-HO 办公、酒店式服务办公、大开间写字楼、高档休闲会所等用，且形成以计算机网络、数字技术、软件开发及金融投资、咨询等为主要产业的商务中心。

业主对于该建筑的使用功能提出了以下几点要求：

（1）控制产品先进，具有国际品质认证，具有 UL 和 CE 的认证，符合主流 BAS 发展趋势，不仅要达到监控的基本要求，还要达到节能的目的。

（2）施工快捷，拓扑简明，适应各种机房安装，一次布线调通，提供舒适环境。

（3）易于维护，提供远程支持。

（4）软件功能齐全，易操作，简单培训即可使用。

（5）具有数据安全备份功能。

甲方提出三点要求：

（1）达到一次设备使用效果。

（2）降低设备运行能耗。

（3）提高物业管理水平。

为保证楼控系统的稳定可靠运行及达到业主和甲方的要求，设计单位和施工单位基于"高可靠性"的设计原则，反复的对方案进行修订，最终采用了 Techcon 智能楼控系统，采用了分散控制、集中监测和管理设备运行的方式，利用国际先进的 LonWorks 总线技术，对大楼内的空调机组、新风机组、电力监控系统、给排水系统、变配电系统等多项子系统进行监控管理。同时还做了以下几条引申应用。

1. 裙楼机组联动控制

根据双子楼低层建筑及地下室各建筑功能的不同，对各建筑区域的空调或新风机组进行定时启停，同时考虑到送风机和排风机的联动轮流启停，拟定各功能区域的换气次数。通过这种方式，将被控区域的二氧化碳浓度控制在 $800\sim1300\text{mg/m}^3$ 之间。

2. 冷源系统整改

大型公建的冷源是典型的能耗大户，所以节能先要从地下室的冷源整改开始。在该项目中，冷却塔蝶阀的应用成为提高换热效率，减少不必要的系统能耗的一项措施。

3. 时间排程模式

对于具有多功能性的智能建筑，通常设计 A 座和 B 座，A 座为写字办公楼，采用空调机组＋新风机组联控，B 座为酒店、公寓，采用新风机组＋风机盘管的情况，在 BAS 设计过程中应当考虑到这一点。针对该特点，在此工程中采用了 Techcon 109L 这种带 LCD 显示的时序控制器，促进了酒店管理人员和物业管理人员的协作。它可以简单地理解为一个小型工作站，特点是可以进行 200 多个网络变量的阅览和修改，并能与工作室的调用修改实施同步，互不干扰。

4. 新风机组调试及运行效果

对于盘管水阀的控制主要是根据回风温度传感器的反馈温度信号，调节冷热水阀的开度，使送风温度趋向设定温度；新风阀门的控制则结合工况分析合理运用，起到节约能源，保护风机为主，使被控区域的环境状况处于最佳状态。

最终，建筑大部分区域的被控温度的温控精度达到 1℃。空气处理机组、水泵、泛光照明实现手动及远程的直接操控，并可按照物业人员的需求进行时间排程的修改。通过累计时间以及温度布点平均算法的应用，机电设备的使用寿命得以延长，运行能耗得以减少。通过对监视数据进行趋势分析和汇总报表，单个供冷季，针对冷源冷却塔的节能方案使业主节约资金 12000 余元。

二、南通通州新东方大厦

南通通州新东方大厦分地上 46 层，地下 3 层，总高度为 230m，总建筑面积为 84998.3m²。建筑功能为出租办公。考虑各个客户的不同需求，对其进行控制系统智能优化设计。根据设计选型，该建筑空调系统包括组合式空调机组 23 台，新风机组 32 台，送风机 36 台，及冷冻站系统和换热站系统。根据甲方要求，为了满足不同用户对室内环境的需求，对其进行监控设计及相应改造。

监控系统主要由操作站、网络控制器和现场 DDC 控制器构成。可以通过 Ethernet 网（N1 网）将中央操作站和网络控制器各节点连接起来，同时安装在建筑物各处的直接数字控制器（DDC）将通过 RS—485 现场总线（N2 网）连接到网络控制器上，与其他网络控制器上的直接数字控制器及中央操作站保持紧密联系。传感器及执行器等连接至以上各直接数字控制器内。

1. 新风机组的监控

整个建筑共有 32 台新风机组，分别分布在不同的楼层和地下，为房间提供高质量的新风。其空气处理方式为：室外的新风经新风阀后，经初效过滤器、表冷加热段、送风机后送入各个楼层的房间。

新风机组监控的主要内容包括：①监控送风温度；②监控送风湿度；③监控过滤器两侧压差、及时报警；④控制机组启停；⑤联锁保护控制。

2. 空调机组的监控

整个建筑共有 23 台组合式空调机组，根据需要分别设在不同的楼层。其空气处理方式为：室外的新风经新风阀调节后，又经初效过滤器与回风混合预热段、表冷加热段、送风机、高效过滤器后送入。

需要监控的内容如下：回风管回风温度、风机运行监测、风机的故障报警信号、自动或手动状态显示、风机启停控制、新风风门控制、两通水阀控制、室内温度、室内湿度、室内静压差。

3. 冷冻站的监控

整个系统由 4 台冷水机组（三用一备）、6 台冷冻水泵（四用两备）、1 台膨胀水箱、4 台冷却塔、分水器、集水器、6 台冷却水泵构成。

冷冻站的监测内容包括冷却水的供、回水温度，冷冻水回水量，冷冻水的供、回水压差，压差旁通阀的控制，冷冻水泵运行状态、故障报警、手动/自动状态，冷却塔风机的运行状态、故障报警、手动/自动状态，冷水机组的运行、故障报警、手动/自动状态，膨胀水箱的高、低液位报警，补水泵的运行、故障报警、手动/自动状态，冷冻水的水流状态，冷却水的水流状态，冷冻水泵、冷却水泵的启停，冷水机组的启停，冷却塔风机的其他控制，冷却水进水电动蝶阀控制，冷冻水进水电动蝶阀控制，冷却塔进水电动蝶阀控制，冷却水泵和冷冻水泵的变频控制。

4. 换热站系统的监控

整个大楼由 2 台换热机组提供热源。整个换热站系统包括 2 台换热机组、与冷站系统共用 6 台循环水泵、分水器、集水器和 1 台膨胀水箱。热交换站系统主要监测内容有一次热媒侧供回水温度、低温报警，二次热水流量、二次供回水温度，供回水压差，室内外温度，水管压力，供热水泵工作、故障及手动/自动转换状态等。

与改造前相比，在满足各租用客户对室内环境要求的前提下，整个大厦空调系统耗电量降低了 13.6%，操作人员工作量降低，设备维修率也大大降低。

三、合肥天鹅湖大酒店

天鹅湖大酒店位于合肥市政务文化新区核心地段，各类娱乐配套设施齐全。楼高 26 层，共有客房总数 264 间，位于新闻中心 2 层的国际厅可以举办各类国际、国内大型会议、商务、聚会活动。所有房间和公共区域均配备了环保设施——中央空调空气净化器，并配有先进的载车电梯以及同声翻译、高清晰投影等先进设施设备。17 个功能各异的多功能厅及会议场馆能满足各类会议及活动的需要。

酒店采用了 MRTLC 智能照明控制系统，该系统是一个二线制的智能控制系统，主要用于对照明系统的控制。除此之外还与其消防、安保等系统联动。照明控制系统对不同功能的区域进行了智能化设计。

1. 大堂区域照明

智能照明控制系统采用智能调光模块、智能控制面板、照明感应器，具有照明、手动调光、自动调光制功能。根据不同时间和外部环境可以通过软件编程设定不同的灯光效果，灯光可以根据临时需要能进行灵活分割，开启变换，达到节能作用。也可以通过设定时钟的控制方式实现公共照明区域的自动运行，以方便管理人员及值班人员。通过智能控制面板，可预设多种灯光效果，组合成不同的灯光场景。当需要改变灯光场景时，只需按一下按键，就可以实现灯光场景的改变。

通过安装在室外的照明传感器，可根据室外太阳光的强弱，自动调节大堂内的灯光。充分利用自然光来节约能源，同时也给宾客提供更加自然的环境。

智能照明控制系统采用软启动和软关断技术，避免了电网电压瞬间增加，保护大堂豪华的水晶灯，使灯具不会因为电压过大而损坏，延长灯具寿命 2~4 倍，也保护了酒店整个电网系统。

2. 会议室照明

会议室作为酒店的一个重要组成部分，采用智能照明控制系统通过对各照明回路进行调光控制可预先精心设计多种灯光场景，使得会议室在不同的使用场合都能有不同的合适的灯光效果，工作人员可以根据需要手动选择或实现定时控制。

会议室的控制模式：准备模式是在会议准备开始的时候，全部的筒灯点亮，当贵宾入场的时候，隐藏灯槽会逐渐点亮。控制模式又分报告模式、会议模式、投影模式、休息模式、结束模式和清扫模式。

3. 宴会厅照明

宴会厅通过智能调光始终保持最柔和最优雅的灯光环境。可分别有清洁、早上、下午、进餐、晚上等多种不同的灯光控制场景，也可由工作人员进行手动编程，能方便的选择或修改灯光场景。

4. 多功能厅照明

多功能厅主席台灯光以筒灯和投光灯为主，听众席照明以吊顶灯槽、筒灯和立柱壁灯为主。其中主席台可增加舞台灯光以满足演出的需求，由舞台灯光、音响专业设备控制。多功能厅可根据其使用功能不同设立多种模式，如报告模式、投影模式、研讨模式、入场模式、退场模式和准备模式，所有模式场景变换，均设置淡入淡出时间 1～100s，保持场景切换不影响会议进程和视觉效果。

5. 酒店公共区域照明

走廊在酒店中是必不可少的，酒店走廊也是智能照明最能体现节能的地方，没有智能照明时，当走道没有人经过的时候而灯依然亮着，这大大浪费了电能。智能照明系统可以设置 1/2、1/3 场景，根据现场情况自由切换。也可以设置时间控制，根据酒店的工作需要，定时开关回路，这样最大限度地节约了能源。

6. 建筑物景观/泛光照明

采用智能照明对室外泛光照明进行多种控制。可以通过时间管理自动控制方式：模块具有 365 天时钟管理功能，可以按照编好的程序和时间自动进行管理，设置极为简单方便，另可对所有受控灯具按年、周、日为单位定时控制开关。

智能照明除了可以通过时间来控制室外泛光照明，还可以通过照度感情器来自动控制。智能照明控制系统的使用，不但使各个电器末端设备能够达到真正意义上的自动化无人值守的要求，而且还可以在此基础上与消防、安防、报警、背景音乐等系统进行联动，使得各个控制区域真正实现无人值守，安全便捷，且实现了照明系统的节能。

参 考 文 献

［1］ 戴瑜兴. 建筑智能化系统工程设计 ［M］. 北京：中国建筑工业出版社，2005.

［2］ 程大章. 智能建筑楼宇自控系统 ［M］. 北京：中国建筑工业出版社，2005.

［3］ 卿晓霞. 建筑设备自动化 ［M］. 重庆：重庆大学出版社，2002.

［4］ 赵哲身. 智能建筑控制与节能 ［M］. 北京：中国电力出版社，2007.

［5］ 谢秉正. 绿色智能建筑工程技术 ［M］. 南京：东南大学出版社，2007.

［6］ 中华人民共和国建设部科技司，智能与绿色建筑文集 3 编委会. 智能与绿色建筑文集 3. 北京：中国建筑工业出版社，2007.

［7］ 武涌，等. 中国建筑节能管理制度创新研究 ［M］. 北京：中国建筑工业出版社，2007.

［8］ 清华大学建筑节能研究中心. 中国建筑节能年度发展研究报告 ［M］. 北京：中国建筑工业出版社，2008.

［9］ 薛志峰. 公共建筑节能 ［M］. 北京：中国建筑工业出版社，2007.

［10］ 宋德萱. 节能建筑设计与技术 ［M］. 上海：同济大学出版社，2003.

［11］ 蔡文剑，等. 建筑节能技术与工程基础 ［M］. 北京：机械工业出版社，2007.

［12］ 陆亚俊，等. 暖通空调 ［M］. 第一版. 北京：中国建筑工业出版社，2002.

［13］ 薛志峰，等. 超低能耗建筑技术及应用 ［M］. 北京：中国建筑工业出版社，2005.

［14］ 李华岩. 智能楼宇节能案例分析 ［J］. 智能建筑与城市信息，2010 (2)：17 - 19.

[15] 刘春蕾，孙勇，苟孟然．某大厦空调系统的智能化设计 [J]．楼宇自动化，2009 (18)：30-33.

[16] 李健，宣轩，李志来．智能照明系统在某酒店中的应用分析 [J]．智能建筑电气技术，2010 (4)：51-54.

[17] 刘玉明，刘长滨．既有建筑节能改造的经济激励政策分析 [J]．北京交通大学学报（社会科学版），2010 (2)：52-57.